普通高等教育“十二五”规划教材

大学物理学习指导

康山林　梁宝社　赵宝群　主编

科学出版社
北　京

内 容 简 介

本书根据最新版本的高等工科院校“大学物理课程教学基本要求”，本着突出重点，提高解题能力，便于学生自学和教师教学的原则编写而成. 本书着重叙述物理概念和物理规律的理解要点、适用范围和应用方法，以帮助读者正确理解和掌握大学物理的基本概念和基本规律；同时给出大学物理的各部分内容的知识结构，从而系统地掌握大学物理课程的内容体系；比较系统地介绍物理学的研究方法，以便于深入领会和学习大学物理研究问题的基本思想和方法. 本书的重点在于对各章习题进行归纳分类，阐述各种类型习题的解题思路和方法，有益于培养和提高分析问题、解决问题的能力. 本书还对与大学物理相关的一些重要内容或有趣的问题进行分析和讨论，用于拓展知识面，以弥补教材内容的不足. 阅读本书，读者可以系统地学习物理学研究问题的思想方法，比较准确地理解大学物理的基本概念和基本规律，特别是能够有效地学习求解物理习题的基本方法和技巧，有益于培养和提高分析问题、解决问题的能力.

全书紧紧围绕重点，突出解题思路和方法，概念清楚，文字通顺，篇幅简洁，对学生掌握物理知识，提高解题技巧和能力，特别是系统学习物理学研究问题的基本方法都有较大的帮助，对教师的教学也具有一定的参考价值.

本书可作为高等工科院校及各类成人大学师生及自学者的参考书.

图书在版编目(CIP)数据

大学物理学习指导/康山林，梁宝社，赵宝群主编 . —北京：科学出版社，2014.1

普通高等教育“十二五”规划教材

ISBN 978-7-03-039621-1

Ⅰ.①大… Ⅱ.①康… ②梁… ③赵… Ⅲ.①物理学-高等学校-教学参考资料 Ⅳ.①O4

中国版本图书馆 CIP 数据核字(2014)第 011992 号

责任编辑：昌　盛　王　刚 / 责任校对：胡小洁

责任印制：阎　磊 / 封面设计：迷底书装

科学出版社 出版

北京东黄城根北街 16 号

邮政编码：100717

http://www.sciencep.com

北京市文林印务有限公司 印刷

科学出版社发行　各地新华书店经销

*

2014 年 1 月第 一 版　开本：787×1092　1/16

2017 年 1 月第四次印刷　印张：24 3/4

字数：650 000

定价：43.00 元

（如有印装质量问题，我社负责调换）

前　言

大学物理学是理工科大学生的一门重要基础课.学好大学物理学对于培养学生的科学思维方法,提高学生科学素质和从事科学工作的能力是至关重要的.但是,很多工科学生对于理解物理概念、掌握物理规律,特别是求解物理习题感到十分困难,其主要原因就是物理学内容广泛、概念抽象、规律较多,而且各部分内容的研究方法差异较大,使学生难以接受,尤其是面对物理习题往往无从下手.目前,工科物理学课时少、内容多的矛盾日益突出,仅靠一套教材难以满足教学要求.因此迫切需要一套针对性较强、切实可用的学习指导书.为此,我们集全体作者多年的教学经验编写了这本《大学物理学习指导》.

本着突出重点,提高解题能力,便于学生自学和教师教学的原则,本书对各章安排了四项内容.

(1) 基本要求.根据教育部关于高等工科学校"大学物理基本要求",对各章需要掌握的内容、重点理解的内容和一般了解的内容提出了明确要求,从而使学生心中有数.

(2) 主要内容与学习指导.对各章的主要内容进行归纳,着重说明物理概念和物理规律的理解要点、适用范围及应用方法,从而帮助学生准确理解物理概念和规律.为了使学生能够系统地掌握大学物理课程内容体系,我们对每一篇内容都给出了知识结构图,有助于学生掌握物理学知识的逻辑结构和因果关系.

(3) 习题分类与解题方法指导.将各章的物理习题综合归纳成若干类型,对每一类型的习题都明确指出了解题思路和方法,并结合典型例题进行说明,意在帮助学生掌握求解物理习题的基本方法和技巧,从而提高他们应用物理知识分析问题和解决问题的能力.

(4) 知识拓展与问题讨论.各章都选取了一些重要内容或某些有趣的问题进行分析和讨论.由于学时所限,这些内容或问题在课堂上难于讲述,在教材中也没有涉及,但是对于理工科大学生又是有必要了解的.学习这一部分内容有益于拓展读者的知识面和提高他们学习大学物理的兴趣.

每章附有习题以供读者练习之用.关于习题的设置,我们参考了现在比较流行的几种试题库的内容和试题形式,对每一章都设置了选择题、填空题、计算题和证明题,而且对于每一种类型的习题,都紧密结合本书正文中的习题分类和解题方法指导,便于学生通过练习这些习题的求解,掌握各类习题的求解方法和技巧.

我们知道,在学习自然科学知识的同时,更重要的是学习和掌握科学方法.科学方法虽然给人们的不是现成的知识财富,但它是挖掘和打开知识宝库的工具和钥匙.为了方便广大读者学习和掌握物理科学的研究方法,我们在本书的开篇(第0章)就比较全面系统地介绍了物理学的研究方法,并且尽量结合实例说明了这些方法的具体作用,而这些方法也是所有自然科学研究中常用的科学方法.通过阅读和学习这部分内容,对于学生在学习大学物理过程中了解物理学基本思想和基本方法,从而提高他们的科学素质是大有好处的.

本书由康山林、梁宝社、赵宝群担任主编,负责本书内容的设计并审核定稿.参加本书编写工作的有：康山林(第 0 章)，赵宝群(第 1 章～第 4 章)，范锋(第 5 章)，张慧亮 (第 6 章、第 7 章)，赵剑锋(第 8 章、第 9 章)，熊红彦(第 10 章、第 11 章)，张春元(第 12 章～第 14 章)，张寰臻(第 15 章～第 17 章)，王意(第 18 章、第 19 章).

由于水平有限，时间仓促，本书不足之处在所难免，恳请读者提出宝贵意见.

编　者

2013 年 9 月

目　　录

第二篇 机械振动与机械波

第三篇 热 学

第四篇 电 磁 学

第六篇　近代物理学

第 0 章　物理学研究方法

物理学是研究物质运动基本规律和物质基本结构的科学. 物理学的基本观点是人们的自然观和宇宙观的重要组成部分. 物理学的每次重大突破都深刻地影响着人们对世界的认识. 物理学是新学科的先导，物理学革命孕育着新的技术，物理学促进新思维的发展. 把物理学仅仅看成一门专业性的自然科学是不全面的，把物理学当成为某些专业课服务的工具也是不正确的. 大学物理学课程应该是广义上的基础课，它应是思想基础、知识基础和方法基础. 正因为如此，学习大学物理学课程对于培养和提高一个人的科学素质具有举足轻重的作用，在实行素质教育的今天更是如此.

物理学发展过程自始至终都彰显着彻底的唯物主义精神，坚持"实践是检验真理的唯一标准"这个原则，并且这种"实践"在物理学中发展成为特定的"实验"方法，具有其他学科达不到的精密程度；再结合严密的推理，发展成一套成功的物理学研究方法. 物理学能取得如此辉煌的成就，关键就是发展和运用了一套科学的研究方法，这套方法也被广泛应用于其他自然科学和技术科学中，对其他自然科学和技术科学的研究具有指导作用，其他自然科学的发展也充分地证明了这一点.

人们做任何事情都要讲求方法，方法对头，事半功倍，反之事倍功半，甚至一事无成. 德国物理学家亥姆霍兹讲过这样一段话："我欣然把自己比做山中的漫游者，他不谙山路，缓慢吃力地攀登，不时要止步回头，因为前面已经是绝境. 突然，或许念头一闪，或是由于幸运，他发现一条通往前面的蹊径. 等他最后登上山顶时，他羞愧地发现，如果他当初具有找到正确道路的智慧，本有一条阳关大道可以直通顶巅". 虽然人们常说"书山有路勤为径"，但要捷足先登，不能只凭气力，必须同时具有善于选择正确途径的智慧，就必须有科学的方法论来指导. 掌握科学方法，寻求正确的途径，是取得成功的前提.

因此，我们在学习自然科学知识的同时，应该自觉地学习和掌握科学方法. 科学方法虽然给人们的不是现成的知识财富，但它是挖掘和打开知识宝库的工具和钥匙. 为了方便广大读者学习和掌握物理科学的研究方法，我们将在这一部分中简要介绍物理学中发展和运用的一些主要研究方法. 它们也是所有自然科学研究中常用的科学方法.

一、理想化方法

所谓理想化方法，就是要完全排除次要因素的干扰，把研究对象置于理想的纯粹状态下进行研究的方法. 在科学研究中，理想化方法主要包括理想模型和理想实验两种形式.

(一) 理想模型

由于科学的研究对象受到多种因素的制约，而这些因素有主要和次要之分，如果想把所有的因素都考虑在内是不可能解决问题的，所以必须要抓住其中的主要因素，忽略其中的次要因素，建立起比实际情况简单却又非常接近实际情况的模型，这种模型就是理想模型. 理想模型就是在真实原型的基础上，为了便于研究而建立的一种高度抽象的理想对象. 理想模型方法实际上是一种抓主要矛盾的方法. 任何复杂事物，总包含许多矛盾，但在一定条件下，必有一个矛盾是主要的，把它突显出来，暂时除去次要矛盾，便成为一个模型. 弄清楚主要矛盾之后，再考虑次要矛盾，如此一级一级地近似，就可能逼近实际. 而在每一步上，都可以用数学方法尽可能地加以研究.

比如，牛顿在研究地球与月球的引力作用时，要计算地球各部分对月球各部分的引力总和，就有很大困难. 他运用数学推理，证明了一个球体吸引它外部的物体时就好像所有质量都集中在它的中心一样. 这样一来，把地球和月球等天体都作为质点来处理就显得合理，通过科学抽象，运用质点的概念，他解决了 20 余年来一直未解决的难题.

又如，实际物体都有一定的大小、形状和内部结构；一般而言，在运动过程中，物体各部分的运动状态并不一定相同. 在平动问题中，为了突出研究对象的主要矛盾，忽略物体的形状和大小，把物体视为一个具有一定质量的几何点，这就是所谓的“质点”模型. 在研究物体转动时，不能再把整个物体看成一个质点，在处理方法上把物体视为由许多质点组成的系统，刚体中的所有质元(点)之间的相对距离始终保持不变，即把任何情况下形状和大小都不发生变化的物体称为“刚体”. 物理学研究中常忽略物体内部各质点之间的相对运动，如研究原子结构时使用的“玻尔模型”，就是用三个基本假设便抓住了主要矛盾，使原子结构的量子论研究取得了突破性进展. 当时并不知道，因而也不讨论自旋及其与轨道的相互作用，即原子的“精细结构”，这是次要矛盾；更不会去讨论电子自旋与原子核(如质子)自旋的耦合，即“超精细结构”问题，这是更次要的矛盾.

物理学中，除质点和刚体外，理想气体、点电荷、点光源、薄透镜、光滑表面、孤立系统、简谐振子、单摆等，都是理想模型. 在其他科学中也广泛使用理想模型研究问题，如数学中的点、直线、平面等，化学中的单质、化合物、催化剂等，地理学中的等高线、经纬线等，都可视为理想模型. 理想模型的共同的特点是：一些次要的、非本质的属性被舍弃了，而把抽出来的本质属性或因素用理想化方法引导到某些极限值上去. 这在现实中是找不到的，然而在科学研究中却起到了化繁为简的作用.

理想模型的作用在于：①一个理想模型的建立可以使问题处理大大简化，便于研究工作的顺利进行. 在原子的振子模型中，把一个原子用一个振子来代表，就能够相当有效地解释原子对可见光的散射；在研究原子核裂变的机理中，把一个原子用一个带电油滴来代表，就能够满意地说明裂变现象. 这两个模型抓住了各自的主要矛盾而不涉及原子或原子核内部组分之间相互作用的细节，“举重若轻”，充分显示了模型方法的威力. 当然，那些次要或更次要的矛盾都需要研究，但这种研究只能是在主要矛盾清楚之后，而不应该在这之前，否则我们将什么规律都找不到. ②将理想模型与实际原型相比较，从差异分析中会得到新的启示，形成科学预见.

在科学研究中，对比较复杂的对象和变化过程，均可建立理想模型，以便从理论上进行研究. 即使简化后结果与实际偏差较大，只要加以某些修正，仍可使之与实际相近似. 例如，当实际气体的温度过低或压强过高时，用理想气体状态方程计算时误差很大，范德瓦耳斯引入了反映实际气体体积和分子间引力作用的修正，仍采用理想气体的计算方法，使计算结果更接近真实气体的状况，运算也不太复杂. 当然，理想模型的建立绝不允许主观臆断，对已经建立的理想模型，也不允许不顾其适用条件而到处乱用.

物理学的骄傲在于其研究对象无所不包，大至宇宙，小至原子内部. 如果碰到个顶牛的人，他可以说物理学研究的只不过是一些模型，物理学中的宇宙只不过是宇宙的模型. 这话倒也不错. 物理学并不讳言自身只研究模型，模型并不同于真实，但物理学的成功就在于其有许多成功的模型. 模型是理想的，但它不是虚假的，它突出了许多表面上看来千差万别的物体的最本质特征，从这个意义上来说，它具有不可动摇的“真实性”. 模型的真实性竟会达到这样的程度：你看不见，摸不着，却会相信它. 举个例子来说吧，今天，人们对地球在自转同时又绕太阳公转的事实已深信不疑，但我们都不是居高临下亲见地球旋转的人. 如果你问一个谙熟物理的学生，你见过自转而又公转的地球吗？他可以不慌不忙地用一个篮球或一个乒乓球把道理向你透彻解释，这就是物理学的魅力.

（二）理想实验

理想模型的延伸就是理想实验. 理想实验是在真实实验的基础上，运用逻辑方法加以理想化和纯粹化，在思想上塑造出来的一种理想过程的实验. 这种实验在现实中是难以找到的或者是无法实现的. 真实的科学实验是一种实践活动，而理想实验是一种思维活动. 它是人们在思想中抽象出的理想模型，塑造理想模型在理想条件下的运动过程，进行严密的逻辑推理的一种理论研究方法.

理想实验方法在物理学研究中运用得比较多；比如，为了证明自由落体定律，伽利略设计了一个表面非常光滑的金属球从非常光滑的斜面上滚下的实验，这是一个典型的理想实验，伽利略从这个理想实验中发现了惯性定律，取得了经典力学发展的重大突破. 热力学中研究热机效率时用的按著名的卡诺循环运行的卡诺机，就是一种理想实验. 卡诺机中的热力学过程是一种理想过程，是对自然界中所进行的热力学过程的抽象，在现实世界里是找不到的，表现在热机的工作过程是如此的理想：一是没有传导和辐射所造成的热损失；二是工作过程中没有摩擦；三是工作物质是理想气体；四是工作过程是由两个等温和两个绝热过程组成. 但卡诺循环所得到的卡诺热机效率公式对热机效率的提高和热力学第二定律的建立，具有重大的理论意义和实际意义.

理想实验方法是科学研究的一种重要方法. 爱因斯坦是娴熟运用这种理想实验方法的大师. 他的狭义相对论和广义相对论的建立和这种方法的巧妙运用有着直接的关系. 例如，他设计的同时具有相对性的理想实验：当两道闪电同时击中一条东西走向的铁轨时，对于站在两道闪电中间的铁路旁的观察者来说，两道闪电是同时发生的；而对于乘坐一列由东向西高速行驶的火车并正好经过两道闪电中点的观察者来说，则先看到西边的闪电而后才看到东边的闪电，若火车以光速前进，则只能看到西边的闪电，永远看不到东边的闪电. 由此，他建立起“同时”具有相对性的概念，这正是他创立狭义相对论的一个重要思想.

需要注意的是，理想实验必须具备三个基本条件：①以科学实验为基础，抓住关键性的科学事实，对真实的实验过程作深入分析. ②理想实验与真实实验形式相似，需要在思维中设想出与真实实验相似的实验物、实验条件和实验过程. ③设计理想实验要熟练运用比较、类比、归纳、演绎等逻辑推理方法，以便能够通过理想实验推理出合理的结论.

由于理想实验对真实实验进行了合理的抽象，克服了客观上无法摆脱的各种条件限制，起到简化、纯化作用，能在科学实验无法企及的范围内把客观规律揭示出来，因此在科学研究中具有特殊的意义. 可以说，物理学的发展有许多情况是通过科学抽象，对理想实验进行推理而起步的. 当然，理想实验只是一种思想上的实验，根据理想实验所得到的结论，还必须放到真实的实验中去检验.

二、实践性方法

人们有目的、有计划地对自然现象在自然发生的条件下进行考察的方法称为观察. 而人们根据研究的目的，利用科学仪器、设备等，人为地控制或模拟自然现象，排除干扰，突出主要因素，在有利的条件下去研究自然规律的方法称为实验. 观察和实验都是科学研究的实践性方法.

（一）科学观察方法

所谓观察法是人们通过感觉器官或观测仪器对客观事物在自然状态下进行考察的一种方法. 所谓“自然状态”就是人们对自然现象不加控制、不施加影响的情况. 正是在这一点上，观察和实验相区别. 科学观察是有计划、有目的的对自然状态下的客观事物进行系统考察和描述的一种研究方法.

按观察者与被观察对象之间的接触方式，可分为直接观察和间接观察. 直接观察也叫肉眼观察，是人类最早使用的观察方法. 它是凭借人的感官直接对事物进行感知和描述. 其表现形式为：感官→事物. 间接观察也叫仪器观察，是人们借助于科学仪器或其他技术手段对事物进行的观察. 其表现形式为：感官→仪器→事物. 在古代，限于生产力发展的水平，人们还不能制造仪器和工具，感官便成了人们认识自然现象的唯一工具. 我国南北朝时的科学家祖冲之坚持常年对天体和气象进行观测，终于制成了“大明历”. 随着生产力水平的提高和科学技术的发展，仪器、仪表和相应的工具被制造出来，从而延长了人们的感官，扩大了人们的视野，加深了人们对自然界的认识. 由肉眼的直接观察发展到仪器的间接观察，导致了观察方法的巨大进步. 比如，1609 年伽利略制成了第一架望远镜并用于天文观测，首次看到了月亮上的“环形山”、木星的卫星、金星的圆缺变化等. 当代，人们借助于射电望远镜把视野扩大到 200 亿光年以远的距离；借助于电子显微镜，可以观察物质内部的微观结构；借助于电子探针，人们可以看到原子并搬运原子进行材料设计与制造.

过去人们只能在自己居住的地球上进行观察、测绘和记录. 但是，站在地球表面上观察，是无法对全球范围内的自然现象进行系统考察的. 1957 年，世界上第一颗人造地球卫星发射成功. 至此，人们开始挣脱地球引力的束缚，把人们的活动范围扩展到了近地空间. 在人造卫星上装置各种仪器设备，拉开了人类从地面观察进入空间观察的序幕. 载人宇宙飞船的发射成功，使人类有了亲自拜访月球的机会. 这就使传统的直接观察变为了现代的直接观察. 这是观察方法上的又一次飞跃.

科学观察是有目的、有意识地在一定思想、理论指导下进行的. 它依赖于观察者的经验、知识和文化. 有心人才能做到精心细致，事事留心，在科学的大观园里领略到“春城无处不飞花”的景色. 德国物理学家伦琴在对阴极射线进行研究时，偶然观察到附近桌子上的亚铂氰化钡荧光屏发出闪烁的微光，他马上就意识到这是一种新的射线，这种射线后来叫做 X 射线. 又如，我国地质学家李四光在一次去大连疗养的路上，偶然看到一个个奇特的山峰，一道道的山梁呈弧形旋上山顶，他立即爬上山顶鸟瞰全貌，发现道道山脊和条条沟谷相间展开，环抱着中央高地，就像莲花瓣围绕中心莲蓬一样，随后他进行了详细的考察，弄清了形成这种特殊地貌的原因. 原来这是一次地壳旋转运动造成的一种地质构造新类型，李四光把它命名为“莲花状构造”.

科学开始于观察，离开观察就不会有科学的发展. 因为人的一切认识归根到底来源于观察到的经验事实，科学观察是获得感性材料必不可少的手段. 科学观察有时可以导致科学上的重大发现，如天文学上的许多重要发现就是来自于对天体运动的科学观察. 科学观察是检验假说、发展理论的重要实践形式，如为了验证爱因斯坦根据广义相对论理论所做出的在引力场传播的光将在巨大质量的周围发生弯曲的预言，英国天文学家爱丁顿率领的观察队在西非的普林西比群岛上观察日全食，发现两颗恒星的角距离在有太阳时和没有太阳时差 $1.6''\pm0.3''$（理论值为 $1.75''$），从而第一次以天文观测定量地证实了爱因斯坦的上述假说. 广义相对论的关于“水星近日点进动”和“光谱在引力场中红移”两个假说也都是在天文观测中获得验证的. 达尔文用了 20 多年时间，观察收集了成千上万种生物资料，成功地创建了生物进化论. 所以巴甫洛夫说得好：“应当学会观察，不学会观察，你就永远当不了科学家”. 从这名言中可以看到观察在科学研究中的地位和作用.

在观察活动中，要坚持客观性，以保证所获得的第一手经验材料真实可靠，避免先入为主的干扰；坚持观察的全面性，力求防止片面，从而获得较系统的第一手材料；坚持典型性，减少盲目性，以求获得具有普遍意义的效果. 为此，观察者必须细心、留心、有心，努力提高观察能力，要做好准确而周密的记录，同时要耐心、顽强，有为科学献身的精神.

观察有可能产生错误，究其原因主要来自观察者的主观和片面. 例如，在观察现象并作记录时，观察者不自觉地掺进自己的主观想象，或者对某些观察所得的模糊情节作出错误的判断，或者心理上的先入为主，受假象和错觉所蒙蔽，从而导致主观性错误. 像“重物比轻物下落得快”、“力是物体运动的原因”、“太阳围绕地球运转”等科学史上的错误论断，都是出自于此. 又如，只观察既定目的有关的现象，而对其他很有价值的现象不予理睬；或者只观察一些现象来印证自己的观点，对大量与自己观点不符合的现象视而不见；或者只注意事物局部发生的现象，而不顾整体发生的情况；只强调个人的观察而不重视别人观察资料的收集；没有进行历史的和现实的观察对照等，都会产生片面性错误.

在科学观察上，应当在观察过程中养成定性、定量分析问题的习惯，从而将通过观察得到的感性认识上升到理性认识. 善于观察者可以见常人之所未见，不善观察者入宝山而空回. 之所以如此，正是由于各人具有不同的经验、认识和理论，具有不同的背景知识和科学训练，因而不同的人可能从同一对象中观察出不同的东西. 观察的过程既是感观知觉因素在其中起作用的知觉过程，又是观察者的思维因素在其中起作用的思维过程. 人们在观察事物时不只是用眼睛看，更主要的是要用脑子想，并要在一定的理论指导下进行.

（二）科学实验方法

物理学是一门实验科学，实验方法是物理学的基本研究方法之一，也是科学研究的重要方法. 实验方法同观察方法一样是获取感性材料的基本方法，然而实验方法又不同于观察方法. 实验方法是根据研究的目的，利用科学仪器、设备，人为地控制或模拟自然现象，排除干扰，突出主要因素，在典型环境中或在特定的条件下研究自然规律的方法. 系统的实验方法的产生，是自然科学研究方法上的巨大进步，它对科学的发展产生了积极的、深远的影响. 实验方法在现代科学发展中起着越来越重要的作用，近代自然科学是在科学实验的基础上发展起来的，可以这样说，没有科学实验就没有近代自然科学.

实验可以获得比单纯观察更丰富、更精确、更系统、更深刻的感性材料. 在科学实验中，由于运用了许多专门的仪器设备和工具，大大延长了人的感觉器官，无论从广度上还是从深度上都不同程度地扩展和深化了人们认识自然的能力；而且科学实验都能重复，可以反复地观察和测量，从而保证了观察资料和测量数据的准确性. 例如，在相当长时间内，人们没有能力看到原子，但现在人们可以借助于电子显微镜及隧道扫描电镜直接观察原子. 不仅如此，人们还可以利用高能粒子加速器，使粒子获得很高的能量，去轰击被测原子，探测原子的内部结构.

实验方法具有简化、纯化、定向强化自然现象的作用. 自然现象是复杂的，由于各种因素互相交织，往往把事物的本质掩盖起来了. 实验可以借助于科学仪器和设备创造的条件排除自然过程中各种偶然的、次要的因素，使要想认识的各种要素以较纯粹的形态呈现出来，以便于观察研究. 例如，1911 年荷兰物理学家昂内斯用控制温度的方法，发现了金属的超导性；1957 年美籍物理学家吴健雄，把放射性钴 60 冷却到 0.01K，排除热运动的干扰，证实杨振宁、李政道提出的微观粒子在弱相互作用下宇称不守恒原理. 在实验中可以凭借各种物质手段创造在生产过程中或自然状态下难以出现的特殊条件，使自然现象在人为的控制下得到定向强化. 比如，超高压、超高温、超低温、真空、强场等，这些条件自然现象中或者没有，或者虽有但是人们还无法控制，这就给观察研究带来了难以克服的困难. 然而，人们可以采用各种实验手段得到可为人们控制的经过定向强化的自然现象，人们可将其控制、调节到最佳状态来进行观察研究，从而得到新的发现. 例如，人们可以利用超高压使松软的石墨变成坚硬的金刚石. 人造金刚石就是这样发明的.

由于科学实验具有上述特点和重要作用，所以人们可以运用实验方法，凭借先进的技术和仪器设备，超越生产实践或自然条件下某些方面的局限性，走在生产实践的前面，直接推动自然科学的理论研究，同时也为生产的发展开辟新的途径. 科学史表明，近代和现代物理学上的重大突破，一般不是直接来自于生产实践，往往是通过实验这个环节获得的. 例如，法拉第用实验获得了电磁感应定律；居里夫妇用实验发现了放射性元素；卢瑟福用实验发现了原子的"太阳系"结构；而后来的质子的发现、中子的发现、电子的发现和各种基本粒子的发现等，都不是直接来自于生产实践，而是来自于科学实验. 尤其是现在，科学研究已经进入到微观世界和宇观世界，更是离不开实验. 不难看出，科学越向前发展，科学实验就越来越成为生产的直接推动力量.

科学实验按其直接目的和它在科学认识中的作用可将其分成探索性实验和验证性实验. 探索性实验是指利用各种可能的设备和技术手段，干预自然现象，以期获得迄今未知的新事实. 例如，科学史上著名的"费城实验"就是探索性实验. 1752 年 7 月的一天，美国费城上空电闪雷鸣、大雨滂沱，富兰克林冒着雷击的危险向云层放风筝，通过风筝把"天电"接收起来，第一次用实验揭示云中的闪电和地面上摩擦所带来的电在性质上是完全相同的. 验证性实验是指判断或验证科学假说或科学理论. 例如，德国物理学家赫兹证明电磁波存在的实验，美国物理学家戴维逊-革末证明电子具有波粒二象性的电子衍射实验，都属于验证性实验.

根据实验对象质和量的不同特征，科学实验还可分为定性实验和定量实验. 定性实验是判定研究对象具有哪些性质的实验，如俄国物理学家列别捷夫证明光具有压力的实验. 定量实验就是测定对象的某些数值以确定某些因素之间数量关系的实验，如法国物理学家斐索测定光速的实验；英国物理学家汤姆孙测定电子荷质比的实验等. 在科学研究中，定性是定量的基础，定量是定性的精确化.

教学实验是科学实验的一种类型. 它的任务不是去探索求知物理学规律，而是着眼于培养学生的实验能力. 传统的教学实验分为两类，一类是验证熟知的定理、定律；另一类是测定基本的物理量. 为了充分发挥物理实验在培养学生从事科学实验时的动手能力和创新能力方面的优势，我国自 20 世纪 80 年代以来，物理实验教学进行了改革，首先表现在物理实验不再附属于理论课教学，而是成为一门专门的必修课. 在教学内容方面，大胆地把学科前沿的新思想、新知识、新方法引人教学中，既重视基本实验方法、基本实验仪器的使用和误差理论等方面的训练，又重视学生的开拓创新能力的培养. 具体做法是减少验证性实验，增加综合设计性实验，探索研究性实验,以提高学生的动手能力.

科学实验的基本程序也就是实验的基本步骤大体经历三个阶段.

(1) 准备阶段.准备阶段要做好以下几点:①明确实验目的.只有目的明确了,才会围绕目的开展实验前的调查研究,如对前人工作的调查、对实验对象的现场实际调查、对实验对象的测试手段和方法以及理论依据的分析摸底等;只有充分占有资料,做到心中有数了,才能进一步确定采用的实验方法和类型.②拟定实验方案.方案拟定实际上是实验的可行性研究,需要周密细致地对实验工作进行科学论证,说明实验所需的仪器设备、要耗费多少人力物力、在一定条件下是否可行等.③实验设计.依实验目的和要求,运用有关的科学原理,对研究方法和步骤的预先制定,这就是实验设计.④实验组织.包括按实验任务确定人选(即从人员的类型特长、合理分工以及能充分发挥作用上选择参与实验的人员);对各项实验任务进行统筹安排;随时掌握实验进程,及时采取应变措施等.⑤实验物质条件的准备.包括实验器材、药品、场地等的准备.

(2) 实验阶段.实验准备就绪之后,就可以按照实验方案规定的步骤,有条不紊地进行各项实验、操作、观察和数据记录等,即进入实验实施阶段.此阶段就是实验者操作一定的仪器设备,使其作用于实验对象,以取得某种实验效果和数据.

(3) 总结阶段.总结阶段包括处理实验数据和撰写报告或科技论文.对实验数据进行整理分析,找出实验因素改变时,实验结果变化的趋势,从而突出实验的主要结论,这就是数据处理.一般实验数据处理有三种方法:①列表法.即用表格来说明实验的材料和方法的特征、特性,或统计实验结果.表格有观测数据列表、导出数据(如百分数、比值、总计、平均值等)列表和调查数据(统计、报表等)列表三类.②图解法.把数字及事物的发生发展过程变为点、线、面、角度或立体图等形象,通过一定的排列组合,直观地表达出它们之间的关系,或者用形态图(如研究课题所要的说明和论证作用的各种图画、照片或图像等)来表达,都称图解法.③方程法.即将实验中各变量间的依赖关系用解析形式表述出来的方法,由于该方法使实验结论表述清晰、形式紧凑、内容严密完整,不用过多的文字说明就能概括若干内容,更重要的是,能利用计算机进行计算和若干数据处理;因此,由实验数据求取数学方程的方法,是现代科研工作者必须掌握的基本方法.

三、物理学研究中的逻辑方法

“逻辑”一词是英文 logic 音译过来的.原义较复杂,有理性、思想性、规律性、推理等多种含义,一般专指思维的规律和规则.思维即理性认识,是人在脑子中借助语言材料,运用概念进行判断和推理的过程.研究思维形式、思维规律和思维方法的逻辑学有形式逻辑、数理逻辑和辩证逻辑等.在物理科学概念及规律形成中运用到的逻辑方法,通常有比较与分类、类比与假设、分析与综合、归纳与演绎、抽象与概括、模拟与论证等逻辑方法,这些都属于形式逻辑方法.

(一) 比较与分类

人们在观察和实验的基础上,确定对象之间的共同点和差异点的逻辑方法,称为比较;在比较的基础上,根据共同点将事物归合为较大的类,根据差异点将事物划分为较小的类,从而将体态万千的事物区分成具有一定从属关系的不同等级层次的系统,这样的逻辑方法称为分类.比较与分类是物理学和自然科学乃至社会科学研究中最常使用的逻辑方法.

1. 比较

认识事物从区分开始，要区分就要比较，有比较才能鉴别. 为此我们有必要弄清楚比较的特点和类型，理解并掌握比较的方法.

我们可以将比较方法的特点归纳为四条. ①比较可以对事物进行定性鉴别和定量分析. 生物学上通过观察共同现象，即两个物种之间有一种亲密关系的现象，发现有双方都受益的，如细菌在人体大肠内摄取食物和栖息而得益，同时人也因细菌帮助消化食物，甚至提供能增强凝血功能的维生素 K(大肠杆菌的功能)而获益；也有单方受益、另一方不受益的，如红尾莺在仙人掌之间筑巢，受惠于仙人掌，而仙人掌的生长不受红尾莺的影响；还有单方受益、另一方受害的，如跳蚤、扁虱、蚂蟥等寄生在动物身上，动物体表或体内为寄生虫提供营养和栖息地，而动物(寄主)则受到伤害. 通过上述比较，人们将共生现象分为互惠共生、共栖和寄生三类，这就是定性鉴别. 通常为了鉴别两个形状、体积、颜色均不同的物体是否由相同的物质组成，我们是通过称衡它们的质量、测量它们的体积，然后计算出它们的密度，比较其密度的大小来辨别它们的组成情况的，这是定量分析. 还有，通过用已知化学元素的标准特征谱线与被测对象的光谱线比较，定性判定对象的组成成分；对谱线强度的比较，判定对象中各种元素的含量，这是既定性鉴别又定量分析的比较方法，在物理、化学、天文、地学、生物学上都被广泛应用. ②比较可以揭示事物的运动及其发展的历史顺序. 在天文研究中，恒星长期以来被人们看成是恒定不动的，1718 年，哈雷将自己在圣赫纳岛所作的观察，同一千年前古希腊天文学家喜帕恰斯与托勒密所作的观察进行比较，看到毕宿五、天狼、大角、参宿四这四颗恒星的位置有明显差异，从而发现了恒星不“恒”，而是运动的. 英国地质学家赖尔通过古今地质变化过程中地质作用的种类和强度的比较，揭示地球表面发展变化的规律，他创立的渐变理论被恩格斯高度评价：“只有赖尔第一次把理性带进地质学中，因为他将地球的缓慢变化这样一种渐进作用，代替了由于造物主一时兴起所引起的突变神话”. ③比较有横比和纵比两种. **横比**：空间上的比较，即对空间上同时并存的事物的既定形态进行比较. 比如，物理实验中，常常要研究不同对象在同种条件下的不同表现，或者同一对象在不同条件下的不同表现. 比如，不同的元素组成的几种物体，让它们在相同的大气压下加热到相同的温度，测出它们的体胀系数的不同；或者，同一元素组成的某物体，让它在不同的大气压下加热到相同温度，测出其在不同压强下不同的体胀系数，从而比较其异同. 这就是一种横比. **纵比**：时间上的比较，即比较同一事物在不同时期的形态，从而认识事物的发展变化过程，前边所举的天文学和地质学的例子就属于典型的纵比. ④比较可以鉴别理论同实践是否相符. 1609 年，开普勒在大量观察的基础上，设想行星运动可能采取的多种形式，然后将每一种行星运动形式同观测的事实材料进行比较，结果发现只有椭圆形轨道的行星运动同观测事实最符合，从而总结出行星公转轨道为椭圆形，恒星位于椭圆形长轴的一个焦点上的定律；也因此否定了自古流行的所谓行星沿正圆形轨道绕恒星运动的学说. 1859 年，基尔霍夫运用光谱分析比较了地球与太阳的光谱，从而确证太阳上含有许多地球上常见的元素，证明太阳和地球的同一性的理论是正确的.

归纳起来，物理学中涉及的比较方法主要有控制变量法、比值定义法和等效替代法.

(1) 控制变量法. 在决定事物规律的多个因素中，先控制一些因素不变，只改变其中的一个因素，进行观察实验，如此多次进行，然后再综合出多个因素之间的关系的比较方法. 例如，牛顿第二定律是通过实验归纳出来的，先保持物体的质量 m 不变，对物体施以大小不同的外力 F，研究物体产生的加速度 a 如何变化，实验表明当 m 一定时，$a\propto F$；再保持对物体施加的

外力 F 不变，改变物体的质量 m，研究物体产生的加速度如何变化，实验表明当 F 一定时，$a\propto 1/m$. 于是总结两次实验的结果，得出下述结论：物体的加速度与作用力成正比，与物体的质量成反比，这就是牛顿第二定律. 如物理中的欧姆定律、电容器的电容公式、电阻定律等，都是用控制变量法总结出来的.

(2) 比值定义法. 我们知道，当两个物体的位移相等、用时不同时，用时少的快；当两个物体用时相等、位移不同时，位移大的快. 但是，当两个物体运动的位移和用时都不相等时，如何判断谁快谁慢呢？人们通过实践发现，只需找一个相同的标准：或者取单位时间，即看两物体在 1s 内(或 1min 内，或 1h 内)，谁的位移大，谁就快；这就用到位移与通过该段位移所需时间的比值作为标准. 或者取单位位移，即看两物体通过 1m(或 1km)的位移，谁的用时少，谁就快，这就用到时间与在该段时间内物体位移的比值作为标准. 再发现，这两种标准中前者的比值更便捷地描述物体运动的快慢，于是便将物体运动的位移与通过这段位移所需时间的比值定义为描述物体运动快慢的物理量，称为速度. 这就是比值定义法.

在物理学中，大量运用比值定义法，比如，密度是用物体的质量与体积的比值定义的，压强是用压力与受压面积的比值定义的，浓度是用溶质的质量与溶液的质量的比值定义的，电流强度是用通过导体横截面的电量与通电时间的比值定义的，等等. 之所以用两个或多个量的比值来定义一个新的科学量，是因为只有选取相同的标准，才能使比较的结果有意义，才能区别出众多事物的不同特征.

(3) 等效替代法. 在保证功能、效果相同的前提下，将相对较熟悉的、更为简单的事物，或用已经成熟的知识技能能解决的问题与相对不熟悉的、较为复杂的事物，或亟待解决的新问题进行比较，寻找某种替代的方法. 比如，实验室里缺乏某种仪器用具，而其他某种仪器用具有剩余，比较二者的功能，发现后者在某些方面具备前者的功能，便用后者代替前者去完成实验. 再如，遇到一类不熟悉的学科问题，将它们与已经熟悉解决的学科问题进行比较，找出二者的共同点和差异点，从中获得新的解决思路等，这些都运用到等效替代法.

上述三种方法都属于比较，控制变量法是控制一些自变量使其恒定而改变其余的某一自变量，以比较不同情况下因变量，从而找出规律；比值定义法是选择统一标准，以比较不同事物特征，从而建立概念；等效替代法是对两种事物在功能上的相同或相似进行比较，从而实现替代.

2. 分类

人们运用比较的方法鉴别出事物的共同点和差异点，在此基础上根据共同点将事物归为较大的类，根据差异点将事物划分为较小的类，从而将体态万千的事物区分为一定从属关系的不同等级层次的系统，这就是分类. 在物理学中，分类方法是常用的方法. 例如，现代物理学将自然界中物体之间的相互作用力分为四大类：即万有引力、电磁力、强相互作用和弱相互作用；电磁力中，又分为弹性力、摩擦力、静电力和磁力等.

在 20 世纪 30 年代，人们认识到原子和原子核也是有结构的，当时人们将电子、中子、质子等粒子称为基本粒子. 后来，又逐渐发现了许多“基本粒子”和它们的反粒子. 在物理学中，人们将比原子核更深层次的微观世界中物质的结构称为“基本粒子”，简称粒子. 为研究方便，人们根据粒子的不同性质，对“基本粒子”进行分类. 比如，根据粒子之间的作用力的不同，粒子分为强子、轻子和传播子三大类. 强子是所有参与强力作用的粒子的总称. 它们由夸克组成，质子、中子、π 介子等都属于强子. 轻子是只参与弱力、电磁力和引力作用，而不参与强相互作用的粒子的总称.轻子共有六种,包括电子、电子中微子、μ 子、μ 子中微子、τ 子、τ 子中微子.传播相互作用的粒子属于传播子,传递电磁相互作用的是光子,传递强作用的是胶子(1979 年发现),传递弱作用的是中间玻色子(1983 年发现),传递引力作用的是引力子(目前尚未发现).

分类有现象分类和本质分类,依事物的外部特征或外部联系而进行的分类是现象分类;依事物的内部联系和本质特征所进行的分类是本质分类.分类方法随着人类认识水平的提高而更趋向本质分类.例如,在上述的“基本粒子”分类当中,最开始人们将粒子按照质量大小分为轻子、重子两类,这是一种现象分类.实验表明轻子是不参与强相互作用的.在 1975 年人们发现了 τ 子,它不参与强相互作用,属于轻子,但是它的质量很重,是电子的 3600 倍,质子的 1.8 倍.因此,人们改进了对粒子的分类方法,按照相互作用的性质,将粒子分为强子、轻子和传播子三大类.这就是一种本质分类.

运用分类方法应当注意:①每一种分类必须根据同一标准进行.事物的属性或事物间的关系是多方面的,因而分类的标准也是多方面的.我们可以根据实践的需要或研究问题的内容来确定以对象本身的哪方面的属性或关系作为分类的标准.一旦确立了标准,在该次的分类中就只能按照同一标准,否则就会出现分类重叠和分类过宽的逻辑错误.②各子项之和必须等于母项.在同一标准下的分类,必须将符合该标准的各种表现或项目都一一列出,否则就会出现子项不穷尽的逻辑错误.③分类要按照一定的层次逐级进行.对概念的划分,是把一个属概念分成几个并列的种概念;如果需要连续划分,就可将种概念再划分为次一级的种概念,这样逐次进行;如果在划分中混淆了属种层次,就会出现“越级”的逻辑错误.

我们不仅要懂得如何分类,而且要认识到科学分类在科学研究中起着重要的作用.比如,1962 年,盖尔曼在他的基本粒子研究中将已发现的九种重子进行分类,寻求其中的规律和缺失,接着大胆预言:存在一种粒子,其电荷数为-1,奇异数为-1,质量为 1680MeV,自旋为 3/2,宇称为正;两年后物理学家们便在美国克鲁克海文实验室发现了这个称为 Ω^- 的粒子,它的性质与盖尔曼的预言相符.

总之,比较和分类是我们要学习、而且应当熟练运用的逻辑思维方法之一.

(二) 类比与假设

如果说分类是在比较基础上的一种逻辑判断,那么类比就是在比较基础上的一种逻辑推理.如果说观察、实验是一种搜集资料信息的行为,那么假设(或假说)就是面对所搜集到的资料信息做一种尝试性的诊释.

1. 类比

类比是一种从特殊到特殊的推理,它是在比较的基础上,根据两个(或两类)对象之间在某些方面的相同或相似而推出它们在其他方面也可能相同或相似的一种逻辑方法.类比可用下列形式表述:A 对象具有 a,b,c,d 属性,B 对象具有 a',b',c'属性,所以 B 对象可能也具有 d' 属性.根据属性 a,b,c,d 之间的关系,类比可以有简单共存类比、函数关系类比、对称关系类比等几种情况.

(1) 简单共存类比.所谓简单共存类比即是属性 a,b,c,d 彼此并列,各自孤立存在;而 a',b',c'分别与 a,b,c 对应相同或相似.例如,英国科学家卢瑟福和他的学生盖革、马登斯为了探索原子结构的奥秘,曾经做了有名的 α 粒子散射实验,他们将实验结果与太阳系的情况相类比.

太阳系：太阳体积甚小，太阳质量约占太阳系质量的 99%；行星质量甚小，太阳与行星之间的引力 $F=G\frac{Mm}{r^2}$；行星环绕太阳做椭圆轨道运动，由此构成太阳系.

原子：原子核体积甚小，原子核质量约占原子质量的 97%；电子质量甚小，原子核与电子之间的引力 $F=K\frac{Qq}{r^2}$；所以电子可能环绕原子核做椭圆轨道运动，从而构成原子的整体结构.

（2）函数关系类比. 所谓函数关系类比即是 A 对象与 a,b,c,d 等现象之间存在因果关系或函数关系；而 B 对象中 a',b',c' 等现象与 a,b,c 等现象对应相同或相似，因此，B 对象中 a'，b',c',d' 等现象之间存在相同或类似的因果关系或函数关系. 例如，1678 年荷兰科学家惠更斯把光与声进行类比，认为声之所以能够直线传播、反射、折射，原因在于声是机械波，具有波动性；而光既然也能直线传播、反射、折射，也可能是由于波动性造成的. 由此惠更斯提出光的波动说. 又如，法国物理学家德布罗意在爱因斯坦用光子理论成功地解释了光电效应之后，大胆地提出了实物粒子也具有波粒二象性的假说，进而将实物粒子和光做了进一步的类比，预言了物质波的频率和波长. 后来德布罗意的这些惊人的预言都为实验所证实.

（3）对称关系类比. 所谓对称关系类比即是 A 现象的 a,b 属性是对称的，而 B 现象中的 a'属性与 a 属性相同或相似，由此判断 B 现象可能有与 a'相对称的 b'属性. 比如，1931 年，英国科学家狄拉克将电荷与电子进行类比：已知电荷有正负的对称关系，并且已发现带负电荷的电子——负电子，便大胆预言，可能有与负电子相对称的带正电荷的正电子存在，此预言于 1932 年 8 月被美国科学家安德森的宇宙射线实验所证实.

在大学物理课程中学会类比方法，可以使教学内容更能突出重点、化解难点. 比如，热力学中熵的概念和熵增加原理是一个重点，也是学生理解时易感困惑的一个难点，如果运用类比方法进行教学，就可以达到突出重点、化解难点的目的.

熵概念的引出：描述热力学系统状态的物理量有压强 p、体积 V 和温度 T，描述热力学过程的物理量有功 A 和热量 Q. 其中，压强 p 和温度 T 为强度量，体积 V 是广延量，而且在可逆过程中有 $dA=pdV$，将其表示为下表.

	状态量		过程量	可逆过程关系
	强度量	广延量		
力学量	压强 p	体积 V	功 A	$dA=pdV$
热学量	温度 T		热量 Q	

从表中可以看出，力学量分布和关系是完整的，而热学量的分布和关系是欠缺的；为使描述热力学系统的状态与过程的物理量及其关系具有对称性，可以引入熵 S 的概念，并且假定熵在可逆过程中有 $dQ=Tds$，则可将上表修改为：

	状态量		过程量	可逆过程关系
	强度量	广延量		
力学量	压强 p	体积 V	功 A	$dA=pdV$
热学量	温度 T	熵 S	热量 Q	$dQ=TdS$

由此很容易得到熵的定义为 $dS=\frac{dQ}{T}$（可逆过程），而且应用类比方法，很容易得到熵 S 与

体积V具有同样的性质，因此得到，熵既是状态量也是广延量的性质. 这样做，既使得物理概念和理论系统化，又避开了复杂的数学推导，突出了重点，化解了难点.

可靠性较小而创造性较大是类比法的重要特点. 由于类比的两个事物可以是同类的，也可以是不同类的，甚至是类差很大的；它们之间进行类比的属性可以是本质的，也可以是现象的；它们之间的相似点可以有多个，也可以只有一个. 所以，类比法有利于充分发挥科技工作者的想象力，可以在广阔的范围内把不同的事物联系起来进行类比，而产生具有创造性的科学思维. 然而，类比法在各种逻辑推理方法中又是可靠性较小的一种方法. 因为类比法是异中求同，如果根据两个事物具有相似性进行推理，且推出的属性恰好是它们的差异性时，类比法的结论就会发生错误. 类比推理的前提和结论之间没有必然的联系，只是一种可能性，这就决定了类比只是一种或然性推理，再加上类比法的推理规则是很不严密的，因此类比推理的可靠性较小. 因此，我们既要认识类比的开拓创新作用，也要认识其结论的不可靠性. 需要把它与其他科学方法配合起来，使其得到的结论更加符合实际.

科学研究犹如登山，在已有的基础上摸索前进，每一步试探和摸索都是以已有的进展作为立足点. 类比法就是立足在已有的基础上，进一步发展科学知识的一种有效的试探方法. 在认识过程中，人们为了变未知为已知，往往借助于类比方法，把陌生的对象与熟悉的对象相对比，把未知的东西与已知的东西相对比. 这种类比的方法，在科学研究中具有启发思维、提供线索、举一反三、触类旁通的作用. 正如德国哲学家康德所说："每当理智缺乏可靠论证的思路时，类比这个方法往往能指引我们前进."

类比是提出科学假说，发展科学理论的重要方法. 科学中的许多重要理论往往开始时以类比法提出假说，然后通过实践检验发展为科学理论的，从而开辟一个新的研究领域. 如奥地利物理学家薛定谔从实物粒子具有波动性观念出发，粒子(质点)的运动遵守牛顿定律，波动又遵循什么样的规律呢？在这一思想的启发下，薛定谔通过各种尝试，终于在1926年创立了支配微观粒子运动的薛定谔方程.

类比是促进工程技术发展的重要方法. 人们看到风筝依靠风力可以升空，便把它和初期的飞机的机翼进行类比、仿制，促进了飞机制造技术的发展. 20世纪发展起来的仿生学，就是把生物的导航、识别、计算等小巧性、灵敏性、快速性的优点与机器相应部分的功能进行类比、仿制，进而研制出性能优异的新型机械系统和电子系统，促进了技术的发展，创造出了许多新型的机器设备和材料.

其实，熟练地掌握类比方法对于大学物理的学习也是大有裨益的. 例如，在学习刚体定轴转动时，刚体转动的规律与质点平动的规律是不相同的，但由于描写刚体定轴转动的物理量与描写质点平动的物理量存在一一对应关系，就可由质点平动的定律类比得到刚体定轴转动的规律. 这样运用类比方法进行学习，可以收到事半功倍的效果.

2. 假设

根据已知的科学原理和科学事实，对未知的自然现象及其规律性所作的一种假定性的说明，称为假设或假说. 所谓假说，就是人们根据已知的事实材料和科学原理，对尚未被认识的自然现象及其现律性所做出的一种推测性、假定性的说明，如爱因斯坦在解释"光电效应"时提出的"光量子"假说，玻尔在解释氢原于光谱时提出的"角动量量子化"假说等.

假说具有两个基本特点，即科学性和假定性. 假说以一定的科学事实和已知的科学知识为依据，具有科学性. 它是经过一系列的科学论证后提出来的，其立论根据和内容具有一定的真实性. 所以，假说既区别于毫无事实根据的荒诞迷信和虚伪妄说，也不同于缺乏逻辑基础的简单猜想或随意幻想. 虽然科学假说并不排斥富有启发性的猜想和幻想，但它们并不是真正意义上的假说. 有些假说即使是后来被证明是完全错误的，但在科学史上它们仍然是在特定条件下具有特定意义的假说，如作为电磁波传播介质的“以太”假说. 有些幻想即使在今天已经变成了活生生的现实，那也构不成科学假说. 例如，嫦娥奔月的神话虽然具有永久的魅力，而且今天实现了登月的壮举，仿佛就是神话变成了现实，但它只有艺术价值，并没有科学价值. 假说之所以是假说，由于它的事实根据还不充分，其核心内容和主体部分还有待于实践验证. 它具有一定的猜测性，是建立科学理论的一种预制品，或者说是一种“毛坯”；在未被实践检验和证明之前它还不是科学理论. 在实践检验下，有的假说转化为科学理论，有的假说被证伪而否定.

科学假说的上述特点，决定了它在科学认识中有着十分重要的作用. ①假说使科学研究带有自觉性. 从假说的提出开始，它就具有预见的作用. 人们可以根据假说安排新的观察和实验，使科研工作有目的、有方向、有计划地进行，不陷入盲目摸索的境地. 事实上，科学史上大部分观察和实验，都是为了证明某种假说而进行的. ②假说是建立和发展科学理论的必由之路. 人们在认识自然界时存在主观和客观方面的双重困难. 在客观上，自然界在广度、深度、发展变化上都是无限的，可是在一定的历史条件下，人们只能接触到有限的东西；而且它们的本质和规律性并不是赤裸裸地暴露在外面而可以一下子获得的，相反它们往往被一些表面的、次要的、偶然的现象掩盖着. 在主观上，人类认识世界的能力虽然没有界限，但在一定的历史条件下认识的局限性又是不可避免的，认识的程度往往打上时代的烙印. 当主客观条件还不具备建立起科学理论时，就必须通过科学假说这个中间环节. 因此，假说是自然科学发展的重要形式. ③错误的假说在科学的发展过程中，在有些情况下具有积极的意义. 错误的假说并非绝对的错误，总是包含着某些合理的成分. 善于从错误的假说中剥取包含真理的颗粒，是人们认识真理、发展真理的必要环节. 所谓错误的假说，是指经过实践证明，该假说的假定性在总体上或在主体上不符合客观情况，而不是假说的全部内容都不正确. 这是错误假说与臆想的错误之间的原则区别. 例如，“以太”一直是光的波动说的一个重要依据，在推动光学的发展中曾经起过积极的作用，而且曾经引导人们进行新的实验探索，从而为科学的发展开拓出新的领域. 为了要监测“以太风”或者验证“以太”是否真实存在，就有了著名的迈克耳孙-莫雷实验. 这个实验的直接目的虽然是为了验证“以太”假说，但这个实验却又提示人们去探索光速不变原理，而光速不变原理正是爱因斯坦相对论的基本前提之一. 又如，地心说、热质说、磁荷假说等，虽然已被证明为错误的假说，但也曾经在历史上起过积极的作用.

科学发展历史表明，自然科学理论发展的过程，就是假说的连续和假说内容的不断精确化、深刻化的过程. 即使在自然科学理论相对成熟的时代，在各门自然科学中也仍然是假说林立和假说的连续更替. 特别是在各门自然科学的前沿，在一切探索性较强的领域，情况更是如此. 如果你有幸进入基本粒子、分子生物学和宇宙学等领域中探索，就会发现自己进入了假说的茂密树林之中. 假说是自然科学理论发展的形式，没有假说，就不会有科学探索，也就不会有任何科学理论.

因此科学假说在形成的过程中，必须遵循以下一些原则：①要从事实出发，又要超越事实. 从事实出发，实事求是，这是唯物论的基本原则. 因此要以确凿的事实作为提出假说的客观基础. 但是，人们接触到的事实材料毕竟是极其有限的，而要从中找出的规律、建立的科学理论则是普遍的. 科学的任务，就是要从个别中找到一般，从特殊中找到普遍，从暂时中找到永久，从有限中找到无限. 这就需要人们的思维超越有限的事实，突破事实材料的局限性，充分发挥理性思维巨大的创造力，大胆地提出新的假设，建立科学假说. 超越事实的想象是提出假说必需的能力. ②既要遵循原有的科学理论，又不要受它的束缚和限制. 原有的科学理论是经过一定的实践证明了的，具有一定的客观真理性，是不能随便违反的. 但是当原有理论解释不了新出现的事实时，就需要提出新的假说，这就决定了假说要突破原有的科学理论. 真理本身是一个过程，它是不断向前发展的，提出假说就是真理向前发展的形式，这就特别需要有大胆创新的精神. 1900 年，德国物理学家普朗克提出了量子论假说，在理论上圆满地解释了黑体辐射；1905 年，爱因斯坦把普朗克的理论加以推广，提出了“光量子”假说，成功地解释了光电效应；1924 年，德布罗意在爱因斯坦光量子理论的启发下，提出了物质波假说，并得到了电子衍射实验的证实；1926 年，薛定谔又在此假说的基础之上，创立了量子力学. 可见，由于普朗克的大胆创新精神，引起了物理学理论上一系列的革命. ③既要敢于坚持，又要善于放弃. 当假说没有被客观事实证伪之前要敢于坚持，一旦被客观事实证伪之后，就要善于放弃. 因此，要养成服从客观证据的思想习惯，力戒不顾事实的偏爱和固执. 如果不能明智果断地放弃与客观事实不符的意见，往往会阻碍科学的发展.

假说是理论的可能方案，但还不是真正意义上的理论. 如果一个假说满足了以下三个条件，就可以认为假说已经转化为理论. ①新理论不仅能够说明旧理论能够说明的自然现象，而且能够说明旧理论不能说明的自然现象. 这是因为旧理论对当时所观察的自然现象的说明经过了一定的实践检验，因而具有客观真理性. 但由于历史条件的限制，旧理论还不能够说明更多的、新的自然现象. 因此新理论就必须说明旧理论还不能说明的自然现象，解决旧理论与新事实之间的矛盾. ②新理论要以深刻的认识代替旧理论的原有认识. 旧理论由于历史的局限性会产生片面的或局部的认识，这是不可避免的现象. 新理论必须以比较深入的认识代替表面的认识，以比较正确、全面的理论代替片面的、甚至错误的理论. 爱因斯坦相对论与牛顿经典力学的关系就是一个典型的例子. ③新理论要预见尚未观察到的自然现象. 一个新理论的确立和发展，不仅要说明旧理论能够说明的自然现象，以深刻的认识代替原有的认识，而且要能够预见到现在没有为人们所观察到的，但通过科学实验的发展将来一定能够观察到的自然现象. 这是科学理论的一个重要标志，也是科学理论的一种特殊功能. 不少科学理论，当它确立后，在实践尚未暴露它的局限性之前往往展示出这种预见性的能力. 爱因斯坦的相对论至今已近一个世纪了，它的基本原理及其科学的预测得到了越来越多的实验证实. 例如，关于物质能量与质量关系的推论：$E=mc^2$，从理论上科学地预言了原子内蕴涵了巨大的能量，后来原子弹的出现和原子能的应用充分证实了这一预言.

一个真正的科学理论必须能够预见未来，指导实践. 然而，这种理论仍然是相对真理，理论随着实践的发展又接受新的假说的挑战，假说和理论之间的转化是不会终结的.

假说作为科学研究的一种思维形式，一般经历四个步骤：①提出问题. 任何科学研究都是从问题开始的，因此提出问题是为假设提供论释的对象. ②占有资料. 面对提出的问题，需要通过观察、实验、实地调查、阅读文献等，尽可能地占有相关的资料. ③提出假设或猜想. 对占有的材料进行分析研究，去粗取精，去伪存真，找出共性，引出规律，考虑关于问题的各种可能的解释，提出一种较为完善的说法. 假设是建立在一定的实验材料和经验事实的基础上、并经过一定的科学论证而提出的，因而既与毫无事实根据的迷信、臆断不同，也和缺乏科学论证的简单猜测、幻想有区别. ④验证假设. 提出假设后，要返回问题试着用它来解释目前的关于相应事物的性质、规律，由于假设通常是在运用类比、归纳的方法上建立起来，或是直觉、灵感中闪现出来，除完全归纳外，靠这些方法得出的结论不一定为真，因此假设具有猜测性，它要发展成科学理论，必须经受实践的检验.

假设有三种可能：其一，设想与实践结果不符合，经不起实践的考验，最终被抛弃掉. 比如，物理学发展历史上的关于“热素说”、“以太说”、“地心说”等假设，就因后来被实验证实是错误的，而被抛弃掉. 其二，假说与实践比较，基本正确或部分正确，其中包含有错误，尚需修改或补充. 如哥白尼的“太阳中心说”，对太阳系而言，事实证明他假设的行星绕日运行，地球仅是太阳系中的一颗行星，是正确的. 但是他的“太阳是宇宙中心，行星围绕太阳旋转的轨道是圆形”的假设就是错误的，后来的天文观测表明，太阳只是一颗普通的恒星，在太阳之外，还有无数的恒星，太阳系中行星的轨道是椭圆形，太阳位于椭圆的一个焦点上. 哥白尼的假设由于正确的保留、错误的修正而得以发展. 其三，假设与实践结果一致，从而上升为科学理论，这样的情况出现的概率很小，法拉第说过“就是最有成就的科学家，他们得以实现的建议、希望、愿望以及初步结论，也只不到十分之一”.

（三）分析与综合

分析与综合是揭示个别和一般、现象和本质的内在联系的思维方法. 科学研究中，面对发展变化的研究对象，总是不断地进行分析和综合.

1. 分析

把研究对象分解成为各个组成部分（或方面、层次、因素等），然后对各个组成部分（方面、层次、因素）进行逐一考察，从中认识事物的基础或本质的研究方法，称为分析方法. 分析过程大致是先把部分从整体中“分割”出来，然后深入分析各部分的特殊性质，再进一步分析各部分间的相互联系和相互作用. 分析的关键，一是寻找依据，即尽可能搜集完整、正确、不带有偏见和误差的原始资料、事实、素材、实验数据等；二是思维加工，即将各部分的特殊性质、各部分间的联系或作用整理出来并上升为观点，或有说服力的定性定量说明. 常见的分析方法有**矛盾分析法**和**元抽象分析法**.

（1）矛盾分析法. 所谓矛盾分析法就是在将整体分解为各部分的基础上，把各个部分放在相互联系、相互作用和发展变化中去考察，从中找出处于支配地位、起主导作用的矛盾或矛盾的主要方面，以达到认识事物的本质. 例如，物理实验有对数据的处理和误差分析的环节，先从使用的工具（包括仪器、装置、药品、样品等）和具体操作的人，找出造成测量数据出现误差的原因；再从现场偶然发生的情况，分析可能对测量的影响，进而从众多的原因中分析对测量影响最大的原因，以判断实验可以忽略哪些因素，而重点关注哪些因素等，用的就是矛盾分析法.

（2）元抽象分析法. 元抽象分析法又称微元法，即是从研究对象中设法任意抽取其中的一小部分，分析这一小部分有哪些相对稳定的性质、它与其他相邻小部分之间有什么联系，进而作出定性和定量的判断. 例如，物理学中研究流体，是从流体中任抽出一个极小的部分，称“体积元”；研究刚体，是从刚体中任取一个极小的质量，称“质量元”等，然后分析这些小单元中各种物理量的相互关系及其变化规律，建立起描述整个过程的函数关系或微分方程，从而不仅可以求出物理过程在某一特定条件下的瞬时状态，而且可以认识整个物理过程的运动特点和运动趋势. 这里，既有判定研究对象是否其有某种成分或某方面属性的定性分析，又有判定研究对象各种成分的数值以及各成分之间的数量关系的定量分析.

总之，分析的方法呈多样性，而且各种方式或途径并不是相斥的，而是相容的. 对某个特定事物进行具体分析，究竟采用何种方法，取决于研究课题的内容与认识要达到的具体目的.

2. 综合

综合方法就是把研究对象的各个部分、各个侧面、各个因素连接和统一起来加以考察，从而在整体上把握事物的本质和规律的一种思维方法. 综合方法的特点是在事物的各个部分联系起来成为整体时，力求通过全面掌握各个部分、各个方面以及它们的内在联系，然后加以概括和上升，从事物各个部分及其属性、关系的真实联系和本来面目上复现事物的整体. 例如，英国物理学家法拉第综合各种电磁感应的实验现象提出了法拉第电磁感应定律，实现了他“把磁转变为电”的设想. 他的这一发现预示着人类即将进入电气时代.

综合方法在科学研究中的地位是举足轻重的，它是通往科学发现的重要途径. 物理学发展历史上曾出现过几次大的理论综合，如英国物理学家牛顿用它的万有引力定律和力学三定律完成了地面物体和天体的机械运动的理论统一，这是物理学的第一次大综合. 在牛顿之前，开普勒曾经猜测太阳是行星运动的力量之源. 伽利略曾经提出行星和卫星在轨道上运行，而不是沿直线方向向空间飞去，其原因是力在起作用，但这个力是否存在，并未得到证实. 后来，胡克在实验室发现了引力. 这些“科学巨人”只是把辛勤采得的“彩贝”撒在沙滩上，而牛顿却综其大成，把这些“彩贝”缀成科学的“宝环”，综合为万有引力定律，成了“站在巨人肩膀上的”的经典力学的奠基者. 又如，麦克斯韦总结了前人的成果，特别是总结了从库仑到安培、法拉第等的电磁学研究的全部成果，并在前人工作的基础上创造性地提出了“涡旋电场”和“位移电流”等概念；并以其高度的概括和卓越的数学才华，把纷繁复杂的电磁场运动的一系列基本规律用四个偏微分方程加以概括，建立了电磁场方程组——麦克斯韦方程组；并由此预言电磁波的存在，且其传播速度等于光速，而光(可见光)不过是波长在某一范围内的电磁波，从而揭示了电、磁、光的统一性，这是经典物理学的又一次大综合. 还有爱因斯坦的相对论，使力学和电磁学，乃至整个物质世界的时空观获得统一.

物理学的每次大综合都带来了生产力的大发展，综合是通向技术革命的重要途径之一. 随着现代科学的发展日益出现整体化趋势，学科高度分化而又高度综合，只有运用综合方法才能更好地开拓新领域，建立新学科，打开新局面. 当代一系列综合性学科、边缘学科、横断学科的相继出现，无疑与综合方法的运用是分不开的. 综合是创造，正是综合的方法使科学认识中的涓涓细流聚成奔腾的江河，进而汇成澎湃的大海.

综合方法又可分为系统综合、对称综合和移植综合等.

(1) 系统综合. 人们研究各种自然现象时，既从相互区别中考察事物的多样性，又从相互联系中考察事物的统一性，综合各方面表现中的有机联系和结构，从而达到多样性的统一，这就是系统综合. 比如，一条河被污染，分析其原因：工厂排放的冷却水，引起河水温度升高，溶解氧量降低；或者沿途人们倾倒的垃圾、污泥、不溶于水的废弃物悬浮于水中，妨碍水生植物的光合作用，这些是物理污染；工厂排放的化工废弃物，引起河水中磷、硫、铁、铜、汞、苯等物质的含量增加，严重影响到生物的生存，这是化学污染；动物粪便进人河流，对人畜有害的病苗会迅速繁殖，化肥在水中会引起藻类大量生长，挡住其他水生植物所需的阳光，而且一些有害的化学物质通过水生植物的食物链，使鱼类身体内集聚较多的有害物质，这些是生物污染. 我们在分析完各种污染之后，采取综合治理方案，一是加强工业废弃物的管理，让排污严重的工厂搬离沿河地区；责令工厂增设净化技术设备，最大限度地降低污物中有害物质的含量；在工厂中通过技术改造，回收废弃物中有价值的东西，利用冷却水开设浴室养热带鱼等. 二是加强对工厂排污的经济惩处和对沿河居民的环保教育，制订一定的法规条令，杜绝向河道倾倒垃圾、污泥、粪便的现象等，这就是系统综合. 又如，在物理学中，我们在求解力学中的联结体问题时，除了利用隔离体受力分析之外，还需考察联结体作为一个整体时的运动和受力，只有综合各个隔离体的运动与受力以及整体的运动和受力，才能全面找出各部分的联系，以求出待求的物理量，这也是一种系统综合.

(2) 对称综合. 对称法又分形象对称法和抽象对称法，它们都属综合法. 以一定的事物材料为基础，运用形象思维构造出某种对称或近似对称的模型、图像、符号、表格等形象对称体，从而对研究做出综合性判断的方法是形象对称法. 而对称平衡和对称添补统称为抽象对称法.

某些概念、命题或理论，虽然对于客观事物的两个对称方面的性质都有所反映，但是这两个方面的性质在理论体系中处于一种不自然的非平衡地位，从而使理论显示出一种不自然的破缺来，而对理论体系内部两个不对称的方面进行恰当的调整和改造，使这两个方面在理论体系内部基本处于平衡，这是对称平衡法. 比如，爱因斯坦为了改造牛顿力学和电动力学对于伽利略变换下的不平衡，利用洛伦兹变换和两个基本假设，创立了狭义相对论；而狭义相对论中惯性系与非惯性系二者又出现不对称，他进而又进行新的探索，最后找到使二者处于一定对称平衡地位的方法，创立了广义相对论.

另外，当概念、命题或理论仅反映客观世界一个方面的性质，而没有反映与之对称的另一方面的性质时，是缺项造成的不对称；而假设存在一个与已知方面相对称的未知方面，从而把原缺项不对称改造成对称，这是对称添补法. 比如，1924 年，德布罗意发现当时的物理学研究仅关注物质的粒子性，而完全忽略其波动性，他认为这是物理学物质理论中一种缺项造成的不对称，于是提出存在物质波的独创性见解，把物质的波动性添补到关于实物粒子的理论中去，从而为建立量子力学奠定了基础.

(3) 移植综合. 科学研究中，常把原先看起来不相关的知识、理论和现象移植到所研究的对象中来，综合研究、寻求新的发现，这是移植综合. 例如，X 射线被发现后，由于它的折射、干涉、衍射等特征未被证实，人们不相信它是一种光波；而当时物理学的另一件悬案是奥伊关于晶体空间点阵的结构假设. 德国物理学家劳厄成功地运用移植综合，将上述两件看起来毫无联系的事巧妙地联系起来，他以晶体为光栅，使 X 射线的衍射实验成功，既证明了关于晶体点阵结构学说的正确，也证明了 X 射线是一种电磁波. 劳厄还从晶体结构出发，计算出一组劳厄方程式，以对晶体结构进行定量分析，为后人开辟了一条用 X 射线研究晶体的新路. 又如，科学家们把美学知识移植到自己研究的数学、物理学、化学、生物学、地理学的领域中，综合研究该领域中各种美的因素，对比例、对称、自洽、多样统一等美学观点赋予新的意义，使该领域的理论更能体现出一种科学美，这就运用到移植综合.

分析是综合的基础，没有分析就没有综合；综合是分析的发展，没有综合，分析也就失去应有的价值. 从两者各自的出发点和思维运动方向看，它们似乎是相反的、对立的，但它们却又是统一的、相互依存、相互渗透、依一定条件而相互转化的. 我们知道，定积分概念的形成，就是经过在极限意义下的先“化整为零”(分析)，再“积零为整”(综合)的过程. 上例充分说明分析是基础，综合是发展这一辩证关系. 又如，对热现象的物理学研究，最初仅是对热现象进行客观的描述和测量，到了 19 世纪中叶，气体分子运动论的理论提出后，人们发现宏观的热现象都是无规则运动所表现出来的统计规律，在此基础上，建立了经典统计力学；20 世纪初，量子物理建立后，人们又从原子和电子运动的层次分析了热运动，进一步揭示了热运动的本质，并在此基础上建立了量子统计物理. 对热运动的这一认识过程就是分析和综合不断深入的过程，在对热运动分析基础上的综合以及进一步在新的分析基础上的新的综合，从而不断地在新的层次上一步一步地揭示了热运动的本质.因此,我们应当善于把分析和综合辩证地结合起来,在实践中,正确把握分析和综合的思维方法,才能使认识不断发展和深化.

(四)归纳与演绎

逻辑学中,对事物发展作断定的思维形态称为判断;而根据一个或几个已知的判断推出一个新的判断的思维形态,则称推理.已知的作为推理出发点的判断称前提(或理由);推出的新判断称结论.只有存在某种逻辑联系的前提和结论才能构成推理.因此,可以说,推理是凭借推理形式(即前提与结论之间的联结方式),将前提和结论两部分联结而构成的思维形态.根据前提与结论的联系性质,推理可分必然推理与或然推理;前提与结论有必然性关系的,即前提蕴涵结论的,叫必然性推理;前提与结论无蕴涵关系的叫或然性推理.

归纳是以个别(或特殊)的知识为前提,推出一般性、普遍性的结论,由于前提不一定蕴涵结论,故归纳推理是或然性推理.而演绎是以一般的、具有普遍性的知识为前提,推出的结论是特殊的知识,由于前提蕴涵结论,即一类事物所共有的属性,其中每一特定事物必然具有,因此演绎是必然性推理.

1. 归纳

归纳是从个别事物中概括出一般原理的推理方法.客观存在的许多事物都有其个性、特殊本质,又有其共性、共同本质,而共性寓于个性之中,无个性即无共性.只有通过个性,才能认识共性,只有通过特殊,才能认识一般,这是归纳法的客观基础.因为任何个别事物都包含着某种一般性,这就使归纳的结果有一定的可靠依据.但是,任何个别都不能完全地包含在一般之中,因此归纳的结论就不能不带有一定的或然性.

物理学理论的基本构架是由一些大大小小的定理、定律构成的.所谓小的定理、定律,就是适用面较窄的定理、定律,如库仑定律、欧姆定律等;所谓大的定理、定律,就是放之宇宙而皆准的定律,如能量守恒定律、动量守恒定律等.物理学上应用较多的是不完全归纳法,即从一个或几个情形的考察中做出一般结论.

归纳方法是人们广泛使用的最基本的思维方法,在科学认识中,具有重要的作用.主要表现在这几个方面:①归纳方法是从经验事实中找出普遍规律的认识方法.自然科学中的经验定律、经验公式都是运用归纳法总结出来的.因为任何一门自然科学在发展过程中,都有一个积累经验材料的时期,然后从大量观察、实验的经验材料中发现自然规律,总结概括出科学定理或原理,这是科学工作中最初步而且是最基本的工作.例如,从理想气体实验三定律(玻意耳定律、盖·吕萨克定律及查理定律)归纳总结出理想气体状态方程.②通过某些现象相关变化的事实,寻找研究对象的因果关系.人们在观察事物时会遇到某些现象同时出现或同时不出现,某些现象同时按比例变化,据此寻找现象之间的因果关系.例如,人们在观察物体的体积和温度的相互关系时,无法消除物体的体积和温度之间的相互影响,这时就可以运用归纳法,准确地描述它们之间的因果关系.许多仪器仪表,如温度计、气压计、电表等,就是依据两个因素之间的共变关系制作的.③归纳法为合理安排实验提供了逻辑根据.归纳法不仅是一种认识方法,而且对科学实验具有指导意义.为了把科学实验安排得有效合理,需要参照判别因果关系的归纳法安排一些可重复的实验,以便考察实验条件与研究对象之间是否有同一关系(同时出现)、差异关系、共变关系等,从而使实验简明,提供的经验材料也比较可靠.

因果联系归纳法是比较典型的归纳方法.根据某类事物的部分对象的情况,分析这些情况产生的原因，从而推出关于这类事物的一般性结论的归纳方法，称为因果联系归纳法. 它是由英国哲学家和逻辑学家穆勒(J. S. Mill, 1806～1873 年)总结的，即**求同法(契合法)**、**求异法(差异法)**、**求同求异并用法(契合差异并用法)**、**共变法**和**剩余法**，又称**穆勒五法**.

(1) 求同法(契合法)

在不同场合下考察相同的现象，如果这些不同场合里只有一个共同的条件，那么这个条件就是这种现象的原因. 其一般形式为：

场合	条件	现象
(1)	A、B、C	a
(2)	A、D、E	a
(3)	A、F、G	a
…	…	…
推论	A 是 a 的原因	

例如，伽利略在教堂发现一盏吊灯的摆动，其振幅虽然逐渐减小，但摆动一个来回所需的时间——周期总是不变，这是什么原因？他考察了各种不同材料做成的不同形状的钟摆，并且设法改变摆锤的质量或摆杆的长，发现无论其他情况怎么变，只要摆杆的长度不变，摆的周期也就相同. 于是他找到了摆的等时性原因，即摆长相同，摆动的周期也就相同. 这就是求同法.

(2) 求异法(差异法)

考察某现象，若该现象在第一个场合出现，在第二个场合不出现，这两个场合只有某一个条件不同(不重现)，那么这个条件就是该现象出现的原因. 其一般形式为：

场合	条件	现象
(1)	A、B、C	a
(2)	D、B、C	—
(3)	E、B、C	—
…	…	…
推论	A 是 a 的原因	

例如，为了检测某种物质(如空气)的吸收峰，人们往往在相同的条件下(如温度、浓度、环境情况和检测设备等都相同)用不同波长的电磁波测试其吸收率，如果物质只对某一波长的电磁波(往往是红外线)吸收率最大，则这个波长就对应着这种材料的吸收峰. 这就是求异法.

(3) 求同求异并用法

如果在所研究的现象出现的几个场合中，都存在着一个共同条件，而在所研究现象不出现的几个场合中，都没有这个条件，那么这个条件就是这种现象的原因. 其一般形式为：

场合	条件	现象
正面场合(1)	A、B、C	a
(2)	A、D、E	a
反面场合(1)	B、F	—
(2)	D、G	—
推论	A 是 a 的原因	

例如，岱庙院内有两棵生长 300 多年的大银杏树，多年来一直郁郁葱葱，树叶碧绿，果实丰收. 1988～1989 年大旱，其中西侧的 216 号树发生大面积树叶枯黄现象，大水漫灌也不见效. 管理人员通过考察分析发现：与 216 号树仅隔一条甬路的东侧 215 号树却照样树青叶翠，一如往常. 更奇怪的是在岱庙后寝宫之北有两株 30 余年的银杏幼树，其位置与 215 号和 216 号树南北相对，西侧一株树叶枯黄，而东侧一株翠绿如常. 四株树的生活环境：土质、雨水、日照、管理基本相同，为什么会出现这种现象呢？原来，216 号树之南有一水井，名为“醴泉”，由于天旱，近年大量抽水使用，水位严重下降；而 215 号树之南虽然也有水井，但久已填死，不再使用，地下水位降低不多. 是否“醴泉”的使用造成地下水位下降是银杏树树叶枯黄的原因呢？后来管理部门命令停用“醴泉”，银杏树已枯黄的叶子果然逐渐返青，树冠又碧绿如初了. 此例应用了求同求异法. 216 号银杏树与它北面的 30 年的小银杏树，南面有水井，并经常使用，两树树叶变黄，这是求同；215 号树与它北面的 30 年的小树，南面水井被填，树叶没有变黄，这又是求同；一边水井大量抽水，另一边不再使用，这是求异；将这两种情况加以对比，说明水井的使用是银杏树树叶变黄的原因，这也是求异.

人们正是应用这种方法来探索电磁场物质本性的. 人们往往是通过测量物体的质量、能量、动量等物理量来认识实际物体(尤其是微观粒子)的. 因此，具有质量、能量和动量是物质的一般性质. 电磁场也具有能量，根据质能关系式 $E=mc^2$，电磁场也应该具有质量，变化电磁场传播时还具有动量，所以电磁场具有物质的一般性质，因此电磁场是物质. 同时人们还意识到，实际物体总是局限在一定的区间内(具有集中性)，两个实物不可能同时占据同一空间(具有不相容性)，但是电磁场却可以弥漫在广袤的区域(具有分布性)，不同的场可以同时存在于同一个空间(具有叠加性)，这是与实际物体不同的特性，所以电磁场是与实物不同的物质形式. 于是人们认识到电磁场是物质的一种存在形式，从而知道了电磁场的物质本性. 在这里，人们首先认识到了实际物体与电磁场都具有的物质共性，这就是求同；分析得知了实际物体与电磁场各自不同的物质特性，这就是求异.

(4) 共变法

如果某种条件发生变化，所研究的现象也发生变化，其一般形式是：

场合	条件	现象
(1)	A_1、B、C	a_1
(2)	A_2、D、E	a_2
(3)	A_3、F、G	a_3
…	…	…
推论	A 是 a 的原因	

例如，把新鲜的植物叶子浸泡在有水的容器里，并使叶子照到阳光，就会有气泡从叶子表面逸出并升出水面. 日光逐渐增强，气泡也逐渐增多，日光逐渐减弱，气泡也随之减少，由此判断：植物的叶子放出气泡与日光照射有关. 这就应用了共变法. 物理学中的大部分实验都是应用共变法. 例如，用伏安法测电阻，就是根据电流随电压的变化而变化的原理，应用共变法来实施的.

(5) 剩余法

如果已知被研究的某一复杂现象是由另一复杂原因引起的，那么，把其中确认为因果关系的部分减去，所余部分也必属于因果关系，即原因的剩余部分，是结果的剩余部分之原因. 其一般形式是：

复合原因 ABC 是复合现象 abc 的原因	ABC——abc
已知 B 是 b 的原因	B——b
已知 C 是 c 的原因	C——c
所以：A 是 a 的原因	所以：A 是 a 的原因

例如，有两位化学家观察到，大气中的氮比各种化合物中分离出来的氮，在相同条件下多出 0.5%的质量. 于是他们想，空气中的氮的多余质量，必定是一个同氮相联系在一起的未知元素的质量. 后来，化学家们根据多次实验发现了新的化学元素——氩在里边. 大气中的氮的含量异常是个复合现象，除去已知的 99.5%的质量是氮的质量，剩余的 0.5%的质量是一种未知元素的质量，这就用到了剩余法. 又如泡利在研究放射性元素 β 衰变时，发现衰变过程中能量不守恒，他认为有一个“小偷”偷走了能量，而这个“小偷”就是尚未发现的一种粒子；衰变过程中的能量差异，就应当是这个粒子的能量. 通过进一步的检测和运算，泡利确定了这种粒子的各种性质并且命名为中微子，后来人们终于在实验上发现了中微子.

值得指出的是，归纳法带有很大的或然性，因此也有很大的局限性. 这是因为归纳法以直观的感性经验为主，因而难以揭示事物的深刻本质和规律. 归纳只能根据已经把握的一部分事物的某些属性进行归纳，无法穷尽同类事物的全部属性，因而做出的结论可能与客观事实相矛盾，所以我们要努力克服其局限性. 要做到这一点，一种方法是努力增加被考察对象的数量，扩大接触面；另一种方法是尽量搜集反面事例.

在大学物理的教学中常采用“不完全的”归纳法，即从一个特例出发，经过简单的推理，得出一个结论，而后将其普遍应用. 比如，磁场安培环路定理、电场能量密度和磁场能量密度的表达式等，这些结论都不是经过严密的推导得出来的. 这种方法上的“漏洞”往往令教师过意不去，或者是使学生怀疑理论的严密性. 对此我们可以这样来认识，这种不完全的归纳法不单是物理教学的主要方法，而且是物理学研究的重要方法，这样做是天经地义的，作为教师不必问心有愧，有时“不讲道理”的归纳方法正是解决问题的很好途径，通过这种教学方式可以训练学生运用归纳方法的能力.

2. 演绎

演绎推理是由一般的、普遍性的命题推出特殊的、个别性的命题的思维方法. 常遇到的演绎推理有**直言判断推理、假言判断推理和选言判断推理**.

1) 直言判断和直言判断推理

无条件地判定对象共有或不共有某种性质的判断称直言判断，它包括全称肯定判断(所有 S 都是 P——SAP)，全称否定判断(所有 S 不是 P——SEP)，特称肯定判断(有的 S 是 P——SIP)和特称否定判断(有的 S 不是 P——SOP). 由一个直言判断作前提，或根据直言判断的对当关系推出结论的推理，称直言判断直接推理. 例如，由“水在 0～4℃不是热胀冷缩”这个特称否定判断为真，推出“所有的物体都具有热胀冷缩的性质”这一全称肯定判断为假；逻辑式为：$SOP \rightarrow \overline{SAP}$. 由“水在任何情况下都是热胀冷缩”这个特称肯定判断为假，推出“所有的物体不都是热胀冷缩的”这一全称否定判断为真；逻辑式为 $SIP \rightarrow \overline{SEP}$. 由“凡金属皆导电”这个全称肯定判断为真，推出“铜这一金属是导电的”这一特称肯定判断亦为真；逻辑式为 $SAP \rightarrow \overline{SIP}$.

由“有的商品不具有交换价值”这一特称否定判断为假，推出“商品不都具有交换价值”这一全称否定判断亦为假；逻辑式为 $SOP \to \overline{SEP}$.

与直言判断相关的三段论，由三个简单直言判断组成，其中前两个判断叫前提，后一个判断叫结论. 就主项和谓项而言，它包含且只包含三个不同的概念，每个概念在判断中各出现一次，任何两个判断都包含一个共同的项. 其一般形式是：

大前提：所有 M 是 P 或所有 M 不是 P；

小前提：所有 S 是 M；

结论：所以所有 S 是 P 或所有 S 不是 P.

例如，能量在转变前后总量是守恒的(大前提)，β 衰变是一种能量的转变(小前提)，所以 β 衰变前后总能量是守恒的(结论). 这个推理过程就是三段论.

既然 β 衰变前后总能量守恒，而电子带走的能量小于衰变前的能量，那么，其余的那部分能量一定是被一种尚未知道的中性微粒子带走了……奥地利科学家泡利是由能量守恒律出发，在此前提下，利用三段论，提出“中微子”假说，成功地解释了原子核的 β 衰变现象.

2) 假言判断和假言推理

断定一事物(情况)是另一事物(情况)存在的条件的推理称假言推理. 它包括充分条件判断和充分条件推理、必要条件判断和必要条件推理、充要条件判断和充要条件推理.

充分条件判断和充分条件推理. 例如，“若有电荷，就有电场”，这是一个充分假言判断，其逻辑形式是：若 P 则 q($p \to q$). 而以充分条件假言判断为前提，依其逻辑特性推出结论的推理，比如紧接上句：“所讨论的空间有电荷存在，所以该空间一定有电场.”这就是充分条件假言推理.

必要条件判断和必要条件推理. 例如，“系统只有保守内力做功，该系统的机械能守恒”，这是一个必要假言判断，其逻辑形式是：只有 p，才 q($p \leftarrow q$). 而以必要条件为后续判断的前提，依其逻辑特性推出结论的推理，比如紧接上句：“此题只有重力做功，重力是保守内力，所以此题中系统的机械能守恒.”这就是必要条件假言推理.

充要条件判断和充要条件推理. 例如，“当且仅当物体所受的合外力为零、合外力矩也为零时，物体才保持静止或匀速直线运动状态”，这是一个充分必要条件判断，其逻辑形式是：当且仅当 p，才 q($p \leftrightarrow q$). 而以上述判断为前提，依其逻辑特性推出结论的推理，比如紧接上句：“依此题受力分析知，对象所受的合外力为零，合外力矩也为零，所以对象应保持静止或匀速直线运动状态.”这就是充要条件假言推理.

3) 选言判断和选言推理

断定若干可能情况存在的判断称选言判断；以选言判断为前提，并根据其逻辑性进行推理的称选言推理. 它包括相容选言判断与相容选言推理，不相容选言判断与不相容选言推理.

相容选言判断与相容选言推理. 断定多个可供选择的选言支中至少有一个选言支为真的选言判断称相容选言判断，其逻辑形式是：A 或者 B 或者 C；以此判断为前提进行的推理即为相容选言推理. 例如，前提：木星的能源或是来自它的大气层，或是来自它的表面，或是来自它的内部；推理：现已知其能源不是来自它的大气层，也不是来自其表面；结论：所以木星的能源只能来自它的内部. 又比如判断电路故障，我们常经历“此故障或者因为短路，或者因为断路引起的；经查明，电路没有断路，所以故障因短路引起”类似的思考. 又如，分析一道物理力学问题，我们常经历“此问题或者用机械能守恒求解，或者用功能原理求解；经分析，其中有摩擦力存在，机械能不守恒，所以用第二种方法求解”类似的思考，当我们作上述思考时，我们实际上已不自觉地运用了选言推理.

不相容选言判断与不相容选言推理.对多个选言支断定有且只有一个选言支为真的判断称不相容判断,其逻辑形式是:要么 P 要么 q;以此判断为前提进行的推理即为不相容选言推理.例如,前提:该过程要么吸收光子,要么辐射光子;推理:经验证该过程吸收光子;结论:所以该过程不辐射光子.

值得强调的是:假言前提必须真实,选言前提必须穷尽.若前提是虚假的,假言推理的结论就不可靠;若前提中可供选择的选言支未穷尽,选言推理的结论也不可靠.

演绎与归纳是相反相成的两种逻辑思维和推理的方法.按认识的起源来说,人们对事物的认识是从个别上升到一般;从认识发展的过程来说,总是个别和一般相互作用.因此,人们对客观事物的认识,必然是从个别到一般,又从一般到个别,两者不可分割地联系着.演绎与归纳是互为条件、相互补充、相互渗透,在一定条件下,双方是相互转化的.

在科学史上,若干科学家正是把演绎与归纳结合起来,从而获得重大发现的.例如,门捷列夫继承前人和他人的研究成果,加上自己从实验中获得的材料,经过认真的分析归纳,于 1869 年确立了化学元素的性质与相对原子质量之间关系的一般看法;再以此为指导,去分析研究当时已知的 65 种化学元素的性质与相对原子质量之间的关系,再以这一普遍规律为指导,进行演绎推理,从而预言了当时尚未发现的新元素类铝、类硼和类硅等.后来,人们在实验中发现的锌、钪和锗等,正是门捷列夫所预言的这几种未知元素.可见正确地掌握和运用演绎与归纳的辩证关系是多么重要!

(五) 科学抽象与概括

人们通过观察、实验、实地调查等实践活动,获得感性认识,而感性认识和具体的素材只有通过理性的加工,才能形成概念和规律,这就需要科学抽象.而将一个个概念之间的联系找出来,将规律和规律之间的关系表征出来,上升为科学理论,这就需要科学概括.

1. 科学抽象

抽象一词源于希腊文,其本意就是排除、抽取的意思.客观世界是由相互联系的客体组成的,而每一客体都有许多方面的属性,如大小、形状、质量、颜色、化学成分等,这些属性都统一于客体之中.而人们对客体的认识,只能是一个侧面、一个侧面地分别认识,为了认识某一方面的属性,就要暂时舍弃其他方面的属性,这样才能获得对所专注属性的认识;这种对获得的感性经验材料进行整理、加工,并运用理性思维从中抽取出事物性质和规律的思维过程,就是科学抽象.

科学抽象过程大体经历以下几个步骤:①去伪存真.即对已掌握的科学研究资料进行鉴别,区分真假,把虚假的材料剔除,保留真实的材料.②去粗取精.即对所掌握的真实材料剔除非本质的和对说明问题不具有典型性的材料,选取能够反映对象本质的和对说明问题具有典型性的材料.③由此及彼.即从事物之间的横的(同一时期,不同空间或领域)联系和纵的(同一空间或领域,不同时期)发展过程考察、分析研究,从而抽象出事物发展的规律.④由表及里.即由事物的表面现象逐步深入到事物的内部联系,拨开假象,透过现象揭示研究对象的性质和规律.用一句话来说明科学抽象过程,那就是从"感性上的具体"上升到"抽象的规定",再从"抽象的规定"上升到"思维中的具体".物理学中最常使用的理想模型法和理想实验法,从根本上讲都是一种科学抽象.

2. 概括

经过实践的验证和推动，假说逐步转化为理论的过程就是概括. 科学研究首先是观察和实验，然后通过科学抽象形成一些概念和规律，这些概念和规律是否有一定的内在联系，就需要假设；再让假设经受新的实践——观察和实验的检验，若获得实践的证明，则上升为科学理论. 找出概念和规律的内在联系，做出一些假定性说明，让这种假说经受观察与实验的检验；最后，将内在联系系统地表述出来，这整个逻辑思维过程就是概括. 概括出来的结果就是科学概念与规律的有机组合——科学理论. 物理学中的绝大部分基本定律都是在实验基础上通过概括方法建立起来的.

运用概括方法建立科学理论要注意历史和逻辑的统一. 这是因为，科学理论由一系列概念、定义、原理、定理、定律和公式构成，这些东西不是彼此孤立存在，也不是杂乱无章的简单堆砌，而是一个有序化的严谨的科学体系. 从历史的角度看，任何一门科学理论，最初是人们凭经验获得的认知，它是理论的雏形；在不断探究的过程中，会总结一些研究方法、形成一些概念及概念与概念之间的联系，这是理论形成的基础. 当原先的猜想和假说被实践所证实时，人们会把概念及其之间的联系——规律组成一个有机的整体，形成层层深入、循序渐进的理论体系. 从逻辑思维的角度看，人的认知过程也是一个逻辑思维过程，应当是从低级到高级、由简单到复杂、由感性到理性、从抽象的规定上升到思维中的具体方式；从一个结论得到另一个结论，直到得出最终的结论和论断……. 所以依据人类认识的历史发展顺序，同时也考虑在概括科学理论时的逻辑叙述顺序，使历史和逻辑实现一种辩证的统一，这是进行概括时应当注意的. 因此，具备必要的科学发展史方面的知识，概括时系统地进行历史考察，了解问题的来龙去脉和发展方向，同时具备一定的逻辑思维方法，依逻辑顺序进行概括，这对于我们是十分重要的.

（六）模拟与论证

科学模拟实际上是一种间接的实验方法，而且它大量运用逻辑思维方法和数学方法. 科学论证作为逻辑思维方法中的重要内容，是在具备前边的演绎、归纳、类比、分析与综合等方面的知识之后，应当进一步学习和掌握的方法.

1. 模拟

根据相似的理论，先设计与自然事物、现象及其发展变化相似的模型，然后通过对模型的实验和研究，间接地去实验和研究原型的性质和规律性. 这种间接的研究方法称为模拟.

科学研究中，常有一些研究对象很难或者简直不可能对它进行直接的实验研究. 例如，有的由于时过境迁（如天体演化）或尚未出现（如预期要建立的巨大工程）而无法在现场进行考察；有的由于空间范围特别广大（如地球上空数万米的大气层运动）或延续时间特别长久（如地球大陆板块的运动）而难于直接观察和实验等. 借助模拟方法，就可以克服上述时间和空间上的限制，取得有关研究对象的具体而丰富的材料. 还有一些研究对象，由于本身的特点，不宜进行直接的实验研究，只有通过模拟实验来进行. 如直接对电力系统进行短路、振荡、失真试验，不但浪费而且危险；而通过建立电力系统的动态模型进行模拟实验则可趋利而避害. 正是因为模拟方法是通过人为地建立或选择适当的模型，用其代替或再现真正的研究客体，加以实验与研究，从而克服了一般实验的局限性，大大扩大了对客体进行观察实验的范围. 还有这种情况，一些对象并不是不能进行直接的实验研究，但是运用模拟方法，通过选择或建立合适的时间空间比例的模型，在实验室的条件下加以反复试验，可使研究工作达到加快速度、减少耗费、提高质量的目的. 例如，德国在研制 V-2 型火箭时，没有进行模拟，花了大量的人力物力，经上千次的发射试验才取得成功；而美国登月飞船所用的火箭，大多数项目在地面仿真实验室中进行，从研究到试制成功，仅做了 10 次试射，足见模拟方法的优越. 根据模型和原型之间关系的特点，模拟方法又分为物理模拟、数学模拟和功能模拟等 .

1）物理模拟

物理模拟是以“模型”与“原型”之间的物理过程相似或几何相似为基础的一种模拟方法.

物理过程相似，是指在模型和原型中所发生的物理过程相似. 广义的物理模拟，包括对无生命界的物理过程和有生命界生理过程及病理过程的模拟. 物理过程相似的有：所有的矢量，如力、速度、加速度、动量、电场、磁场等，在方向上一致，在数值上有相应的比例；所有的标量，如质量、密度、温度、浓度等，在相应的时间间隔上都有相应的比例；在物质结合和组成部分方面也是相同的. 例如，大学物理实验中“静电场模拟实验”，就是根据静电场中电场线垂直等势面与电路中电流线垂直等势面过程相似，应用测量电路中等势面来模拟静电场的场强和电势分布的.

几何相似，是指不同的自然事物的几何形状相似，在这种情况下，“模型”和“原型”之间只有大小和比例的不同，而整个物理过程是一样的. “模型”只不过是“原型”按比例缩小或放大而已，物理过程的本质是一样的.

物理相似或几何相似，在相似的模拟环境中会引起运动规律的相似. 人们正是根据相似的理论进行各种物理模拟的. 例如，制造缩小尺寸的飞机模型，让其在“风洞”中进行吹风试验，以便研究飞机的气动特性；制造船舶模型在池中进行试验，以便研究船舶的特性；建造房屋模型，在实验室中模拟地震现象，研究房屋的抗震性能……，这都是物理模拟.

对有生命界的物理过程的模拟也是如此，如用动物的病理过程和生理过程来模拟人的病理过程和生理过程，从而探索某种疾病发生的原因和治疗方法，或者鉴定药物疗效和药物的毒副作用等.

物理模拟的优点是：可以在模型上直接观察到对象的物理过程，从而获得比较明确的物理概念，具有直观性；能够将原型中发生的综合过程在模型中全面地反映出来，具有综合性；可以在模型系统中接入实际系统中的某些部件、装置进行试验，具有灵活性. 但是，由于物理模拟建立在同质现象及同类运动形式的系统之间相似关系的基础之上，运用物理模拟方法可能受到限制. 例如，飞机、火箭、导弹受到空气阻力和升力，若进行超音速风洞实验，模型的加工、风洞的建造、耗电量问题、实验结果分析等，都存在很大的困难.

2）数学模拟

数学模拟是以模型与原型之间在数学形式的相似基础上进行的一种模拟方法. 对两个或两类不同研究对象的不同的物理过程，只要反映它们的运动规律的数学方程式具有相似的形式，便可以用数学形式的同一性来导出相似标准，即用数学模拟方法间接地研究.

比如，人们对地下水运动规律的研究，无法直接进行实验. 流体力学中，流速场（不可压缩无旋流场）中的速度势函数 $\varphi(x,y,z)$ 与空间坐标满足的偏微分方程为

$$\frac{\partial^2\varphi}{\partial x^2}+\frac{\partial^2\varphi}{\partial y^2}+\frac{\partial^2\varphi}{\partial z^2}=0$$

而在电磁学中，电流场中电势 $u(x,y,z)$ 与空间坐标所满足的拉普拉斯方程为

$$\frac{\partial^2 u}{\partial x^2}+\frac{\partial^2 u}{\partial y^2}+\frac{\partial^2 u}{\partial z^2}=0$$

二者形式上完全相似，而且流速场中流线与速度势的等值线（面）相垂直，电流场中电流线也与等势线（面）相垂直. 于是，可以将要研究的渗流场用一个与之相似的电流场代替，制作一个相应的电路装置，在实验室内做模拟实验，从而探求地下水运动规律.

3）功能模拟

功能模拟是以自动机（如电子计算机）和生物机体（包括人体信息网络系统）的某些行为的相似为基础，运用分析、综合、类比等方法建立模型，用模型来模拟原型的某些功能或行为. 运用功能模拟方法所建立的模型，是以动物或人体信息网络系统为原型而研究的模拟装置.

以计算机图像识别为例. 对高等动物来说，视觉神经系统的输入部分位于视网膜中，第一步是通过原感光细胞（约1亿个）将投射到网膜中的映像的辐射能变成电信号；第二步是通过一种节状细胞（约100万个）将这种电信号进一步加工，将逐个点的细颗粒的光强度信息，压缩成较为粗糙的圆形视野的中央与边缘之间的明暗对比信号；第三步是通过大脑皮层神经细胞对节状细胞输出的信号进一步加工. 用计算机进行图像识别的步骤与以上相似. 第一步，将摄像机取来的信息进行预处理，主要是压缩频带，去掉测量中的噪声和多余度；第二步是特征抽取和选择，特征抽取的目的是把原来的特征空间变换到更低维的空间，以表示图像并进行类型鉴别，而特征选择的目的是把原来给定的 N 个特征从中取出含有 e 个特征的子集（$e<N$），从而不明显降低识别系统的性能. 第三步是分类参考标准的信息参数. 全部的识别和分析过程都是用严格的数学方法处理的，并编成程序，由计算机执行.

通过上例的叙述，我们不难看出，功能模拟方法在建立模型时，或者要求模型与外界环境的功能联系即模型的输入、输出之间的关系同构于原型与外界环境的功能联系；或者要求建立模型时可以通过简化，使描述原型功能的一组元素由描述模型功能的一个元素所反映.

不论是物理模拟还是数学模拟，一般都具有三个基本步骤：一是从原型客体过渡到模型；二是对模型进行实验研究；三是从模型再过渡到原型，将对模型研究的结果外推到被模拟的研究客体. 可见，模型具有特殊重要的地位，它是认识主体，把握客体现实的中介. 模型在模拟中既是实验对象，又是认识客体的手段，在研究中行使着特殊的功能. 模型的好坏直接影响到研究工作的成效. 因此，模型是运用模拟方法的最初的也是最关键的一步，往往也是最困难的一步. 因此要求模型必须满足如下三个条件：①模型必须与原型相似（称反映条件）. ②模型在科学认识过程中要能代替真正的研究客体（称代表性条件）. ③要能够从对模型的研究中得到关于原型的信息（称外推条件）. 以上三条缺一不可，否则就失去模型的性质.

建立或选择模型还必须遵循三条原则：①简明清晰性. 如果模型与原型一样，或比原型更加复杂，模型也就失去意义. ②切题性. 模型只应当包括与研究目的有关的方面，而不是一切方面；对于同一研究客体，由于研究目的不同，模型也应有所不同. ③精密性. 同一研究客体的模型，精密度可以分成许多等级，对于不同的研究课题，精密度要求也不一样，精密度必须选择适当. 这三条原则对于正确发挥模拟方法的作用是十分重要的. 例如，电工学中研究短路电流，由于发电机、变压器以及高压线路基本上是感抗性的，利用“直流电阻模型”进行模拟实验，能方便直观地测出短路电流的大小以及各环节的电压、电流的大小；但在研究电力系统的稳定问题和有功功率、无功功率的分布问题时，上述模型就不符合需要了. 这时系统的各组成部分的电阻、电抗、电容都不容忽略，不同发电厂的电压大小及其相位也应考虑，为此采用电阻、电抗、电容等元件来复制输电线路、发电机、变压器等的阻抗，用电位调节器和相位调节器加在系统接线图的发电厂的位置上，模拟发电厂及电机的运行方式，用可调节的电阻和感抗来模拟电力系统用户的负荷，这样就建立了所谓电力系统"交流静态模型". 在此后，为了能更直接地观察和研究电力系统的各种运行情况，复制电力系统稳态运行方式和暂态过程，又发展到电力系统的"动态模拟". 可见，在选择和建立模型时，必须根据不同的研究目的，抓住主要矛盾，在不同影响精度的要求下力求简明性、切题性、精密性三者的统一，才能充分发挥模拟方法在科学技术研究中的作用.

2. 论证

运用已知正确的判断，作为确实可靠的理由，并通过推理，从理论上确定另一判断的真实性或虚拟性，这就是论证. 在科学研究中，人们常围绕某个科学问题论证，一方面要证明自己的观点，另一方面要证明或反驳别人的观点，这就需要掌握论证的有关知识.

为了使我们的思维和表达思维的语言具有确定性，就必须了解普通逻辑的基本规律：①**同一律**. 在同一思维过程中，概念必须保持同一，不能任意变更；判断也必须保持同一，不能随便转移. 违反同一律就会犯逻辑错误. 例如，在同一思维过程，如果不是在原来意义上使用某个概念，而是把不同的概念混淆为一个概念，或者改换同一概念的含义，就会犯"混淆概念"或"偷换概念"的错误. 又如，在同一思维过程中，如果不是在原来的意义上使用某个判断，而是用另外的判断代替它，就会犯"转移论题"或"偷换论题"的错误. ②**不矛盾律**. 在同一思维过程中，不能用两个互相矛盾的概念或互相反对的概念指称同一个对象；同时，对两个互相矛盾或互相反对的判断，不能都肯定. 违反不矛盾律就会犯逻辑错误. 例如，在同一时间、同一关系下，对同一对象做出具有矛盾关系或反对关系的判断，如果判定它们都是真的，就违反不矛盾律，犯"自相矛盾"的错误. ③**充足理由律**. 在思维过程中，任何一个正确的真实的思想总有它的充足理由. 首先是理由必须真实，第二是理由与推断之间有逻辑的必然联系；违反充足理由律就会犯逻辑错误. 例如，用作理由的判断是虚假判断，即使推理形式有效，从虚假前提推出的结论也不能保证是真的，所以犯了"虚假理由"的逻辑错误. 又如，做出理由的判断虽然是真，但与推理之间没有必然联系，从理由的真推不出判断的真，这就犯了"推不出"的逻辑错误.

论证是凭借论证方式将论题与论据两个组成部分联结起来而构成的. 论题指论证所要确定其真实性的判断，它可以是尚待论证的，也可以是论证者已确知为真，而急需进行宣传或讲授的判断. 文章或讲话的论题，习惯上被称为论点，复杂的论文既有中心论点，又有分论点. 论题所要回答的是"论证什么"，它是论证或论说的对象，整个论证或论说都要围绕这个中心来进行. 论据是据以确定论题真实性的判断，即论题赖以成立的依据和理由. 论据所回答的是"用什么来论证"的问题，论据可以是事实实施论据，包括定义、定理、公理、理论和原则等，也可以是事实论据，即关于事实的判断. 论据与论题有内在的、本质的、客观的联系，而不是现象的、偶然的、主观猜想的联系，更不是毫无联系，否则就会犯论据与论题"不相干"的错误. 论据必须具有整体性和充足性. 如果以论据中的局部代替整体，或者将必要条件混同充分条件，就会犯"证据不足"的逻辑错误.

论证方式是论证中所运用的推理形式. 它所回答的是"怎样论证"的问题，即如何将论题与论据联结起来，由论据推出论题. 它可以是由一个推理充当，也可以由多种或多个推理充当. 一般，论证方式必须由必然性推理充当，或然性推理只是辅助性的，不少场合必然性推理又伴随着或然性推理，二者相辅相成，构成统一的论证体系.

应用推理并要求前提真实，是逻辑论证的两个主要特征. 而解决思维内容的去伪存真问题，解决论题与论据在联结方式上的错对问题则涉及论证的规则. 就论题而言，首先是构成论题的概念要明确，论题断定什么要明确；而且不管论证过程如何复杂或涉及多少方式，论证都要自始至终地围绕着既定的同一论题来进行，即按同一律进行证明. 就论据而言，论据必须真实，不得虚假；而且，论据的真实性应是已知的，不能是尚待证明的. 论据的真实性应先于论题的真实性，不能依赖于论题. 就论证方式而言，论证必须遵守推理规则. 只有遵循推理规则，借助正确的论证方式才能由真实的论据推出真实的论题. 否则，即使已知论题事实上为真，论据也真实，但由于论据与论题缺乏必然联系，其论题仍是或然的、不可靠的.

按论证的论题与论据的联系是否经过中间环节，论证可分为**直接论证**和**间接论证**.

(1) 直接论证. 不需要经过对反论题的否定而由真实论据直接确定论题真实性的论证称为直接论证. 例如，恩格斯对“数学中的转折点是笛卡儿的变数”的论题，引用理论论据，运用直接证明的方法，作了如下的论证：“有了变数，运动进入了数学，有了变数，辩证法进入了数学，有了变数，微分和积分也就立刻成为必要的了. 而它们也就立刻产生，并且是由牛顿和莱布尼茨大体上完成的，但不是由他们发明的”. 此论证用了三个论据，是简要有力的直接证明. 物理学中的许多证明过程和证明题，运用的都是直接论证. 例如，根据牛顿定理论证动量定理、动能定理、角动量定理等，采用的都是直接论证.

(2) 间接论证. 由真实论据出发，先通过对反论题的否定，再确定论题真实性的论证称为间接论证. 间接论证常见的有**反证法**和**选言证法**. 反证法即通过对与论题相矛盾的判断(即反论题)的否定来确定论题真实性的间接论证，是大学物理学中常见的论证方法. 例如，论证热力学第二定律的两种表述的等效性，即开尔文表述和克劳修斯表述的等效性，就是运用反证法. 选言证法即通过否定与论题相关的某些反论题(一般指反对判断)来确定论题真实性的间接论证方法. 例如，根据热力学第二定律来论证卡诺定理，运用的就是选言证法.

我们需要弄清逻辑论证的特点，明确它同推理的联系和区别，掌握逻辑论证的结构、规则以及论证的各种具体形式和方法，学会识别和揭露论证中的谬误和诡辩；这对于从事物理学研究或是学习物理学理论都是十分重要的.

四、数学思维方法

人们关于应用数学对象的理性认识过程，包括运用数学工具解决各种实际问题的思考过程，就是数学思维，又称为数理逻辑思维. 而在思考和解决问题中，寻找量与量之间或形与形之间的对应关系、函数关系等，建立数学模型，或者从概念与概念、概念与规律、规律与规律之间寻求某种逻辑联系等，建立公理系统……这些方法就是数学思维方法，又称为数理逻辑推理方法.

数学思维既与前述的形式逻辑思维和后边要提及的辩证逻辑思维有紧密的联系，又在研究对象和研究方法上有很大的区别. 数学思维的特点表现在抽象性、严谨性和统一性上. 数学研究的对象是数学关系与空间形式，而把事物的其他属性看成是无足轻重的，数量关系是抽象、概括的产物. 数学所讨论的空间形式也是以现实对象为基础加以理想化的结果. 更深入一步，人们还可以脱离具体的几何形象，只是从它们的相互关系及其性质中去认识空间形式，这就决定了数学科学的高度抽象性. 人们对数学的任何一个分支的研究，总是先积累一定的数学事实之后，再对各种现象进行整理，希望能从最少的基本概念和明显的事实出发，利用逻辑方法推演出其余的数学事实，即组成一个演绎系统；其中，实现形式的转化时，总要寻找转化的充分条件，而这些条件又要归结为在此之前所掌握的知识，这就是数学思维的严谨性. 人们在数学研究中，试图提出新的概念、理论时，总是把以前看起来互不相关的事物统一在同一概念或理论之中，这种谋求用统一的概念和理论去概括零碎的事物，以简化研究并迅速触及事物在数量或空间形式上的本质，体现出数学思维的统一性. 数学思维的特点还表现在思维的立体结构上，根据心理学理论，人的思维结构是一个由思维内容、思维成分和个体发展水平为坐标轴的三维立体结构. 数学思维结构则是由数学思维内容、数学思维成分和个人的数学发展水平为坐标轴的三维立体结构.

从数学知识的总结和应用的角度看，数学思维的内容可分为对应思维、公理化思维、空间思维、程序思维等，其中每一项都有相应的数学知识为基础. 从方法论的角度看，数学思维的基本成分包括具体的思维（与事物的具体模型密切联系和相互作用的一种思维）、抽象思维（摆脱研究的具体内容，以利用一般性质进行研究的思维）、直觉思维（越过中间阶段，从整体上思考，迅速触及问题答案的一种思维）和函数思维（从数学对象、性质之间的相互关系中，认识事物的一种思维）. 而数学思维成分中最典型的表现是数学中的函数思想. 从个体发展的角度看，与个体智力因素（观察、记忆、想象、思维、注意等）和非智力因素（动机、兴趣、情感、意志、性格等）相关的数学思维水平的高低，反映在思维的灵活性、批判性、广阔性等思维品质上.

事实上，许多现实中的问题，就是科学家通过数学抽象，建立起数学模型，然后通过演绎、运算等严密的逻辑推理，求出数学解，再对数学解进行必要的解释评价，返回到现实问题，从而获得该问题的解.

数学思维方法有数学模型方法、公理化推理方法、数学变换方法、数学对称方法、数学无穷小方法、数学结构方法、数学悖论等. 限于篇幅，我们仅简单介绍前面两种方法.

（一）数学模型方法

科学家将现实问题抽象成量与量之间或形与形之间的对应关系、函数关系等，建立起数学模型，称为数学模型方法.

作为数学模型，必须具备如下条件：①既反映现实原型的本质特征，又要加以必要的合理简化. ②在数学模型上要能够对所研究的问题进行理论分析、演绎运算或逻辑推理，从而得出确定的解. ③在数学模型上求得的结果要能回到具体研究对象中去，能够解决现实问题.

一般地讲，建立数学模型的方法和步骤是：①弄清实际问题，包括分析原型是什么结构、要达到什么目的，以及能给我们提供什么信息等. ②分析处理资料（数据），确定现实原型的主要矛盾，抛弃次要因素，提出必要的假设. ③根据主要矛盾及所提出的必要假设，进行数学抽象和概括，运用数学的工具建立各种量之间的关系. ④根据所采用的数学工具进行推理或求解，找出数学上的结果，这里常涉及初始条件和边界条件的讨论. ⑤把数学上的结论返回到实际问题中去，即根据数学上的结论对现实问题给以解释，由此再判断其数学模型是否准确；倘若根据实践检验还有一些问题，即与实际有一些不符，还得修正，经多次反复，才能成功.

科学研究，常常是对实验测得的数据，除了列表或图解外，还要写出数学表达式. 这一般有两种情况：一是由已有理论上的根据来导出或选择关联函数的形式. 例如，对反应机理已有一定认识程度的反映动力学方程的建立、反映速率常数与温度的关系等；在这种情况下，问题归结为如何确定关联函数中各未知参数，使它们最密切地逼近以表格或图线形式所给出的实验数据. 二是虽然尚无任何理论上的根据来选择公式的形式，但为了便于应用，往往也需要把这些变量用函数形式关联起来；对于这种情况，首先应根据实验数据所给出的图形与已知的函数图形进行比较，选择接近的函数类型；或者没有合适的函数图形形式时，径自选择一个代数多项式作为关联函数，然后与上一种情况一样，根据实验数据来确定所选函数中的各个待定系数. 这样选得的函数形式不具有反映过程本质的含义，故称经验公式. 由于经验公式具有形式简单、近似准确地代表一组实验数据等特点，因此求取它是有意义的.

例如，某实验室测定酒精的体积和温度的关系时，得到下列数据：

温度 t/℃	0	5	10	20	30	40	50
体积 V/L	5.25	5.27	5.31	5.39	5.43	5.49	5.53

已知酒精在常温范围内，其体积与温度是呈线性函数关系，即 $V=at+b$，故有：

(1) 图解法求方程. 将测定的各对数据作 V-t 图线，由图线可求得斜率 $a\approx 0.006$，截距 $b=5.25$，由此得方程为 $V=0.006a+5.25$.

(2) 平均值法求方程. 先将测定的 7 组数据代入偏差：$N_i=at_i+b-V_i$，从而得到 7 个含有 a、b 待定系数的方程；再将方程分成两组(设前四个方程为一组，后三个方程为一组)，将这两组方程的两边分别相加，让偏差之和为零，就可以得到下列方程组：

$$21.2=35a+4b$$

$$16.45=120a+3b$$

解得 $a=0.0057$，$b=5.255$，所以方程式为 $V=0.0057t+5.255$.

(3) 最小二乘法求方程. 基于偏差的平方和最小，则结果的误差最小的指导思想，设偏差的平方和为

$$\delta=\sum_{i=1}^{k}(at_i+b-V_i)^2=a^2\sum_{i=1}^{k}t_i^2+2ab\sum_{i=1}^{k}t_i-2a\sum_{i=1}^{k}t_iV_i+kb^2-2b\sum_{i=1}^{k}V_i+\sum_{i=1}^{k}V_i^2$$

使 δ 为极小值的必要条件为 $\frac{\partial\delta}{\partial a}=0$ 和 $\frac{\partial\delta}{\partial b}=0$，可以解得

$$a=\frac{k\sum t_iV_i-\sum t_i\sum V_i}{k\sum t_i-\left(\sum t_i\right)^2},\quad b=\frac{\sum t_i^2-\sum t_i\sum V_i}{k\sum t_i^2-\left(\sum t_i\right)^2}$$

由实验数据，代入可以求得 $a=0.0058$，$b=5.25$，所以方程式为 $V=0.0058t+5.25$.

上述三种方法所得结果，用偏差平方和 δ 来检验，图解法 $\delta=0.0009$；平均值法 $\delta=0.000\,831$；最小二乘法 $\delta=0.0007$. 显然，后者比前两者更精确.

上例是将实验中各变量间的依赖关系用解析形式表达出来，通常称为数学模型法中的方程法. 由于数学表达形式简洁、内涵丰富，不用过多的文字就能较准确地说明问题；更由于计算机的普遍使用，计算机对诸如上例中最小二乘法处理数据已不困难，因此在科学研究中已越来越被广泛采用.

实际上，人们根据研究的不同问题，已经总结出许多行之有效的数学建模方法. 例如，振动现象、波动过程常用双曲型偏微分方程描述；各种稳定过程用椭圆型偏微分方程来描述；对于不连续的突变现象(如力学中的桥梁断裂、热学中的相变等)，用数学中的“突变论”归结为若干突变的基本数学模型；对于或然现象(如气体分子、核外电子等微观粒子分布等)用概率论与数理统计来描述；对于现实中的模糊现象，则用模糊集合理论来构造适当的数学模型……可见，解决科学问题的一个重要方法是建立数学模型，简称数学建模. 数学建模是运用数学思想、方法和知识解决实际问题的过程，已经成为不同层次数学教育重要的和基本的内容.

（二）公理化数学推理方法

早在公元前 300 年，欧几里得借助亚里士多德的演绎法，总结人们长期积累的大量几何知识，完成名著《几何原本》. 其中，理论体系的安排是：给基本概念下定义或确定其具体内容，即一个公理系统所研究的对象的范围、含义和特征先于公理而被给定，公理只是表达这类特定对象的基本性质，而且必须是不证自明的. 例如，《几何原本》首先提出三个基本元素（点、线、面）作为它的几何对象，然后提出三个基本关系（属于、介于、合同）作为基本元素所具有的基本关系. 以上三个基本元素和三个基本关系构成了欧几里得公理系统的基本概念，这些基本概念都有其具体几何意义. 在此基础上又提出反映这些基本概念特有的最基的性质，即它的公理组（包括逻辑公理）. 最后从这些基本性质（公理）出发借逻辑之助推出其他性质（定理）.

到了 20 世纪初，希尔伯特完成他的《几何基础》，对欧氏公理化进行一些突破. 该书放弃欧氏几何中公理的直观显然性，抛弃了那些对空间直观进行逻辑分析时无关紧要的内容，着眼于对象之间的联系，强调了逻辑推理. 从而提出了一个更为简明、完整、逻辑严谨的形式化公理系统. 首先，其基本概念是不加定义的原始概念，即在一个形式公理系统中所研究的对象的范围、含义和特征不是先于公理而确定，而是由公理组给予确定. 例如，希氏的《几何基础》，其公理系统共有八个基本概念（点、线、面、属于、介于、合同、连续、平行）和五组公理. 由于基本概念不是先于公理，谁能满足公理组所要求的条件，谁就有资格作为该公理系统的对象. 譬如，我们把希尔伯特几何公理系统中的“点”、“线”解释成几何中的点和线，就可以得到一个初等几何理论系统；倘若把它解释成代数中的点与线，即点与线分别对坐标 (x,y) 与线性方程 $ax+by+c=0$，就可以得到一个代数理论系统. 这正是希尔伯特公理系统中公理独立于基本概念而带来的最大优点.

要使形式化公理方法充分发挥更大作用，就必须使形式化公理系统来自具体模型，而又要摆脱具体模型过多的条条框框的束缚. 只有这样，才能达到发现更多新模型的目的. 在众多数学家的努力下，产生了现代形式公理化方法. 首先，现代形式公理化具有高度的形式化和抽象化；基本概念、基本关系的表达，全部命题的陈述、证明均符号化. 它的对象、基本关系不仅用抽象的符号表示，而且将命题表示成由符号组成的公式，命题的证明用一个公式串来表达，从而使形式公理系统又可能最大限度地容纳更多的具体解释，即为覆盖更多的模型留下余地. 其次，该方法主要采用了现代数理逻辑作为它的演绎推理工具.

公理化方法的作用在于，由一组公理作为出发点，以推演规则为工具，把某一范围内（或系统）的真命题推演出来. 对于已给定的公理和推演规则，人们希望从它能推出更多的真命题，最后能把某一范围（系统）内的真命题全部推出来，而且最好还能使其作为出发点的公理为最少，即公理要最少，而推出的结论要最多. 同时还要求从它不能推出我们所不要的东西特别是逻辑矛盾. 可见，一个公理系统是不是科学的，其基础在逻辑上是否已奠定，应满足下列条件：①**相容性**. 一个公理系统中绝对不允许命题 A 与非 A 皆真，就是说不能有相互矛盾的命题，这是对公理系统的一个基本要求. ②**独立性**. 在一个公理系统中被选定作为出发点的一组公理，每一个都是独立存在的，不能由其他公理推出，否则，被推出的公理就成为多余的，即要求公理的数目减少到最低限度. ③**完备性**. 在一个公理系统中，要求保证从公理组能推出该系统的全部真命题，所以公理必须足够，否则就推不出应该推出的命题. 公理系统之所以具有科学性和严密性，就是因为其满足了上述三个条件.

公理化数学推理方法在物理学中得到最为广泛的应用. 例如，力学理论就是根据牛顿运动定律(作为公理)运用数学推理可以得到动量定理、功能定理、角动量定理等力学规律,进而得到动量守恒定律、机械能守恒定律、角动量守恒定律等规律,从而形成完整的力学理论体系.热学理论则是将热力学第一定律、热力学第一定律和分子运动的统计假设作为公理、运用数学推理得到热学理论体系;电磁学理论则是将在库仑定律、安培定律、电磁感应定律等规律的基础上归纳得到的麦克斯韦方程组作为公理,运用数学推理建立了电磁学和波动光学的理论体系;相对论是将光速不变原理和相对性原理作为公理,运用数学推理得出完整的理论体系.因此可以说,物理学的理论体系,主要是应用公理化数学推理的思维方法建立起来的.

(三) 数学思维方法在物理学研究中的作用

恩格斯指出:“数学,辩证的辅助工具和表现形式.”这确实是对数学的一个很好的总的评价.由于数学具有高度的抽象性、严谨的逻辑性以及广泛的适用性的特点,其自身的长期发展已经创造出了一系列数学概念、理论和方法,再加上计算机技术的发展,使得数学方法在科学技术中特别是物理学研究中起着独特的作用.在科学技术、生产和生活各个方面无处不用数学,到处有数学的用武之地,物理学更不例外.数学方法的广泛运用使物理学由一门实验科学走向理论科学.

(1) 数学方法为物理学研究提供了数量分析和理论计算的方法.

物理学上许多重大发现就是科学理论同数学方法结合的成果.例如,德国的数学家高斯根据意大利天文学家皮阿杰的观测数据,用最小二乘法计算出了皮阿杰跟踪观测了 6 个星期后而消失在浩瀚星空中的一颗在以前从来没有见过的亮度很差的一颗新星(后命名为谷神星)的轨道.其轨道在火星和木星之间,在 1802 年元旦之夜,德国的一位医生、业余天文学爱好者根据高斯的计算结果,重新又把它找了回来.

又如,在 1680 年前,牛顿就根据天文观测数据归纳得出了万有引力定律,并且推算了引力恒量的数值,但是由于他一直找不到计算不能视为质点的两物体之间引力的方法,他的研究成果迟迟没有公开发表;直到后来,牛顿与莱布尼茨等创建了微积分,才于 1687 年公开发表了万有引力理论.

再如,为了研究电流激发磁场的基本规律,毕奥和萨伐尔等进行了大量的实验.但是因为当时人们只能测量载流导线或载流导体的磁感应强度,找不到类似点电荷模型的“点电流”,因此就没有办法确定电流激发磁场的基本规律.后来,他们借助微积分的基本思想,用一定长度的导线制成一个等边三角形,通有一定电流,测出线圈中点的磁感应强度;然后再用同样长度的导线制成等边长的四边形线圈,通有同样的电流测出线圈中点的磁感应强度;然后再用同样长度的导线分别制成等边长的五边形线圈、六边形线圈……在电流相同的情况下,测出线圈中点的磁感强度.对于一定长度的多边形线圈,边数 n 越多,每个边的长度 l 就越小;当 $n\to\infty$时,边长 $l\to 0$,这就可以看成一个“点电流”(通常称为电流元);而边数 $n\to\infty$的多边形线圈就是一个圆形线圈,所以通过测量一个圆形线圈中心的磁感应强度,可以逆推出电流元产生的磁感应强度.根据这一思路,在数学家拉普拉斯的帮助下,他们终于得到了电流元产生的磁感应强度的公式 $\mathrm{d}\boldsymbol{B}=\dfrac{\mu_0}{4\pi}\dfrac{I\mathrm{d}\boldsymbol{l}\times\boldsymbol{r}}{r^3}$,这就是著名的毕奥-萨伐尔定律.

在 19 世纪后期,兴起了研究物体热辐射的热潮,首先对黑体的热辐射进行了系统的研究,通过实验数据得出了黑体单色辐射度随波长变化的分布曲线.为了解释这个分布规律,维恩和瑞利-金斯利用不同的物理模型和方法分别得到两个理论公式,即维恩公式和瑞利-金斯公式.将理论计算的数据与实验数据进行比较,人们发现,维恩公式在短波段与实验相符合,在长波段与实验不符;而瑞利-金斯公式却在长波段与实验符合得很好,在短波段与实验严重不符(这个现象被称为紫外灾难).鉴于这种情况,德国物理学家普朗克,运用数学上的内插法,建立了一个理论公式,并且使它在短波段与维恩公式一致,在长波段与瑞利-金斯公式相一致,从而得到一个与实验完全符合的理论公式,即普朗克公式.再后来,普朗克为了探索普朗克公式的物理基础,提出了能量子假设,从而开创了量子物理的先河.

通过以上几个事例,显然可见数学思维方法在物理学研究中的重要作用.事实上在物理学中无处不用数学,几乎所有的数学理论都在物理学中得到广泛的应用,而且许多数学理论,如微积分、数学变换(拉普拉斯变换和傅里叶变换)、偏微分方程、特殊函数、场论等内容,都是在研究物理学问题中提出或发展起来的.因此,可以说数学是物理学发展的重要工具,而物理学又是数学发展的重要基础.

在普通物理学中,应用得比较多的是微积分.先运用微分这一有效手段,从某个物理现象中抽取任意小的部分进行研究,运用物理规律把任意小的部分研究清楚后,再运用积分把每个任意小的部分的物理量迭加起来,从而把握整个物理过程运动变化的趋势和特点.元过程分析方法(又叫微元法)是普通物理学中广泛采用的数学分析方法.物理学上只定义了直线运动下恒力做功的问题,如要求在曲线运动下变力所做的功,就是运用微元法来实现的.首先在曲线上任意取一线元,该线元非常非常小,以致可以认为是直线,如此小的一段位移所对应的时间间隔也必定是非常小的,在这样小的时间间隔中,力的变化不会很大,以致可以认为是恒力,这样就可以根据恒力直线运动的功的定义写出这一小段中元功的表达式.整个过程的功就是把众多的这样一小段的元功累加起来,这就转化成为数学的积分问题了.又如在电磁学中多次遇到求通量的问题,我们总是先定义均匀场通过某个平面的通量,而普遍要求的往往是任意场通过场中任意曲面的通量,这时我们可以在曲面上任取一个面积元.这个面元非常小,以致可以认为是个平面.这个小平面的空间变化不大,场强也就认为是均匀的,这时就可以利用通量的定义求出通过这个小面元的通量,整个曲面的通量就是一个积分问题.经典物理的基础是牛顿力学,而牛顿力学是对质点而言的,如要求刚体的运动规律,也用到了微元法.先在刚体上任取一小的体积元,这个小体积元的质量为 dm;这个体积元很小以致可以认为是一个几何点,dm 即成为质点,这时就可以对该质点应用牛顿运动定律分析其运动;把刚体上每个这样的质量元的运动弄清楚了,整个刚体的运动规律就是数学中的一个积分问题,由此可以得出刚体的运动规律.这样的事例在大学物理学中随处可见,熟练地掌握微元法,读者将会在学习大学物理的过程中如虎添翼.不仅如此,在元过程分析方法中,也包含有辩证唯物主义思想.例如,在曲线与直线、曲面与平面、刚体与质点等的关系中,就富有对立统一规律和量变到质变规律的哲学思想.

(2) 数学方法为物理学研究提供了简洁精确的形式化语言和辩证思维的表现形式.

数学是通过抽象的力量和形式化语言来反映事物的本质的,在数学中各种量与量之间的关系、量的变化以及量之间进行的推导演算都是以符号表示的,都有一套形式化的语言.自然科学的许多定律都可表示为简明的数学公式,如牛顿第二定律、麦克斯韦电磁场理论方程组等,都用数学语言对其物理图像进行了更加精确的描述,起到了日常语言所不能起到的效果.

(3) 数学方法为物理学研究提供了可行的逻辑推理和证明以及科学抽象的思维工具.

因为数学方法具有严谨的逻辑性、高度的抽象性,所以借助于数学形式化语言,可以保证逻辑上的可行性和可靠性.例如,由麦克斯韦方程经过数学推导得出了电磁波存在的理论预言,并推出光波本质上是电磁波;这些推论已被后来的实验所证明.英国物理学家狄拉克在求解电子运动的波动方程时预言了正电子的存在,后来也通过实验找到了正电子.由此可见,数学方法在逻辑推理上的巨大威力.正如赫兹所说,运用数学逻辑,能得到好像是我们亲手操作才能取得的结果.

(4) 数学方法为总结物理学理论和创立新学科提供了手段.

数学方法不仅可以总结、概括经验材料,使之上升成为理论,而且可以发展科学理论.例如,近二三十年来,数学方法以及计算机技术与物理学交叉形成了“计算物理学”这一新兴的学科,在物理学研究中起到越来越重要的作用.

随着科学技术的进步,人们对自然界中各个层次认识的深入研究,各个学科对数学的依赖程度将会越来越高.数学方法的广泛适用性以及对其他方法的渗透性正在使其成为各门学科发展中不可或缺的重要工具.马克思有一句名言,那就是:“一门科学只有成功地运算数学时,才算真正达到完善的程度”.物理学正是不满足于定性分析问题,总是设法借助数学对问题进行定量描述,从中引出更普遍性的结论,才取得如今辉煌的成就.

五、唯物辩证法

哲学,当人们用它去说明世界时,是世界观;当人们用它去指导认识和改造世界的活动时,就成了方法论.唯物辩证法源于辩证唯物主义哲学.因此,我们有必要简述辩证唯物主义的内涵,进一步理解唯物辩证思维在科学研究中的重要作用.

(一) 关于辩证唯物主义

作为研究自然界、社会和思维普遍发展规律的科学,辩证唯物主义对世界的看法既是唯物的,又是辩证的.世界是物质的,物质是第一性的,意识是第二性的,物质是意识的根源,意识是物质发展到一定阶段的产物,是对客观物质世界的反映.世界上的一切事物都是互相联系的,物质世界是按照它本身所固有的规律不断由低级向高级、由简单向复杂发展的,事物发展的根本原因在于事物内部的矛盾性.

辩证唯物主义有三条基本规律,它们是:①对立统一规律.任何事物都是由对立面构成的统一体.其内部都包含着互相对立、互相排斥,又互相联系、互相依赖的两个方面,这两个方面形成的既斗争又统一的事物,从根本上推动着事物的发展变化.②质量互变规律.任何事物都是质和量的对立统一体,都有其特定的度.事物运动发展首先从量变开始,量变到一定阶段突破度而引起质变,在总的量变过程中又有部分质变,在质变过程中又有量的扩张;质变后又开始新的量变;循环往复,以至无穷.③否定之否定规律.任何事物都是肯定和否定的对立统一,事物的发展是自我否定的辩证过程.事物经过两次否定,便形成肯定、否定和否定之否定三个阶段,完成一个周期.在否定之否定阶段,仿佛重复肯定阶段的某些特征.因此,事物的发展是波浪式前进或螺旋式上升的.

辩证唯物主义涉及原因-结果、必然-偶然、可能-现实、形式-内容、现象-本质等范畴,也包含了量、质、量变、质变、矛盾、对立、统一、肯定、否定等基本概念.当我们在科学研究的过程,运用辩证唯物主义的实践的观点、发展的观点、创造的观点去指导我们的思考和行动时,我们已经在运用辩证逻辑思维方法了.

（二）唯物辩证思维方法在科学研究中的重要作用

运用唯物辩证思维方法，在科研上取得成功的例子很多. 例如，日本物理学家坂田昌一读了一些关于马克思主义哲学书籍，从中汲取了物质层次的思想，对当时把"基本粒子"当成物质始原的观点提出质疑，进而提出基本粒子不基本，建立基本粒子的"坂田复合模型"，对促进基本粒子内部结构的研究做出了贡献. 我国物理学研究人员在20世纪60年代也是运用唯物辩证方法，对基本粒子内部结构进行研究，提出"层子模型"，认为强子是由更深层次的实体粒子——层子所组成的，由于它也未必就是物质结构的最终单元，而只是物质结构许多层次中的一个层次，故名"层子". 他们引进了相对论性的结构波函数来描写强子的内部结构和强子内层子的运动，这个波函数不仅考虑了层子的对称性质，而且考虑了强子整体高速运动的特点，还包含了层子动力学性质的某些信息，因而原则上适用于统一地描述强子的一系列相互转化过程，包括涉及高速运动的过程，从而对基本粒子内部结构研究做出了重大贡献.

科学史实中也不乏脱离唯物辩证思维，而受错误哲学思想的支配，使科学研究误入歧途的例子. 众所周知，牛顿在物理学研究上做出巨大贡献. 但是，在他还有精力做出更多贡献的时候，却转向积极从事论证上帝是否存在的研究. 在唯心主义哲学思想的影响下，他竟花了很长的时间去考证"四角神兽的小角是否代表罗马教皇"的问题，致使他的后半生没有更大的科学创造. 又如，曾经对量子力学做出过重要贡献的德国科学家海森伯，在对反映微观粒子运动特性的"测不准关系"作哲学概括时，由于唯心主义哲学思想的支配，他竟得出"主体和客体不可分"、"独立于主体之外的客观自然界并不存在"的荒谬结论，结果误入了歧途.

可以说，唯物辩证思维方法的指导作用贯穿于我们从事科研活动的全过程.

首先在如何选择科研课题、确定研究方向的问题上. 发现问题、提出问题、确定主攻目标等，都是一系列复杂的思维过程. 有了唯物辩证法，就能够从平常的事物或现象中发现不平常的情况，从而发现和提出问题；就能够以一定的科学事实和经验材料为依据，以一定的科学理论为指导，去唯物地、辩证地分析未知的事物，从而寻找和确定出有创见、能出成果的研究方向和课题. 在设计实验、分析实验结果的问题上，除了动手去做，还需要思维，有计划、分步骤、有目的地把实验完成. 运用唯物辩证法，就可以注意到继承和创新的辩证关系，注意到区分主要矛盾和次要矛盾，设计出切实可行的实验来；就可以注意到自然界乃至社会上的各种事物都是质和量的对立统一，求出某些因素之间量的关系，分析出质量互变的外因与内因，从而对实验结果做出正确的判断. 在提出新假设、建立新理论的问题上，应用唯物辩证法，就可以排除各种毫无事实根据的主观臆断和迷信，把假说建立在一定实验事实和经验材料的基础上；就可以勇于让假说回到实践中去验证，使之在反复实践验证中得以完善而上升为理论；就可以使建立起来的理论做到客观、全面、系统和逻辑严密；就可以正确认识各种科学理论的内在联系和真理相对性的辩证关系，从而把科学研究引向深入.

用发展的眼光看，现代自然科学的进步出现了既高度分化又高度综合的趋势，这就使自然科学与哲学出现了联系更加紧密的整体化趋势. 例如，贯穿于各门技术科学的控制论、信息论，反映各个领域的整体结构的系统科学，成了最普遍的哲学同具体科学之间的中间层次，它们为哲学概括提供了新的源泉. 现代哲学中不能没有系统、结构、控制、反馈、信息之类的概念，不能不从系统科学和控制论、信息论等综合性学科中汲取营养. 同时，这些综合性新兴学科中又必须有哲学的分析与概括. 如果不能正确理解整体与部分、或然性与确定性、有序和无序等辩证关系，这些学科就难以存在和发展.

综上所述，无论是从科研活动过程的角度还是发展的眼光理解，都可以说：科学的发展需要唯物辩证法.

（三）做一个自觉的辩证唯物主义者

科学史实表明，凡是对科学发展做出过重大贡献的科学家，在他们的研究过程中都自觉不自觉地应用到唯物辩证思维，他们重视实践，尊重事实，善于发现问题，分析主要矛盾及矛盾的主要方面，用发展变化的观点去分析研究对象等，因而其研究过程总能体现出唯物辩证法.

要成为一个自觉的辩证唯物主义者，起码要做到以下两点：①努力学习马克思主义哲学著作. 马克思主义哲学著作中，许多基本观点（如物质观、认识观、运动观、时空观、矛盾观、质量观、否定观），许多基本原理（如实践与认识、感性认识与理性认识、相对真理与绝对真理的辩证关系）以及对立统一、质变到量变、否定之否定等规律，许多科学方法论（如形式逻辑方法、辩证逻辑方法）等，经历了各门科学研究过程实践的检验，经历了几代人经验、教训和智慧的丰富和发展，至今仍表现出强大的生命力. 因此，读通弄懂马克思主义哲学原理，是自觉运用其中的基本观点去分析判断问题，是正确处理好各种辩证关系、正确把握和运用科学方法论的前提条件. ②正视科学技术发展史的学习与研究. 科学技术有其产生、形成和发展的过程，如果我们能从历史的联系中去研究前人如何发现需要讨论的课题、如何找到解决问题的途径和方法、如何得出正确的见解和结论，就会更深切地懂得怎样去培养自己的创造能力. 如果我们对科学与技术的持续发展的科学史了解较少甚至几乎不了解，尽管主观上想坚持唯物辩证思维方法，也难免会出现使用“魔术师式”的两三句话的证明方式的情况. 问题还不仅限于要证明和使用唯物辩证的哲学，而且还要立足于科学与技术的进步来推动它，这也需要有科学技术发展史的知识. 只有重视科学技术发展史的学习与研究，才有可能从历史的角度、用发展的眼光去理解和把握科学技术研究与唯物辩证法的关系，正确理解为什么唯物辩证法要根植于科学技术研究这片沃土，正确认识科学技术研究过程应当自觉接受唯物辩证法的指导，也才可能自觉运用唯物辩证法的观点和方法去分析与解决实际科研工作中遇到的各种问题. 总之，尊重历史、正视现实、认真学习、努力实践，才可能成为一个自觉的辩证唯物主义者.

六、非逻辑思维方法

随着科学技术的发展和社会的进步，人们的观念发生了很大的转变. 过去认为只有传统经验的、合乎逻辑的思维，才是正确的科学的思维方法. 现在却越来越重视同人的智力相联系的想象、同知识的积累相联系的直觉和顿悟（或灵感）、同人们的心理感受相联系的美学方法等非逻辑思维（又称非常规思维）. 而这些思维往往是对传统思维方法的一种超越和突破. 了解这些思维方法，能帮助我们进一步学习创新技法. 与逻辑思维方法相比，非逻辑思维方法（或非常规思维方法）是一种不受固定的逻辑规则制约，突破固定思路，超越思维常规，进行自由度较大的创造性思维活动.

非逻辑思维（或非常规思维）一般包括想象、直觉、顿悟（或灵感）和美学感受等创造性思维方法.

（一）想象

人们通过观察与实验感知外界事物，当事物不在眼前时，头脑会再现外界事物的情景，这是记忆表象. 记忆表象一般只反映某一事物的个别特性，在此基础上进行思维加工，形成新的形象，从而反映一类事物的表面特征，创造出新形象. 这种对表象进行加工的思维方法称为想象. 想象不是表象的简单再现，而是表象的夸张、升华、理想化的改造. 它可以脱离现象，但却又以现实为基础.

想象在科学研究中的作用是非常重要的. 科学的发现常受益于想象的创造性功能. 特别是理论观念的建立，既不能离开经验，又不能用纯逻辑的方法从经验中推导出来，需要用到具有创造性的想象力. 英国物理学家廷德尔就说过:“有了精确的实验和观测作为研究的依据，想象力便成为自然科学理论的设计师.”

例如，微积分的发现是17世纪最伟大的数学成果，它是牛顿、莱布尼茨等在许多数学家长期研究求切线的斜率、求瞬时速度和研究曲边形面积求法的基础上，通过想象形成了粗糙而可贵的最初思想的. 这种发现是基于几何的直观和物理见解，并不是逻辑推理的结果.

人类在进行科学研究的过程中，当现实条件尚不具备、科学材料尚不足够之时，运用有限的科学知识和理论，发挥头脑的主观能动性，想象某些未知的自然变化过程，构思其内部机理与运动规律，这就是人类所特有的科学想象. 爱因斯坦在总结自己的科研经验时曾经说:“想象比知识更重要. 因为知识是有限的，而想象力概括着世界上的一切，推动着进步，并且是知识进化的源泉，严格地说，想象力是科学研究中的实在因素.”在科学史上，正是许多的科学家凭借自己丰富的想象，树立起一座座科学理论的丰碑.

丰富的想象力作为创造性思维的一种可贵品质，具有一定的特征. ①想象是在表象的基础上进行的，而表象具有形象性，因此想象必然具有形象化的特征. 例如，“千里眼”、“顺风耳”，是在现实的眼、耳基础上想象的产物，其形象没有脱离眼睛和耳朵的形象. ②由于表象已具有概括性，而想象是改造表象或创造新形象的过程，使得一些原来不相关的形象联系起来，或突出表现原有形象的某些方面，因而更有概括性. 例如，巴耳末把几何图形、谐音、波长的极值这些原来不相关的内容联系在一起，从而成功地揭示出氢光谱的规律. ③想象时呈现于头脑中的是一幅整体的图景，是从整体上对事物进行思考的. 想象的形象性与概括性都和想象的整体性紧密相联. 例如，伽利略设想了一个理想实验:在一个斜面的对面再放置一个斜面，下端相连，组成了第二个斜面. 在一个高度 H 上，沿光滑斜面放一个小球，它将沿斜面滚下，并会沿着第二斜面滚上，由于摩擦非常小，小球基本上会达到同样的高度上;如果是没有摩擦的理想状态，那么小球会达到 H 高度，并且如果减小第二斜面的倾斜度，小球不论实际路程如何延长，还是要滚到高度 H 处. 这样，随着第二斜面的倾斜度的减小，小球滚过的路程越来越长. 由此，伽利略推论:如果第二斜面变成水平面，那么小球将以不变的速度值沿水平面永远运动下去，从而否定了原先亚里士多德所谓“推一个物体的力不再推它时，物体便归于静止”的观点. 伽利略所设想的这一实验，实际上是不可能完成的，因为小球与斜面间的摩擦不可能完全清除，平面也不可能做到在空间中无限延伸. 但是，伽利略的这一想象是从整体上对事物进行思考的，其形象性和概括性都与整体性联系起来，因而十分令人信服. ④想象可能对事物的局部和细节的描绘是模糊的，也正因为如此，使得对象各部分的联系比较松散，从而带来想象的自由性和灵活性. 例如，通常数学中的点是不可分的，而数学家在非标准分析中运用想象，建立“单子”的概念，把“单子”说成是有结构的点，从而肯定了实无穷小存在的合理性. 而其中，“单子”内部结构就是模糊的. 又如，物理学家在想象粒子(如核子、强子等)结构时，对细节的描述几乎都是模糊的.

由于想象具有形象性、概括性、整体性，从而具有自由灵活的特点，因此体现出一定的创造能力，是发明创造的主要源泉之一. 爱因斯坦认为“想象比知识更重要”就在于这个原因.

人们概括事物构造的普遍联系，去推测事物现象的原因与规律的创造性思维方法就是想象方法.它分为仿造想象、跳跃想象和复合想象.

1. 仿造想象

根据联想的对象构想出其结构、性质等方面相类似的创造物的想象就是仿造想象.其客观基础是同类事物的结构或功能的相似性.例如,著名科幻作家儒勒·凡尔纳在轮船尚未广泛使用时,就凭借鱼深潜海底和浮出水面,想象潜水艇的结构和功能.这种想象的基本特点是通过同类事物某方面特性的启发,创造出思考着的对象的某些特性,即依照原来实际中所观察认识的某些事物,设想出在结构功能方面相似的新事物.由于仿造想象的直接性和仿造性,概括的广度和深度是有限的.

2. 跳跃想象

在科学研究中,在联想物的诱导下,创造性地构想出一般原理性结论的思维方法,就是跳跃想象.例如,物理学家劳厄将光的衍射实验和晶体晶格实验两个原本相距甚远的分支学科问题联系起来,用晶体当光栅做衍射实验,既解决了光栅问题,又推动了晶格的研究.这种想象常常是根据不同类事物的联系,创造出新的东西的想象,其创造物与联想物是不同类的东西.因此,具有跳跃的性质,其基础是事物复杂的联系,需要更为丰富的想象力.因此,跳跃想象是一种较高级的、更富创造性的想象.

3. 复合想象

把前两种想象综合起来运用的思维就是复合想象.例如,爱因斯坦为说明时间的相对性,想象了光速列车的理想实验.在这种想象中,联想物和创造物之间,既有直接联系又有间接联系,是在同中求新、异中求新,其客观基础是事物间多种多样的复杂联系,需要的是一种更为复杂、更为深刻的想象.

必须强调的是,上述三种想象活动都要遵循以下原则:①立足于一定的事实和科学知识之上.爱因斯坦创立相对论时那一系列著名的理想实验,曾经使人认为相对论是纯粹思辨的产物.为此,爱因斯坦强调指出:"相对论的理论并不是起源于思辨,它的创造性完全是由于想要使物理理论尽可能适应于观察到的事实."所以,诸如"永动机"一类违反科学的东西,只能是不切实际的空想.②想象要经受实践的检验.首先,想象提出的结论必须能够解释事实,这是正确想象的基本要求.另外,想象提出的结论要能够被以后所观察到的事实所检验,结论必须有普遍性,不应只能说明已经考察的事实,而且应该可以说明新发现的事实,即由该命题演绎出来的结论应与事实相符合.

总之,尽管想象带有猜测性,经受实践的检验之后,不一定都能成功,但想象仍不失为创造性思维的可贵品质.在科学技术的学习与研究中,我们应努力培养自己丰富的想象力.因为它如同逻辑思维素养一样,是做出科学发现和技术发明不可或缺的条件.

(二) 直觉和灵感

人脑对客观事物及其关系的一种直接的识别或猜想的思维活动就是直觉;而对长期思考着的问题,由于外界的某一刺激而突然醒悟,找出问题的答案或解决方法的思维活动就是顿悟(或称为灵感).直觉与顿悟都不是对事物先作各方面的详尽分析,按部就班地运用逻辑推理,达到对事物的认识;而是从整体上对待对象,越过思考的中间阶段,直接接触到结论或解决问题的办法的一种心理活动.

直觉是人们对突然出现在面前的新现象、新事物极为敏锐的深入洞察、准确的判断和本质的理解. 在科学研究中,对机遇的迅速捕捉和对机遇价值的敏锐意识,就是直觉效应的一种表现. 直觉同想象不同,想象是受到某种现象的引发而促使思维活动自由驰骋. 不管是联想、还是猜想或是幻想,都还只是一种想象,而不是一种结论. 直觉则不是离开认识对象的假想,而是对眼前研究对象带有结论性的判断. 直觉与灵感也不同,灵感的产生常出现在思考对象已经不在眼前时;直觉则一般都是面对突然出现在眼前的事物所做出的迅速理解.

例如,德国物理学家伦琴在进行放电实验时,用黑色硬纸把放电管密包起来,无意中发现在一段距离外的涂有一种铂氰酸钡的纸屏竟发出微弱的荧光,他马上就意识到存在着一种穿透能力极强的射线,并把这种看不见的射线称为 X 射线. 伦琴发现 X 射线就是凭着直觉.

相传古希腊时代,亥洛王请人制造一顶金冠,他怀疑制造者在其中掺假,请阿基米德来鉴定. 阿基米德一直为此苦思而不得法,碰巧有一次到浴室洗澡,他突然察觉到,当自己的身体进入澡盆后,一些水溢出盆外,而自己的身子也变轻了. 由此,他获得启发,找到鉴定金冠的办法,并通过实验得出关于浮力的原理. 这是顿悟.

创造性的直觉和顿悟有如下特征:①直觉和顿悟的产生并不是无中生有,而是有条件的. 这些条件包括:创造者具备一定的知识素养,存在一个或多个待解决的问题,具备解决问题的一些客观因素,曾经历一段紧张的思考等. ②直觉和顿悟是迅捷的,直觉是一种瞬间的判断;顿悟则是被偶然发生的事件催化,而突如其来的判断. 这种迅捷性是以头脑中保持的信息为基础,是凭借大量知识和经验所产生的结果. ③直觉和顿悟所产生的思维必须进行逻辑加工,获得严格的逻辑证明,并通过实践的检验,才能体现其价值. 未经实践检验的直觉和顿悟,有很大的随机性和不确定性,往往难以让人信服.

直觉与顿悟都属于创造性思维,它们的产生是有条件的. 要培养这方面的创造性思维能力,就不能脱离条件. 这就是首先要努力丰富自己的经验和知识,对值得研究的问题要不断地思考. 直觉与顿悟都是迅捷的,其偶然、突发性往往倏忽即逝. 专心致志的学者都有这样的经验,即闪现脑际的独到之见必须立即记下来,否则时过境迁,要想捕捉当时的想法,使同样的创造情景重现,真是难上加难. 正如著名诗人苏东坡所感言:"作诗火急追亡逋,清景一失后难摹". 因此,我们一定要养成随时把自己偶然闪现的智慧火花保留下来的习惯.

有时,我们在长久思考而无结果的情况下,可以停止思考,去干一些轻松愉快的事. 这样,可能会使自己从一个狭窄的甚至是错误的思路中解放出来,用一种新的思路、新的角度去思考,或许由于中途变换思路而触发直觉和顿悟. 事实上,许多科学上的发现和技术上的发明,都是变换思维方式,触发直觉和顿悟后产生的.

从实质来看,直觉和顿悟是人们对思维方法迅速的、无意识的运用. 因此,我们在平时,要灵活而熟练地运用各种思维方法,只有做到训练有素,到时候才可能跳出旧的知识范围,摆脱传统见解的束缚,获得创造性的直觉和灵感. 从思维方法的角度看,直觉与顿悟都是非逻辑思维方法,它们没有规则的制约,是一种非线性的发散思维、一种潜意识的突然性爆发. 直觉与顿悟也不完全是无规可循,有人就总结出培养直觉与顿悟能力的一些具体的方法.

(1) 缺点列举法——对要解决的问题,有意识地挑它的毛病,从"有什么缺点需要改善"去思考解决问题的办法. 它侧重于对研究对象局部存在缺点的分析.

(2) 希望点列举法——对要解决的问题,有意识地思考:"如果能……将多好!"由这一想法出发去开拓创造设想,将想出来的希望点一一列出.

(3) 特性列举法——对要解决的问题,先从各个角度和各个方面去分析其特性,分析得越详细越好. 由此思考:“有什么更好的办法?”从而激发创造性设想.

(4) 智力激励法——对要解决的问题,召开小型学术讨论会,会前让参会成员先知道题目,会上充分让每个人各抒己见,允许争论,想法越新奇越好,并详细记录,会后加以整理. 这种在会上通过互相启发(激励),让创造性设想产生连锁反应,最好能达到思维共振效应,从而启迪出更多的创造性设想的方法,实际上这就是我们常说的“集思广益”.

总之,直觉和顿悟作为一种创造性思维方法,是一种潜能,是人的潜在意识在瞬间的爆发. 只要注重这方面能力的培养,并有意识地去实践上述的几种方法,每一个有志者是能够促使其具有创造价值的直觉与顿悟从潜伏期脱颖而出的.

(三) 发散思维

在科学研究中对问题从不同角度进行探索,从不同层面进行分析,从正反两极进行比较;思维过程和方法不受传统思维的束缚,体现出一种多端性和变通性的思维,就是发散思维.

人们思考问题,往往是从原因分析结果,从前提推出结论,从目的决定方法……,这种按常规进行的思维,我们称之为正向思维. 反之,打破这种思维进行的模式,由办法的改变去思考达到的新目的,由结论回溯到前提,由结果倒推出原因……,这就是逆向思维. 逆向思维就是一种发散思维.

英国物理学家瑞利在检测氮气的密度时发现:用哈考特法和雷尼奥法测定,二者测量的结果相差千分之一. 依常规,下一步要思考如何减小误差的问题,瑞利却反其道而行之,有意扩大二者的测量误差,分析其结果,发现了氩原子,从而获得 1904 年诺贝尔物理学奖.

美国工程师兰米尔在研究灯泡钨丝蒸发现象时发现:钨丝通电后发脆变黑,常理是钨丝被氧化才发脆变黑,必须提高灯泡的真空度,尽量减少灯泡中残存的气体. 兰米尔反其道而行之,有意降低灯泡的真空度,将氢、氮、氧、二氧化碳、蒸汽等分别通入灯泡中,他发现,氮气有减少钨丝蒸发的明显作用. 那一年,他因这一高温高压下化学反应研究的成果而获帕金奖. 事实上,许多技术上的发明创造是由于逆向思维的成功而取得的. 比如,刀削铅笔,铅笔不动而刀动,逆向思考:能否让刀不动而铅笔动? ——卷笔刀由此诞生;声音振动转换成电信号,逆向思考:能否让电信号转换成声音? ——电话机由此诞生;人上楼梯,梯不动人动,逆向思考:能否让梯动人不动? ——电梯由此诞生;拍照片,像动胶片不动,逆向思考:能否让像不动胶片动? ——电影放映机由此诞生.

在逆向思维的基础上,可以拓展思维的多端性和变通性,如从不同角度审视研究对象,从不同层面分析问题、从事物发展正反两个方面进行比较思考等,这样做,使视野更开阔,思维更活跃,内容更丰富,这就是发散思维. 有人总结出下列几种发散思维训练模式:

(1) 题型发散——保持原命题的发散点,变换题型和命题方式.

(2) 解法发散——从不同角度、不同侧面解答问题,有一题多解,有多题一解,也有多题多解.

(3) 逆向发散——是原命题条件和结论的反向转换,由目标至条件的反向思考(实际上就是逆向思维).

(4) 迁移发散——是对原命题条件的变换、设问角度的变换,实质上是知识和信息的迁移,发现新问题,解决新问题.

(5) 阶梯发散——从不同层次、不同角度逐步提出问题、认识问题、解决问题,强调递进性，逐层深入.

(6) 比较发散——对问题进行横向和纵向的比较，进行不同层次的延伸和转化，关键是理解知识点和疑点的内涵与外延.

(7) 综合发散——将分析、归纳、综合等多种思维方法进行综合应用，解决较复杂的问题，使知识系统化，强调灵活应用.

在物理学研究中经常使用发散思维方法，将发散思维应用于学习过程，有利于深刻理解知识点(概念、定理、定律等)的内在要素，有助于全面把握相关知识点的相互联系，形成知识网络，实现知识的高层次理解和有效存储. 发散思维应用于解题过程，有助于充分发现条件(显现的和隐含的)，迅速理清"已知"和"未知"的内在联系，找到解题的不同方法和途径，获得最佳思路. 发散思维应用于培养能力，有助于克服思维定势，避免思维僵化和单一，从而有助于认识全面深刻，方法灵活多样，在求知中产生创新和突破. 难怪著名心理学家吉尔福特要说："人的创造力主要依靠发散思维，它是创造性思维的主要成分".

(四) 美学方法

美是人(主体)和审美对象(客体)之间的一种关系. 当审美对象能够引起人们的兴趣、喜悦或精神上的满足时，那就是美. 而研究现实中的美好事物，以及人对世界的审美特点和按照美的规律进行创造性活动的学问就是美学. 美学不仅在社会科学领域大有用武之地，而且向自然科学领域渗透，产生了科学美的概念，也产生了科学上的美学方法.

事实上，客观世界中，存在着各种成比例、有组织、有秩序、有结构、对称、简洁、和谐与多样统一的景象. 当客观世界的上述特点被表现在自然科学的理论体系、科学概念、数学方程的结构和系统中，表现在逻辑结构的合理匀称和丰富多彩的相互联系上，就能够激发起人们的兴趣、喜悦和精神上的满足，从而激发起巨大的创造性热情. 这种科学领域内若干内在的本质规律，逻辑上给人以圆满、协调、自洽的感受，形式上给人以对称、比例、和谐与多样统一的感受，所体现出来的美，就是科学美.

科学美的主要特点是：①科学的事实(实验、现象、过程等)、规律和理论符合圆满、协调、自洽的逻辑美和对称、比例、和谐与多样统一等形式美的规律. ②科学规律是客观世界正确的反映，是真和美的统一. ③科学美是在人们探索自然和社会的奥秘，改造自然和社会环境的实践活动中，才会被感受、理解和评价. ④科学的形象既有具体的直观性，又有抽象的概括性，是经过思维加工的概念化形象. 如函数图像、几何图像、理想模型是集中客观事物中最本质特征的被转换了的形象，理解其内涵，会激起人心理的某种共鸣、赞叹，同样具有愉悦人身心的作用.

物理学中的科学美主要有以下几个表现形式.

1. 简洁美

表面上看起来复杂的现象，一理出头绪，却显得异常的简单，从而会唤起理性上的美感. 尽管各种物理现象和过程千差万别，但本质上却可以归结为为数不多的若干概念、规律和原理. 物理学中的重要定律和原理，都用非常简洁的数学形式来表述. 例如，描述物质机械运动的最基本规律是牛顿定律，它的数学形式为 $\boldsymbol{F}=m\boldsymbol{a}$，描述热现象基本规律的热力学第一定律的数学形式为 $Q=\Delta E+A$，描述电磁现象的基本规律是麦克斯韦方程，描述量子运动的基本规律是薛定谔方程，它们都具有非常简洁的数学形式. 又如，物体具有各种各样的运动形式，不同形式的运动是可以互相转化的；物理学上通常用能量来度量这种转化，物体系统的总能量可以表

示为 $E=mc^2$，这就使得物体各种运动形式的能量的度量得到了统一，而且具有非常简洁的表述形式.

2. 对称美

形体的对称性，在自然界中处处可见，对称是体现美的最直接、最普遍的方式. 树叶以其主叶脉为对称轴，花瓣的分布各向均匀；蜂巢、蛛网呈正多边形；人和动物左右对称，等等. 生物学常以这些对称性体现自然界的美. 几何图形关于点、线、面的对称；二项式展开系数的对称；三角形中恒等式、不等式的对称；乃至一定条件下，一个关于极大值的命题与相应的一个关于极小值的命题的对称等. 数学常以这些对称性来体现数学理论的美. 研究物理对象的空间对称、时间对称、时空对称、内部对称，空间各向均匀，并力图用对称性的方程组、对称性的理论来阐释物理现象. 例如，动量守恒定律反映了空间均匀对称性，能量守恒定律反映了时间均匀对称性，角动量守恒定律反映了空间各向均匀对称性，等等. 物理学也是常以对称性来体现物理理论的美.

3. 和谐美

科学美的统一性，指科学体系中部分与部分、部分与整体之间的和谐一致. 对科学体系中部分与部分的和谐统一而言，物理学理论中常出现彼此对立的概念：吸热与放热、间断与连续、恒定与变动、平衡与非平衡、正与负、抗与顺、膨胀与收缩、吸收与辐射、吸引与排斥、内与外、相对与绝对等. 这些概念往往在同一问题中出现，它们相辅相成，彼此以对方存在为自身存在的前提，而且在一定条件下互相转化，并存在于矛盾的统一体中. 就科学体系中部分与整体之间和谐统一而言，尽管各种物理现象和过程千差万别，但本质上却可以归结为为数不多的若干概念和原理，这使物理学的理论体系呈现了高度的和谐与多样统一. 比如，牛顿定律在宏观低速的物理领域，将各种力学现象和过程组成一个秩序井然的集体；麦克斯韦理论使复杂的电磁现象规律建立起一个和谐、圆满的家庭；量子论使行踪飘忽的微观粒子眉目清晰，而量子规律在极限情况下($n\to\infty$)回到经典理论；相对论理论使得时间、空间和物质的运动得到了和谐统一，而在极限情况下($v\ll c$)又和牛顿理论相统一. 可见，物理学理论在其多样性的展开中充分显示了其深邃的、内洽的和谐与多样统一. 和谐与多样统一同样能激起人的美感.

爱因斯坦认为，尽管物理学是而且今后仍然是扎根于实验定律之中，但是“数学简单性和数学美却在基础物理学各个概念的形式中起着越来越大的作用”. 狄拉克甚至说：“如果存在两种理论，一种理论是更美些，而另一种则更符合实验，要在两者之间进行选择的话，宁愿选择前者.”正是基于对世界是和谐统一的，其描述应当是简洁而且美的，坚信这样的信念，物理学家们才敢于面对各种挑战，经过各种努力，使物理学的理论体系尽量达到简洁而且完美. 比如，原先的“地心说”为了解释天文观察的结果，引入许多如“均轮”、“本轮”的概念，使天文理论既复杂又失洽. 哥白尼深信完美的理论应当是“和谐而简单”的，所以敢于挑战“地心说”，建立不朽的“日心说”. 又如，原先的电磁学研究，诸如电容器充放电的非稳恒情况，安培环路定理不再适用，电和磁之间的对称、和谐、统一的关系被破坏；麦克斯韦深信这种“不和谐”是不该有的，于是大胆设想：存在一种“位移电流”，并将其推广到环路问题，使电与磁之间的和谐统一关系在非稳恒的新条件下重新确认.

大量科学事实告诉我们，克服科学原理中某些美学因素上的不洽，往往导致科学领域的新发现. 究其原因，就是真和美在客观世界中是同一事物(正确理论)的两个侧面，对真理的追求，必然伴随着对美的追求.

（五）机遇利用

1895 年，德国物理学家伦琴在进行放电实验时用黑色硬纸把放电管密包起来，无意中发现在一段距离外的涂有一种铂氰酸钡的纸屏竟发出微弱的荧光，他又进行了仔细的观察，肯定激发这种荧光的原因来自放电管，但不是阴极射线，因为阴极射线透不过玻璃. 几乎所有东西对这种射线都是透明的，伦琴称这种看不见的射线为 X 射线. 不久 X 射线被广泛用到医学上. 这种在实验中，由于某个偶然的原因，出乎意料地遇到新的自然现象，并由此而导致新的科学发现的现象称为机遇.

科学研究中的观察、实验都是有明确目的的. 机遇出现在观察、实验中，是在人们预料不到的、意外的情况下出现的. 因此，意外性和偶然性是机遇的两个主要特点. 当客观上具备了某种条件之后，必然的未知现象会以偶然的形式突然出现，因此在科学研究中要处处留心意外之事，一旦机遇出现就及时地抓住. 机遇是一种偶然性，偶然性是必然性的表现和补充，偶然性以必然性为基础，它的背后隐藏着必然性，必然性通过偶然性为自己开辟道路.

科学史表明，科学研究在“万事俱备”的条件下，不是这个人就是那个人，不是通过这个事物就是通过那个事物，送来“东风”从而取得突破.

有时，一些偶然发现的现象，对于具有敏锐洞察和很有素养的科学家来讲，会促使他们产生联想，从而促进一系列的伟大发现，形成“连锁反应”. 这不仅丰富和发展了原有的科学理论，建立起一系列的新型学科，而且正因为不在预料之中，往往成为科学研究的新起点，从而开辟了研究的新领域. 例如，在伦琴偶然发现 X 射线三个月后，法国物理学家贝克勒尔受此启发，在寻找 X 射线来源的实验中，于 1896 年发现了放射性元素铀. 在对阴极射线的研究中，汤姆孙于 1897 年发现了电子. 在此前一年，居里夫妇发现了镭元素. 到 19 世纪末，一系列科学重大发现打开了原子世界的大门.

法国生物学家巴斯德说得好：“在观察的领域中，机遇偏爱那种有准备的头脑.”要捕捉住并利用好机遇，科学工作者要具备以下的科学素质和思维能力. ①要有广博的科学知识和丰富的经验. 研究者要自我培养，使自己除了掌握精湛的某些专门技术外，还应具备广博的知识基础. 例如，早在 1609 年，荷兰有个眼镜师利伯希用一前一后的两个透镜观看各种东西时意外地发现，让两片镜子离开一定距离时，远处的物体看起来就像在跟前一样，事实上他已经发明了第一架望远镜. 但是由于他缺乏“有准备的头脑”，因而也就讲不出这一意外发现的道理，也不了解这种意外发现的科学意义. 但是，当伽利略得知这一消息后，凭他广博的学识，马上意识到这个发现在天文观察上有巨大意义. 他很快研制出了放大 32 倍的望远镜，并用它来观察星空，把视野扩展到宇宙中很多未知的领域. 可见，具有丰富知识和经验的人，比只有某一种知识和有限经验的人更容易捕获机遇，做出科学成就. ②要有留心意外之事的科学素养，敏于观察，勤于思索. 贝弗里奇在《科学研究的艺术》一书中说：“‘留意意外之事’是研究工作者的座右铭.”意大利生理学家兼医生伽伐尼于 1792 年在解剖青蛙的实验中随意把一只青蛙放在静电机旁边的桌子上，当他离开实验室片刻，有人用手术刀接触青蛙腿部神经，发现蛙腿肌肉突然收缩，与此同时旁边的静电机发出了火花；当伽伐尼得知这一现象之后，进一步观察，认为这是一种不平常的现象. 他兴奋地深入研究，从蛙腿与金属接触时的痉挛现象中发现了电流. ③要有高度的判断力才能抓住机遇，获得重大发现. 1896 年，德国物理学家贝克勒尔在伦琴发现 X 射线之后，发现了天然放射性元素. 而在他之前，有一个实验研究人员早已看到过这种“无缘无故的感光现象”，但他只得出了硫酸不能和照相底片放在一起的相关性结论，并没有探索其内在原因. 而贝克勒尔却抓住了这一线索，获得了重大的发现. 这充分说明，只有具有识别和判断能力的人才能悟出机遇的真正价值. 也说明机遇从不喜欢思想上的懒汉，它非常忌讳被人冷落. 正如查理 · 尼科尔所说：“机遇只垂青那些懂得怎样追求她的人.”

在科学研究和技术开发活动中，应该重视机遇，认真抓住所遇到的机会，并充分地利用机遇，但是不能依赖，更不能等待. 我们不能错误地认为，搞科学研究，要想出成果全凭机遇，全看运气好不好，把科学的发现、技术的发明全寄希望于偶然性方面，因而不肯付出艰苦的劳动，不进行深入细致的研究工作，只是坐等机遇的到来，这种“守株待兔”的思想是错误的，必将一事无成.

非逻辑思维方法(或非常规思维方法)对科学的发展、技术的进步具有积极的作用. 科学技术上的许多发现、发明、创造在很大程度上取决于想象、灵感、直觉的激发. 科学家常在科学研究中依靠自己丰富的知识和实践经验，凭借想象和灵感，在思想上塑造出各种各样的图景和模型，在主观认识和客观对象之间发挥着桥梁作用. 想象、灵感和直觉等非常规科学思维方法可以在逻辑方法受到阻碍、科学思路发生阻塞的情况下给人以启示和激励，催化科学的创造过程.

非常规思维是创造性思维，它是理性思维的一种形式. 作为科技工作者，要善于捕捉和运用非常规思维方法，首先要相信自己能够成为有创造力的人. 在平日的研究工作中，要把每一次微小的进步和成功都看成是自己解决问题能力的体现，用来坚定自己的信心；要充分地发挥自己的想象力. 只有打开想象的大门，思想的火花才能有更多的机会迸发出来. 青年科技工作者要有坚定的自信心，不要怕失败，更不要以为自己“不是这块料”；要有“天生我才必有用”的信心和勇气，从失败中找出有益的教训，不断增长才智. 不仅要有坚定的信心，而且还要有坚韧不拔的毅力. 应该相信爱迪生的切身体验：“天才是百分之一的灵感加百分之九十九的汗水”. 所以我们在科学研究中，既要踏踏实实艰苦努力，不把希望放在偶然事件上，又要开阔思路；不失良机、善于捕捉思想的灵智，不断攀登科学高峰.

小　　结

马克思说：“在科学上没有平坦的大道，只有不畏劳苦沿着陡峭小路攀登的人，才有希望到达光辉的顶点.”当代科学技术的发展，出现了与以往任何时代有所不同的显著特征. 一方面，学科高度分化，分支学科越来越多，越来越细，新型学科不断涌现；另一方面，学科之间又高度综合，出现了两门或两门以上学科的交叉和相互惨透，出现了许多交叉学科、边缘科学. 分化与综合相比，综合是占主导的. 整个科学体系处于高度的动态之中，发展速度之快是前所未有的. 现代科技的相互渗透、相互交叉和高度综合等特点，更加需要知识面广、具有洞察力、判断力、想象力的新型科技人才. 他们需要有科学方法的素养，既要有雄厚扎实的基础知识，又要有灵活巧妙的研究方法，使他们能够站在科技发展的前沿. 人们说，古代人是以通才为主，近代人是以专才为主，现代人则要求在专才基础上的通才，即是博才. 青年科技工作者一是要有某门学科的专长，通晓其他学科的知识；二是要思想活跃，掌握科学方法. 美国心理学家曾花了三年多的时间对美国最杰出的几百名科学家进行了调查，发现这些科学家都有这样一些特点：优异的空间理解能力，较强的数学能力，突出的语言文字能力，极强的创造能力；喜欢独立思考，思想开放不喜欢约束，有着永不满足的好奇心，什么事情都要寻根究底，爱挑毛病，爱批评，还有着对社会做贡献的强烈责任感. 这些启示我们，既要有科学知识，又要有科学头脑、科学精神和科学方法.

从一定的意义上讲，学习方法比学习知识更重要. 通过学习前人或他人获取知识的方法，就能了解到知识的来源，对知识不仅能知其然，而且知其所以然，从而加深对知识的理解. 虽然说知识就是力量，但是人类已有的知识毕竟是有限的，而且随着时代的发展，知识是在不断更新的，获得知识的方法是使知识能够不断“增值”的有效手段. 因此，掌握科学的学习方法和研究方法，是时代要求我们所必须具备的素质. 巴甫洛夫说的好“有了良好的方法，即使没有多大才干的人也能做出许多成就；如果方法不好，即使有天才的人也将一事无成”. 因此在学习物理学理论知识的同时，要有意识地通过课堂教学、课下练习、课外讨论和科技活动以及物理实验等各种教学环节，学习物理学研究问题的方法，从而达到提高自身科学素质的目的.

值得指出的是，掌握科学的研究方法首先要有强烈的求知欲望，对研究的事物具有浓厚的兴趣和专注精神. 要做好一件事情就得迷进去，“迷则专、专则通”，如果没有钻进去，方法也就谈不上了，所以专和迷是个前提. 法国微生物学家巴斯德说过：“青年人，要相信这些行之有效的方法，我们至今并未知道这些方法的全部奥秘，不论你们从事何种事业，都不要被非难和无聊的怀疑主义所动摇，不要让自己因国家所经历的一时忧患而沮丧. 当生活在实验室和图书馆的宁静之中，首先要问问：我为自己的学习做了些什么？当你们逐渐长进时，再问问自己：我为自己的祖国做了些什么？直到有一天，你们可以因自己用某种方式对人类进步和幸福做出了贡献而感到巨大的幸福”.

我们处在一个充满希望和挑战的时代. 这样的时代，需要大批有知识、有能力、富有创新精神和奉献精神的科技人才. 新时代的青年人尤其是新时代的大学生，就应该树立远大的理想和坚定的信心，通过不断学习科学知识和科学方法，逐步提高自己的科学素质和工作能力，为人类的文明进步和祖国的繁荣富强做出应有的贡献.

第一篇 力 学

本篇知识结构图

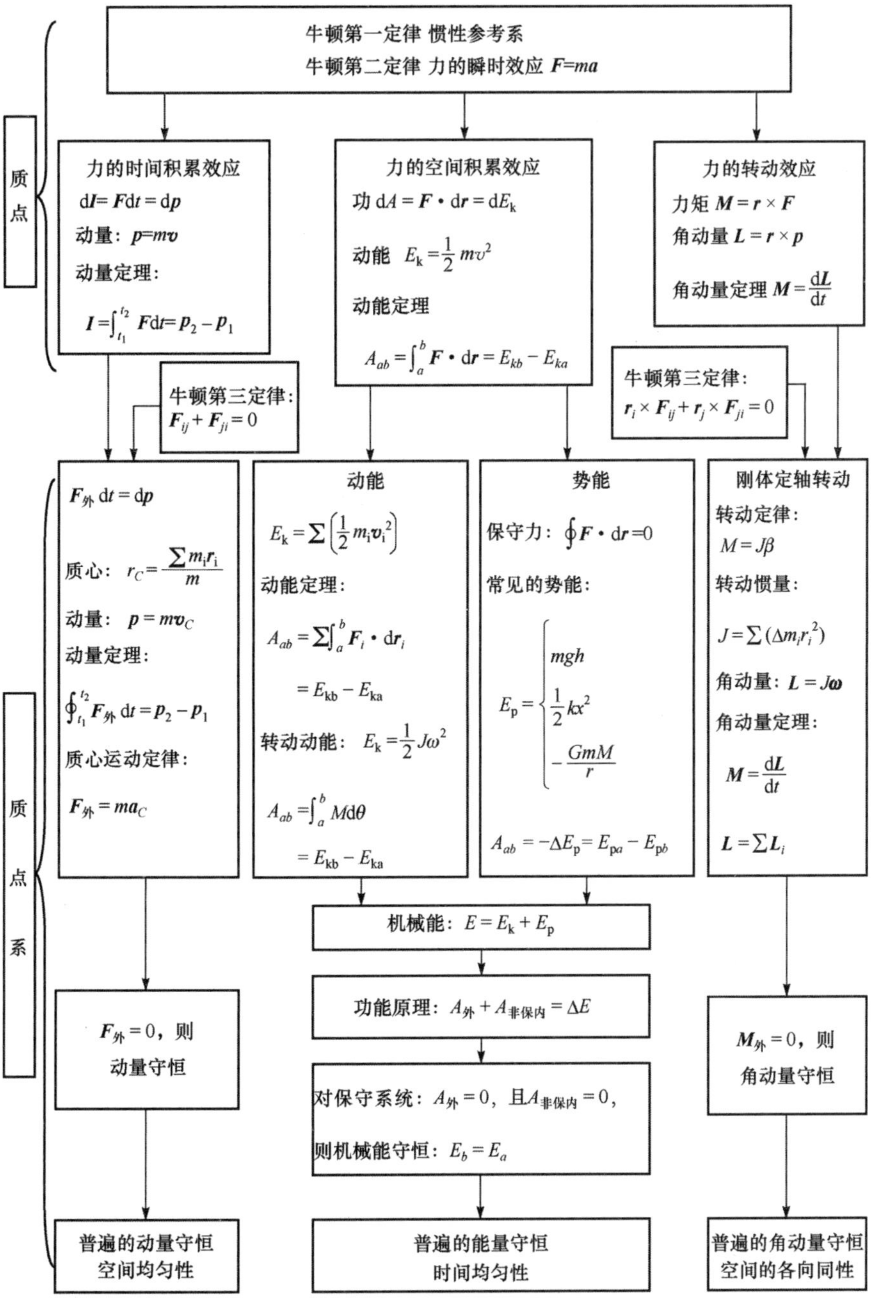

第 1 章　质点运动学

一、基本要求

（1）明确机械运动的描述，理解质点模型，明确参考系、坐标系的选取方法.

（2）理解描述质点运动及运动变化的基本物理量（位置矢量、位移、速度、加速度）的定义和性质. 明确这些物理量在直角坐标系和自然坐标系下的表示方法. 理解位置矢量、位移、速度和加速度的矢量性、瞬时性和相对性.

（3）明确运动方程的意义和作用，熟练掌握运用运动方程求解描述运动的各物理量的方法，掌握由加速度（或速度）、初始条件确定运动方程的方法.

（4）明确圆周运动的描述方法，掌握描述圆周运动的角量与线量的关系.

（5）了解相对运动的处理方法.

二、主要内容与学习指导

（一）机械运动的描述方法

1. 参考系与坐标系

运动是物质的基本属性，对运动的描述只能是相对的. 因此，要描述一个物体的运动，首先要选定一个参考系. 为了定量地描述物体的运动，必须在选定参考系的基础上建立一个坐标系. 常用的坐标系有直角坐标系、自然坐标系、极坐标系等. 参考系与坐标系原则上可任意选取，以解决问题方便为原则.

2. 质点

一般物体的运动是复杂的，要描述物体的运动，就必须忽略一些次要因素，突出主要因素. 在物理学中常将一个实际物体或系统抽象为理想模型. 质点就是描述物体做机械运动时的一个理想模型. 当一个物体自身的形状、大小在所研究的问题中无关紧要，或者物体（或物体系）内部各部分的运动情况相同或差异不大时，可将物体抽象为质点.

（二）描述质点运动的基本物理量

通常用位置矢量 $\boldsymbol{r}$、位移 $\Delta\boldsymbol{r}$、速度 $\boldsymbol{v}$ 和加速度 $\boldsymbol{a}$ 等物理量来描述质点的运动.

1. 描述质点运动的各量的定义

（1）位置矢量. 位置矢量 $\boldsymbol{r}$ 是一个有向线段，在选定的参考系上任选一固定点 O，质点在任一时刻 t 的位置矢量 $\boldsymbol{r}$ 的始端位于 O 点，末端与质点在时刻 t 的位置 P 点相重合（图 1-1）. 位置矢量又简称为**位矢**.

（2）位移矢量：在 t 时刻，质点在 A 点，在 $t+\Delta t$ 时刻，质点运动到了 B 点，始点 A 指向终点 B 的有向线段 $\overrightarrow{AB}$ 称为 Δt 这段时间内的**位移矢量**，简称为**位移**. 位移反映了质点位矢的变化，即在时间间隔 Δt 内位矢的增量，一般写作 $\Delta\boldsymbol{r}$.

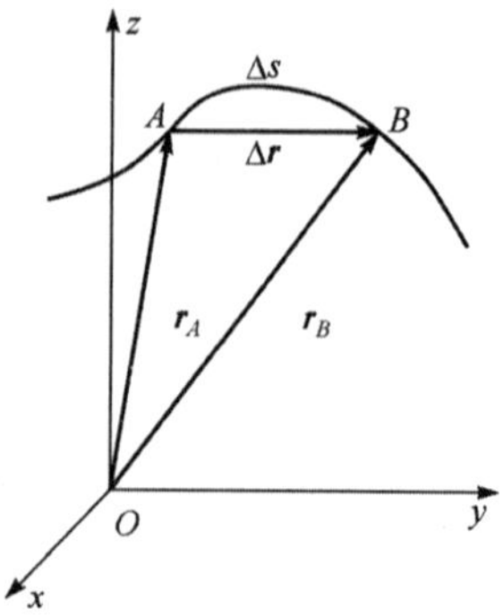

图 1-1

$$\Delta\boldsymbol{r}=\boldsymbol{r}_B-\boldsymbol{r}_A \tag{1.1}$$

(3) 平均速度

$$\bar{\boldsymbol{v}}=\frac{\Delta\boldsymbol{r}}{\Delta t} \tag{1.2}$$

(4) 瞬时速度

$$\boldsymbol{v}=\lim_{\Delta t\to 0}\frac{\Delta\boldsymbol{r}}{\Delta t}=\frac{\mathrm{d}\boldsymbol{r}}{\mathrm{d}t} \tag{1.3}$$

(5) 加速度

$$\boldsymbol{a}=\lim_{\Delta t\to 0}\frac{\Delta\boldsymbol{v}}{\Delta t}=\frac{\mathrm{d}\boldsymbol{v}}{\mathrm{d}t} \tag{1.4}$$

说明：

(1) 上述各量都具有**矢量性**. 实际计算时，常建立坐标系，对它们在各坐标轴的分量分别进行计算. 各分量均为代数量(标量)，可正、可负，某一分量值为正说明该物理量在该坐标轴方向的分矢量与坐标轴正方向相同，反之亦然.

(2) 位置矢量 $\boldsymbol{r}$、速度 $\boldsymbol{v}$ 和加速度 $\boldsymbol{a}$ 都是状态量，都具有**瞬时性**. 计算时应特别注意，对不同的时刻 t，各量的值一般不同. 位移矢量 $\Delta\boldsymbol{r}$、平均速度 $\bar{\boldsymbol{v}}$ 都与时间间隔 Δt 有关，对不同的时间间隔 Δt，各量的值一般不同. 注意瞬时值和平均值的不同.

(3) 上述各量均具有**相对性**，即在不同参考系中，描述运动的任一物理量的值一般不同，但它们之间存在着一定的关系，这就是相对运动的合成公式.

设 S 和 S' 为两个不同的参考系，O 和 O' 分别为两参考系中固定坐标系的原点，t 时刻质点位于 P 点(图 1-2). 在质点低速运动情况下，有

$$\boldsymbol{r}_{P对S}=\boldsymbol{r}_{P对S'}+\boldsymbol{r}_{S'对S}$$
$$\Delta\boldsymbol{r}_{P对S}=\Delta\boldsymbol{r}_{P对S'}+\Delta\boldsymbol{r}_{S'对S}$$
$$\boldsymbol{v}_{P对S}=\boldsymbol{v}_{P对S'}+\boldsymbol{v}_{S'对S}$$
$$\boldsymbol{a}_{P对S}=\boldsymbol{a}_{P对S'}+\boldsymbol{a}_{S'对S}$$

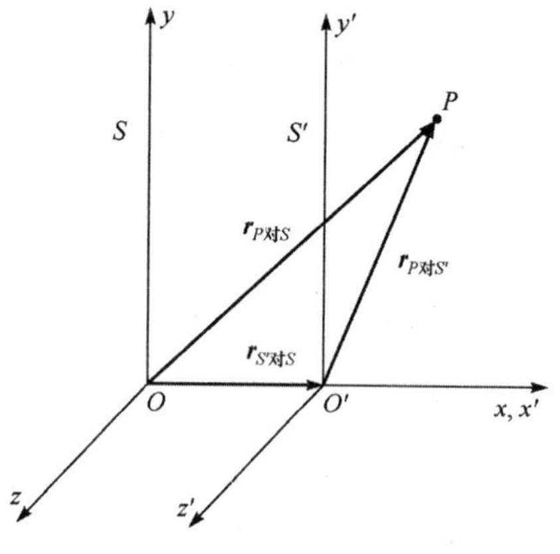

图 1-2

2. 各量在直角坐标系中的表示

$$\boldsymbol{r}=x\boldsymbol{i}+y\boldsymbol{j}+z\boldsymbol{k} \tag{1.5}$$

$$\Delta\boldsymbol{r}=(x_B-x_A)\boldsymbol{i}+(y_B-y_A)\boldsymbol{j}+(z_B-z_A)\boldsymbol{k}=\Delta x\boldsymbol{i}+\Delta y\boldsymbol{j}+\Delta z\boldsymbol{k} \tag{1.6}$$

$$\bar{\boldsymbol{v}}=\frac{\Delta x}{\Delta t}\boldsymbol{i}+\frac{\Delta y}{\Delta t}\boldsymbol{j}+\frac{\Delta z}{\Delta t}\boldsymbol{k} \tag{1.7}$$

$$\boldsymbol{v}=\frac{\mathrm{d}x}{\mathrm{d}t}\boldsymbol{i}+\frac{\mathrm{d}y}{\mathrm{d}t}\boldsymbol{j}+\frac{\mathrm{d}z}{\mathrm{d}t}\boldsymbol{k}=v_x\boldsymbol{i}+v_y\boldsymbol{j}+v_z\boldsymbol{k} \tag{1.8}$$

$$\boldsymbol{a}=\frac{\mathrm{d}v_x}{\mathrm{d}t}\boldsymbol{i}+\frac{\mathrm{d}v_y}{\mathrm{d}t}\boldsymbol{j}+\frac{\mathrm{d}v_z}{\mathrm{d}t}\boldsymbol{k}=\frac{\mathrm{d}^2x}{\mathrm{d}t^2}\boldsymbol{i}+\frac{\mathrm{d}^2y}{\mathrm{d}t^2}\boldsymbol{j}+\frac{\mathrm{d}^2z}{\mathrm{d}t^2}\boldsymbol{k}=a_x\boldsymbol{i}+a_y\boldsymbol{j}+a_z\boldsymbol{k} \tag{1.9}$$

3. 各量在自然坐标系中的表示

当质点的运动轨迹为已知曲线时，常取自然坐标系描述质点的运动(图 1-3). 在自然坐标

系中，$\boldsymbol{\tau}$ 和 $\boldsymbol{n}$ 分别表示切线方向和法线方向的单位矢量，则速度为

$$\boldsymbol{v}=\frac{\mathrm{d}s}{\mathrm{d}t}\boldsymbol{\tau}$$

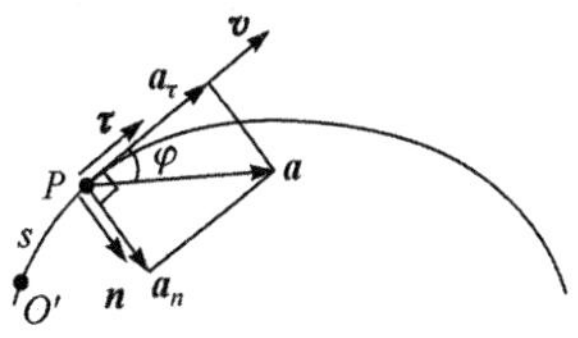

图 1-3

其中，$v_\tau=\frac{\mathrm{d}s}{\mathrm{d}t}$为速度在切线方向的分量（注意：速度 $\boldsymbol{v}$ 只有切向分量！但 v_τ 可以为正，也可以为负）.

加速度为

$$\boldsymbol{a}=\boldsymbol{a}_n+\boldsymbol{a}_\tau=a_n\boldsymbol{n}+a_\tau\boldsymbol{\tau}=\frac{v^2}{\rho}\boldsymbol{n}+\frac{\mathrm{d}v_\tau}{\mathrm{d}t}\boldsymbol{\tau} \tag{1.10}$$

式中，$a_n=\frac{v^2}{\rho}$为加速度 $\boldsymbol{a}$ 沿法线方向的分量，恒为非负值. 法向加速度 $\boldsymbol{a}_n$ 的方向始终与 $\boldsymbol{n}$ 相同. $a_\tau=\frac{\mathrm{d}v_\tau}{\mathrm{d}t}$为加速度 $\boldsymbol{a}$ 沿切线方向的分量，它是一个代数量，$a_\tau>0$，表明 $\boldsymbol{a}_\tau$ 与 $\boldsymbol{\tau}$ 方向相同；反之，$a_\tau<0$，表明 $\boldsymbol{a}_\tau$ 与 $\boldsymbol{\tau}$ 方向相反.

说明：

(1) $a_n=0$（$\rho\to\infty$时），质点做直线运动.

(2) $\rho=R$（常量）时，质点做圆周运动，且当 $a_\tau=0$ 时，质点做匀速率圆周运动.

(3) $\boldsymbol{a}=$常矢量的曲线运动为匀变速运动，如抛体运动等.

4. 各量在平面极坐标系中的表示

在质点做平面运动时，也常用平面极坐标系来描述. 在平面极坐标系中，质点的位置用两个变量(r,θ)表示，它们当然也是时间 t 的函数. 其中，r 是质点在任意时刻的位置 P 点的矢径，即 P 点的位矢 $\boldsymbol{r}$ 的量值，$r=|\boldsymbol{r}|$；而 θ 则是 P 点的极角，即极轴至 P 点矢径间的夹角，如图 1-4 所示.

在平面极坐标系中，质点的速度 $\boldsymbol{v}$ 分解为沿着矢径及垂直于矢径（θ 增加的方向）方向的两个分矢量 $v_r\boldsymbol{e}_r$ 和 $v_\theta\boldsymbol{e}_\theta$，式中 $\boldsymbol{e}_r$ 为沿矢径（位矢 $\boldsymbol{r}$）方向的单位矢量，$\boldsymbol{e}_\theta$ 为垂直于矢径方向的单位矢量，如图 1-5 所示. 在平面极坐标系中，速度表示为

$$\boldsymbol{v}=v_r\boldsymbol{e}_r+v_\theta\boldsymbol{e}_\theta=\frac{\mathrm{d}r}{\mathrm{d}t}\boldsymbol{e}_r+r\frac{\mathrm{d}\theta}{\mathrm{d}t}\boldsymbol{e}_\theta$$

即在平面极坐标系中，速度沿着矢径及垂直于矢径两个方向的分量分别为

$$v_r=\frac{\mathrm{d}r}{\mathrm{d}t},\quad v_\theta=r\frac{\mathrm{d}\theta}{\mathrm{d}t}$$

在平面极坐标系中，加速度沿着矢径及垂直于矢径两个方向的分量分别为

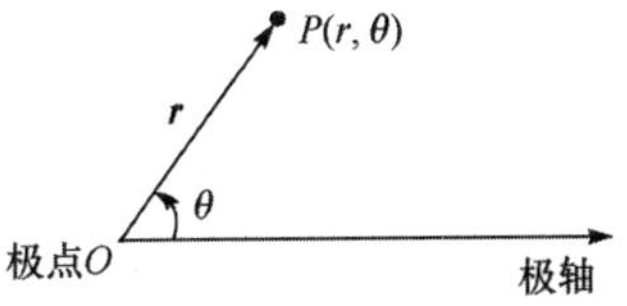

图 1-4

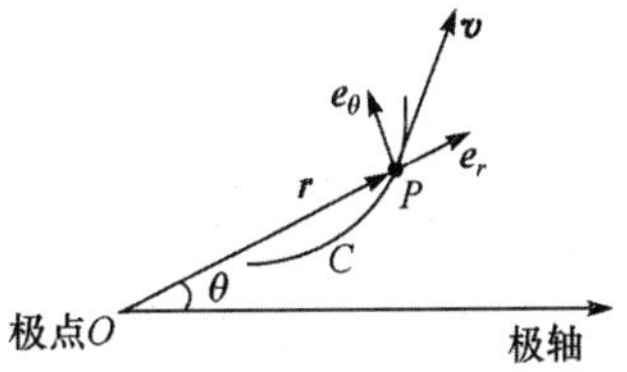

图 1-5

$$a_r=\frac{d^2r}{dt^2}-r\left(\frac{d\theta}{dt}\right)^2,\quad a_\theta=r\frac{d^2\theta}{dt^2}+2\frac{dr}{dt}\cdot\frac{d\theta}{dt}=\frac{1}{r}\frac{d}{dt}\left(r^2\frac{d\theta}{dt}\right)$$

5. 角量与线量的关系

当质点做圆周运动时，常选取平面极坐标系，由于矢径 $r=R$（为常量），故只需要用极角 θ 一个变量来描述，所以引用角量来描述圆周运动（图 1-6）. 角坐标 θ、角位移 $\Delta\theta$、角速度 $\boldsymbol{\omega}$ 和角加速度 $\boldsymbol{\beta}$ 分别为

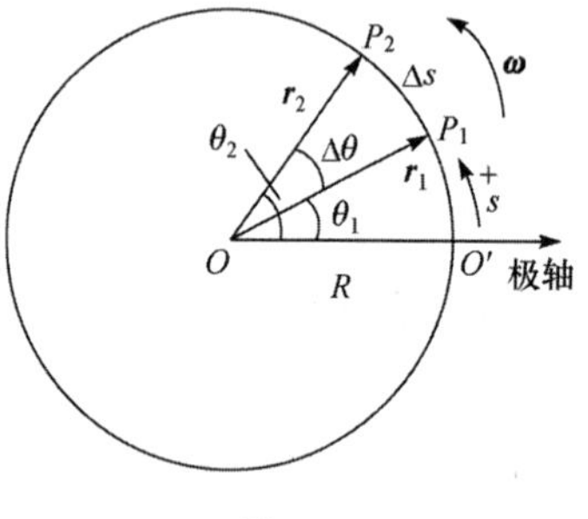

图 1-6

$$\theta=\theta(t) \tag{1.11}$$

$$\Delta\theta=\theta_2-\theta_1 \tag{1.12}$$

$$\boldsymbol{\omega}=\frac{d\boldsymbol{\theta}}{dt} \tag{1.13}$$

$$\boldsymbol{\beta}=\frac{d\boldsymbol{\omega}}{dt}=\frac{d^2\boldsymbol{\theta}}{dt^2} \tag{1.14}$$

说明：

（1）角速度和角加速度一般为矢量，$\boldsymbol{\omega}=\frac{d\boldsymbol{\theta}}{dt}$，$\boldsymbol{\beta}=\frac{d\boldsymbol{\omega}}{dt}$；角位移 $\Delta\theta$ 一般不是矢量，但 $\Delta t\to 0$ 时，$d\boldsymbol{\theta}$ 为矢量，其方向由右手定则确定，四指环绕方向沿转动方向，拇指为 $d\boldsymbol{\theta}$ 的方向. 角速度 $\boldsymbol{\omega}$ 与 $d\boldsymbol{\theta}$ 方向一致.

（2）角量与线量之间存在着矢量关系

$$d\boldsymbol{r}=d\boldsymbol{\theta}\times\boldsymbol{r},\quad \boldsymbol{v}=\boldsymbol{\omega}\times\boldsymbol{r},\quad \boldsymbol{a}_\tau=\boldsymbol{\beta}\times\boldsymbol{r}\;,\quad \boldsymbol{a}_n=-\omega^2\boldsymbol{r}$$

（3）在定轴转动中，$\boldsymbol{\omega}$ 和 $\boldsymbol{\beta}$ 的方向平行于转轴，所以角量可用正、负来表示方向. 角量与线量的标量关系为（图 1-7）：

自然坐标的增量为

$$ds=Rd\theta$$

速度的切向分量为

$$v_\tau=\frac{ds}{dt}=\frac{Rd\theta}{dt}=R\omega$$

速度大小（即速率）为

$$v=|v_\tau|=R|\omega|$$

加速度的切向分量为

$$a_\tau=\frac{dv_\tau}{dt}=R\frac{d\omega}{dt}=R\beta$$

加速度的法向分量为

$$a_n=\frac{v^2}{R}=R\omega^2$$

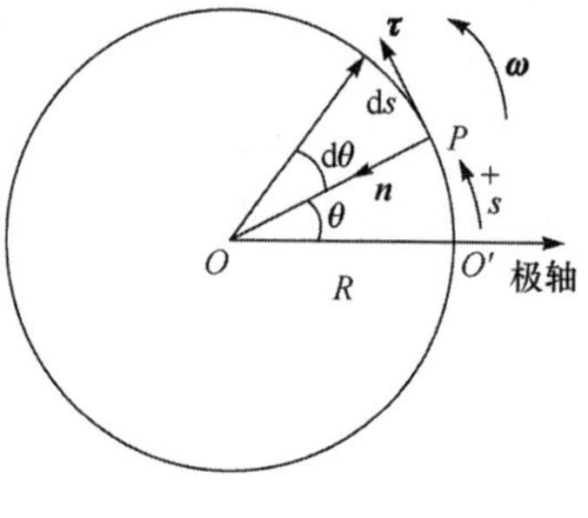

图 1-7

（三）运动方程与轨迹方程

运动方程是表示质点位置（矢量）随时间 t 变化的函数关系式，即 $\boldsymbol{r}=\boldsymbol{r}(t)$. 在直角坐标系中，常用各分量坐标与时间 t 的关系表示运动方程，即

$$\boldsymbol{r}=\boldsymbol{r}(t)$$

或

$$\begin{cases} x=x(t) \\ y=y(t) \end{cases}$$

在自然坐标系中运动方程的形式为：$s=s(t)$；在极坐标系中运动方程的形式为：$\theta=\theta(t)$.

轨迹方程是表示质点运动的空间轨迹曲线方程，是坐标间的函数关系. 由运动方程消去参数 t，便可得到轨迹方程. 对质点在 xOy 平面内运动，轨迹方程为：$y=f(x)$ 或 $f(x,y)=0$.

运动方程是描述质点运动的核心，已知运动方程则可求出描述运动的各物理量和轨迹方程，从而获得质点运动的全部情况.

常见的几种运动形式，质点的运动方程为：

(1) 匀变速直线运动

$$x=x_0+v_0t+\frac{1}{2}at^2,\quad v=v_0+at,\quad v^2=v_0^2+2a(x-x_0)$$

(2) 平抛运动

$$\begin{cases} x=v_0t \\ y=\dfrac{1}{2}gt^2 \end{cases} \Rightarrow \text{轨迹方程：} y=\frac{gx^2}{2v_0^2}$$

(3) 斜抛运动

$$\begin{cases} x=v_0\cos\theta\cdot t \\ y=v_0\sin\theta\cdot t-\dfrac{1}{2}gt^2 \end{cases} \Rightarrow \text{轨迹方程：} y=x\tan\theta-\frac{gx^2}{2v_0^2\cos^2\theta}$$

(4) 圆周运动

$$\begin{cases} x=R\cos\omega t \\ y=R\sin\omega t \end{cases} \Rightarrow \text{轨迹方程：} x^2+y^2=R^2$$

三、习题分类与解题方法指导

本章习题大体可归纳为 4 类：①已知运动方程求各量；②已知加速度(或速度)及初始条件求运动方程；③关联运动的分析与处理；④相对运动的分析与处理. 以下分别进行讨论.

(一) 已知运动方程求运动各量

此类习题可分为直线运动或曲线运动两种情况. 若给定运动方程，就可求出运动各量，如位置、位移、平均速度、速度、加速度、路程、平均速率等. 求解此类习题的基本方法是依据各物理量的定义通过运动方程来求，运用的主要手段是微分或求导. 此类习题是本章重点内容之一.

例题 1-1　已知质点沿 x 轴运动，运动方程为 $x=8t-4t^2+12$(SI). 求：

(1) $t=0$s，1s，2s，4s 时的位置、速度和加速度；

(2) 从 $t=0$ 到 $t=2$s 时间内的位移、路程、平均速度和平均速率；

(3) 试描述质点的运动情况.

解　由运动方程：$x=8t-4t^2+12$，可得质点在任意 t 时刻的速度和加速度(x 轴分量)分别为

$$v=\frac{dx}{dt}=8-8t,\quad a=\frac{dv}{dt}=-8\text{m}\cdot\text{s}^{-2}$$

(1) 将 $t=0\text{s},1\text{s},2\text{s},4\text{s}$ 代入上述各式,得各时刻的位置、速度和加速度为

$t=0$:$x_0=12\text{m},v_0=8\text{m}\cdot\text{s}^{-1},a_0=-8\text{m}\cdot\text{s}^{-2}$;

$t=1\text{s}$:$x_1=16\text{m},v_1=0,a_1=-8\text{m}\cdot\text{s}^{-2}$;

$t=2\text{s}$:$x_2=12\text{m},v_2=-8\text{m}\cdot\text{s}^{-1},a_2=-8\text{m}\cdot\text{s}^{-2}$;

$t=4\text{s}$:$x_4=-20\text{m},v_4=-24\text{m}\cdot\text{s}^{-1},a_4=-8\text{m}\cdot\text{s}^{-2}$.

(2) $\Delta t=2-0=2\text{s}$ 内,位移 $\Delta x=x_2-x_0=0$,平均速度 $\bar{\boldsymbol{v}}=\dfrac{\Delta x}{\Delta t}\boldsymbol{i}=0$. 由速度表达式 $v=8-8t$ 可知,在 $0<t<1\text{s}$ 时间内,$v>0$,质点沿 x 轴向正向运动;$t=1\text{s}$ 时,$v=0$;在 $1<t<2\text{s}$ 时间内,$v<0$,运动方向发生变化,质点沿 x 轴向负向运动. 所以质点在 $t=0$ 到 $t=2\text{s}$ 时间内的路程为

$$|\Delta s|=|x_1-x_0|+|x_2-x_1|=8\text{m}$$

平均速率为

$$\bar{v}=\frac{|\Delta s|}{\Delta t}=4\text{m}\cdot\text{s}^{-1}$$

(3) 质点在整个运动过程中,加速度 $a=-8\text{m}\cdot\text{s}^{-2}$. 结合速度的变化规律,我们知道,质点从 $x_0=12\text{m}$ 处开始沿 x 轴的正向做匀减速运动,在 $t=1\text{s}$ 时刻,到达 $x_1=16\text{m}$ 处,速度为 0;随即返回,沿 x 轴负向做匀加速运动. 质点运动可以理解为是沿 x 轴的匀变速运动.

例题 1-2 已知质点运动方程为 $\boldsymbol{r}=R\cos\omega t\boldsymbol{i}+R\sin\omega t\boldsymbol{j}$,其中 R、ω 均为正的常量,$\boldsymbol{i}$、$\boldsymbol{j}$ 分别为 x、y 轴方向的单位矢量. 各量均采用国际单位制. 试求:

(1)质点的速度和加速度表达式;(2)质点速率的变化率$\dfrac{\mathrm{d}v}{\mathrm{d}t}$;(3)质点的轨迹方程.

解 (1) 质点的速度为

$$\boldsymbol{v}=\frac{\mathrm{d}\boldsymbol{r}}{\mathrm{d}t}=-\omega R\sin\omega t\boldsymbol{i}+\omega R\cos\omega t\boldsymbol{j}$$

质点的加速度为

$$\boldsymbol{a}=\frac{\mathrm{d}\boldsymbol{v}}{\mathrm{d}t}=-\omega^2R\cos\omega t\boldsymbol{i}-\omega^2R\sin\omega t\boldsymbol{j}=-\omega^2\boldsymbol{r}$$

(2) 因为质点速度的 x、y 分量分别为:$v_x=-\omega R\sin\omega t$,$v_y=\omega R\cos\omega t$,质点的速率为

$$v=|\boldsymbol{v}|=\sqrt{v_x^2+v_y^2}=\omega R(\text{常量})$$

所以质点速率的变化率为

$$\frac{\mathrm{d}v}{\mathrm{d}t}=\frac{\mathrm{d}(\omega R)}{\mathrm{d}t}=0$$

(3) 因为 $x=R\cos\omega t$,$y=R\sin\omega t$,消去时间 t 得轨迹方程为

$$x^2+y^2=R^2$$

可见该质点运动轨迹为圆周,圆心在坐标原点,半径为 R. 质点做匀速率圆周运动.

例题 1-3 一质点沿半径为 R 的圆周按规律:$s=v_0t-\dfrac{1}{2}bt^2$ 运动,其中 s 为自然坐标,v_0、b 为正的常量,各量均采用国际单位制.

(1) 试求 t 时刻质点的加速度的大小;

(2) 当加速度大小等于 b 时,t=? 在从 $t=0$ 开始的这段时间里质点运行了多少圈?

解　(1) 由运动方程 $s=v_0t-\frac{1}{2}bt^2$，可得速度的切向分量为

$$v_\tau=\frac{\mathrm{d}s}{\mathrm{d}t}=v_0-bt$$

加速度的切向分量和法向分量分别为

$$a_\tau=\frac{\mathrm{d}v_\tau}{\mathrm{d}t}=-b,\quad a_n=\frac{v^2}{R}=\frac{(v_0-bt)^2}{R}$$

所以加速度的大小为

$$a=\sqrt{a_\tau^2+a_n^2}=\sqrt{b^2+\frac{(v_0-bt)^4}{R^2}}$$

(2) 令 $a=\sqrt{b^2+\frac{(v_0-bt)^4}{R^2}}=b$，解得 $t=\frac{v_0}{b}$. 即当加速度大小等于 b 时，$t=\frac{v_0}{b}$. 在从 $t=0$ 开始到 $t=\frac{v_0}{b}$ 的这段时间里质点运行的路程为

$$\Delta s=s-s_0=v_0t-\frac{1}{2}bt^2=v_0\,\frac{v_0}{b}-\frac{1}{2}b\left(\frac{v_0}{b}\right)^2=\frac{v_0^2}{2b}$$

运行的圈数为

$$N=\frac{\Delta s}{2\pi R}=\frac{v_0^2}{4\pi Rb}$$

例题 1-4　一质点沿半径 $R=1\mathrm{m}$ 的圆周运动，运动方程为 $\theta=2+4t^3$(弧度). 求：

(1) $t=2\mathrm{s}$ 时的角加速度 β；

(2) $t=2\mathrm{s}$ 时的加速度大小 a.

解　由运动方程：$\theta=2+4t^3$，可得质点在任意时刻的角速度：$\omega=\frac{\mathrm{d}\theta}{\mathrm{d}t}=12t^2$；角加速度：$\beta=\frac{\mathrm{d}\omega}{\mathrm{d}t}=24t$；切向加速度：$a_\tau=R\beta=24t$；法向加速度：$a_n=\omega^2R=144t^4$. 加速度大小为

$$a=\sqrt{a_\tau^2+a_n^2}=\sqrt{(24t)^2+(144t^4)^2}$$

(1) $t=2\mathrm{s}$ 时，角加速度为

$$\beta=24\times2=48\mathrm{rad\cdot s^{-2}}$$

(2) $t=2\mathrm{s}$ 时，加速度大小为

$$a=\sqrt{(24\times2)^2+(144\times2^4)^2}=2304.5\mathrm{m\cdot s^{-2}}$$

例题 1-5　一质点的运动方程为 $\boldsymbol{r}=t\boldsymbol{i}+4t^2\boldsymbol{j}+2t\boldsymbol{k}$ (SI). 求：

(1) 质点的速度与加速度；

(2) 质点的轨迹方程.

解　(1) 质点的速度为

$$\boldsymbol{v}=\frac{\mathrm{d}\boldsymbol{r}}{\mathrm{d}t}=\boldsymbol{i}+8t\boldsymbol{j}+2\boldsymbol{k}$$

质点的加速度为

$$\boldsymbol{a}=\frac{\mathrm{d}\boldsymbol{v}}{\mathrm{d}t}=8\boldsymbol{j}\mathrm{m\cdot s^{-2}}$$

(2) 因为 $x=t, y=4t^2, z=2t$，所以轨迹方程为

$$\begin{cases} y=4x^2 \\ z=2x \end{cases}$$

对于质点在三维空间内的运动，其轨迹方程为一空间曲线，在数学上表示为两个曲面的交线.

(二) 已知加速度(或速度)及初始条件，求运动方程

这类习题分为直线运动和曲线运动两种情况. 建立直线运动的运动方程是基础. 对于曲线运动可对各个坐标分量分别处理，与直线运动的处理方法是相同的. 求解这类习题所运用的主要数学手段是积分运算. 给定加速度函数常有不同的形式，建立运动方程的方法也不同，大体上有以下几种形式.

1. 已知加速度是时间 t 的函数：$a=a(t)$，且已知 t_0 时刻的速度 v_0 和位置坐标 x_0(初始条件)，求运动方程 $x(t)$

此类习题可以直接积分运算. 由 $a=a(t)=\dfrac{dv}{dt}$，即 $dv=a(t)dt$，积分：$\int_{v_0}^{v}dv=\int_{t_0}^{t}a(t)dt$，可得 $v(t)=v_0+\int_{t_0}^{t}a(t)dt$；再由 $v(t)=\dfrac{dx}{dt}$，得 $dx=v(t)dt$，积分：$\int_{x_0}^{x}dx=\int_{t_0}^{t}v(t)dt$，可得 $x(t)=x_0+\int_{t_0}^{t}v(t)dt$.

例题 1-6　已知质点沿 x 轴运动，加速度为 $a=3+2t$，且 $t=0$ 时，$v_0=5\text{m}\cdot\text{s}^{-1}$，$x_0=0$. 求：

(1) 质点的运动方程 $x(t)$；

(2) $t=3\text{s}$ 时质点的速度和位置坐标.

解　(1) $a=3+2t=\dfrac{dv}{dt}$，即 $dv=(3+2t)dt$，积分 $\int_{v_0}^{v}dv=\int_{0}^{t}(3+2t)dt$，得速度

$$v=5+3t+t^2$$

因为 $v=5+3t+t^2=\dfrac{dx}{dt}$，得 $\int_{x_0}^{x}dx=\int_{0}^{t}(5+3t+t^2)dt$，所以质点的运动方程为

$$x=5t+\frac{3}{2}t^2+\frac{1}{3}t^3$$

(2) 将 $t=3\text{s}$ 代入以上两式，得 $t=3\text{s}$ 时的速度和位置坐标分别为

$$v_3=5+3t+t^2=5+3\times3+3^2=23(\text{m}\cdot\text{s}^{-1})$$

$$x_3=5t+\frac{3}{2}t^2+\frac{1}{3}t^3=5\times3+\frac{3}{2}\times3^2+\frac{1}{3}\times3^3=37.5(\text{m})$$

例题 1-7　已知质点运动的加速度为 $\boldsymbol{a}=2\boldsymbol{i}+6t^2\boldsymbol{j}$(SI)，且初始时刻静止于原点. 求质点的运动方程和轨迹方程.

解　(1) $\boldsymbol{a}=2\boldsymbol{i}+6t^2\boldsymbol{j}$，即 $a_x=2, a_y=6t^2$.

由 $\int_0^{v_x}dv_x=\int_0^t a_x dt=\int_0^t 2dt$，得 $v_x=2t$；

由 $\int_0^{v_y}dv_y=\int_0^t a_y dt=\int_0^t 6t^2dt$，得 $v_y=2t^3$.

又$\int_0^x \mathrm{d}x = \int_0^t v_x \mathrm{d}t = \int_0^t 2t\mathrm{d}t$,积分得 $x = t^2$;

$\int_0^y \mathrm{d}y = \int_0^t v_y \mathrm{d}t = \int_0^t 2t^3 \mathrm{d}t$,积分得 $y = \frac{1}{2}t^4$.

所以质点的运动方程为:$x=t^2$,$y=\frac{1}{2}t^4$;或 $\boldsymbol{r}=t^2\boldsymbol{i}+\frac{1}{2}t^4\boldsymbol{j}$.

可见,求曲线运动的运动方程,可对各个分量分别处理.

或另解:直接用矢量式积分. 因为 $\boldsymbol{a}=2\boldsymbol{i}+6t^2\boldsymbol{j}=\frac{\mathrm{d}\boldsymbol{v}}{\mathrm{d}t}$,得 $\mathrm{d}\boldsymbol{v}=(2\boldsymbol{i}+6t^2\boldsymbol{j})\mathrm{d}t$,积分:$\int_0^v \mathrm{d}v = \int_0^t (2\boldsymbol{i}+6t^2\boldsymbol{j})\mathrm{d}t$,得 $\boldsymbol{v}=2t\boldsymbol{i}+2t^3\boldsymbol{j}$.

又 $\boldsymbol{v}=2t\boldsymbol{i}+2t^3\boldsymbol{j}=\frac{\mathrm{d}\boldsymbol{r}}{\mathrm{d}t}$,即 $\mathrm{d}\boldsymbol{r}=(2t\boldsymbol{i}+2t^3\boldsymbol{j})\mathrm{d}t$,积分:$\int_0^r \mathrm{d}\boldsymbol{r} = \int_0^t (2t\boldsymbol{i}+2t^3\boldsymbol{j})\mathrm{d}t$,得质点的运动方程:$\boldsymbol{r} = t^2\boldsymbol{i}+\frac{1}{2}t^4\boldsymbol{j}$.

(2) 由 $x=t^2$ 和 $y=\frac{1}{2}t^4$ 消去时间 t,得 $y=\frac{1}{2}x^2$,即为轨迹方程.

2. 加速度是速度的函数 $a=a(v)$,已知初始条件,求运动方程

此类习题常用分离变量并积分的方法求出 $v(t)$,再由积分的方法求 $x(t)$. 因为 $a = a(v) = \frac{\mathrm{d}v}{\mathrm{d}t}$,得$\int_{v_0}^v \frac{\mathrm{d}v}{a(v)} = \int_{t_0}^t \mathrm{d}t$,积分后,可求得 $v(t)$;再由 $x(t) = x_0 + \int_{t_0}^t v(t)\mathrm{d}t$,求得 $x(t)$.

例题 1-8　质点沿 x 轴运动,已知 $a=-kv$(k 为正常量),且 $t=0$ 时,$v=v_0$,$x_0=0$. 求质点的运动方程 $x(t)$.

解　因为 $a=-kv=\frac{\mathrm{d}v}{\mathrm{d}t}$,即$\frac{\mathrm{d}v}{v}=-k\mathrm{d}t$,$\int_{v_0}^v \frac{\mathrm{d}v}{v} = \int_0^t -k\mathrm{d}t$,积分得 $v = v_0\mathrm{e}^{-kt}$.

再由 $v = v_0\mathrm{e}^{-kt} = \frac{\mathrm{d}x}{\mathrm{d}t}$,得 $\mathrm{d}x = v_0\mathrm{e}^{-kt}\mathrm{d}t$,积分:$\int_0^x \mathrm{d}x = \int_0^t v_0\mathrm{e}^{-kt}\mathrm{d}t$,得质点的运动方程

$$x(t)=\frac{v_0}{k}(1-\mathrm{e}^{-kt})$$

3. 加速度为坐标的函数 $a=a(x)$,已知初始条件,求运动方程

此类习题通常采用某种变换进行运算. 因为 $a=\frac{\mathrm{d}v}{\mathrm{d}t}=\frac{\mathrm{d}v}{\mathrm{d}x}\frac{\mathrm{d}x}{\mathrm{d}t}=v\frac{\mathrm{d}v}{\mathrm{d}x}=a(x)$,所以有 $v\mathrm{d}v=a(x)\mathrm{d}x$,积分:$\int_{v_0}^v v\mathrm{d}v = \int_{x_0}^x a(x)\mathrm{d}x$,可求得 $v=v(x)$. 又因为$\frac{\mathrm{d}x}{\mathrm{d}t}=v(x)$,所以$\frac{\mathrm{d}x}{v(x)}=\mathrm{d}t$,积分:$\int_{x_0}^x \frac{\mathrm{d}x}{v(x)} = \int_{t_0}^t \mathrm{d}t$,可求得 $x(t)$.

例题 1-9　已知质点沿 x 轴运动,$a=-\omega^2 x$,且 $t=0$ 时,$v_0=0$,$x_0=A$. 其中 ω、A 都是正常量. 求质点的运动方程.

解　因为

$$a=-\omega^2x=\frac{\mathrm{d}v}{\mathrm{d}t}=\frac{\mathrm{d}v}{\mathrm{d}x}\frac{\mathrm{d}x}{\mathrm{d}t}=v\frac{\mathrm{d}v}{\mathrm{d}x}$$

所以有 $v\mathrm{d}v=-\omega^2x\mathrm{d}x$，积分：$\int_0^v v\mathrm{d}v=\int_A^x -\omega^2x\mathrm{d}x$，可求得

$$v=\pm\omega\sqrt{A^2-x^2}$$

又因为$\frac{\mathrm{d}x}{\mathrm{d}t}=v(x)=\pm\omega\sqrt{A^2-x^2}$，所以$\frac{\mathrm{d}x}{\sqrt{A^2-x^2}}=\pm\omega\mathrm{d}t$，积分

$$\int_A^x\frac{\mathrm{d}x}{\sqrt{A^2-x^2}}=\pm\int_0^t\omega\mathrm{d}t$$

可得质点的运动方程

$$x=A\cos\omega t$$

4. 借助几何关系建立运动方程

此类习题，通常不给出加速度，需要由一定的几何关系来建立运动方程(通常为时间 t 的隐函数形式)，然后再求解各量.

例题 1-10 如图 1-8 所示，杆 AB 以匀角速度 ω 绕 A 点顺时针转动，并带动套在固定水平杆 OC 上的钉点 M 滑动. 起始时刻杆 AB 在竖直位置，$\overline{OA}=h$. 求：

(1) 质点 M 沿水平杆 OC 滑动的运动方程；

(2) 质点 M 沿水平杆 OC 滑动的速度、加速度.

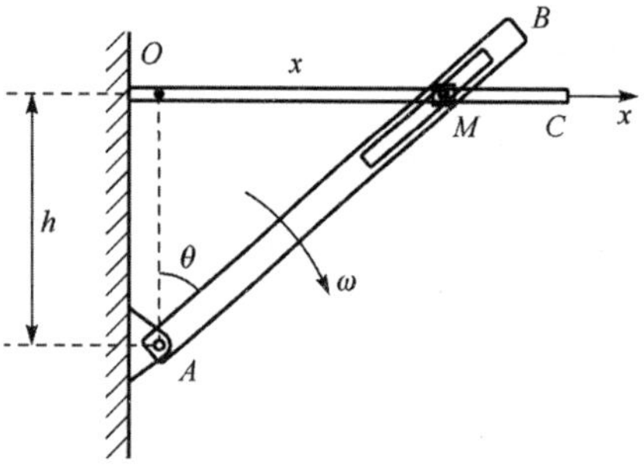

图 1-8

解 (1) 如图 1-8 所示，建立坐标系，质点 M 沿 x 轴运动，有$\overline{OM}=x=h\tan\theta$，$\theta=\omega t$，所以质点 M 沿水平杆滑动的运动方程为

$$x=h\tan\omega t$$

(2) 质点 M 沿杆 OC 滑动的速度为

$$v=\frac{\mathrm{d}x}{\mathrm{d}t}=\omega h\sec^2\omega t$$

质点 M 沿杆 OC 滑动的加速度为

$$a=\frac{\mathrm{d}v}{\mathrm{d}t}=2\omega^2h\sec^2\omega t\cdot\tan\omega t$$

例题 1-11 路灯距水平地面高为 H，一个身高为 h 的人在地面上从路灯正下方开始以速度 v_0 沿直线匀速行走，如图 1-9 所示. 求任意时刻：

(1) 人影中头顶的移动速度 v'；

(2) 影子长度的增长速度 v''.

解 (1) 设人沿 x 方向运动，任意时刻 t 人的位置坐标为 x，影子中头顶坐标为 x'，则由几何关系知

$$\tan\theta=\frac{h}{x'-x}=\frac{H}{x'}$$

所以

$$x'=\frac{H}{H-h}x$$

影子与人在同一条直线上移动，当人距路灯正下方距离为 x 时，人影中头顶的移动速度为

$$v'=\frac{dx'}{dt}=\frac{H}{H-h}\frac{dx}{dt}=\frac{H}{H-h}v_0$$

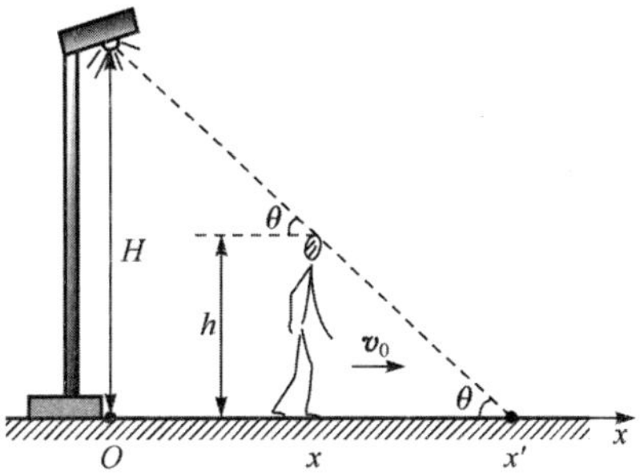

图 1-9

其中，$\frac{dx}{dt}=v_0$ 即为人的行走速度大小.

(2) 设影子长度为 l，则

$$l=x'-x=\frac{h}{H-h}x$$

所以影子长度的增长速度为

$$\frac{dl}{dt}=\frac{h}{H-h}\cdot\frac{dx}{dt}=\frac{h}{H-h}v_0$$

(三) 关联运动的分析与处理

两个或两个以上物体(或质点)的运动不相互独立，而是通过某种条件互相关联，这样的问题即为相互关联运动的问题. 处理具有相互关联运动的习题，首先要明确相互关联的各点之间的联系，建立适当的坐标系后，用坐标把这种联系表示出来，再根据定义求各点的运动量(如位移、速度、加速度等).

例题 1-12　在如图 1-10 所示的机械中，套筒 O 可绕定轴转动，滑块 A 以匀速度 $v_A=0.2\text{m}\cdot\text{s}^{-1}$ 沿铅直滑道向下运动. 杆 AB 的一端与滑块 A 铰接，另一端穿过套筒 O，运动开始时杆 AB 置于水平位置，此时 $AO=b=0.2\text{m}$，AB 杆长为 $l=0.6\text{m}$. 当 $\varphi=60°$ 时，试求：

(1) B 点速度的大小与方向；

(2) B 点加速度的大小与方向.

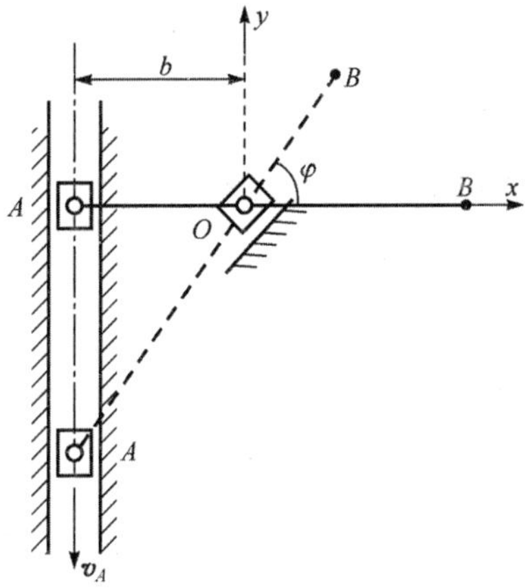

图 1-10

解　(1) 取如图 1-10 所示直角坐标系，固定点 O 为坐标原点，向右(OB 方向)为 x 轴正向，向上为 y 轴正向. B 点在任意位置的坐标为(x,y). 根据几何关系可找到 B 点的坐标(x,y)与 A 点的坐标(x_A,y_A)的关系，即 $x=l\cos\varphi+x_A$，$y=l\sin\varphi+y_A$.

由题意，A 点的坐标(x_A,y_A)为 $x_A=-b$，$y_A=-v_At$；即 B 点的坐标为 $x=l\cos\varphi-b$，$y=l\sin\varphi-v_At$.

因此，B 点速度的 x、y 分量分别为 $v_x=\frac{dx}{dt}=-l\sin\varphi\cdot\frac{d\varphi}{dt}$，$v_y=\frac{dy}{dt}=l\cos\varphi\cdot\frac{d\varphi}{dt}-v_A$.

而 $\tan\varphi=\frac{v_At}{b}$，两边对时间 t 求导即得 $\frac{d\varphi}{dt}=\frac{v_A}{b}\cos^2\varphi$. 所以，任意位置时 B 点速度的 x、y 分量分别为

$$\begin{cases}v_x=\dfrac{dx}{dt}=-\dfrac{l}{b}v_A\sin\varphi\cos^2\varphi\\[2ex]v_y=\dfrac{dy}{dt}=v_A\left(\dfrac{l}{b}\cos^3\varphi-1\right)\end{cases}$$

当 $\varphi=60°$ 时，将 φ 值及各已知量代入上式，即得 B 点速度的 x、y 分量分别为

$$\begin{cases} v_x=-\dfrac{0.6}{0.2}\times 0.2\times\sin 60°\cos^2 60°=-0.13(\mathrm{m\cdot s^{-1}}) \\ v_y=0.2\left(\dfrac{0.6}{0.2}\cos^3 60°-1\right)=-0.125(\mathrm{m\cdot s^{-1}}) \end{cases}$$

B 点速度的大小为

$$v=\sqrt{v_x^2+v_y^2}=\sqrt{(-0.13)^2+(-0.125)^2}=0.18(\mathrm{m\cdot s^{-1}})$$

如图 1-11(a)所示,B 点速度的方向与 x 轴正向的夹角为

$$\theta=\arctan\frac{v_y}{v_x}=\arctan\frac{-0.125}{-0.13}=223.9°$$

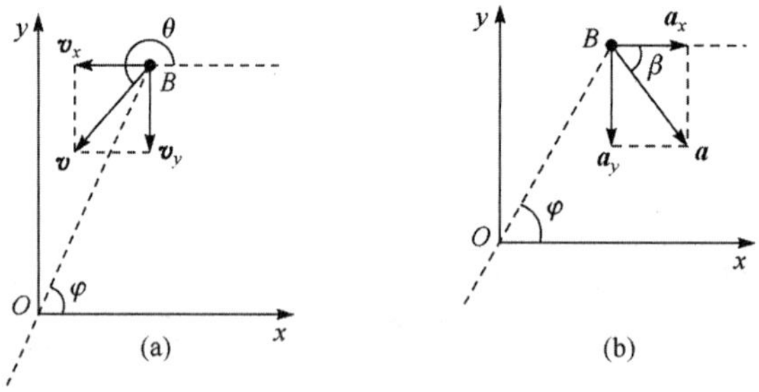

图 1-11

(2) 任意位置时 B 点加速度的 x、y 分量分别为

$$\begin{cases} a_x=\dfrac{\mathrm{d}v_x}{\mathrm{d}t}=-\dfrac{l}{b}v_A(\cos^3\varphi-2\cos\varphi\sin^2\varphi)\cdot\dfrac{\mathrm{d}\varphi}{\mathrm{d}t}=-l\dfrac{v_A^2}{b^2}(\cos^2\varphi-2\sin^2\varphi)\cos^3\varphi \\ a_y=\dfrac{\mathrm{d}v_y}{\mathrm{d}t}=-3v_A\dfrac{l}{b}\cos^2\varphi\sin\varphi\cdot\dfrac{\mathrm{d}\varphi}{\mathrm{d}t}=-3l\dfrac{v_A^2}{b^2}\cos^4\varphi\sin\varphi \end{cases}$$

当 $\varphi=60°$时,将 φ 值及各已知量代入上式,即得 B 点加速度的 x、y 分量分别为

$$\begin{cases} a_x=-0.6\times\dfrac{0.2^2}{0.2^2}\times(\cos^2 60°-2\sin^2 60°)\cos^3 60°=0.09375(\mathrm{m\cdot s^{-2}}) \\ a_y=-3\times 0.6\times\dfrac{0.2^2}{0.2^2}\cos^4 60°\sin 60°=-0.0974(\mathrm{m\cdot s^{-2}}) \end{cases}$$

B 点加速度的大小为

$$a=\sqrt{a_x^2+a_y^2}=\sqrt{(0.09375)^2+(-0.0974)^2}=0.135(\mathrm{m\cdot s^{-2}})$$

如图 1-11(b)所示,B 点加速度的方向与 x 轴正向的夹角为

$$\beta=\arctan\frac{a_y}{a_x}=\arctan\frac{-0.0974}{0.09375}=-46.1°$$

(四) 相对运动的分析与处理

处理具有相对运动的习题,首先要确定参考系并建立适当的坐标系,要明确各运动量(位移、速度、加速度)的相对意义,熟练掌握相对运动的合成方法. 对于质点做匀变速直线运动、抛体运动、匀速率或匀变速率圆周运动等,还可直接套用相应的运动方程和公式进行计算.

例题 1-13　设河面宽 $l=1\mathrm{km}$,河水由北向南流动,流速 $v_1=2\mathrm{m\cdot s^{-1}}$,有一船相对于河水以 $v_2=1.5\mathrm{m\cdot s^{-1}}$的速率由西岸驶向东岸. 求:

(1) 若船头与正北方向成 $\alpha=15°$ 角,船到达对岸要用多长时间? 到达对岸时,船在下游何处?

(2) 欲使船到达对岸的时间为最短,船头与岸(正北方向)应成多大角度? 最短时间是多少? 到达对岸时,船在下游何处?

(3) 欲使船相对于河岸走过的路程为最短,船头与岸(正北方向)应成多大角度? 到达对岸时,船在下游何处? 需用多少时间?

解 (1) 建坐标系如图 1-12 所示,设船对岸速度大小为 v,因为

$$\boldsymbol{v}_{船对岸}=\boldsymbol{v}_{船对水}+\boldsymbol{v}_{水对岸}$$

将上式分解到 x、y 方向,分量式为

$$v_x=v_2\sin\alpha=1.5\times\sin15°=0.39(\mathrm{m\cdot s^{-1}})$$

$$v_y=v_2\cos\alpha-v_1=1.5\times\cos15°-2=-0.55(\mathrm{m\cdot s^{-1}})$$

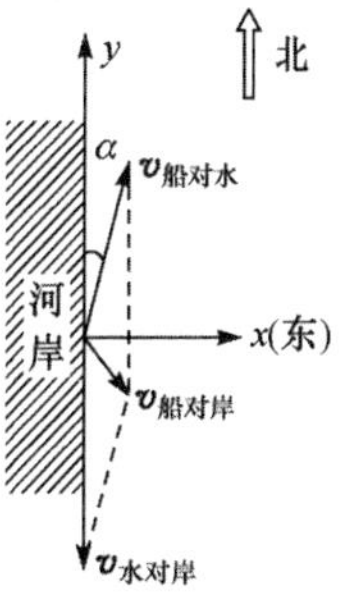

图 1-12

所以,船到达对岸需要的时间为

$$t=\frac{l}{v_x}=\frac{1000}{0.39}=2564(\mathrm{s})$$

到达对岸时的坐标为

$$y=v_yt=-0.55\times2564=-1410(\mathrm{m})$$

所以船到达对岸需要 2564s,到达对岸时,船在下游 1410m 处.

(2) 设船头与河岸(正北方向)成 θ 时,所用时间最短,因为 $t=\frac{l}{v_x}=\frac{l}{v_2\sin\theta}$,显然,$\theta=\frac{\pi}{2}$ 时,t 最小,最短时间为

$$t_{\min}=\frac{l}{v_2\sin\frac{\pi}{2}}=\frac{1000}{1.5}=667(\mathrm{s})$$

$$y=v_yt=(v_2\cos\theta-v_1)t=\left(1.5\times\cos\frac{\pi}{2}-2\right)\times667=-1334(\mathrm{m})$$

所以船与岸成 90°时,所用间最短,最短时间为 667s,到达对岸时,船在下游 1334m 处.

(3) 设船头与河岸(正北方向)成 φ 角时,船所行距离 s 最短,则 $s=\sqrt{l^2+y^2}$,l 一定,所以 $|y|$ 最小时,s 最小. 因为 $v_x=v_2\sin\varphi$,$v_y=v_2\cos\varphi-v_1$,$t=\frac{l}{v_x}$,$y=v_yt$,所以

$$y=(v_2\cos\varphi-v_1)\frac{l}{v_2\sin\varphi}=l\frac{\cos\varphi-\frac{v_1}{v_2}}{\sin\varphi}=1\times\frac{\cos\varphi-\frac{2}{1.5}}{\sin\varphi}\mathrm{km}<0$$

令 $\frac{\mathrm{d}y}{\mathrm{d}\varphi}=0$,得 $1-\frac{v_1}{v_2}\cos\varphi=0$,$\cos\varphi=\frac{v_2}{v_1}=\frac{1.5}{2}=0.75$,即 $\varphi=41.4°$时,$|y|$ 有最小值. 此时

$$y=1\times\frac{\cos41.4°-\frac{2}{1.5}}{\sin41.4°}=-0.882(\mathrm{km})$$

到达对岸所用时间为

$$t=\frac{l}{v_x}=\frac{l}{v_2\sin\varphi}=\frac{1000}{1.5\times\sin41.4°}=1008(\mathrm{s})$$

因此,当船头与岸成 41.4°时,船行距离最短,在下游 882m 处到达对岸,所用时间

为 1008s.

例题 1-14 一升降机以加速度 $a_0=1.22\text{m}\cdot\text{s}^{-2}$ 上升，当上升速度为 $v_0=2.44\text{m}\cdot\text{s}^{-1}$ 时，有一螺丝从升降机的天花板上脱落，天花板与升降机底板相距 $H=2.74\text{m}$. 试求：

(1) 螺丝从天花板落在底板上所需时间；

(2) 螺丝相对地面下降的距离.

解一 以地面为参考系，以螺丝刚脱落时为计时起点 $t=0$，此时升降机底板所在位置为坐标原点，竖直向上为 y 轴正向，此时螺丝坐标为

$$y_{10}=H$$

螺丝和升降机底板在任意时刻的位置分别为 y_1 和 y_2，则由匀变速直线运动方程，有

$$y_1=H+v_0t-\frac{1}{2}gt^2$$

$$y_2=v_0t+\frac{1}{2}a_0t^2$$

(1) 螺丝落在底板上时，$y_1=y_2$，解得所需时间

$$t=\sqrt{\frac{2H}{g+a_0}}=\sqrt{\frac{2\times 2.74}{9.8+1.22}}=0.705(\text{s})$$

(2) 螺丝落在底板上时，螺丝和底板的坐标为

$$y_1=H+v_0t-\frac{1}{2}gt^2=2.74+2.44\times 0.705-\frac{1}{2}\times 9.8\times 0.705^2=2.025(\text{m})$$

所以，螺丝相对于地面下降的距离为

$$-\Delta y=y_{10}-y_1=-v_0t+\frac{1}{2}gt^2=-2.44\times 0.705+\frac{1}{2}\times 9.8\times 0.705^2=0.716(\text{m})$$

解二 以升降机为参考系，以底板为坐标原点，竖直向上为 y 轴正方向. 以螺丝刚脱落时为计时起点 $t=0$.

(1) 由相对运动的知识，有 $\boldsymbol{a}_{\text{螺丝对地}}=\boldsymbol{a}_{\text{螺丝对升降机}}+\boldsymbol{a}_{\text{升降机对地}}$，其 y 轴分量式为 $-g=a'+a_0$，由此可得螺丝相对于升降机的加速度为

$$a'=-(g+a_0)$$

其方向向下，螺丝相对于升降机做匀变速直线运动，初速为 $v_0'=0$，初始位置 $y_{10}'=H$. 故螺丝在任意时刻相对于升降机的位置为

$$y_1'=y_{10}'+v_0't+\frac{1}{2}a't^2=H-\frac{1}{2}(g+a_0)t^2$$

当螺丝到达底板时，$y_1'=0$，解得

$$t=\sqrt{\frac{2H}{g+a_0}}=\sqrt{\frac{2\times 2.74}{9.8+1.22}}=0.705(\text{s})$$

(2) 螺丝相对升降机的位移为

$$\Delta y_1'=-H(\text{向下})$$

升降机相对地面的位移为

$$\Delta y_2=v_0t+\frac{1}{2}a_0t^2$$

所以螺丝相对地面的位移为(竖直向上为 y 轴正方向)

$$\Delta y_1=\Delta y_1'+\Delta y_2=-H+v_0t+\frac{1}{2}a_0t^2=-0.716(\text{m})$$

因此,螺丝相对地面下降的距离为 $-\Delta y_1=0.716\text{m}$.

可见,选择参考系不同,建立的方程也不同,但求得的结果相同.

例题 1-15　一平板列车,在水平铁路上以加速度 a_0(a_0 为常数)行驶,车上一人沿车前进的斜上方抛出一球,如果使他不必移动在车上的位置就能接住球,则抛出方向与竖直方向的夹角 $\theta=$?

解一　以地面为参考系,设球抛出时相对于车的初速度为 $\boldsymbol{v}_0$,球抛出时刻车速为 $\boldsymbol{v}_1$,以球抛出点为坐标原点,向前为 x 轴正向,向上为 y 轴正向,建立 Oxy 坐标系,如图 1-13 所示. 球抛出后在空中运动过程中的加速度为重力加速度 $\boldsymbol{g}$,所以球在空中做匀变速运动,球在 x,y 两个坐标轴方向的分运动分别为匀速直线运动和匀变速直线运动. 球相对于地面的初速度为

$$\boldsymbol{v}=\boldsymbol{v}_0+\boldsymbol{v}_1=(v_0\sin\theta\boldsymbol{i}+v_0\cos\theta\boldsymbol{j})+v_1\boldsymbol{i}=(v_0\sin\theta+v_1)\boldsymbol{i}+v_0\cos\theta\boldsymbol{j}$$

因此,由运动学知识,可得球在任意时刻的坐标为

$$x=(v_0\sin\theta+v_1)t,\quad y=v_0\cos\theta\cdot t-\frac{1}{2}gt^2$$

车(人)做加速度为 $\boldsymbol{a}$ 的水平方向的匀变速直线运动,任意时刻人的位置坐标为

$$x_1=v_1t+\frac{1}{2}a_0t^2$$

令 $y=0$,可得小球飞行时间为

$$t=\frac{2v_0\cos\theta}{g}$$

当 $x=x_1$ 时,人可接住球,即 $(v_0\sin\theta+v_1)t=v_1t+\frac{1}{2}a_0t^2$. 将小球飞行时间 t 值代入,可解得抛出方向与竖直方向的夹角为

$$\theta=\arctan\frac{a_0}{g}$$

解二　以小车为参考系,以球抛出点为坐标原点,向前为 x 轴正向,向上为 y 轴正向,建立 Oxy 坐标系,如图 1-13 所示. 设球抛出时相对于车的初速度为 $\boldsymbol{v}_0$,球抛出后在空中运动过程中相对于车的加速度为 $\boldsymbol{a}'$,由相对运动知识,可知

$$\boldsymbol{g}=\boldsymbol{a}'+\boldsymbol{a}_0$$

所以,球相对于车的加速度为

$$\boldsymbol{a}'=\boldsymbol{g}-\boldsymbol{a}_0=-g\boldsymbol{j}-a_0\boldsymbol{i}=-a_0\boldsymbol{i}-g\boldsymbol{j}$$

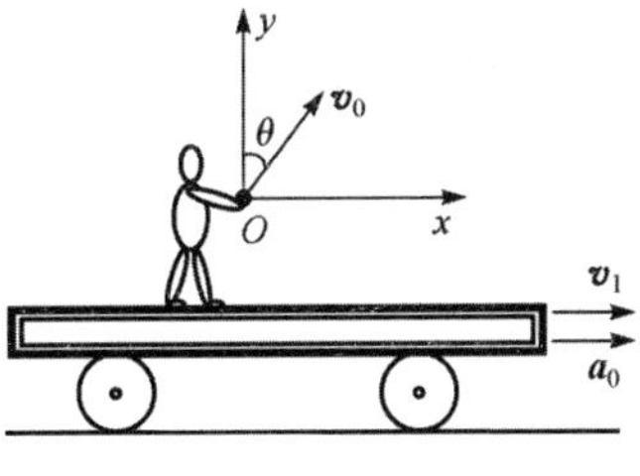

图 1-13

$\boldsymbol{a}'$为常矢量,所以球在空中相对于车做匀变速运动,球在 x,y 两个坐标轴方向的分运动均为匀变速直线运动. 小球相对于车的初速度即为 $\boldsymbol{v}_0$,设其与竖直方向的夹角为 θ,则小球运动方程为

$$x=v_0\sin\theta\cdot t+\frac{1}{2}(-a_0)t^2$$

$$y=v_0\cos\theta\cdot t+\frac{1}{2}(-g)t^2$$

接住球,即有 $x=0$,$y=0$;解之,得抛出方向与竖直方向的夹角为

$$\theta=\arctan\frac{a_0}{g}$$

四、知识拓展与问题讨论

运动叠加原理，相对运动和力学相对性原理

运动叠加原理用来表述运动的独立性. 任何一个曲线运动均可看成是若干直线运动的叠加. 例如，抛体运动可认为是水平方向的匀速直线运动和竖直方向的匀变速直线运动的叠加.

相对运动，讨论运动的相对性，在不同参考系中运动的表述不同，并且可以相互转换，即把一个参考系中描述的运动形式转换到另一个参考系中来表示.

那么运动的独立性和运动的相对性是否有联系呢？实质上，相对运动只是运动叠加原理的应用. 我们以一实例加深理解.

设一人在以速度 $\boldsymbol{u}$ 匀速行驶的火车上用初速 $\boldsymbol{v}_0$ 竖直上抛一小球. 如图 1-14 所示，以地面为参考系，小球做什么运动呢？

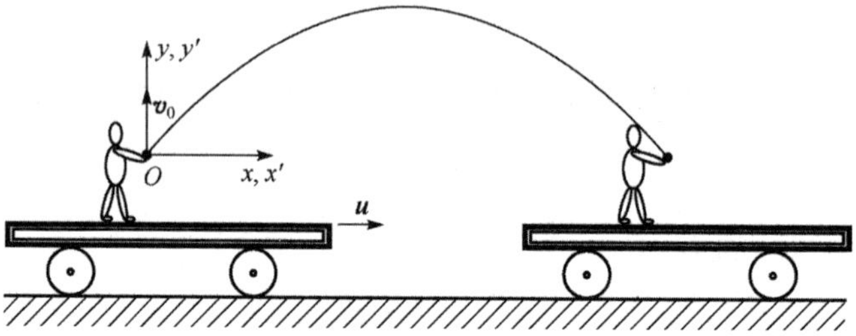

图 1-14

我们若采用相对运动进行讨论，则分析如下.

描述一个物理事件首先需要知道事件发生的地点和时间，这需要有四个物理量进行描述，即空间坐标(x,y,z)和时间坐标(t). 假设有两个惯性系 S 和 S'，S' 系相对 S 系以 $\boldsymbol{u}$ 的速度沿 x 方向做匀速运动，使 x'、y'、z' 轴分别与 x、y、z 轴平行. 当两个惯性系的坐标原点 O 和 O' 重合时，作为时间起始点开始计时. 同一个事件 P（如一个质点某时刻处于某个位置）在 S 和 S' 系中的时空坐标分别为(x,y,z,t)和(x',y',z',t')，并且它们之间有如下关系：

$$\begin{cases}x=x'+ut'\\y=y'\\z=z'\\t=t'\end{cases}\quad\text{或}\quad\begin{cases}x'=x-ut\\y'=y\\z'=z\\t'=t\end{cases}\tag{1.15}$$

式(1.15)称为伽利略坐标变换公式. 通过伽利略坐标变换，可以从物理事件在一个惯性系中的时空坐标计算出同一事件在另外一个惯性系中的时空坐标.

设地面为 S 参考系，火车为 S' 参考系，显然 S' 系相对于 S 系的速度为 $\boldsymbol{u}$. 设抛出点为坐标原点，选择沿火车前进方向的水平方向为 $x(x')$ 轴正向，竖直向上为 $y(y')$ 轴正向. 则在 S' 系（火车）中描述，小球（可视为一个质点）的运动方程为

$$\begin{cases}x'=0\\y'=v_0t-\dfrac{1}{2}gt^2\end{cases}\tag{1.16}$$

故其运动轨迹为直线 $x'=0$（沿 y'轴运动），式(1.15)中运用了经典时空观：$t=t'$.

在 S 系（地面）中描述，小球的运动方程可由伽利略变换得出，即

$$\begin{cases} x=x'+ut=ut \\ y=y'=v_0 t-\dfrac{1}{2}gt^2 \end{cases} \tag{1.17}$$

则小球的轨迹方程为

$$y=\frac{v_0}{u}x-\frac{g}{2u^2}x^2 \tag{1.18}$$

若用运动叠加原理进行讨论，则不必用伽利略变换. 对地面参考系而言，小球是水平方向的匀速直线运动和竖直方向的匀变速直线运动的叠加，即

$$\begin{cases} x=ut \\ y=v_0 t-\dfrac{1}{2}gt^2 \end{cases}$$

所得轨迹也与式(1.18)完全相同.

上面实例表明，从不同参考系看来是相对运动的问题，但在同一参考系看来就是运动的叠加，而且直接用运动的叠加原理解决问题更直观、更简便.

力学相对性原理是指动力学规律在一切惯性系中具有完全相同的数学表述. 用对称性观点表述为：所有动力学规律在伽利略变换下具有不变性（或对称性）. 因此，以牛顿第二定律为基础的一切动力学定律，如功能原理和机械能守恒定律、动量定理和动量守恒定律、角动量定理和角动量守恒定律等，它们在一切惯性系中的表述完全相同. 然而，运动学规律和运动学量（如位矢、速度、加速度等），以及动力学的状态量（如动能、势能、动量、角动量等），它们在不同参考系中描述，其值是不同的，即具有相对性.

我们通过剖析以上实例来分析这一问题. 在 S' 系中的运动方程为式(1.16)，属于直线运动；而 S 系中的运动方程为式(1.17)，属于抛体运动. 二者运动学规律不同，而它们的速度表述也必然不同，由式(1.16)、式(1.17)对时间求导，可得各惯性系中的速度表述.

$$S'\text{系：}\begin{cases} v'_x=\dfrac{\mathrm{d}x'}{\mathrm{d}t'}=0 \\ v'_y=\dfrac{\mathrm{d}y'}{\mathrm{d}t'}=v_0-gt \end{cases},\ v'=\sqrt{{v'_x}^2+{v'_y}^2}=v_0-gt$$

$$S\text{系：}\begin{cases} v_x=\dfrac{\mathrm{d}x}{\mathrm{d}t}=u \\ v_y=\dfrac{\mathrm{d}y}{\mathrm{d}t}=v_0-gt \end{cases},\ v=\sqrt{v_x^2+v_y^2}=\sqrt{u^2+(v_0-gt)^2}$$

显然，不同惯性系中速度的表述不同，即速度具有相对性. 而各动力学状态量都是坐标和速度的函数，故它们也必然具有相对性.

我们再分析上例的动力学方程. 在 S' 系，小球只受重力 $m'\boldsymbol{g}$ 作用，故竖直上抛小球的牛顿运动定律方程为

$$S'\text{系：}\begin{cases} F'_x=m'\dfrac{\mathrm{d}^2x'}{\mathrm{d}t'^2}=0 \\ F'_y=m'\dfrac{\mathrm{d}^2y'}{\mathrm{d}t'^2}=-m'g \end{cases},\text{即 } \boldsymbol{F}'=m'\boldsymbol{g}$$

而在 S 系中，斜抛小球也仅受重力 $m\boldsymbol{g}$ 作用，故

$$S\text{ 系：}\quad \begin{cases} F_x = m\dfrac{d^2x}{dt^2} = 0 \\ F_y = m\dfrac{d^2y}{dt^2} = -mg \end{cases}\text{，即 } \boldsymbol{F} = m\boldsymbol{g}$$

由于 $m=m'$，故两个惯性参考系中的动力学方程完全相同.

综上所述，正是由于运动的相对性才导致动力学规律的不变性. 这就是力学相对性原理的内涵.

习　题　1

一、选择题

1-1　一运动质点在某瞬时位于矢径 $\boldsymbol{r}(x,y)$ 的端点处，其速度大小为（　　）

A. $\dfrac{dr}{dt}$；　　B. $\dfrac{d\boldsymbol{r}}{dt}$；　　C. $\dfrac{d|\boldsymbol{r}|}{dt}$；　　D. $\sqrt{\left(\dfrac{dx}{dt}\right)^2+\left(\dfrac{dy}{dt}\right)^2}$.

1-2　一质点从静止开始沿半径为 R 的圆周做匀加速率运动. 当切向加速度和法向加速度相等时，质点走过的路程是（　　）

A. $\dfrac{R}{2}$；　　B. R；　　C. $\dfrac{\pi R}{2}$；　　D. πR.

1-3　在地面上以初速 $\boldsymbol{v}_0$，抛射角 θ 斜向上抛出一物体，不计空气阻力. 经过多长时间后，速度的水平分量与竖直分量大小相等，且竖直分速度方向向下？（　　）

A. $\dfrac{v_0}{g}(\sin\theta-\cos\theta)$；　B. $\dfrac{v_0}{g}(\sin\theta+\cos\theta)$；　C. $\dfrac{v_0}{g}(\cos\theta-\sin\theta)$；　D. $\dfrac{v_0}{g}$.

1-4　从某一高度以速率 v_0 水平抛出一小球，其落地时的速率为 v_t，不计空气阻力. 小球在空中运动的时间是（　　）

A. $(v_t-v_0)/g$；　B. $(v_t-v_0)/(2g)$；　C. $\sqrt{v_t^2-v_0^2}/g$；　D. $\sqrt{v_t^2-v_0^2}/(2g)$.

1-5　某人骑摩托车以 15m/s 的速度向东行驶，觉得风以 20m/s 的速度从正南吹来. 实际上风速和风向是（　　）

A. 25m/s，向东偏北；　　B. 25m/s，向西偏北；

C. 25m/s，向东偏南；　　D. 25m/s，向西偏南.

1-6　小船在流动的河水中摆渡，下列说法中哪些是正确的（　　）

(1) 船头垂直河岸正对彼岸航行，航行时间最短；

(2) 船头垂直河岸正对彼岸航行，航程最短；

(3) 船头朝上游转过一定角度，使实际航线垂直河岸，航程最短；

(4) 船头朝上游转过一定角度，航速增大，航行时间最短.

A. (1)(4)；　B. (2)(3)；　C. (1)(3)；　D. (3)(4).

1-7　一质点从静止开始沿半径为 R 的圆周做匀加速率运动，其切向加速度和法向加速度相等时，质点运动经历的时间是（　　）

A. $\dfrac{R}{a_\tau}$；　　B. $\sqrt{\dfrac{R}{a_\tau}}$；　　C. $\dfrac{a_\tau}{R}$；　　D. $\sqrt{\dfrac{a_\tau}{R}}$.

1-8　一质点沿半径为 R 的圆周按规律 $s=bt-\frac{1}{2}ct^2$ 运动，其中 b、c 是正的常量. 在切向加速度与法向加速度的大小第一次相等前，质点运动经历的时间为(　　)

A. $\frac{b}{c}+\sqrt{\frac{R}{c}}$；　B. $\frac{b}{c}-\sqrt{\frac{R}{c}}$；　C. $\frac{b}{c}-cR^2$；　D. $\frac{b}{c}+cR$.

1-9　一质点沿半径为 R 的圆周运动，其角速度随时间的变化规律为 $\omega=2bt$，式中 b 为正常量. 如果 $t=0$ 时，$\theta_0=0$，那么当质点的加速度与半径成 45°角时，θ 角等于(　　)

A. 1 rad；　B. $\frac{1}{2}$ rad；　C. b rad；　D. $\frac{b}{2}$ rad.

1-10　物体由静止开始分别从底部长度相同、倾角 θ 不同的斜面顶端下滑，如图所示. 若物体与各斜面之间的摩擦系数一样，那么物体滑到斜面底端时速率最大的情况是(　　)

A. $\theta=30°$；　B. $\theta=45°$；　C. $\theta=60°$；　D. $\theta=75°$.

1-11　升降机内有一定滑轮装置，两边悬有物体 m_1 和 m_2，如图所示. 设 $m_1>m_2$，不计滑轮和绳的质量. 当升降机以 a_0 向上加速时，物体 m_2 相对于升降机的加速度为(　　)

A. $\frac{m_1-m_2}{m_1+m_2}(g-a_0)$；　B. $\frac{m_1-m_2}{m_1+m_2}g$；

C. $\frac{m_1-m_2}{m_1+m_2}(g+a_0)$；　D. $\frac{m_1}{m_1+m_2}(g+a_0)$.

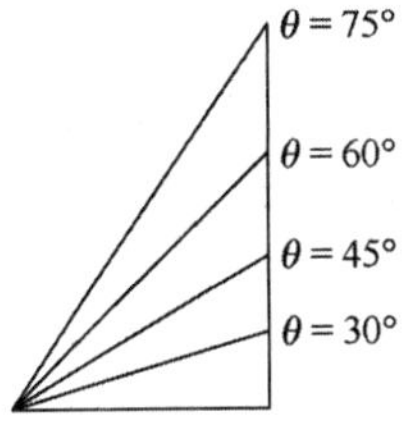

题 1-10 图

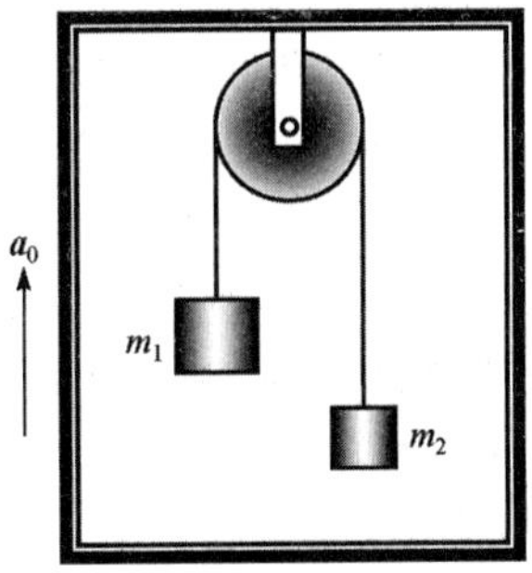

题 1-11 图

1-12　一质点在 Oxy 平面内运动，其运动方程为 $x=R\sin\omega t+\omega Rt$，$y=R\cos\omega t+R$，式中 R、ω 均为常数. 当 y 达到最大值的时刻，该质点的速度为(　　)

A. $v_x=0, v_y=0$；　B. $v_x=2R\omega, v_y=0$；

C. $v_x=0, v_y=-R\omega$；　D. $v_x=2R\omega, v_y=-R\omega$.

1-13　一质点在 Oxy 平面内运动，表示质点做直线运动的方程为(　　)

A. $x=t, y=19-\frac{2}{t}$；　B. $x=2t, y=18-3t$；　C. $x=3t, y=17-4t^2$；

D. $x=4\sin 5t, y=4\cos 5t$；　E. $x=5\cos 6t, y=6\sin 6t$.

1-14　一质点在 Oxy 平面内运动，其运动方程为 $x=at$，$y=b+ct^2$，式中 a、b、c 均为常数. 当运动质点的运动方向与 x 轴成45°角时，它的速率为(　　)

A. a；　B. $\sqrt{2}a$；　C. $2c$；　D. $\sqrt{a^2+4c^2}$.

1-15　一质点沿 x 轴做直线运动，在 $t=0$ 时质点位于 $x_0=2\text{m}$ 处. 该质点的速度随时间变化规律为 $v=12-3t^2$（t 以秒计）. 当质点瞬时静止时，其所在位置和加速度为(　　)

A. $x=16\text{m}, a=-12\text{m}\cdot\text{s}^{-2}$；　　B. $x=16\text{m}, a=12\text{m}\cdot\text{s}^{-2}$；

C. $x=18\text{m}, a=-12\text{m}\cdot\text{s}^{-2}$；　　D. $x=18\text{m}, a=12\text{m}\cdot\text{s}^{-2}$.

1-16　下列表述中正确的是(　　)

A. 质点沿 x 轴运动，若加速度的 x 轴分量 $a<0$，则质点必做减速运动；

B. 在曲线运动中，质点的加速度必定不为零；

C. 若质点的加速度为恒矢量，则其运动轨道必为直线；

D. 当质点做抛体运动时，其法向加速度 a_n、切向加速度 a_τ 是不断变化的，因此 $a=\sqrt{a_n^2+a_\tau^2}$ 也是不断变化的.

1-17　某质点的运动方程为 $x=3t-5t^3+6$(SI)，则该质点做(　　)

A. 匀加速直线运动，加速度沿 x 轴正方向；

B. 匀加速直线运动，加速度沿 x 轴负方向；

C. 变加速直线运动，加速度沿 x 轴正方向；

D. 变加速直线运动，加速度沿 x 轴负方向.

1-18　以初速 v_0 将一物体斜向上抛，抛射角为 θ，忽略空气阻力，则物体飞行轨道最高点处的曲率半径是(　　)

A. $v_0\sin\theta/g$；　B. g/v_0^2；　C. $v_0^2\cos^2\theta/g$；　D. 条件不足，不能确定.

1-19　下列说法中，哪一个是正确的？(　　)

A. 匀速率圆周运动的切向加速度一定等于零；

B. 质点做匀速率圆周运动时，其加速度是恒定的；

C. 质点做匀变速率圆周运动时，其加速度方向与速度方向处处垂直；

D. 质点做变速率圆周运动时，其切向加速度方向必与速度方向相同.

1-20　对于沿曲线运动的物体，以下几种说法中哪一种是正确的？(　　)

A. 切向加速度必不为零；

B. 法向加速度必不为零；

C. 由于速度沿切线方向，法向分速度必为零，因此法向加速度必为零；

D. 若物体做匀速率运动，其总加速度必为零.

二、填空题

1-21　一物体在某时，以初速度 $\boldsymbol{v}_0$ 从某点开始运动，在 Δt 时间内，经一长度为 Δs 的曲线路径后，又回到出发点，此时速度为 $-\boldsymbol{v}_0$，则在这段时间内：(1) 物体的平均速率是__________；(2)物体的平均速度是__________；(3)物体的平均加速度是__________.

1-22　一质点在 Oxy 平面内运动，运动方程为 $x=2t$ 和 $y=19-2t^2$(SI)，则在第 2s 内质点的平均速度大小 $|\bar{\boldsymbol{v}}|=$__________，2s 末的瞬时速度大小 $v_2=$__________.

1-23　一运动质点的速率 v 与路程 s 的关系为：$v=1+s^2$(SI)，则其切向加速度以路程 s 来表示的表达式为：$a_\tau=$__________(SI).

1-24　沿直线运动的某物体的运动规律为 $\mathrm{d}v/\mathrm{d}t=-kv^2t$，式中 k 为大于零的常数. 当 $t=0$ 时，初速为 v_0，则速度 v 与时间 t 的函数关系是__________.

1-25　质点沿半径为 R 的圆周做匀速率运动，每经过时间 t 转一圈. 在 $2t$ 时间间隔中，其平均速度大小为__________，平均速率大小为__________.

1-26　某人骑自行车以速率 v 向西行驶，今有风以相同速率从北偏东 30°方向吹来，则人感到风从__________方向吹来.

1-27　一质点沿 x 轴做直线运动，其 v-t 曲线如图所示，若 $t=0$ 时，质点位于坐标原点，则 $t=4.5\text{s}$ 时，质点在 x 轴上的位置为__________.

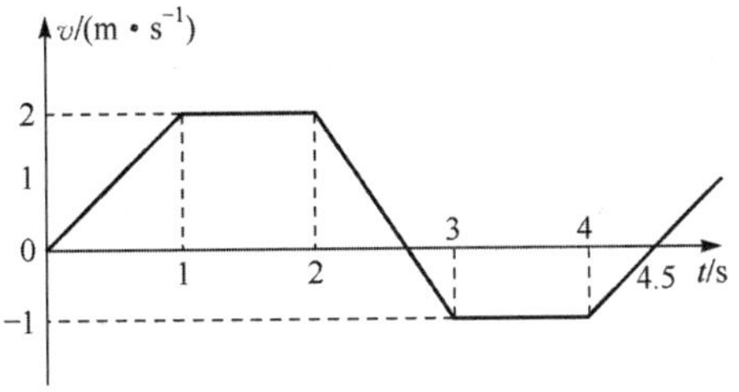

题 1-27 图

1-28　已知质点位置矢量随时间变化的函数形式为 $\boldsymbol{r}=4t^2\boldsymbol{i}+(2t+3)\boldsymbol{j}$，则从 $t=0$ 到 $t=1\text{s}$ 时间间隔内的位移为 $\Delta\boldsymbol{r}=$__________，$t=1\text{s}$ 时的瞬时速度为__________，$t=1\text{s}$ 时的加速度为__________.

1-29　在 Oxy 平面内有一运动质点，其运动方程为 $\boldsymbol{r}=10\cos5t\boldsymbol{i}+10\sin5t\boldsymbol{j}$ (SI)，则 t 时刻其速度 $\boldsymbol{v}=$__________，其切向加速度 $a_\tau=$__________，该质点的运动轨迹方程是__________，运动轨迹的形状是__________.

1-30　在相对地面静止的坐标系内，A、B 二船都以 $2\text{m}\cdot\text{s}^{-1}$ 的速率匀速行驶，A 船沿 x 轴正向，B 船沿 y 轴正向. 今在 A 船上设置与静止坐标系方向相同的坐标系，那么在 A 船上的坐标系中，B 船的速度为__________.（x、y 方向的单位矢量用 $\boldsymbol{i}$、$\boldsymbol{j}$ 表示）

1-31　一飞机相对空气的速度大小为 $200\text{km}\cdot\text{h}^{-1}$，风速为 $56\text{km}\cdot\text{h}^{-1}$，风的方向从西向东. 地面雷达测得飞机速度大小为 $192\text{km}\cdot\text{h}^{-1}$，方向是__________.

1-32　一质点沿直线运动，其运动方程为 $x=6t-t^2$ (SI)，则在由 $t=0$ 至 $t=4s$ 的时间间隔内，质点的位移大小为__________，这段时间间隔内质点走过的路程为__________.

1-33　一质点沿 x 轴做直线运动，它的运动方程为 $x=3+5t+6t^2-t^3$ (SI)，则(1)质点在 $t=0$ 时刻的速度 $v_0=$__________；(2)加速度为零时，该质点的速度 $v=$__________.

1-34　有一水平飞行的飞机，速度为 $\boldsymbol{v}_0$，在飞机上以水平速度 $\boldsymbol{v}$ 向前发射一颗炮弹，略去空气阻力并设发炮过程不影响飞机的速度，以发射时飞机位置为坐标原点，向前为 x 轴，竖直向下为 y 轴. 则(1)以地球为参考系，炮弹的轨迹方程为__________________；(2)以飞机为参考系，炮弹的轨迹方程为__________________.

三、计算题或证明题

1-35　一质点沿 x 轴做直线运动，t 时刻的坐标为 $x=4.5t^2-2t^3$ (SI). 试求：

(1) 第 2s 内的平均速度；

(2) 第 2s 末的瞬时速度；

(3) 第 2s 内的路程.

1-36　质点 P 在水平面内沿一半径为 $R=2\text{m}$ 的圆轨道转动，转动的角速度 ω 与时间 t 的函数关系为 $\omega=kt^2$（k 为常量）. 已知 $t=2\text{s}$ 时，质点 P 的速度值为 $32\text{m}\cdot\text{s}^{-1}$. 试求 $t=1\text{s}$ 时，质

点 P 的速度与加速度的大小.

1-37　一质点在半径为 0.10m 的圆周上运动，其角位置变化关系为 $\theta=2+4t^3$(SI). 试求：

(1) 在 $t=2$s 时的法向加速度和切向加速度；

(2) 当切向加速度的大小恰等于加速度大小的一半时，$\theta=$？

(3) 切向加速度与法向加速度的值相等时，$t=$？

1-38　距河岸(看成直线)垂直距离 $l=500$m 处有一艘静止的船，船上的探照灯以转速为 $n=1$rev/min 转动，当光束与岸边成 60°角时，求光束沿岸边移动的速度.

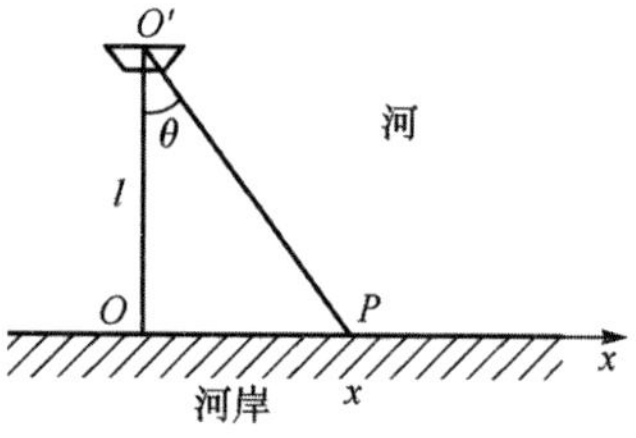

题 1-38 图

1-39　一质点做平面运动，已知加速度为 $a_x=-A\omega^2\cos\omega t$，$a_y=-B\omega^2\sin\omega t$，其中 A,B,ω 均为正常数，且 $A\neq B, A\neq 0, B\neq 0$. 初始条件为：$t=0$ 时，$v_{0x}=0, v_{0y}=B\omega, x_0=A, y_0=0$. 试求该质点的运动轨迹.

1-40　一艘正在行驶的汽艇，在发动机关闭后，有一个与它的速度方向相反的加速度，其大小与它的速度平方成正比，即 $\mathrm{d}v/\mathrm{d}t=-kv^2$，式中 k 为正值常数. 试证明汽艇在关闭发动机后又行驶 x 距离时的速度为 $v=v_0\mathrm{e}^{-kx}$，其中：v_0 是发动机刚关闭时的速度.

1-41　已知一质点由静止出发，它的加速度在 x 轴和 y 轴上的分量分别为 $a_x=10t$ 和 $a_y=15t^2$(SI). 试求：

(1) $t=5$s 时质点的速度；

(2) $t=5$s 时质点的位置.

1-42　某物从空中由静止落下，其加速度 $a=A-Bv$(A,B 为常量)，取竖直向下为 y 轴正向，设 $t=0$ 时，$y_0=0, v_0=0$. 试求：

(1) 任意时刻物体下落的速度；

(2) 物体的运动方程.

1-43　一物体竖直悬挂在弹簧下端做竖直方向的振动，其加速度为 $a=-ky$，式中 k 为常量，y 是以平衡位置为原点所测得的坐标，假定振动的物体在坐标 y_0 处的速度为 v_0，试求速度 v 与坐标 y 的函数关系式.

1-44　一飞机驾驶员想往正北方向航行，而风以 60km · h^{-1} 的速度由东向西刮来，如果飞机的航速(在静止空气中的速率)为 180km · h^{-1}，试问驾驶员应取什么航向？飞机相对于地面的速率为多少？试用矢量图说明.

1-45　有一条宽度均匀的小河，河宽为 d，已知靠岸边水流速度为 0，水的速度按正比增大，河中心水流速度最快，流速为 v_0. 现有一人以不变的划船速度 v 沿垂直于水流方向划一艘小船从河岸某点渡河. 以渡河点为坐标原点，沿河流方向为 x 轴正向，垂直于河流指向对岸方向为 y 轴正向. 试求小船的运动轨迹.

第2章　牛顿运动定律

一、基本要求

(1) 理解牛顿运动三定律的内容和意义,明确牛顿运动定律的适用范围.

(2) 掌握对物体的受力分析方法和应用牛顿定律处理问题的方法.

(3) 了解在非惯性系中处理动力学问题的思路和方法.

二、主要内容与学习指导

(一) 牛顿运动定律

1. 牛顿第一定律

牛顿第一定律:任何物体都保持静止或匀速直线运动的状态,直到受其他物体作用迫使它改变这种状态为止.

第一定律包含了两个重要的概念:①确定了力的作用效果是改变物体的运动状态,而不是维持物体的运动;②揭示了任何物体都有保持其原有运动状态的基本属性,即任何物体都有惯性.因此,第一定律又称为惯性定律.凡是牛顿第一定律成立的参考系称为惯性参考系,牛顿第一定律不成立的参考系称为非惯性系.

2. 牛顿第二定律

牛顿第二定律:物体受到外力作用时,获得的加速度大小与合外力大小成正比,与该物体的质量成反比,加速度方向与合外力的方向相同,即

$$\boldsymbol{F}=m\boldsymbol{a}=m\frac{\mathrm{d}\boldsymbol{v}}{\mathrm{d}t} \tag{2.1}$$

第二定律定量描述了力的作用效果,给出了力对物体的瞬时作用规律,同时也揭示了物体的质量是物体惯性大小的量度.

学习牛顿第二定律应当明确:

① 牛顿第二定律只适用于宏观物体的低速运动;

② 牛顿第二定律只适用于质点的运动;

③ 牛顿第二定律仅在惯性系中成立;

④ 牛顿第二定律是瞬时规律,$\boldsymbol{F}$ 和 $\boldsymbol{a}$ 是同一时刻的瞬时量;

⑤ $\boldsymbol{F}=m\boldsymbol{a}$ 是一个矢量方程,在直角坐标系下可表示为分量形式:

$$F_x=\sum_i F_{ix}=ma_x,\quad F_y=\sum_i F_{iy}=ma_y,\quad F_z=\sum_i F_{iz}=ma_z$$

在自然坐标系下又可表示为:$F_\tau=ma_\tau=m\dfrac{\mathrm{d}v_\tau}{\mathrm{d}t}$,$F_n=ma_n=m\dfrac{v^2}{\rho}$.

3. 牛顿第三定律

牛顿第三定律:两物体之间的作用力与反作用力大小相等,方向相反,作用在同一条直线

上，分别作用于两个物体，即 $\boldsymbol{F}=-\boldsymbol{F}'$.

第三定律揭示了力是物体之间的相互作用，力总是成对出现.

对牛顿第三定律应当明确：

① 作用力与反作用力分别作用在相互作用的两个物体上，各自产生的效果不能抵消；

② 作用力与反作用力具有成对性、同时性、一致性.

（二）力与物体受力分析

物体的受力分析是处理动力学问题的基础，只有把物体受力情况分析得清楚准确，才能建立动力学方程，从而获得正确的结果. 要正确地分析物体受力，首先要明确常见力的性质，掌握力的分析方法.

自然界中的力可分为四类，万有引力、电磁力、强相互作用和弱相互作用，在宏观领域内，只有万有引力和电磁力起作用. 力学中常见的力是重力、弹性力和摩擦力.

1. 重力

重力来源于地球对其附近物体的吸引作用. 重力的大小 $P=mg$，一般认为：重力的方向指向地心，重力是恒力.

2. 弹性力

弹性力来源于相互作用的物体之间产生的弹性形变，所以弹性力产生在直接接触的物体之间并以物体的弹性形变为先决条件. 弹力主要有以下三种表现形式.

(1) 弹簧的弹力：满足胡克定律 $F=-kx$，x 为弹簧形变位移，k 为弹簧的劲度系数(劲度系数)，负号表示弹力的方向与位移方向相反.

(2) 绳线的张力：绳子的张力总是指向绳子收紧的方向，其大小取决于收紧程度，一般由外力和具体情况所决定(这种力称为被动力). 通常绳的质量可忽略，这时绳上各点的张力是相等的.

(3) 挤压弹力：由于两个物体通过一定面积相互挤压发生微小形变而引起的挤压弹力的大小，取决于相互挤压的程度，也是由外力和物体运动情况来决定，其方向总是垂直于接触面而指向对方.

3. 摩擦力

两相互接触的物体具有相对运动或相对运动趋势时产生摩擦力. 摩擦力有静摩擦力、滑动摩擦力、滚动摩擦力、黏滞摩擦力等多种表现形式，在力学中最常见的是静摩擦力和滑动摩擦力.

(1) 静摩擦力：两物体相互接触并具有相对运动趋势，但未发生相对运动时，产生静摩擦力. 静摩擦力总是阻碍相对运动的发生，即其方向与相对运动趋势方向相反；静摩擦力的大小由外力的大小和物体的运动状态决定；在正压力一定时，存在最大静摩擦力

$$F_{f0\mathrm{m}}=\mu_0 F_N \tag{2.2}$$

一般静摩擦力：$F_{f0}\leqslant F_{f0\mathrm{m}}$.

(2) 滑动摩擦力：当物体间发生相对滑动时，产生滑动摩擦力. 滑动摩擦力的方向与相对运动的方向相反，其大小为

$$F_f=\mu F_N \tag{2.3}$$

式中，μ_0、μ 称为静摩擦系数和滑动摩擦系数，在一般情况下，μ_0、μ 都可视为常数.

4. 物体的受力分析

通常采用隔离体法来分析物体的受力，一般可按下列步骤进行.

(1) 隔离出研究对象，明确其运动状态；

(2) 先图示出已知力、重力、其他场力；

(3) 分析与隔离体相接触的物体(在接触点是否发生形变)，画出弹力；

(4) 分析接触体之间是否具有相对运动或相对运动趋势，画出摩擦力.

应当注意：每一个力都必须对应有施力物体.

(三) 力与运动的关系

明确物体的受力情况和初始运动状态后，可由牛顿第二定律建立动力学方程，计算各运动量，加速度是联系运动学和动力学的桥梁. 它们之间的联系是

$$\boldsymbol{r}(t)\underset{\text{积分}}{\overset{\text{求导}}{\rightleftharpoons}}\boldsymbol{v}(t)\underset{\text{积分}}{\overset{\text{求导}}{\rightleftharpoons}}\boldsymbol{a}(t)\underset{\text{牛顿定律}}{\overset{\text{牛顿定律}}{\rightleftharpoons}}\boldsymbol{F}(t)$$

(四) 非惯性系中的力学定律

在运动学中参考系可以任选，但在动力学中应用牛顿运动定律处理问题应选惯性参考系，在非惯性系中，牛顿第二定律不能直接使用. 若在非惯性系中应用牛顿定律解决问题，需引入一个惯性力

$$\boldsymbol{F}_i=-m\boldsymbol{a}_0 \tag{2.4}$$

则

$$\boldsymbol{F}+\boldsymbol{F}_i=m\boldsymbol{a}' \tag{2.5}$$

式中，$\boldsymbol{a}_0$ 为非惯性系相对于惯性系的加速度，$\boldsymbol{a}'$ 是在非惯性系中测得的物体的加速度. 惯性力是非惯性系相对于惯性系加速运动的反映，是一种虚拟的等效力，不是真实的力，惯性力既无施力物体，又无反作用力.

三、习题分类与解题方法指导

本章习题应着重于在惯性参考系中应用牛顿运动定律、结合运动学知识解决质点动力学的两类问题：(1)已知作用于物体上的力求物体的运动；(2)已知物体的运动情况，求作用于物体上的力. 许多情况往往是这两类问题的综合. 牛顿运动定律中所涉及的物体原则上都应能看成质点；作用力可以是恒力，也可以是变力；质点的运动可以是直线运动，也可以是曲线运动，对于曲线运动，应当由牛顿运动定律分别列出动力学方程的各个坐标分量式进行计算. 对于涉及多个质点的体系，应当运用隔离体分析法，对每个质点分别运用牛顿定律来处理. 运用牛顿运动定律分析问题，大体可按以下步骤进行.

(1) 选参考：牛顿第二定律只在惯性系中成立，所以必须选择一个惯性参考系. 研究地球表面上物体的运动问题，通常选择地面作为参考系(可看成惯性系).

(2) 定对象：确定研究对象(可视为质点的物体或系统)，隔离分析.

(3) 查受力：对隔离体进行受力分析，作出受力示意图.

(4) 看运动:选定参考系,分析隔离对象的运动情况.

(5) 建坐标:适当建立坐标系.通常采用直角坐标系,对曲线运动可以根据需要建立自然坐标系.

(6) 列方程:由牛顿定律列出动力学方程的矢量式,然后列出各坐标分量式.列出必要的辅助方程.各坐标分量式和辅助方程等独立方程的数量必须等于未知量的数量.

(7) 求结果:求解动力学方程组,结合运动学求出所需结果.

(8) 做讨论:对所得结果做必要的分析和讨论.

运用牛顿运动定律可以处理很多质点(或质点系)的动力学问题,这些问题的类型和形式也比较复杂.为讨论方便,我们把习题大体分为以下几种类型:①恒力对单个物体的作用;②变力对单个物体的作用;③恒力对连接体的作用;④在非惯性参考系中的简单的力学问题.现对各类习题的求解方法分别进行讨论.

(一) 单个物体受恒力的作用

此类问题主要包括大小、方向都不变的各恒力作用于研究对象,也把大小不变、方向变化的变力作用于研究对象使其做曲线运动的情况也归入这一类.此类问题往往对象明确,对物体进行受力分析后,容易建立动力学方程,分别列出动力学方程的各个坐标分量式即可进行求解.对于物体做曲线运动的情况,往往选用自然坐标系.

例题 2-1　已知一斜面滑块的斜面上一挡板用一细绳连接一小球,斜面滑块和小球均沿水平方向以相同的加速度 $\boldsymbol{a}$ 运动,如图 2-1(a)所示.已知小球质量 m,斜面倾角为 θ,且斜面光滑.试求:

(1) 绳子的张力 F_T;

(2) 斜面对小球的支持力 F_N.

解　取小球为研究对象,小球与斜面一起沿水平方向做加速运动,设小球与斜面接触,以地面为参考系,选坐标,如图 2-1(a)所示.牛顿第二定律的矢量式为

$$\boldsymbol{F}_T+\boldsymbol{F}_N+m\boldsymbol{g}=m\boldsymbol{a}$$

其中,$\boldsymbol{F}_T$,$\boldsymbol{F}_N$ 分别是绳子对小球的拉力和斜面对小球的支持力.上式在 x,y 坐标方向的分量式分别为

$$F_T\cos\theta-F_N\sin\theta=ma$$

$$F_T\sin\theta+F_N\cos\theta-mg=0$$

由上述两式解得

$$F_T=m(a\cos\theta+g\sin\theta)$$

$$F_N=m(g\cos\theta-a\sin\theta)$$

讨论:

① 当 a 增大时,F_T 增大,F_N 减小.当 $a=g\cot\theta$ 时,$F_N=0$.

② 当 $a>g\cot\theta$ 时,小球将离开斜面漂浮起来,此时,$F_N=0$,且绳子与水平面的夹角为 α,满足以下方程

$$F_T\cos\alpha=ma$$

$$F_T\sin\alpha-mg=0$$

得

$$\cot\alpha=\frac{a}{g}>\cot\theta$$

即 $\alpha<\theta$，小球离开斜面飘浮起来，如图 2-1(b)所示.

③ 若 $a<0$，即斜面向右运动且做减速运动，或斜面向左运动且做加速运动. 由上述结果可知，总有 $F_N>0$，小球总在斜面上运动，而 F_T 可正可负. 当 $|\boldsymbol{a}|<g\tan\theta$ 时，$F_T=m(g\sin\theta-|\boldsymbol{a}|\cos\theta)>0$，绳子处于张紧状态；当 $|\boldsymbol{a}|=g\tan\theta$ 时，$F_T=m(g\sin\theta-|\boldsymbol{a}|\cos\theta)=0$，绳子恰好处于松弛状态；当 $|\boldsymbol{a}|>g\tan\theta$ 时，$F_T=m(g\sin\theta-|\boldsymbol{a}|\cos\theta)<0$，此结果无意义，实际情况是绳子处于松弛状态，小球相对于斜面沿斜面向上运动，小球不再与斜面具有相同的加速度.

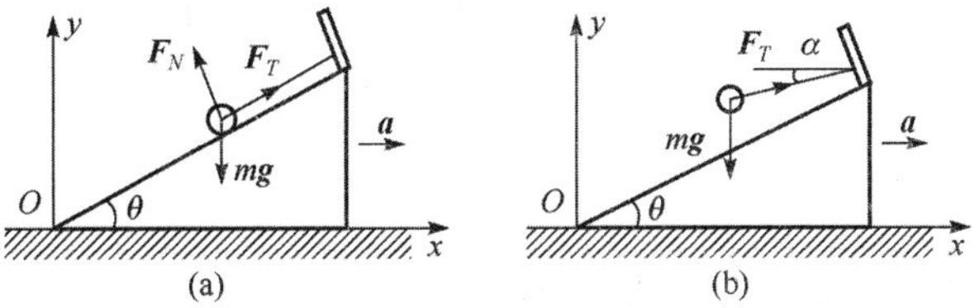

图 2-1

例题 2-2　如图 2-2 所示，一质量为 m 的小球系于一长为 l 的轻绳下端，小球在 xOy 平面上沿水平圆周以匀角速度 ω 转动，绳画出一圆锥面，此装置称为圆锥摆，求此时细绳与竖直的方向的夹角 θ 以及绳中的张力.

解　小球在水平面内做匀速圆周运动，加速度指向圆心 O，小球受重力 $\boldsymbol{P}=m\boldsymbol{g}$ 和拉力 $\boldsymbol{F}_T$ 的作用如图 2-2 所示，由牛顿第二定律，得

$$\boldsymbol{F}_T+m\boldsymbol{g}=m\boldsymbol{a}$$

采用自然坐标系，上式在法向和竖直方向(z 轴)的分量式为

$$F_T\sin\theta=ma_n$$

$$F_T\cos\theta-mg=ma_z$$

因为 $a_n=\omega^2r=\omega^2l\sin\theta$，$a_z=0$，解得绳中的张力为

$$F_T=m\omega^2l$$

细绳与竖直的方向的夹角 θ 满足：$\cos\theta=\frac{g}{\omega^2l}$，得

$$\theta=\arccos\frac{g}{\omega^2l}$$

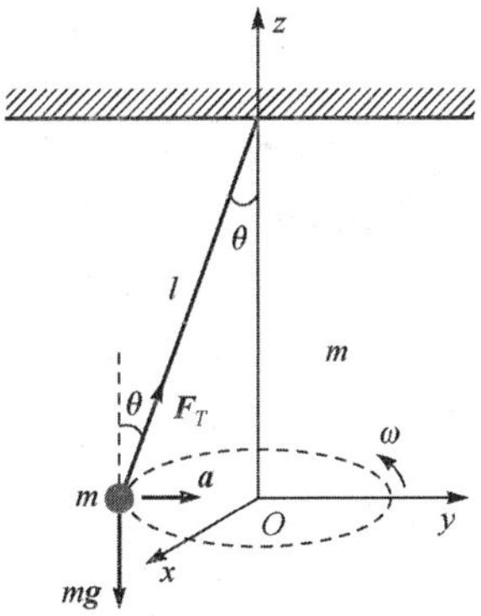

图 2-2

讨论：

当 ω,l 一定时，θ 一定，θ 由 ω,l 确定. 如果 l 一定，当 ω 增大时，$\cos\theta$ 减小，θ 则增大；当 ω 减小时，θ 也减小. 但是，因为 $\cos\theta<1$，故形成圆锥摆的适用条件为 $\omega>\sqrt{\frac{g}{l}}$；若 $\omega<\sqrt{\frac{g}{l}}$，则小球不能维持圆锥摆的运动形式.

（二）单个物体受变力的作用

当物体受到的合外力为变量时，它的加速度也将是变量，此时由牛顿定律建立的动力学方程实质上是一个或一组常微分方程，称为运动微分方程. 根据题设的初始条件，可求出微分方

程的特解，从而唯一地确定质点的运动规律.

例题 2-3　一光滑半球面固定于水平地面上，今使一小物块从球面顶点处几乎无初速地滑下，如图 2-3 所示，则物块开始脱离半球面处与竖直方向的夹角是多大？

解　物块滑到半球面上与竖直方向的夹角为 θ 的位置时，受到重力和半球面的支持力作用，由牛顿第二定律得

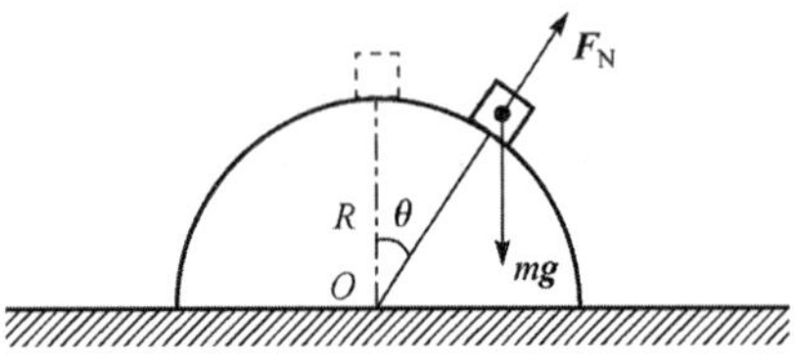

图 2-3

$$m\boldsymbol{g}+\boldsymbol{F}_N=m\boldsymbol{a}$$

选用自然坐标系，上式在切向和法向的分量式为

$$mg\sin\theta=ma_\tau \quad ①$$

$$mg\cos\theta-F_N=ma_n \quad ②$$

而 $a_\tau=\dfrac{dv}{dt}=\dfrac{dv}{d\theta}\dfrac{d\theta}{dt}=\omega\dfrac{dv}{d\theta}=\dfrac{v}{R}\dfrac{dv}{d\theta}$，$a_n=\dfrac{v^2}{R}$，代入式①，得

$$mg\sin\theta=m\frac{v}{R}\frac{dv}{d\theta}$$

即 $vdv=gR\sin\theta d\theta$，积分：$\int_0^v vdv=\int_0^\theta gR\sin\theta d\theta$，得

$$v=\sqrt{2gR(1-\cos\theta)}$$

代入式②，得

$$F_N=mg(3\cos\theta-2)$$

因为物块不脱离半球面时，有 $F_N\geqslant0$，故得

$$\cos\theta\geqslant\frac{2}{3}$$

即 $\theta\leqslant\arccos\dfrac{2}{3}=48.19°$ 为物块不脱离半球面的条件. 因此，当 $\theta=48.19°$ 时，物块将脱离半球面，以后将做斜下抛运动.

例题 2-4　大家知道，在普通游泳池是不能跳水的，会撞到池底，发生危险. 那么跳水泳池的水深至少多少才能保证跳水运动员的安全呢？设一质量为 m 的跳水运动员，从高为 h 的跳台从静止开始跳下，在水中受到重力 $\boldsymbol{P}$、浮力 $\boldsymbol{F}_b$、水的阻力 $\boldsymbol{f}$ 作用而向下运动，设人受到的重力和浮力相平衡，受到水的阻力大小与速率成正比，即 $\boldsymbol{f}=-k\boldsymbol{v}$（其中 k 为一正的常量）. 以运动员刚接触水面时为计时起点，x 坐标向下、水面为坐标原点. 求：

(1) 任意时刻 t 运动员的速度；

(2) 由 $t=0$ 到 t 时刻运动员在水中经过的距离；

(3) 运动员的最大位移.

解　(1) 运动员从高为 h 的跳台从静止开始跳下，到水面时的速度为 $v_0=\sqrt{2gh}$，然后在水中以此初速开始在重力、浮力和阻力的合力（等于水的阻力）作用下运动，由牛顿第二定律，有 $\boldsymbol{f}=m\boldsymbol{a}$，即

$$-k\boldsymbol{v}=m\boldsymbol{a}$$

其在 x 坐标方向的分量式为

$$-kv=ma=m\frac{dv}{dt}$$

即 $\dfrac{dv}{v}=-\dfrac{k}{m}dt$，积分：$\int_{v_0}^{v}\dfrac{dv}{v}=-\dfrac{k}{m}\int_0^t dt$，即得任意时刻 t 运动员的速度为

$$v=v_0\mathrm{e}^{-\frac{k}{m}t}=\sqrt{2gh}\mathrm{e}^{-\frac{k}{m}t}$$

（2）由 $v=v_0\mathrm{e}^{-\frac{k}{m}t}=\frac{\mathrm{d}x}{\mathrm{d}t}$，得 $\mathrm{d}x=v_0\mathrm{e}^{-\frac{k}{m}t}\mathrm{d}t$，积分：$\int_0^x\mathrm{d}x=\int_0^t v_0\mathrm{e}^{-\frac{k}{m}t}\mathrm{d}t$，即得由 $t=0$ 到 t 时刻运动员在水中经过的距离为

$$x=v_0\frac{m}{k}(1-\mathrm{e}^{-\frac{k}{m}t})=\sqrt{2gh}\frac{m}{k}(1-\mathrm{e}^{-\frac{k}{m}t})$$

（3）当 $t\to\infty$时，$x\to x_{\max}$，

$$x_{\max}=v_0\frac{m}{k}=\sqrt{2gh}\frac{m}{k}$$

此即运动员的最大位移．如果测出了系数 k，就可以根据运动员的质量和跳台高度大致估计出所需的泳池深度，它至少应大于运动员的最大位移 $x_{\max}$．奥运会跳水泳池的深度为 5.4m.

（三）质点系（连接体）受恒力的作用

此类习题一般涉及多个物体（质点）的相互作用，应将每个物体逐一隔离分析，分别由牛顿第二定律列出动力学方程，从而得到一组方程，然后从方程组求得未知量．欲使各量有唯一解，则独立方程数目应与未知量的数目相等．若由牛顿第二定律建立的方程数目不够，还须根据运动关系、几何关系或约束条件补列方程．在有些问题中，由于物体之间相互约束关系的存在，不能明显判定物体的运动情况或受力情况，就需要进一步的分析，一般采用去掉约束判定运动，再由约束关系确定受力情况．这类习题形式复杂，类型也较多，求解过程复杂，运算量较大，是本章的重点，也是难点，求解此类问题需要认真细致，步步分析和总体检查，以避免出现错误．

例题 2-5　如图 2-4 所示，A 为定滑轮，B 为动滑轮，已知三个物体的质量分别为 $m_1=0.20\mathrm{kg}$，$m_2=0.10\mathrm{kg}$，$m_3=0.05\mathrm{kg}$．若滑轮和绳的质量及摩擦都忽略不计，绳不可伸长．取重力加速度为 $g=9.80\mathrm{m\cdot s^{-2}}$．求：

（1）各个物体的加速度；

（2）两根绳子中的张力大小．

解　以地面为参考系，假设各物体 m_1、m_2 和 m_3 的加速度分别为 $\boldsymbol{a}_1$、$\boldsymbol{a}_2$ 和 $\boldsymbol{a}_3$，其正方向及各物体受力情况如图 2-4(b)所示．对 m_1、m_2 和 m_3 分别列出牛顿第二定律矢量式方程

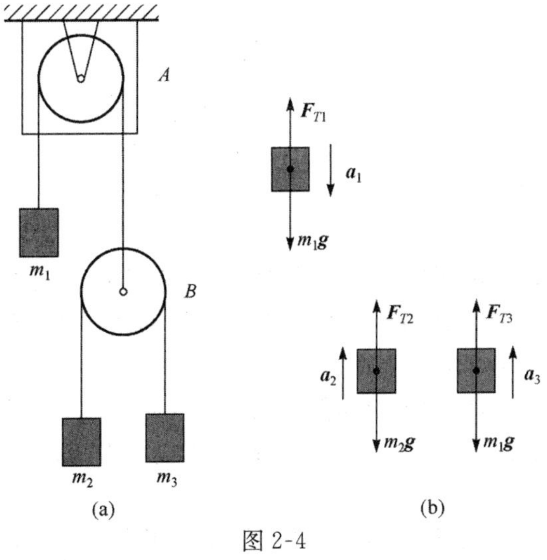

图 2-4

$$\boldsymbol{F}_{T1}+m_1\boldsymbol{g}=m_1\boldsymbol{a}_1$$
$$\boldsymbol{F}_{T2}+m_2\boldsymbol{g}=m_2\boldsymbol{a}_2$$
$$\boldsymbol{F}_{T3}+m_3\boldsymbol{g}=m_3\boldsymbol{a}_3$$

对 m_1、m_2 和 m_3 分别设向下、向上、向上为坐标轴的正方向，上述各式的分量式分别为

$$m_1g-F_{T1}=m_1a_1 \quad ①$$
$$F_{T2}-m_2g=m_2a_2 \quad ②$$
$$F_{T3}-m_3g=m_3a_3 \quad ③$$

因为滑轮和绳的质量及摩擦都忽略不计，所以有

$$F_{T1}=F_{T2}+F_{T3} \quad ④$$
$$F_{T2}=F_{T3} \quad ⑤$$

设 m_2 和 m_3 相对于滑轮 B 的加速度大小分别为 a_2' 和 a_3'，且 a_2' 的方向向下、a_3' 向上. 设滑轮 B 的加速度为 a_B，其正方向向上，则由加速度合成的伽利略变换，有

$$\boldsymbol{a}_2=\boldsymbol{a}_2'+\boldsymbol{a}_B$$
$$\boldsymbol{a}_3=\boldsymbol{a}_3'+\boldsymbol{a}_B$$

其坐标轴分量式分别为

$$a_2=-a_2'+a_B \quad ⑥$$
$$a_3=a_3'+a_B \quad ⑦$$

由于绳不可伸长，所以

$$a_B=a_1 \quad ⑧$$
$$a_2'=a_3' \quad ⑨$$

联立求解式①～式⑨，得

$$a_1=\frac{m_1m_2+m_1m_3-4m_2m_3}{m_1m_2+m_1m_3+4m_2m_3}g$$
$$a_2=\frac{m_1m_3-m_1m_2-4m_2m_3}{m_1m_2+m_1m_3+4m_2m_3}g$$
$$a_3=\frac{3m_1m_3-m_1m_3-4m_2m_3}{m_1m_2+m_1m_3+4m_2m_3}g$$
$$F_{T1}=\frac{8m_1m_2m_3}{m_1m_2+m_1m_3+4m_2m_3}g$$
$$F_{T2}=F_{T3}=\frac{4m_1m_2m_3}{m_1m_2+m_1m_3+4m_2m_3}g$$

代入数据计算得：$a_1=1.96\text{m}\cdot\text{s}^{-2}$，$a_2=-1.96\text{m}\cdot\text{s}^{-2}$，$a_3=5.88\text{m}\cdot\text{s}^{-2}$，$F_{T1}=1.57\text{N}$，$F_{T2}=F_{T3}=0.785\text{N}$.

讨论：a_1、a_3 大于零表示 $\boldsymbol{a}_1$ 和 $\boldsymbol{a}_3$ 的实际方向与假设的正方向相同，即 $\boldsymbol{a}_1$ 向下、$\boldsymbol{a}_3$ 向上；$a_2<0$表示 $\boldsymbol{a}_2$ 的实际方向与假设的 $\boldsymbol{a}_2$ 的正方向相反，即 $\boldsymbol{a}_2$ 向下(相对于地面).

例题 2-6　如图 2-5(a)所示，质量为 m_2 的木块 B 放在质量为 m_1 的木板 A 上，木板 A 放在水平地面上. 初始时二者均相对于地面静止. 若 A 与 B 之间、木板 A 与地面之间的静摩擦系数均为 μ_0、滑动摩擦系数均为 μ，其中 $\mu_0>\mu$. 欲使木板 A 从木块 B 下面抽出，作用在木板 A 上的力 F 至少为多大?

解　对 B、A 的受力分析如图 2-5(b)和(c)所示. 对物体 A、B 分别列出牛顿定律方程(直

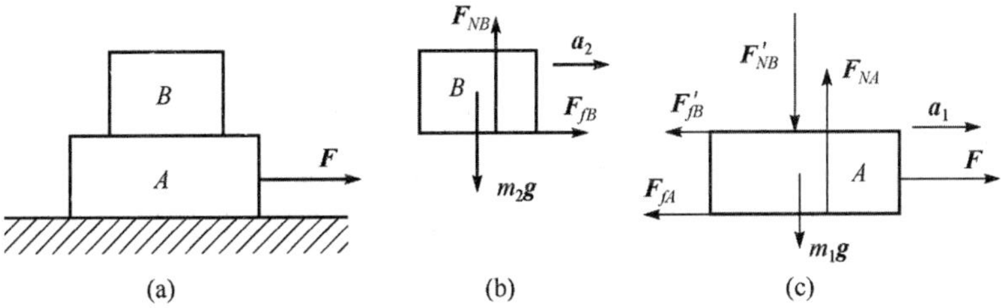

图 2-5

接写出水平和竖直方向的分量式)：

$$F-F_{fA}-F'_{fB}=m_1a_1 \quad ①$$

$$F_{NA}-F'_{NB}-m_1g=0 \quad ②$$

$$F_{fB}=m_2a_2 \quad ③$$

$$F_{NB}-m_2g=0 \quad ④$$

$$F_{fB}=F'_{fB} \quad ⑤$$

$$F'_{NB}=F_{NB} \quad ⑥$$

$$F_{fA}=\mu F_{NA} \quad ⑦$$

解得：$F_{NB}=m_2g$，$F_{NA}=(m_1+m_2)g$，$F_{fA}=\mu(m_1+m_2)g$，$a_2=\dfrac{F_{fB}}{m_2}$.

若要把木板 A 从 B 下面抽出，须满足条件

$$a_1>a_2$$

但是，当满足 $F_{fB}\leqslant\mu_0F_{NB}$（$A$、$B$ 之间摩擦力小于等于最大静摩擦力）时，即 $a_2\leqslant\mu_0g$ 时，A、B 之间相对静止，不能使木板 A 从 B 下抽出. 所以，把木板 A 从 B 下抽出，至少要克服 A、B 之间的最大静摩擦力，其条件是：$a_2=\mu_0g$，且

$$a_1>\mu_0g$$

由以上诸式解得

$$F>(\mu+\mu_0)(m_1+m_2)g$$

此时，可将 A 从 B 下抽出. 因此，作用在木板 A 上的力 F 至少等于 $(\mu+\mu_0)(m_1+m_2)g$，才能将 A 抽出.

一旦 A、B 之间开始相对滑动，A、B 之间的摩擦力变为滑动摩擦力，其大小为 $F_{fB}=\mu F_{NB}$，此时，木块 B 的加速度为 $a_2=\mu g$. 欲继续抽出 A，只需要满足 $F-F_{fA}-F'_{fB}=m_1a_1$，及 $a_1>a_2$ 即可，即 $F>2\mu(m_1+m_2)g$.

一般情况下，可近似认为静摩擦系数和滑动摩擦系数近似相等.

例题 2-7　如图 2-6 所示，斜面倾角为 $\theta=45°$，滑块 A 的质量为 $m_A=16\text{kg}$，滑块 B 的质量为 $m_B=8\text{kg}$，滑块 A 与斜面之间的摩擦系数为 $\mu_A=0.2$，滑块 B 与斜面之间的摩擦系数 $\mu_B=0.4$，A、B 之间用一柔软的不可伸长的轻绳相连，初始时手压 A、B 使其静止于斜面上，且绳子处于伸直状态. 取重力加速度 $g=9.80\text{m}\cdot\text{s}^{-2}$. 求松手后绳子中的张力 F_T 的大小.

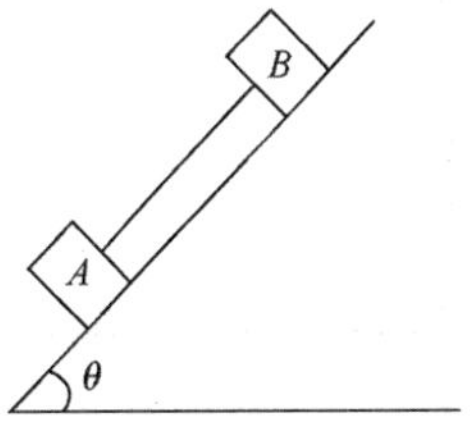

图 2-6

解　首先判断：若 A、B 之间没有连接的绳子，滑块 A、B 会不会自行下滑？此时由牛顿第二定律有

$$m_Ag\sin\theta-\mu_Am_Ag\cos\theta=m_Aa_A$$

$$m_B g\sin\theta-\mu_B m_B g\cos\theta=m_B a_B$$

解得

$$a_A=g(\sin\theta-\mu_A\cos\theta)=5.544\text{m/s}^2>0$$
$$a_B=g(\sin\theta-\mu_B\cos\theta)=4.158\text{m/s}^2>0$$

可知滑块 A 和 B 都会下滑. 即对于置于斜面上的物体，只要满足 $\tan\theta>\mu$，物体就会从静止开始沿斜面下滑.

设想 A、B 之间没有连接的绳子(去约束)，在滑块 A 和 B 都会下滑的情况下，由于摩擦系数不同，如果 $a_A<a_B$，则绳子处于松弛状态，绳中的张力 $F_T=0$；当 $a_A\geqslant a_B$ 时，绳中的张力才可能不等于零.

由以上计算结果可知，对于本题所述具体情况，有 $a_A>a_B$，所以，在 A、B 之间有绳子连接的情况下，绳子会张紧，有张力存在，则 A、B 将以相同的加速度运动. 根据牛顿第二定律重新列方程如下

$$m_A g\sin\theta-\mu_A m_A g\cos\theta-F_T=m_A a_A$$
$$F_T+m_B g\sin\theta-\mu_B m_B g\cos\theta=m_B a_B$$
$$a_A=a_B$$

解得加速度为

$$a_A=a_B=\frac{(m_A+m_B)\sin\theta-(\mu_A m_A+\mu_B m_B)\cos\theta}{m_A+m_B}g$$

绳中的张力为

$$F_T=\frac{(\mu_B-\mu_A)m_A m_B\cos\theta}{m_A+m_B}g=\frac{(0.4-0.2)\times16\times8\times\cos45^\circ}{16+8}\times9.8=7.39(\text{N})$$

（四）非惯性系中力学问题的处理

如果考察物体在非惯性参考系中的运动，在形式上应用牛顿第二定律解决问题时必须考虑惯性力 $\boldsymbol{F}_i=-m\boldsymbol{a}_0$，其中 $\boldsymbol{a}_0$ 为非惯性参考系相对于惯性参考系的加速度. 在非惯性系中将惯性力作为一个力之后，再由牛顿第二定律建立动力学方程为 $\left(\sum\boldsymbol{F}\right)+\boldsymbol{F}_i=m\boldsymbol{a}'$，其中 $\boldsymbol{a}'$ 为质点相对于非惯性参考系的加速度. 这类习题可以应用伽利略变换的相对加速度合成公式在惯性参考系中按照牛顿第二定律处理，但是考虑惯性力之后，采用在非惯性系中处理的方法往往比较简便.

例题 2-8　如图 2-7 所示，一电梯以加速度 $\boldsymbol{a}_0$ 相对地面向上运动. 电梯内有一倾角为 α 的光滑的斜面，斜面上放一滑块 A 沿斜面滑动. 求滑块 A 相对于斜面的加速度 a'.

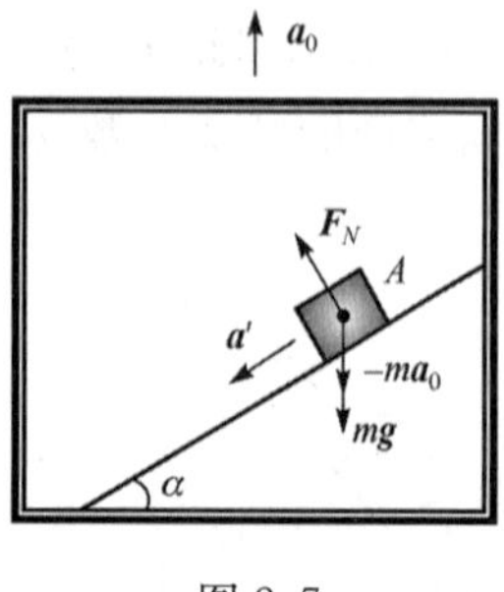

图 2-7

解　考虑惯性力 $\boldsymbol{F}'=-m\boldsymbol{a}_0$ 后，以电梯作为参考系(非惯性系)，滑块 A 的受力如图 2-7 所示. 由非惯性系的牛顿第二定律 $\left(\sum\boldsymbol{F}\right)+\boldsymbol{F}_i=m\boldsymbol{a}'$，沿斜面方向有

$$mg\sin\alpha+ma_0\sin\alpha=ma'$$

垂直于斜面方向有

$$F_N-mg\cos\alpha-ma_0\cos\alpha=0$$

解得

$$F_N=m(g+a_0)\cos\alpha$$

$$a' = (g + a_0)\sin\alpha$$

四、知识拓展与问题讨论

重力与纬度的关系

以地球表面为参考系，物体在地球表面附近自由下落时，因受地球引力作用会获得一个竖直向下的加速度，称为**重力加速度**，用 $\boldsymbol{g}$ 表示. 我们把产生此重力加速度的力称为**重力，重力 $\boldsymbol{P}$ 的大小通常称为物体的重量**. 如果不考虑地球自转运动，可以认为**地球对地球表面附近物体的万有引力就是物体所受的重力 $\boldsymbol{P}$**. 重力 $\boldsymbol{P}$ 是一个矢量，有大小和方向. 在地球上物体所受重力 $\boldsymbol{P}$ 的方向，就是物体所受地球引力的方向，一般认为是指向地球中心的. 假如地球是半径为 R_E、质量为 m_E 的均匀球体，那么在地球表面附近距地心为 r 处有一质量为 m 的小物体(可视为质点)，其重量为

$$P = \frac{Gm_E m}{r^2} \tag{2.6}$$

在重力 $\boldsymbol{P}$ 的作用下，物体具有的加速度即重力加速度 $\boldsymbol{g}$，有

$$\boldsymbol{g} = \frac{\boldsymbol{P}}{m}$$

重力加速度 $\boldsymbol{g}$ 的方向与重力的方向相同，可认为指向地球中心. 重力加速度的大小为

$$g = \frac{Gm_E}{r^2} \tag{2.7}$$

在地球表面附近重力加速度的大小可近似表述为

$$g = \frac{Gm_E}{R_E^2} \tag{2.8}$$

将 $G = 6.67\times10^{-11}(\text{N}\cdot\text{m}^2)\cdot\text{kg}^{-2}$，$m_E = 5.98\times10^{24}\text{kg}$，$R_E = 6.37\times10^6\text{m}$ 代入上式，得 $g = 9.83\text{m}\cdot\text{s}^{-2}$. 即在地球表面附近，重力加速度的大小几乎是常量. 一般计算时，地球表面附近的重力加速度大小通常取 $g = 9.80\text{m}\cdot\text{s}^{-2}$.

一个给定物体，在地球表面的不同点，它所受的重力或重力加速度有微小的变化. 其原因包括：区域性的矿床、油田等，地球不是一个正球体，物体离地面高度的不同等. 还有一个重要的原因，就是由于地球的自转.

地球表面不是一个严格的惯性系. 在地球表面这样一个非惯性系中描述，地球表面上的物体所受的力并非只有地球对物体的引力，而是地球对物体的引力 $\boldsymbol{F}_e$ 和物体在地面这样一个非惯性系中的惯性力 $\boldsymbol{F}_i$(惯性离心力)的合力，这个合力就是重力，根据其纬度不同，在地面参考系中测得的重力在大小和方向上与地球对它的引力有微小的差别，重力和重力加速度随纬度而变化.

因为观察者是在地球表面观察物体的运动规律的，如果考虑到地球自转的影响，地球表面是一个非惯性系，所以要考虑惯性离心力的作用. 如图 2-8 所示，一质量为 m 的物体相对于地面静止于纬度为 φ 处，其重力 $\boldsymbol{P}$ 等于地球对物体的万有引力 $\boldsymbol{F}_e$ 与地球自转的惯性离心力 $\boldsymbol{F}_i$ 矢量和，即

$$\boldsymbol{P} = \boldsymbol{F}_e + \boldsymbol{F}_i \tag{2.9}$$

把地球当成一个半径为 R_E、质量为 m_E 的均匀球体，因为纬度为 φ 处的地面相对于地心(可近似认为地心为惯性参考系)的加速度为

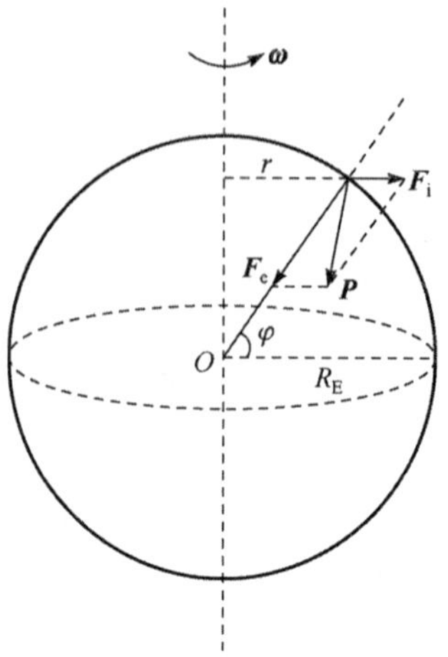

图 2-8

$$a_0=r\omega^2=\omega^2R_E\cos\varphi$$

所以惯性离心力的大小为

$$F_i=ma_0=m\omega^2R_E\cos\varphi$$

方向沿着该点的圆周运动半径方向向外，如图 2-8 所示.

如图 2-8 所示，由余弦定理，得重力的大小为

$$P=\sqrt{F_e^2+F_i^2-2F_eF_i\cos\varphi}$$
$$=F_e\left[1-\frac{2F_eF_i\cos\varphi-F_i^2}{F_e^2}\right]^{\frac{1}{2}}$$

由于地球的自转角速度 ω 很小，$F_i\ll F_e$，略去高阶无穷小量$\frac{F_i^2}{F_e^2}$，有

$$P\approx F_e\left[1-\frac{2F_i\cos\varphi}{F_e}\right]^{\frac{1}{2}}$$

按照泰勒级数展开并只取前两项，得重力的大小为

$$P\approx F_e\left(1-\frac{2F_i\cos\varphi}{F_e}\right)^{\frac{1}{2}}\approx F_e\left(1-\frac{1}{2}\frac{2F_i\cos\varphi}{F_e}\right)=F_e-F_i\cos\varphi$$
$$=\frac{Gmm_E}{R_E^2}-m\omega^2R_E\cos^2\varphi=\frac{Gmm_E}{R_E^2}\left(1-\frac{\omega^2R_E^3}{Gm_E}\cos^2\varphi\right)\tag{2.10}$$

把引力常量 $G=6.67\times10^{-11}\,\mathrm{N\cdot m^2\cdot kg^{-2}}$、地球质量 $m_E=5.98\times10^{24}\,\mathrm{kg}$、地球平均半径 $m_E=6.37\times10^6\,\mathrm{m}$、地球的自转角速度 $\omega=\frac{2\pi}{T}=\frac{2\pi}{24\times60\times60}\approx7.3\times10^{-5}\,\mathrm{rad\cdot s^{-1}}$ 等数据代入上式，可得纬度为 φ 处的重力大小为

$$P=\frac{Gmm_E}{R_E^2}(1-0.0035\cos^2\varphi)\tag{2.11}$$

纬度为 φ 处的重力加速度为

$$g=\frac{P}{m}=\frac{Gm_E}{R_E^2}\left(1-\frac{\omega^2R_E{}^3}{Gm_E}\cos^2\varphi\right)=\frac{Gm_E}{R_E^2}(1-0.0035\cos^2\varphi)\tag{2.12}$$

由式(2.11)、式(2.12)可以看出，物体的重力和重力加速度都与纬度有关，随纬度的升高而增大. 由图 2-8 可知，除了在南极和北极以及赤道上，在地球上其他位置重力的方向也不指向地球中心. 在北半球，重力的方向比直接指向地球中心偏南一定角度. 注意：在任何位置，我们总是把重力的方向称为竖直向下，它总是与当地的水平面相垂直. 但由于地球的自转角速度 ω 很小，由式(2.11)和式(2.12)可知，除精密计算外，通常可认为重力与地球对物体的万有引力大小相等，其方向指向地球中心. 重力加速度通常取常数 $g=9.8\,\mathrm{m\cdot s^{-2}}$.

科里奥利力

设想有一个圆盘绕某轴以角速度 $\boldsymbol{\omega}$ 做匀角速转动(该轴固定在某惯性参考系 S 中)，盘心有一光滑小孔，沿半径方向有一光滑小槽，槽中有一小球被穿过小孔的细线所控制，使其沿槽相对于槽做匀速直线运动，不妨设小球以相对于槽的速度 $\boldsymbol{v}'$ 向外运动，如图 2-9(a)所示.

若以惯性参考系 S(轴)为参考系，小球除了做圆周运动外，还沿半径方向向外运动，任一时刻小球的速度 $\boldsymbol{v}$ 等于小球相对于盘沿槽的速度 $\boldsymbol{v}'$ 和小球所在点处盘的速度矢量和，即 $\boldsymbol{v}=$

$\boldsymbol{v}'+\boldsymbol{v}_0=\boldsymbol{v}'+\boldsymbol{\omega}\times\boldsymbol{R}$. 小球向外运动过程中，随着圆周半径 R 的增大，小球沿着圆周切线方向的速度 $v_0=\omega R$ 也不断增大，所以小球的加速度除了沿着半径指向圆心方向的加速度分量外，还有沿着圆周切线方向的加速度分量. 由牛顿第二定律，小球沿着半径指向圆心方向的加速度分量由细线对小球的拉力 $\boldsymbol{F}_T$ 产生，而沿着圆周切线方向的加速度分量是由光滑槽对小球的侧向推力 $\boldsymbol{F}_N$ 产生的. 受力如图 2-9(b)所示.

若以圆盘为参考系(相对于惯性系旋转的非惯性系)，小球沿槽(半径方向)向外做匀速直线运动，即小球处于平衡态. 因此，小球受到的实际力和惯性力矢量和等于零. 小球在径向受到细线对小球的拉力 $\boldsymbol{F}_T$ 与惯性离心力 $\boldsymbol{f}_i^*=m\omega^2\boldsymbol{r}$ 相平衡；而小球在横向(即惯性系中圆周运动的切向)有槽对其作用的推力 $\boldsymbol{F}_N$，故必有另一个方向相反、大小相等的力 $\boldsymbol{f}_k^*$ 存在，才能使小球在横向保持平衡状态，如图 2-9(c)所示.

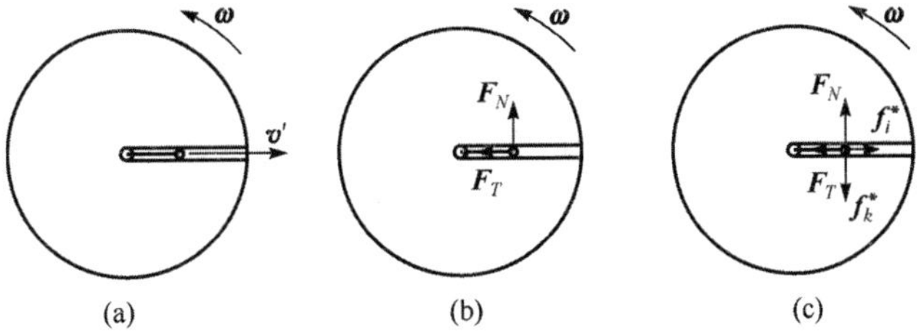

图 2-9

显然，与槽的推力 $\boldsymbol{F}_N$ 相平衡的这个力 $\boldsymbol{f}_k^*$ 不属于相互作用的范畴(无施力者)，而应属于惯性力的范畴. 通常将这种既与非惯性参考系相对于惯性系旋转运动(ω)有关，又与物体相对于该旋转非惯性系的运动($\boldsymbol{v}'$)有关的惯性力称为科里奥利力，记作 $\boldsymbol{f}_k^*$. 这是法国气象学家科里奥利在 1835 年为了描述旋转体系的运动而提出的一个假想的力.

可以证明，若质量为 m 的物体相对于转动角速度为 ω 的参考系具有运动速度 $\boldsymbol{v}'$，则科里奥利力为

$$\boldsymbol{f}_k^*=2m\boldsymbol{v}'\times\boldsymbol{\omega} \tag{2.13}$$

地球就是一个匀角速转动的参考系，因此凡在地球上运动的物体都会受到科里奥利力作用的影响(在地面这个旋转的非惯性系中描述物体的运动)，只是由于地球自转的角速度 ω 很小，所以这种影响往往不能被人们觉察到. 但在许多自然现象中仍留下了科里奥利力存在的痕迹. 例如，北京天文馆内的傅科摆 (摆长为 10m)的摆平面每隔 37 小时 15 分转动一周；北半球的河流，人们面对下游方向观察，则右侧河岸被冲刷得较为厉害些；北半球铁轨的右侧轨道磨损较严重；南、北半球各自有自己的“贸易风”；落体偏离铅垂线的正下方而偏东的现象；等等这些都可以通过科里奥利力的影响来加以解释.

习　题　2

一、选择题

2-1　已知水星的半径是地球半径的 0.4 倍，质量为地球的 0.04 倍，设在地球上的重力加速度大小为 g，则水星表面上的重力加速度大小为(　　)

A. $0.1g$；　　B. $0.25g$；　　C. $4g$；　　D. $2.5g$.

2-2　用绳子系一物体，使它在铅直面内做圆周运动，在圆周的最低点时物体受的力有(　　)

A. 重力，绳子拉力和向心力；　B. 重力，向心力和离心力；　C. 重力和绳子拉力；

D. 重力和向心力；　E. 重力，绳子拉力和离心力.

2-3　一内表面光滑的半径为10cm的半球形碗，以匀角速度ω绕其竖直对称轴旋转.已知放在碗内表面上的一个小球相对于碗静止，其位置高于碗底4cm，则由此可推知碗旋转的角速度约为(　　)

A. $13\text{rad}\cdot\text{s}^{-1}$；　B. $17\text{rad}\cdot\text{s}^{-1}$；　C. $10\text{rad}\cdot\text{s}^{-1}$；　D. $18\text{rad}\cdot\text{s}^{-1}$.

2-4　一只质量为m的猴子，原来抓住一根用绳吊在天花板上的质量为M的竖直杆，悬挂的绳突然断开，小猴则沿杆子竖直向上爬以保持它离地面的高度不变，此时直杆下落的加速度为(　　)

A. g；　B. $\dfrac{mg}{M}$；　C. $\dfrac{M+m}{M}g$；　D. $\dfrac{M+m}{M-m}g$；　E. $\dfrac{M-m}{M}g$.

2-5　一公路的水平弯道半径为R，路面的外侧高出内侧，路面与水平面间夹角为θ.要使汽车通过该段路面时，路面对汽车恰好不产生侧向摩擦力，则汽车的速率为(　　)

A. $\sqrt{Rg}$；　B. $\sqrt{Rg\tan\theta}$；　C. $\sqrt{\dfrac{Rg\cos\theta}{\sin^2\theta}}$；　D. $Rg\tan\theta$.

2-6　一段路面水平的公路，转弯处轨道半径为R，汽车轮胎与路面间的摩擦系数为μ，要使汽车不致发生侧向打滑，汽车在该处的行驶速率(　　)

A. 不得小于$\sqrt{\mu gR}$；　B. 不得大于$\sqrt{\mu gR}$；

C. 必须等于$\sqrt{2\mu gR}$；　D. 由汽车质量决定.

2-7　假设月球上有丰富的矿藏，将来航天技术发达时，可把月球上的矿石不断地运到地球上.月球、地球之间的距离保持不变，那么月球与地球之间的万有引力将(　　)

A. 越来越大；　B. 越来越小；　C. 先小后大；　D. 保持不变.

2-8　如图所示，连接体m_1和m_2在水平恒力的作用下做直线运动，已知$m_1=100\text{kg}$，$m_2=200\text{kg}$.若m_1与m_2之间的轻绳的最大承受拉力为$T_0=50\text{N}$，那么拉力F最大不应超过多少(　　)

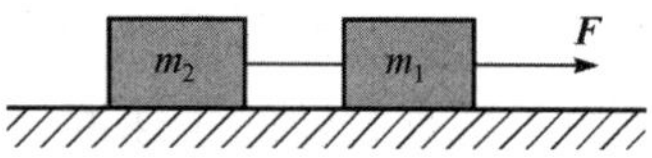

题2-8图

A. 50N；　B. 75N；

C. 150N；　D. 不知摩擦系数，难以确定.

2-9　质量为0.1kg的质点，其运动方程为$x=4.5t^2-4t$，式中x以m、t以s计.在1s末，该质点受力为多大(　　)

A. 0；　B. 0.45N；　C. 0.70N；　D. 0.90N.

2-10　一质量为M的气球用绳系着质量为m的物体以匀加速a上升.当绳突然断开瞬间，气球的加速度为(　　)

A. a；　B. $\dfrac{M+m}{M}a$；　C. $a+\dfrac{m}{M}g$；　D. $\dfrac{M+m}{M}a+\dfrac{m}{M}g$.

2-11　物体由静止开始分别从底部长度相同、倾角θ不同的斜面顶端下滑，若物体与各斜面之间的摩擦系数均为$\mu=0.5$，那么物体从斜面顶端滑到底端的时间在哪种情况下最短(　　)

A. $\theta=30°$；　B. $\theta=45°$；　C. $\theta=60°$；　D. $\theta=75°$.

2-12　质量分别为 m_1 和 m_2 的两个物体叠放在光滑水平桌面上，如图所示. 若两物体间摩擦系数为 μ，要它们不产生相对运动，那么推力最大不应超过多少(　　)

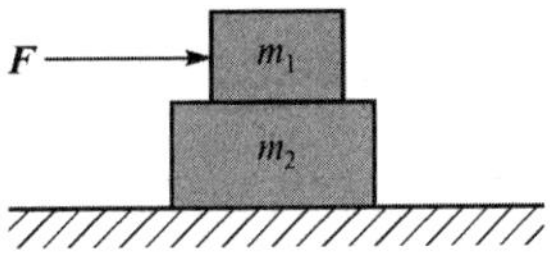

题 2-12 图

A. $\mu m_1 g$；　B. $\mu(m_1+m_2)g$；

C. $\mu \frac{m_1(m_1+m_2)}{m_2}g$；　D. $\mu \frac{m_1 m_2}{m_1+m_2}g$.

2-13　工厂常用绕定轴转动的水平转台来传送工件，如图所示. 若转台不是匀角速转动，而是以匀角加速度 β 从静止开始转动，设转台与工件间的摩擦系数为 μ，那么工件能保持相对静止的条件是什么(　　)

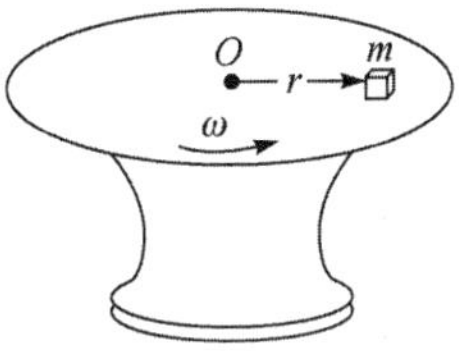

题 2-13 图

A. 只需 $\beta \leqslant \frac{\mu g}{r}$；　B. 只需 $\omega^2 \leqslant \frac{\mu g}{r}$；

C. 需 $\beta \leqslant \frac{\mu g}{r}$ 且 $\omega^2 \leqslant \frac{\mu g}{r}$；　D. 条件不足，难以确定.

2-14　质量为 0.25kg 的质点，受力 $\boldsymbol{F}=t\boldsymbol{i}$ 的作用，$t=0$ 时该质点以 $v=2\boldsymbol{j}$m/s 的速度通过坐标原点，则该质点任意时刻的位置矢量是(　　)

A. $2t^2\boldsymbol{i}+2\boldsymbol{j}$m；　B. $\frac{2}{3}t^3\boldsymbol{i}+2t\boldsymbol{j}$m；

C. $\frac{3}{4}t^4\boldsymbol{i}+\frac{2}{3}t^3\boldsymbol{j}$m；　D. 条件不足，无法判断.

2-15　质量分别为 m_A 和 m_B 的两滑块 A 和 B 通过一轻弹簧水平连接后置于水平桌面上，滑块与桌面间的摩擦系数均为 μ. 系统在水平拉力 F 作用下匀速运动，如图所示. 如突然撤销拉力，则撤销后瞬间(　　)

A. 系统做匀速运动；　B. A 做加速运动，B 做减速运动；

C. A 和 B 加速度相同；　D. $a_A=-(1+m_B/m_A)\mu g, a_B=0$.

2-16　如图所示，一单摆被一水平细绳拉住而处于平衡状态，此时摆线与竖直方向夹角为 θ，若突然剪断水平细线，则在此前后瞬时摆线中张力 T(前)与 T'(后)之比 T/T' 是(　　)

A. $1/\cos^2\theta$；　B. 1；　C. $\cos\theta$；　D. $\tan\theta$.

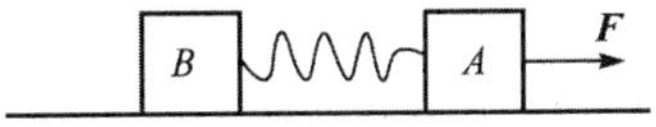

题 2-15 图

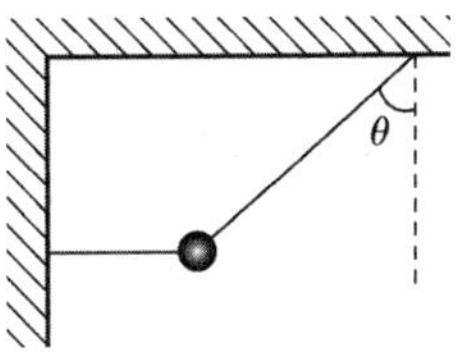

题 2-16 图

2-17　一辆以加速度大小为 $2\text{m}\cdot\text{s}^{-2}$ 向前运动的卡车，在它的水平底板上放置一台质量为 50kg 的机器，已知机器与底板之间的静摩擦系数为 0.4，滑动摩擦系数为 0.3，则底板对机器的摩擦力 f 的大小和方向为(　　)

A. 196N，沿卡车运动方向；　B. 196N，与卡车运动方向相反；

C. 100N，与卡车运动方向相反；　D. 100N，沿卡车运动方向.

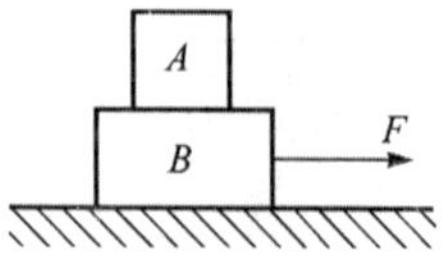

题 2-18 图

2-18　质量分别为 m 和 M 的滑块 A、B，叠放在光滑水平桌面上，如图所示，A、B 间的静摩擦系数为 μ_0，滑动摩擦系数为 μ，系统原处于静止. 今有水平力 F 作用于 B 上，要使 A、B 间不发生相对滑动，则(　　)

A. F 可为任意值；　　B. $F\leqslant \mu mg(M+m)/M$；

C. $F\leqslant \mu_0(m+M)g$；　　D. $F\leqslant \mu_0[1+(m/M)]mg$.

二、填空题

2-19　假如地球半径缩短 1%，而它的质量保持不变，则地球表面的重力加速度 g 增大的百分比是__________.

2-20　如果一个箱子与货车底板之间的静摩擦系数为 μ，当货车爬一与水平方向成 θ 角的坡路时，不致使箱子在底板上滑动的最大加速度 $a_{\max}=$__________.

2-21　质量为 m 的物体自空中落下，它除受重力外，还受到一个与速度平方成正比的阻力的作用. 比例系数为 mk，k 为正常数，该下落物体的收尾速度(即最后物体做匀速运动时的速度)将是__________.

2-22　在电梯中用弹簧秤称物体的重量. 当电梯静止时，称得一个物体重量为 500N. 当电梯作匀变速运动时，称得其重量为 400N，则该电梯的加速度大小是__________，方向__________.

2-23　一公路的水平弯道半径为 R，路面的外侧高出内侧，并与水平面夹角为 θ. 要使汽车通过该段路面时不引起侧向摩擦力，则汽车的速率为__________.

2-24　一小珠可在半径为 R 的圆环上无摩擦地滑动，且圆环能以其竖直直径为轴转动. 当圆环以恒定角速度 ω 转动，小珠偏离圆环转轴而且相对圆环静止时，小珠所在处圆环半径偏离竖直方向的角度 $\theta=$__________.

2-25　如图所示，物体 A、B 质量分别为 M、m，两物体间摩擦系数为 μ，接触面为竖直面. 为使物体 B 不下落，则需要使物体 A 的加速度 $a\geqslant$__________.

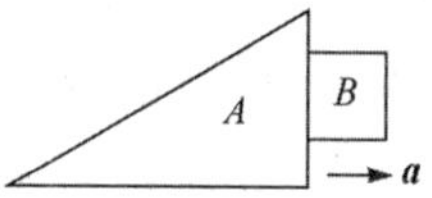

题 2-25 图

2-26　如图所示，系统置于以 $a=g/2$ 的加速度上升的升降机内，A、B 两物体质量均为 m，A 所在的桌面是水平的，绳子和定滑轮的质量均不计，若忽略一切摩擦，则绳中张力大小为__________.

2-27　如图所示，一个圆锥摆的摆线长为 l，摆线与竖直方向的夹角恒为 θ，则摆锤转动的周期为__________，摆线中的张力为__________(摆线质量不计).

2-28　用一斜向上的力 $\boldsymbol{F}$(与水平成 30°角)，将一重为 $\boldsymbol{G}$ 的木块压靠在竖直壁面上，如图所示，如果不论用怎样大的力 $\boldsymbol{F}$，都不能使木块向上滑动，则说明木块与壁面间的静摩擦系数 μ 的大小为__________.

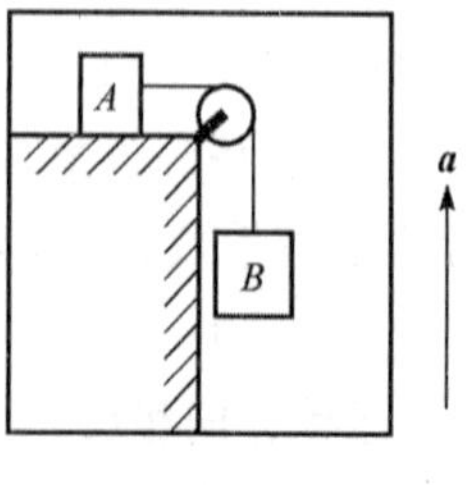

题 2-26 图

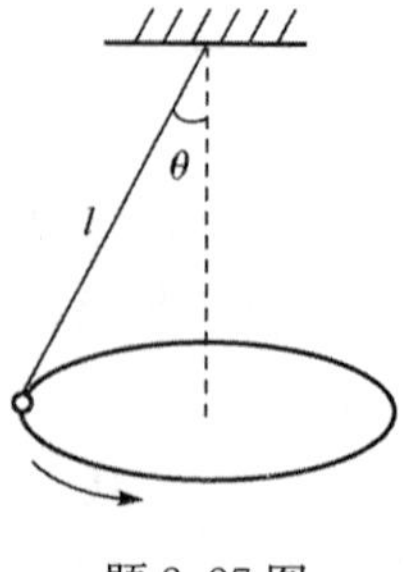

题 2-27 图

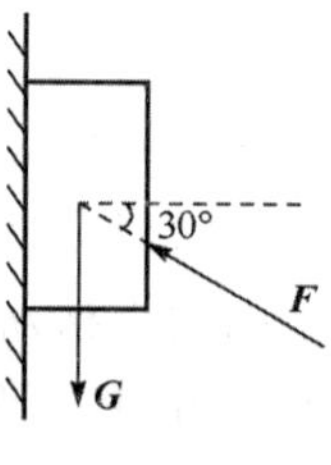

题 2-28 图

2-29　站在电梯内的一个人，看到用细线连接的质量不同的两个物体跨过电梯内的一个无摩擦的定滑轮而处于“平衡”状态. 由此，他断定电梯做加速运动，其加速度大小为________，方向________.

2-30　质量分别为 m_1、m_2、m_3 的三个物体 A、B、C，用一根细绳和两根轻弹簧连接并悬挂于固定点 O，如图所示. 取向下为轴正向，开始时系统处于平衡状态，后将细绳剪断瞬时，物体 B 的加速度大小 $a_B=$________，方向________；物体 C 的加速度大小 $a_C=$________，方向________.

2-31　一小珠可以在半径为 R 的铅直圆环上做无摩擦滑动. 今使圆环以角速度 ω 绕圆环直径转动. 要使小珠离开环底部而停在环上某点，则角速度 ω 最小应大于________.

2-32　两个质量相等的小球由一轻弹簧连接，再用一细绳挂于天花板上，处于静止状态，如图所示. 将绳子剪断的瞬间，球 1 和球 2 的加速度大小分别为 $a_1=$________，$a_2=$________.

2-33　如图所示，竖立的圆筒形转笼，半径为 R，绕中心轴 OO' 转动，物块 A 紧靠在圆筒的内壁上，物块与圆筒间的摩擦系数为 μ，要使物块 A 不下落，圆筒转动的角速度 ω 至少应为________.

2-34　如图所示，在升降机天花板上拴有轻绳，其下端系一重物，当升降机以加速度 a_1 上升时，绳中的张力正好等于绳子所能承受的最大张力的一半，则升降机以________加速度上升时，绳子刚好被拉断?

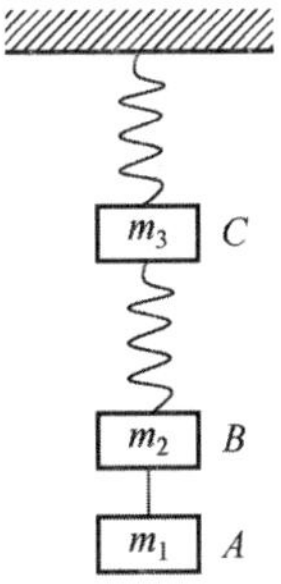

题 2-30 图

题 2-32 图

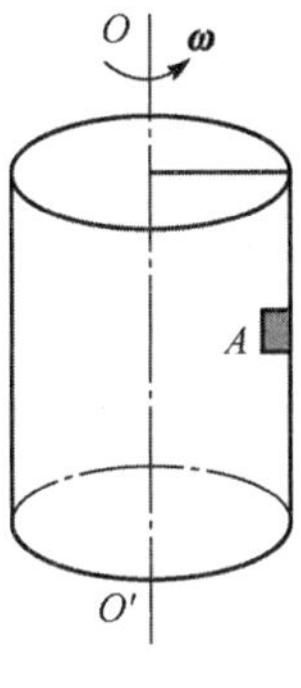

题 2-33 图

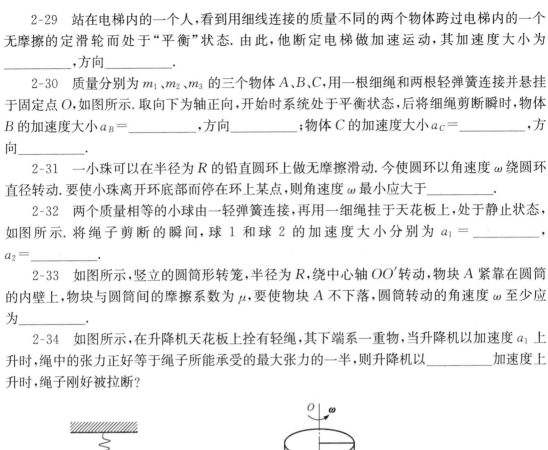

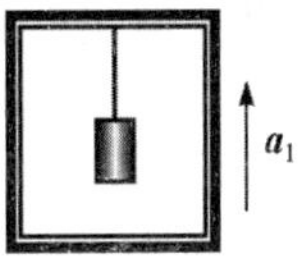

题 2-34 图

2-35　一质量为 M 的质点沿 x 轴正向运动，假设该质点通过坐标为 x 时的速度大小为 kx（k 为正常量），则此时作用于该质点上的力 $F=$________，该质点从 $x=x_0$ 点出发运动到 $x=x_1$ 处所经历的时间 $\Delta t=$________.

2-36　质量为 m 的物体，在力 $F_x=A+Bt$(SI)作用下，沿 x 轴正方向运动. 已知在 $t=0$ 时，$x_0=0$，$v_0=0$，则物体的运动方程为 $x=$________，物体运动的速度为 $v=$________.

三、计算题或证明题

2-37　某公路的转弯处是一水平面内半径为 R 的圆形弧线，设计成内低外高有一定坡度，这样，汽车以某一速率行驶时可以不受路面左右方向的摩擦力. 设雪后公路上结冰时，静摩擦系数为 μ_0（此为各种路况情况下的最小静摩擦系数）. 问：

(1) 公路路面内外坡度（公路与水平面的夹角 θ）应满足什么条件，使汽车在任何路况情况下静止于路面上时都不会滑动？

(2) 按照满足以上条件的内外坡度设计，公路内外坡度倾角为 θ，车速 v_1 为多大时，轮胎不受路面左右方向的摩擦力？

(3) 道路结冰后，为保证汽车在转弯时不致发生侧向滑动，汽车行驶的速率 v 应满足什么条件？

2-38　质量分别为 m_1 和 m_2 的两物体用轻细绳相连后，悬挂在一个固定在电梯内的定滑轮的两边. 滑轮和绳的质量以及所有摩擦均不计. 当电梯以 $a_0=g/2$ 的加速度下降时，试求 m_1、m_2 的加速度和绳中的张力.

2-39　如图所示，有一曲杆 OA 可绕竖直轴 Oy 转动，如图所示，杆上有一小圆环 C，可无摩擦地沿着曲杆自由滑动. 当杆以某一角速度 ω 转动时，若要使圆环 C 置于曲杆上任一点均能相对于曲杆不动，试求曲杆 OA 的几何方程 $y=f(x)$的表达式.

2-40　如图所示，在半径为 R 的空心球内壁，有一可当成质点的小球沿固定的水平圆周做匀速率运动，小球和空心球球心的连线与铅垂线的夹角为 θ，小球与内壁之间的摩擦系数为 μ. 试求小球能稳定运动的速度范围.

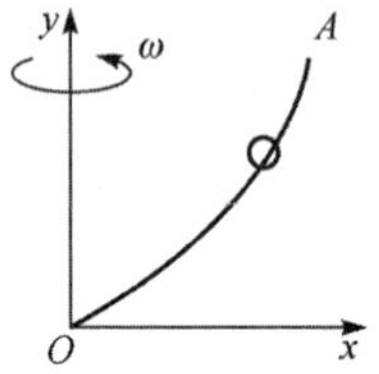

题 2-39 图

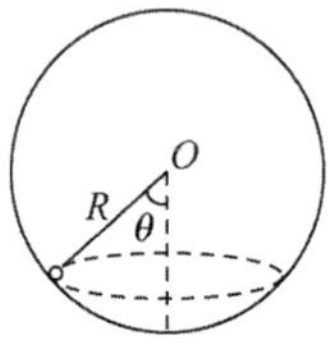

题 2-40 图

2-41　有一条单位长度质量为 λ 的匀质细绳，开始时盘绕在光滑的水平桌面上(其所占的体积可忽略不计). 试求：

(1) 现以一恒定的加速度 a 从静止开始竖直向上提绳时，当提起 y 高度时，作用在绳端上的力为多少？

(2) 若以一恒定速度 v 竖直向上提绳时，当提起 y 高度时，作用在绳端上的力又为多少？

2-42　质量为 m，速度为 v_0 的摩托车，在关闭发动机以后沿直线滑行，它所受到的阻力 $f=-cv$，式中 c 为常数. 试求：

(1) 关闭发动机后 t 时刻的速度；

(2) 关闭发动机后 t 时间内所走的路程.

2-43　一桶水以匀角速度 ω 绕铅直的桶轴旋转，试证明当水与水桶相对静止时，桶内水的自由表面形状是一个旋转抛物面.

第3章　功　和　能

一、基本要求

（1）理解功的概念，掌握功的计算方法.

（2）理解能量的概念，明确功与能量的联系与区别.

（3）掌握动能定理、功能原理和机械能守恒定律的意义和适用条件，并能熟练应用.

二、主要内容与学习指导

（一）功、动能

1. 功

若质点在力 $\boldsymbol{F}$ 的作用下发生的元位移为 $\mathrm{d}\boldsymbol{r}$，则力 $\boldsymbol{F}$ 对质点做的功为

$$\mathrm{d}A=\boldsymbol{F}\cdot\mathrm{d}\boldsymbol{r}=F|\mathrm{d}\boldsymbol{r}|\cos\theta$$

若力 $\boldsymbol{F}$ 的大小和方向都不变化，物体由点 a 运动到点 b 的过程中，力 $\boldsymbol{F}$ 做的功为

$$A=\int_a^b\boldsymbol{F}\cdot\mathrm{d}\boldsymbol{r}=\int_a^bF\cos\theta|\mathrm{d}\boldsymbol{r}|=F|\Delta r|\cos\theta \tag{3.1}$$

若在变力作用下，质点由点 a 运动到点 b 的过程中，力 $\boldsymbol{F}$ 做的功为

$$A=\int_a^b\boldsymbol{F}\cdot\mathrm{d}\boldsymbol{r}=\int_a^bF\cos\theta|\mathrm{d}\boldsymbol{r}| \tag{3.2}$$

在直角坐标系下，$\boldsymbol{F}=F_x\boldsymbol{i}+F_y\boldsymbol{j}+F_z\boldsymbol{k}$，$\mathrm{d}\boldsymbol{r}=\mathrm{d}x\boldsymbol{i}+\mathrm{d}y\boldsymbol{j}+\mathrm{d}z\boldsymbol{k}$，则功

$$A=\int_a^b\boldsymbol{F}\cdot\mathrm{d}\boldsymbol{r}=\int_a^b(F_x\mathrm{d}x+F_y\mathrm{d}y+F_z\mathrm{d}z) \tag{3.3}$$

应当明确：

（1）功是标量，它只有大小，没有方向，但它有正负，功的正负由 θ 角决定. 当 $0\leqslant\theta<\frac{\pi}{2}$ 时，功为正值，说明力做正功；当 $\theta=\frac{\pi}{2}$ 时，功值为零，说明力不做功；当 $\frac{\pi}{2}<\theta\leqslant\pi$ 时；功为负值，说明力做负功.

（2）功必须对应于力，讲到功，必须明确是哪个力在做功，功对应于力的作用过程.

（3）功的数值与参考系有关. 在不同的参考系中描述同一个过程的功的数值一般不同.

2. 动能

质量为 m 的质点，运动速率为 v，其动能为

$$E_\mathrm{k}=\frac{1}{2}mv^2 \tag{3.4}$$

由若干个质点组成的质点系的动能为

$$E_\mathrm{k}=\sum_{i=1}^nE_{\mathrm{k}i}=\sum_{i=1}^n\frac{1}{2}m_iv_i^2 \tag{3.5}$$

动能是物体由于运动而具有的能量，动能是能量的其中一种形式. 能量是物体各种形式的运动状态的统一量度. 物质的不同运动形式对应于不同形式的能量，如物质的机械运动对应于机械能、热运动对应于热能（或内能）、电磁运动对应于电磁能，还有光能、原子能等都对应于相应的运动形式. 能量是唯一用来量度物质的不同运动形式之间相互转化的物理量.

3. 功与能量的区别和联系

功对应于物体运动状态的变化过程，不同的过程有不同的功. 这种与过程性质有关的物理量称为过程量. 功是一个过程量. 而能量是与物质系统的状态相联系的，这种与状态相对应的量称为状态量. 能量是状态量. 功和能量两者存在本质的区别.

物体状态的变化过程往往对应着能量的变化，能量的改变是可以由功来量度的，因此功是能量转换的一种量度，功与能量具有同样的量纲和单位.

（二）动能定理

1. 质点的动能定理

合外力对质点做的功，等于质点动能的增量，即

$$A=E_{k2}-E_{k1}=\Delta E_k=\frac{1}{2}mv_2^2-\frac{1}{2}mv_1^2 \tag{3.6}$$

2. 质点系的动能定理

质点系所受所有外力做的功与所有内力做的功的总和，等于质点系动能的增量，即

$$\sum_{i=1}^{n}A_i=\sum A_{外}+\sum A_{内}=\sum_{i=1}^{n}\frac{1}{2}m_iv_{i2}^2-\sum_{i=1}^{n}\frac{1}{2}m_iv_{i1}^2 \tag{3.7}$$

质点和质点系的动能定理描述了力对物体在空间累积作用的规律，动能定理建立在牛顿第二定律基础之上，因此它只能在惯性参考系中成立.

应当明确，对于质点系，所有内力的矢量和为零，但所有内力做功之和不一定为零. 内力总是成对出现，一对力（作用力与反作用力）的矢量和一定为零，但一对内力做功之和等于力与相对位移的点积，即 $\mathrm{d}A=\boldsymbol{f}_{12}\cdot\mathrm{d}\boldsymbol{r}_{12}$，故一般情况下，一对内力做功之和不为零.

因此，在应用质点系的动能定理时，不仅要考虑外力的功，而且还要考虑内力的功，外力和内力的功都可以改变系统的动能.

（三）功能原理

1. 势能

如果某力做功仅与物体的始、末位置有关而与物体所经历的过程无关，则这种力称为保守力. 重力、弹簧的弹性力、万有引力、静电场力等都是保守力. 保守力做功将使物体的相对位置发生变化，伴随着相应的能量变化. 这种由物体之间相对位置所决定的能量称为势能. 保守力做的功等于势能的减少；或者说，保守力做的功等于势能增量的负值，即

$$\mathrm{d}A_{保}=-\mathrm{d}E_p \tag{3.8a}$$

$$A_{保}=-(E_{p2}-E_{p1})=-\Delta E_p \tag{3.8b}$$

应当明确，引入势能的前提是物体系统内存在保守力，每一种保守力都对应于一种势能.

势能是属于物体系统的. 势能的数值与势能零点的选取有关.

力学中常见的保守力有重力、弹性力和万有引力，与这些力相应的势能为：

重力势能：$E_p=mgz$（取坐标系 Oz 轴竖直向上为正方向，选取 $z=0$ 为重力势能零点，z 为质点相对于参考点（势能零点）的高度）.

弹性势能：$E_p=\frac{1}{2}kx^2$（取弹簧处于自然长度、质点位于弹簧自由端时为势能零点，x 为弹簧的形变）.

引力势能：$E_p=-G\frac{Mm}{r}$（取两质点相距无穷远时（$r\to\infty$）为势能零点，r 为两质点之间的距离）.

反之，如果已知势能关于坐标的函数关系，即可求出所对应的保守力. 与势能 E_p 所对应的保守力为

$$\boldsymbol{F}=-\nabla E_p$$

在直角坐标系中，若已知势能 $E_p=E_p(x,y,z)$，保守力的各分量为

$$F_x=-\frac{\partial E_p}{\partial x},\quad F_y=-\frac{\partial E_p}{\partial y},\quad F_z=-\frac{\partial E_p}{\partial z}$$

在平面极坐标系中，若已知势能 $E_p=E_p(r,\theta)$，则与该势能所对应的保守力各分量为

$$F_r=-\frac{\partial E_p}{\partial r},\quad F_\theta=-\frac{1}{r}\frac{\partial E_p}{\partial \theta}$$

2. 机械能

物体系统的动能与势能之和称为机械能，$E=E_k+E_p$. 机械能是物体机械运动状态的一种描述.

3. 功能原理

系统所有外力做的功与所有非保守内力做功之和等于系统机械能的增量，即

$$\sum A_{外}+\sum A_{非保内}=(E_{k2}+E_{p2})-(E_{k1}+E_{p1})=E_2-E_1=\Delta E \tag{3.9}$$

功能原理是力对物体在空间上累积作用规律的另一种形式，它也只在惯性系中成立.

（四）机械能守恒定律

若物体系统最多仅有保守内力做功，则系统的机械能保持不变，即

$$\sum A_{外}=0 \text{ 且 } \sum A_{非保内}=0 \text{ 时，有 } E_{k2}+E_{p2}=E_{k1}+E_{p1}=\text{常量} \tag{3.10}$$

机械能守恒的条件是：没有外力和非保守内力做功.

机械能守恒定律也只在惯性参考系中成立，且功与能的值与系统的选取有关.

三、习题分类与解题方法指导

功和能是物理学中两个非常重要的概念，功能原理和能量守恒定律将贯穿物理课程的始终，而且在许多后继课程中也经常运用. 因此，掌握动能定理、功能原理、机械能守恒定律的内容、应用方法和技巧，是非常重要的. 本章习题大体可分为以下类型：①功的计算；②应用动能定理求解问题；③应用功能原理求解问题；④应用机械能守恒定律求解问题. 现对各类习题的

求解方法分别进行讨论.

（一）功的计算

关于功的计算，大体有以下两种类型和方法.

1. 由功的定义计算

此类习题往往是已知力随空间位置或时间变化的函数关系和质点运动情况（位移），可由功的定义进行计算.

（1）已知力的大小、方向，可由 $A=\int_a^b \boldsymbol{F}\cdot \mathrm{d}\boldsymbol{r}=\int_a^b F\cos\theta\,|\,\mathrm{d}\boldsymbol{r}\,|$ 直接计算；对恒力做功的情况，$A=F\,|\,\Delta\boldsymbol{r}\,|\,\cos\theta$.

（2）若已知力是坐标的函数 $\boldsymbol{F}(x,y,z)=F_x(x,y,z)\boldsymbol{i}+F_y(x,y,z)\boldsymbol{j}+F_z(x,y,z)\boldsymbol{k}$，功的计算公式为

$$A=\int_a^b \boldsymbol{F}\cdot \mathrm{d}\boldsymbol{r}=\int_{(x_a,y_a,z_a)}^{(x_b,y_b,z_b)} F_x\mathrm{d}x+F_y\mathrm{d}y+F_z\mathrm{d}z$$

（3）若给定力是时间的函数：$\boldsymbol{F}(t)=F_x(t)\boldsymbol{i}+F_y(t)\boldsymbol{j}+F_z(t)\boldsymbol{k}$，可由运动方程 $\mathrm{d}\boldsymbol{r}=\boldsymbol{v}\mathrm{d}t=v_x\mathrm{d}t\boldsymbol{i}+v_y\mathrm{d}t\boldsymbol{j}+v_z\mathrm{d}t\boldsymbol{k}$，得到功的计算公式为

$$A=\int_a^b F\cdot \mathrm{d}r=\int_{t_a}^{t_b}(F_xv_x+F_yv_y+F_zv_z)\mathrm{d}t$$

若给定力是速度的函数，通常也由上式计算功，这种情况下需要知道质点的运动方程. 在许多情况下，往往需要由物体的运动情况确定力.

例题 3-1 如图 3-1 所示，在高出河面 h 的岸上用一根不可伸长的轻绳通过一个滑轮拉船靠岸，拉力大小不变. 设滑轮质量不计、轮轴上的摩擦忽略不计. 把船从离岸 s_1 距离的位置 A 拉到离岸 s_2 距离的位置 B，问：拉力做了多少功?

解一 建立如图 3-1 所示平面直角坐标系，船在距岸 x 处的任意位置，发生一个元位移 $\mathrm{d}\boldsymbol{r}$，设 $\mathrm{d}\boldsymbol{r}$ 与绳子的拉力 $\boldsymbol{F}$ 之间的夹角为 θ，则在元位移 $\mathrm{d}\boldsymbol{r}$ 上拉力 $\boldsymbol{F}$ 的元功为

$$\mathrm{d}A=\boldsymbol{F}\cdot\mathrm{d}\boldsymbol{r}=F\cos\theta|\,\mathrm{d}\boldsymbol{r}\,|=F\frac{x}{\sqrt{x^2+h^2}}(-\mathrm{d}x)$$

所以在船从离岸 s_1 距离的位置 A 拉到离岸 s_2 距离的位置 B 时，拉力做的功为

$$A=\int\mathrm{d}A=\int_{s_1}^{s_2}F\frac{-x}{\sqrt{x^2+h^2}}\mathrm{d}x=-F\sqrt{x^2+h^2}\Big|_{s_1}^{s_2}=F\left(\sqrt{s_1^2+h^2}-\sqrt{s_2^2+h^2}\right)$$

解二 如图 3-1 所示平面直角坐标系，在任意位置元位移 $\mathrm{d}\boldsymbol{r}$ 上拉力 $\boldsymbol{F}$ 的元功为

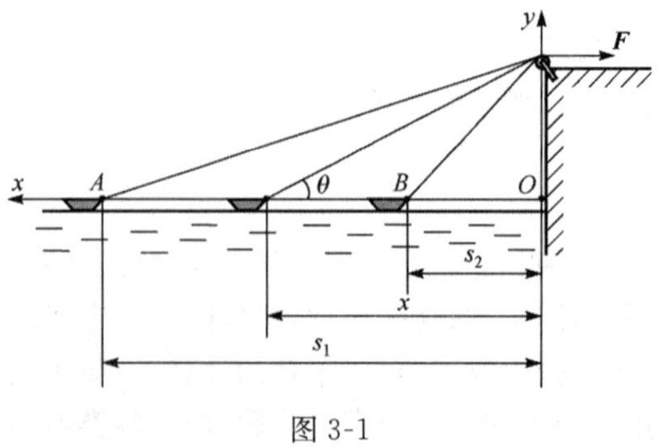

图 3-1

$$\mathrm{d}A=\boldsymbol{F}\cdot\mathrm{d}\boldsymbol{r}=F_x\mathrm{d}x=(-F\cos\theta)\mathrm{d}x$$
$$=-F\frac{x}{\sqrt{x^2+h^2}}\mathrm{d}x$$

积分可得在船从离岸 s_1 距离的位置 A 拉到离岸 s_2 距离的位置 B 的过程中拉力做的功为

$$A=\int\mathrm{d}A=\int_{s_1}^{s_2}-F\frac{x}{\sqrt{x^2+h^2}}\mathrm{d}x$$
$$=F\left(\sqrt{s_1^2+h^2}-\sqrt{s_2^2+h^2}\right)$$

与解一的结论相同.

例题 3-2 劲度系数为 k 的轻弹簧，一端固定在 A 点，另一端系一质量为 m 的物体靠在光滑的半径为 R 的圆柱体表面上，如图 3-2 所示，弹簧的原长为 AB，在拉力 $\boldsymbol{F}$ 的作用下，物体缓慢地沿圆柱体表面从 B 点移到圆柱体的顶点 C，求拉力 $\boldsymbol{F}$ 对物体所做的功.

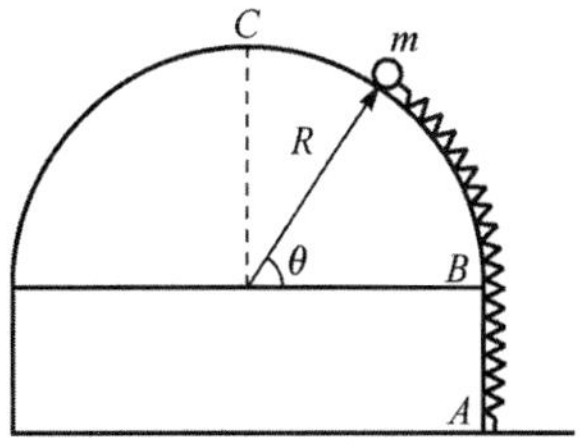

图 3-2

解 由于物体 m 缓慢运动，可认为物体在任意时刻的速度、加速度都近似等于零，根据牛顿第二定律，物体在切向的动力学方程为

$$F_\tau - ks - mg\cos\theta = 0$$

其中，F_τ 为拉力 $\boldsymbol{F}$ 的切向分量；s 为弹簧在任意时刻的伸长量，其值为 $s=R\theta$. 所以

$$F_\tau = kR\theta + mg\cos\theta$$

因此拉力 $\boldsymbol{F}$ 在物体发生元位移 $\mathrm{d}\boldsymbol{r}$ 的过程中所做的功为

$$\mathrm{d}A = \boldsymbol{F}\cdot\mathrm{d}\boldsymbol{r} = F_\tau \mathrm{d}s = (kR\theta + mg\cos\theta)R\,\mathrm{d}\theta$$

其中，$\mathrm{d}s = R\mathrm{d}\theta$ 为元位移 $\mathrm{d}\boldsymbol{r}$ 的大小. 物体缓慢地沿圆柱体表面从 B 点移到圆柱体的顶点 C 的过程中拉力 $\boldsymbol{F}$ 对物体所做的功为

$$A = \int_0^{\frac{\pi}{2}} (kR\theta + mg\cos\theta)R\,\mathrm{d}\theta = \frac{1}{8}kR^2\pi^2 + mgR$$

例题 3-3 设作用在质量为 2kg 的物体上的力为 $F=6t$，如果该物体由静止出发沿直线运动，在开始 2s 的时间内，这个力做了多少功?

解 由牛顿第二定律 $F=ma$，得 $a=\dfrac{F}{m}=\dfrac{6t}{2}=3t$，而 $a=\dfrac{\mathrm{d}v}{\mathrm{d}t}$，所以

$$v = \int_0^t a\,\mathrm{d}t = \int_0^t 3t\,\mathrm{d}t = \frac{3}{2}t^2$$

所以，这个力做的功为

$$A = \int_0^2 F(t)v(t)\,\mathrm{d}t = \int_0^2 6t\cdot\frac{3}{2}t^2\,\mathrm{d}t = 36\mathrm{J}$$

例题 3-4 一物体做直线运动，运动方程为 $x=ct^3$，其中 c 为常量. 设介质对物体的阻力正比于速度的平方，比例系数为 k(k 为大于零的常量). 求物体由 $x=0$ 运动到 $x=l$ 过程中，介质阻力做的功.

解 因为 $x=ct^3$，所以速度 $v=\dfrac{\mathrm{d}x}{\mathrm{d}t}=3ct^2$，则介质阻力为

$$f = -kv^2 = -9kc^2t^4$$

当 $x=0$ 时，$t=0$；$x=l$ 时，$t=\left(\dfrac{l}{c}\right)^{\frac{1}{3}}$. 所以，介质阻力做的功为

$$A = \int_0^{\left(\frac{l}{c}\right)^{\frac{1}{3}}} F(t)v(t)\,\mathrm{d}t = \int_0^{\left(\frac{l}{c}\right)^{\frac{1}{3}}} -9kc^2t^4\cdot 3ct^2\,\mathrm{d}t = -\frac{27}{7}kc^{\frac{2}{3}}l^{\frac{7}{3}}$$

例题 3-5 一块质量为 m 的质点在 xoy 平面内运动，运动方程为

$$\boldsymbol{r} = a\cos\omega t\,\boldsymbol{i} + b\sin\omega t\,\boldsymbol{j}$$

式中，a，b，ω 均为常数. 求质点从点 $A(a,0)$ 运动到点 $B(0,b)$ 过程中合外力做的功.

解 由牛顿第二定律得

$$\boldsymbol{F}=m\boldsymbol{a}=m\frac{\mathrm{d}^2\boldsymbol{r}}{\mathrm{d}t^2}=-ma\omega^2\cos\omega t\boldsymbol{i}-mb\omega^2\sin\omega t\boldsymbol{j}=-m\omega^2\boldsymbol{r}$$

因为,$\boldsymbol{r}=x\boldsymbol{i}+y\boldsymbol{j}$,其中 $x=a\cos\omega t, y=b\sin\omega t, \mathrm{d}\boldsymbol{r}=\mathrm{d}x\boldsymbol{i}+\mathrm{d}y\boldsymbol{j}$. 而

$$\mathrm{d}A=\boldsymbol{F}\cdot\mathrm{d}\boldsymbol{r}=-m\omega^2\boldsymbol{r}\cdot\mathrm{d}\boldsymbol{r}=-m\omega^2(x\mathrm{d}x+y\mathrm{d}y)$$

所以,合外力做的功为

$$A=\int\mathrm{d}A=\int_{(a,0)}^{(0,b)}-m\omega^2(x\mathrm{d}x+y\mathrm{d}y)=-\frac{1}{2}m\omega^2\ (x^2+y^2)\Big|_{(a,0)}^{(0,b)}=\frac{1}{2}m\omega^2(a^2-b^2)$$

2. 应用动能定理或功能原理求功

求某力对物体做的功,当力的函数关系无法确定,或物体的运动路径无法确定时,可用动能定理求出未知力的功. 如果有保守力作用于物体系统,可用势能的减少量代替保守力的功,然后由功能原理求未知力的功. 应用动能定理或功能原理求功,不需知道物体的运动路径,只需确定做功过程的始、末运动状态即可.

例题 3-6 一块质量 $m=50\mathrm{g}$ 的石块,从高出地面 $h=20\mathrm{m}$ 的阳台上沿某一方向以 $v_0=18\mathrm{m}\cdot\mathrm{s}^{-1}$的速率斜向上抛出,测出它落地时的速率为 $v'=20\mathrm{m}\cdot\mathrm{s}^{-1}$,求石块运动过程中空气阻力所做的功. 取重力加速度 $g=9.8\mathrm{m}\cdot\mathrm{s}^{-2}$.

解 把石块和地球作为一个系统,考虑空气阻力时,则除了重力(保守内力)对石块做功外,还有空气阻力(外力)对石块做功,所以系统的机械能不守恒. 取地面为重力势能零点,初态系统的机械能为 $E_0=\frac{1}{2}mv_0^2+mgh$,末态系统的机械能为 $E=\frac{1}{2}mv'^2$. 由功能原理,得

$$A_{阻}=E-E_0=\left(\frac{1}{2}mv'^2\right)-\left(\frac{1}{2}mv_0^2+mgh\right)$$

$$=\left(\frac{1}{2}\times0.050\times20^2\right)-\left(\frac{1}{2}\times0.050\times18^2+0.050\times9.8\times20\right)=-7.9(\mathrm{J})$$

(二) 应用动能定理求解问题

对质点或质点系在力的作用下发生位移由初态变化到末态的过程中,涉及功与初、末状态的动能(或速率)之间关系的问题,一般应用动能定理求解. 此类习题的特点是:不涉及物体运动的细节,只涉及力对空间位移的累积作用及始、末状态. 在运动过程的细节不明的情况下应用动能定理处理较为方便.

应用动能定理求解问题的一般思路(步骤)为:①确定研究对象;②对系统受力分析;③求出各力做的功;④确定初态、末态的动能;⑤应用动能定理求解未知量.

例题 3-7 一颗子弹速率为 $700\mathrm{m}\cdot\mathrm{s}^{-1}$,打穿第一块木板后子弹速率降为 $500\mathrm{m}\cdot\mathrm{s}^{-1}$. 如果让子弹打穿第二块完全相同的木板,求子弹的速率降到多少? 该子弹还能否打穿第三块相同的木板?

解 此题中子弹在木板内的运动过程细节不明,也不知阻力对子弹的作用的详细情况,应考虑运用动能定理求解.

以子弹作为研究对象,子弹经历两次穿透木板的过程,设在穿过第一块木板过程中,木板对子弹的阻力做功为 A,子弹初速率为 $v_0=700\mathrm{m}\cdot\mathrm{s}^{-1}$,末速率为 $v_1=500\mathrm{m}\cdot\mathrm{s}^{-1}$. 设子弹质

量为 m，则由动能定理，得

$$A=\frac{1}{2}mv_1^2-\frac{1}{2}mv_0^2$$

因为两块木板完全相同，故在穿过第二块木板的过程中阻力做的功也为 A，子弹初速率为 $v_1=500\text{m}\cdot\text{s}^{-1}$，设末速率为 v_2，由动能定理

$$A=\frac{1}{2}mv_2^2-\frac{1}{2}mv_1^2$$

由以上二式可解得子弹打穿第二块完全相同的木板后的速率为

$$v_2=\sqrt{2v_1^2-v_0^2}=100\text{m}\cdot\text{s}^{-1}$$

设能穿过第三块木板，因为木板完全相同，穿过的过程中阻力做的功也为 A，子弹初速率为 $v_2=100\text{m}\cdot\text{s}^{-1}$，设末速率为 v_3，同理，由动能定理可得子弹打穿第三块完全相同的木板后的速率为

$$v_3^2=2v_2^2-v_1^2=-2.3\times10^5\text{m}^2\cdot\text{s}^{-2}<0$$

速率平方不可能小于零，故子弹不能打穿第三块完全相同的木板.

（三）应用功能原理求解问题

一个物体系统在内力和外力作用下由初始状态变化到末态，如果内力含有保守力，涉及外力或非保守内力做功与系统初、末状态机械能之间关系时，可用功能原理求解.

应用功能原理求解问题的一般思路（步骤）为：①确定研究对象（必须是至少包含有保守力相互作用的两个物体在内的物体系统）；②对系统进行受力分析（并区分内力和外力，内力又分为保守力与非保守力）；③计算外力和非保守内力做的功；④确定初、末状态的机械能（一般需先确定各种势能的零点）；⑤由功能原理求解未知量.

例题 3-8 如图 3-3 所示，劲度系数为 k 的轻弹簧水平放置，一端固定，另一端连接一质量为 m 的物体，物体与水平桌面间的摩擦系数为 μ，现以恒力 F 将物体自平衡位置开始向右拉动（恒力 $F>\mu mg$），求：

(1) 物体的最大动能是多少？

(2) 系统的最大势能为多少？以弹簧处于自然状态为弹性势能的零点.

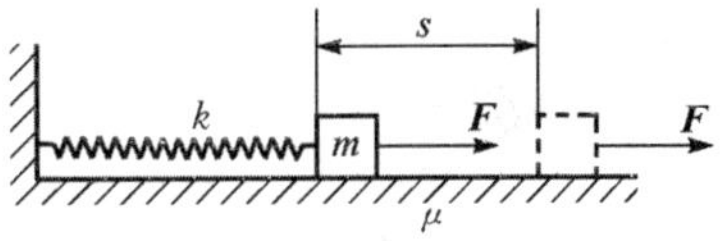

图 3-3

解 物理过程分析：①弹簧处于自然状态时，物体受到拉力 F 及摩擦力作用，合力方向向右（因为 $F>\mu mg$），故物体将开始加速向右运动，弹簧随即被拉伸，物体受到拉力 F（向右）、摩擦力（向左）和弹簧的拉力（向左）作用，但只要弹簧伸长量 x 较小，满足 $x<\dfrac{F-\mu mg}{k}$，物体受到的合力 $\sum F=F-\mu mg-kx>0$（向右为正），合力方向向右，就继续加速，物体的速度增大. ②$x=x_0=\dfrac{F-\mu mg}{k}$ 时，物体受到的合力 $\sum F=0$，速度达到极大值，此时物体具有最大动能. ③$x>\dfrac{F-\mu mg}{k}$ 时，物体受到的合力 $\sum F<0$，方向向左，加速度向左，向右运动的速度减小，当速度减小到零时，弹簧形变达到最大值 s，弹性势能也达到最大值. ④此后物体将向左运动.

(1) 由上分析，可得物体的最大动能发生在物体受到的合力 $\sum F=F-\mu mg-kx=0$

处，即 $x=x_0=\dfrac{F-\mu mg}{k}$ 时. 物体从初始位置到任一点的运动过程中，有拉力、摩擦力和弹簧弹力做功，以物体和弹簧组成系统，由功能原理，拉力和摩擦力这两个外力做功之和等于系统的机械能的增量，即

$$Fx_0-\mu mgx_0=E_{\mathrm{kmax}}+\frac{1}{2}kx_0^2$$

解得物体的最大动能为

$$E_{\mathrm{kmax}}=Fx_0-\mu mgx_0-\frac{1}{2}kx_0^2=\frac{(F-\mu mg)^2}{2k}$$

(2) 当物体的动能减为零时，弹簧形变达到最大值 s，弹性势能也最大，根据功能原理，有

$$Fs-\mu mgs=\frac{1}{2}ks^2$$

由此可解得弹簧的最大伸长量为

$$s=\frac{2(F-\mu mg)}{k}$$

因此，系统的最大势能为

$$E_{\mathrm{pmax}}=\frac{1}{2}ks^2=\frac{2(F-\mu mg)^2}{k}$$

例题 3-9　如图 3-4 所示，一雪橇从高度 $h=50\mathrm{m}$ 的山顶上 A 点沿冰道由静止下滑，山顶到山下的坡道长 $l=500\mathrm{m}$，雪橇滑到山下 B 点后又沿水平冰道继续滑行到 C 点停止. 若需橇与冰道的摩擦系数为 $\mu=0.05$. 求雪橇沿水平冰道滑行的路程 s（忽略空气阻力）.

解　以地球表面为参考系，取雪橇、冰道（地球）作为一个系统，雪橇受重力、支持力和摩擦力作用，只有重力（保守内力）和摩擦力（非保守内力）做功.

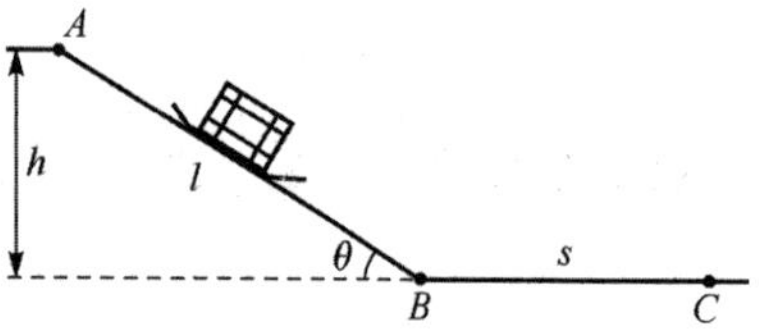

图 3-4

设坡道与水平面的夹角为 θ. 在坡道上，摩擦力为

$$f_1=\mu mg\cos\theta$$

在水平滑道道上，摩擦力为

$$f_2=\mu mg$$

故摩擦力做的功为

$$A=-\mu mg\cos\theta\cdot l-\mu mgs$$

由几何关系，$\cos\theta=\dfrac{\sqrt{l^2-h^2}}{l}$，所以

$$A=-\mu mg(\sqrt{l^2-h^2}+s)$$

取水平面上（C 点或 B 点）为重力势能零点，则系统在初态（A 点）的机械能为 $E_A=mgh$；系统在末态（C 点）的机械能为 $E_C=0$. 由功能原理

$$A=\Delta E=E_C-E_A$$

即

$$-\mu mg(\sqrt{l^2-h^2}+s)=0-mgh$$

解得雪橇沿水平冰道滑行的路程为

$$s=\frac{h}{\mu}-\sqrt{l^2-h^2}=\frac{50}{0.05}-\sqrt{500^2-50^2}=502.5(\text{m})$$

（四）由机械能守恒定律求解问题

如是一个物体系统在某一过程中仅有保守内力做功，则系统的机械能守恒. 对于机械能守恒过程中，选定初、末两个状态，由机械能守恒定律列出方程，从而解出未知量. 应用机械能守恒定律求解问题的关键是选取适当的系统，判断守恒条件是否满足，选取适当的势能零点，有时还需运用运动学等有关知识.

例题 3-10 如图 3-5 所示，一小车自 A 点由静止沿光滑轨道滑下，轨道的圆环部分有一个对称缺口，已知圆环半径为 R，缺口的张角$\angle BOC=2\alpha$. 试问 A 点的高度 h 等于多少时，才能使小车越过缺口并继续沿圆环运动？

解 取小车和地球作为系统，小车整个运动过程仅有重力（保守内力）做功，故系统机械能守恒. 小车在 A 点时系统的机械能和在 B 点时系统的机械能相等，设小车在 B 点时的速率为 v_0，以圆环底部为重力势能的零点，则有 $E_A=E_B$，即

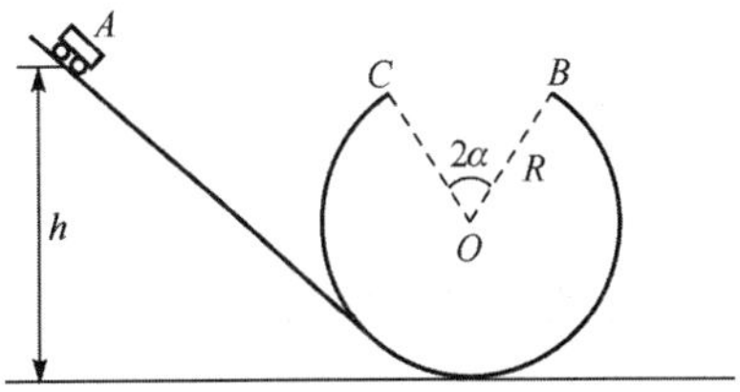

图 3-5

$$mgh=mg(R+R\cos\alpha)+\frac{1}{2}mv_0^2$$

小车在 B 点的速度 $\boldsymbol{v}_0$ 的方向与水平夹角为 α，C、B 两点的水平距离为 $\Delta x=2R\sin\alpha$，小车在 B 点脱离轨道，沿该点切线方向抛出，做斜上抛运动. 欲使小车从 B 点越过缺口进入 C 点继续沿圆环轨道运动，由抛体运动知识知，必须满足以下条件

$$\Delta x=2R\sin\alpha=v_0\cos\alpha\cdot t$$

$$\Delta y=0=v_0\sin\alpha\cdot t-\frac{1}{2}gt^2$$

其中，t 为小车从 B 点越过缺口到达 C 点所用的时间.

联立以上三式，即可解得能使小车越过缺口并继续沿圆环运动时 A 点的高度为

$$h=R\left(1+\cos\alpha+\frac{1}{2\cos\alpha}\right)$$

例题 3-11 如图 3-6(a)所示，两块质量分别为 m_1 和 m_2 的板用一轻弹簧连接起来，在板 m_1 上施一压力 $\boldsymbol{F}$，欲使撤去外力后，使 m_1 跳起后恰能将 m_2 提起，施加的压力 F 应为多大？

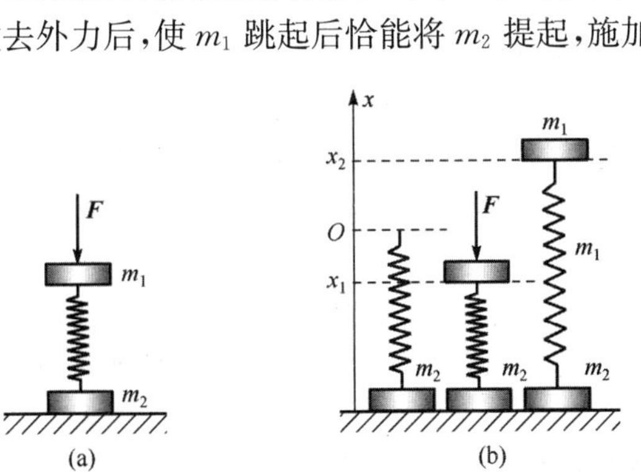

图 3-6

解　取弹簧原长状态为弹性势能零点，弹簧原长时上端处 O 点为重力势能零点，并以此点为 x 轴原点，向上为 x 轴正向，如图 3-6(b)所示.

设弹簧的劲度系数为 k，弹簧在 m_1 的重力和外力 $\boldsymbol{F}$ 作用下，弹簧压缩量为 Δl，此时弹簧上端的坐标为 $x_1(x_1<0,\Delta l=-x_1>0)$，此时有

$$F+m_1g=k\Delta l=-kx_1$$

当外力 $\boldsymbol{F}$ 撤去后，m_1 被弹簧最高推至弹簧上端的坐标为 x_2 处$(x_2>0)$，此时 m_1 的速度减为零，弹簧作用于 m_2 向上的弹力最大，如果弹力大于或等于 m_2 所受的重力，则可以将 m_2 提起(弹力等于重力时恰能提起). 在此运动过程中，系统(m_1、m_2、弹簧和地球)内仅有重力和弹性力这两种保守内力做功，故系统的机械能守恒. 所以有

$$\frac{1}{2}kx_1^2+m_1gx_1=\frac{1}{2}kx_2^2+m_2gx_2$$

$$kx_2\geqslant m_2g$$

联立求解以上三式，可得施加压力 $\boldsymbol{F}$ 的大小应满足

$$F\geqslant(m_1+m_2)g$$

四、知识拓展与问题讨论

从摩擦力做功谈起

功的定义是作用在质点上的力与质点的位移的标量积，即 $A=\int_a^b \boldsymbol{F}\cdot\mathrm{d}\boldsymbol{r}$. 对于功的计算，同学们常提出这样的问题："是否一定要在惯性参考系中计算力对质点所做的功呢?"根据功的定义，并没有提出参考系的选择的限制，我们可以在任何一个确定的参考系里计算功，而不论选择的参考系是惯性系还是非惯性系. 只不过在不同的参考系里计算的功有不同的结果而已. 但是质点的动能定理 $A=E_{k2}-E_{k1}=\frac{1}{2}mv_2^2-\frac{1}{2}mv_1^2$ 中合力 $\boldsymbol{F}$ 对质点做的功却必须在惯性参考系中进行计算. 这是因为我们在推导动能定理时应用了只能在惯性参考系中成立的牛顿第二定律的缘故. 因此，在应用质点的动能定理讨论问题时，只能在同一个惯性参考系中计算该定理涉及的各力的功和质点动能的增量. 而对于不同的惯性系，虽然力 $\boldsymbol{F}$ 对质点所做的功、质点的动能及动能增量都不相同，但是质点的动能定理作为一个规律，在不同的惯性系中仍然成立. 即不论从哪一个惯性系去计算，合力对质点所做的功总是等于质点动能的增量. 这正是力学相对性原理在质点的动能定理中的体现.

从不同的参考系计算摩擦力的功往往会引起一些争论.

比如，当一个物体在粗糙的地面上滑动时，地面上的观察者认为：摩擦力对物体做了负功. 而相对于该物体静止的车上的观察者则认为物体虽受地面摩擦力的作用，但物体(相对于车)没有位移，摩擦力不做功.

两个不同的观察者(参考系)对摩擦力对物体所做的功有不同的结论，从他们不同的参考系中看，自然都是正确的. 但是当我们从"摩擦生热"这个角度去分析这个例子时，发现出现了矛盾.

所谓"摩擦生热"，是指由于摩擦力做了负功，有等量的机械能转化为热运动能量，物体的温度上升了. 那么，按照上述的两个不同的观察者是否能得出下面的结论呢？即对地面上的观察者来讲，由于摩擦力对物体做负功，而使物体的温度上升；对车上的观察者来讲，由于摩擦力

对物体不做功，物体的温度不变. 这样的结论任何人都知道是荒谬的. 经验告诉我们：物体温度上升这个结果对任何观察者(不论观察者处于惯性参考系还是非惯性参考系中)都是一样的.

功的定义规定了功的计算在不同的参考系中有不同的结果，即功的计算依赖于参考系的选择. “摩擦生热”现象告诉我们摩擦力做功不应该依赖于参考系的选择. 这两者是怎样统一起来的呢?

问题的关键在于讨论“摩擦生热”现象时，必须同时考虑摩擦力的功和摩擦力的反作用力的功之和，是以这一对作用力和反作用力之和去量度有多少机械能转化为热运动能量的. 由此可见，摩擦力做功包含两个不同方面的问题：就作用在物体上的摩擦力做功来说，由功的定义决定，这个功依赖于参考系的选择；对于“摩擦生热”现象来说，转化为热运动能量的机械能是用摩擦力和摩擦力的反作用力做功之和来量度的.

有些同学常认为摩擦力做了功物体温度一定升高，这是一种误解. 我们乘坐汽车时，汽车启动时，正是靠汽车底板的静摩擦力带动我们随同汽车一起前进的. 地面的观察者看来，人受汽车底板向前的静摩擦力作用，人随汽车一起位移，静摩擦力对人做了正功. 这种情况下，并没有发生热运动能量与机械能之间的转化. 这是因为这个静摩擦力的反作用力(方向向后)对汽车底板做了等量的负功，这一对静摩擦力做功之和为零. 因此，一对静摩擦力做功不发生“摩擦生热”现象. 对于滑动摩擦，由于相互作用的两个物体有相对位移，这样这一对滑动摩擦力做功之和不为零. 可以证明，一对滑动摩擦力做功之和是不随参考系变换而变动的不变量(无论这种参考系的变换是变换到惯性参考系还是非惯性参考系). 从物理学上看，这种不变性正是普遍能量转化与守恒定律的一种表现：机械能与热运动能量之间的转化与守恒是不依赖于参考系选择的.

其实，不仅一对摩擦力及其反作用力做功之和与参考系的选择无关，而且可以普遍地证明，凡遵守牛顿第三定律的作用力与反作用力做功之和均与参考系的选择无关. 无论选取的参考系是惯性参考系还是非惯性参考系，也不论所讨论的是摩擦力还是其他性质的相互作用力，这个结论都是成立的.

证明：无论参考系做什么样的变换，作用力的功和反作用力的功之和与参考系的选择无关.

为简单起见，考虑两个质点组成的质点系为研究对象进行讨论. 如图 3-7 所示，质点 1 和质点 2 之间的相互作用力分别为 $\boldsymbol{f}_{12}$和 $\boldsymbol{f}_{21}$(其中 $\boldsymbol{f}_{12}$表示质点 1 受到质点 2 对它的作用力，$\boldsymbol{f}_{21}$表示质点 2 受到质点 1 对它的作用力). 在某参考系 S 中，t 时刻，两质点的矢径分别是$\boldsymbol{r}_1$ 和$\boldsymbol{r}_2$，在 $\mathrm{d}t$ 时间内两质点的元位移分别是 $\mathrm{d}\boldsymbol{r}_1$ 和 $\mathrm{d}\boldsymbol{r}_2$，则作用力 $\boldsymbol{f}_{12}$的功 A_1 和反作用力 $\boldsymbol{f}_{21}$的功 A_2 之和为

$$A = A_1 + A_2 = \int \boldsymbol{f}_{12} \cdot \mathrm{d}\boldsymbol{r}_1 + \int \boldsymbol{f}_{21} \cdot \mathrm{d}\boldsymbol{r}_2$$

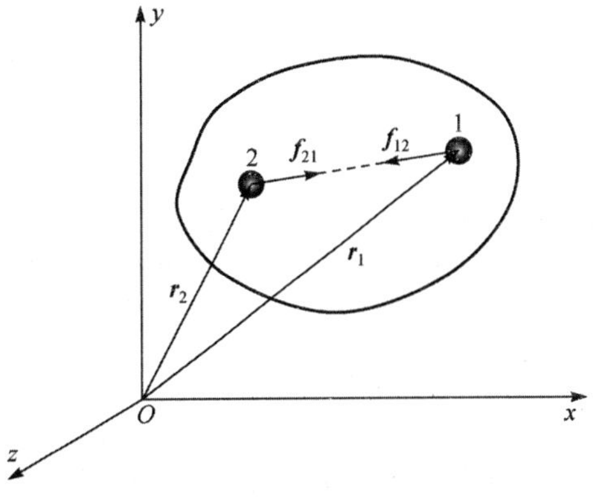

图 3-7

若考虑到有另一参考系 S'(图中未标出)，在 t 时刻，S' 相对于 S 的速度为 $\boldsymbol{v}$，在 S' 参考系中观察，由运动合成知识知，在 $\mathrm{d}t$ 时间内，质点 1 的元位移为

$$\mathrm{d}\boldsymbol{r}_1' = \mathrm{d}\boldsymbol{r}_1 - \boldsymbol{v}\mathrm{d}t$$

在 S' 参考系中，作用在质点 1 上的力 $\boldsymbol{f}_{12}$ 所做的

功为

$$A'_1=\int \boldsymbol{f}_{12}\cdot \mathrm{d}\boldsymbol{r}'_1=\int \boldsymbol{f}_{12}\cdot \mathrm{d}\boldsymbol{r}_1-\int \boldsymbol{f}_{12}\cdot \boldsymbol{v}\mathrm{d}t$$

同理，在 S' 参考系中观察，在 $\mathrm{d}t$ 时间内，质点 2 的元位移为

$$\mathrm{d}\boldsymbol{r}'_2=\mathrm{d}\boldsymbol{r}_2-\boldsymbol{v}\mathrm{d}t$$

在 S' 参考系中，$\boldsymbol{f}_{12}$ 的反作用力作用在质点 2 上的力 $\boldsymbol{f}_{21}$ 所做的功为

$$A'_2=\int \boldsymbol{f}_{21}\cdot \mathrm{d}\boldsymbol{r}'_2=\int \boldsymbol{f}_{21}\cdot \mathrm{d}\boldsymbol{r}_2-\int \boldsymbol{f}_{21}\cdot \boldsymbol{v}\mathrm{d}t$$

在 S' 参考系中，作用力的功和反作用力的功之和为

$$A'_1+A'_2=\int \boldsymbol{f}_{12}\cdot \mathrm{d}\boldsymbol{r}_1+\int \boldsymbol{f}_{21}\cdot \mathrm{d}\boldsymbol{r}_2-\int (\boldsymbol{f}_{12}+\boldsymbol{f}_{21})\cdot \boldsymbol{v}\mathrm{d}t$$

根据牛顿第三定律，$\boldsymbol{f}_{12}+\boldsymbol{f}_{21}=0$，故有

$$A'_1+A'_2=\int \boldsymbol{f}_{12}\cdot \mathrm{d}\boldsymbol{r}_1+\int \boldsymbol{f}_{21}\cdot \mathrm{d}\boldsymbol{r}_2=A_1+A_2 \tag{3.11}$$

由于参考系 S 和 S' 是任意选取的，它们之间的相对运动速度可取任意的值. 所以，上式表明，在任何参考系里(不论这个参考系是惯性参考系还是非惯性参考系)，当计算一对作用力和反作用力做功之和时，这个和的结果都相同. 证毕.

既然一对作用力和反作用力做功之和与参考系的选择无关，那么任取一个参考系计算即可. 计算这对力做功的最简单办法就是选取一个相对于其中一个质点(或物体)为静止的参考系，任何力对该质点(或物体)的功一定为零，我们只需计算反作用力对另外一个质点(或物体)的功就可以了. 例如，选取相对于质点 2 为静止的参考系，我们只需要计算作用在质点 1 上的力 $\boldsymbol{f}_{12}$ 与质点 1 相对于质点 2 的元位移 $\mathrm{d}\boldsymbol{r}_{12}=\mathrm{d}\boldsymbol{r}_1-\mathrm{d}\boldsymbol{r}_2$ 的标量积，这个标量积就代表了在任何参考系中一对作用力 $\boldsymbol{f}_{12}$ 和反作用力 $\boldsymbol{f}_{21}$ 分别对质点 1 和质点 2 做功之和，即

$$A'_1+A'_2=A_1+A_2=\int \boldsymbol{f}_{12}\cdot \mathrm{d}(\boldsymbol{r}_1-\boldsymbol{r}_2) \tag{3.12}$$

前面关于摩擦力做功的例子中，当我们从地面参考系去计算摩擦力对物体做功时，这个功具有双重性质：一方面，它代表了摩擦力对物体所做之功，这个功随参考系的变换而改变；另一方面，它又代表了一对摩擦力做功之和，当参考系变换时，作用力做功和反作用力做功都随参考系变换而改变，但两者之和却是不变的. 所以，不会出现不同参考系观察到同一物体温度不同这种不可思议的结果.

上述结论不仅对理解“摩擦生热”是重要的，对于正确理解物体系的势能也是重要的.

我们强调势能是属于物体系的概念，但是同学们总觉得比较突然，觉得“势能属于物体系”这种说法比较牵强. 我们回顾一下重力势能的引入，质量为 m 的质点，沿任意路径从 a 点运动到 b 点，作用在质点上的重力对质点所做的功为

$$A=-(mgz_b-mgz_a) \tag{3.13}$$

由于重力做功与路径无关，重力是保守力. 因此，引入重力势能的概念，保守力做功等于势能增量的负值，或用作用在质点上的重力对质点做功的负值来定义重力势能的增量，即

$$A_{保}=-(E_{pb}-E_{pa}) \tag{3.14}$$

对于重力势能，则有

$$E_{pb}-E_{pa}=mgz_b-mgz_a \tag{3.15}$$

这就是重力势能的建立过程. 并同时强调重力势能属于地球和质点所组成的系统所有. 可是同学们对重力势能“属于系统”的说法感到难以信服. 认为：$m\boldsymbol{g}$ 是作用在质点 m 上的重力，这里

并没有分析地球的受力和运动，怎么突然又把地球也认为是我们的研究对象呢？再者，在讨论中，质点和地球处在不同的地位，质点是研究的对象，地球是作为参考系出现的，两者本来地位不同，又有什么根据把作为参考系的地球变成研究对象呢？此外，如果用作用在质点上的重力对质点做功的负值来定义重力势能的增量，重力对质点做功是随参考系的选取不同而变的. 例如，以地面为参考系，重力对质点做功为 $A=-(mgz_b-mgz_a)$，重力势能的增量为 (mgz_b-mgz_a)；如果选取相对于质点 m 为静止的参考系，重力对质点不做功，这岂不是得出“重力势能的增量为零”的结论了吗？这个结论显然是不合理的.

实际上，在引入保守力这一概念时，不应当说一个力做功与路径无关(这只是一种通俗的说法)，而应该说一对作用力与反作用力做功之和与路径无关，只决定于初态和末态的相对位置，具有这种性质的作用力才是保守力. 谈论保守力时，有意义的只是保守力做的功，而保守力做的功总是指一对作用力与反作用力做功之和，这个做功之和的负值等于相应势能的增量.

既然保守力做功已经计算了一对相互作用力的功之和，因此，相互作用的物体就都是我们的研究对象. 在引入重力势能时，我们已经考虑了地球对质点作用力的功以及质点对地球反作用力的功，因为这对相互作用力的功之和与参考系的选择无关，我们在计算这一对相互作用力的功之和时，选用了最方便的办法，即索性选取地球为参考系(这是我们最习惯且经常选取的办法)，这一对相互作用力的功之和也就表现为重力对质点做的功了. 即使我们不以地球为参考系，而以任何其他物体为参考系，计算这一对相互作用力的功的和，其结果都是相同的.

因此，式(3.13)和式(3.14)中的保守力做功都应理解为作用力做功与反作用力做功之和，而 z_a 和 z_b 也应理解为质点与地球(表面某一高度)之间的相对初态和末态位置. 当参考系变换时，重力对质点做功随之而变，但一对作用力做功与反作用力做功之和仍然不变. 重力势能的增量仍然由相对位置 z_a 和 z_b 决定，即 $E_{pb}-E_{pa}=mgz_b-mgz_a$ 对所有参考系都相同.

其他形式的势能问题的分析与重力势能相似.

习 题 3

一、选择题

3-1 将一重物匀速地推上一个斜坡，因其动能不变，所以(　　)

A. 推力不做功； B. 推力的功与摩擦力的功等值反号；

C. 推力功与重力功等值反号； D. 此重物所受的外力的功之和为零.

3-2 火车相对于地面以恒定的速度 $\boldsymbol{u}$ 运动. 火车上有一质点 m，最初相对于火车静止，在时间 t 内受一恒力作用而被加速. 若质点的加速度 $\boldsymbol{a}$ 与 $\boldsymbol{u}$ 的方向相同，那么以地面为参考系，质点动能的增量为(　　)

A. $\frac{1}{2}ma^2t^2$； B. $\frac{1}{2}mu^2$； C. $\frac{1}{2}ma^2t^2+\frac{1}{2}mu^2$；

D. $\frac{1}{2}ma^2t^2+maut$； E. $\frac{1}{2}ma^2t^2+\frac{1}{2}mu^2+maut$.

3-3 一质点在力的作用下做直线运动，力 $F=3x^2$(SI). 质点从 $x_1=1\text{m}$ 运动到 $x_2=2\text{m}$ 的过程中，该力做功为(　　)

A. 3J； B. 7J； C. 21J； D. 42J.

3-4 劲度系数为 k、原长为 l_0 的轻质弹簧，其弹力与形变的关系遵从胡克定律. 弹簧上端固定在天花板上，下端受一竖直向下的力 $\boldsymbol{F}$ 作用. 在力 $\boldsymbol{F}$ 作用下，弹簧被缓慢地向下拉长至长度变为 l. 在这过程中，力 $\boldsymbol{F}$ 做功的计算式可采用哪些形式（　　）

(1) $F(l-l_0)$；　(2) $\int_0^{l-l_0} kx\,\mathrm{d}x$；　(3) $\int_{l_0}^{l} kx\,\mathrm{d}x$；　(4) $\int_{l_0}^{l} k(x-l_0)\,\mathrm{d}x$.

A. (1)和(4)；　B. (2)和(4)；　C. (1)和(3)；　D. (2)和(3).

3-5　质量为 m 的宇宙飞船返回地球时，将发动机关闭，可以认为它仅在地球引力场中运动. 设地球质量为 M，引力恒量为 G. 当飞船从与地心距离为 R_1 下降至 R_2 的过程中，地球引力做功为（　　）

A. $\dfrac{GMm}{R_1-R_2}$；　B. $\dfrac{GMm}{R_2-R_1}$；　C. $\dfrac{GMm(R_2-R_1)}{R_1R_2}$；　D. $\dfrac{GMm(R_1-R_2)}{R_1R_2}$.

3-6　质量为 m 的物体在力 $\boldsymbol{F}$ 的作用下沿直线运动，其速度与时间的关系曲线如图所示. 力 $\boldsymbol{F}$ 在 $4t_0$ 时间内做的功为（　　）

A. $-\dfrac{1}{2}mv_0^2$；　B. $\dfrac{1}{2}mv_0^2$；　C. $\dfrac{3}{2}mv_0^2$；　D. $\dfrac{5}{2}mv_0^2$.

3-7　一电动小车从静止开始在直线轨道上行驶. 若小车电动机输出的机械功率恒定，那么小车从静止开始所走的路程 s 与所经历的时间 t 的关系为（　　）

A. $s\propto t$；　B. $s\propto t^2$；　C. $s^2\propto t$；　D. $s^2\propto t^3$.

3-8　如图所示，劲度系数为 k 的轻弹簧悬挂着物体 m_1 和 m_2，两物体之间用细线相连，开始时两物体都处于静止状态. 突然把两物体间的连线剪断，则 m_1 的最大速度为（　　）

A. $\dfrac{1}{\sqrt{km_1}}m_2g$；　B. $\dfrac{1}{\sqrt{km_1}}(m_1+m_2)g$；

C. $\sqrt{\dfrac{3}{4km_1}}(m_1+m_2)g$；　D. $\sqrt{\dfrac{(3m_2-m_1)(m_1+m_2)}{4km_1}}g$.

3-9　如图所示，一根长为 l 的轻绳，一端固定在 O 端，另一端系一小球，把绳拉成水平使小球静止在 M 处，然后放手让它下落，不计空气阻力. 若绳能承受的最大张力为 T_0，则小球的质量最大可为（　　）

A. T_0/g；　B. $T_0/(2g)$；　C. $T_0/(3g)$；　D. $T_0/(5g)$.

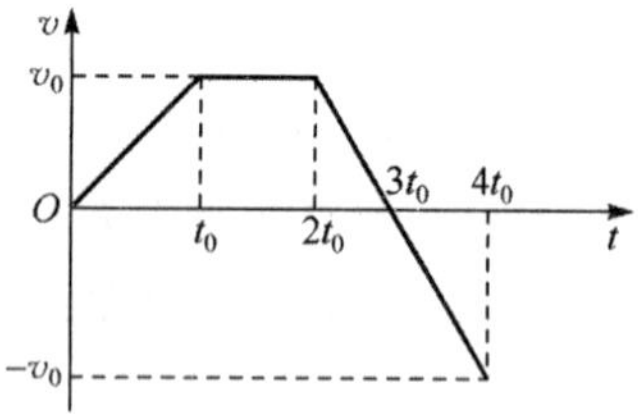

题 3-6 图

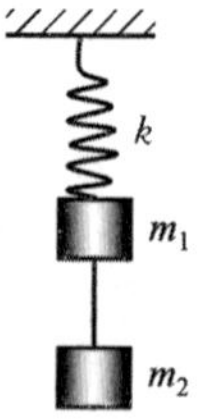

题 3-8 图

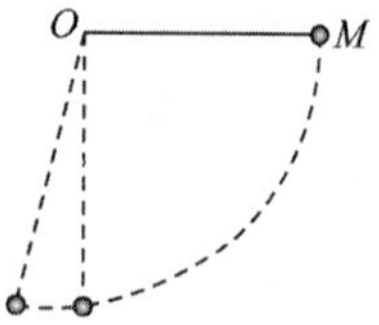

题 3-9 图

3-10　一劲度系数为 k 的轻质弹簧下端悬挂一质量为 m 的物体，这时弹簧并未伸长而物体与地接触. 现用力 $\boldsymbol{F}$ 将弹簧的上端缓缓提起. 如果弹簧伸长 l 时物体刚能离开地面，那么弹簧从自然状态到伸长 l 的过程中，外力 $\boldsymbol{F}$ 做的功为（　　）

A. $\dfrac{m^2g^2}{2k}$；　B. $\dfrac{3m^2g^2}{2k}$；　C. $\dfrac{2m^2g^2}{k}$；　D. $\dfrac{3m^2g^2}{k}$.

3-11　如图所示装置，轻弹簧的劲度系数为 k，物体质量为 m，与水平桌面间的摩擦系数

为 μ. 用恒力 $\boldsymbol{F}$ 将物体自平衡位置开始向右拉动，则系统的最大势能为(　　)

A. $\dfrac{1}{2k}F^2$；　B. $\dfrac{1}{k}F^2$；　C. $\dfrac{1}{2k}(F-\mu mg)^2$；　D. $\dfrac{2}{k}(F-\mu mg)^2$.

3-12　如图所示，劲度系数为 k、原长为 l_0 的轻弹簧一端固定在竖直墙壁上，另一端连接物体 A，物体 B 紧靠物体 A，两物体质量均为 m. 现用手推物体 B 压缩弹簧使之长度变为 l，然后松手. 若两物体与桌面之间的摩擦系数均为 μ，那么物体 B 从撒手后开始运动到停止，一共走的路程为(　　)

A. $\dfrac{k(l_0-l)^2}{4\mu mg}$；　　B. $\dfrac{k(l_0-l)^2}{4\mu mg}-(l_0-l)$；

C. $\dfrac{k(l_0-l)^2}{4\mu mg}+(l_0-l)$；　　D. $\dfrac{k(l_0-l)^2}{4\mu mg}+2(l_0-l)$.

3-13　在半径为 R 的半球形容器中，有一质点 m 从 P 点滑下，如图所示. 质点在最低点 Q 时，测得它对容器的压力为 F，那么质点从 P 到 Q 的过程中，摩擦力做功为(　　)

A. $\dfrac{1}{2}(F-mg)R$；　B. $\dfrac{1}{2}(F-2mg)R$；　C. $\dfrac{1}{2}(F-3mg)R$；　D. $\dfrac{1}{2}(3mg-F)R$.

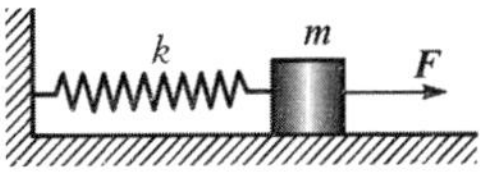

题 3-11 图

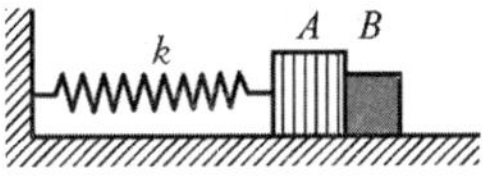

题 3-12 图

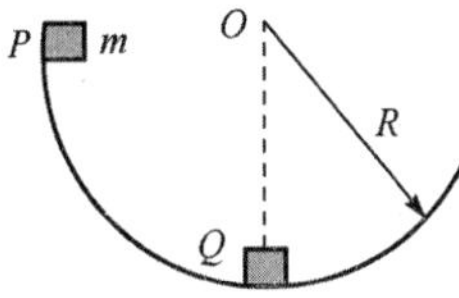

题 3-13 图

3-14　一根总长为 l，总质量为 m 的均质链条放在光滑水平桌面上，而将其长为 $l/5$ 的部分悬挂于桌边下. 若将悬挂部分拉回桌面，外力至少需做功为(　　)

A. $mgl/5$；　B. $mgl/25$；　C. $mgl/10$；　D. $mgl/50$.

3-15　一质点在平面直角坐标系中做半径为 R 的圆周运动，圆心在点 $O'(0,R)$，其中有一力 $\boldsymbol{F}=F_0(x\boldsymbol{i}+y\boldsymbol{j})$ 作用在该质点上. 已知 $t=0$ 时该质点以速度 $\boldsymbol{v}_0=2\boldsymbol{i}$(m/s)通过坐标原点，则该质点从坐标原点运动到(0,2R)位置的过程中(　　)

A. 动能变为 $2F_0R^2$；　　B. 动能增加 $2F_0R^2$；

C. $\boldsymbol{F}$ 对它做功 $3F_0R^2$；　　D. $\boldsymbol{F}$ 对它做功 $2F_0R^2$.

3-16　一个质点在几个力同时作用下的位移为 $\Delta\boldsymbol{r}=(4\boldsymbol{i}-5\boldsymbol{j}+6\boldsymbol{k})$m，其中一个力为恒力 $\boldsymbol{F}=(-3\boldsymbol{i}-5\boldsymbol{j}+9\boldsymbol{k})$N，则这个力在该位移过程中所做的功为(　　)

A. −67J；　B. 91J；　C. 17J；　D. 67J.

3-17　质量为 100kg 的货物平放在卡车底板上. 卡车以 4m/s^2 的加速度启动，货物相对于卡车没有发生相对滑动，以地面为参考系，4s 内摩擦力对该货物所做的功为(　　)

A. 6400J；　B. 12 800J；　C. −12 800J；　D. 以上答案都不对.

3-18　质量为 2kg 的质点在 $F=6t$(N)的外力作用下从静止开始运动，则在 0～2s 时间内，外力 F 对质点所做的功为(　　)

A. 6J；　B. 8J；　C. 16J；　D. 36J.

二、填空题

3-19　一人造地球卫星绕地球做椭圆运动，近地点为 A，远地点为 B，A、B 两点距地心分

别为 r_1、r_2. 设卫星质量为 m，地球质量为 M，万有引力常数为 G，则卫星在 A、B 两点处的万有引力势能之差 $E_{pB}-E_{pA}=$__________；卫星在 A、B 两点的动能之差 $E_{kB}-E_{kA}=$__________.

3-20 做直线运动的甲、乙、丙三物体，质量之比是 1∶2∶3. 若它们的动能相等，并且作用于每一个物体上的制动力的大小都相同，方向与各自的速度方向相反，则它们制动距离之比是__________.

3-21 速度为 v 的子弹，打穿一块木板后速度变为零，设木板对子弹的阻力是恒定的. 那么，当子弹射入木板的深度等于其厚度的一半时，子弹的速度是__________.

3-22 木块 m 沿倾角为 θ 的固定光滑斜面下滑，当下降的竖直高度为 h 时，该时刻重力的瞬时功率 $P=$__________.

3-23 一质点受力 $\boldsymbol{F}=3x^2\boldsymbol{i}$(SI)作用，沿 x 轴正方向运动. 从 $x=0$ 到 $x=2\text{m}$ 过程中，力 $\boldsymbol{F}$ 做的功为__________.

3-24 劲度系数为 k 的弹簧，上端固定，下端悬挂重物. 当弹簧伸长 x_0，重物在 O 处达到平衡，现取重物在 O 处时各种势能均为零，则当弹簧长度为原长时，系统的重力势能为__________；系统的弹性势能为__________；系统的总势能为__________.

3-25 一长为 l，质量均匀的链条，放在光滑的桌面上，若使其长度的 1/2 悬于桌边下，然后由静止释放，任其自由滑动，则它全部离开桌面时的速率为__________.

3-26 在如图所示系统中(滑轮质量不计，轴光滑)，外力 $\boldsymbol{F}$ 通过不可伸长的轻绳和一劲度系数 $k=200\text{N}\cdot\text{m}^{-1}$ 的轻弹簧缓慢地拉地面上的物体. 物体的质量 $M=2\text{kg}$，初始时弹簧为自然长度，在把绳子下拉 20cm 的过程中，$\boldsymbol{F}$ 所做的功 $A=$__________.(取重力加速度 $g=10\text{m/s}^2$)

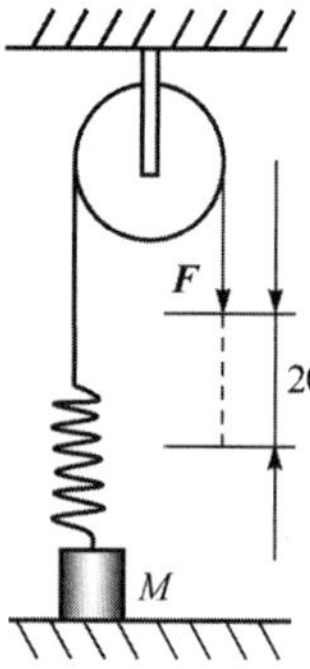

题 3-26 图

3-27 质量为 $m=0.5\text{kg}$ 的质点，在 Oxy 坐标平面内运动，其运动方程为 $x=5t$，$y=0.5t^2$(SI)，从 $t=2\text{s}$ 到 $t=4\text{s}$ 这段时间内，外力对质点做的功为__________.

3-28 质量 $m=1\text{kg}$ 的物体，在坐标原点处从静止出发在水平面内沿 x 轴运动，其所受合力方向与运动方向相同，合力大小为 $F=3+2x$(SI)，那么，物体在开始运动的 3m 内，合力所做功 $W=$__________；且 $x=3\text{m}$ 时，其速率 $v=$__________.

3-29 一物体在几个力共同作用下运动，其运动方程为 $\boldsymbol{r}=t\boldsymbol{i}+t^2\boldsymbol{j}$，其中一力为 $\boldsymbol{F}=5t\boldsymbol{i}$，则该力在前 2s 内所做的功为 $A=$__________.

三、计算题或证明题

3-30 一陨石从距地面高为 h 处由静止开始落向地面，忽略空气阻力，已知地球质量为 M、地球半径为 R_E，陨石质量为 m. 求：

(1) 陨石下落过程中，万有引力做的功是多少？

(2) 陨石落地的速度多大？

3-31 用劲度系数为 k 的轻弹簧，悬挂一质量为 m 的质点，弹簧伸长 Δl 而平衡. 若使此质点以初速 v 突然向下运动，问质点可降低到离平衡位置的位移为多大处？

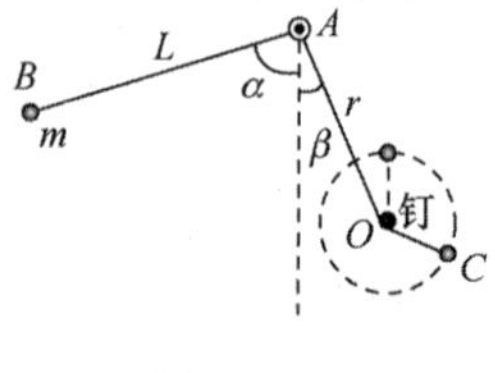

题 3-32 图

3-32 如图所示，单摆的摆长为 L，摆球的质量为 m，从左侧摆线与竖直轴夹角为 α 处静止下摆. 在右侧与悬点相距 r，与竖直轴夹

角为 $\beta(\beta<\alpha)$ 处有一固定的小钉子. 各种阻力忽略不计. 为使小球能绕钉子做一个完整的圆周运动，角 α 至少应为多大?

3-33　如图所示，以质量 $m=0.1\text{kg}$ 的小球系在绳的一端，放在倾角为 $\alpha=30°$ 的光滑斜面上，绳的另一端固定在斜面上的点 O，绳长 $l=0.2\text{m}$. 当小球在最低点 A 处，在垂直于绳的方向给小球以初始速度 $\boldsymbol{v}_0$（$\boldsymbol{v}_0$ 的方向与斜面的水平底边 EF 平行），恰好使小球可以完成圆周运动. 试求：

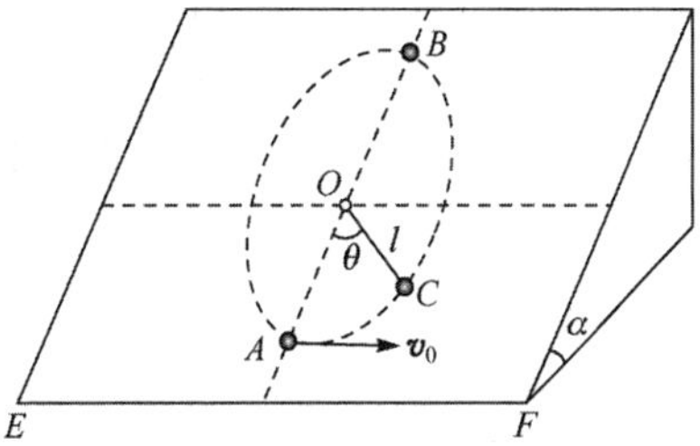

题 3-33 图

(1) $\boldsymbol{v}_0$ 的大小；

(2) 在最高点 B 处，小球的速度和加速度的大小；

(3) 小球在任一位置 C 时绳子的张力 T_C 的大小（小球位置用 $\angle AOC=\theta$ 表示）.

3-34　如图所示，一劲度系数为 k 的轻弹簧，一端固定在墙上，另一端系一质量为 m_A 的物体 A，放在光滑水平面上. 当把弹簧压缩 x_0 后，再靠着 A 放一质量为 m_B 的物体 B，如图所示. 开始时，由于外力的作用系统处于静止，若除去外力，试求 A 与 B 离开时 B 运动的速度和分离后 A 能到达的最大距离.

3-35　有一变力 $\boldsymbol{F}=(-3+2xy)\boldsymbol{i}+(9x+y^2)\boldsymbol{j}$(SI)，作用在一个可看成质点的物体上，物体沿如图所示的三条路径运动，试求沿各路径运动，该力对物体所做的功的大小：

(1) $\overline{OP}$；(2) $\overline{OAP}$；(3) $\overline{OBP}$.

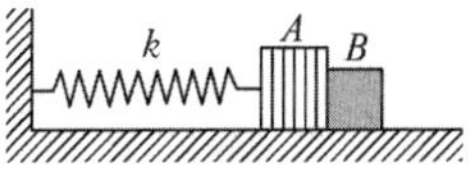

题 3-34 图

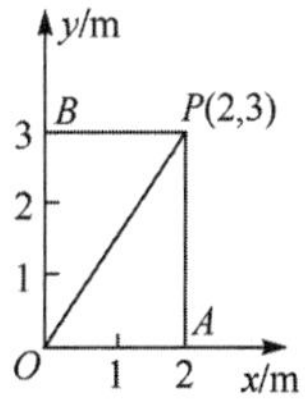

题 3-35 图

第 4 章　动量和角动量

一、基本要求

（1）确切理解动量、冲量的概念，明确它们的区别与联系.

（2）掌握动量定理和动量守恒定律并能熟练应用.

（3）理解力矩、冲量矩和角动量的概念，掌握质点（系）角动量守恒定律及其适用条件.

二、主要内容与学习指导

（一）动量与冲量

1. 动量

质点的质量与其速度的乘积定义为质点的动量，即

$$\boldsymbol{p}=m\boldsymbol{v} \tag{4.1}$$

质点系的动量等于各个质点动量的矢量和，即

$$\boldsymbol{p}=\sum_i m_i\boldsymbol{v}_i \tag{4.2}$$

动量是个矢量，描述物体的机械运动状态，是一个状态量. 动量有相对性，与参照系有关.

2. 冲量

力对时间的累积量称为力的冲量，即

$$\boldsymbol{I}=\int_{t_1}^{t_2}\boldsymbol{F}\mathrm{d}t \tag{4.3}$$

对于恒力，冲量 $\boldsymbol{I}=\boldsymbol{F}\Delta t$；对于变力，平均冲力 $\overline{\boldsymbol{F}}=\dfrac{\boldsymbol{I}}{\Delta t}$.

若干个力的冲量之和等于合力的冲量，即

$$\boldsymbol{I}=\sum\boldsymbol{I}_i=\sum\int_{t_1}^{t_2}\boldsymbol{F}_i\mathrm{d}t=\int_{t_1}^{t_2}\left(\sum\boldsymbol{F}_i\right)\mathrm{d}t$$

应当明确，冲量对应于力，应明确是哪个力的冲量；冲量对应于力的作用过程，是一个过程量.

（二）动量定理

1. 质点的动量定理

质点所受合力的冲量等于质点动量的增量，即

$$\boldsymbol{I}=\int_{t_1}^{t_2}\left(\sum\boldsymbol{F}_i\right)\mathrm{d}t=m\boldsymbol{v}_2-m\boldsymbol{v}_1=\Delta\boldsymbol{p} \tag{4.4}$$

2. 质点系的动量定理

质点系所受合外力的冲量等于质点系动量的增量，即

$$\boldsymbol{I}=\int_{t_1}^{t_2}\left(\sum \boldsymbol{F}_i\right)\mathrm{d}t=\sum_i\left(m_i\boldsymbol{v}_{i2}\right)-\sum_i\left(m_i\boldsymbol{v}_{i1}\right)=\Delta\boldsymbol{p} \tag{4.5}$$

应当明确：

(1) 动量定理是描述力对物体在时间上的累积作用的规律.

(2) 动量定理是建立在牛顿第二定律基础之上的，因此它仅对惯性参考系成立.

(3) 动量定理是一个矢量方程，在平面直角坐标系中的分量式为

$$I_x=\int_{t_1}^{t_2}\left(\sum F_{ix}\right)\mathrm{d}t=p_{2x}-p_{1x}=\Delta p_x$$

$$I_y=\int_{t_1}^{t_2}\left(\sum F_{iy}\right)\mathrm{d}t=p_{2y}-p_{1y}=\Delta p_y$$

(三) 动量守恒定律

动量守恒定律：当质点系所受合外力为零时，质点系的动量保持不变，即

$$\text{当}\sum \boldsymbol{F}_i=0\text{ 时，则}\sum_i\left(m_i\boldsymbol{v}_{i2}\right)=\sum_i\left(m_i\boldsymbol{v}_{i1}\right)=\sum_i\left(m_i\boldsymbol{v}_i\right)=\text{常矢量} \tag{4.6}$$

动量守恒的条件是：系统所受合外力为零. 在处理实际问题时，若系统所受合外力不等于零，但是满足条件 $F_{外}\ll F_{内}$，且作用时间较短，这种情况下，常忽略外力的冲量，近似认为动量守恒，如某些打击或碰撞、爆炸等过程就属于这种情况；如果外力的矢量和不为零，但外力在某一方向上的分量之和为零，则在该方向上质点系动量(分量)守恒，即

$$\text{当}\sum F_{ix}=0\text{ 时，则}\sum_i\left(m_iv_{ix}\right)=\text{常量；}$$

$$\text{当}\sum F_{iy}=0\text{ 时，则}\sum_i\left(m_iv_{iy}\right)=\text{常量.}$$

动量守恒定律也仅在惯性参考系中成立.

(四) 质点的角动量和角动量守恒定律

1. 力矩

若力 $\boldsymbol{F}$ 所作用的质点相对一个定点 O 的矢径为 $\boldsymbol{r}$，则力对该定点的力矩定义为

$$\boldsymbol{M}=\boldsymbol{r}\times\boldsymbol{F} \tag{4.7}$$

力矩的大小为：$M=rF\sin\theta$(θ 为 $\boldsymbol{r}$ 与 $\boldsymbol{F}$ 之间不大于 π 的夹角)；力矩 $\boldsymbol{M}$ 的方向：垂直于 $\boldsymbol{r}$ 与 $\boldsymbol{F}$ 构成的平面，由矢量叉积法则确定.

力矩是描述力对物体转动状态产生影响的物理量. 力矩对应于力和所选取的定点.

2. 质点的角动量

如果质点对定点 O 的矢径为 $\boldsymbol{r}$，质点的动量为 $\boldsymbol{p}$，则定义质点对该定点的角动量(又称动量矩)为

$$\boldsymbol{L}=\boldsymbol{r}\times\boldsymbol{p}=\boldsymbol{r}\times(m\boldsymbol{v}) \tag{4.8}$$

角动量的大小为：$L=rmv\sin\alpha$(α 为 $\boldsymbol{r}$ 与 $\boldsymbol{p}$(或 $\boldsymbol{v}$)之间不大于 π 的夹角)；其方向：垂直于 $\boldsymbol{r}$ 与 $\boldsymbol{p}$(或 $\boldsymbol{v}$)构成的平面，由矢量的叉积法则确定.

角动量是描述物体转动状态的一个物理量.

3. 质点的角动量定理

作用在质点上的力矩等于质点角动量对时间的变化率，即为质点角动量定理的微分形式

$$\boldsymbol{M}=\frac{\mathrm{d}\boldsymbol{L}}{\mathrm{d}t} \tag{4.9}$$

力矩对时间的累积作用称为冲量矩. 对某一定点，质点所受的合力矩的冲量矩等于质点对该定点的角动量的增量，这就是质点的角动量定理(积分形式). 即

$$\int_{t_1}^{t_2}\left(\sum \boldsymbol{M}_i\right)\mathrm{d}t=\boldsymbol{L}_2-\boldsymbol{L}_1=\Delta\boldsymbol{L} \tag{4.10}$$

角动量定理描述力矩作用于物体上在时间上累积作用的规律，它也只在惯性参考系中成立. 在式中，力矩 $\boldsymbol{M}$ 和角动量 $\boldsymbol{L}$ 必须对应于同一定点或定轴.

4. 角动量守恒定律

当质点所受到合力矩(对某一定点)为零时，质点对该点的角动量保持不变，即

$$\text{若}\sum \boldsymbol{M}_i=0(\text{对定点 }O)\text{，则 }\boldsymbol{L}=\text{常矢量}(\text{对定点 }O) \tag{4.11}$$

三、习题分类与解题方法指导

本章习题大体上可分为四类：①应用动量定理求解的问题；②应用动量守恒定律求解的问题；③应用角动量守恒定律求解的问题；④应用综合规律求解的问题. 现分别进行讨论.

(一) 应用动量定理求解问题

应用动量定理求解的习题常有两种形式：①已知作用力和作用时间求始、末状态的速度或动量；②已知始、末状态的动量求冲量或作用力(或平均值). 此类习题的特点是不必考虑作用过程的细节，只注重力对时间累积作用和始、末状态的变化.

应用动量定理求解问题的一般思路(步骤)为：①明确研究对象(可取质点，也可取质点系)；②对物体作受力分析(对系统只注重分析外力)；③确定各力的冲量；④确定始、末状态的动量；⑤建立坐标系，由动量定理列方程；⑥求解未知量.

例题 4-1　一质量为 $m=2\text{kg}$ 的质点在力 $F=10(5-2t)$(SI)的作用下，$t=0$ 时从静止开始做直线运动，式中 t 为时间，则当 $t=4\text{s}$ 时，质点的速率 v 为多大？

解　此题已知作用力是时间的函数，已知作用力和时间求速度，适用于用动量定理求解. 从 $t=0$ 到任意时刻 t 这段时间内，力的冲量为

$$I=\int_0^t F\mathrm{d}t=\int_0^t 10(5-2t)\mathrm{d}t=10(5t-t^2)\Big|_0^t=10(5t-t^2)$$

由动量定理：$I=mv-mv_0$，得

$$10(5t-t^2)=mv-0$$

即可解得当 $t=4\text{s}$ 时质点的速率为

$$v=\frac{10(5t-t^2)}{m}=\frac{10(5\times4-4^2)}{2}=20(\text{m}\cdot\text{s}^{-1})$$

例题 4-2　用棒打击质量为 $m=0.3\text{kg}$、以 $v=20\text{m}\cdot\text{s}^{-1}$ 的速率水平方向飞来的小球，打击

后小球沿竖直方向上升到 10m 高处，设小球与棒接触时间为 $\Delta t=0.02$s，求小球受到的平均冲力.

解　以小球为研究对象，由于棒对小球的冲击力远大于重力，且打击过程时间极短，所以可以略去打击过程中的重力冲量的影响，认为小球只受棒的冲力 $\boldsymbol{F}$ 的作用，受力如图 4-1 所示.

设小球受打击后的速度为 $\boldsymbol{v}'$，根据题意，其方向竖直向上.

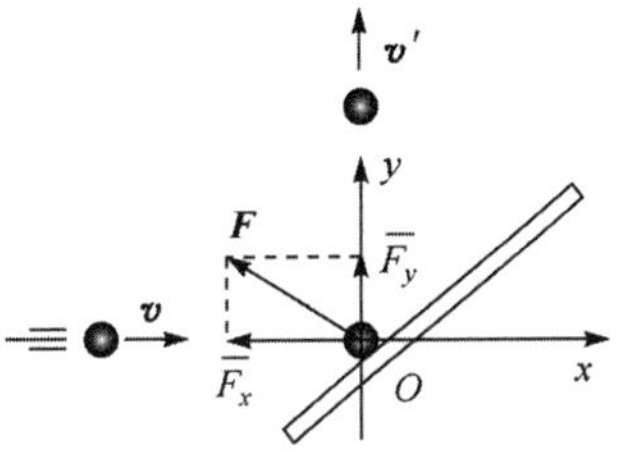

图 4-1

且有

$$v'=\sqrt{2gh}$$

建立坐标系如图 4-1 所示，由动量定理，得

$$\int_0^{\Delta t}\boldsymbol{F}\mathrm{d}t=\overline{\boldsymbol{F}}\Delta t=m\boldsymbol{v}'-m\boldsymbol{v}$$

其分量式为

$$\overline{F}_x\Delta t=mv_x'-mv_x=0-mv$$

$$\overline{F}_y\Delta t=mv_y'-mv_y=mv'-0$$

解得小球受到平均冲力的 x、y 分量分别为

$$\overline{F}_x=\frac{mv_x'-mv_x}{\Delta t}=-\frac{mv}{\Delta t}=-\frac{0.3\times20}{0.02}=-300(\mathrm{N})$$

$$\overline{F}_y=\frac{m\sqrt{2gh}}{\Delta t}=\frac{0.3\sqrt{2\times9.8\times10}}{0.02}=210(\mathrm{N})$$

所以，平均冲力的大小为

$$\overline{F}=\sqrt{\overline{F}_x^2+\overline{F}_y^2}=\sqrt{300^2+210^2}=366(\mathrm{N})$$

平均冲力的方向与 x 轴正向的夹角为

$$\theta=\arctan\frac{\overline{F}_y}{\overline{F}_x}=\arctan\frac{210}{-300}=\arctan(-0.7)=145^\circ$$

例题 4-3　将一空盒放在电子秤上，将秤的读数调整到零，然后在高出盒底 $h=1.8$m 处将小石子流以 $k=100$ 个/s 的速率注入盒中. 若每个石子质量为 $m_0=10$g，落下的高度差均相同，且落到盒内后即停止运动，则 $t=10$s 时秤的读数为多少？（以第一粒石子落入盒中为计时起点. 取重力加速度 $g=10\mathrm{m\cdot s^{-2}}$）

解　在任意时刻 t 共落入盒中的石子质量为 $M=km_0t$. 再经过 $\mathrm{d}t$ 时间，将有 $\mathrm{d}m=km_0\mathrm{d}t$ 的石子落入盒中，其初速度为 $v_0=\sqrt{2gh}=\sqrt{2\times10\times1.8}=6\mathrm{m\cdot s^{-1}}$，方向竖直向下；与盒碰撞后，末速度变为零. 以质量为 $\mathrm{d}m$、将要落入盒中的石子为研究对象，在落入盒中的过程中，其受到重力、竖直向上的盒对其的平均冲力 $\overline{F}$ 作用，以竖直向上为坐标轴正方向，对其应用动量定理，有

$$(\overline{F}-\mathrm{d}m\cdot g)\mathrm{d}t=0-(-\mathrm{d}m\cdot v_0)$$

忽略无穷小量 $\mathrm{d}m\cdot g$，由上式解得盒对石子的平均冲力大小为

$$\overline{F}=\frac{\mathrm{d}m}{\mathrm{d}t}\cdot v_0$$

由牛顿第三定律知，石子对盒向下的冲力大小为 $\overline{F}'=\overline{F}=\dfrac{\mathrm{d}m}{\mathrm{d}t}\cdot v_0$.

因此，任意时刻，盒及已经落入盒中的石子受到的力有：秤对盒的支持力 $\boldsymbol{F}_\mathrm{N}$（竖直向上）、石子的重力 $M\boldsymbol{g}$（竖直向下）、正在落入盒中的石子 $\mathrm{d}m$ 对盒的平均冲力 $\overline{\boldsymbol{F}}'$（竖直向下），三力平

衡.所以有

$$F_N - \bar{F}' - Mg = 0$$

解得任意时刻秤对盒的支持力为

$$F_N = Mg + \bar{F}' = Mg + \frac{\mathrm{d}m}{\mathrm{d}t} \cdot v_0 = km_0tg + km_0v_0 = km_0(gt + v_0)$$

任意时刻秤的读数(以 kg 为单位)即为

$$\frac{F_N}{g} = km_0\left(t + \frac{v_0}{g}\right)$$

将 $t=10\text{s}$ 代入即得该时刻秤的读数为

$$\frac{F_N}{g} = km_0\left(t + \frac{v_0}{g}\right) = 100 \times 0.010 \times \left(10 + \frac{6}{10}\right) = 10.6(\text{kg})$$

（二）应用动量守恒定律求解问题

当一个系统(质点组)所受合外力为零,或合外力在某一方向上的分量为零时,一般应用动量守恒定律求解问题.此类习题的特点是不用考虑内力的作用,通过初态和终态的动量求出未知量.求解此类问题的关键是动量守恒条件的判定;其难点往往是由相对运动的有关知识确定各状态的动量,因此一定要注意参考系的选取,要在惯性系中应用动量守恒定律.

例题 4-4　质量为 $m=20\text{g}$ 的子弹,以 $v_0=400\text{m} \cdot \text{s}^{-1}$ 的速率沿图 4-2 所示 $\theta=30°$ 方向射入一原来静止的质量为 $M=980\text{g}$ 的摆球中,摆线长度不可伸长.问子弹射入后与摆球一起运动的速率 v 为多少?

解　以子弹、摆球系统为研究对象,在子弹射入摆球的过程中,系统受到二者的重力作用(方向竖直向下)以及摆线对摆球的拉力作用(由于子弹射入摆球的过程极短,摆球来不及发生位移,故该拉力的方向为竖直向上).因此,在子弹射入摆球的过程中,系统在水平方向受的合外力为零,故在水平方向系统的动量守恒.由于摆线不可伸长,故子弹射入摆球后,子弹、摆球系统只能沿垂直于摆线的方向运动,故设其共同速度为 $\boldsymbol{v}$,方向向右,则有

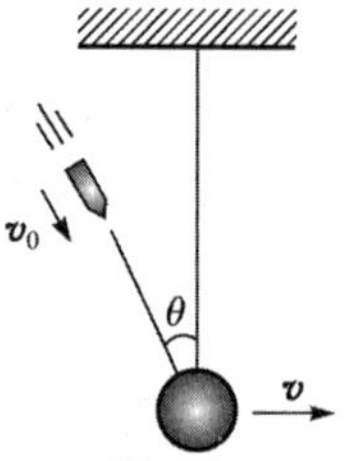

图 4-2

$$mv_0\sin\theta = (m+M)v$$

即可解得子弹射入后与摆球一起运动的速率为

$$v = \frac{mv_0\sin\theta}{m+M} = \frac{0.020 \times 400 \times \sin30°}{0.020 + 0.980} = 4(\text{m} \cdot \text{s}^{-1})$$

例题 4-5　质量为 m 的 A 球以水平速度 $\boldsymbol{v}_0$ 撞击质量相同的静止在光滑水平面上的 B 球,碰后 A 球运动速度 $\boldsymbol{v}_A$ 的方向与原来运动方向成 α 角,B 球获得的速度 $\boldsymbol{v}_B$ 与球 A 原运动方向成 β 角,如图 4-3 所示,求碰撞后 A 球和 B 球的速率各是多少.

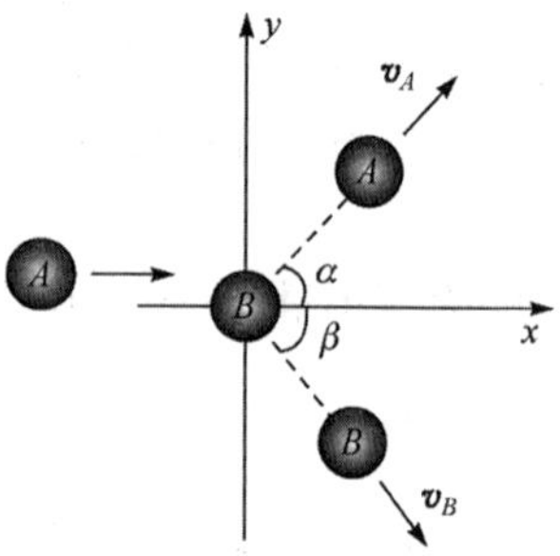

图 4-3

解　取 A、B 两球为研究对象,取 $\boldsymbol{v}_0$ 方向为 x 轴正方向,建立水平面内的平面直角坐标系.显然系统满足动量守恒的条件,故有

$$m\boldsymbol{v}_0 = m\boldsymbol{v}_A + m\boldsymbol{v}_B$$

其分量式分别为

$$mv_0 = mv_A\cos\alpha + mv_B\cos\beta$$
$$0 = mv_A\sin\alpha - mv_B\sin\beta$$

解得碰撞后 A 球和 B 球的速率分别为

$$v_A=\frac{v_0\sin\beta}{\sin(\alpha+\beta)}$$

$$v_B=\frac{v_0\sin\alpha}{\sin(\alpha+\beta)}$$

例题 4-6　一喷气式飞机以 $v_0=200\mathrm{m\cdot s^{-1}}$ 的速度在空中飞行，引擎中吸进 $500\mathrm{kg\cdot s^{-1}}$ 的空气与 $2\mathrm{kg\cdot s^{-1}}$ 的燃料混合燃烧，燃烧后的气体以相对飞机的速度 $u=400\mathrm{m\cdot s^{-1}}$ 向后喷出，求该喷气式飞机获得的推力.

解　设 $\mathrm{d}t$ 时间内，消耗燃料质量为 $\mathrm{d}m$，吸进空气的质量为 $\mathrm{d}m'$. 取飞机（含燃料）和吸进的空气为研究对象，以地面为参考系（惯性系），系统动量守恒. 设在 t 时刻飞机（含燃料）的质量为 M，速度为 v_0；$t+\mathrm{d}t$ 时刻飞机速度为 $v_0+\mathrm{d}v$. 由动量守恒定律，以飞机前进方向为坐标轴正向，有

$$M\boldsymbol{v}_0=(M-\mathrm{d}m)(v_0+\mathrm{d}v)+(\mathrm{d}m+\mathrm{d}m')(-u+v_0)$$

略去高阶无穷小 $\mathrm{d}m\mathrm{d}v$，得

$$M\mathrm{d}v=(\mathrm{d}m+\mathrm{d}m')u-\mathrm{d}m'\cdot v_0$$

所以，对飞机而言，应用牛顿第二定律，得到飞机获得的推力为

$$F=M\frac{\mathrm{d}v}{\mathrm{d}t}=\left(\frac{\mathrm{d}m}{\mathrm{d}t}+\frac{\mathrm{d}m'}{\mathrm{d}t}\right)u-\frac{\mathrm{d}m'}{\mathrm{d}t}\cdot v_0$$

依题意，$\frac{\mathrm{d}m}{\mathrm{d}t}=2\mathrm{kg\cdot s^{-1}}$，$\frac{\mathrm{d}m'}{\mathrm{d}t}=500\mathrm{kg\cdot s^{-1}}$，$u=400\mathrm{m\cdot s^{-1}}$，$v_0=200\mathrm{m\cdot s^{-1}}$，将以上数据代入上式，得

$$F=(2+50)\times400-50\times200=1.08\times10^4(\mathrm{N})$$

（三）应用角动量定理和角动量守恒定律求解

质点在有心力的作用下围绕该力心运动（如圆、椭圆等轨迹），或是质点绕某一定轴转动等，此类习题可用角动量定理求解；若作用于质点的合力矩为零，可由角动量守恒定律求解问题.

例题 4-7　在惯性参考系中建立一固定坐标系 $Oxyz$，质量 $m=4\mathrm{kg}$ 的小球，任一时刻的位置矢量为：$\boldsymbol{r}=(t^2-1)\boldsymbol{i}+2t\boldsymbol{j}$ (SI). 问：

(1) $t=3\mathrm{s}$ 时，小球对坐标原点的角动量 $\boldsymbol{L}$ 为多少？

(2) $t=3\mathrm{s}$ 时，小球所受的力矩 $\boldsymbol{M}$ 是多少？

(3) 从 $t=0\mathrm{s}$ 到 $t=3\mathrm{s}$ 的过程中，小球角动量的增量是多少？

解　(1)$t=3\mathrm{s}$ 时，小球的速度为

$$\boldsymbol{v}=\frac{\mathrm{d}\boldsymbol{r}}{\mathrm{d}t}=2t\boldsymbol{i}+2\boldsymbol{j}=6\boldsymbol{i}+2\boldsymbol{j}\ (\mathrm{m\cdot s^{-1}})$$

$t=3\mathrm{s}$ 时，小球的位置矢量为

$$\boldsymbol{r}=(3^2-1)\boldsymbol{i}+2\times3\boldsymbol{j}=8\boldsymbol{i}+6\boldsymbol{j}\ (\mathrm{m})$$

任意时刻，小球对坐标原点的角动量为

$$\boldsymbol{L}=\boldsymbol{r}\times(m\boldsymbol{v})=[(t^2-1)\boldsymbol{i}+2t\boldsymbol{j}]\times(2mt\boldsymbol{i}+2m\boldsymbol{j})=-2m(1+t^2)\boldsymbol{k}$$

所以，$t=3\text{s}$ 时，小球对坐标原点的角动量为

$$\boldsymbol{L}_3=-2m(1+t^2)\boldsymbol{k}=-2\times4\times(1+3^2)\boldsymbol{k}=-80\boldsymbol{k}(\text{kg}\cdot\text{m}^2\cdot\text{s}^{-1})$$

(2) 由角动量定理的微分形式即得：$t=3\text{s}$ 时，小球所受的力矩为

$$\boldsymbol{M}=\frac{\text{d}\boldsymbol{L}}{\text{d}t}=\frac{\text{d}}{\text{d}t}[-2m(1+t^2)\boldsymbol{k}]=-4mt\boldsymbol{k}=-4\times4\times3\boldsymbol{k}=-48\boldsymbol{k}(\text{N}\cdot\text{m})$$

(3) $t=0\text{s}$ 时，小球的角动量为

$$\boldsymbol{L}_0=-2m(1+t^2)\boldsymbol{k}=-2\times4\times(1+0)\boldsymbol{k}=-8\boldsymbol{k}(\text{kg}\cdot\text{m}^2\cdot\text{s}^{-1})$$

所以从 $t=0\text{s}$ 到 $t=3\text{s}$ 的过程中，小球角动量的增量为

$$\Delta\boldsymbol{L}=\boldsymbol{L}_3-\boldsymbol{L}_0=(-80\boldsymbol{k})-(-8\boldsymbol{k})=-72\boldsymbol{k}(\text{kg}\cdot\text{m}^2\cdot\text{s}^{-1})$$

或者另解：由角动量定理的积分形式，可得从 $t=0\text{s}$ 到 $t=3\text{s}$ 的过程中，小球角动量的增量为

$$\Delta\boldsymbol{L}=\boldsymbol{L}_3-\boldsymbol{L}_0=\int_0^3\boldsymbol{M}\text{d}t=\int_0^3(-4mt\boldsymbol{k})\text{d}t=(-2mt^2\boldsymbol{k})\Big|_{t=0}^{3}$$

$$=(-2\times4\times3^2\boldsymbol{k})-0=-72\boldsymbol{k}(\text{kg}\cdot\text{m}^2\cdot\text{s}^{-1})$$

例题 4-8 光滑平板中央开一光滑小孔，质量为 $m=0.050\text{kg}$ 的小球用细线系住，细线穿过小孔后挂一质量 $M=0.100\text{kg}$ 的重物，如图 4-4 所示. 小球做匀速圆周运动，当半径 $r=0.124\text{m}$ 时，重物达到平衡；今在 M 的下方再挂同一质量的另一重物并达到平衡时，小球做匀速圆周运动的角速度 ω' 和半径 r' 分别是多少？

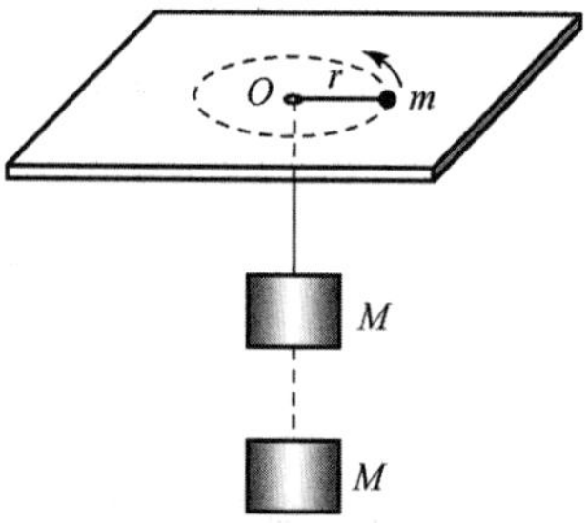

图 4-4

解 取小球为研究对象，它所受的合力为绳子拉力 $\boldsymbol{F}_T$，当细线穿过小孔后挂一质量 M 的重物，小球以半径 r 做圆周运动时，重物达到平衡. 设此时小球的角速度为 ω，由牛顿运动定律，可得

$$Mg=mr\omega^2$$

解得

$$\omega=\sqrt{\frac{Mg}{mr}}=\sqrt{\frac{0.100\times9.8}{0.050\times0.124}}=12.57(\text{rad}\cdot\text{s}^{-1})$$

再挂一同一质量的重物而达到平衡时，设此时小球做圆周运动的半径为 r'，小球的角速度为 ω'，同理可得

$$2Mg=mr'\omega'^2$$

即

$$r'\omega'^2=2r\omega^2$$

以小孔处 O 点为参考点（定点），小球所受合外力距为零，故小球对定点 O 的角动量守恒，有

$$mvr=mv'r'$$

式中，v、v' 分别为小球在初、末态做圆周运动的速率，有

$$v=r\omega$$

$$v'=r'\omega'$$

即 $r^2\omega=r'^2\omega'$. 以上各式联立，解得

$$r'=2^{-\frac{1}{3}}r=2^{-\frac{1}{3}}\times0.124=9.84\times10^{-2}(\text{m})=9.84(\text{cm})$$

$$\omega'=\sqrt[3]{4}\omega=\sqrt[3]{4}\times12.57=20.0(\text{rad}\cdot\text{s}^{-1})$$

（四）综合应用物理规律求解

在质点动力学中，主要规律为牛顿运动定律、三个定理（动量定理、动能定理、角动量定理）和三个守恒定律（动量守恒定律、机械能守恒定律、角动量守恒定律）. 质点动力学的问题所对应的物理现象是纷繁多样的，其物理过程可能是单一的物理过程，也可能是多个物理过程的复合. 对每一个物理过程，一般是可以用这条规律求解，也可以用另外的规律求解，在更多的情况下需要同时应用几条规律才能求解问题. 对于一个物理过程到底应用哪一条规律或哪几条规律求解问题，如何选择才能有效而又简便的解决问题？现分别对单一物理过程的问题和多个物理过程的复合问题进行归纳和讨论.

1. 单一物理过程的问题求解

对于一个单一物理过程的问题，往往可以用这条规律求解，又可用别的规律求解（这种情况常称为一题多解），也可能需要同时应用几条规律才能求解（此情况下通常是由一组方程可求出几个物理量，因而称为“一题多问”）. 在一个物理过程中，选用什么物理规律求解，应以解决问题最为简便为准则. 如何才能做到这一点？一般在选用物理规律列方程时，首先考虑三个守恒定律能否使用；其次，可考虑三个定理（过程累积规律）是否适用；最后，考虑用牛顿第二定律（瞬时规律）来解决问题. 为使物理量得到唯一解，所列方程的数目必须与未知量的数目相等（若包含微分方程应另行考虑），因此，通常还需要根据运动学公式、几何关系或隐含条件补列必要的辅助方程.

例题 4-9　一根不可伸长的轻绳跨过一个质量不计的滑轮，滑轮轴上摩擦忽略不计，绳的两端分别连接质量为 m_1 和 m_2 的两个物体，如图 4-5 所示，若桌面光滑且不计空气阻力，求 m_1 从静止开始下落 h 高度时的速度 v_1.

解一　用牛顿运动定律求解.

以地面为参考系，分别以 m_1 和 m_2 为研究对象. 对 m_1，受到绳子作用于其上的竖直向上的拉力$\boldsymbol{F}_{T1}$作用，以及竖直向下的重力作用，如图 4-5 所示. 设加速度为$\boldsymbol{a}_1$，方向向下，建立如图 4-5所示坐标系，则牛顿第二定律的 y 分量式为

$$m_1 g-F_{T1}=m_1 a_1$$

对 m_2，受到绳子作用于其上的水平向右的拉力$\boldsymbol{F}_{T2}$作用，以及重力和桌面的支持力作用，其受到的合力即为绳子的拉力$\boldsymbol{F}_{T2}$，如图 4-5 所示. 设加速度为$\boldsymbol{a}_2$，方向向右，则牛顿第二定律的 x 分量式为

$$F_{T2}=m_2 a_2$$

绳不可伸长，故有

$$a_1=a_2$$

轻绳，且滑轮质量不计，滑轮轴上摩擦忽略不计，有

$$F_{T1}=F_{T2}$$

由以上各式联立，可解得 m_1 的加速度为

$$a_1=\frac{m_1 g}{m_1+m_2}$$

显然，m_1 做匀变速直线运动，由运动学规律，得 m_1 从静止开始下落 h 高度时的速度为

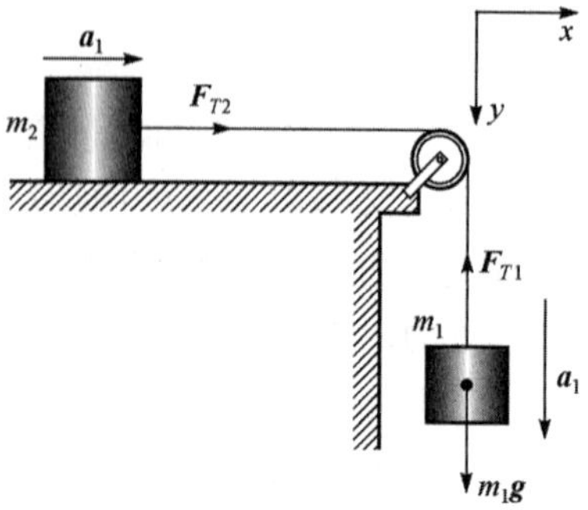

图 4-5

$$v_1=\sqrt{2a_1h}=\sqrt{\frac{2m_1gh}{m_1+m_2}}$$

解二 用动量定理求解.

如图 4-5 所示，对 m_1，设从静止开始下落任意高度 y 所用时间为 t，则动量定理的 y 分量式为

$$\int_0^t (m_1g-F_{T1})\mathrm{d}t=m_1v_1(t)-0 \quad ①$$

对 m_2，动量定理的 x 分量式为

$$\int_0^t F_{T2}\mathrm{d}t=m_2v_2(t)-0 \quad ②$$

绳不可伸长，任意时刻 t 均有

$$v_1(t)=v_2(t) \quad ③$$

轻绳，且滑轮质量不计，滑轮轴上摩擦忽略不计，任意时刻均有

$$F_{T1}=F_{T2} \quad ④$$

式①+式②，且利用式③和式④，并积分得

$$v_1(t)=\frac{m_1g}{m_1+m_2}t \quad ⑤$$

设 m_1 从静止开始下落 h 高度所用时间为 Δt，则

$$h=\int_0^{\Delta t}v_1(t)\mathrm{d}t=\int_0^{\Delta t}\frac{m_1g}{m_1+m_2}t\mathrm{d}t=\frac{m_1g}{2(m_1+m_2)}(\Delta t)^2$$

得

$$\Delta t=\sqrt{\frac{2\mathrm{h}(m_1+m_2)}{m_1g}}$$

代入式⑤，即得 m_1 从静止开始下落 h 高度时的速度大小为

$$v_1=\frac{m_1g}{m_1+m_2}\Delta t=\sqrt{\frac{2m_1gh}{m_1+m_2}}$$

解三 用动能定理求解.

对 m_1，从静止开始下落 h 高度这段位移中，应用动能定理，有

$$\int_0^h (m_1g-F_{T1})\mathrm{d}y=\frac{1}{2}m_1v_1^2-0 \quad ①$$

对 m_2，有

$$\int_0^h F_{T2}\mathrm{d}x=\frac{1}{2}m_2v_2^2-0 \quad ②$$

此处已经利用了绳不可伸长的条件，即 m_1 和 m_2 的位移大小相等. 另外，还有

$$v_1=v_2 \quad ③$$

绳是轻绳，且滑轮质量不计，滑轮轴上摩擦忽略不计，任意时刻均有

$$F_{T1}=F_{T2} \quad ④$$

式①+式②，且利用式③和式④，并积分得

$$m_1gh=\frac{1}{2}(m_1+m_2)v_1^2$$

可得 m_1 从静止开始下落 h 高度时的速度大小为

$$v_1=\sqrt{\frac{2m_1gh}{m_1+m_2}}$$

解四　用功能原理求解.

以 m_1、m_2 和地球为系统,则由功能原理得

$$\int_0^h(-F_{T1})\mathrm{d}y+\int_0^h F_{T2}\mathrm{d}x=\Delta E$$

注意,绳子的拉力$\boldsymbol{F}_{T1}$和$\boldsymbol{F}_{T2}$为系统所受的外力. 而系统机械能的增量等于动能增量和重力势能增量之和,即

$$\Delta E=\Delta E_{\mathrm{k}}+\Delta E_{\mathrm{p}}=\left(\frac{1}{2}m_1v_1^2+\frac{1}{2}m_2v_2^2-0\right)+(-m_1gh)$$

绳不可伸长,有

$$v_1=v_2$$

轻绳,且滑轮质量不计,滑轮轴上摩擦忽略不计,任意时刻均有

$$F_{T1}=F_{T2}$$

以上各式联立,解得 m_1 从静止开始下落 h 高度时的速度大小为

$$v_1=\sqrt{\frac{2m_1gh}{m_1+m_2}}$$

解五　由机械能守恒定律求解.

以 m_1、m_2、地球、滑轮和绳子组成的系统为研究对象,则系统仅有重力(保守内力)做功,所以系统的机械能守恒. 由机械能守恒定律可得

$$\frac{1}{2}m_1v_1^2+\frac{1}{2}m_2v_2^2=m_1gh$$

$$v_1=v_2$$

即可解得 m_1 从静止开始下落 h 高度时的速度大小为

$$v_1=\sqrt{\frac{2m_1gh}{m_1+m_2}}$$

此题为一题多解的例子,至少有 5 种解法. 力学中有许多物理规律,它们可以从不同方面来描述同一物理过程,一般来讲,物理问题的求解,有多种方法可选,但应用不同的物理规律解决同一问题,其难易程度(或复杂程度)不同. 从以上各种求解过程可以看到,用守恒定律求解最为简便,用牛顿第二定律一般不简便. 因此,在求解问题时,选择适当的物理规律列方程非常重要. 至于解题时选用哪个规律最为方便,主要由题设条件和所求的问题来决定. 如果求解某一时刻的加速度或瞬时受力,一般要运用牛顿定律求解;如果涉及打击、碰撞等作用时间短暂的过程,或涉及力对时间累积作用时,一般运用动量定理;若涉及力对空间的累积作用,常运用动能定理或功能原理求解;若涉及质点在有心力作用下绕定点转动,常用角动量定理或角动量守恒定律处理问题.

例题 4-10　一质量为 M、半径为 R 的半圆形滑槽静止放在光滑地面上. 一小物块,质量为 m,可沿槽无摩擦地滑动. 起始时,小物块静止于与圆心 O 等高的 A 点,如图 4-6(a)所示. 问:

(1) 小物块滑到任意位置 C 处($\overline{CO}$与水平面的夹角 θ 为已知),物块和槽相对于地面的速率各是多少?

(2) 小物块从 A 点滑到半圆槽的最低点 B 时,半圆槽移动了多远的距离?

解 (1) 对物块、半圆槽和地球组成的系统，在整个过程中机械能守恒. 以地面为参考系，A 点为重力势能零点，设物块滑到 C 点时物块和槽相对于地面的速度分别 $\boldsymbol{v}_1$ 和 $\boldsymbol{v}_2$，物块相对于半圆槽的速度为 $\boldsymbol{v}_{12}$，建立如图 4-6(b)所示坐标系，由机械能守恒，有

$$\frac{1}{2}mv_1^2+\frac{1}{2}Mv_2^2+mg(-R\sin\theta)=0 \qquad ①$$

对物块、半圆槽组成的系统，水平方向上的动量也守恒，因此有

$$mv_{1x}+Mv_{2x}=0 \qquad ②$$

由相对运动的知识，有

$$\boldsymbol{v}_1=\boldsymbol{v}_{12}+\boldsymbol{v}_2$$

由题意可知圆槽的速度 $\boldsymbol{v}_2$ 的方向沿水平方向向右，所以

$$\boldsymbol{v}_2=v_{2x}\boldsymbol{i} \qquad ③$$

$\boldsymbol{v}_{12}$的方向沿着圆槽的切线方向，矢量三角形如图 4-6(b). 所以上式在 x，y 方向的分量式分别为

$$v_{1x}=v_{12x}+v_{2x}=v_{12}\sin\theta+v_{2x} \qquad ④$$

$$v_{1y}=v_{12y}=v_{12}\cos\theta \qquad ⑤$$

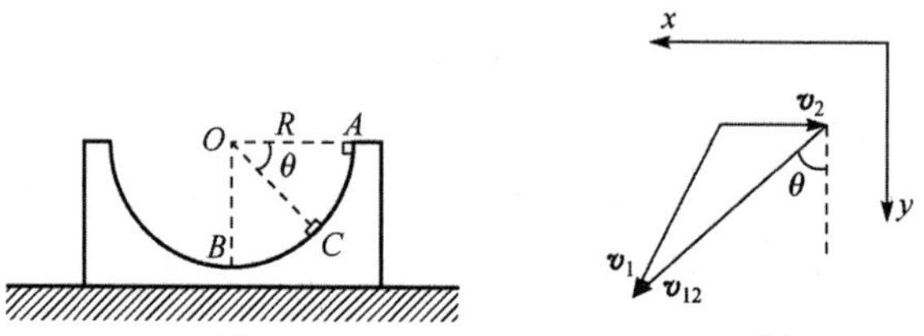

图 4-6

且

$$v_1^2=v_{1x}^2+v_{1y}^2 \qquad ⑥$$

联立式①～式⑥，可得

$$v_1=\sqrt{\frac{2(m+M)gR\sin\theta}{M+m\cos^2\theta}}$$

$$v_{2x}=-\frac{m\sin\theta}{M+m}\sqrt{\frac{2(m+M)gR\sin\theta}{M+m\cos^2\theta}}$$

v_1 即为物块相对于地面的速率；槽相对于地面的速率为

$$v_2=|v_{2x}|=\frac{m\sin\theta}{M+m}\sqrt{\frac{2(m+M)gR\sin\theta}{M+m\cos^2\theta}}$$

(2) 小物块从 A 点滑到半圆槽的最低点 B 所用的时间为 τ，设该过程中槽的位移为 Δx_2，由式②和式④，得

$$v_{2x}=-\frac{m}{M+m}v_{12x}$$

由运动学知识，积分可得：槽的位移为

$$\Delta x_2=\int_0^\tau v_{2x}\mathrm{d}t=\int_0^\tau -\frac{m}{M+m}v_{12x}\mathrm{d}t=-\frac{m}{M+m}\int_0^\tau v_{12x}\mathrm{d}t$$

而$\int_0^\tau v_{12x}\mathrm{d}t$即为滑块从$A$点滑到$B$点过程中相对于槽在水平方向的位移，即$\int_0^\tau v_{12x}\mathrm{d}t=R$，所以槽的位移为

$$\Delta x_2=-\frac{m}{M+m}R$$

则半圆槽移动的距离为

$$\Delta s=|\Delta x_2|=\frac{m}{M+m}R$$

本题虽然物理过程单一，但是运动情况较为复杂，涉及相对运动的问题. 因此，在求解动力学习题时，要特别注意在惯性系中建立动力学方程.

2. 多个物理过程的问题求解

对于包含若干个物理过程的复合习题，一般的处理方法是：①首先把题目所描述的整个物理过程适当分为若干个阶段(或分过程). 划分原则是使得每一个分过程可用某一条或某几条物理规律求解，而且要明确相衔接的两个过程的联系，确定联系前后两个过程的物理量及其关系式. ②其次对每个分过程建立动力学方程，然后再把每一个分过程所列出的方程联立求解.

例题 4-11　如图 4-7 所示，一质量为m的滑块沿光滑轨道从高为h处由静止滑下，在水平面上与质量为M的静止的木块碰撞后结合在一起，碰撞时间极短. 木块与劲度系数为k的轻弹簧连接，轻弹簧的另一端固定在墙壁上. 若水平面光滑，求弹簧的最大压缩量.

解　本题的物理过程可分为三个阶段(分过程)：①滑块下滑的过程；②滑块和木块碰撞过程；③弹簧被压缩过程. 设v_1为滑块滑下后的速度，此即过程①的末速度，也是过程②的初速度；设v_2为滑块和木块碰撞后的速度，此即过程②的末速度，也是过程③的初速度.

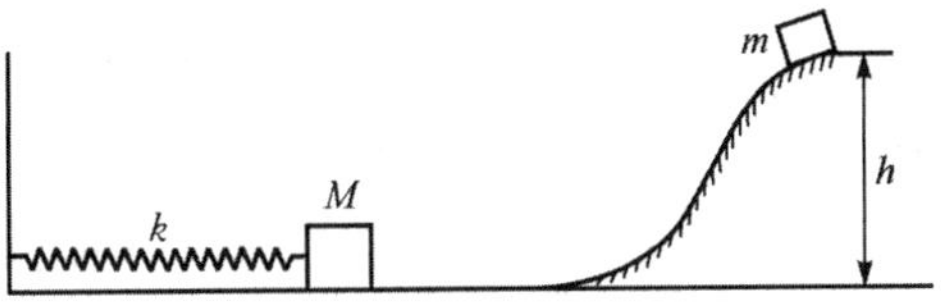

图 4-7

(1) 滑块下滑的过程.

以滑块、地球为系统，则系统的机械能守恒. 取地面为重力势能零点，有

$$mgh=\frac{1}{2}mv_1^2$$

(2) 滑块与木块的碰撞过程.

滑块和木块组成的系统为研究对象，系统发生完全非弹性碰撞，由题意可知，系统碰撞过程中动量守恒，即

$$mv_1=(m+M)v_2$$

(3) 压缩弹簧过程.

以滑块、木块和弹簧组成的系统为研究对象，则系统的机械能守恒. 取弹簧自然长度为弹性势能零点，有

$$\frac{1}{2}(m+M)v_2^2=\frac{1}{2}kx_{\mathrm{m}}^2$$

联立求解以上三式，得弹簧的最大压缩量为

$$x_{\mathrm{m}}=\sqrt{\frac{2m^2gh}{k(m+M)}}$$

例题 4-12 在光滑的水平面上，有一轻弹簧，一端可绕固定点 O 转动，另一端系一质量为 $m_1=1\text{kg}$ 的滑块 A，弹簧的自然长度 $l_0=0.2\text{m}$，劲度系数 $k=100\text{N}\cdot\text{m}^{-1}$. 初始时滑块 A 静止，弹簧处于自然状态. 质量 $m_2=1\text{kg}$ 的另一滑块 B 以 $v_0=5\text{m}\cdot\text{s}^{-1}$ 的速度沿垂直于弹簧的方向与滑块 A 发生完全弹性正碰. 经过一段时间，弹簧转到与初始位置相垂直的位置，此时弹簧长度为 $l=0.5\text{m}$，如图 4-8 所示. 求此时刻滑块 A 的速度 v 的大小和方向.

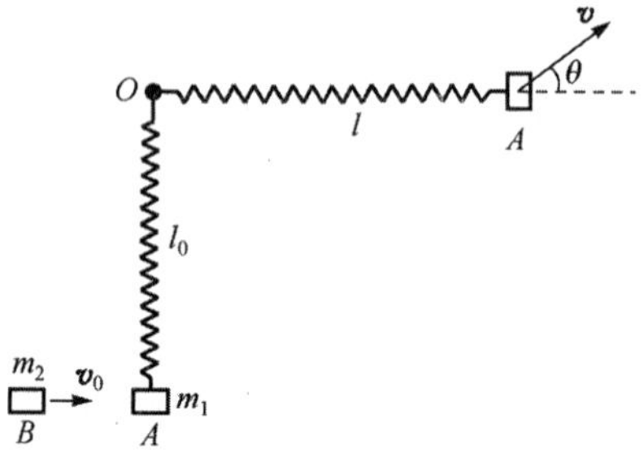

图 4-8

解 本题的物理过程可分为两个阶段：①A、B 两滑块的完全弹性碰撞过程；②滑块 A 和弹簧绕 O 点的转动过程. 设 A 与 B 碰后，滑块 A 的速度为 v_1，v_1 既是过程①的末速度，也为过程②的初速度.

(1) 对 A、B 的弹性碰撞过程.

一般碰撞时间极短，由于弹簧来不及变形，故碰撞过程遵从动量守恒；对完全弹性碰撞，机械能(动能)也守恒，故有

$$m_2v_0=m_1v_1+m_2v_2 \quad ①$$

$$\frac{1}{2}m_2v_0^2=\frac{1}{2}m_1v_1^2+\frac{1}{2}m_2v_2^2 \quad ②$$

其中，v_2 为碰撞后滑块 B 的速度大小.

由于 $m_1=m_2=1\text{kg}$，代入以上两式，可解得：$v_1=v_0=5\text{m}\cdot\text{s}^{-1}$，$v_2=0$.

(2) 滑块 A 与弹簧的转动过程.

在该过程中，因为仅有弹性力做功，故对于滑块 A 和弹簧组成的系统，机械能守恒；又因滑块受的合外力即为弹簧拉力，该力始终过 O 点，故以 O 点为参考点(定点)，滑块 A 所受的合力矩为零，所以滑块 A 对 O 点的角动量守恒.

取弹簧自然长度时为弹性势能的零点，由机械能守恒和角动量守恒定律，有

$$\frac{1}{2}m_1v_1^2=\frac{1}{2}m_1v^2+\frac{1}{2}k\,(l-l_0)^2 \quad ③$$

$$m_1v_1l_0=m_1vl\sin\theta \quad ④$$

将 $v_1=v_0$ 代入式③，可得滑块 A 的速度 v 的大小为

$$v=\sqrt{v_0^2-\frac{k}{m_1}(l-l_0)^2}=\sqrt{5^2-\frac{100}{1}\times(0.5-0.2)^2}=4(\text{m}\cdot\text{s}^{-1})$$

将 $v=4\text{m}\cdot\text{s}^{-1}$ 代入式④，可解得滑块 A 速度 v 的方向与 OA 连线方向(弹簧的长度方向)之间的夹角为

$$\theta=\arcsin\frac{v_1l_0}{vl}=\arcsin\frac{5\times0.2}{4\times0.5}=\arcsin\frac{1}{2}=30^\circ$$

四、知识拓展与问题讨论

逆风行船原理

帆船在海上航行依靠的是自然风作用于船帆上产生的动力. 要了解帆船运动原理，首先要了解帆船的结构. 图 4-9 是帆船结构示意图. 帆船主要由以下几部分组成：①帆 (sail)；②帆桁 (boom)，用来固定支撑帆底部；③桅杆 (mast)，用来升降及伸展帆；④船体(hull)；⑤中插板 (dagger board)，在船体下方，可调整吃水深度，不仅起着保持船身平衡的作用，还可以帮助船

在航行中保持航向稳定；⑥方向舵（rudder），用来控制船行进方向．舵柄类似于汽车的方向盘，转动舵柄改变舵向，船体就会转向．

风帆用柔软的材料制成，在顺风的情况下，风正对着吹向帆面，气压在风帆迎风面大于背风面，使风帆受到推力，向背风一侧鼓起，风帆的拉扯使船顺风前进．推力只能使船顺风跑，那么，在横风和逆风航程上，帆船靠什么力量前进呢？

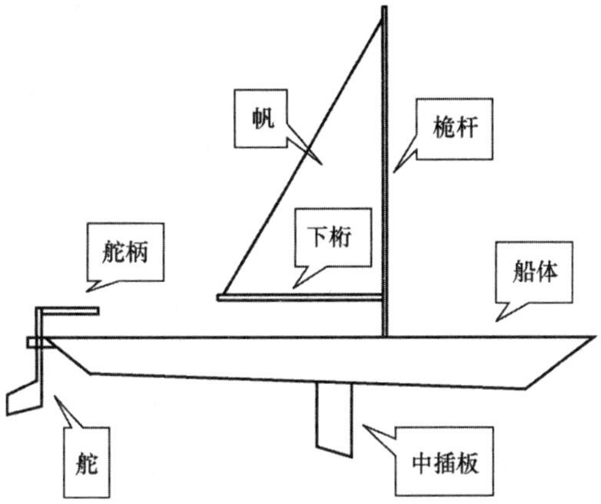

图 4-9

在横风和逆风航程上，根据伯努利效应，帆船最主要是靠吸力前进的．根据空气动力学原理，流体速度增加，压强就会减小．空气绕过向外弯曲的帆面时，速度增大，于是压强减小，产生吸力，把船帆扯向一边．船帆背风一面因压强降低而产生的吸力相当大，可比迎风一面把帆推动的力量大 1 倍．

风在帆两侧产生的吸力和推力的矢量和，使船受到侧向的风力，但水对船体、中插板的阻力会阻止船侧向行驶．于是，风力分解为两个分力，一个分力沿航向（船前进方向）推动帆船向前行驶，另一个分力则使船向背风一面倾倒，要由帆舵手在船的另一边探身出外，保持船的平衡．

图 4-10 为帆船受力示意图．假设风向为箭头所指的方向，AB 线代表帆．因为风力是几乎平均分布在全部帆面上的，我们用 $\boldsymbol{F}$ 代表风力，它作用在帆的中心．力 $\boldsymbol{F}$ 分解成两个分力：与帆面垂直的力$\boldsymbol{F}_{\perp}$ 和与帆面平行的力$\boldsymbol{F}_{//}$．力$\boldsymbol{F}_{//}$不能推动帆，因为风与帆之间的摩擦力太小，所以力$\boldsymbol{F}_{\perp}$ 沿着垂直帆面的方向推动着帆．

在逆风航行时，帆船不能完全正面顶着风航行．帆船可与风向成锐角逆风行驶．如图 4-11 所示，用 KK'线代表船的龙骨线，K 为船头．风按箭头所示方向与 KK'线成锐角吹向帆船．AB 线代表帆面，我们把帆转到这样的位置，使帆面 AB 刚好平分龙骨 KK'的方向和风的方向之间的夹角．前面已叙述，只有垂直帆面的方向风力$\boldsymbol{F}_{\perp}$ 才能推动帆船前进，在图 4-11 中，我们把力$\boldsymbol{F}_{\perp}$ 分解为两个相互垂直的分力：力$\boldsymbol{F}_1$ 顺着龙骨线指向前面；力$\boldsymbol{F}_2$ 垂直于龙骨线．因为船向着力$\boldsymbol{F}_2$ 的方向运动时，要遇到水的强大阻力（帆船的船体、中插板在水里很深），所以力$\boldsymbol{F}_2$ 几乎被阻力完全抵消，船不会发生侧向运动．这样，就只剩下指向船前方的力$\boldsymbol{F}_1$ 推动船前进．因而，船是与风向成着一个角度在前进．这就是逆风行船的道理．

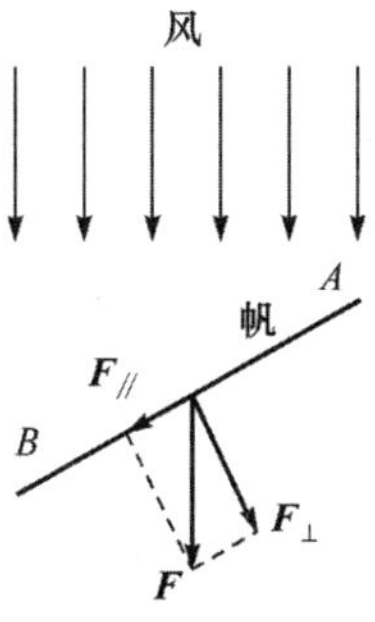

图 4-10

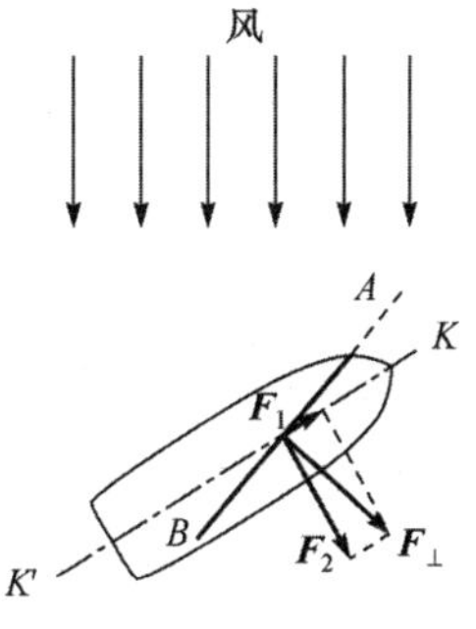

图 4-11

如果航向是正面迎着风的方向，如图 4-12 所示，帆船从 A 处航行到 B 处，则必须以“之”字形路线迂回航行前进. 逆风行驶时，船与风向的夹角越小，推力越小，速度越慢. 舵手若以角度较大的“之”字形路线航行，船速会加快，不过航程也会更长.

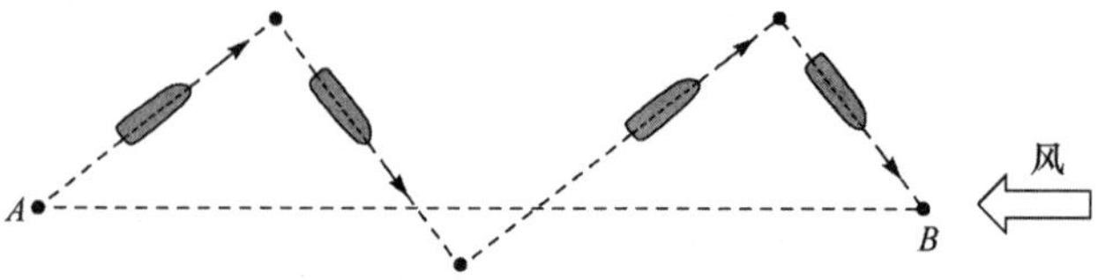

图 4-12

在横风航程上，吸力的方向与航向相同，吸力全部用于驱动帆船. 此时，推力沿风向的分力也推动帆船前进. 在顺风航程上，吸力消失，只剩下推力充当动力. 推力取决于风和帆的相对速度，随着船速增大，风和帆的相对速度减小，推力也减小. 当推力减小到与阻力平衡时，船速不再增加. 因此在顺风航程上反而不能获得很高的船速.

习　题　4

一、选择题

4-1　下列表述中正确的是(　　)

(1) 内力作用对系统的动量没有影响；

(2) 内力不能改变系统的总动量；

(3) 内力不能改变系统的总动能；

(4) 内力对系统做功的总和不一定为零.

A. (1)(4)；　　B. (2)(3)；　　C. (2)(4)；　　D. (1)(3).

4-2　质量为 m_1 的中子和本来处于静止的原子核(质量为 m_2)作弹性正碰时，其动能减少的百分比为(　　)

A. $2m_1m_2/(m_1+m_2)^2$；　B. $4m_1m_2/(m_1+m_2)$；　C. $4m_1m_2/(m_1+m_2)^2$；

D. $2m_1m_2/(m_1+m_2)$；　E. $m_1m_2/(m_1+m_2)^2$.

4-3　质量为 20g 的子弹以 $500\text{m}\cdot\text{s}^{-1}$ 的速度击入一原来静止的木块后随木块一起以 $50\text{m}\cdot\text{s}^{-1}$ 的速度前进(以子弹的速度方向为 x 正方向)，在此过程中木块所受冲量的 x 分量为(　　)

A. 9N · s；　　B. －9N · s；　　C. 10N · s；　　D. －10N · s.

4-4　如图所示，一斜面固定在卡车上，一质量为 m 物块置于该斜面上. 卡车在水平路面上向前匀加速启动的过程中，物块在斜面上无相对滑动，如果摩擦力不等于零，则在此过程中摩擦力对物块的冲量的方向(　　)

A. 水平向前；　B. 沿斜面向上；　C. 沿斜面向下；

D. 不可能为水平方向，但沿斜面向上或向下均有可能.

4-5　某物体在水平方向的变力作用下，由静止开始做无摩擦的直线运动，若力的大小随时间的变化规律如图所示，则在 4～10s 内，此力的冲量为(　　)

A. 0；　　B. 20N · s；　　C. 10N · s；　　D. －10N · s.

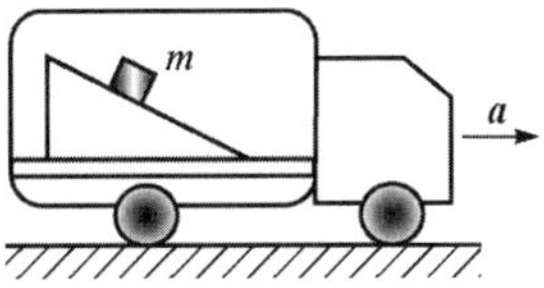

题 4-4 图

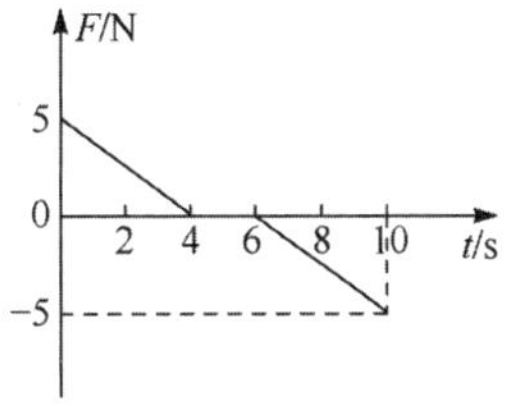

题 4-5 图

4-6　质量为 m 的运动质点，受到某力的冲量后，速度 v 的大小不变，而方向改变了 θ 角，则这个力的冲量的大小为(　　)

A. $2mv\sin\dfrac{\theta}{2}$；　B. $2mv\cos\dfrac{\theta}{2}$；　C. $mv\sin\dfrac{\theta}{2}$；　D. $mv\cos\dfrac{\theta}{2}$.

4-7　河中有一只静止的小船，船头与船尾各站着一个质量不同的人.若两人以不同的速率相向而行，不计水的阻力，则小船的运动方向为(　　)

A. 与质量大的人运动方向一致；　B. 与动量值小的人运动方向一致；

C. 与速率大的人运动方向一致；　D. 与动能大的人运动方向一致.

4-8　质量为 m 的铁锤，从某一高度自由下落，与桩发生完全非弹性碰撞.设碰撞前锤的速度为 v，打击时间为 Δt，锤的质量不能忽略，则铁锤受到的桩对它的平均冲力为(　　)

A. $\dfrac{mv}{\Delta t}+mg$；　B. $\dfrac{mv}{\Delta t}-mg$；　C. $\dfrac{mv}{\Delta t}$；　D. $\dfrac{2mv}{\Delta t}$.

4-9　如图所示质量为 1kg 的弹性小球自某一高度水平抛出，落地时与地面发生完全弹性碰撞，已知在抛出 1s 后又跳回原高度，而且速度大小、方向和刚抛出时相同，则在它与地面碰撞的过程中，地面对它的冲量大小和方向为(　　)

A. $9.8\text{kg}\cdot\text{m}\cdot\text{s}^{-1}$，垂直地面向上；

B. $9.8\sqrt{2}\text{kg}\cdot\text{m}\cdot\text{s}^{-1}$，垂直地面向上；

C. $19.6\text{kg}\cdot\text{m}\cdot\text{s}^{-1}$，垂直地面向上；

D. $4.9\text{kg}\cdot\text{m}\cdot\text{s}^{-1}$，与水平方向成45°角.

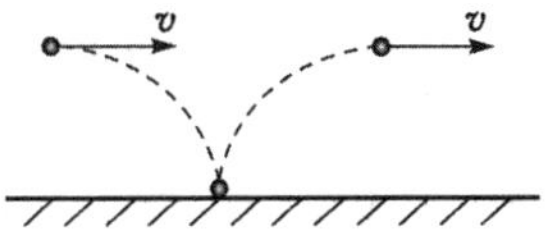

题 4-9 图

4-10　一辆炮车置于无摩擦的水平轨道上，炮车的质量为 M，其炮筒与水平面的倾角为 θ，装入质量为 m 的炮弹，发射后，当炮弹飞离筒口时，炮车动能与炮弹动能之比为(　　)

A. $\dfrac{m}{M}$；　B. $\dfrac{M}{m}$；　C. $\dfrac{m}{M}\cos^2\theta$；　D. $\dfrac{M}{m\cos^2\theta}$.

4-11　两小球，其中 A 球静止于碗底，B 球自距碗底高度为 h 处由静止开始沿碗壁下滑，滑到碗底时与 A 球作完全非弹性碰撞，若 A、B 两球质量相等，不计滑行时的摩擦，则碰撞后，两球上升的最大高度为(　　)

A. $\dfrac{h}{2}$；　B. $\dfrac{h}{4}$；　C. $\dfrac{4}{9}h$；　D. $\dfrac{2}{3}h$.

4-12　质量分别为 m 和 M 的两质点之间存在万有引力.初始时刻两质点相距无穷远，初速度均趋近于零.仅在它们之间的万有引力作用下互相靠近，当它们间的距离达到 r 时，它们之间的相对速度大小为(　　)

A. 0；　B. $m\sqrt{2G/[(M+m)r]}$；

C. $-M\sqrt{2G/[(M+m)r]}$； D. $\sqrt{2G(M+m)/r}$.

4-13 一船浮于静水中，船长5m，质量为m. 一个质量也为m的人从船尾走到船头，不计水和空气的阻力，则在此过程中船将( )

A. 不动； B. 后退5m； C. 后退2.5m； D. 后退5/3m.

4-14 一质量为60kg的人静止地站在一个质量为600kg、且正以$2\text{m}\cdot\text{s}^{-1}$的速率向河岸驶近的木船上，河水是静止的，其阻力不计. 现人相对于船以水平速度v沿船的前进方向向河岸跳去，该人起跳后，船速减为原来的一半，则v为( )

A. $2\text{m}\cdot\text{s}^{-1}$； B. $12\text{m}\cdot\text{s}^{-1}$； C. $20\text{m}\cdot\text{s}^{-1}$； D. $11\text{m}\cdot\text{s}^{-1}$.

4-15 三艘质量全都为M的小船以相同的速度v鱼贯而行. 今从中间船上同时以相对于中间船的速率u(与速度v在同一直线上)把两个质量均为m的物体分别抛到前后两船上. 水和空气的阻力均不计，则抛掷后，前、中、后三船速度分别为( )

A. v,v,v； B. $v+\dfrac{m}{M+m}u,v,v-\dfrac{m}{M+m}u$；

C. $v+\dfrac{m}{M}u,v,v-\dfrac{m}{M}u$； D. $\dfrac{Mv+mu}{M+m},v,\dfrac{Mv-mu}{M+m}$.

4-16 一炮弹由于特殊原因在弹道最高点处炸裂成两块，其中一块竖直上抛后落地，则另一块着地点( )

A. 比原来更远； B. 比原来更近；

C. 仍和原来一样； D. 条件不足，无法判定.

4-17 一个速率为v_0，质量为m的粒子与一质量为km的静止靶粒子作对心弹性碰撞，要使靶粒子获得的动能最大，系数k值应( )

A. 越大越好； B. 越小越好； C. 等于1； D. 条件不足，不能判定.

4-18 一乒乓球以速率v沿与竖直方向成60°射向桌面，结果以$\dfrac{v\sqrt{2}}{2}$的速率沿与竖直方向成45°弹出，如图所示，则在此过程中摩擦力的冲量的方向( )

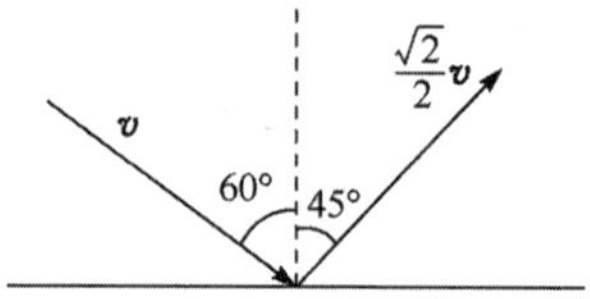

题4-18图

A. 必向左； B. 必向右；

C. 可能向左也可能向右； D. 条件不足，不能判定.

4-19 用一根细线吊一质量为5kg的重物，重物下面再系一根同样的细线，细线只能经受70N的拉力. 现在突然用力向下拉一下下面的线. 设此力最大值为50N，则( )

A. 下面的线先断； B. 上面的线先断；

C. 两根线一起断； D. 两根线都不断.

4-20 物体在恒力F作用下做直线运动，在时间Δt_1内速度由0增加到v，在时间Δt_2内速度由v增加到$2v$，设F在Δt_1内做的功是W_1，冲量大小是I_1，在Δt_2内做的功是W_2，冲量大小是I_2，那么( )

A. $W_2=W_1,I_2>I_1$； B. $W_2=W_1,I_2<I_1$；

C. $W_2>W_1,I_2=I_1$； D. $W_2<W_1,I_2=I_1$.

4-21 一子弹以水平速度v_0射入静止于光滑水平面上的一木块后，随木块一起运动. 对于这一过程，正确的分析是( )

A. 子弹、木块组成的系统机械能守恒；

B. 子弹、木块组成的系统水平方向的动量守恒；

C. 子弹所受的冲量等于木块所受的冲量；

D. 子弹动能的减少等于木块动能的增加.

4-22　如图所示，一个筒底固定着一个轻质弹簧的圆筒横放在水平光滑的桌面上，今有一小球沿水平方向正对弹簧射入筒内，而后又被弹出. 圆筒（包括弹簧）、小球系统在这一整个过程中（　　）

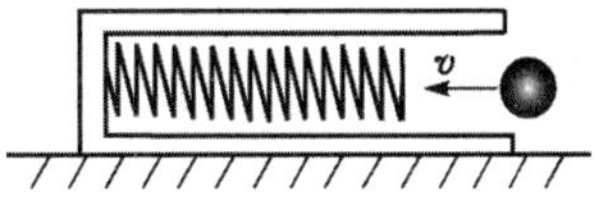

题 4-22 图

A. 动量守恒，动能守恒；　B. 动量不守恒，机械能守恒；

C. 动量不守恒，动能守恒；　D. 动量守恒，机械能守恒.

4-23　在水平冰面上以一定速度向东行驶的炮车，向东南方向斜向上发射一发炮弹，对于炮车和炮弹这一系统，忽略冰面摩擦力及空气阻力，则在此过程中（　　）

A. 总动量守恒；

B. 总动量在炮身前进的方向上的分量守恒，其他方向动量不守恒；

C. 总动量在水平面上任意方向的分量守恒，竖直方向分量不守恒；

D. 总动量在任何方向的分量均不守恒.

二、填空题

4-24　质量分别为 m_1、m_2 的两个物体用一劲度系数为 k 的轻弹簧相连，放在水平光滑桌面上. 当两物体相距 x 时，系统由静止释放. 已知弹簧的自然长度为 x_0，则当物体相距 x_0 时，m_1 的速度大小为________，m_2 的速度大小为________.

4-25　质量分别为 m 和 $4m$ 的两个质点分别以动能 E 和 $4E$ 沿一直线相向运动，它们的总动量大小为________.

4-26　质量为 m 的小球在水平面内做半径为 R、速率为 v 的匀速率圆周运动. 小球自某点开始运动的半周时间内，动量的增量大小为________.

4-27　机枪每分钟可射出质量为 20g 的子弹 900 颗，子弹射出的速率为 $800\text{m}\cdot\text{s}^{-1}$，则射击时的平均反冲力大小为________.

4-28　力 $\boldsymbol{F}=12t\boldsymbol{i}$(SI) 作用在质量 $m=2\text{kg}$ 的物体上，使物体由原点从静止开始运动，则它在 3s 末的动量为________.

4-29　如图所示，砂子从 $h=0.8\text{m}$ 高处由静止自由下落到以 $3\text{m}\cdot\text{s}^{-1}$ 的速率水平向右运动的水平传送带上. 取重力加速度 $g=10\text{m}\cdot\text{s}^{-2}$，传送带给予砂子的作用力的方向为________.

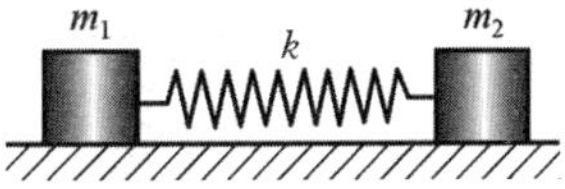

题 4-24 图

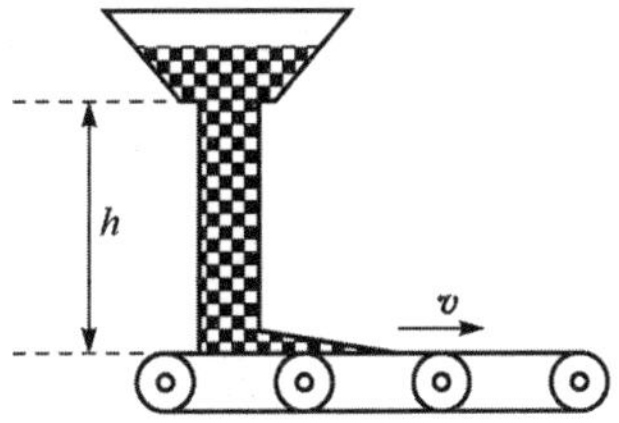

题 4-29 图

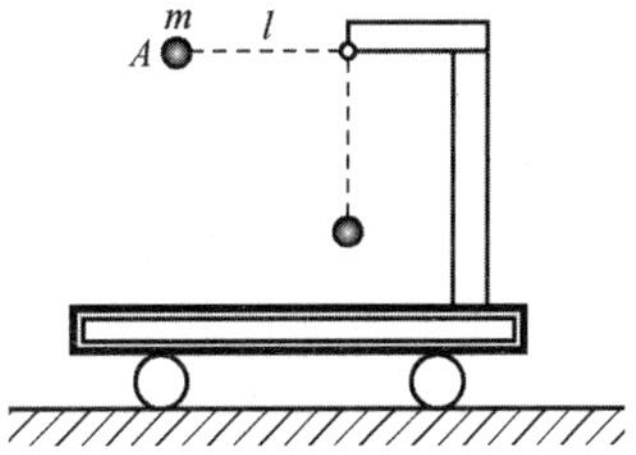

题 4-33 图

4-30　炮车以仰角 θ 发射一发炮弹，炮弹与炮车质量分别为 m 和 M，炮弹相对于炮筒出口速度大小为 u，不计炮车与地面间的摩擦，则炮弹出口时炮车的反冲速度大小为__________.

4-31　质量为 m 的子弹，以水平速度 v 打中一质量为 M、起初停在水平面上的木块，并嵌在里面. 若木块与水平面间的摩擦系数为 μ，则此后木块在停止前总共移动的距离等于__________.

4-32　空中有一气球，下连一绳梯，它们的质量共为 M. 在梯上站一质量为 m 的人，起始时气球与人均相对于地面静止. 当人相对于绳梯以速度 u 向上爬时，气球的速度方向__________，速度大小为__________.

4-33　静止在光滑水平面上的一质量为 M 的车上悬挂一长为 l、质量为 m 的小球. 开始时，摆线水平，摆球静止于 A 点. 如图所示. 突然放手，当摆球运动到摆线呈铅直位置的瞬间，摆球相对于地面的速度为__________.

4-34　一船浮于静水中，船长 L，质量为 m，一个质量也为 m 的人从船尾走到船头，不计水和空气的阻力，则在此过程中船将后退的距离为__________.

4-35　粒子 B 的质量是粒子 A 的质量的 4 倍. 开始时粒子 A 的速度为 $(3\boldsymbol{i}+4\boldsymbol{j})\text{m}\cdot\text{s}^{-1}$，粒子 B 的速度为 $(2\boldsymbol{i}-7\boldsymbol{j})\text{m}\cdot\text{s}^{-1}$，由于两者的相互作用，粒子 A 的速度变为 $(7\boldsymbol{i}-4\boldsymbol{j})\text{m}\cdot\text{s}^{-1}$，此时粒子 B 的速度等于__________.

4-36　一质量为 m 的物体做斜抛运动，初速率为 v_0，仰角为 θ. 如果忽略空气阻力，物体从抛出点运动到最高点这一过程中所受合外力的冲量大小为__________，冲量的方向__________.

4-37　动能为 E_k 的 A 物体与静止的 B 物体碰撞，设 A 物体的质量为 B 物体的 2 倍，即 $m_A=2m_B$. 若碰撞为完全非弹性的，则碰撞后两物体总动能为__________.

4-38　质量为 m 的铁锤竖直落下，打在木桩上并停下. 设打击时间为 Δt，打击前铁锤速率为 v，则在打击木桩的时间内，铁锤所受平均合外力的大小为__________.

4-39　一块很长的木板，下面装有活动轮子，静止地置于光滑的水平面上，质量分别为 m_A 和 m_B 的两个人 A 和 B 站在板的前、后两头，他们由静止开始相向而行，若 $m_B>m_A$，A 和 B 对地的速度大小相同，则木板将向__________运动（填“前”或“后”）.

4-40　湖面上有一小船静止不动，船上有一人质量为 60kg. 如果他在船上向船头走了 4.0m，但相对于湖底只移动了 3.0m（水对船的阻力略去不计），则小船的质量为__________.

三、计算题或证明题

4-41　如图所示，一质量为 M 的木块置于劲度系数为 k 的弹簧上，系统处于静止状态. 若一团质量为 m 的橡皮泥自木块上方 h 高处自由下落，与木块粘在一起运动，以弹簧无形变时的弹性势能为零，求：

（1）橡皮泥的最大动能；

（2）此后系统的最大弹性势能.

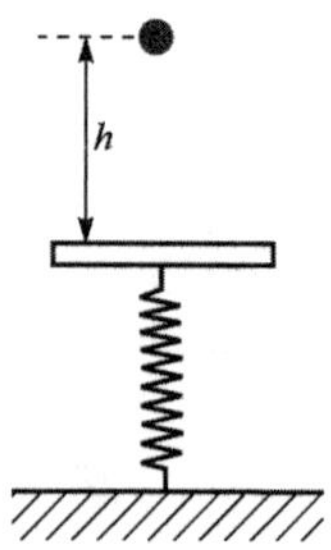

题 4-41 图

4-42　一质量为 50kg 的人站在一平底船上，人离岸 20m. 现人在船上相对于船向岸走了 8m 后停下来. 假设船重 200kg，船与水之间的摩擦可忽略不计. 试求人在船上停止走动时距离岸的距离.

4-43　质量为 2kg 的物体在力 F 的作用下从某位置以 0.3m/s 的速度

开始做直线运动，如果以该处为坐标原点，则力 F 可表示为 $F=0.18(x+1)$(SI 制)，式中 x 为位置坐标. 试求 $t=2\text{s}$ 时物体的动量和前 2s 内物体受到的冲量.

4-44　火箭从地面竖直向上发射. 已知火箭和燃料最初的总质量为 M_0，燃料的初始质量为 m，燃气相对火箭的喷射速率为 u(为常量)，单位时间的喷气质量为 k($k>0$ 且为常量). 设在火箭上升的高度范围内重力加速度 g 为常量，忽略空气等的阻力. 试求：

(1) 火箭的推力和加速度；

(2) 任意时刻火箭的速度和上升的高度；

(3) 燃料耗尽时，火箭的加速度、速度和高度；

(4) 火箭能达到的最大高度及所需的时间.

4-45　如图所示，质量分别为 m 和 M 的两木块经劲度系数为 k 的弹簧相连，静止地放在光滑地面上. 质量为 m_0 的子弹以水平初速 v_0 射入木块 m，设子弹射入过程的时间极短. 试求：

(1) 弹簧的最大压缩长度；

(2) 木块 M 相对于地面的最大速度和最小速度.

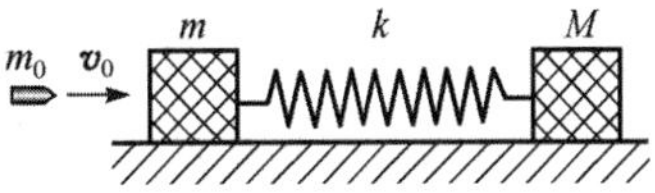

题 4-45 图

4-46　在一小车上固定装有光滑弧形轨道，轨道下端水平，小车质量为 m，静止放在光滑水平面上，今有一质量为 m，速度为 v 的铁球，沿轨道下端水平射入并沿弧形轨道上升至某一位置 B 处，如图所示，然后下降离开小车，试求：

(1) 铁球离开小车时相对于地面的速度；

(2) 铁球沿弧面上升的最大高度 h.

4-47　如图所示，质量为 $M=1.5\text{kg}$ 的物体，用一根长为 $l=1.25\text{m}$ 的细绳悬挂在天花板上，今有一质量为 $m=10\text{g}$ 的子弹以 $v_0=500\text{m}\cdot\text{s}^{-1}$ 的水平速度射穿物体，刚穿出物体时子弹的速度大小为 $v=30\text{m}\cdot\text{s}^{-1}$，设穿透时间极短，物体 M 和子弹的大小都很小. 求：

(1) 子弹刚穿出时绳中张力的大小；

(2) 子弹在穿透过程中所受的冲量.

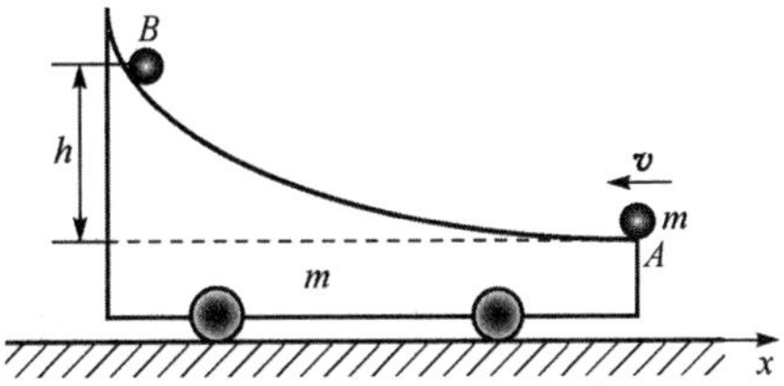

题 4-46 图

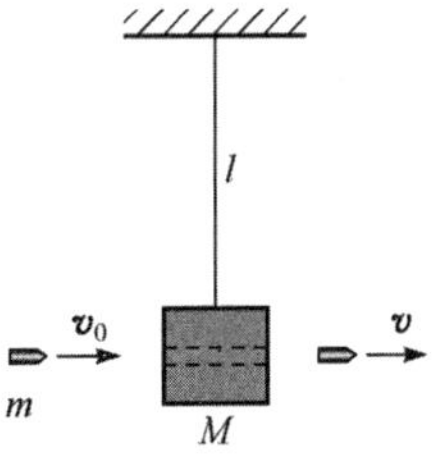

题 4-47 图

第 5 章　刚体的定轴转动

一、基本要求

（1）理解刚体的平动和定轴转动的概念，掌握描述刚体定轴转动的物理量，了解线量与角量的矢量关系.

（2）理解力矩、转动惯量的概念，了解简单对称形状刚体对固定轴转动惯量的计算方法，掌握转动定律并能熟练应用.

（3）理解刚体转动动能的概念，会计算定轴转动过程中力矩做功，掌握定轴转动的动能定理和机械能守恒定律，并能熟练应用.

（4）理解刚体角动量的概念，掌握刚体定轴转动的角动量定理和角动量守恒定律，并能熟练应用.

二、主要内容与学习指导

刚体定轴转动的运动学和动力学的内容与质点的（直线）运动的内容有非常好的类似性和对称性；实际上将刚体视为质点组，结合刚体的性质和定轴转动的特点，可以由质点系的运动规律推论出刚体定轴转动的运动规律. 因此，如果结合质点运动学和动力学的概念和规律来理解刚体定轴转动的概念和规律将是十分有效的. 刚体定轴转动内容和质点运动的对比由表 5-1 给出. 对于刚体的定轴转动的内容，应当着重理解和掌握下述内容.

表 5-1　刚体定轴转动与质点运动的对比

质点的（直线）运动	刚体的定轴转动	关系
位置矢量 $\boldsymbol{r}$	角坐标 θ	
位移　$\mathrm{d}\boldsymbol{r}$	角位移　$\mathrm{d}\boldsymbol{\theta}$	$\mathrm{d}\boldsymbol{r}=\mathrm{d}\boldsymbol{\theta}\times\boldsymbol{r}$
速度　$\boldsymbol{v}=\dfrac{\mathrm{d}\boldsymbol{r}}{\mathrm{d}t}$	角速度　$\boldsymbol{\omega}=\dfrac{\mathrm{d}\boldsymbol{\theta}}{\mathrm{d}t}$	$\boldsymbol{v}=\boldsymbol{\omega}\times\boldsymbol{r}$
加速度 $\boldsymbol{a}=\dfrac{\mathrm{d}\boldsymbol{v}}{\mathrm{d}t}$	角加速度 $\boldsymbol{\beta}=\dfrac{\mathrm{d}\boldsymbol{\omega}}{\mathrm{d}t}$	$\boldsymbol{a}=\boldsymbol{\beta}\times\boldsymbol{r}$
力　$\boldsymbol{F}$	力矩　$\boldsymbol{M}$	$\boldsymbol{M}=\boldsymbol{r}\times\boldsymbol{F}$
惯性（质量）　m	惯性（转动惯量）　$J=\sum\limits_i m_i r_i^2$	
动量　$\boldsymbol{p}=m\boldsymbol{v}$	角动量　$\boldsymbol{L}=J\boldsymbol{\omega}$	
动能　$E_{\mathrm{k}}=\dfrac{1}{2}mv^2$	转动动能　$E_{\mathrm{k}}=\dfrac{1}{2}J\omega^2$	
运动方程 $\boldsymbol{r}=\boldsymbol{r}(t)$	运动方程 $\theta=\theta(t)$	
运动定律　$\boldsymbol{F}=m\boldsymbol{a}$	转动定律　$M=J\beta$	
动量定理 $\mathrm{d}\boldsymbol{p}=\boldsymbol{F}\mathrm{d}t$	角动量定理　$\mathrm{d}\boldsymbol{L}=\boldsymbol{M}\mathrm{d}t$	
动能定理 $\mathrm{d}E_{\mathrm{k}}=\boldsymbol{F}\cdot\mathrm{d}\boldsymbol{r}$	动能定理　$\mathrm{d}E_{\mathrm{k}}=M\mathrm{d}\theta$	
动量守恒定律： $\sum\boldsymbol{F}=0,\boldsymbol{p}=$ 常矢量	角动量守恒定律： $\sum\boldsymbol{M}=0,\boldsymbol{L}=$ 常矢量	

续表

质点的(直线)运动	刚体的定轴转动	关系
机械能守恒定律： 系统仅有保守内力做功 $\sum A_{外}+\sum A_{内非}=0$ $E=E_k+E_p=$常量	机械能守恒定律： 系统仅有保守内力矩做功 $\sum A_{外}+\sum A_{内非}=0$ $E=E_k+E_p=$常量	

（一）描述转动的物理量

描述刚体定轴转动的所用物理量是角坐标 θ、角位移 $d\boldsymbol{\theta}$，角速度 $\boldsymbol{\omega}$ 和角加速度 $\boldsymbol{\beta}$，对此应着重理解以下几点.

1. 角速度矢量的规定

关于角速度矢量 $\boldsymbol{\omega}$ 的方向是由右手定则确定的，即右手四指绕向转动方向，拇指所指的为角速度矢量 $\boldsymbol{\omega}$ 的方向. 之所以这样规定，是因为一般情况下角位移 $\Delta\theta$ 不为矢量(不满足矢量的合成法则)，但无限小的角位移 $d\boldsymbol{\theta}$ 满足矢量性质，因此需要对角速度 $\boldsymbol{\omega}$(或无限小角位移 $d\boldsymbol{\theta}$)的方向作出规定. 这样，$d\boldsymbol{\theta}$、$\boldsymbol{\omega}$ 和 $\boldsymbol{\beta}$ 都是矢量，与描述平动的物理量线位移 $d\boldsymbol{r}$、线速度 $\boldsymbol{v}$ 和线加速度 $\boldsymbol{a}$ 具有相应的矢量关系，即

$$d\boldsymbol{r}=d\boldsymbol{\theta}\times\boldsymbol{r},\quad \boldsymbol{v}=\boldsymbol{\omega}\times\boldsymbol{r},\boldsymbol{a}=\boldsymbol{\beta}\times\boldsymbol{r} \tag{5.1}$$

2. 在定轴转动中 $d\boldsymbol{\theta}$、$\boldsymbol{\omega}$ 和 $\boldsymbol{\beta}$ 都在一条直线上

由于刚体在定轴转动中，刚体上的任一点都围绕同一固定直线(定轴)做圆周运动；由上述的角速度 $\boldsymbol{\omega}$(或无限小角位移 $d\boldsymbol{\theta}$)和角加速度 $\boldsymbol{\beta}$ 的方向规定可知，各个角量的矢量方向都与固定转轴平行. 因此，角位移、角速度和角加速度的方向由正、负即可表示，一般规定，刚体相对参考轴逆时针旋转时角位移(或角速度)为正，反之为负. 可以类比质点的直线运动来分析刚体定轴转动的运动.

匀速转动　$\theta=\theta_0+\omega t$

匀变速转动　$\theta=\theta_0+\omega_0 t+\dfrac{1}{2}\beta t^2$，　$\omega=\omega_0+\beta t$，　$\omega^2-\omega_0^2=2\beta(\theta-\theta_0)$

（二）力矩、转动惯量和转动定律

1. 力矩

力矩的概念在质点力学中已接触过，它的定义为

$$\boldsymbol{M}=\boldsymbol{r}\times\boldsymbol{F} \tag{5.2}$$

力矩是一个矢量，但在定轴转动中，只有在转轴方向的力矩分量对转动状态产生影响，在力矩转轴方向的投影可作为代数量处理，所以合外力矩等于各个力矩在转轴方向的分量的代数和. 应当明确力矩是与转轴有关的，同一个力对于不同的转轴，力矩就不同.

2. 转动惯量

转动惯量是表示刚体转动惯性大小的物理量，其定义为

$$J=\sum_i m_i r_i^2 \text{ 或 } J=\int_\Omega r^2\mathrm{d}m \tag{5.3}$$

式中，r 为质点(或质量元)到转轴的距离，积分遍及刚体质量分布区域. 转动惯量的大小不仅与刚体的质量有关，还与刚体的质量分布(刚体形状)和转轴位置有关.

对于比较复杂的刚体，有时需要借助平行轴定理计算其转动惯量. 平行轴定理的内容为：设刚体的质量为 m，刚体相对通过其质心的某一轴 Z_c 的转动惯量为 J_c；如果另有一轴 Z_O 与该质心轴 Z_c 平行，两轴距离为 d，刚体相对于该平行轴 Z_O 的转动惯量为 J_O，则

$$J_O=J_c+md^2 \tag{5.4}$$

3. 转动定律

转动定律描述了力矩对定轴转动刚体的瞬时作用规律，具有瞬时性，对定轴转动刚体，所受合外力矩在转轴方向上的分量 M，转动惯量 J，角加速度 β，则

$$M=J\beta \tag{5.5}$$

应当注意，转动定律中，M、J 和 β 必须对应于同一转轴.

(三) 转动动能和(转动)动能定理

1. 转动动能

转动动能是动能的一种表述形式，对于刚体定轴转动，转动动能为

$$E_\mathrm{k}=\frac{1}{2}J\omega^2 \tag{5.6}$$

2. 力矩的功

由功的定义可得，力矩对定轴转动的刚体所做的功为

$$A=\int_{\theta_1}^{\theta_2}M\mathrm{d}\theta \tag{5.7}$$

若刚体受到多个力矩作用，则总功等于各力矩做功的代数和 $A=\sum_i A_i$.

3. 动能定理

刚体定轴转动时，所受合力矩做的功等于其转动动能增量，即

$$\sum A=\int_{\theta_1}^{\theta_2}\left(\sum M_i\right)\mathrm{d}\theta=\frac{1}{2}J\omega_2^2-\frac{1}{2}J\omega_1^2=\Delta E_\mathrm{k} \tag{5.8}$$

若刚体系或质点与刚体构成的系统，绕同一定轴转动时，系统动能定理形式为

$$\sum A_{外}+\sum A_{内}=\Delta E_\mathrm{k} \tag{5.9}$$

即系统受内、外力矩所做功的总和等于系统动能增量.

若刚体系(或刚体与质点的系统)绕同一定轴转动时，仅有保守内力矩做功，系统的机械能守恒，即

$$\sum A_{外}=0 \text{ 且} \sum A_{内非}=0,\ E=E_\mathrm{k}+E_\mathrm{p}=\text{常量}$$

对于刚体，重力势能往往由其质心位置来确定.

（四）角动量和角动量定理

1. 角动量

对定轴转动的刚体，其角动量为

$$\boldsymbol{L}=J\boldsymbol{\omega} \tag{5.10}$$

角动量也与转轴位置有关. 若刚体系（或刚体与质点的系统）绕同一定轴转动时，系统的总角动量为 $L=\sum_i L_i$. 角动量是一个矢量，但在定轴转动中，也通常作为代数量来处理.

对于质点绕定轴转动（做圆周运动）时，其角动量为

$$\boldsymbol{L}=\boldsymbol{r}\times\boldsymbol{p}=\boldsymbol{r}\times(m\boldsymbol{\omega}\times\boldsymbol{r})=mr^2\boldsymbol{\omega} \tag{5.11}$$

故质点绕定轴转动的转动惯量为 $J=mr^2$.

2. 角动量定理

对定轴转动的刚体，合力矩对时间的累积量（冲量矩）等于角动量增量，即

$$\int_{t_1}^{t_2}\boldsymbol{M}\mathrm{d}t=\boldsymbol{L}_2-\boldsymbol{L}_1=\Delta\boldsymbol{L} \tag{5.12}$$

式中，力矩 $\boldsymbol{M}$ 和角动量 $\boldsymbol{L}$ 必须对于同一转轴.

若刚体 系统（或刚体与质点的系统）绕同一定轴转动，对于定轴转动的刚体系所有内力矩的矢量和为零，即 $\sum\boldsymbol{M}_{内}=0$. 所以定轴转动系统所受合外力矩的冲量矩等于系统角动量增量.

3. 角动量守恒

对绕同一个定轴转动系统（刚体系或刚体与质点的系统）所受合外力矩为零，则角动量保持不变，即

$$\sum\boldsymbol{M}=0,\quad \boldsymbol{L}=常量$$

三、习题分类与解题方法指导

对于刚体的定轴转动，习题类型大体为：①刚体定轴转动的运动学；②应用转动定律求解的问题；③应用动能定理或机械能守恒定律求解的问题；④应用角动量定理或角动量守恒定律求解的问题等，现分别讨论.

（一）刚体定轴转动的运动学问题的求解

对于刚体的定轴转动，因为其角速度 $\boldsymbol{\omega}$ 和角加速度 $\boldsymbol{\beta}$ 都在平行转轴的方向上，因此刚体定轴转动的运动状态类似于质点的直线运动，运用各个角量之间的关系和角量与线量的关系，求解这类习题一般不难.

例题 5-1　已知一定轴转动刚体，在各个时间间隔内角速度为

$$\omega=\begin{cases}18 & (0\leqslant t<5)\\ 18+3t-15 & (5\leqslant t\leqslant 8)\\ \omega_1-3t+24 & (8\leqslant t)\end{cases}$$

求：(1) 上述方程中的 ω_1；(2) 根据上述规律，刚体在什么时刻角速度 $\omega=0$？

解　(1) 因为 $t=8$ 时，满足 $\omega=18+3t-15$ 和 $\omega=\omega_1-3t+24$；将 $t=8$ 代入则得

$$18+3\times8-15=\omega_1-3\times8+24$$

$$\omega_1=18+24-15=27(\text{rad}\cdot\text{s}^{-1})$$

(2) 由上述规律可知，$t\leqslant8\text{s}$，不可能使 $\omega=0$；$8\leqslant t$，$\omega=\omega_1-3t+24$；令 $\omega=0$，且将 $\omega_1=27$ 代入得 $27-3t+24=0$，解得 $t=17$；所以，当 $t=17\text{s}$ 时，$\omega=0$.

例题 5-2 一做匀变速转动的飞轮，在 10s 内转过 16 圈，其末角速度为 $15\text{rad}\cdot\text{s}^{-1}$，求它的角加速度 β.

解 由匀变速转动的规律：$\theta=\theta_0+\omega_0 t+\dfrac{1}{2}\beta t^2$，$\omega=\omega_0+\beta t$，令 $t=10$，$\Delta\theta=\theta-\theta_0=32\pi\text{rad}$，$\omega=15\text{rad/s}$，则有

$$10\omega_0+50\beta=32\pi,\quad \omega_0+10\beta=15$$

解得

$$\omega_0\approx5.1\text{rad}\cdot\text{s}^{-1},\quad \beta=0.99\text{rad}\cdot\text{s}^{-2}$$

（二）应用转动定律求解习题

在转动定律 $M=J\beta$ 中，包含转动惯量 J、合力矩 M 和角加速度 β 等. 在定轴转动中，刚体转动惯量是一个不变的量，通常根据合力矩求角加速度或者是已知角加速度求未知的力矩，有时需要首先计算转动惯量.

1. 转动惯量的计算

计算刚体转动惯量的一般步骤是：① 适当建立坐标系（一般坐标原点选在转轴上）；② 选取质量元 $\text{d}m$，并且确定 $\text{d}J=r^2\text{d}m$；③ 求积分 $J=\int r^2\text{d}m$，由刚体形状确定积分区域. 对质量离散分布的质点系，$J=\sum\limits_i m_i r_i^2$；对于比较复杂的刚体，有时需要借助平行轴定理 $J_O=J_c+md^2$ 计算其转动惯量；在实际问题中，常应用一些典型刚体对一定轴转动惯量的结论，如圆环、圆盘、细杆等，这些结论在一般教材中都已给出.

例题 5-3 质量均匀分布的球体，半径为 R，质量为 m；求 (1) 该球体对某一直径轴的转动惯量；(2) 该球体对与球体相切的某一直线为轴的转动惯量.

解 (1) 在球体内选取一个薄圆柱层，半径为 r，厚度为 $\text{d}r$，长度为 l，如图 5-1 所示；$\text{d}V=2\pi l r\text{d}r$，$\text{d}m=\rho\text{d}V=\rho2\pi l r\text{d}r$，其中 $\rho=\dfrac{m}{\frac{4}{3}\pi R^3}$，则 $\text{d}J=r^2\text{d}m=\rho2\pi l r^3\text{d}r$.

由图 5-1 可知，$l=2R\cos\theta$，$r=R\sin\theta$，则 $\text{d}r=R\cos\theta\text{d}\theta$，所以

$$\text{d}J=\rho2\pi l r^3\text{d}r=\rho4\pi R^5\cos^2\theta\sin^3\theta\text{d}\theta$$

$$J=\rho4\pi R^5\int_0^{\pi/2}\cos^2\theta\sin^3\theta\text{d}\theta=\rho4\pi R^5\int_0^{\pi/2}(1-\cos^2\theta)\cos^2\theta\text{d}\cos\theta=\frac{8}{15}\pi\rho R^5$$

将 $\rho=\dfrac{m}{\frac{4}{3}\pi R^3}$ 代入，得到

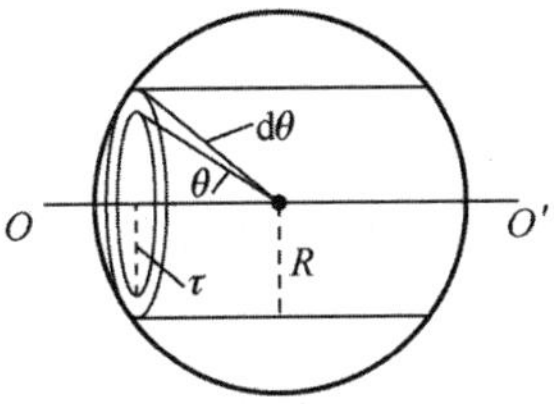

图 5-1

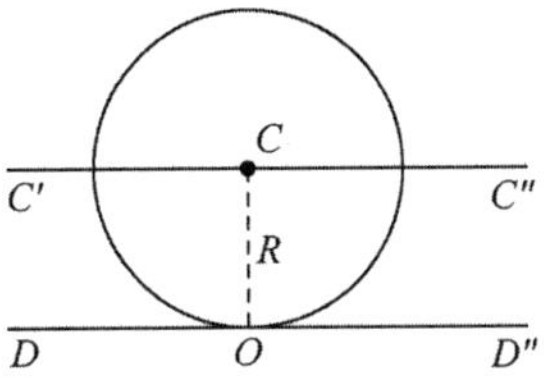

图 5-2

$$J=\frac{2}{5}mR^2$$

如图 5-2 所示，刚体球对过质心的直径轴的转动惯量为 $J_c=\frac{2}{5}mR^2$，球心到切线轴的距离为 $d=R$，由平行轴定理，刚体对切线 O 轴的转动惯量为

$$J=J_c+md^2=\frac{2}{5}mR^2+mR^2=\frac{7}{5}mR^2$$

例题 5-4　如图 5-3 所示，已知细杆长为 $2R$，质量为 m，一端连接转轴 O（转轴垂直于纸面），另一端固连半径为 R，质量为 m 的圆盘. 求刚体对 O 轴的转动惯量.

解　刚体是由细杆与圆盘连接而成，所以转动惯量 $J=J_1+J_2$.

细杆绕过端点轴的转动惯量 $J_1=\frac{1}{3}ml^2=\frac{4}{3}mR^2$，圆盘绕垂直过质心 C 轴的转动惯量 $J_{2c}=\frac{1}{2}mR^2$；C 轴与 O 轴的间距为 $d=3R$，由平行轴定理，圆盘对 O 轴的转动惯量为

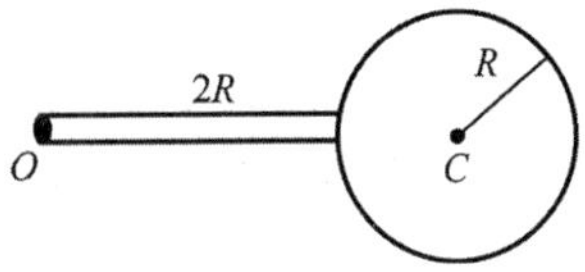

图 5-3

$$J_2=J_{2c}+md^2=\frac{1}{2}mR^2+m(3R)^2=\frac{19}{2}mR^2$$

所以

$$J=J_1+J_2=\frac{4}{3}mR^2+\frac{19}{2}mR^2=\frac{65}{6}mR^2$$

2. 应用转动定律求解问题

如果习题中给出刚体定轴转动所受的力矩求角加速度及相关量，或者已知刚体定轴转动的运动情况（角加速度）要求刚体所受力矩及其相关量，一般应用转动定律求解. 应用转动定律求解问题的一般思路为：①确定研究对象，有时也需要隔离分析；②分析物体受力，求出各力对定轴的力矩；③由转动定律列方程，必要时应据题意的潜在条件补列方程；④求解方程或方程组，代入数据求解未知量.

例题 5-5　一质量为 50kg，半径为 0.2m 的圆盘形飞轮绕过其中心的轴旋转，当转速达 $n=600\text{rev}\cdot\text{min}^{-1}$ 后撤去外力矩；由于摩擦，飞轮经过 50s 后停止下来，若摩擦力矩始终不变，求摩擦力矩 M_f.

解　由转动定律 $M=J\beta$，对圆盘 $J=\frac{1}{2}mR^2$，由于摩擦力矩为常量，故角加速度 β 也为常数，刚体做匀变速转动；由 $\omega=\omega_0+\beta t$，得 $\beta=\frac{\omega-\omega_0}{t}$，所以得到

$$M_f=J\beta=\frac{1}{2}mR^2\cdot\frac{\omega-\omega_0}{t}$$

代入数据，$\omega=0,\omega_0=\frac{2\pi n}{60}=\frac{2\pi\times600}{60}=20\pi\text{rad}\cdot\text{s}^{-1}$，$m=50\text{kg}$，$t=50\text{s}$，$R=0.2\text{m}$，则得

$$M_f=-1.26\text{N}\cdot\text{m}$$

例题 5-6 如图 5-4(a)所示，质量为 m_1 和 m_2 的两物体分别挂在组合轮的两端，两轮的半径分别 R_1 和 R_2，转动惯量分别为 J_1 和 J_2；轮与轴承间无摩擦，绳与轮之间无相对滑动，且绳的质量忽略不计. 试求两物体的加速度和绳的张力.

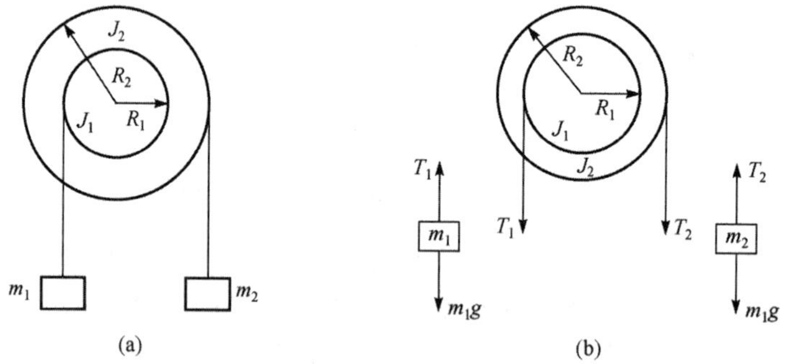

图 5-4

解 设 $m_2>m_1$，分别对组合轮和两物体分析受力，如图 5-4(b)所示，由牛顿第二定律、转动定律和角加速度与轮缘加速度的关系列方程为

$$m_2g-T_2=m_2a_2$$
$$T_1-m_1g=m_1a_1$$
$$T_2R_2-T_1R_1=(J_1+J_2)\beta$$
$$a_2=\beta R_2$$
$$a_1=\beta R_1$$

解得

$$\beta=\frac{m_2R_2-m_1R_1}{J_1+J_2+m_1R_1^2+m_2R_2^2}g$$

$$a_1=\frac{m_2R_2-m_1R_1}{J_1+J_2+m_1R_1^2+m_2R_2^2}gR_1,\quad a_2=\frac{m_2R_2-m_1R_1}{J_1+J_2+m_1R_1^2+m_2R_2^2}gR_2,$$

$$T_1=\frac{J_1+J_2+m_2R_2^2+m_2R_1R_2}{J_1+J_2+m_1R_1^2+m_2R_2^2}m_1g,\quad T_2=\frac{J_1+J_2+m_1R_2^2+m_1R_1R_2}{J_1+J_2+m_1R_1^2+m_2R_2^2}m_2g$$

（三）应用刚体定轴转动的动能定理求解问题

若涉及力矩做功或由转动刚体(系统)的始、末状态的角速度求解未知功的问题，一般应用定轴转动动能定理求解；对只有保守内力做功的系统通常应用机械能守恒定律求解问题. 应用动能定理或机械能守恒定律求解问题的一般思路为：①选取研究对象；②分析受力并确定各个力矩；③求各力矩做的功；④确定系统初、末状态的机械能；⑤由动能定理或机械能守恒定律列方程；⑥解方程，求出未知量.

例题 5-7 一冲床，飞轮的转动惯量为 $J=1000\text{kg}\cdot\text{m}^2$；正常转速为 $n_0=600\text{rev}\cdot\text{min}^{-1}$，每冲击一次工件后转速降为 $n=60\text{rev}\cdot\text{min}^{-1}$. 求在一次冲击工件的过程阻力所做的功.

解　对冲床飞轮，在冲击工件的过程中所受合力矩近似为阻力矩，阻力矩所做的功为待求的量，冲击前、后飞轮的动能分别为

$$E_{k0}=\frac{1}{2}J\omega_0^2=\frac{1}{2}J\left(\frac{2\pi n_0}{60}\right)^2,\quad E_k=\frac{1}{2}J\omega^2=\frac{1}{2}J\left(\frac{2\pi n}{60}\right)^2$$

由动能定理得

$$A_{阻}=E_k-E_{k0}=\frac{1}{2}J\left(\frac{2\pi}{60}\right)^2(n^2-n_0^2)$$

代入数据算得

$$A_{阻}=-2\times10^6(\mathrm{J})$$

例题 5-8　一绳绕过半径为 $R=0.2\mathrm{m}$ 的飞轮，系一质量为 $m=10\mathrm{kg}$ 的物体，如图 5-5 所示. 已知飞轮的转动惯量为 $J=0.5\mathrm{kg\cdot m^2}$，飞轮和轴之间无摩擦，飞轮和绳之间无相对滑动，且绳不可伸长，若飞轮和物体初始静止，求物体下落 5m 时飞轮的动能.

解　取飞轮、物体和地球构成的系统为研究对象，因为仅有重力做功，故系统的机械能守恒；取初始时物体所在位置为势能零点，因为初始静止，故初始机械能 $E_0=0$；设物体下落 $h=5\mathrm{m}$ 时，飞轮角速度为 ω，物体的速度为 v，故此时系统的机械能为

$$E=\frac{1}{2}J\omega^2+\frac{1}{2}mv^2-mgh$$

由机械能守恒 $E=E_0$，又因为 $v=\omega R$，所以

$$\frac{1}{2}J\omega^2+\frac{1}{2}m\omega^2R^2-mgh=0$$

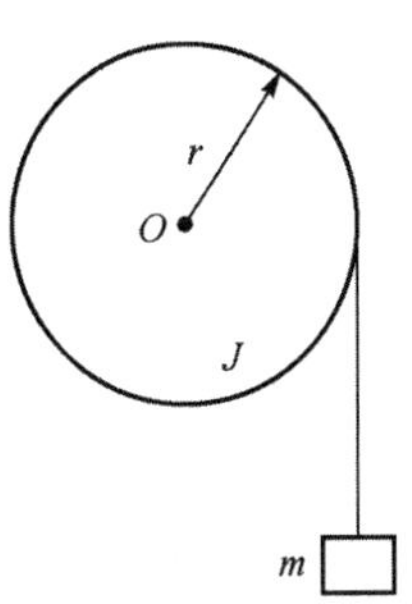

图 5-5

故解得 $\omega^2=\dfrac{2mgh}{J+mR^2}$，所以飞轮的转动动能为

$$E_k=\frac{1}{2}J\omega^2=\frac{1}{2}J\frac{2mgh}{J+mR^2}=\frac{1}{2}\times0.5\times\frac{2\times10\times9.8\times5}{0.5+10\times0.2^2}=272(\mathrm{J})$$

（四）由角动量定理或角动量守恒定律求解问题

若习题涉及力或力矩在时间上的累积作用，或者由刚体的初、末转动状态来求平均力矩等情况，一般用角动量定理求解问题. 若做定轴转动的系统的合外力矩为零，则可运用角动量守恒定律求解. 应用角动量定理求解问题的一般思路为：①选取研究对象；②分析物体受力，确定各力对定轴的力矩；③确定初、终状态角动量；④求合力矩的冲量矩；⑤由角动量定理列方程；⑥解方程求出未知量.

例题 5-9　一质量 $m=2\mathrm{kg}$ 的细棒，长 $l=1.0\mathrm{m}$，支点在棒的端点，初始棒自由下悬，如图 5-6所示. 以 $F=100\mathrm{N}$ 的力打击棒的下端点，打击时间为 $\Delta t=0.02\mathrm{s}$，若打击前棒是静止的，求(1) 打击后棒的角速度；(2) 棒的最大摆角.

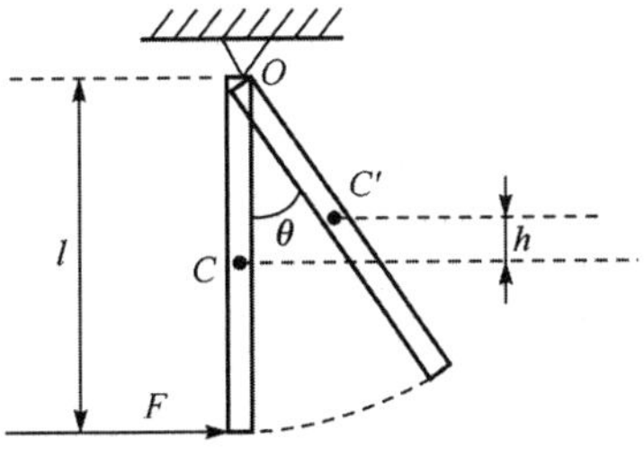

图 5-6

解　(1) 以细棒为研究对象，打击过程所受合外力矩为 $M=Fl$，初始角动量 $L_0=J\omega_0=0$，$J=\dfrac{1}{3}ml^2$；设打击后

角动量为 $L=J\omega=\frac{1}{3}ml^2\omega$，由角动量定理得

$$M\Delta t=\Delta L=L-L_0$$

所以

$$Fl\Delta t=\frac{1}{3}ml^2\omega$$

$$\omega=\frac{3F\Delta t}{ml}=\frac{3\times100\times0.02}{2\times1.0}=3.0(\mathrm{rad}\cdot\mathrm{s}^{-1})$$

(2) 以细棒和地球为研究系统，细棒摆动过程机械能守恒，取初始时质心位置 C 点为势能零点，则初始(打击结束时)机械能为 $E_0=\frac{1}{2}J\omega^2$；摆到最高点时动能为零，机械能为 $E=mgh$，由机械能守恒 $E=E_0$，则

$$mgh=\frac{1}{2}J\omega^2=\frac{1}{6}ml^2\omega^2,\quad h=\frac{\omega^2l^2}{6g}$$

由图 5-6 可以看出 $h=\frac{1}{2}l(1-\cos\theta)$，所以

$$\cos\theta=1-\frac{2h}{l}=1-\frac{\omega^2l}{3g}=1-\frac{3^2\times1.0}{3\times9.8}=0.69$$

$$\theta=\arccos0.69=46.4°$$

例题 5-10 一质量为 M，半径为 R 的均匀实心球体，以角速度 ω_0 绕通过球心一个定轴转动，质量为 m 的子弹以 v_0 的初速度射进球的边缘，如图 5-7 所示. 求碰后系统的角速度.

解 对子弹和球体的系统，所受外力矩为零，系统角动量守恒，取逆时针转动为正方向，则碰前角动量为 $L_0=J\omega_0-mRv_0$，碰后的角动量为 $L=(J+mR^2)\omega$，球体转动惯量为 $J=\frac{2}{5}mR^2$. 由角动量守恒定律 $L_0=L$，即

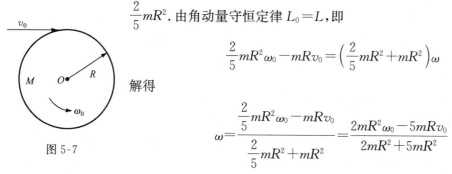

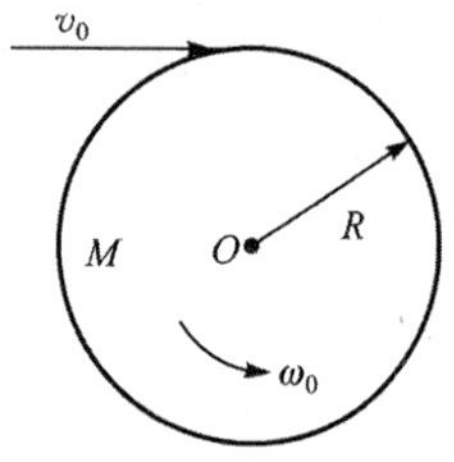

图 5-7

$$\frac{2}{5}mR^2\omega_0-mRv_0=\left(\frac{2}{5}mR^2+mR^2\right)\omega$$

解得

$$\omega=\frac{\frac{2}{5}mR^2\omega_0-mRv_0}{\frac{2}{5}mR^2+mR^2}=\frac{2mR^2\omega_0-5mRv_0}{2mR^2+5mR^2}$$

例题 5-11 半径为 R 的空心圆环竖直放置，可以绕过环心的竖直轴转动，转动惯量为 J，环的初始角速度为 ω_0，质量为 m 的小球开始静止在最高点 A，由于干扰小球沿圆环的内壁下滑，若不计任何摩擦，求：

(1) 小球滑到与环心同高度的 B 点圆环的角速度 ω_B 和小球相对圆环的速度 u_B.

(2) 小球滑到最低的 C 点时，圆环的角速度 ω_C 和小球相对圆环的速度 u_C.

解 (1) 对小球、地球和圆环构成的系统机械能守恒，小球和圆环构成的系统角动量守恒；若取圆环的圆心重力势能为零，由机械能守恒定律

$$mgR+\frac{1}{2}J\omega_0^2=\frac{1}{2}J\omega_B^2+\frac{1}{2}mv_B^2 \quad ①$$

由角动量守恒定律得

$$J\omega_0=(J+mR^2)\omega_B \qquad ②$$

由相对运动关系得

$$v_B^2=u_B^2+\omega_B^2R^2 \qquad ③$$

由式①、式②、式③可以解得

$$\omega_B=\frac{J\omega_0}{J+mR^2}$$

$$u_B=\sqrt{2gR+\frac{J\omega_0^2R^2}{J+mR^2}}$$

(2) 由机械能守恒

$$mgR+\frac{1}{2}J\omega_0^2=\frac{1}{2}J\omega_C^2+\frac{1}{2}mv_C^2-mgR$$

由角动量守恒 $J\omega_0=J\omega_C$，由相对运动关系得 $v_C=u_C$，所以解得

$$\omega_0=\omega_C,\quad u_C=2\sqrt{gR}$$

四、知识拓展与问题讨论

刚体的平衡问题

(一) 刚体的平衡方程

处于静止状态的刚体既没有平动，也没有转动. 因此，刚体平衡的充分必要条件是它所受的合外力为零，对任意一个参考点的合外力矩为零，即

$$\sum_i \boldsymbol{f}_i=0 \tag{5.13}$$

$$\sum_i \boldsymbol{M}_i=\sum_i \boldsymbol{r}_i\times\boldsymbol{f}_i=0 \tag{5.14}$$

式(5.13)和式(5.14)称为刚体的平衡方程. 上述的每个矢量式都分别对应三个分量式，后者包含了"对任意的转轴都成立"的意思. 这样的力系称为零力系.

当刚体的运动受到某种限制而又不需知道约束反力时，刚体平衡的个数可以减少. 例如，讨论刚体的平面平行运动的平衡问题时，只需要平行于运动平面(如 x，y 平面)的力的两个分量平衡方程和垂直于此平面的一个力矩平衡方程就够了，即

$$\sum_i f_{ix}=0,\quad \sum_i f_{iy}=0 \tag{5.15}$$

$$\sum_i M_{iz}=\sum_i(x_if_{iy}-y_if_{ix})=0 \tag{5.16}$$

求解此类问题的一般思路为：①确定研究对象；②分析受力(选坐标系画出受力图)；③取定支点(任意选取支点，视问题方便选取)求各力矩；④列出力和力矩的平衡方程(组)；⑤解方程求解未知量.

例题 5-12　如图 5-8(a)所示，一圆柱体(截面)半径为 R，重为 P，与墙面和地面的静摩擦系数均为 $\mu=\frac{1}{3}$；若对圆柱体施一向下的压力 $F=2P$，求：

(1) 要使圆柱体恰好能逆时针转动，则压力 F 与重力 P 作用线之间距离 d；

(2) 作用于圆柱体与墙面接触点 A 的摩擦力 f_A 和正压力 N_A.

解　对圆柱体受力分析如图 5-8(b) 所示，由$\sum \boldsymbol{F}=0$，得

$$\sum F_x = N_A - f_B = 0 \qquad ①$$

$$\sum F_y = N_B + f_A - F - P = 0 \qquad ②$$

若对圆柱体中心 O 点取矩，又有

$$\sum M = Fd - f_A R - f_B R = 0, \qquad ③$$

要使圆柱体恰好能逆时针转动，摩擦力与正压力的关系为

$$f_A = \mu N_A = \frac{1}{3} N_A \qquad ④$$

$$f_B = \mu N_B = \frac{1}{3} N_B \qquad ⑤$$

由式①～式⑤可解得

$$d = \frac{3}{5}R, \quad f_A = \frac{1}{3}N_A = \frac{3}{10}P, \quad N_A = \frac{P+F}{\mu + \dfrac{1}{\mu}} = \frac{3P}{\dfrac{1}{3}+3} = \frac{9}{10}P$$

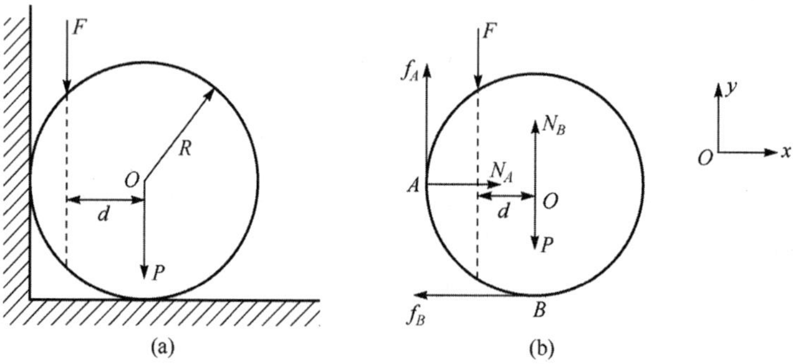

图 5-8

（二）静摩擦与静不定问题

例题 5-13　一架质量均匀的梯子，重为 W，长度为 $2l$，上端靠在光滑的墙上，下端放在粗糙的地面上，梯子与地面的摩擦系数为 μ. 有一个体重为 W_1 的人攀登到距梯子下端 l_1 的地方，如图 5-9 所示. 求梯子不滑动的条件.

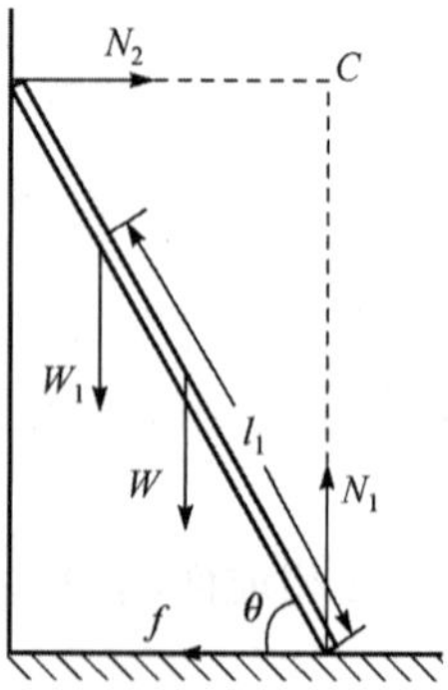

图 5-9

解　设梯子与地面的夹角为 θ，地面与墙面对梯子的支持力分别为 N_1 和 N_2，地面对梯子的摩擦力为 f，则水平和竖直方向的力平衡方程分别为

$$N_2 - f = 0 \qquad ①$$

$$N_1 - W - W_1 = 0 \qquad ②$$

力矩的参考点可以任意选择. 为了简单，选择N_1和N_2延长线的交点 C 为参考点，则力矩平衡方程为

$$2fl\sin\theta - Wl\cos\theta - W_1 l_1 \cos\theta = 0 \qquad ③$$

由方程①～③可以解得

$$N_1 = W + W_1$$

$$N_2=f=\frac{Wl+W_1l_1}{2l}\cot\theta$$

梯子不滑动的条件是 $f<\mu N_1$，即得

$$\frac{Wl+W_1l_1}{2l}\cot\theta<\mu(W+W_1)$$

对于一定的倾角 θ，人所能攀登的高度为

$$l_1=\frac{2l\mu(W+W_1)}{W_1}\tan\theta-\frac{Wl}{W_1}$$

可见倾角 θ 越大，允许人攀登得越高；摩擦系数 μ 越大，允许人攀登得越高.

在上例中，如果墙面不是光滑的，则多出一个未知量（墙对梯子的摩擦力），但是独立平衡方程的数目却不能再增加，因而无法求出确定的答案. 这类问题叫做静不定问题(static indeterminate problem). 静不定问题的实质在于静摩擦力的大小与运动趋势有关，有两个以上的静摩擦力参与刚体的平衡时，它们各自承担多少，与达到平衡的过程有关，结论是不唯一的. 所谓“运动的趋势”，在此指的是物体在相互接触的地方彼此造成微小形变的情况，这就超出了刚体概念的范围，所以运用刚体模型解决此类问题就无能为力了.

习　题　5

一、选择题

5-1　某刚体绕定轴作匀变速转动时，对于刚体上距转轴为 r 处的任一质元 Δm 来说，它的法向加速度和切向加速度分别用 a_n 和 a_τ 来表示，则下列表述中正确的是（　　）

A. a_n 和 a_τ 的大小均随时间变化；

B. a_n 和 a_τ 的大小均保持不变；

C. a_n 的大小变化，a_τ 的大小恒定不变；

D. a_n 的大小保持恒定，a_τ 的大小变化.

5-2　刚体的转动惯量只决定于（　　）

A. 刚体的质量；　　B. 刚体的质量的空间分布；

C. 刚体的质量对给定转轴的分布；　　D. 转轴的位置.

5-3　有两个力作用在一个有固定转轴的刚体上，（　　）

A. 这两个力都垂直于轴作用时，它们对轴的合力矩一定是零；

B. 这两个力都垂直于轴作用时，它们对轴的合力矩可能是零；

C. 当这两个力的合力为零时，它们对轴的合力矩也一定是零；

D. 当这两个力对轴的合力矩为零时，它们的合力也一定是零.

5-4　一轻绳绕在有水平轴的定滑轮上，绳下端挂一物体. 物体所受重力为 P，滑轮的角加速度为 β. 若将物体去掉而以与 P 相等的力直接向下拉绳子，则滑轮的角加速度 β 将（　　）

A. 不变；　　B. 变小；　　C. 变大；　　D. 无法判断.

5-5　三个相同的力分别作用在三根相同细杆的不同部位，如图所示. 对力的作用结果，以下表述正确的是（　　）

(1) 杆的质心 P 都以相同的加速度作直线运动；

(2) 杆 L_1 作平动；

(3) 杆 L_2、L_3 绕其质心 P 作转动；

(4) 杆 L_2、L_3 绕其质心 P 的转动角加速度相等.

A. (1)(2)(3)；　B. (2)(3)(4)；　C. (1)(3)(4)；　D. (1)(2)(4).

5-6　质量为 m 长为 l 的均匀直杆，两端用绳水平悬挂起来，如图所示. 现在突然剪断一根绳，在绳断开的瞬间，另一根绳的张力为(　　)

A. mg；　B. $\frac{1}{2}mg$；　C. $\frac{1}{4}mg$；　D. $\frac{1}{8}mg$.

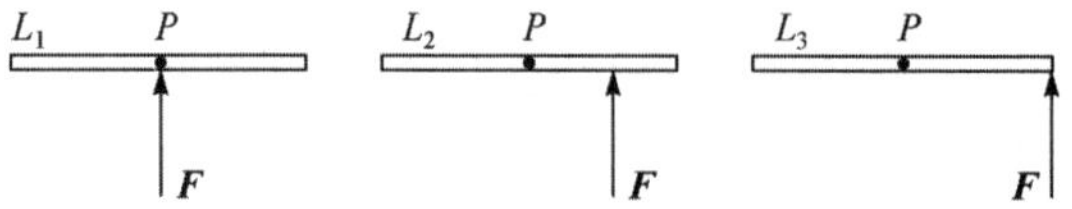

题 5-5 图

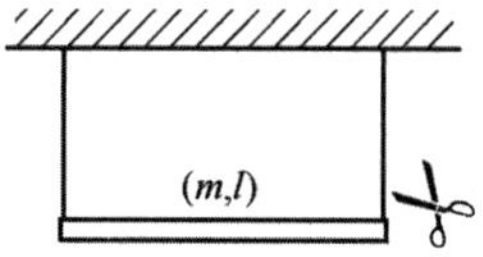

题 5-6 图

5-7　一质量为 m 的匀质细杆 AB，A 端靠在光滑的直墙壁上，B 端置于粗糙水平地面上而静止. 杆身与竖直方向成 θ 角，则 A 端对墙壁的压力为(　　)

A. $\frac{1}{4}mg\cos\theta$；　B. $\frac{1}{2}mg\tan\theta$；　C. $mg\sin\theta$；　D. 不能唯一确定.

5-8　轻绳跨过一定滑轮，绳的一端系着重物 P，另一端由人抓着，如图所示. 设人和重物 P 的质量都为 M，定滑轮关于 O 轴的转动惯量为 $\frac{1}{4}MR^2$. 若人相对于绳以匀速率 u 由静止开始上爬，那么重物上升的速率为(　　)

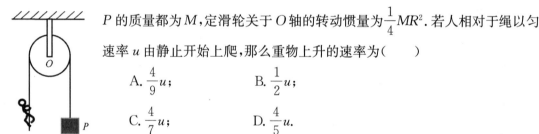

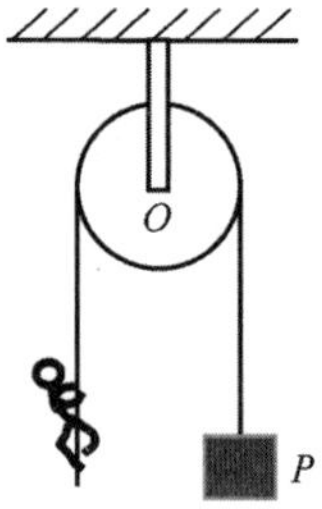

题 5-8 图

A. $\frac{4}{9}u$；　B. $\frac{1}{2}u$；

C. $\frac{4}{7}u$；　D. $\frac{4}{5}u$.

5-9　一静止的均匀细棒，长为 L，质量为 M，可绕通过棒的端点且垂直于棒长的光滑轴 O 在水平面内转动，转动惯量为 $\frac{1}{3}ML^2$；一质量为 m 速率为 v 的子弹在水平面内沿与棒垂直的方向射入棒的自由端，设击穿棒后子弹的速度为 $\frac{1}{2}v$，则此时棒的角速度应为(　　)

A. $\frac{mv}{ML}$；　B. $\frac{3mv}{2ML}$；　C. $\frac{5mv}{3ML}$；　D. $\frac{7mv}{4ML}$.

5-10　质量为 m 的小孩站在半径为 R，转动惯量为 J 的可以自由转动的水平圆台边缘上(圆台可以无摩擦地绕通过中心的直轴转动). 平台和小孩开始时均静止，当小孩突然以相对于地面为 v 的速率沿台边缘逆时针走动时，则此平台相对地面旋转的角速度 ω 为(　　)

A. $\omega=\frac{mR^2}{J}\cdot\frac{v}{R}$，顺时针方向；　B. $\omega=\frac{mR^2}{J}\cdot\frac{v}{R}$，逆时针方向；

C. $\omega=\frac{mR^2}{J+mR^2}\cdot\frac{v}{R}$，顺时针方向；　D. $\omega=\frac{mR^2}{J+mR^2}\cdot\frac{v}{R}$，逆时针方向.

5-11　工程技术上的摩擦离合器是通过摩擦实现传动的装置，其结构如图所示. 轴向作

用力可以使 A,B 两个飞轮实现离合. 当 A 轮与 B 轮接合,A 轮通过摩擦力矩带动 B 轮转动时,则此刚体系统在两轮接合前后(　　)

A. 角动量改变,动能亦改变;　　B. 角动量改变,动能不变;

C. 角动量不变,动能改变;　　D. 角动量不变,动能亦不改变.

5-12　一人站在转动的转台中心上,在他伸出去的两手中各握有一个重物,如图所示. 当这个人向着胸部缩回他的双手及重物的过程中,以下叙述正确的是(　　)

(1) 系统的转动惯量减小;　　(2) 系统的转动角速度增大;

(3) 系统的角动量保持不变;　　(4) 系统的转动动能保持不变.

A(2)(3)(4);　B. (1)(2)(3);　C. (1)(2)(4);　D. (2)(3)(4).

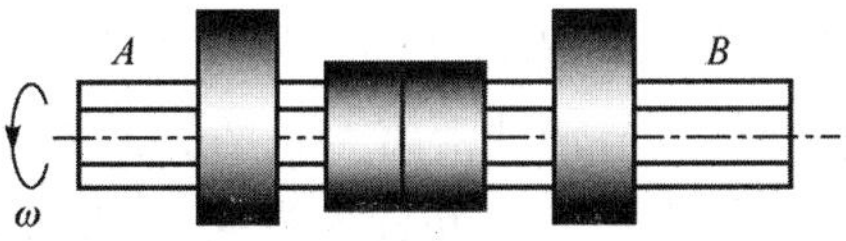

题 5-11 图

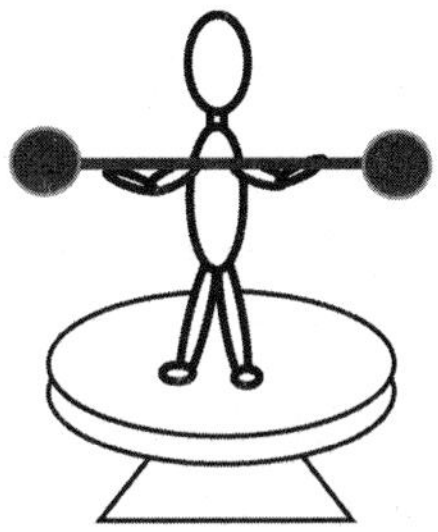

题 5-12 图

5-13　一块方板,可以一个边为轴自由转动. 最初板自由下垂. 今有一小团黏土,垂直板面撞击方板,并粘在板上. 对黏土和方板系统,如果忽略空气阻力,在碰撞中守恒的量是(　　)

A. 动能;　　B. 绕木板转轴的角动量;

C. 机械能;　　D. 动量.

二、填空题

5-14　一个以恒定角加速度转动的圆盘,如果在某一时刻的角速度为 $\omega_1=20\pi\text{rad}\cdot\text{s}^{-1}$,再转 60 转后角速度为 $\omega_2=30\pi\text{rad}\cdot\text{s}^{-1}$,则角加速度 $\beta=$________,转过上述 60 转所需的时间为 $\Delta t=$________.

5-15　绕定轴转动的飞轮均匀地减速,$t=0$ 时角速度 $\omega_0=5\text{rad}\cdot\text{s}^{-1}$,$t=20\text{s}$ 时角速度 $\omega=0.8\omega_0$,则飞轮的角加速度 $\beta=$________,$t=0$ 到 $t=120\text{s}$ 时间内飞轮所转过的角度 $\theta=$________.

5-16　半径为 $r=1.5\text{m}$ 的飞轮,初角速度 $\omega_0=10\text{rad}\cdot\text{s}^{-1}$,角加速度 $\beta=-5\text{rad}\cdot\text{s}^{-2}$,则在 $t=$________时角位移为零,而此时边缘上点的速率 $v=$________.

5-17　决定刚体转动惯量的因素是________. 两个均质圆盘 A 和 B 的密度分别为 ρ_A 和 ρ_B,若 $\rho_A>\rho_B$,但两圆盘的质量与厚度相同,如两盘对通过盘心垂直于盘面轴的转动惯量各为 J_A 和 J_B,则 J_A 与 J_B 的大小关系是________.

5-18　匀质大圆盘,质量为 M,半径为 R;如果在大圆盘中央挖去一个小圆盘,其半径为 $\frac{1}{2}R$,而且小圆盘中心到大圆盘中心的间距也为 $\frac{1}{2}R$,则挖去小圆盘后剩余部分对于过 O 点且垂直于盘面的转轴的转动惯量 $J=$________.

5-19　力矩的定义式为________,在力矩作用下,一个绕轴转动的物体作________运动. 系统所受的合外力矩为零，则系统的__________守恒.

5-20　一冲床的飞轮，转动惯量为 $J=25\text{kg}\cdot\text{m}^2$，并以角速度 $\omega_0=10\pi\text{rad/s}$ 转动. 在带动冲头对板材作成型冲压过程中，所需的能量全部由飞轮来提供. 已知冲压一次，需做功 4000J，则在冲压过程之末飞轮的角速度 $\omega=$__________.

5-21　一根均匀棒，长为 l，质量为 m，可绕通过其一端且与其垂直的固定轴在铅直面内自由转动. 开始时棒静止在水平位置，当它自由下摆时，它的初角速度等于__________，初角加速度等于__________.

5-22　一匀质细杆可绕通过上端与杆垂直的水平光滑固定轴 O 旋转，初始状态为静止悬挂. 现有一个小球自左方下端水平打击细杆，设小球与细杆之间为非弹性碰撞，则在碰撞过程中对细杆与小球这一系统__________守恒.

5-23　一个圆柱体质量为 M，半径为 R，可绕固定的水平光滑对称轴转动，原来处于静止. 现有一质量为 m，速度为 v 的子弹，沿圆周切线方向射入圆柱体边缘. 子弹嵌入圆柱体的瞬间，圆柱体与子弹一起转动的角速度 $\omega=$__________.

5-24　一人坐在转椅上，双手各持一哑铃，哑铃与转轴的距离各为 0.6m，先让人体以 $\omega_0=5\text{rad}\cdot\text{s}^{-1}$ 的角速度随转椅旋转；人将哑铃拉回使其与转轴距离为 0.2m. 人体和转椅对轴的转动惯量为 $J=5\text{kg}\cdot\text{m}^2$，视为不变. 每一哑铃的质量为 5kg，并视为质点. 哑铃被拉回后，人体的角速度 $\omega=$__________.

三、计算题或证明题

5-25　一飞轮以等角加速度 $\beta=2\text{rad}\cdot\text{s}^{-2}$ 转动，在某时刻以后的 5s 内飞轮转过了 100rad；若此飞轮是由静止开始转动的，求在上述的某时刻以前飞轮转动了多少时间？

5-26　以 $M=20\text{N}\cdot\text{m}$ 的恒力矩作用在有固定轴的转轮上，在 10s 内该轮的转速由零增大到 100rev/min；此时移去该力矩，转轮因摩擦力矩的作用又经 100s 而停止. 试计算此转轮的转动惯量.

5-27　试求图示圆柱体绕中心轴的转动惯量. 设圆柱体的质量为 m，半径为 R，4 个圆柱形空洞的半径均是 $R/3$，从中心轴到各个空洞中心的距离均为 $R/2$.

5-28　一水平圆盘绕通过圆心的竖直轴转动，角速度为 ω_1，转动惯量为 J_1，在其上方还有一个以角速度 ω_2 绕同一竖直轴转动的圆盘，圆盘的转动惯量为 J_2. 两圆盘的平面平行，圆心都在竖直轴上；上盘的底面有销钉，如使上盘落下，销钉嵌入下盘，使两盘合成一体. 求：

(1) 两盘合成一体后系统的角速度 ω 的大小.

(2) 第二个圆盘落下后，两盘的总动能改变了多少？

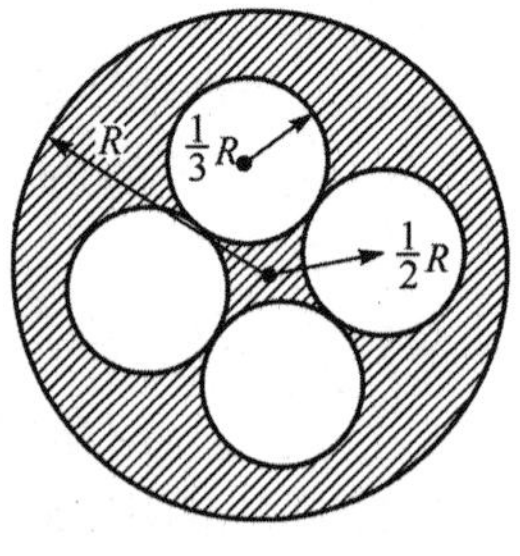

题 5-27 图

5-29　设由于流星从各个方向降落到地球，使地球表面均匀地积存了厚度为 h 的一层尘埃. 从角动量的角度出发，证明由此引起的一天的时间长短变化近似为一天的 $\dfrac{5hd}{RD}$ 倍，式中 R 是地球的半径，且 $R\gg h$；D 和 d 分别为地球和尘埃的密度.

第二篇　机械振动与机械波

本篇知识结构图

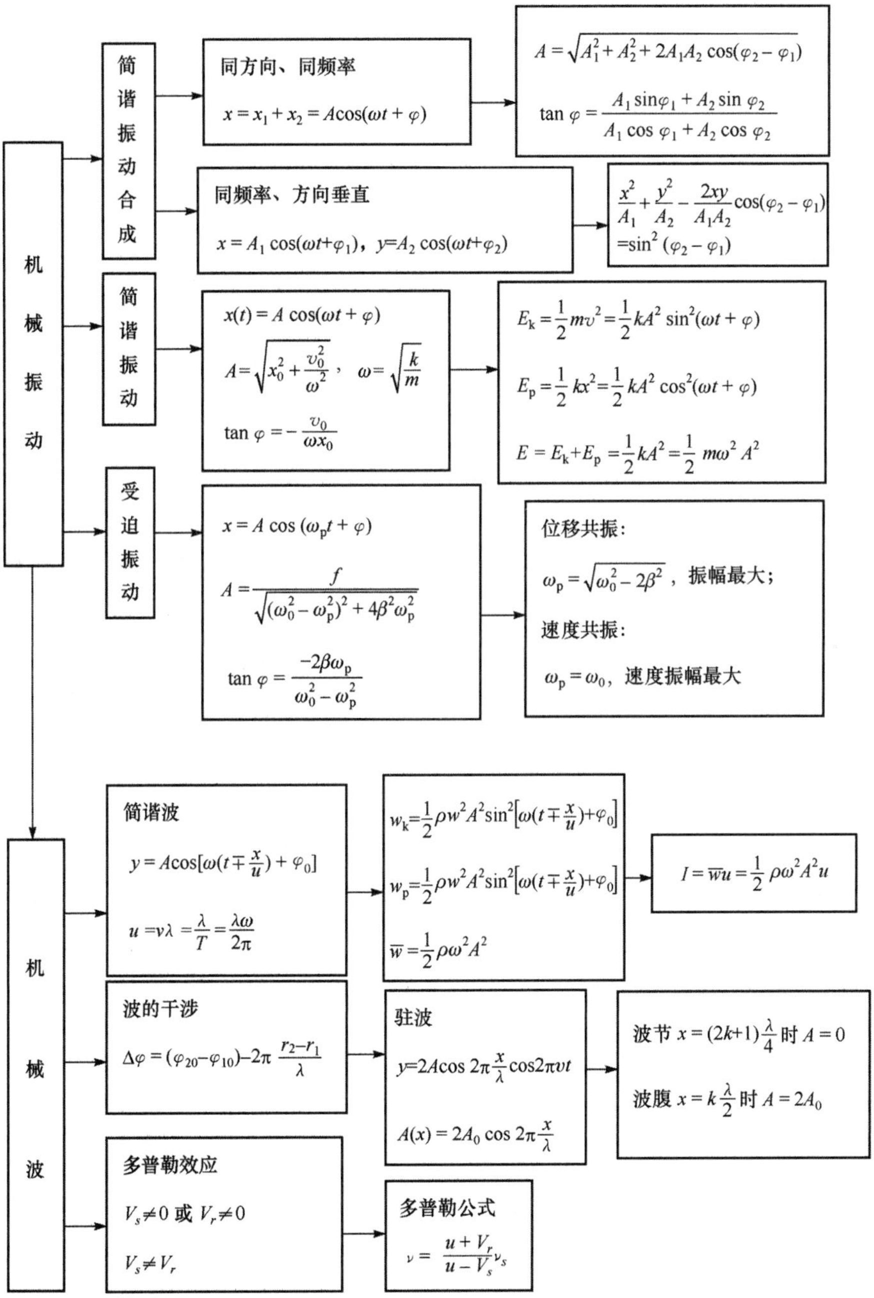

第6章　机械振动

一、基本要求

(1) 明确机械振动的产生条件，掌握简谐振动的特征和规律.

(2) 确切理解简谐振动方程的物理意义，能熟练地确定振动特征量，从而建立简谐振动方程.

(3) 掌握描述简谐振动的旋转矢量方法和图线表示法，并能熟练应用.

(4) 掌握同振动方向、同频率的谐振动合成的特点和规律，了解相互垂直的同频率谐振动的合成.

(5) 了解阻尼振动、受迫振动和共振的基本特点.

二、主要内容与学习指导

(一) 振动的一般概念

(1) 振动：物体在一定位置附近作往复运动称为机械振动，广而言之，某一物理量在某一定值附近作往复变化，也可以称为振动或振荡.

(2) 机械振动的条件是：①系统存在着回复力；②在平衡位置必须具有惯性运动，要求阻尼很小可以忽略.

(3) 回复力为弹性力或准弹性力的振动为简谐振动，简谐振动是最基本的振动形式，任何复杂的振动都可以看成若干个简谐振动的合成.

因此，研究机械振动的重点是：①简谐振动的规律；②简谐振动的合成方法.

(二) 简谐振动

1. 简谐振动方程

因为回复力为弹性力或准弹性力的振动为简谐振动，所以简谐振动的动力学方程为

$$F=-kx=m\frac{\mathrm{d}^2x}{\mathrm{d}t^2}$$

$$\frac{\mathrm{d}^2x}{\mathrm{d}t^2}+\omega^2x=0 \tag{6.1}$$

上式的通解称为简谐振动的运动学方程，其一般形式为

$$x(t)=A\cos(\omega t+\varphi) \tag{6.2}$$

上述的两个(或三个)方程是等效的，在一般情况下，将微分方程(6.1)作为简谐振动的基本判据. 由简谐振动的运动学方程可以得到，振动速度表达式为

$$v(t)=\frac{\mathrm{d}x}{\mathrm{d}t}=-\omega A\sin(\omega t+\varphi) \tag{6.3}$$

2. 简谐振动的特征量

简谐振动的运动学方程中振幅 A,圆频率 ω,初相 φ,称为简谐振动的特征量. 确定简谐振动方程的关键是确定三个特征量,A、ω 和 φ 可由下述方法确定.

(1) 圆频率 ω,频率 ν 或周期 T,由振动系统本身性质决定,与运动状态无关. 一般是在建立简谐振动的微分方程过程中可以确定圆频率. 对于弹簧振子

$$\omega=\sqrt{\frac{k}{m}} \tag{6.4}$$

(2) 振幅 A 和初相 φ 与初始条件有关. 初始条件为

$$\begin{cases} x_0=A\cos\varphi \\ v_0=-\omega A\sin\varphi \end{cases} \tag{6.5}$$

则振幅和初相分别满足

$$A=\sqrt{x_0^2+\frac{v_0^2}{\omega^2}} \tag{6.6}$$

$$\tan\varphi=-\frac{v_0}{\omega x_0} \tag{6.7}$$

对于一定的振动系统,A 和 φ 取决于初始状态,φ 是初始时刻的振动相位,相位$(\omega t+\varphi)$是研究周期运动(振动、波动等)的一个特征量,对于振动、波动等周期运动的系统,如果其相位确定,它的运动状态也唯一确定,因此相位是确定振动状态的一个重要物理量.

简谐振动方程描述简谐振动规律,如果已知简谐振动方程,即可得出振动系统的各个特征量和运动各量.

3. 简谐振动的旋转矢量

如图 6-1 所示,一个以角速度 ω 逆时针旋转的矢量 A,其矢端在它所绕成圆周的一个直径上的投影点的运动可代表一个简谐振动.

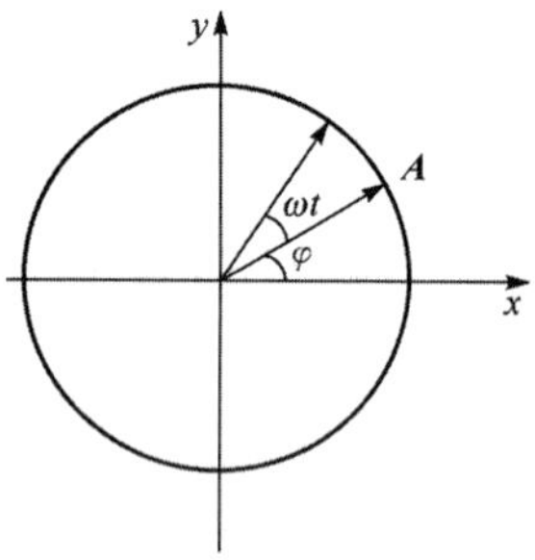

图 6-1

(1) 旋转矢量与简谐振动的对应关系为:矢量的模等于振动的振幅 A,矢量旋转角速度等于振动的圆频率 ω,旋转矢量的初始角位置等于谐振动的初相 φ,旋转矢量的转动支点对应于谐振动的平衡位置,旋转矢量任意时刻的角位置等于谐振动的相位$(\omega t+\varphi)$.

(2) 由旋转矢量图可以直观地确定振动初相. 一个完整的旋转矢量图可完全确定一个简谐振动的规律,不仅如此,对于谐振动的合成,往往可以用旋转矢量的合成来进行,因此旋转矢量是描述简谐振动的一个重要方法.

4. 简谐振动的图线

按照简谐振动方程 $x=A\cos(\omega t+\varphi)$绘制的 x-t 图线,称为振动曲线. 由谐振动的图线,一般可直接确定振幅 A、周期 T 和初始位置 x_0,还可判定初始振动的速度 v_0 的正负. 由简谐振动方程,可得 $x_0=A\cos\varphi$,$v_0=-\omega A\sin\varphi$,由此两式可确定 φ;再由式 $\omega=\frac{2\pi}{T}$可得到圆频率 ω. 因

此，一个完整的振动曲线可以确定三个特征量 A、ω、φ，从而建立谐振动方程，求出各个状态的运动量.

振动的图线有时用 v-t 图给出. 由 v-t 图(称为速度曲线)可直接确定周期 T、最大速度 v_m、初始速度 v_0 和初始加速度 a_0 的正负，因为 $\omega=\dfrac{2\pi}{T}$，$A=\dfrac{v_m}{\omega}$，$v_0=-\omega A\sin\varphi=-v_m\sin\varphi$，$a_0=-\omega^2 A\cos\varphi$；各式由这几个式子也不难确定谐振动的三个特征量 A、ω 和 φ，进而可确定简谐振动方程.

5. 简谐振动的能量

简谐振动中，振动系统的动能和势能都随时间作周期性的变化，但是系统的机械能则保持不变，以弹簧振子为例：

因为

$$x=A\cos(\omega t+\varphi),\quad v=-\omega A\sin(\omega t+\varphi),\omega=\sqrt{\frac{k}{m}}$$

所以

$$E_k=\frac{1}{2}mv^2=\frac{1}{2}m\omega^2A^2\sin^2(\omega t+\varphi)=\frac{1}{2}kA^2\sin^2(\omega t+\varphi)$$

$$E_p=\frac{1}{2}kx^2=\frac{1}{2}kA^2\cos^2(\omega t+\varphi)$$

$$E=E_k+E_p=\frac{1}{2}kA^2=\frac{1}{2}m\omega^2A^2 \tag{6.8}$$

关于简谐振动的能量，应当明确：①动能和势能的变化周期，是振动周期的一半，能量变化频率是振动频率的 2 倍；②简谐振动系统机械能之所以守恒，是因为回复力要满足胡克定律(弹性力、准弹性力)，可以等效为保守力.

(三) 简谐振动的合成

1. 两个同频率、同振动方向的谐振动的合成

两个频率相同、振动方向相同的谐振动合成后，仍然是一个谐振动，合振动的频率与原来两个谐振动的频率相同. 设

$$x_1=A_1\cos(\omega t+\varphi_1),\quad x_2=A_2\cos(\omega t+\varphi_2)$$

则

$$x=x_1+x_2=A\cos(\omega t+\varphi) \tag{6.9}$$

$$A=\sqrt{A_1^2+A_2^2+2A_1A_2\cos(\varphi_2-\varphi_1)} \tag{6.10}$$

$$\tan\varphi=\frac{A_1\sin\varphi_1+A_2\sin\varphi_2}{A_1\cos\varphi_1+A_2\cos\varphi_2} \tag{6.11}$$

(1) $\Delta\varphi=\varphi_2-\varphi_1=\pm 2k\pi$，则 $A=A_1+A_2$，振动加强，$k=0,1,2,\cdots$.

(2) $\Delta\varphi=\varphi_2-\varphi_1=\pm(2k+1)\pi$，则 $A=|A_1-A_2|$，振动减弱，$k=0,1,2,\cdots$.

2. 方向相同，频率不同的两个谐振动的合成

振动方向相同、频率不同的两个谐振动，合成后一般不是一个简谐振动. 当两谐振动满足

$A_1=A_2=A_0$，$|\omega_2-\omega_1|\ll|\omega_2+\omega_1|$的情况下，选取计时零点，使 $\varphi_1=\varphi_2=0$，即

$$x_1=A_0\cos\omega_1 t,\quad x_2=A_0\cos\omega_2 t$$

$$x=x_1+x_2=2A_0\cos\left(\frac{\omega_2-\omega_1}{2}t\right)\cos\left(\frac{\omega_2+\omega_1}{2}t\right) \tag{6.12}$$

令 $A(t)=\left|2A_0\cos\left(\frac{\omega_2-\omega_1}{2}t\right)\right|$，可看成振幅随时间周期性变化的振动，这种现象称为拍现象. 振幅的变化频率称为拍频，拍频 $\nu_{拍}=\frac{\omega_{拍}}{2\pi}=\frac{\omega_2-\omega_1}{2\pi}=|\nu_2-\nu_1|$.

3. 振动方向相垂直，频率相同的谐振动的合成

若一质点参与频率相同，振动方向相互垂直的两个谐振动，设

$$x=A_1\cos(\omega t+\varphi_1),\quad y=A_2\cos(\omega t+\varphi_2)$$

合成后，质点的轨迹方程的一般形式为

$$\frac{x^2}{A_1}+\frac{y^2}{A_2}-\frac{2xy}{A_1A_2}\cos(\varphi_2-\varphi_1)=\sin^2(\varphi_2-\varphi_1) \tag{6.13}$$

质点的运动轨迹一般为椭圆，椭圆的形状由两个谐振动的位相差来决定.

（四）阻尼振动和受迫振动

1. 阻尼振动

阻尼振动系统受到回复力 $f_1=-kx$ 和阻尼力 $f_2=-c\frac{\mathrm{d}x}{\mathrm{d}t}$的作用，动力学方程为

$$\frac{\mathrm{d}^2x}{\mathrm{d}t^2}+2\beta\frac{\mathrm{d}x}{\mathrm{d}t}+\omega_0^2x=0$$

其中，$\beta=\frac{c}{2m}$为阻尼系数，$\omega_0=\sqrt{\frac{k}{m}}$为固有圆频率. 当阻尼不太大时（$\beta^2<\omega_0^2$），上式的通解即阻尼振动方程为

$$x=A\mathrm{e}^{-\beta t}\cos(\omega t+\varphi) \tag{6.14}$$

其中，$\omega=\sqrt{\omega_0^2-\beta^2}$为阻尼振动圆频率.

对阻尼振动应当明确：①阻尼振动不再是谐振动，也不是周期运动，由于阻尼的存在，若无能量补充，振动最终要停止. ②振动频率与阻尼系数有关，阻尼越大，频率越小. ③阻尼过大时（$\beta^2\geqslant\omega_0^2$），振动就不能发生（过阻尼）.

2. 受迫振动

振动系统在周期性外力（策动力）作用下发生的振动为受迫振动. 设策动力为

$$f(t)=F\cos\omega_{\mathrm{p}}t$$

受迫振动处于稳定状况时，振动方程形式为

$$x=A\cos(\omega_{\mathrm{p}}t+\varphi) \tag{6.15}$$

$$A=\frac{F}{m\sqrt{(\omega_0^2-\omega_{\mathrm{p}}^2)^2+4\beta^2\omega_p^2}} \tag{6.16}$$

$$\tan\varphi=\frac{-2\beta\omega_p}{\omega_0^2-\omega_p^2} \tag{6.17}$$

可见稳定的受迫振动为简谐振动，其振动频率与外部策动力的频率相等，振幅和初相与策动力的频率有关.

3. 共振

(1) 位移共振. 受迫振动的振幅达到极大值的现象称为位移共振. 由式(6.16)，令$\frac{\mathrm{d}A}{\mathrm{d}\omega_p}=0$，可得当策动外力的圆频率为$\omega_p=\sqrt{\omega_0^2-2\beta^2}$时，振幅最大，最大振幅为$A_{max}=\frac{F}{2\beta m\sqrt{\omega_0^2-\beta^2}}$. 显然，位移共振时最大振幅的大小与阻尼有关，阻尼越小振幅越大.

(2) 速度共振. 受迫振动的速度幅值达到极大值的现象称为速度共振. 受迫振动的速度为

$$v=\frac{\mathrm{d}x}{\mathrm{d}t}=-\omega_p A\sin(\omega_p t+\varphi)=-V\sin(\omega_p t+\varphi)$$

速度幅值为$V=\omega_p A=\frac{\omega_p F}{m\sqrt{(\omega_0^2-\omega_p^2)^2+4\beta^2\omega_p^2}}$；令$\frac{\mathrm{d}V}{\mathrm{d}\omega_p}=0$，可以得到当策动外力的圆频率为$\omega_P=\omega_0$时，速度幅值最大，发生速度共振，最大速度幅值为$V_{max}=\frac{F}{2\beta m}$.

三、习题分类与解题方法指导

本章习题大体可分为：①已知振动方程求各量；②依据一定的条件求谐振动方程；③同频率、同方向的谐振动的合成；④力学与振动的综合习题；⑤受迫振动与共振. 现分别讨论.

(一) 已知谐振动方程求各量

如果已知简谐振动方程，可求出各个特征量和运动的各个量，由振动方程求特征量的方法是将题中给定的方程与标准形式的方程$x=A\cos(\omega t+\varphi)$进行比较，可求出$A$、$\omega$、$v$、$T$、$\varphi$等各个特征量. 由振动方程求各个运动量的方法是根据各量的定义对已知方程进行运算而求得，计算时应注意各量的极值.

例题 6-1　一质量为$m=0.2\mathrm{kg}$的质点作简谐振动，运动方程为

$$x=0.1\cos\left(8\pi t+\frac{2}{3}\pi\right)\quad(\mathrm{SI})$$

求：(1)质点振动的振幅A、周期T和初相φ；(2)$t=0.125\mathrm{s}$时的速度v和加速度a；(3)质点在最大位移一半处所受的力；(4)当$E_k=E_p$时，x为多大？质点由平衡位置移动到此位置所需要的最短时间.

解　(1) 将已知方程$x=0.1\cos\left(8\pi t+\frac{2}{3}\pi\right)$与简谐振动方程的标准形式$x=A\cos(\omega t+\varphi)$比较，可得$A=0.1\mathrm{m}$，$\varphi=\frac{2}{3}\pi$，$\omega=8\pi\mathrm{rad/s}$，$T=\frac{2\pi}{\omega}=\frac{1}{4}\mathrm{s}$.

(2) 因为

$$v=\frac{\mathrm{d}x}{\mathrm{d}t}=-0.1\times8\pi\sin\left(8\pi t+\frac{2}{3}\pi\right)$$

$$a=\frac{dv}{dt}=-0.1\times(8\pi)^2\cos\left(8\pi t+\frac{2}{3}\pi\right)$$

将 $t=0.125s$ 代入得 $v=2.16m\cdot s^{-1}$，$a=10.06m\cdot s^{-2}$

(3) 因为 $a=-\omega^2 x$，$F=ma=-m\omega^2 x$，所以 $F=-m\omega^2\ \frac{A}{2}=-0.2\times(8\pi)^2\times\frac{0.1}{2}=-6.3N$.

(4) 因为 $E_p=\frac{1}{2}kA^2\cos^2(\omega t+\varphi)$，$E_k=\frac{1}{2}kA^2\sin^2(\omega t+\varphi)$；令 $E_p=E_k$，则

$$\cos^2(\omega t+\varphi)=\sin^2(\omega t+\varphi)$$

所以

$$\cos(\omega t+\varphi)=\pm\frac{1}{\sqrt{2}}$$

$$x=A\cos(\omega t+\varphi)=\pm\frac{A}{\sqrt{2}}=\pm0.1\times\frac{1}{\sqrt{2}}=\pm0.07(m)$$

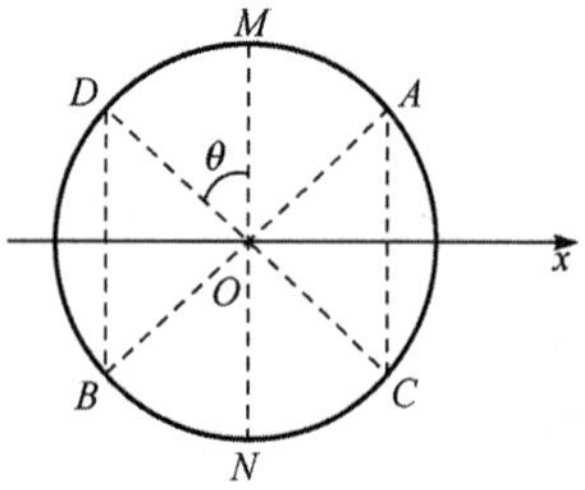

图 6-2

从平衡位置($x=0$)运动到此点$\left(x=\pm\frac{\sqrt{2}}{2}A\right)$所需的最短时间，可借助旋转矢量求得. 由图 6-2可知，要使质点从平衡位置($x=0$)移到 $x=\pm\frac{\sqrt{2}}{A}$点，所需要的最短时间，相当于旋转矢量以匀角速 ω 从 N 点转动到 C 点或由 M 点转动到 D 点需要的时间，显然旋转矢量转过的角度为$\frac{\pi}{4}$，所以 $t=\frac{\theta}{\omega}=\frac{\pi/4}{8\pi}=\frac{1}{32}s$.

(二) 已知一定的条件求振动方程

建立简谐振动方程的关键是确定三个特征量 A、ω 和 φ，有了三个特征量，可依据谐振动方程的标准形式直接得到要求的振动方程. 因为题意给定的已知条件可以是多种多样的，不同的条件求解问题的方法也不相同. 大体有以下几种类型.

1. 简谐振动的判定并求周期

在很多情况下需证明一个系统的运动是否是简谐振动. 判定是否简谐振动的一般思路为：①确定研究对象，建立坐标系；②分析受力，求出物体的合外力(对任意一个位置分析)；③将合外力整理为 $F=-kx$ 的形式；④建立微分方程$\frac{d^2x}{dt^2}+\omega^2x=0$，若不能化为此种形式，则不是简谐振动；⑤求出圆频率 ω 或周期 T.

例题 6-2　证明下列运动为简谐振动，并求振动周期 T.

(1) 劲度系数为 k 的轻弹簧，下悬一质量为 m 的物体，在竖直方向往复运动，如图 6-3 所示.

(2) 一刚体转动惯量为 I，质量为 m；绕一固定轴在竖直面内进行微小的摆动，如图 6-4 所示，质心到转轴距离为 h(不计任何摩擦)

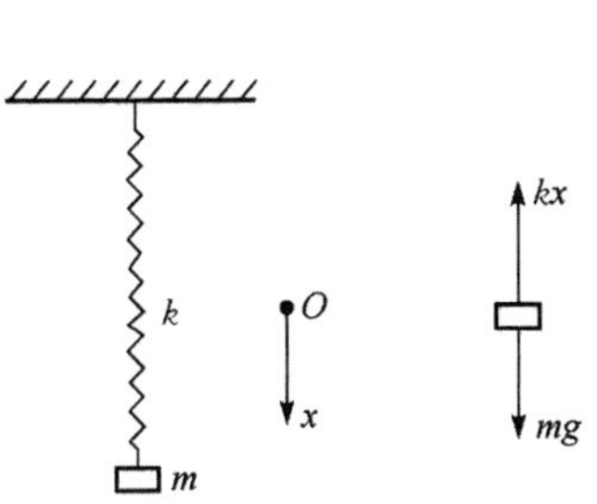

图 6-3

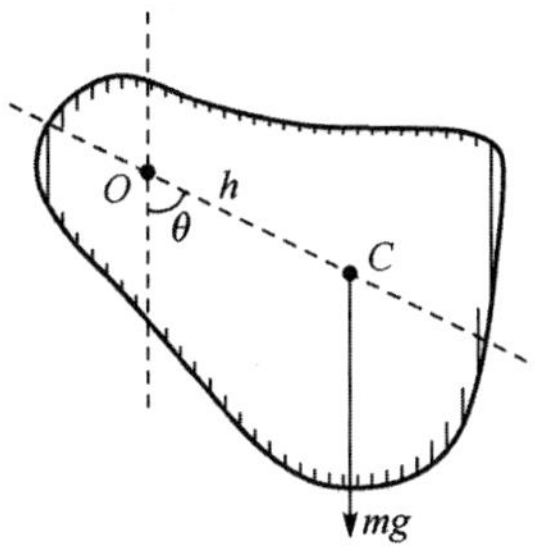

图 6-4

(3) 一立方体木块,质量为 m,在密度为 ρ' 的液面上下浮动,如图 6-5 所示(不计黏滞阻力).

(4) 两个轻弹簧,劲度系数分别为 k_1、k_2,并联且连接一个质量为 m 的物体在光滑的水平面上运动,如图 6-6 所示. 设两弹簧原长相等.

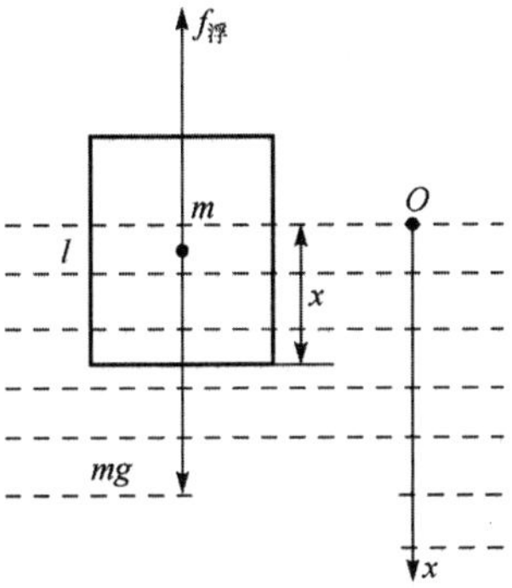

图 6-5

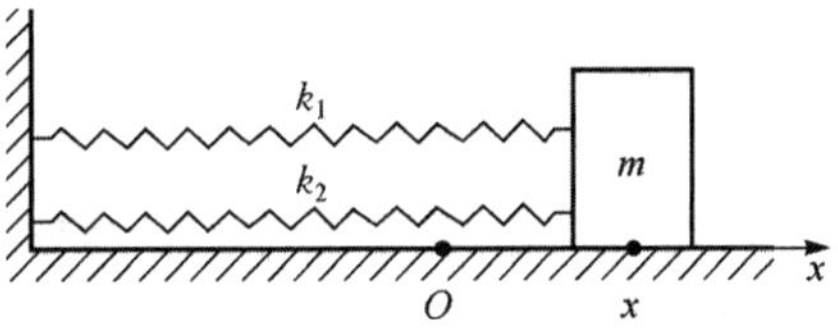

图 6-6

解　(1) 如图 6-3 所示,取弹簧原长处为坐标原点,向下为 x 轴正方向,在任一位置(坐标为 x),物体受合外力为 $F=mg-kx=-k\left(x-\dfrac{mg}{k}\right)$.

令 $x_0=\dfrac{mg}{k}$ 且令 $x'=x-x_0$,$\dfrac{d^2x'}{dt^2}=\dfrac{d^2x}{dt^2}$,则 $F=-kx'=m\dfrac{d^2x'}{dt^2}$,得$\dfrac{d^2x'}{dt^2}+\dfrac{k}{m}x'=0$. 故物体作简谐振动,令$\dfrac{d^2x'}{dt^2}+\omega^2x'=0$,则 $\omega=\sqrt{\dfrac{k}{m}}$,$T=\dfrac{2\pi}{\omega}=2\pi\sqrt{\dfrac{m}{k}}$.

(2) 如图 6-4 所示,在任一位置上摆角为 θ,如果取逆时针转动角度为正,在任一位置(θ)上刚体受的合力矩为

$$M=-mgh\sin\theta$$

因为 θ 较小,所以 $\sin\theta\approx\theta$,由转动定律

$$M=-mgh\theta=I\frac{d^2\theta}{dt^2}$$

所以

$$\frac{d^2\theta}{dt^2}+\frac{mgh}{I}\theta=0$$

令

$$\omega^2=\frac{mgh}{I}$$

则

$$\frac{d^2\theta}{dt^2}+\omega^2\theta=0$$

故刚体作简谐振动，振动周期为 $T=\frac{2\pi}{\omega}=2\pi\sqrt{\frac{I}{mgh}}$.

刚体绕一定轴在平衡位置附近摆动，称为复摆，复摆的等效摆长为 $l_0=\frac{I}{mh}$.

(3) 如图 6-5 所示，取液面为坐标原点，向下为 x 轴正方向，设任一位置，木块吃水深度为 x，则其受的合力为

$$F=mg-\rho' gSx=-\rho' gS\left(x-\frac{m}{\rho' S}\right)$$

若取 $x_0=\frac{m}{\rho' S}$，$x'=x-x_0$，则$\frac{d^2x'}{dt^2}=\frac{d^2x}{dt^2}$，所以 $F=-\rho' gSx'=m\frac{d^2x'}{dt^2}$.

令 $\omega=\sqrt{\frac{\rho' Sg}{m}}$，则$\frac{d^2x'}{dt^2}+\omega^2x'=0$，故物块作简谐振动. 振动周期为

$$T=\frac{2\pi}{\omega}=2\pi\sqrt{\frac{m}{\rho' Sg}}$$

(4) 如图 6-6 所示，取弹簧原长为坐标原点，x 轴正向向右，对物块 m 在任一位置(坐标为 x)所受合外力为

$$F=f_1+f_2=-k_1x-k_2x=-(k_1+k_2)x$$

所以$-(k_1+k_2)x=m\frac{d^2x}{dt}$，令 $\omega=\sqrt{\frac{k_1+k_2}{m}}$，则$\frac{d^2x}{dt^2}+\omega^2x=0$，故物块作简谐振动，振动周期为

$$T=\frac{2\pi}{\omega}=2\pi\sqrt{\frac{m}{k_1+k_2}}$$

2. 已知振动系统性质(k 和 m)，求谐振动方程

若已知振动系统性质(k,m)和初始状态(x_0, v_0)；由上述公式(6-4)、(6-6)、(6-7)可求出简谐振动特征量 A、ω 和 φ，进而可确定运动方程.

例题 6-3 已知弹簧劲度系数 $k=80\text{N/m}$，振子质量 $m=0.2\text{kg}$，将它拉到距平衡位置 0.5m 时，静止释放. 求：(1)以释放时为计时起点，求振动方程；(2)以质点第一次到达平衡位置时为计时起点，求振动方程.

解 (1) 因为 $k=80\text{N/m}$，$m=0.2\text{kg}$，所以 $\omega=\sqrt{\frac{k}{m}}=\sqrt{\frac{80}{0.2}}=20\text{rad}\cdot\text{s}^{-1}$.

由题意：$x_0=0.5\text{m}$，$v_0=0$，故 $A=\sqrt{x_0^2+v_0^2/\omega^2}=x_0=0.5\text{m}$，$\tan\varphi=-\frac{v_0}{\omega x_0}=0$，则

$$\begin{cases}0.5=0.5\cos\varphi\\0=-\omega A\sin\varphi\end{cases}$$

所以 $\varphi=0$. 因此

$$x=A\cos(\omega t+\varphi)=0.5\cos 20t$$

(2) 第一次到达平衡位置的状态为 $x_0'=0, v_0'<0$，振动的圆频率 ω 和振幅 A 的状态为与上述情况相同，$A=0.5\text{m}, \omega=20\text{rad}\cdot\text{s}^{-1}, \tan\varphi=-\dfrac{v_0}{\omega x_0}=\infty$，

$$\begin{cases}0=0.5\cos\varphi\\ v_0'=-\omega A\sin\varphi<0\end{cases}$$

所以 $\varphi=\pi/2, x=0.5\cos(20t+\pi/2)$.

例题 6-4　已知一质点作简谐振动，振幅 $A=12\text{cm}$，当 $x_0=6\text{cm}$ 时，$v_0=24\text{cm}\cdot\text{s}^{-1}$，求振动方程.

解　设质点简谐振动为 $x=A\cos(\omega t+\varphi)$，因为 $A^2=x_0^2+\dfrac{v_0^2}{\omega^2}$，所以 $\omega^2=\dfrac{v_0^2}{A^2-x_0^2}$；

$$\omega=\sqrt{\frac{v_0^2}{A_o^2-x_0^2}}=\sqrt{\frac{24^2}{12^2-6^2}}=\frac{4}{3}\sqrt{3}(\text{s}^{-1})$$

由 $x_0=A\cos\varphi=12\cos\varphi=6, v_0=-\omega A\sin\varphi=-\dfrac{4}{3}\sqrt{3}\times 12\sin\varphi=24$，可得 $\varphi'=-\dfrac{\pi}{3}$，则有

$$x=A\cos(\omega t+\varphi)=0.12\cos\left(\frac{4}{3}\sqrt{3}t-\frac{\pi}{3}\right)$$

3. 已知若干状态的运动情况，求振动方程

这类习题通常给出几个时刻(或位置)的运动情况，由简谐振动的特征和规律进行分析，确定三个特征量 A、φ 和 ω，从而求出振动方程和运动状态，求解这类习题要熟练应用谐振动方程(标准形式)，找出特征量与已知的运动量的关系，从而确定特征量. 有时还需要应用旋转矢量法来分析问题.

例题 6-5　如图 6-7 所示，一质点在 x 轴上作简谐振动，选取该质点向右通过 a 点时为计时起点，经过 2s 后第一次经过 b 点，又经过 2s 第二次经过 b 点；若已知该质点在 a、b 两点具有相同的速率，且 $\overline{ab}=10\text{cm}$. 求：(1)质点的振动方程；(2)质点在 a 点的速率.

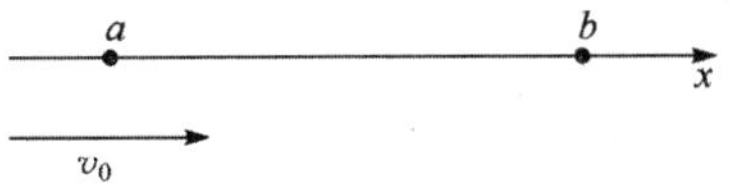

图 6-7

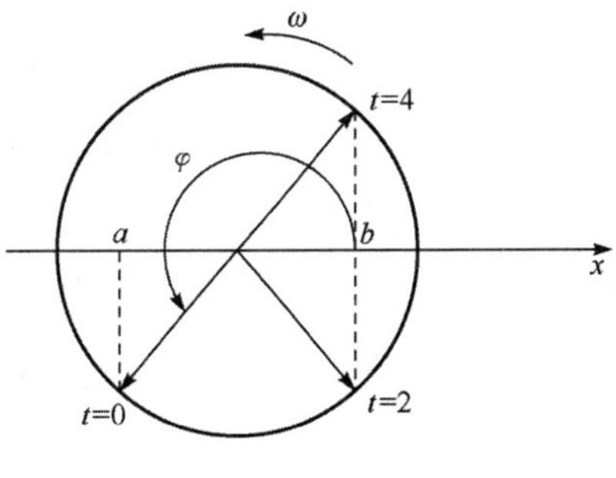

图 6-8

解　(1) 因为质点简谐振动中机械能守恒 $E_a=E_b$，所以 $\dfrac{1}{2}mv_a^2+\dfrac{1}{2}kx_a^2=\dfrac{1}{2}mv_b^2+\dfrac{1}{2}kx_b^2$.

由 $v_a=v_b$，所以 $|x_a|=|x_b|$，即平衡位置(坐标原点)在 ab 线的中点，由此又可得到

$$|x_a|=|x_b|=\frac{\overline{ab}}{2}=5\text{cm},\text{所以 } x_a=-5\text{cm},x_b=5\text{cm}.$$

据题意，$t=0$，$x=x_a=-5\text{cm}$；$t=2$，$x=x_b=5\text{cm}$，$t=4$，$x=x_b=5\text{cm}$，由旋转矢量图 6-8 可知，$4\omega=\pi$，所以 $\omega=\frac{\pi}{4}$；设质点的振动方程为

$$x=A\cos(\omega t+\varphi)=A\cos\left(\frac{\pi}{4}t+\varphi\right)$$

$t=0$，$x_a=A\cos\varphi=-5\text{cm}$；$t=2$，$x_b=A\cos\left(\frac{\pi}{2}+\varphi\right)=-A\sin\varphi=5\text{cm}$；即 $A\cos\varphi=-5\text{cm}$，$A\sin\varphi=-5\text{cm}$.

由此可以解得 $A=5\sqrt{2}\text{cm}$，$\varphi=\frac{5}{4}\pi$，所以

$$x=5\sqrt{2}\cos\left(\frac{\pi}{4}t+\frac{5}{4}\pi\right)\text{cm}$$

(2) $v=\frac{dx}{dt}=-5\sqrt{2}\times\frac{\pi}{4}\sin\left(\frac{\pi}{4}t+\frac{5}{4}\pi\right)$；$t=0$，

$$v_0=v_a=-5\sqrt{2}\times\frac{\pi}{4}\sin\frac{5}{4}\pi=3.9(\text{cm}\cdot\text{s}^{-1})$$

4. 已知振动曲线，求振动方程

给出一个完整的振动曲线或速度曲线可以求出三个特征量，进而确定振动方程. 由振动曲线一般可以直接确定振幅 A 和周期 T(有时需要计算求得)，还可以得到初始位置坐标 x_0 和初始速度的方向，从而可以求出初相 φ. 由速度曲线一般可以直接得到最大速度 v_m($v_m=\omega A$)和周期 T、初始速度 v_0 和初始加速度方向，从而也可以确定特征量 A、ω 和 φ.

例题 6-6 已知一简谐振动的振动曲线如图 6-9 所示，求此简谐振动的振动方程.

解 由振动曲线图 6-9 可知，$A=10\text{cm}$，$x_0=-5\text{cm}$，$v_0<0$；而且得知：$t=1\text{s}$ 时，$x_2=0$，$v_2>0$；设振动方程为 $x=A\cos(\omega t+\varphi)$，则 $v=\frac{dx}{dt}=-\omega A\sin(\omega t+\varphi)$.

因为 $x_0=A\cos\varphi=10\cos\varphi=-5$，所以 $\cos\varphi=-\frac{1}{2}$，$\varphi=\frac{2}{3}\pi$ 或 $-\frac{2}{3}\pi$；

又因为 $v_0=-\omega A\sin\varphi<0$，由此可得出 $t=0$ 时旋转矢量位置如图 6-10 所示，$\varphi=\frac{2}{3}\pi$.

因为 $t=1$，$x_2=A\cos(\omega+\varphi)=10\cos\left(\omega+\frac{2}{3}\pi\right)=0$，且 $v_2>0$，又可得到 $t=1\text{s}$ 时旋转矢量位置，如图 6-10 所示，所以在 $\Delta t=1\text{s}$ 时间内，旋转矢量转过的角度为

$$\Delta\varphi=\frac{\pi}{2}+\frac{\pi}{3}=\frac{5}{6}\pi,\quad \Delta\varphi=\omega\Delta t$$

所以

$$\omega=\frac{\Delta\varphi}{\Delta t}=\frac{\frac{5}{6}\pi}{1}=\frac{5}{6}\pi(\text{rad}\cdot\text{s}^{-1})$$

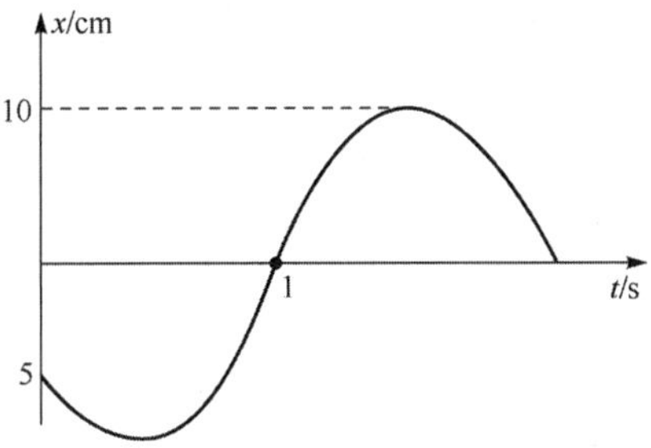

图 6-9

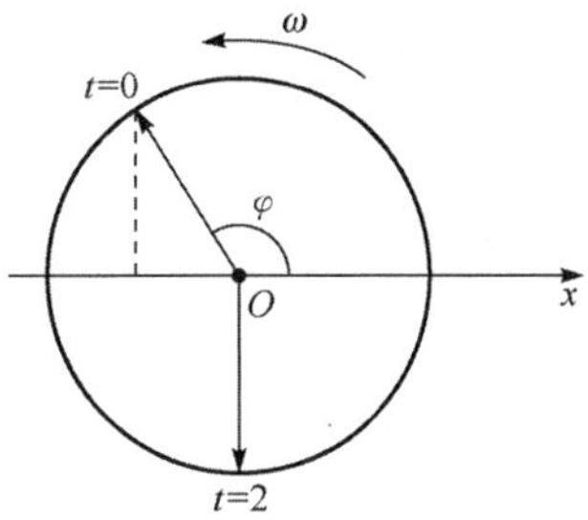

图 6-10

因此得到 $A=10\text{cm}, \omega=\dfrac{5}{6}\pi, \varphi=\dfrac{2}{3}\pi$，所以振动方程为

$$x=10\cos\left(\frac{5}{6}\pi t+\frac{2}{3}\pi\right)\text{cm}$$

例题 6-7　已知一质点作简谐振动，其速度与时间的函数关系由图 6-11 的曲线所示，求此振动的振动方程.

解　由图 6-11 可知：$v_m=2\text{m}\cdot\text{s}^{-1}, T=\left(\dfrac{11}{6}\pi-\dfrac{5}{6}\pi\right)\times 2=2\pi\text{s}$，故得

$$\omega=\frac{2\pi}{T}=1\text{rad}\cdot\text{s}^{-1},\quad A=\frac{v_m}{\omega}=\frac{2}{1}=2\text{m}$$

又因为 $v_0=1\text{m}\cdot\text{s}^{-1}, a_0>0$，所以 $v_0=-\omega A\sin\varphi=-2\sin\varphi=1, a_0=-\omega^2 A\cos\varphi>0$；故得 $\varphi=-\dfrac{5}{6}\pi$，所以振动方程为

$$x=2\cos\left(t-\frac{5}{6}\pi\right)$$

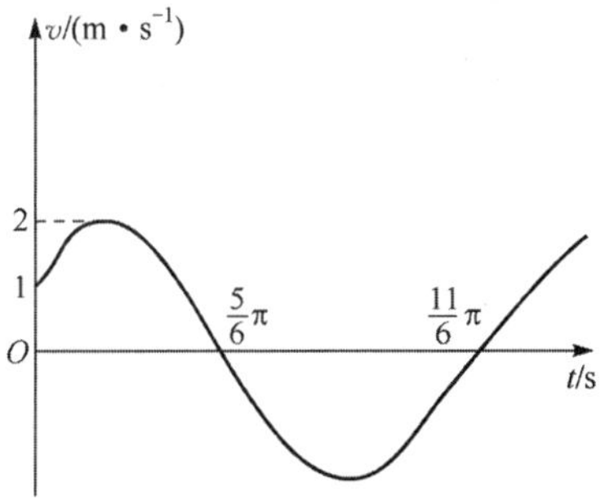

图 6-11

（三）简谐振动的合成

关于简谐振动合成的习题，一般只要求处理同频率、同振动方向的简谐振动的合成问题，通常有两种情况，一种是给定两个简谐振动，求两个谐振动的合振动；另一种情况是给定合振动和某一个分振动，求解另一个未知的分振动. 求解谐振动合成的基本方法有解析法和旋转矢量合成的方法，用解析法常需要用旋转矢量合成方法确定合振动初相，用旋转矢量合成方法也往往需要用解析公式计算合振幅，所以通常是两种方法配合使用.

两个同频率、同方向的简谐振动合成后仍然是谐振动，频率保持不变，振幅和初相可由公式(6-10)、(6-11)确定. 确定初相的公式中，对应每一个数值，φ 可有两个取值，需要由旋转矢量合成图简单判断 φ 象限，从而唯一的确定 φ 的数值.

例题 6-8　已知两个简谐振动方程为

$$x_1=5\times 10^{-2}\cos\left(10t+\frac{\pi}{3}\right),\quad x_2=6\times 10^{-2}\cos\left(10t+\frac{\pi}{3}\right)$$

求合振动方程.

解　$A=\sqrt{A_1^2+A_2^2+2A_1A_2\cos(\varphi_2-\varphi_1)}=\sqrt{5^2+6^2+2\times 5\times 6\cos\left(\dfrac{\pi}{3}-\dfrac{\pi}{3}\right)}\times 10^{-2}$

$$A=11\times10^{-2}=0.11\text{m},\quad \tan\varphi=\frac{A_1\sin\varphi_1+A_2\sin\varphi_2}{A_1\cos\varphi_1+A\cos\varphi_2}=\sqrt{3}$$

可知，合矢量在第Ⅰ象限，所以 $\varphi=\arctan\sqrt{3}=\frac{\pi}{3}$，$x=x_1+x_2=0.11\cos\left(10t+\frac{\pi}{3}\right)$.

（四）力学与振动的综合

这类问题一般是作简谐振动物体与其他物体存在相互作用，需要根据力学定律和简谐振动规律求解问题.

例题 6-9　如图 6-12 所示，木板上放置一质量为 $m=0.50\text{kg}$ 的砝码，木板在竖直方向上作简谐振动，频率 $\nu=2\text{Hz}$，振幅 $A=0.04\text{m}$. 求：(1)木板在最大位移时，砝码对木板的正压力 N；(2)木板振幅为多大时，砝码将脱离木板？(3)若频率增大一倍，砝码不脱离木板的最大振幅为多大？

解　(1)如图 6-13 所示，在最高点，$mg-N_1=ma_{max}=m\omega^2A$，所以

$$N_1=m(g-\omega^2A)=0.5[9.8-(4\pi)^2\times0.04]=1.7(\text{N})$$

在最低点，$N_2-mg=m\omega^2A$，所以

$$N_2=m(g+\omega^2A)=0.5\times(9.8+16\pi^2\times0.04)=8.1(\text{N})$$

所以砝码在最高点(正最大位移处)对木板压力为 $N_1'=1.7\text{N}$，方向向下；砝码在最低点(负向最大位移处)对木板的压力为 $N_2'=8.1\text{N}$，方向向下.

(2) 砝码脱离木板的条件为 $N=0$，在最高点 $mg-N_1=m\omega^2A$；令 $N_1=0$，则

$$A_{max}=\frac{g}{\omega^2}=\frac{9.8}{16\pi^2}=0.062(\text{m})$$

(3) 令 $\nu'=2\nu$，即 $\omega'=2\omega$，所以 $A'_{max}=\frac{g}{\omega'^2}=\frac{9.8}{4\times16\pi^2}=0.016(\text{m})$.

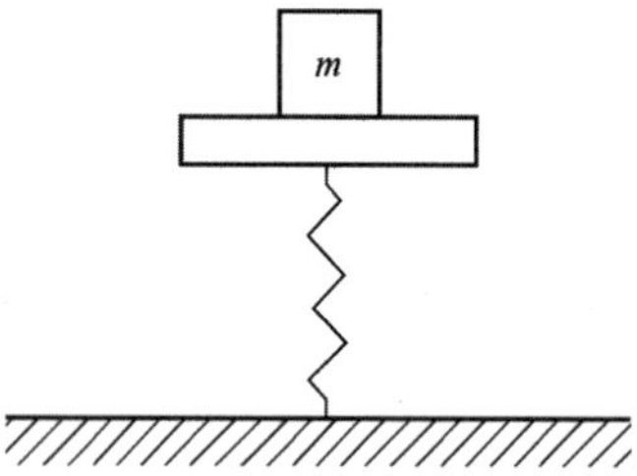

图 6-12

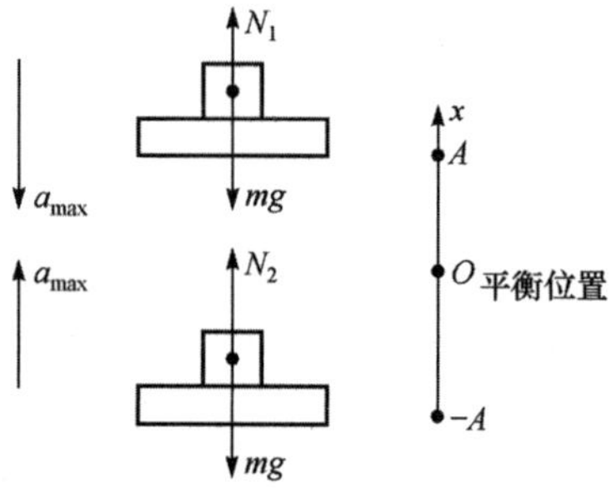

图 6-13

（五）受迫振动与共振

这类问题一般是根据受迫振动与共振的基本结论求解问题，要明确位移共振和速度共振的条件.

例题 6-10　在火车的车厢里用细线吊着一个小球，由于在铁轨接合处火车通过受到振动使球摆动，如果每根铁轨长 12.5m，悬线长 0.4m，则当火车速度达多大时，球摆动的振幅最大.

解　火车每通过铁轨接合处时，给摆球施加一次周期性的驱动力，当这一驱动力的周期 $T_{驱}=\frac{L}{v}$ 与摆球的固有周期 $T_{固}=2\pi\sqrt{\frac{l}{g}}$ 相等时，摆球的振幅达最大，即 $\frac{L}{v}=2\pi\sqrt{\frac{l}{g}}$，解得

$$v=\frac{L}{2\pi}\times\sqrt{\frac{g}{l}}=\frac{12.5}{2\times3.14}\sqrt{\frac{9.8}{0.4}}\approx10(\text{m/s})$$

四、知识拓展与问题讨论

自持振动问题的分析和讨论

要在有阻尼的情况下得到等幅振动，必须有能源存在.使该能源在振动系统的一个周期内所做的正功能够抵消一个周期中因阻尼而损耗的能量，才能保持振动系统的能量不变，从而使振动系统作等幅振动.如果用外加周期力来提供这个正功，这就是受迫振动.如果该能源本来并不是周期性的，但受振动系统的振动所控制，使能源按照振动的周期，及时地在每周期中提供抵消阻尼所需的正功，而使振动系统按其固有频率作等幅振动，这种振动情况就称为自持振动，简称自振.

自持振动的实例很多.电子管的振荡就是电流自持振动的典型例子.在机械振动方面，自持振动的例子也很多.很多机械自持振动是由流体动力学的原因引起的，非振动性的风吹过电线时，使电线发出声音就是一个例子；飞机机翼的颤动、吹奏乐器的振动等也都属于这种类型.还有许多机械自振是由固体表面间的干摩擦引起的，例如在金属切削时，能量通过工件和刀具之间的摩擦而传给了刀具，使它产生自振；此外，像钟表、弦乐器等的自振也属于这种类型.下面讨论一个由干摩擦引起自振的实例.

如图 6-14 所示，劲度系数为 k 的弹簧和质量为 M 的固体构成一个弹簧振子，固体搁在粗糙而干燥的皮带上，用马达拖动皮带使其沿 x 方向的正向以速度 v_0 等速前进.整个系统就是一个自振系统的实例.

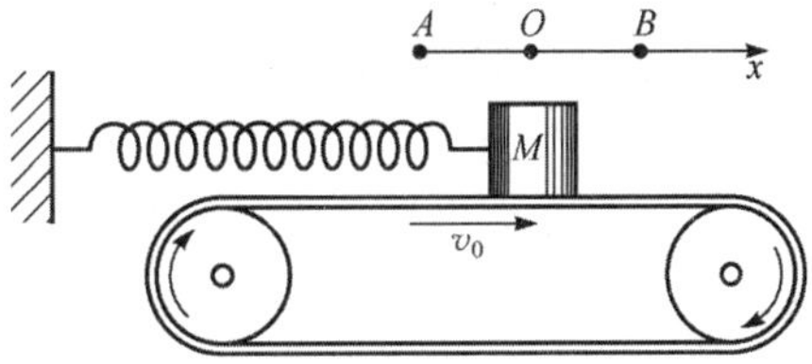

图 6-14

首先讨论固体的平衡位置.当固体不动时，皮带以 v_0 前进，故皮带施于固体上的摩擦力是沿 x 方向正向的.当摩擦力与弹簧提供的弹性力相平衡时，就达到平衡情况.取固体的这个平衡位置作为 x 轴的原点 O.

现在把固体略加扰动后，任固体自行振动；在固体从最左位置 A 移向最右位置 B 的半个周期中，它的振动速度 u 沿 x 轴正向，在 A 点时 $u=0$，逐渐增速到最大振速值 u_m，再逐渐减速，到 B 时振速再度为零.只要 u_m 小于皮带的速度 v_0，在整个从 A 到 B 的过程中，皮带对固体的相对速度 v_0-u 始终是正的，作用在固体上的摩擦力始终沿 x 的正向而与固体从 A 到 B 的运动方向一致，因此始终对固体做正功.如果 $u_m>v_0$，则在固体的振速值 u 大于 v_0（$v_0<u\leqslant u_m$）的一段中 v_0-u 是负的，作用在固体上的摩擦力将沿 x 的负向，与固体的运动方向相反，因此在这一段中摩擦力对固体做负功.在固体沿 x 负向从 B 回到 A 的半个周期中，u 是沿 x 负向的，因此 v_0-u 始终沿 x 正向，摩擦力也始终沿正向，与固体的运动方向始终相反，故在这半个周期中，摩擦力对固体也做了负功.

显然，如果在一个周期中摩擦力对固体所做的总功是负的，就会形成减幅振动；如果总功是正的，就会成为增幅振动.

习　题　6

一、选择题

6-1　一质点在 x 轴上作简谐振动，振幅 $A=4\text{cm}$，周期 $T=2\text{s}$，其平衡位置取为坐标原点. 若 $t=0$ 时刻质点第一次通过 $x=-2\text{cm}$ 处，且向 x 轴负方向运动，则质点第二次通过 $x=-2\text{cm}$ 处的时刻为(　　)

A. 1s；　B. (2/3)s；　C. (4/3)s；　D. 2s.

6-2　一物体作简谐振动，振动方程为 $x=A\cos(\omega t+x/4)$. 在 $t=T/4$(T 为周期)时刻，物体的加速度为(　　)

A. $-A\omega^2\times\sqrt{2}/2$；　B. $A\omega^2\times\sqrt{2}/2$；　C. $-A\omega^2\times\sqrt{3}/2$；　D. $A\omega^2\times\sqrt{3}/2$.

6-3　轻弹簧下系一质量为 m_1 的物体，稳定后在 m_1 下边又系一质量为 m_2 的物体，于是弹簧又伸长了 Δx. 若将 m_2 移去，并令其振动，则振动周期为(　　)

A. $T=2\pi\sqrt{\dfrac{m_2\Delta x}{m_1 g}}$；　B. $T=2\pi\sqrt{\dfrac{m_1\Delta x}{m_2 g}}$；

C. $T=\dfrac{1}{2\pi}\sqrt{\dfrac{m_1\Delta x}{m_2}}$；　D. $T=2\pi\dfrac{m_2\Delta x}{(m_1+m_2)g}$.

6-4　一个弹簧振子和一个单摆(只考虑小幅度摆动)，在地面上的固有振动周期分别为 T_1 和 T_2. 将它们拿到月球上去，相应的周期分别为 T_1' 和 T'_2，则有(　　)

A. $T_1'>T_1$ 且 $T_2'>T_2$；　B. $T'_1<T_1$ 且 $T_2'<T_2$；

C. $T_1'=T_1$ 且 $T_2'=T_2$；　D. $T'_1=T_1$ 且 $T_2'>T_2$.

6-5　两个质点各自作简谐振动，它们的振幅相同，周期相同. 第一个质点的振动方程为 $x_1=A\cos(\omega t+\alpha)$，当第一个质点从相对平衡位置的正位移处回到平衡位置时，第二个质点正在最大位移处，则第二个质点的振动方程为(　　)

A. $x_2=A\cos(\omega t+\alpha+\pi/2)$；　B. $x_2=A\cos(\omega t+\alpha-\pi/2)$；

C. $x_2=A\cos(\omega t+\alpha-3\pi/2)$；　D. $x_2=A\cos(\omega t+\alpha+\pi)$.

6-6　一弹簧振子，重物的质量为 m，弹簧的劲度系数为 k，该振子作振幅为 A 的简谐振动，当重物通过平衡位置且向规定的正方向运动时，开始计时；则其振动方程为(　　)

A. $x=A\cos\left(\sqrt{k/m}\cdot t+\dfrac{1}{2}\pi\right)$；　B. $x=A\cos\left(\sqrt{k/m}\cdot t-\dfrac{1}{2}\pi\right)$；

C. $x=A\cos\left(\sqrt{m/k}\cdot t+\dfrac{1}{2}\pi\right)$；　D. $x=A\cos\left(\sqrt{m/k}\cdot t+\dfrac{1}{2}\pi\right)$.

6-7　两劲度系数分别为 k_1 和 k_2 的轻弹簧串联在一起，下面挂着质量为 m 的物体，构成一个竖挂的弹簧简谐振子，则该系统的振动周期为(　　)

A. $T=2\pi\sqrt{\dfrac{m(k_1+k_2)}{2k_1k_2}}$；　B. $T=2\pi\sqrt{\dfrac{m}{(k_1+k_2)}}$；

C. $T=2\pi\sqrt{\dfrac{m(k_1+k_2)}{k_1k_2}}$；　D. $T=2\pi\dfrac{2m}{(k_1+k_2)}$.

6-8　一劲度系数为 k 的轻弹簧截成三等份，取出其中的两根，将它们并联在一起，下面挂一质量为 m 的物体，则振动系统的频率为(　　)

A. $\frac{1}{2\pi}\sqrt{\frac{k}{m}}$； B. $\frac{1}{2\pi}\sqrt{\frac{6k}{m}}$； C. $\frac{1}{2\pi}\sqrt{\frac{3k}{m}}$； D. $\frac{1}{2\pi}\sqrt{\frac{k}{3m}}$.

6-9 一长度为 l，劲度系数为 k 的均匀轻弹簧分割成长度分别为 l_1 和 l_2 的两部分，且 $l_1=nl_2$，n 为整数，则相应的劲度系数 k_1 和 k_2 为（ ）

A. (A)$k_1=\frac{kn}{n+1}$，$k_2=k(n+1)$； B. $k_1=\frac{kn+1}{n}$，$k_2=\frac{k}{n+1}$；

C. $k_1=\frac{k(n+1)}{n}$，$k_2=k(n+1)$； D. $k_1=\frac{kn}{n+1}$，$k_2=\frac{k}{n+1}$.

6-10 一劲度系数为 k 的轻弹簧，下端挂一质量为 m 的物体，系统的振动周期为 T_1；若将此弹簧截去一半的长度，下端挂一质量为 $\frac{1}{2}m$ 的物体，则系统振动周期 T_2 等于（ ）

A. $2T_1$； B. T_1； C. $T_1/2$； D. $T_1/\sqrt{2}$； E. $T_1/4$.

6-11 两个同方向的简谐振动的振动方程分别为 $x_1=\sqrt{3}\cos\left(3t+\frac{3\pi}{4}\right)$cm 和 $x_2=\cos\left(3t+\frac{\pi}{4}\right)$cm，那么它们的合振动的振动方程为（ ）

A. $0.73\cos\left(3t+\frac{3\pi}{4}\right)$cm； B. $0.73\cos\left(3t+\frac{\pi}{4}\right)$cm；

C. $2\cos\left(3t+\frac{7\pi}{12}\right)$cm； D. $2\cos\left(3t+\frac{5\pi}{12}\right)$cm.

6-12 一质点作简谐振动，频率为 2Hz，如果开始时质点处于平衡位置，并以 $\pi\mathrm{m\cdot s^{-1}}$ 的速率向 x 轴的负方向运动，那么该质点的振动方程为（ ）

A. $x=0.25\cos\pi t$m； B. $x=0.25\cos(2\pi t+\pi)$m；

C. $x=0.25\cos\left(4\pi t+\frac{\pi}{2}\right)$m； D. $x=0.25\cos\left(4\pi t-\frac{\pi}{2}\right)$m.

二、填空题

6-13 一物体作简谐振动，其振动方程为 $x=0.04\cos(5\pi t/3-\pi/2)$(SI)，(1)此谐振动的周期 $T=$__________；(2)当 $t=0.6$s 时，物体的速度 $v=$__________.

6-14 一作简谐振动的振动系统，其质量为 2kg，频率为 1000Hz，振幅为 0.5cm，则其振动能量为__________.

6-15 质量 $M=1.2$kg 的物体，放在一个轻弹簧秤上一起振动，用秒表测得此系统在 45s 内振动了 90 次，若在此弹簧秤再加质量 $m=0.6$kg 的物体，而弹簧所受的力未超过弹性限度. 该系统新的振动周期为__________.

6-16 一物体作余弦振动，振幅为 15×10^{-2}m，圆频率为 $6\pi\mathrm{s^{-1}}$，初相为 0.5π，则振动方程为 $x=$__________(SI).

6-17 一质点作简谐振动，速度的最大值 $v_m=5\mathrm{cm\cdot s^{-1}}$，振幅 $A=2$cm. 若令速度具有正最大值的那一时刻为 $t=0$，则振动表达式为__________.

6-18 一质点沿 x 轴作简谐振动，振动范围的中心点为 x 轴的原点. 已知周期为 T，振幅为 A.

(1) 若 $t=0$ 时质点过 $x=0$ 处且朝 x 轴正方向运动，则振动方程为 $x=$__________；

(2) 若 $t=0$ 时质点处于 $x=A/2$ 处且向 x 轴负方向运动，则振动方程为 $x=$__________.

6-19　一弹簧振子作简谐振动，振幅为 A，周期为 T，其运动方程用余弦函数表示．当 $t=0$ 时，

(1) 振子在负的最大位移处，其初位相为__________；

(2) 振子在平衡位置向正方向运动，初位相为__________；

(3) 振子在位移为 $A/2$ 处，且向负方向运动，初位相为__________.

6-20　一单摆的悬线长 $l=1.5\text{m}$，在距平衡位置 6cm 处速度是 $24\text{cm}\cdot\text{s}^{-1}$，求：(1)周期 T；(2)当速度是 $12\text{cm}\cdot\text{s}^{-1}$时的位移．

6-21　一系统作简谐振动，周期为 T，以余弦函数表达式振动时，初位相为零，在 $0\leqslant t\leqslant T/2$ 范围内，系统在 $t=$__________时刻动能和势能相等.

三、计算题或证明题

6-22　如图所示，一质点作简谐振动，在一个周期内相继通过距离为 12cm 的两点 A、B，历时 2s，并且在 A、B 两点处具有相同的速度；再经过 2s 后，质点又从另一方向通过 B 点. 试求质点运动的周期和振幅.

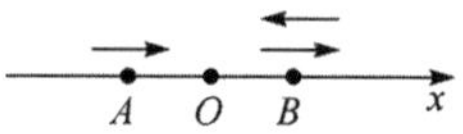

题 6-22 图

6-23　若在一竖直轻弹簧的下端悬挂一小球，弹簧被拉长 $l_0=1.2\text{cm}$ 而平衡．经推动后，该小球在竖直方向作振幅为 $A=2\text{cm}$ 的振动，试证此振动为简谐振动；若选小球在正最大位移处开始计时，写出此振动的数值表达式．

6-24　一个轻弹簧在 60N 拉力作用下可伸长 30cm. 现将一物体悬挂在弹簧的下端并在它上面放一小物体，他们的总质量为 4kg. 等其静止后再把物体向下拉 10cm，然后释放，问：

(1) 此小物体是停在振动物体上面还是离开它?

(2) 如果使放在振动物体上的小物体与振动物体分离，则振幅 A 需满足何条件? 二者在何位置开始分离?

6-25　一个轻弹簧在 60N 下伸长 30cm，现把质量为 4kg 的物体悬挂在该弹簧的下端并使之静止，再把物体向下拉 10cm，然后由静止释放并开始计时．以平衡位置为坐标原点，竖直向下为 x 轴正方向，求：

(1) 物体的振动方程；

(2) 物体在平衡位置上方 5cm 时弹簧对物体的拉力；

(3) 物体从第一次越过平衡位置时刻起到它运动到上方 5cm 处所需要的最短时间．

6-26　一弹簧振子沿 x 轴作简谐振动．已知振动物体最大位移为 $x_\text{m}=0.4\text{m}$ 时，最大恢复力为 $F_\text{m}=0.8\text{N}$，最大速度为 $v_\text{m}=0.8\pi\text{m}\cdot\text{s}^{-1}$，又知 $t=0$ 的初位移为 $+0.2\text{m}$，且初速度与所选 x 轴方向相反．求：

(1) 振动能量；

(2) 此振动的数值表达式．

6-27　两个物体作同方向、同频率、同振幅的谐振动．在振动过程中，每当第一个物体经过位移为$\sqrt{2}A$ 的位置向平衡位置运动时，第二个物体也经过此位置，但向远离平衡位置的方向运动．试利用旋转矢量法求它们的位相差．

6-28　两个同方向，同频率的简谐运动合成后，合振动的振幅为 20cm，相位与第一振动的

相位之差为$\frac{\pi}{6}$，若第一振动的振幅为$\sqrt{3}\times 10\text{cm}$，试求第二振动的振幅及第一与第二振动的相位差.

6-29 一个质量为 0.05kg 的质点沿 x 轴作简谐运动，其运动方程为 $x=0.06\cos\left(5t-\frac{\pi}{2}\right)$(SI)，试求：

(1) 质点在起始位置时受的力；

(2) 在 π 秒末的位移，速度和加速度；

(3) 动能的最大值；

(4) 质点在何处，其动能和势能相等.

6-30 汽车在一条起伏不平的公路上行驶，路面上凸起处相隔的距离大约都是 16m，汽车的车身是装在弹簧上，当汽车以 8m/s 的速度行驶时，车身起伏振动得最激烈，则弹簧的固有频率是多少？

第7章　机　械　波

一、基本要求

(1) 确切理解描述波动的物理量(周期、频率、波长、波速、波线和波面)的物理意义,并能熟练地确定这些量.

(2) 深刻理解平面简谐波波动方程的物理意义,能根据给定条件建立波动方程,能熟练应用波动方程分析波动问题.

(3) 了解惠更斯原理和波的叠加原理.

(4) 掌握波的干涉条件和干涉强弱的条件.

(5) 了解驻波形成条件和特点,了解半波损失的概念.

二、主要内容与学习指导

(一) 波动的描述

1. 机械波的产生

机械振动的传播为机械波. 机械波的产生条件是具有振源和传播振动的弹性介质,要注意,在波动过程中传播的只是振动情况(波形、位相、能量等),介质中的质点并没有随波移动,介质中各个质点只是在各自的平衡位置附近作振动,因此要特别注意区分两种速度:波的传播速度与质点的振动速度.

2. 纵波与横波

波动分纵波和横波. 振动方向与传播方向一致的波称为纵波,振动方向与传播方向相垂直的波称为横波. 横波的特征是具有波峰和波谷,纵波的特征是具有稠密区和稀疏区. 机械横波需要切向关联力(剪变应力),因此只能存在于固体内和液体表面上;机械纵波需要的是纵向关联力(压变应力),可在固体、液体和气体内传播.

3. 波动的几何描述

波线是表示波动传播方向的射线,波面是介质中质点振动位相相同的点构成的面,在各向同性均匀介质中,波线与波面垂直. 根据波面的形状,波动可分为平面波、球面波等.

4. 波动的物理描述

(1) 周期和频率:在波存在的介质中各质点振动的周期和频率也称为波的周期和频率,分别用 T 和 ν 表示. 波的周期与频率等于波源振动的周期与频率,由波源的状况决定,与介质无关.

(2) 波速:波在介质中的传播速度称为波速,波的传播速度取决于介质. 横波在固体中的传播速度为 $u=\sqrt{G/\rho}$,其中 G 为固体的切变弹性模量; 纵波在固体中的传播速度为 $u=$

$\sqrt{Y/\rho}$,其中 Y 为固体的杨氏弹性模量;在液体和气体中纵波的传播速度为 $u=\sqrt{B/\rho}$,其中 B 为容变弹性模量,ρ 为介质的密度.

(3) 波长:在波的传播方向上振动位相相差 2π 的两点间距离为一个波长,波长用 λ 表示;沿着波的传播方向上,相隔一个波长的两点振动状态相同,因此波长是一个完整波形的长度.波速、波长、周期和频率满足的关系为

$$u=\frac{\lambda}{T}=\lambda\cdot\nu \tag{7.1}$$

(二) 简谐波的波动方程

1. 平面简谐波的波动方程

简谐振动在介质中的传播为简谐波,设简谐波沿 x 方向传播,用 y 表示质点的振动位移.假设原点处质点的振动方程为 $y=A\cos(\omega t+\varphi_0)$,简谐波的波动方程则为

$$y=A\cos\left[\omega\left(t\mp\frac{x}{u}\right)+\varphi_0\right]=A\cos\left[2\pi\left(\frac{t}{T}\mp\frac{x}{\lambda}\right)+\varphi_0\right] \tag{7.2}$$

在上式中若波沿 x 正方向传播取“−”号,若沿 x 负方向传播时取“+”号.

对于波动方程应着重理解以下几点:

(1) 在波动方程中,若给定一点坐标 x,则可以表示此点振动位移随时间 t 的函数关系,这反映了该点的振动规律;若令 $\varphi'=\varphi\mp\frac{\omega}{u}x$,则 $y=A\cos(\omega t+\varphi')$,这说明介质中任一质点均作简谐振动.若画出 y-t 图,则是该点的振动曲线.

(2) 在波动方程中,若给定某一时刻 t,则表示该时刻波线上的各点振动位移随坐标 x 的分布规律,即是给定时刻的波形.若画出 y-x 图,则是该时刻的波形图.

(3) 对于任一时刻 t,$y(t,x)=y(t,x+k\lambda)$,这反映了波动的空间周期性,波长 λ 是波动在空间上的周期;对于任意的 x,有 $y(x,t)=y(x,t+kT)$,这反映了波动在时间上的周期性;另外,将波动方程变形为

$$\begin{aligned}y&=A\cos\left[\omega\left(t-\frac{x}{u}\right)+\varphi_0\right]=y\cos\left[\omega\left(t+\Delta t-\frac{x}{u}-\Delta t\right)+\varphi_0\right]\\&=A\cos\left[\omega(t+\Delta t)-\omega\frac{x+u\Delta t}{u}+\varphi_0\right]\end{aligned}$$

这说明 t 时刻 x 处的振动情况,在 $t+\Delta t$ 时刻出现在 $(x+u\Delta t)$ 处,这反映了波的传播特性.

(4) 波不论向什么方向传播,传播得越远,波场中质点的振动位相相对波源就落后得越多,若波源的振动规律为 $y=A\cos(\omega t+\varphi_s)$,则介质中各点的振动规律应为

$$y=A\cos\left[\omega\left(t-\frac{r}{u}\right)+\varphi_s\right]$$

其中,r 为介质中一点到波源的距离.

(5) 由式(7-2)可得 $\frac{\partial^2 y}{\partial t^2}-u^2\frac{\partial^2 y}{\partial x^2}=0$;这是平面简谐波的微分方程.

2. 介质中质点的运动

在平面简谐波传播的介质中,各质点都在作简谐振动,振动规律为

$$y=A\cos\left[\omega\left(t\mp\frac{x}{u}\right)+\varphi_0\right]$$

振动速度为

$$v=\frac{\partial y}{\partial t}=-\omega A\sin\left[\omega\left(t\mp\frac{x}{u}\right)+\varphi_0\right] \tag{7.3}$$

加速度为

$$a=\frac{\partial^2 y}{\partial t^2}=-\omega^2 A\cos\left[\omega\left(t\mp\frac{x}{u}\right)+\varphi_0\right] \tag{7.4}$$

3. 简谐波的能量和能流密度

在传播简谐波的介质中任取一质元 $dm=\rho dV$，它的动能和势能分别为

$$dE_k=\frac{1}{2}dm\left(\frac{\partial y}{\partial t}\right)^2=\frac{1}{2}\rho dV\omega^2A^2\sin^2\left[\omega\left(t\mp\frac{x}{u}\right)+\varphi_0\right]$$

$$dE_p=\frac{1}{2}dm\cdot u^2\cdot\left(\frac{\partial y}{\partial x}\right)^2=\frac{1}{2}\rho dVA^2\omega^2\sin^2\left[\omega\left(t\mp\frac{x}{u}\right)+\varphi_0\right]$$

可见动能和势能在任一时刻都相等，它们以同样的规律变化，因此，体元 dV 内的机械能为

$$dE=dE_k+dE_p=\rho\, dV\omega^2A^2\sin^2\left[\omega\left(t\mp\frac{x}{u}\right)+\varphi_0\right] \tag{7.5}$$

能量密度为

$$w=\frac{dE}{dV}=\rho\omega^2A^2\sin^2\left[\omega\left(t\mp\frac{x}{u}\right)+\varphi_0\right] \tag{7.6}$$

平均能量密度为

$$\overline{w}=\frac{1}{2}\rho\omega^2A^2 \tag{7.7}$$

介质中任一体元内的机械能并不守恒，这正反映了能量的传播．沿波的传播方向，体元不断地从后面的介质获得能量，又不断地把能量传给前面的介质，所以波动是能量传递的一种形式．为描述波动过程中能量的传播，引入波的能流密度，即单位时间内通过介质内垂直于波的传播方向上单位面积上的能量为能流密度，能流密度的平均值又称为波的强度，可表示为

$$I=\overline{w}u=\frac{1}{2}\rho\,\omega^2A^2u \tag{7.8}$$

波的强度从能量的角度反映了波的强弱，在声波和光波中，研究波的强度是十分重要的．

（三）波的传播原理

1. 惠更斯原理

惠更斯原理是波动的一个基本原理，其内容为：在波的传播过程中，波面上的各点都可作为发射子波的波源，在其后的任一时刻，所有子波波面的包络决定新的波面.

常根据惠更斯原理应用作图法分析波的传播问题. 作图法的基本要点为：①在确定的波面上选取若干点作为子波的波源；②以各个子波的波源为球心，以 $r=u\Delta t$ 为半径作出半球形子

波的波面；③作出所有子波波面的公共切面(包络)即为新的波面；④根据波线与波面垂直，作出新的波线. 由惠更斯原理，用作图法可以推出波的折射定律、反射定律，也可以定性解释波的衍射现象.

2. 波的独立传播和叠加原理

在几列波相遇的区域内，质点的振动位移是各列波独自在该点引起的振动位移的矢量和，且各列波仍保持自己原有的特性(波长、频率、振动方向等)继续传播，这就是波的独立传播和叠加原理，它是研究波的叠加和干涉问题的理论基础.

(四) 波的干涉

1. 干涉的概念

在两列波叠加的区域内出现某些位置的振动始终加强，某些位置的振动始终减弱，这种现象称为干涉.

2. 干涉条件

两列波叠加能够发生干涉的条件是，两列波的频率相同，振动方向相同、位相差恒定. 满足干涉条件的波称为相干波，相应的波源称为相干波源.

3. 干涉的加强和减弱的条件

两列相干波在介质中任一点相遇时，叠加后干涉加强和减弱的条件由两列波在该点的位相差来决定. 如图 7-1 所示，S_1、S_2 为相干波源，P 为干涉区域内的任一点，P 点到 S_1、S_2 的距离分别为 r_1 和 r_2；设波源 S_1、S_2 的振动规律分别为

$$y_{S_1}=A_1\cos(\omega t+\varphi_{10}),\quad y_{S_2}=A_2\cos(\omega t+\varphi_{20})$$

两列波在 P 点引起的振动分别为

$$y_1=A_1\cos\left[\omega\left(t-\frac{r_1}{u}\right)+\varphi_{10}\right],\quad y_2=A_2\cos\left[\omega\left(t-\frac{r_2}{u}\right)+\varphi_{20}\right]$$

在 P 点的合振动为

$$y=y_1+y_2=A\cos(\omega t+\varphi) \tag{7.9}$$

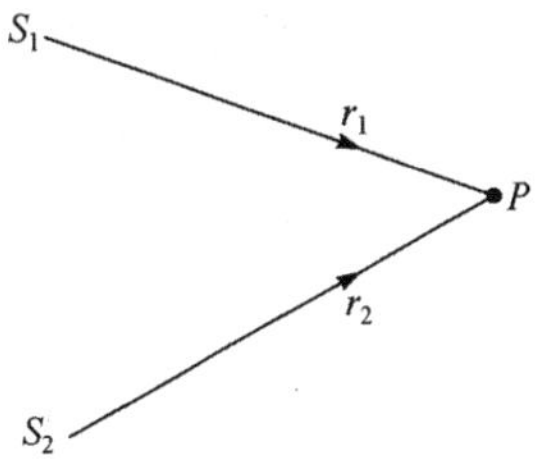

图 7-1

其中

$$A=\sqrt{A_1^2+A_2^2+2A_1A_2\cos(\Delta\varphi)} \tag{7.10}$$

其中，$\Delta\varphi=\varphi_{20}-\varphi_{10}-2\pi\dfrac{r_2-r_1}{\lambda}$.

(1) 当 $\Delta\varphi=2k\pi$ 时，合振幅 $A=A_1+A_2$，干涉加强.

(2) 当 $\Delta\varphi=(2k+1)\pi$ 时，合振幅 $A=|A_2-A_1|$，干涉减弱. 其中 $k=0,\pm1,\pm2,\cdots$.

4. 驻波

驻波是干涉的一个特例. 两列相干波沿同一直线传播，当它们的振幅相等、传播方向相反时，叠加后形成驻波. 若

$$y_1=A\cos2\pi\left(\nu t-\frac{x}{\lambda}\right),\quad y_2=A\cos2\pi\left(\nu t+\frac{x}{\lambda}\right)$$

叠加后的合成波为

$$y=y_1+y_2=2A\cos 2\pi\frac{x}{\lambda}\cos 2\pi\nu t \tag{7.11}$$

合成的波动方程中不含$\left(\nu t-\frac{x}{\lambda}\right)$或$\left(\nu t+\frac{x}{\lambda}\right)$的因子，因此把这种波称为驻波，驻波没有行波的特征. 介质中的质点都在作一种特殊形式的振动.

驻波方程中，令$A(x)=\left|2A\cos 2\pi\frac{x}{\lambda}\right|$，实际上表示各点振动的振幅. 当$x=(2k+1)\frac{\lambda}{4}$时，$\left|2A\cos 2\pi\frac{x}{\lambda}\right|=0$，这些质点的振幅为零，处于静止状态，这些点称为波节；当$x=k\frac{\lambda}{2}$时，$\left|2A\cos 2\pi\frac{x}{\lambda}\right|=2A$，这些点的振幅最大，称为波腹；显然，相邻的波腹或相邻的波节之间距离为$\frac{\lambda}{2}$.

因此，驻波中振幅形成波腹、波节交替分布的特殊形式. 因为波腹和波节的位置不随时间变化，因此驻波的波形不发生移动和传播.

由驻波方程还可以看出，在两波节之间各点振动的位相始终一致，它们同时到达各自的最大位移，又同时返回平衡位置，在波节两侧质点的振动位相始终相反. 这说明驻波中的位相并不发生传播，只是在一定的波段内保持步调一致的振动，在波节处将发生π的相位突变.

5. 半波损失

当一列波在介质界面上发生反射时，入射波与反射波叠加形成驻波. 如果入射波与反射波在介质界面上发生叠加后形成波节，则说明反射时发生了相位π的突变. 相位改变π，相当于波在介质中多传播了或少传播了$\frac{\lambda}{2}$的波程，所以将相位π的突变称为半波损失.

在两种介质界面上反射时，是否发生半波损失，取决于两种介质的密度ρ和波速u. $z=\rho\cdot u$称为波阻抗. 若$\rho_1u_1<\rho_2u_2$，则称第一种介质为波疏介质，第二种介质为波密媒质；当波由波疏介质向波密介质传播时，反射波将发生半波损失；当波由波密介质向波疏介质传播时，反射波不存在半波损失. 对于绳上传播的波，在固定端发生反射就存在半波损失，在自由端发生反射时就不存在半波损失.

半波损失在分析光的干涉问题中是很重要的，上述判断半波损失是否存在的条件，对光波也同样适用. 对于光波，只是将折射率n较大的介质称为光密介质，把折射率n较小的介质称为光疏介质.

三、习题分类与解题方法指导

本章习题的重点可分为：①应用波动方程求解各特征量和运动量；②根据具体条件建立波动方程；③波动的能量问题；④波的干涉问题；⑤驻波问题. 现分别讨论各类习题的求解方法.

（一）已知波动方程求各个相关量

将给定的波动方程与波动方程的标准形式进行比较，容易得到波动的各个特征量(振幅A，频率ν，位相φ等)，根据各物理量定义对波动方程进行运算可求出介质中质点运动的各个物理量(振动位移 y,振动速度 u,加速度 a 等).

例题 7-1 一横波沿绳子传播,其波动方程为 $y=0.05\cos(100\pi t-2\pi x)$ (SI).

(1) 求此波的振幅、波速、频率和波长;

(2) 求绳子上各质点的最大振动速度和最大振动加速度.

解 (1) 已知波的表达式为 $y=0.05\cos(100\pi t-2\pi x)$,与标准形式 $y=A\cos(2\pi\nu t-2\pi x/\lambda)$ 比较得

$$A=0.05\text{m},\quad \nu=50\text{Hz},\quad \lambda=1.0\text{m},\quad u=\lambda\nu=50\text{m}\cdot\text{s}^{-1}$$

(2) $$v_{\max}=\left(\frac{\partial y}{\partial t}\right)_{\max}=2\pi\nu A=15.7\text{m}\cdot\text{s}^{-1}$$

$$a_{\max}=\left(\frac{\partial^2 y}{\partial t^2}\right)_{\max}=4\pi^2\nu^2 A=4.39\times10^3\text{m}\cdot\text{s}^{-2}$$

(二) 已知一定条件求波动方程

确定波动方程的关键是确定波的几个特征量,这类习题又有以下几种不同的情况.

1. 已知某一点的振动方程和波的传播速度,求波动方程

如果已知某一点的振动方程和波的传播速度(大小和方向),可沿波的传播方向选为 x 轴,由已知条件确定坐标原点处质点的振动方程,再进一步确定任意一点 x 处的振动方程即为波动方程.求解这类习题的关键是确定两点间的位相差.

例题 7-2 如图 7-2 所示为一平面简谐波在 $t=0$ 时刻的波形图,设此简谐波的频率为 250Hz,且此时质点 P 的运动方向向下,求:(1)该波的波动方程;(2)在距原点 O 为 100m 处质点的振动方程与振动速度表达式.

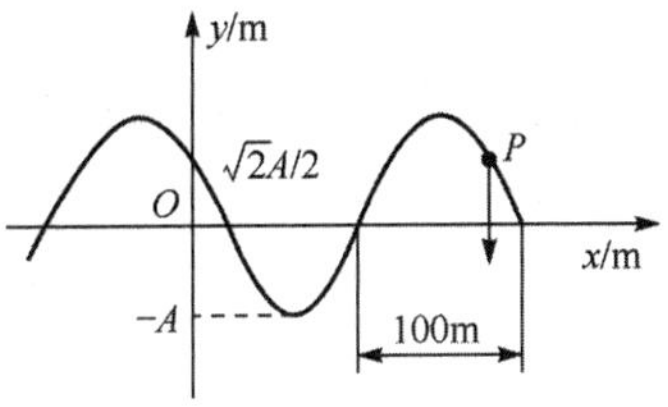

图 7-2

解 (1) 由 P 点的运动方向,可判定该波向左传播.对原点 O 处质点,$t=0$ 时,

$$\frac{\sqrt{2}}{2}A=A\cos\varphi,\quad v_0=-\omega A\sin\varphi<0$$

所以 $\varphi=\pi/4$;O 处振动方程为

$$y_o=A\cos(500\pi t+\pi/4)\quad \text{(SI)}$$

波动方程为

$$y=A\cos[2\pi(250t+x/200)+\pi/4]\ \text{(SI)}$$

(2) 距 O 点 100m 处质点振动方程是

$$y_1=A\cos(500\pi t+5\pi/4)\ \text{(SI)}$$

振动速度表达式是

$$v=-500\pi A\sin(500\pi t+5\pi/4)\ \text{(SI)}$$

2. 由给定点的振动状态及波的传播情况,求波动方程

若已知波的传播方向和若干点的振动状态,求解波动方程的一般方法是:首先设出波动方程,然后由已知点的振动状态求出波动方程中的各个特征量的数值,从而确定波动方程.

例题 7-3 已知一平面简谐波沿 x 轴正向传播,振幅 $A=2\text{m}$,圆频率 $\omega=4\pi\text{rad}\cdot\text{s}^{-1}$.在 $t_1=1\text{s}$ 时,$x_1=2\text{m}$ 处的质点 a 处于平衡位置且向 y 轴负向运动,同时 $x_2=4\text{m}$ 处的质点 b 振

动位移为 1m 且向 y 轴正向运动. 求此波的波动方程及 $x=-6$m 的质点 P 振动方程.

解 设波的波动方程为 $y=A\cos\left[\omega\left(t-\dfrac{x}{u}\right)+\varphi_0\right]$,由已知条件:$A=2$m,$\omega=4\pi$,所以

$$y=2\cos\left[4\pi\left(t-\frac{x}{u}\right)+\varphi_0\right] \qquad ①$$

因为 $t_1=1$s 时,$x_1=2$m 的 a 点,$y_a=2\cos\left(4\pi-\dfrac{8\pi}{u}+\varphi_0\right)=0$,$v_a=\left(\dfrac{\partial y}{\partial t}\right)<0$,故得

$$4\pi-\frac{8\pi}{u}+\varphi_0=\pi/2 \qquad ②$$

又因为 $t_1=1$s 时,$x_2=4$m 的质点 b,$y_b=2\cos\left(4\pi-\dfrac{16\pi}{u}+\varphi_0\right)=1$,$v_b>0$,得

$$4\pi-\frac{16\pi}{u}+\varphi_0=-\pi/3 \qquad ③$$

由式②和式③可解得

$$u=\frac{48}{5}\text{m}\cdot\text{s}^{-1},\quad \varphi_0=\frac{4}{3}\pi-4\pi$$

代入式①即得波动方程为

$$y=2\cos\left[4\pi\left(t-\frac{5}{48}\right)+\frac{4}{3}\pi-4\pi\right]=2\cos\left(4\pi t-\frac{5\pi}{12}+\frac{4}{3}\pi\right)$$

将 $x=-6$m 代人波动方程,即得 P 点的振动方程为

$$y_P=2\cos\left(4\pi t+\frac{23}{6}\pi\right)=2\cos\left(4\pi t+\frac{11}{6}\pi\right)$$

3. 已知波形图,求波动方程

若已知某一时刻的波形图,一般可以直接确定振幅 A,波速 u 和波长 λ,由 $u=\lambda\cdot\nu$ 可求出 ν 和 ω,再根据 $x=0$ 点的振动位移和振动方向可确定原点的振动初相 φ_0,从而由波的传播方向写出波动方程 .

例题 7-4 已知一平面简谐波以 $u=100\text{m}\cdot\text{s}^{-1}$ 的速度向 x 轴负向传播,在 $t=\dfrac{1}{4}$s 时刻的波形如图 7-3 所示,求此波的波动方程 .

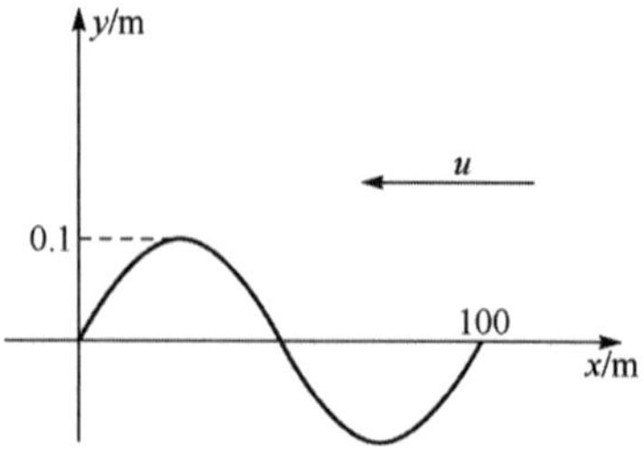

图 7-3

解 由波形图可知

$$A=0.1\text{m},\quad \lambda=100\text{m}$$

因为 $u=100\text{m}\cdot\text{s}^{-1}$,所以

$$\nu=\frac{u}{\lambda}=1\text{Hz},\quad \omega=2\pi\nu=2\pi\text{rad}\cdot\text{s}^{-1};$$

设此列波的波动方程为

$$y=A\cos\left(\omega t+\frac{2\pi x}{\lambda}+\varphi_0\right)$$

$$y=0.1\cos\left(2\pi t+\frac{2\pi x}{100}+\varphi_0\right)$$

由波形图可知：$t=\frac{1}{4}$s，$x=0$，$y_0=0.1\cos\left(\frac{\pi}{2}+\varphi_0\right)=0$，$v_0>0$，可求得 $\varphi_0=\pi$；所以得到此简谐波的波动方程为

$$y=0.1\cos\left(2\pi t+\frac{2\pi x}{100}+\pi\right)$$

例题 7-5　一平面简谐波沿 x 轴负向传播，$t=0$ 和 $t=2s$ 时的波形如图 7-4 所示，在 2s 内波向前传播的距离为 20m.

求：(1) 原点的振动方程；(2) 该波的波动方程.

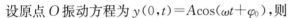

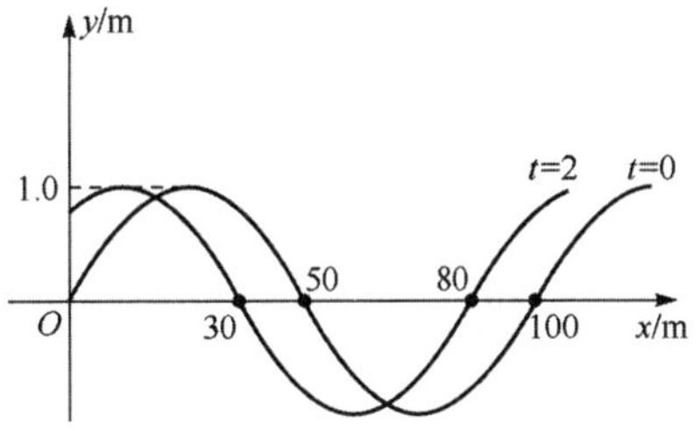

图 7-4

解　(1) 由波形图可知：振幅 $A=1$m，波长 $\lambda=100$m；

在 $\Delta t=2$s 内波形移动距离为 $\Delta x=20$m，所以波速为

$$u=\frac{\Delta x}{\Delta t}=\frac{20}{2}=10(\mathrm{m\cdot s^{-1}})$$

频率为 $\nu=\frac{u}{\lambda}=\frac{10}{100}=0.1$Hz，圆频率为 $\omega=2\pi\nu=0.2\pi$.

设原点 O 振动方程为 $y(0,t)=A\cos(\omega t+\varphi_0)$，则

$$y(0,t)=1.0\cos(0.2\pi t+\varphi_0)$$

由波形图，$t=0$，$y_0=0$，$u_0>0$，所以 $\cos\varphi_0=0$，$\sin\varphi_0<0$，可得 $\varphi_0=-\pi/2$，

$$y_0(0,t)=1.0\cos(0.2\pi t-\pi/2)$$

(2) 因为波沿 x 负向传播，故该波的波动方程为

$$y=1.0\cos\left[0.2\pi\left(t+\frac{x}{u}-\pi/2\right)\right]=1.0\cos\left[0.2\pi\left(t+\frac{x}{10}-\pi/2\right)\right]$$

(三) 波动的能量问题

这类习题有两种情况，一是求简谐波能量密度和能流密度的平均值，二是对波动过程中质元能量的变化进行分析. 这类习题通常比较简单，由能量或能流密度公式计算得出.

例题 7-6　一正弦形式空气波沿直径为 14cm 的圆柱形管行进，波的平均强度为 $9.0\times10^{-3}\mathrm{J\cdot s^{-1}\cdot m^{-2}}$，频率为 300Hz，波速为 $300\mathrm{m\cdot s^{-1}}$. 问波中的平均能量密度和最大能量密度各是多少？每两个相邻同相面间的波段中含有多少能量？

解　(1) 已知波的平均强度为 $I=9.0\times10^{-3}\mathrm{J\cdot s^{-1}\cdot m^{-2}}$，由 $I=\overline{w}\cdot u$，有

$$\overline{w}=\frac{I}{u}=\frac{9.0\times10^{-3}}{300}=3\times10^{-5}(\mathrm{J\cdot m^{-3}})$$

$$w_{\max}=2\overline{w}=6\times10^{-5}(\mathrm{J\cdot m^{-3}})$$

(2) 由 $W=\overline{w}\cdot V$，所以 $W=\overline{w}\cdot\frac{1}{4}\pi d^2\lambda=\overline{w}\,\frac{1}{4}\pi d^2\,\frac{u}{\nu}$

$$W=3\times10^{-5}\times\frac{\pi}{4}\times(0.14)^2\times1=4.62\times10^{-7}(\mathrm{J})$$

例题 7-7　一平面简谐波在弹性介质中传播，介质中某质元从平衡位置向正的最大位移运动，下列说法正确的是(　　)

(A) 它的势能转化为动能；　　(B) 它的动能转化为势能；

(C) 它从相邻质元中获得能量；　(D) 它向相邻质元释放能量.

解　因为传播简谐波的介质内任一质元,动能与势能同相变化,同时达到最大,又同时减小为零,在任一时刻动能都等于势能,故不存在动能与势能之间的转化;在平衡位置,质元的动能最大,势能也最大;在正(负)最大位移处,动能为零,势能也为零. 因此当质元从平衡位置向正最大位移运动过程中,质元的机械能减小,这说明它向相邻质元释放出能量,故选 D.

(四) 波的干涉问题

求解波的干涉问题,首先要熟知波的相干条件,掌握合成波振幅的计算;明确干涉加强和干涉减弱的条件和结论,求解两列波干涉问题的一般步骤是:①确定两波在何处发生干涉;②计算两波在相干点引起振动的位相差;③根据干涉的相关结论求出未知量.

求解干涉问题的关键是位相差的计算,一般说来,位相差由两部分决定,①由波源的初相差引起的位相差 $\Delta\varphi_s=\varphi_{s_2}-\varphi_{s_1}$;②由波程差引起的位相差:$\Delta\varphi_r=\frac{2\pi}{\lambda}(r_1-r_2)$;故位相差为

$\Delta\varphi=(\varphi_{s_2}-\varphi_{s_1})+\frac{2\pi}{\lambda}(r_1-r_2)$.

例题 7-8　如图 7-5 所示,S_1 和 S_2 为相干波源,S_2 的位相超 S_1 的位相为 $\frac{\pi}{4}$,波长 $\lambda=8.0\text{m}$,$r_1=12.0\text{m}$,$r_2=14.0\text{m}$;S_1 在 P 点引起的振幅为 $A_1=0.3\text{m}$,S_2 在 P 点引起的振幅为 $A_2=0.2\text{m}$;求:(1) P 点的合振幅;(2)若使 P 点合振幅最大,则波长 λ 最大可能值是多少?

解　(1) 由题意:$\Delta\varphi_s=\varphi_{s_2}-\varphi_{s_1}=\pi/4$,所以

$$\Delta\varphi=(\varphi_{s_2}-\varphi_{s_1})+\frac{2\pi}{\lambda}(r_1-r_2)=\frac{\pi}{4}+\frac{2\pi}{8}(12-14)=-\frac{\pi}{4}$$

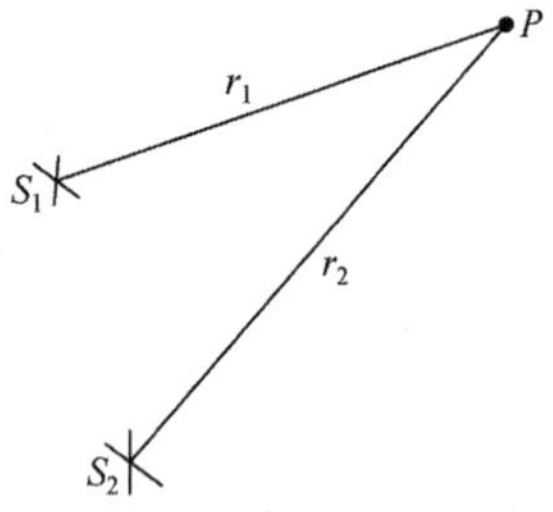

图 7-5

$$A=\sqrt{A_1^2+A_2^2+2A_1A_2\cos\Delta\varphi}$$
$$=\sqrt{0.3^2+0.2^2+2\times0.3\times0.2\cos\left(-\frac{\pi}{4}\right)}=0.46(\text{m})$$

(2) 欲使 P 点的振幅最大,则必有

$$\Delta\varphi=2k\pi,\quad k=0,\pm1,\cdots$$

所以 $\Delta\varphi=\frac{\pi}{4}+\frac{2\pi}{\lambda}(12-14)=2k\pi$,则得 $\lambda=\frac{16}{1-8k}$. 当 $k=0$ 时,λ 最大,故

$$\lambda_{\max}=16\text{m}$$

例题 7-9　如图 7-6 所示. S_1 和 S_2 为相干波源,频率 $\nu=100\text{Hz}$,初相差为 π,两波源相距 30m. 若波在介质中传播的速度为 $400\text{m}\cdot\text{s}^{-1}$,而且两波在 S_1S_2 连线方向上的振幅相同不随距离变化. 试求 S_1S_2 之间因干涉而静止的各点的位置坐标.

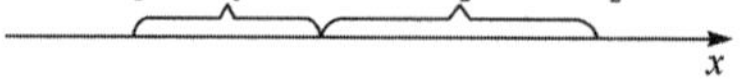

图 7-6

解　S_1 和 S_2 之间任选一点 P,其坐标为 x. 波源所产生的两列波在 P 点所引起的两个振动的相位差为

$$\Delta\varphi=(\varphi_1-\varphi_2)-\frac{2\pi}{\lambda}(r_1-r_2)=\pi-\frac{2\pi}{\lambda}[x-(\overline{S_1S_2}-x)]=\pi+\frac{2\pi}{\lambda}(30-2x)$$

在 0～15m，当 x 满足 $\Delta\varphi=(2k+1)\pi$ 时，即 $\pi+\frac{2\pi}{\lambda}(30-2x)=(2k+1)\pi$，则相应各点静止，对应的各点的位置坐标为

$$x=15-\frac{\lambda}{2}k=15-\frac{u}{2\nu}k=15-2k \quad (k=0,\pm1,\cdots,\pm7)$$

即 x=1m，3m，5m，9m，11m，13m，15m，17m，19m，21m，23m，25m，27m，29m 处为静止点.

（五）驻波问题

驻波是干涉的特例，处理驻波问题，首先要明确驻波的产生条件和驻波的特征；要熟知驻波波动方程和波腹、波节位置的确定方法；还要特别注意，在入射波与反射波叠加形成驻波情况下，半波损失的判别和处理.

驻波是由两列等振幅、传播方向相反的相干波叠加而成的，常见的驻波问题有：由驻波方程求解波腹、波节位置；已知一列分波方程求驻波方程或另一分波方程；已知入射波方程求反射波方程.

例题 7-10 绳索上的波以波速 $v=25$m/s 传播，若绳的两端固定，相距 2m，在绳上形成驻波，且除端点外其间有 3 个波节. 设驻波振幅为 0.1m，$t=0$ 时绳上各点均经过平衡位置. 试写出：(1)驻波的表示式；(2)形成该驻波的两列反向进行的行波表示式.

解 根据驻波的定义，相邻两波节(腹)间距为 $\Delta x=\frac{\lambda}{2}$，如果绳的两端固定，那么两个端点上都是波节，根据题意，除端点外其间还有 3 个波节，可见两端点之间有四个半波长的距离，$\Delta x=4\times\frac{\lambda}{2}=2$，则 $d=4\times\frac{\lambda}{2}=2\lambda$，波长为 $\lambda=1$m，又因为波速 $u=25\text{m}\cdot\text{s}^{-1}$，所以 $\omega=2\pi\frac{u}{\lambda}=50\pi\text{rad}\cdot\text{s}^{-1}$. 又已知驻波振幅为 0.1m，$t=0$ 时绳上各点均经过平衡位置，说明它们的初始相位为 $\frac{\pi}{2}$，关于时间部分的余弦函数应为 $\cos\left(50\pi t+\frac{\pi}{2}\right)$，所以驻波方程为 $y=0.1\cos2\pi x\cos\left(50\pi t+\frac{\pi}{2}\right)$.

(2) 由合成波的形式为 $y=y_1+y_2=2A\cos\frac{2\pi x}{\lambda}\cos2\pi\nu t$，可推出合成该驻波的两列波的波动方程为

$$y_1=0.05\cos(50\pi t-2\pi x)$$
$$y_2=0.05\cos(50\pi t+2\pi x-\pi)$$

四、知识拓展与问题讨论

相速度和群速度

各种不同频率的余弦波在介质中传播时可能有不同的传播速度，这种现象叫做频散. 声波与介质中分子弛豫过程的相互作用可以产生频散现象. 在一般介质中，由于涉及的分子弛豫过程的弛豫时间较短，所以在常用频率范围内并没有显著的频散，必须在很高频率时才能发现. 但在有些介质中，由于弛豫时间较长，在常用的声频或超声频范围内已经有明显的频散，这些介质常叫做频散介质.

存在频散现象时，各个频率的余弦行波的传播速度 c 称为各个余弦行波的相速度，因为各

个余弦行波的波峰、波谷或任一相位状态都是以这个相速度来向前行进的.

一个非余弦波可以认为是许多不同频率的余弦波叠加而成的. 在频散介质中传播时，各个成分余弦波有不同的相速度，而这个非余弦波的行进速度称为群速度，群速度与各个相速度并不相等. 仅当没有频散现象存在时，各个余弦波才具有相同的相速度，而且整个余弦波的群速度与相速度相等.

现在推导群速度 U 与相速度 c 的关系. 为了推导简单起见，假定这非余弦波是由两个余弦波所组成的. 第一个余弦波的波长为 λ，相速度为 c；第二个余弦波的波长为 $\lambda'=\lambda+\mathrm{d}\lambda$，其传播速度为 $c'=c+\dfrac{\mathrm{d}c}{\mathrm{d}\lambda}\mathrm{d}\lambda$. 图 7-7(a)表示在某一时刻这两个波的相对位置，这两个波的波峰在 A 点相结合，合振动的最大值就在这里. 设 $c'>c$，则第二波将越过第一波. 如果经过一定时间 τ，第二波越过第一波的距离为 $\mathrm{d}\lambda$ 时，这两个波的波峰在 B 点相合，如图 7-7(b)所示. 图 7-7 是以与波 1 同速运动的观察者的角度来画的. 对于第一波来说，合振动的最大值的位置移后了一个距离 λ，即合振动最大值的传播速度(群速度) U 比第一波的传播速度小了一个量 $\dfrac{\lambda}{\tau}$，所以得到

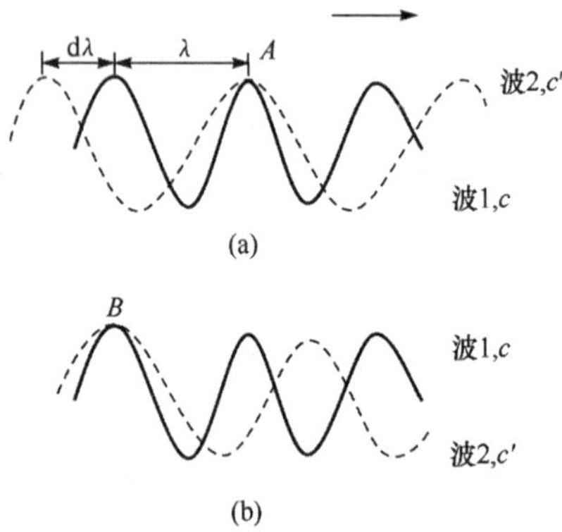

图 7-7　群速度的公式推导

$$U=c-\frac{\lambda}{\tau}=c-\frac{\lambda}{\dfrac{\mathrm{d}\lambda}{c'-c}}=c-\lambda\frac{\mathrm{d}c}{\mathrm{d}\lambda}\tag{7.12}$$

由上式可见，$\dfrac{\mathrm{d}c}{\mathrm{d}\lambda}$越大，即 c 与 λ 的关系越密切，频散就越显著，U 与 c 相差越远. 若$\dfrac{\mathrm{d}c}{\mathrm{d}\lambda}>0$，则 $U<c$；若$\dfrac{\mathrm{d}c}{\mathrm{d}\lambda}<0$，则 $U>c$. 足见群速度可比相速度大，也可比相速度小. 若$\dfrac{\mathrm{d}c}{\mathrm{d}\lambda}=0$，则无频散，而 $U=c$，群速度与相速度相等.

当已知 c 与 λ 的频散关系时，用上式可求出群速度. 一般来说，群速度 U 不是恒量，在不同的 λ 处(实际上就是在不同的频率时)，U 可以有不同的值. 仅当 c 与 λ 的关系都是一根不通过原点的斜直线的特殊情况中，非余弦波的群速度才是一个与所含余弦波成分的频率无关的恒量. 我们举一个实例来说明这种特殊情况.

在工程技术中，经常应用所谓调幅波，就是把一个圆频率为 ω、相速度为 c、波数为 k 的余弦波(称为调制波)的振幅，用另一个圆频率为 Ω、传播速度为 U、波数为 K 的余弦波(称为调制波)加以调制，因而波的方程可写成

$$\xi=A[1+m\cos(\Omega t-Kx)]\cos(\omega t-kx)$$

式中，m 称为调幅系数. 上式经过一些简单换算后变成

$$\xi=A\cos(\omega t-kx)+\frac{mA}{2}\cos\Big[(\omega+\Omega)t-(k+K)x\Big]+\frac{mA}{2}\cos\Big[(\omega-\Omega)t-(k-K)x\Big]$$

这说明整个波是非余弦波，由三个余弦波叠加而成，这三个波的圆频率分别为 ω、$\omega_1=\omega+\Omega$、$\omega_2=\omega-\Omega$，其波数分别为 k、$k_1=k+K$ 和 $k_2=k-K$，容易看出

$$\frac{\omega_1-\omega}{k_1-k}=\frac{\omega_1-\omega_2}{k_1-k_2}=\frac{\Omega}{k}=U$$

这说明 ω 与 k 的关系是一根斜直线，同时也说明了群速度（斜直线的斜率）就等于 U（调制波的传播速度）.

根据上述讨论，可以画出调制波的传播情况，如图 7-8 所示. 图 7-8(a)是某一瞬时的波形图，虚线反映以群速度 U 向前移动的调制波，实线反映以速度 c 向前移动的被调制波. 图 7-8(b)是下一瞬时的波形图，作图时假设 $c>U$，因此可以看到虚线的波好像落后于实线的波.

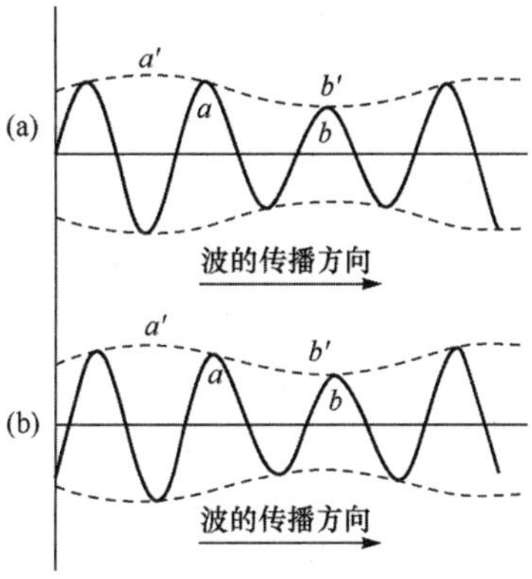

图 7-8 调制波的传播

习 题 7

一、选择题

7-1 机械波波动方程为 $y=0.03\cos6\pi(t+0.01x)$(SI)，则（　　）

A. 其振幅为 3m；　　B. 周期为(1/3)s；

C. 波速为 $10\text{m}\cdot\text{s}^{-1}$；　　D. 波沿 x 轴正向传播.

7-2 已知一平面简谐波的波动方程为 $y=A\cos(at-bx)$，(a、b 为正值)，则（　　）

A. 波的频率为 a；　　B. 波的传播速度为 b/a；

C. 波长为 π/b；　　D. 波的周期为 $2\pi/a$.

7-3 一平面简谐波沿 x 轴负方向传播. 已知 $x=b$ 处质点的振动方程为 $y=A\cos(\omega t+\varphi_0)$，波速为 u，则波动方程为（　　）

A. $y=A\cos[\omega t+(b+x)/u+\varphi_0]$；

B. $y=A\cos\{\omega[t-(b+x)/u]+\varphi_0\}$；

C. $y=A\cos\{\omega[t+(x-b)/u]+\varphi_0\}$；

D. $y=A\cos\{\omega[t+(b-x)/u]+\varphi_0\}$.

7-4 一平面简谐波沿 x 轴负方向传播. 已知 $x=x_0$ 处质点的振动方程为 $y=A\cos(\omega t+\varphi_0)$. 若波速为 u，则此波的波动方程为（　　）

A. $y=A\cos\{\omega[t-(x_0-x)/u]+\varphi_0\}$；

B. $y=A\cos\{\omega[t-(x-x_0)/u]+\varphi_0\}$；

C. $y=A\cos\{\omega t-[(x_0-x)/u]+\varphi_0\}$；

D. $y=A\cos\{\omega t+[(x_0-x)/u]+\varphi_0\}$.

7-5 下列函数 $f(x,t)$ 可表示弹性介质中的一维波动，式中 A、a 和 b 是正的常数，其中哪个函数表示沿 x 轴负向传播的行波？（　　）

A. $f(x,t)=A\cos(ax+bt)$；　　B. $f(x,t)=A\cos(ax-bt)$；

C. $f(x,t)=A\cos ax\cdot\cos bt$；　　D. $f(x,t)=A\sin ax\cdot\sin bt$.

7-6 一平面简谐波在弹性介质中传播，在某一瞬时，介质中某质元正处于平衡位置，此时它的能量是（　　）

A. 动能为零,势能最大； B. 动能为零,势能为零；

C. 动能最大,势能最大； D. 动能最大,势能为零.

7-7 一平面简谐波在弹性介质中传播时,在传播方向上介质中某质元在负的最大位移处,则它的能量是( )

A. 动能为零,势能最大； B. 动能为零,势能为零；

C. 动能最大,势能最大； D. 动能最大,势能为零.

7-8 一平面简谐波在弹性介质中传播,在介质质元从最大位移处回到平衡位置的过程中( )

A. 它的势能转换成动能；

B. 它的动能转换成势能；

C. 它从相邻的一段介质元获得能量,其能量逐渐增加；

D. 它把自己的能量传给相邻的一段介质质元,其能量逐渐减小.

7-9 在同一介质中两列相干的平面简谐波的强度之比是 $I_1/I_2=4$,则两列波的振幅之比是( )

A. $A_1/A_2=4$； B. $A_1/A_2=2$； C. $A_1/A_2=16$； D. $A_1/A_2=1/4$.

7-10 两相干波源 S_1 和 S_2 相距 $\lambda/4$(λ 为波长),S_1 的位相比 S_2 的位相超前 $\pi/2$,在 S_1 和 S_2 的连线上,S_1 外侧各点(如 P 点)两波引起的两谐振动的位相差是( )

A. 0； B. π； C. $\pi/2$； D. $3\pi/2$.

7-11 频率为 100Hz,传播速度为 $300\text{m}\cdot\text{s}^{-1}$的平面简谐波,波线上两点振动的相位差为 $\frac{1}{3}\pi$,则此两点相距( )

A. 2m； B. 2.19m； C. 0.5m； D. 28.6m.

二、填空题

7-12 一平面简谐波的表达式为 $y=A\cos\omega(t-x/u)=A\cos(\omega t-\omega x/u)$,其中 x/u 表示__________；$\omega x/u$ 表示__________；y 表示__________.

7-13 一平面简谐波波动方程为 $y=0.25\cos(125t-0.37x)$(SI),其圆频率 $\omega=$__________,波速 $u=$__________,波长 $\lambda=$__________.

7-14 两列波在一根很长的弦线上传播,其方程式为 $y_1=6.0\times10^{-2}\cos[\pi(x-40t)/2]$(SI)； $y_2=6.0\times10^{-2}\cos[\pi(x+40t)/2]$(SI),则合成波的方程式为__________；在 $x=0$ 至 $x=10.0\text{m}$ 内波节的位置是__________；波腹的位置是__________.

7-15 如果入射波的方程式是 $y_1=A\cos2\pi\left(\frac{t}{T}+\frac{x}{\lambda}\right)$,在 $x=0$ 处发生反射后形成驻波,反射点为波腹,设反射后波的强度不变,则反射波的方程式 $y_2=$__________；在 $x=2\lambda/3$ 处质点合振动的振幅等于__________.

7-16 (1) 一列波长为 λ 的平面简谐波沿 x 正方向传播. 已知在 $x=\frac{1}{2}\lambda$ 处振动的方程为 $y=A\cos\omega t$,则该平面简谐波的方程为__________.

(2) 如果在上述波的波线上 $x=L\left(L>\frac{1}{2}\lambda\right)$处放一个波密物质的反射面,且假设反射波

的振幅为 A'，则反射波的方程为__________.

7-17 频率为 100Hz 的波，其波速为 $250\mathrm{m\cdot s^{-1}}$. 在同一条波线上，相距为 0.5m 的两点的位相差为__________.

7-18 一驻波中相邻两波节的距离为 $d=5.00\mathrm{m}$，质元的振动频率为 $\nu=1.00\times10^3\mathrm{Hz}$，求形成该驻波的两个相干行波的传播速度 $u=$__________，波长 $\lambda=$__________.

三、计算题或证明题

7-19 一横波沿绳子传播，其波的表达为 $y=0.05\cos(100\pi t-2\pi x)$(SI). 求：

(1) 此波的振幅、波速、频率和波长；

(2) 绳子上各质点的最大振动速度和最大振动加速度；

(3) $x_1=0.2\mathrm{m}$ 处和 $x_2=0.7\mathrm{m}$ 处两质点振动的位相差.

7-20 已知一平面简谐波的方程为 $y=A\cos\pi(4t+2x)$(SI).

(1) 求波的波长 λ，频率 ν 和波速 u 的值；

(2) 写出 $t=4.2\mathrm{s}$ 时刻各波峰位置的坐标表达式，并求出此时离坐标原点最近的那个波峰的位置；

(3) 求 $t=4.2\mathrm{s}$ 时离坐标原点最近的那个波峰通过坐标原点的时刻 t.

7-21 波长为 λ 的平面简谐波沿 x 轴负方向传播，$x=\lambda/4$ 的质点振动规律为 $y=A\cos\dfrac{2\pi}{\lambda}\cdot ct$(SI).

(1) 写出该平面简谐波的方程；

(2) 画出 $t=T$ 时刻的波形图.

7-22 一平面简谐纵波沿线圈弹簧传播，设波沿着 x 轴正向传播，弹簧中某圈的最大位移为 3.0cm，振动频率为 25Hz，弹簧中相邻两疏部中心的距离为 24cm. 当 $t=0$ 时，在 $x=0$ 处质元的位移为零并向 x 轴正向运动. 试写出该波的波动方程.

7-23 一平面简谐波沿 x 轴正向传播，振幅 $A=10\mathrm{cm}$，圆频率 $\omega=7\pi\ \mathrm{rad\cdot s^{-1}}$，当 $t=1.0\mathrm{s}$ 时 $x=10\mathrm{cm}$ 处的 a 质点的振动状态为 $y_a=0$，$(\mathrm{d}y/\mathrm{d}t)_a<0$；此时 $x=20\mathrm{cm}$ 处的 b 质点振动状态为 $y_b=5.0\mathrm{cm}$，$(\mathrm{d}y/\mathrm{d}t)_b>0$. 设该波波长 $\lambda>10\mathrm{cm}$，求波的表达式.

7-24 平面简谐波沿 x 轴正方向传播，振幅为 2cm，频率为 50Hz，波速为 $200\mathrm{m\cdot s^{-1}}$，在 $t=0$ 时，$x=0$ 处质点正在平衡位置向 y 轴正方向运动，求 $x=4\mathrm{m}$ 处介质质点振动的表达式及该点在 $t=2\mathrm{s}$ 时的振动速度.

7-25 一列机械波沿 x 轴正向传播，$t=0\mathrm{s}$ 时的波形如图所示，已知波速为 $10\mathrm{m\cdot s^{-1}}$，波长为 2m，求：(1)波动方程；(2)P 点的振动方程；(3)P 点的 x 坐标；(4)P 点回到平衡位置所需要的最短时间.

7-26 如图所示，两相干波源 S_1、S_2 相距为 $a=3\mathrm{m}$，周期 $T=0.01\mathrm{s}$，振幅分别为 $A_1=0.03\mathrm{m}$，$A_2=0.05\mathrm{m}$，$\varphi_1=\dfrac{\pi}{3}$，且 $0<(\varphi_2-\varphi_1)<2\pi$，当两波在 P 点相遇时，相干减弱，在 Q 点相遇时，相干加强；PQ 连线上各点的振幅介于加强和减弱之间.

试求：(1)两波源的振动方程；(2)波长和波速.

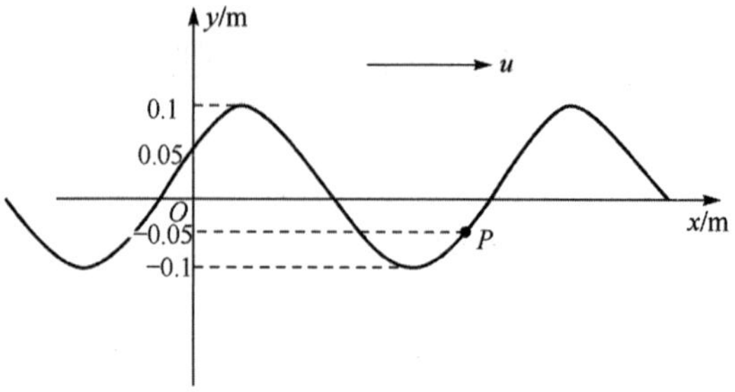

题 7-25 图

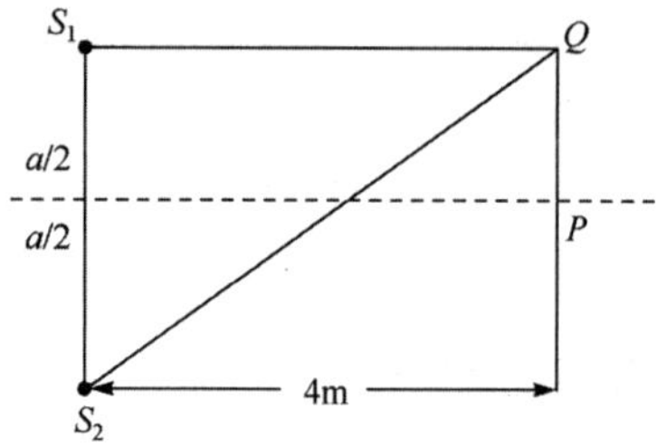

题 7-26 图

7-27　弦线上的驻波波动方程为 $y=A\cos\left(\frac{2\pi}{\lambda}x+\frac{\pi}{2}\right)\cos\omega t$，设弦线的质量线密度为 ρ.

（1）分别指出振动势能和动能总是为零的各点位置；

（2）分别计算 $0\to\frac{\lambda}{2}$ 半个波段内的振动势能、动能和总能量.

第三篇　热　　学

本篇知识逻辑结构图

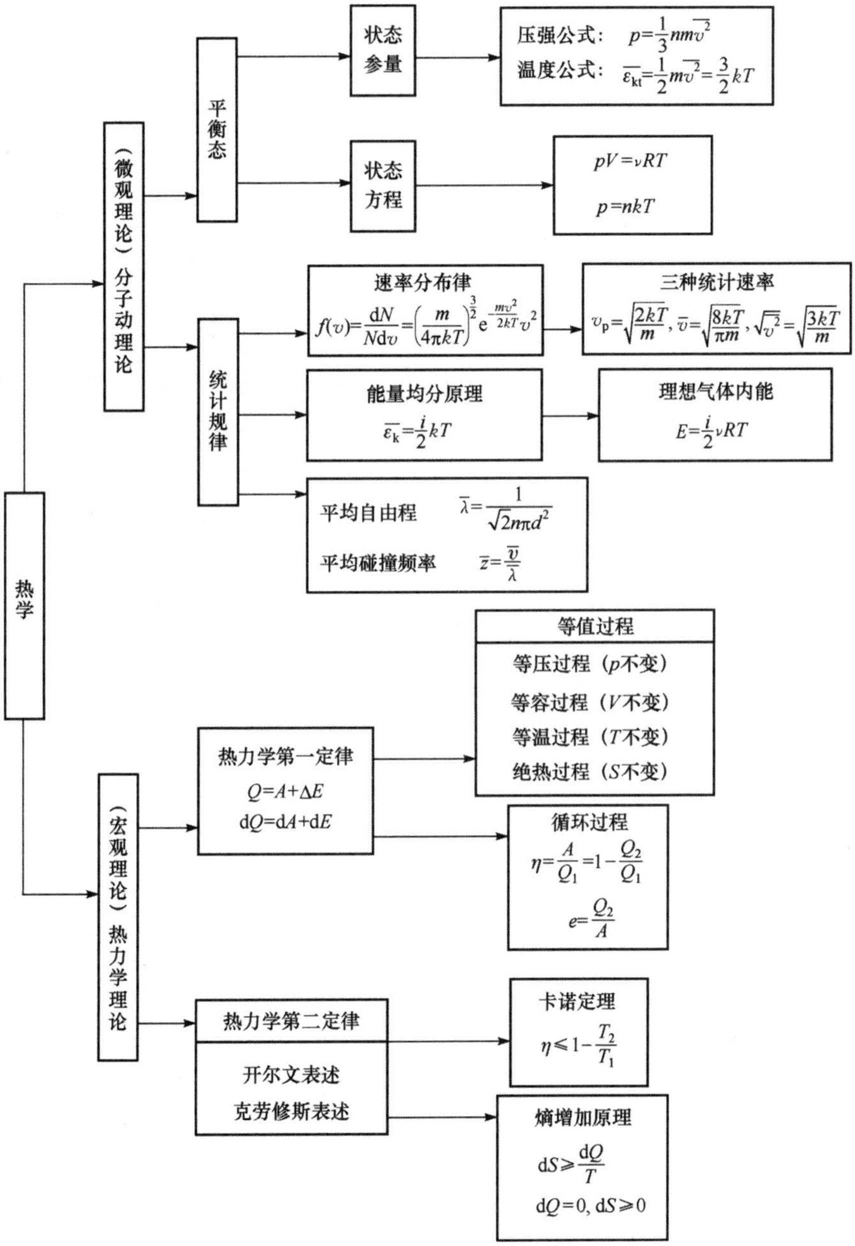

第 8 章　气体动理论

一、基本要求

(1) 熟练掌握理想气体状态方程及其应用，明确平衡态的概念和性质.

(2) 明确分子运动论的基本观点，着重理解两个统计假设和统计方法，建立起分子无规则运动的基本图像.

(3) 掌握理想气体的压强和温度公式，理解压强和温度的统计意义及微观本质.

(4) 理解气体分子的能量均分原理，能够准确计算气体分子热运动的平均动能.

(5) 理解麦克斯韦速率分布律的统计意义，能熟练计算分子的平均速率、最概然速率和方均根速率.

(6) 了解气体分子的碰撞情况，会计算平均自由程和平均碰撞频率.

(7) 了解气体的迁移现象.

二、主要内容与学习指导

(一) 理想气体状态方程

质量为 M，摩尔质量为 M_{mol} 的理想气体处于平衡状态下，状态参量所满足的关系式称为状态方程，它可表述为

$$pV=\nu RT=\frac{M}{M_{mol}}RT \tag{8.1}$$

式中，p、V、T 分别为气体的压强、体积和温度；$\nu=\frac{M}{M_{mol}}$ 为摩尔数；R 为普适气体恒量.

若气体系统的分子数为 N，分子的质量为 m，则 $M=Nm$，$M_{mol}=N_A m$，N_A 为阿伏伽德罗常量，则上式可变形为

$$p=\frac{N}{V}\frac{R}{N_A}T=nkT \tag{8.2}$$

其中，$n=\frac{N}{V}$ 为分子数密度；$k=\frac{R}{N_A}=1.38\times10^{-23}\,\text{J}\cdot\text{K}^{-1}$ 为玻尔兹曼常量.

对于封闭系统，气体的质量一定，则又可改写为

$$\frac{pV}{T}=常量 \tag{8.3}$$

以上三式皆称为理想气体状态方程. 应明确：理想气体状态方程仅适用于理想气体系统的平衡态，其中温度必须采用热力学温标.

(二) 分子物理学的研究方法

研究分子运动的方法是，从物质微观结构和分子运动的基本观点出发，根据力学规律用统计方法研究气体宏观规律的微观本质，揭示宏观量和微观量之间的本质关系.

1. 分子运动论的基本观点

(1) 宏观物体(系统)是由大量分子组成的. 组成物体的分子数目具有很大的数量级,如1mol 物质有 $N_A = 6.02\times10^{23}$个分子.

(2) 大量分子作无规则运动. 单个分子的运动遵从力学规律,由于各个分子的运动以及它们之间的碰撞是完全随机的,所以大量分子的运动是无规则的.

(3) 分子之间存在着作用力,当分子间距足够大时分子力可以忽略.

2. 分子运动的统计假设

所谓统计方法是应用分子运动的统计假设,经逻辑推理和数学运算得出的大量分子运动的平均性质(或宏观规律)的方法. 分子运动的统计假设有两点:

(1) 大量气体分子在平衡态下,分子在容器内各个位置出现的概率相同.

(2) 大量气体分子在平衡态下,分子沿各个方向以各种形式运动的概率相同.

由上述的统计假设,我们可以研究大量分子运动规律. 例如,能够推论出分子沿各个方向的平均速度为

$$\overline{v}_x = \overline{v}_y = \overline{v}_z = 0$$

又可以得出分子在各个方向上的速率平方的平均值相等,即

$$\overline{v_x^2} = \overline{v_y^2} = \overline{v_z^2} = \frac{1}{3}\overline{v^2}$$

因为单个分子的运动实际上是遵从牛顿定律的,大量分子运动平均效果就是系统的宏观性质和规律,所以应用统计的方法可以揭示系统热运动的宏观性质和宏观规律,这是分子物理学的根本目的.

(三) 宏观量和微观量的关系

分子(或原子)是构成宏观物体(系统)的微观客体. 描述单个分子运动特征的物理量称为微观量,如分子质量 m、分子速率 v、分子动能 ε_k 等;描述系统宏观性质或状态的物理量称为宏观量,如压强 p、温度 T、质量 M,摩尔质量 M_{mol}等. 系统的宏观性质是大量分子运动的平均效果,因而宏观量与微观量之间存在着必然联系,揭示宏观量与微观量之间的联系是分子物理学的又一任务. 由宏观量与微观量之间的关系可以分析系统宏观性质或宏观规律的微观本质.

1. 理想气体的压强公式

描述压强与分子运动平均效果之间的关系式为压强公式,即

$$p = \frac{2}{3}n\left(\frac{1}{2}m\overline{v^2}\right) = \frac{2}{3}n\overline{\varepsilon_{kt}} \tag{8.4}$$

对此应当明确:①压强是大量气体分子对器壁碰撞的平均效果,压强具有统计意义,对单个分子或少数几个分子,压强没有意义. ②压强公式是用典型的统计方法推导出来的,应通过学习压强公式着重理解统计思想和方法.

2. 分子平均平动动能和温度的关系式

分子的平均平动动能与温度的关系为

$$\overline{\varepsilon_{kt}}=\frac{1}{2}m\overline{v^2}=\frac{3}{2}kT \tag{8.5}$$

对此应当明确：①气体分子平均平动动能仅与温度有关，相同温度下，各种理想气体的分子平均平动动能相同；②温度是大量分子运动剧烈程度的量度，温度具有统计意义. 对单个分子或少数几个分子，温度没有意义.

（四）理想气体平衡态下的统计规律

1. 能量按自由度均分原理

理想气体在平衡态下，气体分子在每个自由度上都具有一份相同的平均动能，其量值为 $\frac{1}{2}kT$. 这就是分子平均动能按自由度均分的原理. 若分子的自由度为 i，其平均动能为

$$\overline{\varepsilon_k}=\frac{i}{2}kT \tag{8.6}$$

对能量均分定理应当明确以下几点.

(1) 分子自由度的确定. 所谓自由度是确定物体空间位置需要的独立参量的数目. 每个分子的平动自由度为 $t=3$；刚性双原子分子的转动自由度为 $r=2$；刚性多原子分子的转动自由度为 $r=3$；单原子分子的转动自由度为 $r=0$；对于非刚性分子，除平动自由度和转动自由度外，还有振动自由度 s. 在绝大多数情况下，都可以将分子当成刚性的，所以除非题意要求，一般不考虑分子的振动自由度. 因此，单原子分子的自由度 $i=t+r=3$，双原子分子的自由度 $i=t+r=5$，多原子分子的自由度为 $i=t+r=6$.

(2) 分子平均动能的确定. 任何气体分子的平动自由度皆为 $t=3$，因此，分子的平均平动动能 $\overline{\varepsilon_{kt}}=\frac{3}{2}kT$，与分子种类无关. 分子的平均转动动能 $\overline{\varepsilon_{kr}}=\frac{r}{2}kT$，其平均动能为 $\overline{\varepsilon_k}=\overline{\varepsilon_{kt}}+\overline{\varepsilon_{kr}}=\frac{i}{2}kT$，所以双原子分子的平均动能为 $\overline{\varepsilon_k}=\frac{i}{2}kT=\frac{5}{2}kT$，多原子分子的平均动能为 $\overline{\varepsilon_k}=\frac{i}{2}kT=3kT$.

(3) 理想气体的内能. 系统的内能是所有分子无规则热运动动能和所有分子之间相互作用势能的总和. 对于理想气体，由于分子之间没有作用力，故没有分子势能，所以理想气体的内能是所有分子热运动动能的总和，即

$$E=N\left(\frac{i}{2}kT\right)=\frac{i}{2}\nu N_A kT=\frac{i}{2}\nu RT \tag{8.7}$$

显然，理想气体的内能是温度的单值函数.

2. 麦克斯韦速率分布律

描述大量气体分子在平衡态下，分布在各个速率区间的分子数占总分子数的比率的统计规律称为速率分布律，其形式为

$$\frac{dN}{N}=4\pi\left(\frac{m}{2\pi kT}\right)^{\frac{3}{2}}e^{-\frac{mv^2}{2kT}}v^2dv \tag{8.8}$$

$$f(v)=\frac{dN}{Ndv}=4\pi\left(\frac{m}{2\pi kT}\right)^{\frac{3}{2}}e^{-\frac{mv^2}{2kT}}v^2 \tag{8.9}$$

$f(v)$ 为麦克斯韦速率分布函数，对这一部分内容，应着重掌握以下几点.

(1) 速率分布函数 $f(v)$的意义是分布在 v 附近单位速率区间的分子数占总分子数的比值.如果一个物理量是(分子)速率 v 的函数,可以通过分布函数计算其平均值.

(2) 图 8-1 是速率分布函数的曲线,它有以下几个特点:

① 曲线下面积元的面积 $f(v)\cdot \mathrm{d}v=\frac{\mathrm{d}N}{N}$,表示速率分布在 $v\sim v+\mathrm{d}v$ 范围内的分子数 $\mathrm{d}N$ 与总分子数 N 的比值.通过分布函数曲线可大致看出分子速率的分布情况,例如,在温度一定时,分子速率各种取值都有可能,但速率很小($v\to 0$)和速率很大($v\to\infty$)的分子数都很少.

② 曲线存在峰值,即 $f(v)$有极大值,它对应的速率 v_{p} 称为最概然速率,用求极值方法可算出 $v_{\mathrm{p}}=\sqrt{\frac{2RT}{M_{\mathrm{mol}}}}$.可知对一定的气体,$T$ 增大时,v_{p} 增大,峰的位置右移,由于曲线下总面积 $\int_0^\infty f(v)\mathrm{d}v=1$,所以峰值降低;反之,$T$ 减小时,v_{p} 减小,峰的位置左移,峰值增大.对于一定的温度下,摩尔质量 M_{mol}大的气体 v_{p} 较小,峰的位置左移,峰值增大;反之亦然.

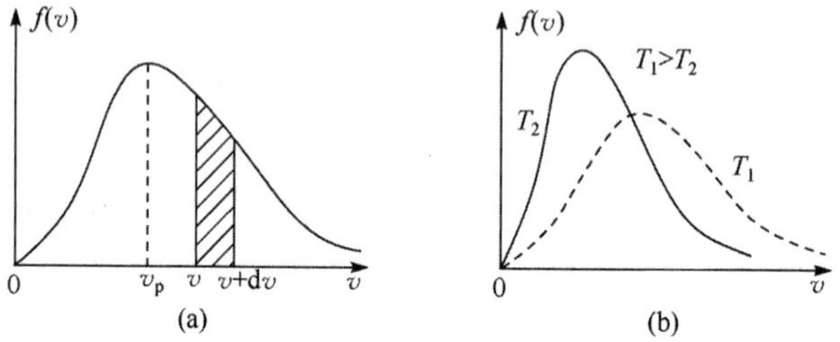

图 8-1

(3) 三种速率.

① 最概然速率

$$v_{\mathrm{p}}=\sqrt{\frac{2kT}{m}}=\sqrt{\frac{2RT}{M_{\mathrm{mol}}}} \tag{8.10}$$

② 平均速率

$$\bar{v}=\sqrt{\frac{8kT}{\pi m}}=\sqrt{\frac{8RT}{\pi M_{\mathrm{mol}}}} \tag{8.11}$$

③ 方均根速率

$$\sqrt{\overline{v^2}}=\sqrt{\frac{3kT}{m}}=\sqrt{\frac{3RT}{M_{\mathrm{mol}}}} \tag{8.12}$$

上述三种速率是考查气体分子运动情况的重要物理量.要理解意义,掌握它们的计算方法.

3. 分子碰撞频率和平均自由程

(1) 平均碰撞频率.单位时间内,分子的碰撞次数为碰撞频率,其平均值为

$$\bar{z}=\sqrt{2}n\pi d^2\bar{v} \tag{8.13}$$

(2) 平均自由程.相邻两次碰撞之间分子自由运动的路程为自由程,其平均值为

$$\bar{\lambda}=\frac{\bar{v}}{\bar{z}}=\frac{1}{\sqrt{2}n\pi d^2}=\frac{kT}{\sqrt{2}\pi d^2 p} \tag{8.14}$$

式中,d 为分子的有效直径.平均自由程和平均碰撞频率是描述分子之间碰撞情况的重要物理

量，这也是分子无规则运动的一个重要性质.

（五）气体的迁移现象

1. 扩散现象

产生扩散现象的原因是由于气体的密度不均匀，存在着密度变化梯度. 扩散过程中迁移的对象是气体质量（分子），迁移规律为

$$\Delta M = -D\frac{\partial \rho}{\partial x}\Delta S\Delta t \tag{8.15}$$

式中，$D=\frac{1}{3}\bar{\lambda}\cdot\bar{v}$ 称为扩散系数；“－”号表示质量由密度大的地方向密度小的地方迁移.

2. 内摩擦现象

产生内摩擦现象的原因是分子的定向运动的速度不均匀. 所迁移的对象是分子的定向运动的动量；迁移规律为

$$\Delta p = -\eta\frac{\partial u}{\partial x}\Delta S\Delta t \tag{8.16}$$

式中，$\eta=\frac{1}{3}\rho\bar{\lambda}\cdot\bar{v}$ 称为内摩擦系数或黏滞系数；“－”号表示由速度大的地方向速度小的地方迁移动量.

3. 热传导现象

产生热传导现象的原因是由于温度不均匀，存在着温度变化梯度；热传导过程所迁移的对象是（热运动）能量，即热量；迁移规律为

$$\Delta Q = \Delta E = -\kappa\frac{\partial T}{\partial x}\Delta S\Delta t \tag{8.17}$$

式中，$\kappa=\frac{1}{3}\rho c_V\bar{\lambda}\cdot\bar{v}$ 称为导热系数；“－”号表示热量从温度高的地方向温度低的地方迁移.

上述各种迁移现象具有的共同特征就是，迁移过程依赖于某种不均匀性，所以迁移现象有非平衡的特性，若无外界影响，迁移过程将使不均匀性逐渐消失，使系统由非平衡态逐渐过渡到平衡态. 从微观上而言，气体内部迁移现象发生的根本原因是气体分子无规则运动和分子之间的碰撞. 分子的无规则运动使气体分子位置不断变化，随之将各处的运动状态（如质量、定向动量、热运动能量等）不断转移，从而完成迁移过程；由分子之间的碰撞，使分子的运动状态不断转化，从而使内部的不均匀性逐渐消失，如果没有外界维持这种不均匀性，气体内部的不均匀性最终消失而过渡到平衡态. 所以说气体的迁移现象是靠分子无规则运动和分子之间碰撞来完成的，因此各种迁移系数都正比分子的平均速率 $\bar{v}$ 和平均自由程 $\bar{\lambda}$.

三、习题分类与解题方法指导

本章习题大体上可分为五类：①应用理想气体状态方程求解的问题；②应用理想气体压强公式和温度公式求解的问题；③应用能量均分原理求解的问题；④应用速率分布律求解的问题；⑤计算平均碰撞频率和平均自由程的. 现分别进行讨论.

（一）理想气体状态方程的应用

求解此类题目的一般思路为：

(1) 确定系统：必须选取某种气体系统作为研究对象，然后将系统与环境隔离分析，有时需要选几个系统分别处理.

(2) 分析过程：主要分析状态变化过程所满足的条件（如 p、V、T、M 等量中哪个保持不变），然后选用适当的方程形式.

(3) 分析状态：确定初态、终态和必要的中间态的状态参量，分析哪些量为已知，哪些量为未知，确定它们之间的关系，从而列出方程.

(4) 统一单位，计算数据：在这类问题中，各个物理量的单位比较复杂，应注意单位的选取，在整个运算过程中单位要一致. 一般可统一选用国际单位制中的单位（如体积单位为 m^3，压强单位为 Pa 等），在很多情况下只要在方程中统一用某种单位即可运算. 但要注意，温度的单位必须选用国际温标. 热学习题数值计算往往较复杂，因此运算中要认真细致，还要注意检查. 在求解的过程中，一般先进行代数运算，然后代入数值进行数字计算. 这样可使解题思路清晰，运算步骤简单，也便于检查，减少出错的机会.

例题 8-1　氧气瓶的容积为 32L，氧气压强为 $1300N\cdot cm^{-2}$；规定当瓶内氧气压强降到 $100N\cdot cm^2$ 时，必须重新充气，以避免经常洗瓶. 若某车间平均每天用气压为 1atm 的氧气 400L，求一瓶氧气能够用多少天？

解　以瓶内氧气作为研究系统，并视为理想气体；在使用氧气过程中，V、T 保持不变，p、M 在变化；

使用前（初态）：$p_1=1.3\times10^7$ Pa，$V=32$L；T、M_1 未知；

使用后（终态）：$p_2=1.0\times10^6$ Pa，$V=32$L；T、M_2 未知.

由理想气体状态方程

$$p_1V=\frac{M_1}{M_{mol}}RT,\quad p_2V=\frac{M_2}{M_{mol}}RT$$

设每天使用的氧气质量为 M_0，其压强为 $p_0=1.013\times10^5$ Pa，体积为 $V_0=400$L，则

$$p_0V_0=\frac{M_0}{M_{mol}}RT$$

设可用天数为 N，显然 $NM_0=M_1-M_2$，所以

$$N=\frac{M_1-M_2}{M_0}=\frac{(p_1-p_2)V}{p_0V_0}=\frac{(1.3-0.1)\times10^7\times32}{1.013\times10^5\times400}=9.5\text{（天）}$$

（二）理想气体压强公式和温度公式的应用

这类习题是指用理想气体压强公式 $p=\frac{2}{3}n\overline{\varepsilon_{kt}}$ 和温度公式 $\overline{\varepsilon_{kt}}=\frac{3}{2}kT$ 来处理的问题. 一般来说，这类习题比较简单，往往直接应用公式或结论即可求解.

例题 8-2　一个边长为 $l=0.1$m 的立方体容器，盛有氧气 0.5mol，温度为 $T=300$K，求：(1)氧气分子的平均平动动能 $\overline{\varepsilon_{kt}}$；(2)氧气分子的质量 m；(3)气体的分子数密度 n 和密度 ρ；(4)气体的压强 p；(5)分子的平均平动动能与重力势能改变量之比.

解　(1) $\overline{\varepsilon_{kt}}=\frac{3}{2}kT=\frac{3}{2}\times1.38\times10^{-23}\times300=6.21\times10^{-21}$(J)

(2) $m=\frac{M_{\mathrm{mol}}}{N_A}=\frac{0.032}{6.02\times10^{23}}=5.32\times10^{-26}(\mathrm{kg})$

(3) $n=\frac{N}{V}=\frac{M}{M_{\mathrm{mol}}}\frac{N_A}{V}=0.5\times\frac{6.02\times10^{23}}{0.1^3}=3.01\times10^{26}(\mathrm{m^{-3}})$

$\rho=nm=3.01\times10^{26}\times5.32\times10^{-26}=16(\mathrm{kg\cdot m^{-3}})$

(4) $p=\frac{2}{3}n\overline{\varepsilon_{\mathrm{kt}}}=\frac{2}{3}\times3.01\times10^{26}\times6.21\times10^{-21}=1.25\times10^{6}(\mathrm{Pa})$

(5) 因为分子重力势能最大改变量为

$$\varepsilon_{\mathrm{p}}=mgl=5.32\times10^{-26}\times9.8\times0.1=5.2\times10^{-26}(\mathrm{J})$$

所以$\frac{\varepsilon_{\mathrm{kt}}}{\varepsilon_{\mathrm{p}}}=\frac{6.21\times10^{-21}}{5.2\times10^{-26}}=1.2\times10^{5}$，$\varepsilon_{\mathrm{p}}\ll\varepsilon_{\mathrm{kt}}$，故重力影响可以忽略.

(三) 能量均分原理的应用

对于这类习题，应注意分子自由度的确定，分子平均动能、平均平动动能、平均转动动能与自由度的关系，系统的内能与分子平均能量的关系.

例题 8-3　某容器中盛有氧气 8g，温度为 27℃；求：(1)氧气的内能 E；(2)氧气分子的平均平动动能$\overline{\varepsilon_{\mathrm{kt}}}$和平均转动动能$\overline{\varepsilon_{\mathrm{kr}}}$.

解　(1) 氧气分子为双原子分子，自由度 $i=5$，所以

$$E=\frac{i}{2}\frac{M}{M_{\mathrm{mol}}}RT=\frac{5}{2}\times\frac{8}{32}\times8.31\times(273+27)=1.56\times10^{3}(\mathrm{J})$$

(2) 分子的平动自由度 $t=3$，平均平动动能$\overline{\varepsilon_{\mathrm{kt}}}=\frac{t}{2}kT$

$$\overline{\varepsilon_{\mathrm{kt}}}=\frac{3}{2}kT=\frac{3}{2}\times1.38\times10^{-23}\times300=6.21\times10^{-21}(\mathrm{J})$$

双原子分子的转动自由度 $r=2$，平均转动动能为$\overline{\varepsilon_{\mathrm{kr}}}=\frac{r}{2}kT$

$$\overline{\varepsilon_{\mathrm{kr}}}=\frac{2}{2}kT=1.38\times10^{-23}\times300=4.14\times10^{-21}(\mathrm{J})$$

例题 8-4　质量为 50.0g，温度为 27℃的氦气，装在容积为 10L 的封闭容器内，容器以 $v=200\mathrm{m\cdot s^{-1}}$ 的速度作匀速直线运动. 若容器突然停止，定向运动的动能全部转化为氦气的内能. 求平衡后气体的压强和温度各为多少？

解　(1) 已知气体质量为 $M=0.05\mathrm{kg}$，初始温度 $T_1=300\mathrm{K}$，体积为 $V=1.0\times10^{-2}\mathrm{m^3}$，氦气的摩尔质量 $M_{\mathrm{mol}}=4\times10^{-3}\mathrm{kg\cdot mol^{-1}}$，氦气分子为单原子分子，自由度 $i=3$.

由题意，定向运动的动能全部转化为气体的内能，所以 $\Delta E=E_2-E_1=\frac{1}{2}Mv^2$，又因为内能 $E=\frac{i}{2}\frac{M}{M_{\mathrm{mol}}}RT$，所以$\frac{3}{2}\frac{M}{M_{\mathrm{mol}}}RT_2-\frac{3}{2}\frac{M}{M_{\mathrm{mol}}}RT_1=\frac{1}{2}Mv^2$，

$$\Delta T=T_2-T_1=\frac{M_{\mathrm{mol}}v^2}{3R}=\frac{4\times10^{-3}\times200^2}{3\times8.31}=6.42(\mathrm{K})$$

$$T_2=T_1+\Delta T=300+6.42=306.42(\mathrm{K})$$

(2) 因为 $E=\frac{i}{2}\frac{M}{M_{\text{mol}}}RT=\frac{i}{2}pV$，在上述过程中气体体积不变，所以

$$\Delta E=E_2-E_1=\frac{3}{2}(p_2-p_1)V=\frac{1}{2}Mv^2$$

$$\Delta p=p_2-p_1=\frac{Mv^2}{3V}=\frac{5\times10^{-2}\times200^2}{3\times10^{-2}}=6.67\times10^4(\text{Pa})$$

$$p_1=\frac{M}{M_{\text{mol}}}\frac{RT}{V}=\frac{5\times10^{-2}}{4\times10^{-3}}\times\frac{8.31\times300}{10^{-2}}=3.12\times10^6(\text{Pa})$$

$$p_2=p_1+\Delta p=6.67\times10^4+3.12\times10^6=3.19\times10^6(\text{Pa})$$

(四) 速率分布律的应用

这类习题常见有三种类型：一是由速率分布函数的意义和分布曲线的性质对某些问题做定性判断和处理；二是计算某一速率区间的分子数与总分子数的比值；三是对分子三种速率的计算.

例题 8-5　确定下列各式的物理意义.

(1) $\int_0^\infty \frac{1}{2}mv^2f(v)\mathrm{d}v$，　(2) $\int_{v_p}^\infty f(v)\mathrm{d}v$，　(3) $\int_0^{v_p} Nf(v)\mathrm{d}v$，　(4) $\dfrac{\int_{v_1}^{v_2} vf(v)\mathrm{d}v}{\int_{v_1}^{v_2} f(v)\mathrm{d}v}$，

式中 $f(v)$ 为麦克斯韦速率分布函数.

解　(1) 因为 $f(v)=\frac{\mathrm{d}N}{N\mathrm{d}v}$，$f(v)\mathrm{d}v=\frac{\mathrm{d}N}{N}$，所以

$$\int_0^\infty \frac{1}{2}mv^2f(v)\mathrm{d}v=\frac{1}{N}\int_0^N \frac{1}{2}mv^2\mathrm{d}N$$

显然，$\int_0^N \frac{1}{2}mv^2\mathrm{d}N$ 为所有分子的总平动动能，所以 $\int_0^\infty \frac{1}{2}mv^2f(v)\mathrm{d}v$ 为分子平均平动动能. 或由 $\int_0^\infty v^2f(v)\mathrm{d}v=\overline{v^2}$，所以 $\int_0^\infty \frac{1}{2}mv^2f(v)\mathrm{d}v=\frac{1}{2}m\overline{v^2}$，为分子平均平动动能.

(2) $\int_{v_p}^\infty f(v)\mathrm{d}v=\frac{1}{N}\int_{v_p}^\infty \mathrm{d}N$，它表示分布在 $[v_p,\infty)$ 速率区间内的分子数占总分子数的比值，或者说速率大于 v_p 的分子数占总分子的比值.

(3) $\int_0^{v_p} Nf(v)\mathrm{d}v=\int_0^{v_p} N\cdot\frac{\mathrm{d}N}{N}=\int_0^{v_p}\mathrm{d}N$，它表示分布在 $[0,v_p]$ 速率区间内的分子数占总分子数的比值，或者说速率小于 v_p 的分子数目.

(4) 因为

$$\int_{v_1}^{v_2} vf(v)\mathrm{d}v=\int_{v_1}^{v_2} v\frac{\mathrm{d}N}{N}=\frac{\text{在}[v_1,v_2]\text{速率区间内的分子速率总和}}{\text{总分子数 }N}$$

$$\int_{v_1}^{v_2} f(v)\mathrm{d}v=\frac{1}{N}\int_{v_1}^{v_2}\mathrm{d}N=\frac{\text{在}[v_1,v_2]\text{速率区间内的分子数}}{\text{总分子数 }N}$$

所以

$$\frac{\int_{v_1}^{v_2} vf(v)\mathrm{d}v}{\int_{v_1}^{v_2} f(v)\mathrm{d}v}=\frac{\text{在}[v_1,v_2]\text{速率区间内的分子速率总和}}{\text{在}[v_1,v_2]\text{速率区间内的分子数}}$$

表示分布在速率区间 $v_1 \sim v_2$ 内的分子的平均速率.

初学者一般认为 $\int_{v_1}^{v_2} vf(v)\mathrm{d}v$ 表示 $[v_1,v_2]$ 速率区间内分子平均速率，这是不对的. 它是 $[v_1,v_2]$ 速率区间内分子速率总和与 $[0,\infty)$ 速率区 间内分子总数的比值. 因此，要准确理解分布函数和分布律的意义和关系.

例题 8-6　氖气处于平衡态，温度 300K，求分子速率在 1000～1001$\mathrm{m\cdot s^{-1}}$ 范围内分子数占总分子数的百分比.

解　由麦克斯韦速率分布律：$\frac{\mathrm{d}N}{N}=4\pi\left(\frac{m}{2\pi kT}\right)^{\frac{3}{2}}\mathrm{e}^{-\frac{mv^2}{2kT}}v^2\mathrm{d}v$，当 $\Delta v \ll v$ 时，可将分子速率视为常量，取 $v=1000\mathrm{m\cdot s^{-1}}$，$\Delta v=\mathrm{d}v=1\mathrm{m\cdot s^{-1}}$；又因为

$$v_\mathrm{p}=\sqrt{\frac{2kT}{m}}=\sqrt{\frac{2RT}{M_\mathrm{mol}}}=\sqrt{\frac{2\times 8.31\times 300}{0.02}}=500(\mathrm{m\cdot s^{-1}})$$

所以

$$\frac{\mathrm{d}N}{N}=4\pi^{-\frac{1}{2}}v_\mathrm{p}^{-3}\mathrm{e}^{-\frac{v^2}{v_\mathrm{p}^2}}v^2\mathrm{d}v=\frac{4}{\sqrt{\pi}}\mathrm{e}^{-\frac{1000^2}{500^2}}\frac{1000^2}{500^3}=0.03\%$$

一般计算分布在 $[v_1,v_2]$ 速率区间的分子数占总分子数的比值，应用公式 $\int_{v_1}^{v_2} f(v)\mathrm{d}v$ 进行计算，数学运算过程较繁，多数情况下处理的都是 $\Delta v \ll v$ 的情况，在这种情况下可采用本题方法近似计算.

例题 8-7　求标准状态下，空气分子的最概然速率 v_p、平均速率 $\bar{v}$ 和方均根速率 $\sqrt{\overline{v^2}}$.

解　所谓标准状态是指 $p_0=1\mathrm{atm}=1.013\times 10^5\mathrm{Pa}$，$T_0=273\mathrm{K}$ 的状态，空气摩尔质量 $M_\mathrm{mol}=0.029\mathrm{kg\cdot mol^{-1}}$，所以

$$v_\mathrm{p}=\sqrt{\frac{2RT}{M_\mathrm{mol}}}=\sqrt{\frac{2\times 8.31\times 273}{0.029}}=396(\mathrm{m\cdot s^{-1}})$$

$$\bar{v}=\sqrt{\frac{8RT}{\pi M_\mathrm{mol}}}=\sqrt{\frac{8\times 8.31\times 273}{\pi\times 0.029}}=446(\mathrm{m\cdot s^{-1}})$$

$$\sqrt{\overline{v^2}}=\sqrt{\frac{3RT}{M_\mathrm{mol}}}=\sqrt{\frac{3\times 8.31\times 273}{0.029}}=484(\mathrm{m\cdot s^{-1}})$$

（五）平均碰撞频率和平均自由程的计算

这类习题大都是直接代入公式进行计算.

例题 8-8　在标准状态下，氮气分子的直径 $d=3.28\times 10^{-10}\mathrm{m}$，求分子平均碰撞频率和分子平均自由程.

解　(1) $\bar{z}=\sqrt{2}n\pi d^2\bar{v}$，$n=\frac{p}{kT}=\frac{1.013\times 10^5}{1.38\times 10^{-23}\times 273}=2.69\times 10^{25}(\mathrm{m^{-3}})$

$$\bar{v}=\sqrt{\frac{8RT}{\pi M_\mathrm{mol}}}=\sqrt{\frac{8\times 8.31\times 273}{\pi\times 0.028}}=454(\mathrm{m\cdot s^{-1}})$$

$$\bar{z}=\sqrt{2}n\pi d^2\bar{v}=\sqrt{2}\pi\times 2.69\times 10^{25}(3.28\times 10^{-10})^2\times 454=5.8\times 10^9(\text{s}^{-1})$$

(2) $\bar{\lambda}=\dfrac{\bar{v}}{\bar{z}}=\dfrac{454}{5.8\times 10^9}=7.8\times 10^8(\text{m})$,

可见 $\bar{\lambda}\approx 200d$,$\bar{\lambda}\gg d$.

四、知识拓展与问题讨论

分子力、分子势能与分子碰撞问题

(一) 分子力与分子势能

1. 分子力

大量实验现象都说明了分子之间存在着作用力. 例如,两块铅块相互接触,加压并捻转一下,就会粘合在一起,需要很大的力才能将它们分开,这说明分子之间可以存在引力作用;固体、液体能保持一定的体积而很难压缩,说明分子之间还可以存在斥力作用. 无论是分子引力还是分子斥力,其作用范围都是非常小的. 如果分子间距较大,分子力不明显,只有当两分子接近到某一距离之内,分子之间的相互作用力才能显示出来,通常将这一距离称为分子力作用半径. 很多物质的分子引力作用半径约为分子直径的 2 倍,超过这一距离,分子间的相互作用力很小,可以忽略. 而排斥力的作用半径就更小,一般是两个分子刚好"接触"时的质心间的距离,对于同种分子,这个距离就是分子直径,而且随着分子质心间的距离减小(分子受到"挤压"),排斥力剧烈地增大. 例如,要想将水的体积缩小 10%,需要施加 4×10^9 Pa 的压力. 从本质上讲,分子力是一种电磁相互作用,分子力是由一个分子内所有的电子和原子核与另一个分子内所有的电子和原子核之间复杂的相互作用的总和. 因此,分子力是相当复杂的,很难用一个确切的数学公式来表示. 根据规范的分子模型,人们往往用下面一个经验公式近似表示分子力,即

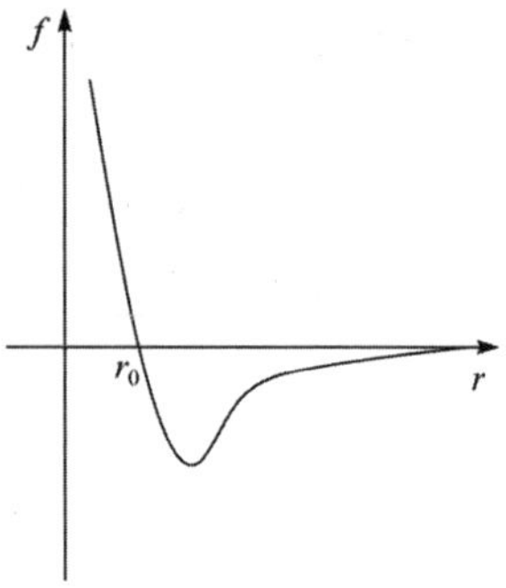

图 8-2

$$f=\frac{\lambda}{r^n}-\frac{\mu}{r^m} \tag{8.18}$$

其中,λ、μ、n、m 都是待定常数,一般只能通过实验确定;对于不同的物质和物态,这些常数具有不同的数值. 上述经验公式给出的分子力 f 与分子间距 r 之间的关系可用图 8-2 来定性说明. 显然,$r=r_0$,$f=0$;$r>r_0$,$f<0$ 为引力;$r<r_0$,$f>0$ 为斥力.

2. 分子势能

因为分子力的本质是电磁力,所以它是一种保守力,对应一种势能,称为分子势能. 根据保守力与势能的关系 $\mathrm{d}E_\mathrm{p}=-\boldsymbol{f}\cdot\mathrm{d}\boldsymbol{r}$,由分子力的经验公式可以得到分子势能的半理论公式,即

$$E_\mathrm{p}=-\int_r^\infty \boldsymbol{f}\cdot\mathrm{d}\boldsymbol{r}=\frac{\alpha'}{r^{n-1}}-\frac{\beta'}{r^{m-1}} \tag{8.19}$$

其中,α、β 是待定常数,与 λ、μ 有关. 显然对于不同的物质,α 和 β 具有不同的数值. 分子势能 E_p 与分子间距 r 之间的关系可用图 8-3 来定性说明. 因为 $r=r_0$ 时,$f=-\dfrac{\mathrm{d}E_\mathrm{p}}{\mathrm{d}r}=0$,所以 $r=r_0$ 时,分子势能 E_p 有极小值.

应当指出，不同的分子模型具有不同的分子势能表述，而分子势能的表述又与物态方程密切相关．上述给出的分子势能的表达式称为米氏模型，它对应的物态方程为昂内斯方程，其具体形式为

$$pV=A+\frac{B}{V}+\frac{C}{V^2}+\cdots$$

其中，系数 $A,B,C,\cdots$ 都是温度的函数，一般由实验确定．昂内斯方程被认为是适用范围较广而且比较准确的物态方程，因此米氏模型的分子势能表述也是目前最为适当的理论表述．

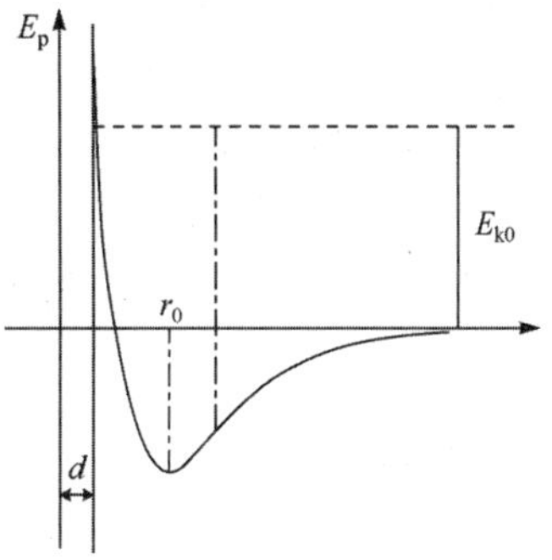

图 8-3

（二）分子的碰撞问题

1. 分子的有效直径

设一分子不动，另一个分子从远处以动能为 E_{k0} 与该分子发生对心碰撞．因为分子力是保守力，所以两个分子组成系统的能量守恒．由能量守恒可知，因为在 $r>r_0$ 时，分子力为引力，所以 $r\downarrow$，$E_k\uparrow$，$E_p\downarrow$；$r=r_0$，E_k 最大，E_p 最小；$r<r_0$ 时，分子力为斥力，所以 $r\downarrow$，$E_k\downarrow$，$E_p\uparrow$；$r=d$ 时，$E_k=0$，两个分子不再靠近，所以 d 为分子有效直径．当温度升高时，E_{k0} 也增加，d 将减小，所以分子有效直径 d 与温度有关，温度越高，d 就越小．

2. 分子的碰撞为完全弹性碰撞

因为分子力是保守力，两个分子碰撞系统只有保守内力做功，所以系统机械能守恒．当分子斥力将两分子分开，到无限远处时，$E_k=E_{k0}$，即碰撞前后系统的动能相等，所以分子的碰撞为完全弹性碰撞．

3. 单位时间撞击器壁单位面积的分子数目

若容器内装有分子数密度为 n 的理想气体，我们在内壁上取一 $\mathrm{d}A$ 的面积元，总是有从各个方向射来的各种速度的分子与之相碰．现以 $\mathrm{d}A$ 的中心 O 为原点，作一直角坐标，如图 8-4(a)所示．与面积元碰撞的分子其速度坐标的方向正好与该位置坐标方向相反，如图 8-4(b)所示．任选一个位置点 $B(x,y,z)$，同时给定一个 $\mathrm{d}t$ 的微小时间，则 B 点附近小体积元内速度矢量在 $v\sim v+\mathrm{d}v$，且满足 $x=v_x\mathrm{d}t$、$y=v_y\mathrm{d}t$、$z=v_z\mathrm{d}t$ 的分子在 $\mathrm{d}t$ 时间内均会与面元

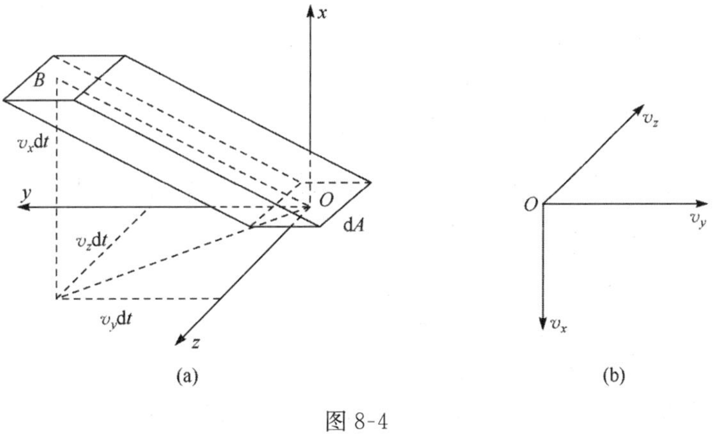

图 8-4

dA 碰撞，而以 dA 为底，$x=v_x dt$ 为高的斜柱体体积内速度矢量在 $v \sim v+dv$ 的分子在 dt 时间内也能与 dA 碰撞，所以这些速度矢量在 $v \sim v+dv$ 范围内与 dA 碰撞分子总数 dN' 等于单位体积内速度矢量在 $v \sim v+dv$ 范围内的分子数与斜柱体体积的乘积. 即

$$dN'(v_x, v_y, v_z) = nf(v_x)f(v_y)f(v_z)dv_x dv_y dv_z \cdot v_x dt dA$$

由上式可以看出，不同的 v_x、v_y、v_z 对应不同的碰撞分子数 dN'. 在 dt 时间内，速度分量在 $v_x \sim v_x+dv_x$，$-\infty < v_y < \infty$，$-\infty < v_z < \infty$ 范围内，所以有

$$dN'(v_x) = nf(v_x)v_x dv_x \cdot \int_{-\infty}^{\infty} f(v_y)dv_y \cdot \int_{-\infty}^{\infty} f(v_z)dv_z \cdot dt dA = nf(v_x)v_x dv_x dt dA$$

若要求出 dt 时间内碰撞面元 dA 上所有的各种速度分子的总数 N'，则还应对 v_x 积分. 考虑到所有 $v_x<0$ 的分子均向相反方向运动，不会碰撞面元 dA，所以 $0<v_x<\infty$，于是有

$$\begin{aligned} dN'(v_x) &= n\int_0^{\infty} f(v_x)v_x dv_x dt dA \\ &= n\int_0^{\infty} \left(\frac{m}{2\pi kT}\right)^{\frac{1}{2}} e^{-\frac{mv_x^2}{2kT}} v_x dv_x dt dA = n\sqrt{\frac{kT}{2\pi m}} dt dA = \frac{1}{4}n\bar{v} dt dA \end{aligned}$$

所以单位时间碰撞在单位面积上的总分子数为

$$\Gamma = \frac{N'}{dt dA} = \frac{1}{4}n\bar{v} \tag{8.20}$$

习 题 8

一、选择题

8-1　奔驰的火车轮子的自由度为(　　)

A. 1；　　B. 2；　　C. 3；　　D. 4.

8-2　在没有外力场作用下，分子质量为 m 的大量气体分子处于热动平衡态时，下列式中成立的是(　　)

A. $m\bar{v}_x = m\bar{v}_y = m\bar{v}_z = 0$；　　B. $m\bar{v}_x \neq m\bar{v}_y \neq m\bar{v}_z$；

C. $m\bar{v}_x = m\bar{v}_y = m\bar{v}_z = \frac{1}{2}m\bar{v}$；　　D. $m\bar{v}_x = m\bar{v}_y = m\bar{v}_z = \frac{1}{6}m\bar{v}$.

8-3　如果在一固定容器内，理想气体分子速率提高为原来的 2 倍，那么(　　)

A. 温度和压强都提高为原来的 2 倍；

B. 温度提高为原来的 4 倍，压强提高为原来的 2 倍；

C. 温度提高为原来的 2 倍，压强提高为原来的 4 倍；

D. 温度与压强都提高为原来的 4 倍；

E. 由于体积固定，所以温度和压强都不变化.

8-4　无法用实验来直接验证理想气体的压强公式 $p=\frac{2}{3}\overline{\left(\frac{1}{2}mv^2\right)}n$，这是因为(　　)

A. 在理论推导过程中作了某些假设；

B. 现有实验仪器的测量误差达不到规定的要求；

C. 公式中的压强是统计量，有涨落现象；

D. 公式右边是无法用仪器测量的微观量.

8-5　1mol 单原子理想气体从 0℃升温到 100℃，内能的增量约为(　　)

A. 12.3J；　B. 20.5J；　C. 1.25×10^3J；　D. 2.03×10^3J.

8-6　无外场时，温度为 27℃的单原子理想气体的内能是(　　)的统计平均值.

A. 全部平动动能；

B. 全部平动动能与转动动能之和；

C. 全部平动动能与转动动能、振动能之和；

D. 全部平动动能与分子相互作用势能之和.

8-7　两种理想气体的温度相等，则它们的(　　)相等.

A. 气体的内能；　B. 分子的平均动能；

C. 分子的平均平动动能；　D. 分子的平均转动动能.

8-8　把内能为 U_1 的 1mol 氢气和内能为 U_2 的 1mol 的氦气相混合，在混合过程中与外界不发生任何能量的交换. 若这两种气体视为理想气体，那么达到平衡后混合气体的温度为(　　)

A. $\frac{U_1+U_2}{3R}$；　B. $\frac{U_1+U_2}{4R}$；

C. $\frac{U_1+U_2}{5R}$；　D. 条件不足，难以确定.

8-9　若某种气体在平衡温度 T_2 时的最可几速率与它在平衡温度 T_1 时的方均根速率相等，那么这两个温度之比 $T_1:T_2$ 为(　　)

A. 2∶3；　B. $\sqrt{3}:\sqrt{2}$；　C. 7∶8；　D. $\sqrt{8}:\sqrt{7}$.

8-10　一瓶氦气和一瓶氧气，它们的压强和温度都相同，但体积不同. 下列哪些结论正确(　　)

(1) 单位体积的分子数相同；　(2) 单位体积的质量相同；

(3) 分子的平均平动动能相同；　(4) 分子的方均根速率相同.

A. (2)(3)；　B. (3)(4)；　C. (1)(3)；　D. (1)(2).

8-11　已知一定量的某种理想气体，在温度为 T_1 与 T_2 时的分子最可几速率分别为 v_{p_1} 和 v_{p_2}，分子速率分布函数的最大值分别为 $f(v_{p_1})$ 和 $f(v_{p_2})$. 若 $T_1>T_2$，则(　　)

A. $v_{p_1}>v_{p_2}$，$f(v_{p_1})>f(v_{p_2})$；　B. $v_{p_1}>v_{p_2}$，$f(v_{p_1})<f(v_{p_2})$；

C. $v_{p_1}<v_{p_2}$，$f(v_{p_1})>f(v_{p_2})$；　D. $v_{p_1}<v_{p_2}$，$f(v_{p_1})<f(v_{p_2})$.

8-12　一定质量的气体，保持体积不变，当温度升高时，单位时间内的平均碰撞次数将会(　　)

A. 增大；　B. 不变；　C. 减小.

8-13　气体作等容变化，当绝对温度降至原来的一半时，气体分子的平均自由程将变为原来的(　　)倍.

A. $1/\sqrt{2}$；　B. $\sqrt{2}$；　C. 1；　D. 2.

8-14　以下规律是统计规律的为(　　)

(1) 气态方程；　(2) 能量均分定理；

(3) 内摩擦公式；　(4) 麦克斯韦速率分布律；

A. (2)(3)；　B. (1)(4)；　C. (2)(4)；　D. (1)(2).

8-15　若某种气体在 T_1 和 T_2 时的压强相等，且 $T_1<T_2$，那么它所对应的状态下平均自由程为(　　)

A. $\bar{\lambda}_1>\bar{\lambda}_2$；　B. $\bar{\lambda}_1=\bar{\lambda}_2$；　C. $\bar{\lambda}_1<\bar{\lambda}_2$；　D. 两者关系与气体种类有关.

8-16　某人造卫星测定太阳系内星际空间中物质的密度时，测得氢分子的数密度为15个/cm^3，若氢分子的有效直径为3.57×10^{-9}cm，试问在这条件下，氢分子的平均自由程为(　　)m.

A. 1.5×10^3；　B. 1.5×10^8；　C. 1.18×10^{13}；　D. 1.5×10^{18}.

8-17　气缸内盛有一定量的氢气(可视作理想气体)，当温度不变而压强增大一倍时，氢气分子的平均碰撞次数$\bar{Z}$和平均自由程$\bar{\lambda}$的变化情况是(　　)

A. $\bar{Z}$和$\bar{\lambda}$都增大一倍；

B. $\bar{Z}$和$\bar{\lambda}$都减为原来的一半；

C. $\bar{Z}$增大一倍而$\bar{\lambda}$减为原来的一半；

D. $\bar{Z}$减为原来的一半而$\bar{\lambda}$增大一倍.

二、填空题

8-18　容器中储有1mol的氮气，压强为1.33Pa，温度为280K，则：(1)$1m^3$中氮气的分子数为________；(2)容器中的氮气的密度为________；(3)$1m^3$中氮气的总平动动能为________.(玻尔兹曼常量$k=1.38\times10^{-23}J\cdot K^{-1}$，$N_2$气体的摩尔质量$M_{mol}=28\times10^{-3}kg\cdot mol$，摩尔气体常量为$R=8.31J\cdot mol^{-1}\cdot K^{-1}$)

8-19　一定量的理想气体储存于某一容器中，温度为T，气体分子的质量为m. 根据理想气体的分子模型和统计假设，分子速度在x方向的分量平方的平均值为________.

8-20　三个容器A、B、C中装有同种理想气体，其分子数密度n相同，而方均根速率之比为，$\sqrt{\overline{v_A^2}}:\sqrt{\overline{v_B^2}}:\sqrt{\overline{v_C^2}}=1:2:4$，则其压强之比$p_A:p_B:p_C$为________.

8-21　一容器内装有N_1个单原子理想气体分子和N_2个刚性双原子理想气体分子，当该系统处在温度为T的平衡态时，其内能为________.

8-22　在标准状态下，若氧气(视为刚性双原子分子的理想气体)和氦气的体积比$V_1/V_2=1/2$，则其内能之比E_A/E_B为________.

8-23　理想气体的内能是________的单值函数；$\frac{i}{2}RT$表示________；$\frac{M}{M_{mol}}\frac{i}{2}RT$表示________.

8-24　在平衡状态下，已知理想气体分子的麦克斯韦速率分布函数为$f(v)$、分子质量为m、最概然速率为v_p，试说明下列各式的物理意义：

(1) $\int_{v_p}^{\infty}f(v)\mathrm{d}v$表示________；

(2) $\int_0^{\infty}\frac{1}{2}mv^2f(v)\mathrm{d}v$表示________.

8-25　在一封闭容器中盛有1mol氦气(视为理想气体)，这时分子无规则运动的平均自由程仅决定于________.

8-26　容积恒定的容器内盛有一定量某种理想气体，其分子热运动的平均自由程为$\bar{\lambda}_0$，平均碰撞频率为$\bar{Z}_0$，若气体的热力学温度降低为原来的1/4倍，则此时分子平均自由程$\bar{\lambda}=$________，平均碰撞频率$\bar{Z}=$________.

8-27　标准状态下，空气分子的平均自由程$\bar{\lambda}=$________，平均速率$\bar{v}=$________，平

均碰撞次数 $\bar{Z}=$__________(已知空气的平均摩尔质量为 2.9×10^{-2} kg/mol，空气分子的有效直径 $d=3.5\times10^{-10}$ m).

三、计算题或证明题

8-28　一容积为 $V=1.0\text{m}^3$ 的容器内装有 $N_1=1.0\times10^{24}$ 个氧分子和 $N_2=3.0\times10^{24}$ 个氮分子的混合气体，混合气体的压强 $p=2.58\times10^4$ Pa. 试求混合气体的温度.

8-29　一容器内某理想气体的温度为 $T=273$K，压强为 $p=1.013\times10^5$ Pa，密度为 $\rho=1.25\ \text{kg/m}^3$，试求：

(1) 气体分子运动的方均根速率；

(2) 气体的摩尔质量，是何种气体；

(3) 气体分子的平均平动动能和转动动能；

(4) 单位体积内气体分子的总平动动能；

(5) 设该气体有 0.3 mol，气体的内能.

8-30　一个体积为 V 的容器内盛有质量分别为 m_1 和 m_2 的两种单原子分子气体，在混合气体处于平衡态时，两种气体的内能相等，均为 E. 试求：

(1) 两种气体的平均速率之比 $\overline{v_1}/\overline{v_2}$；

(2) 混合气体的平均速率；

(3) 混合气体的压强.

8-31　若大量粒子的速率分布曲线如图所示(当 $v>v_0$ 时，粒子数为零).

(1) 由 v_0 确定常数 C；

(2) 求粒子的平均速率和方均根速率.

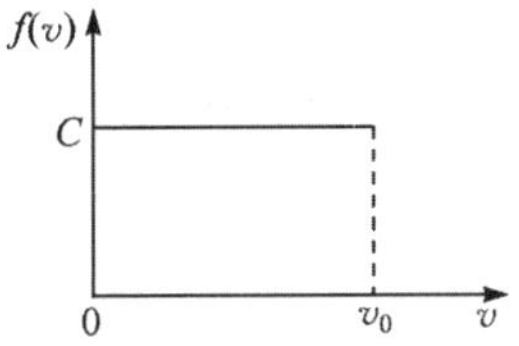

题 8-31 图

8-32　在半径为 R 的球形容器里储有分子有效直径为 d 的气体，试求该容器中最多可容纳多少个分子，才能使气体分子之间不致相碰？

第9章　热力学基础

一、基本要求

（1）理解内能、功、热量等概念，明确状态量与过程量的特性，掌握理想气体系统内能、功和热量的计算方法.

（2）掌握热力学第一定律及其应用，能够对理想气体的各个等值过程进行分析和计算.

（3）掌握循环过程中能量转化关系，能对简单循环过程进行计算或处理.

（4）理解热力学第二定律的意义，了解卡诺定理.

（5）理解熵的概念和熵增加原理.

二、主要内容与学习指导

（一）热力学系统的状态和过程

1. 热力学系统

热力学中所取定的研究对象称为热力学系统，一般分类如下：

（1）孤立系统：系统与外界无质量交换，也无能量交换.

（2）封闭系统：系统与外界无质量交换，但有能量交换.

（3）开发系统：系统与外界既有质量交换，又有能量交换.

2. 热力学状态

（1）平衡态：p、V、T 等参量确定；p、T 等强度量均匀. 在 p-V 图上（或 T-V 图、p-T 图等）任一点可描述一个平衡态.

（2）非平衡态：p、V、T 等参量不确定，p、T 等强度量不均匀.

3. 热力学过程

热力学系统状态的变化过程称为热力学过程，为研究问题方便，常有下述分类.

（1）准静态过程与非准静态过程.

准静态过程（又称平衡过程）：这种过程所经历的每个中间态都可作为平衡态，它的特点是过程进行得足够缓慢. 在 p-V 图（T-V 图、p-T 图等）上，可用一条连续曲线表示一个准静态过程. 本章重点讲述理想气体的准静态过程，等容过程、等压过程、等温过程和绝热过程都是典型的准静态过程.

非静态过程（又称非平衡过程）：这种过程所经历的中间态不能都作为平衡态，对非平衡态过程一般不涉及定量处理.

（2）自发过程与非自发过程.

自发过程：不需要外界帮助，系统内部自发发生的过程. 自发过程只能由非平衡态向平衡态过渡.

非自发过程：需要在外界帮助下系统内所发生的过程. 非自发过程可以由非平衡态向平衡

态过渡，也可以由平衡态变化为非平衡态.

一个热力学过程是自发过程还是非自发过程，与系统的选取有关.

（二）热力学第一定律

1. 功

功是系统与外界能量交换的一种量度. 做功是通过系统与外界存在相互作用力时发生的宏观位移来完成. 对于理想气体的准静态过程做功为 $dA = p dV$，

$$A = \int_{V_1}^{V_2} p dV \tag{9.1}$$

应当明确：①在 p-V 图上，过程曲线下的面积等于功的数值；②功与系统经历的过程有关，功是过程量.

2. 热量

热量是系统与外界发生传热过程能量转化的量度. 传热是通过系统界面附近的分子与外界分子之间无规则热运动碰撞来完成的，它依赖于系统与外界之间存在的温度差.

若系统的物质比热为 c，质量为 M，则热量 $dQ = Mc dT$；在热力学中常用到摩尔热容量的概念，1mol 物质温度升高 1K 需要的热量称为摩尔热容 C_m，显然 $C_m = M_{mol} c$，所以

$$dQ = \nu C_m dT = \frac{M}{M_{mol}} C_m dT \tag{9.2}$$

热量 Q、比热 c、摩尔热容 C_m 都是过程量. 对于理想气体系统经历不同的过程，比热 c 或摩尔热容 C_m 的值不同，因为理想气体经历的过程形式可以是无限多的，所以气体系统的比热 c、摩尔热容 C_m 有无穷多种.

3. 内能

内能是系统内所有分子无规则热运动动能和所有分子之间相互作用势能的总和. 内能是状态的单值函数，内能的变化仅与系统的始、末状态有关，而与经历的过程无关. 对于理想气体系统，内能 $E = \frac{i}{2}\nu RT$，它是温度的单值函数.

4. 热力学第一定律

若系统从外界吸取的热量为 Q，对外做功为 A，系统的内能由初态的 E_1 变化到末态的 E_2，则

$$Q = (E_2 - E_1) + A = \Delta E + A \tag{9.3}$$

这就是热力学第一定律. 对于微小的变化过程，则有 $dQ = dE + A$. 对此应当明确：

(1) 热力学第一定律是能量转换与守恒定律在热现象过程中的具体形式，它适合于一切热力学系统和热力学过程. 若将内能扩展为一切形式的能量，就是自然界一切现象所遵从的能量转换和守恒定律.

(2) 热力学第一定律说明了热功转化关系，宏观上在量度能量转化时，功与热量是一致的，但是功和热量的微观实质是有区别的. 功是通过系统与外界之间存在相互作用时发生宏观位移来完成的，它量度的是系统与环境之间定向运动的能量与大量分子无规则运动能量之间

的转换;热量是由于系统与外界之间存在温度差时,通过界面附近分子之间相互碰撞来完成的,它量度的是系统与环境之间分子无规则热运动能量的相互转换.

(3) 热力学第一定律又可表述为"第一类永动机是制不成的".所谓第一类永动机是指不需外界提供能源和动力就可以持续对外做功的机器,这是违背能量守恒定律的.热力学第一定律判定第一类永动机是制不成的.

(三) 热力学第一定律在理想气体特殊过程中的应用

应用热力学第一定律并结合理想气体状态方程和内能公式处理理想气体的等容、等压、等温、绝热等几个特殊过程,所得结论如表 9-1 所示.

表 9-1 理想气体的特殊过程的特点和规律

过程	参量关系	特征	内能变化	功	热量	摩尔热容
等容	$\frac{p}{T}=$恒量	$dV=0$	$\frac{i}{2}\nu R\Delta T$	0	$\nu C_V\Delta T$	$C_V=\frac{i}{2}R$
等压	$\frac{V}{T}=$恒量	$dp=0$	$\frac{i}{2}\nu R\Delta T$	$p\Delta V$	$\nu C_p\Delta T$	$C_p=\frac{i+2}{2}R$
等温	$pV=$恒量	$dT=0$	0	$\nu RT\ln\frac{V_2}{V_1}$	$\nu RT\ln\frac{V_2}{V_1}$	∞
绝热或等熵	$pV^\gamma=$恒量 $TV^\gamma=$恒量 $p^{\gamma-1}T^{-\gamma}=$恒量	$dQ=0$ 或 $dS=0$	$\frac{i}{2}\nu R\Delta T$ 或$\frac{p_2V_2-p_1V_1}{\gamma-1}$	$-\frac{i}{2}\nu R\Delta T$ 或$\frac{p_2V_2-p_1V_1}{1-\gamma}$	0	0 且 $\gamma=\frac{C_p}{C_V}$

应当明确,上述四个特殊过程都是准静态过程,对于非静态过程上述结论不能直接使用.

(四) 理想气体的循环过程

1. 循环过程的特点

(1) 循环过程的初态与终态一致,因此 $\Delta E=0$;可逆循环过程在 p-V 图(或 T-V 图或 p-T 图)上可用一条闭合曲线表示.在 p-V 图上若循环过程的进行方向为顺时针则称为正循环,逆时针称为逆循环.

(2) 在 p-V 图上,循环曲线所包围的面积在数值上等于循环过程对外做的净功.显然,对正循环,净功为正,表明系统对外做功,因而它代表热机循环;逆循环净功为负,表明外界对系统做功,故逆循环代表制冷机循环.

(3) 系统在循环过程中有吸热,也有放热,两者差值等于循环过程中的净功.

$$A=Q_1-Q_2$$

式中,Q_1 为系统吸取的热量;Q_2 为系统向外放出的热量($Q_1>0$,$Q_2>0$).

2. 热机效率和制冷系数

热机效率定义为

$$\eta=\frac{A}{Q_1}=1-\frac{Q_2}{Q_1} \tag{9.4}$$

制冷系数定义为

$$e=\frac{Q_2}{A}=\frac{Q_2}{Q_1-Q_2} \tag{9.5}$$

3. 卡诺循环

由两个等温过程和两个绝热过程可构成卡诺循环. 对于理想气体系统，卡诺循环效率为

$$\eta=1-\frac{T_2}{T_1} \tag{9.6}$$

式中，T_1 为高温热源的温度；T_2 为低温热源的温度.

4. 卡诺定理

卡诺定理是热机工程中一个极为重要的定理，它可表述为：

(1) 工作在同样的高温热源(温度为 T_1)和低温热源(温度为 T_2)之间的一切可逆热机的效率都相等，而与工作物质无关，即

$$\eta=1-\frac{T_2}{T_1}$$

(2) 在同样的高温热源和低温热源之间工作的一切不可逆热机的效率不可能高于可逆热机的效率，即

$$\eta\leqslant 1-\frac{T_2}{T_1}$$

(五) 热力学第二定律

1. 可逆过程和不可逆过程

对于一个热力学过程，如果存在另一个过程能使系统和环境都完成复原，则这个过程称为可逆过程. 无摩擦的准静态过程都是可逆过程.

如果一个热力学过程用任何方法都不能使系统与环境完成复原，该过程称为不可逆过程. 一切自发过程都是不可逆过程.

2. 热力学第二定律

(1) 开尔文表述：不可能从单一热源吸热完成转变为有用功而不产生其他的影响.

开尔文表述的实质是热功转换的不可逆性，这种表述也可以表述为“第二类永动机是制不成的”. 所谓第二类永动机是指在循环过程中将吸取的热量全部用来做功的热机，或者说循环效率 $\eta=100\%$的热机.

(2) 克劳修斯表述：不可能将热量由低温物体自动传向高温物体而不产生其他影响.

克劳修斯表述的实质是热传导的不可逆性. 热力学第二定律的两种表述是等价的. 这反映了不可逆过程的不可逆性是相互关联的.

(3) 热力学第二定律的意义：所有不可逆过程的不可逆性特性是有关联的，从一种不可逆过程的不可逆性可以推论其他不可逆过程的不可逆性；热力学第二定律的两种表述是从两个典型的不可逆过程揭示不可逆过程的共性，由此可以判定一切不可逆过程的行进方向. 因此热力学第二定律是判定一切热力学过程行进方向和限度的基本规律.

3. 熵

熵是热力学中一个重要的概念，熵定义为 $dS=\frac{dQ_{可逆}}{T}$，

$$\Delta S = S_b - S_a = \int_a^b \frac{dQ_{可逆}}{T} \tag{9.7}$$

熵具有以下特性：

(1) 熵是状态量，是状态的单值函数，熵变 ΔS 仅取决于始终状态，与经历的过程无关.

(2) 熵是广延量，系统的熵等于系统内各部分熵的总和.

(3) 在 T-S 图上，过程曲线下面积在数值等于过程所吸收的热量.

$$Q = \int_{S_1}^{S_2} T dS$$

显然，T-S 图上循环曲线所包围的面积等于净功的数值.

4. 熵增加原理

对于所有可逆过程 $dS=\frac{dQ}{T}$，对于不可逆过程 $dS>\frac{dQ}{T}$，因此对一切热力学过程有

$$dS\geqslant\frac{dQ}{T}$$

对于孤立系统，因为 $dQ=0$，故有

$$dS\geqslant 0 \tag{9.8}$$

因此，孤立系统的熵永不减少，孤立系统内所发生的任何过程总是沿着熵增大的方向进行. 这称为熵增加原理.

5. 热力学第二定律的统计意义

(1) 热力学几率：热力学系统的宏观状态对应的微观状态的数目称为该状态的热力学几率；热力学几率(Ω)大的状态出现的概率也大，因而热力学几率(Ω)与状态出现的概率(P)联系在一起，它是一个统计的概念.

(2) 热力学第二定律的统计意义. 由统计的观点，在孤立系统中发生的一切过程都是由概率小的状态向概率大的状态过渡和变化的；孤立系统的平衡态热力学几率最大，因而热力学第二定律具有统计的意义.

(3) 熵的物理意义. 因为热力学几率越大的状态，它的熵也越大，孤立系统所发生的过程沿着熵增大的方向进行，也就是沿着热力学几率增大的方向进行，因而熵与热力学概率存在着必然联系，由玻尔兹曼表述为

$$S=k\ln\Omega \tag{9.9}$$

式中，k 为玻尔兹曼常量. 玻尔兹曼关系式直接说明了熵的统计意义.

一个宏观状态所对应的微观状态的数目越多，则这个状态下的微观状态分布就越混乱，系统在这个状态下也就越无序. 因而，熵越大的状态或热力学概率越大的状态，系统也就越无序. 因此可以说："熵是系统无序程度的量度"，这就是熵的物理意义.

理解熵的物理意义或统计意义是十分重要的；由于熵与系统宏观状态下微观态的数目联系在一起，而且可描述系统的无序，这就决定了熵的概念不仅适用于热力学系统，而且可以拓

宽到信息系统乃至社会系统.

三、习题分类与解题方法指导

本章习题大体上可分为四类:①理想气体典型过程的问题;②理想气体一般过程的问题;③理想气体循环过程的问题;④计算热力学过程熵增量的问题. 现分别进行讨论.

(一) 理想气体的典型过程

所谓典型过程,在此是指理想气体的等容、等压、等温、绝热四个准静态过程. 这类习题在热力学中最为常见,是本章的重点. 求解这类习题要把握好以下几点.

(1) 审明题意:判定过程的特征,并在 p-V 图上标出.

有些习题,题意明确给出过程的特征,但也有的习题需要根据给出的条件来判定过程特征,为了有助于对问题的分析处理,应当将过程在 p-V 图(或其他图)上标出.

(2) 确定状态:重点是确定初态、末态和必要的中间态的状态参量,明确已知量、未知量,并由状态方程确定它们之间的关系.

(3) 处理过程:重点是确定过程量 Q、A、ΔE,要熟知各个特殊过程的特性和结论,进行必要的变换和计算. 要善于运用图形来处理问题,如用 p-V 图上过程曲线下面积求功,用 T-S 图上曲线下面积计算热量,在有些问题中较为简便.

例题 9-1　一汽缸中有 1mol 氦气,初始温度为 T,体积为 V;先将气体定压膨胀使其体积增大一倍,然后绝热膨胀使其温度与初态温度相同;若气体可作为理想气体,试求:(1)整个过程中气体吸收的热量;(2)整个过程中气体内能的增量;(3)气体对外做的总功;(4)绝热过程中气体做的功.

解　气体经历的过程如图 9-1 所示. 由题意可知:$V_1=V$,$V_2=2V$,$T_1=T_3=T$;$\nu=1\text{mol}$;$i=3$;

(1) 因为 1-2 为等压过程,由理想气体状态方程可知

$$\frac{V_1}{T_1}=\frac{V_2}{T_2}$$

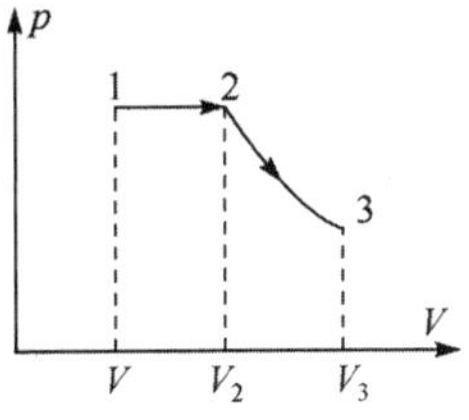

图 9-1

所以

$$T_2=\frac{V_2}{V_1}T_1=2T$$

所以 $Q_{12}=\nu C_p\Delta T=\dfrac{i+2}{2}R(2T-T)=\dfrac{5}{2}RT$

2—3 过程为绝热过程,$Q_{23}=0$,所以整个过程中 $Q=Q_{12}=\dfrac{5}{2}RT$.

(2) 因为 $T_1=T_3$,所以整个过程 $\Delta E=\dfrac{i}{2}\nu R\Delta T=0$.

(3) 因为 $Q=\Delta E+A$,所以 $A=Q-\Delta E=\dfrac{5}{2}RT$.

(4) 对绝热过程,

$$A_{23}=\frac{p_3V_3-p_2V_2}{1-\gamma}=\frac{\nu R(T_3-T_2)}{1-\gamma}=\frac{R(T-2T)}{1-\dfrac{3+2}{3}}=\frac{3}{2}RT$$

例题 9-2　如图 9-2 所示，质量为 $M=4\times10^{-3}$kg 的氢气被活塞封闭在绝热容器的下半部（恰为一半）而与外界平衡；为了防止活塞脱出，容器开口处有一凸出的边缘. 先将 $Q=2.0\times10^4$J 的热量缓慢传给气体，使气体逐渐膨胀，若活塞的质量和厚度忽略不计，外部大气处于标准态，求气体最终的压强、温度和体积.

解　题中没有明显给出系统所经历的过程特征，但是对题意分析可知：由于系统缓慢吸热，故系统经历的过程是准静态的；又由于气压不变（标准大气压），故系统吸热后先经历一个等压膨胀过程，若膨胀到容器顶端热量仍没有传完，则保持容积不变而吸热升温（升压），所以系统先经历等压膨胀过程再经历等容升温过程，如图 9-3 所示. 对此题分两步处理.

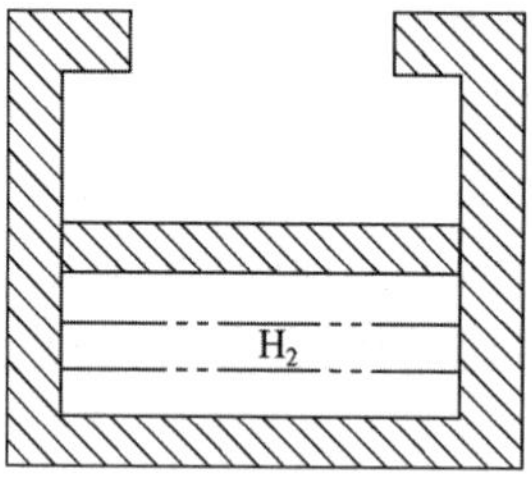

图 9-2

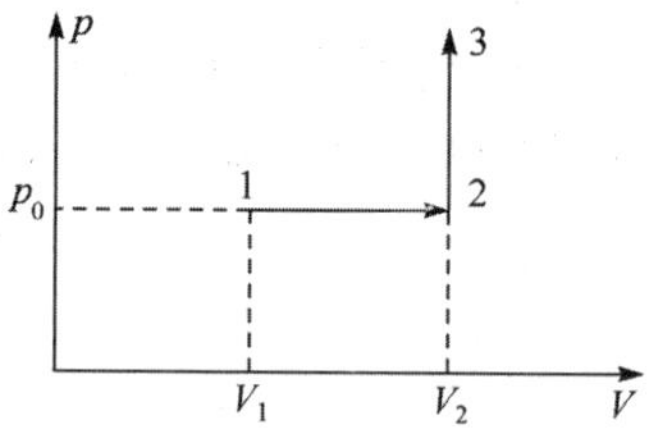

图 9-3

(1) 由 V_1 膨胀为 V_2 的过程（1—2 过程），压强不变；

对氢气，摩尔质量 $M_{\text{mol}}=2\times10^{-3}\text{kg}\cdot\text{mol}^{-1}$，$\nu=2\text{mol}$，$i=5$，$C_p=\dfrac{7R}{2}$，$C_V=\dfrac{5R}{2}$，$p_1=p_2=1.013\times10^5$Pa，$T_1=273$K（标准态），由 $PV=\nu RT$ 可得

$$V_1=\frac{\nu RT_1}{P_1}=\frac{2\times8.31\times273}{1.013\times10^5}=44.8\times10^{-3}(\text{m})$$

又因为$\dfrac{V_1}{T_1}=\dfrac{V_2}{T_2}$，所以 $T_2=\dfrac{V_2}{V_1}T_1=2\times273=546$K，所以

$$Q_{12}=\nu C_p\Delta T=2\times\frac{7}{2}\times8.31\times(546-273)=1.6\times10^4(\text{J})$$

(2) 在定容过程（2—3），做功 $A=0$，吸热 $Q_{23}=Q-Q_{12}=(2-1.6)\times10^4=0.4\times10^4$J，由热力学第一定律 $\Delta E=Q-A=0.4\times10^4$J，又 $\Delta E=\dfrac{i}{2}\nu R\Delta T=\dfrac{5}{2}\nu R(T_3-T_2)$，得

$$T_3=\frac{2\Delta E}{5\nu R}+T_2=\frac{2\times0.4\times10^4}{5\times2\times8.31}+546=642(\text{K})$$

而 $V_3=V_2=2V_1=89.6\times10^{-3}$m，所以

$$p_3=\frac{p_2}{T_2}T_3=\frac{1.013\times10^5}{546}\times642=1.2\times10^5(\text{Pa})$$

例题 9-3　一个带活塞的绝热容器，被一隔板等分为两部分，左边盛有 1mol 的氦气，处于标准状态；另一侧为真空. 先将隔板抽开，待重新平衡后再缓慢推动活塞将气体压缩到原来的体积，求气体的温度改变了多少？

解　气体先经历一个自由碰撞过程，再经历一个绝热压缩过程. 在自由膨胀过程中，由于系统与外界无任何作用，所以 $Q=0$，$A=0$，$\Delta E=Q-A=0$，因此 $\Delta T=0$；初始状态 $p_1=1.013\times10^5$Pa，$T_1=273$K，设体积 V_1，自由膨胀的末态，$T_2=T_1$，$V_2=2V_1$.

设绝热压缩后气体的压强为 p_3，温度为 T_3，体积为 V_3，则 $V_3=V_1$，$T_2V_2^{\gamma-1}=T_3V_3^{\gamma-1}$，对氦

气分子，$i=3$，$\gamma=\dfrac{C_{pm}}{C_{Vm}}=\dfrac{5}{3}$；$T_3=\dfrac{T_2V_2^{\gamma-1}}{V_3^{\gamma-1}}=\left(\dfrac{2V_1}{V_1}\right)^{\frac{5}{3}-1}\times 273=433\text{K}$；所以

$$\Delta T=T_3-T_1=433-273=160(\text{K})$$

（二）理想气体的一般过程

常见的一般过程有两种类型，一种类型是能够在 p-V 图上表示为一条直线的过程. 对于这类过程，初态和末态的状态参量可以从图上直接确定或借助于理想气体状态方程计算，由内能公式不能确定内能 E 和内能增量 ΔE，从 p-V 图上过程直线下的面积很容易确定功的数值，再由热力学第一定律便可计算热量及其他量了.

另一种类型是给定状态参量的关系的过程. 对于这类过程，若知道一个状态（如初态）的状态参量，那么终态和各中间态的状态参量都能由参量关系确定，因此 E 和 ΔE 就容易得到，做功的数值可以用积分方法进行计算，再由热力学第一定律求热量也就不难了.

例题 9-4　如图 9-4 所示，1mol 理想气体由初态，$p_1=1.01\times10^5\text{Pa}$，$V_1=1.0\times10^{-2}\text{m}^{-3}$. 经图中直线过程Ⅰ变化到状态 2，$p_2=4.04\times10^5\text{Pa}$，$V_2=2.0\times10^{-2}\text{m}^{-3}$；再经过过程Ⅱ变化到状态 3，$p_3=p_1$，过程Ⅱ所满足的参量关系为 $pV^{\frac{1}{2}}=$常量，气体为双原子分子气体. 求在过程Ⅰ和过程Ⅱ中吸取的热量分别为多少？

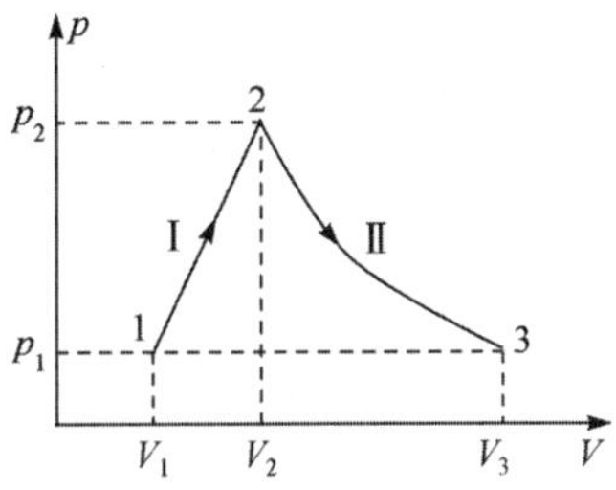

图 9-4

解　(1) 对过程Ⅰ：因为 $E=\dfrac{i}{2}\nu RT=\dfrac{i}{2}pV$，双原子分子气体 $i=5$，所以

$$\Delta E_{\text{Ⅰ}}=\frac{5}{2}(p_2V_2-p_1V_1)=17.7\times10^3\text{J}$$

在过程Ⅰ中气体做功等于直线下的面积，因此得到

$$A_{\text{Ⅰ}}=p_1(V_2-V_1)+\frac{1}{2}(p_2-p_1)(V_2-V_1)=2.5\times10^3\text{J}$$

由热力学第一定律，得

$$Q_{\text{Ⅰ}}=\Delta E_{\text{Ⅰ}}+A_{\text{Ⅰ}}=20.2\times10^3\text{J}$$

(2) 对于过程Ⅱ，因为 $p_2V_2^{\frac{1}{2}}=p_3V_3^{\frac{1}{2}}$，而 $p_3=p_1$，所以 $V_3=\left(\dfrac{p_2}{p_1}\right)^2V_2=16V_2$，

$$\Delta E_{\text{Ⅱ}}=\frac{5}{2}(p_3V_3-p_2V_2)=\frac{5}{2}(16p_1-p_2)V_2=60.6\times10^3\text{J}$$

对任意一个中间态，$pV^{\frac{1}{2}}=p_2V_2^{\frac{1}{2}}$，$p=p_2\left(\dfrac{V_2}{V}\right)^{\frac{1}{2}}$，则

$$A_{\text{Ⅱ}}=\int_{V_2}^{V_3}p\text{d}V=\int_{V_2}^{16V_2}p_2\left(\frac{V_2}{V}\right)^{\frac{1}{2}}\text{d}V=2p_2\sqrt{V_2}(\sqrt{16V_2}-\sqrt{V_2})=6p_2V_2=48.5\times10^3\text{J}$$

$$Q_{\text{Ⅱ}}=\Delta E_{\text{Ⅱ}}+A_{\text{Ⅱ}}=60.6\times10^3+48.5\times10^3=1.09\times10^5(\text{J})$$

（三）理想气体的循环过程

1. 卡诺循环

这类系统一般比较简单，需要熟知卡诺循环的特性和处理方法，还常利用卡诺循环定理的

结论来处理问题.

例题 9-5 一卡诺热机工作在 $T_1=400\text{K}$ 和 $T_2=300\text{K}$ 的两个恒温热源之间,每次循环对外做功 800J;今维持低温热源的温度 T_2 不变,而提高高温热源的温度使每次循环对外做功达到 10000J,若卡诺循环的两条绝热线不变:求:(1)第二个卡诺循环的效率;(2)第二个卡诺循环的高温热源的温度.

解 (1) 第一个卡诺循环的效率为 $\eta=1-\dfrac{T_2}{T_1}=1-\dfrac{300}{400}=25\%$,因为 $\eta=\dfrac{A}{Q_1}$,所以

$$Q_1=\frac{A}{\eta}=\frac{8000}{0.25}=32000(\text{J})$$

$$Q_2=Q_1-A=32000-8000=24000(\text{J})$$

又因为两条绝热线不变且低温热源的温度也不变,故 $Q_2=Q_2'$,于是第二个卡诺循环中

$$Q_1'=Q_2'+A'=24000+10000=34000(\text{J})$$

故第二个卡诺循环效率为

$$\eta'=\frac{A'}{Q_1'}=\frac{10000}{34000}=29.4\%$$

(2) 因为 $\eta'=1-\dfrac{T_2}{T'_1}$,所以 $T_1'=\dfrac{T_2}{1-\eta'}=\dfrac{300}{1-0.294}=425\text{K}$,即第二个卡诺循环的高温热源温度为 425K.

2. 一般循环

一般循环过程一般由若干特殊过程构成,处理这类习题需要对各个特殊过程分析,确定必要状态的状态参量,计算 Q、A 和 ΔE,计算循环效率要尽量寻找较为简单的方法.

例题 9-6 理想气体经历的循环过程如图 9-5 所示,其中 A—B 和 C—D 为等压过程,B—C和 D—A 为绝热过程;已知 $T_B=400\text{K}$,$T_C=300\text{K}$,求循环效率 η.

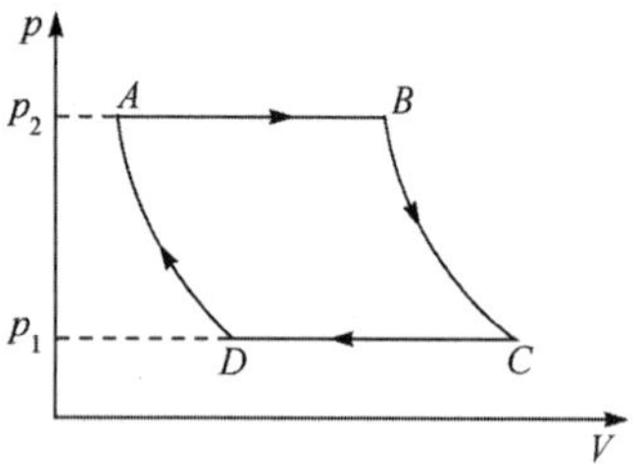

图 9-5

解 A—B 为吸热过程:$Q_1=\nu C_p(T_B-T_A)$,

C—D 为放热过程:$Q_2=\nu C_p(T_C-T_D)$,所以

$$\eta=1-\frac{Q_2}{Q_1}=1-\frac{T_C-T_D}{T_B-T_A}$$

因为 B—C 和 D—A 为绝热过程,所以 $p_2^{\gamma-1}T_B^{-\gamma}=p_1^{\gamma-1}T_C^{-\gamma}$,$p_2^{\gamma-1}T_A^{-\gamma}=p_1^{\gamma-1}T_D^{-\gamma}$,因此有

$$p_1^{\gamma-1}(T_C^{-\gamma}-T_D^{-\gamma})=p_2^{\gamma-1}(T_B^{-\gamma}-T_A^{-\gamma})$$

所以$\dfrac{T_C-T_D}{T_B-T_A}=\left(\dfrac{p_2}{p_1}\right)^{\frac{\gamma-1}{-\gamma}}$;又因为$\dfrac{p_2^{\gamma-1}}{p_1^{\gamma-1}}=\dfrac{T_C^{-\gamma}}{T_B^{-\gamma}}$,所以

$$\frac{T_C-T_D}{T_B-T_A}=\left(\frac{T_C}{T_B}\right)^{\frac{-\gamma}{-\gamma}}=\frac{T_C}{T_B}$$

$$\eta=1-\frac{T_C}{T_B}=1-\frac{300}{400}=25\%$$

例题 9-7 1mol 氧气经历循环过程如图 9-6 所示,已知 $p_0=1.01\times10^5\text{Pa}$,$V_0=20.0\times10^{-3}\text{m}^{-3}$. 求:(1)每次循环过程对外做的净功;(2)循环效率.

解 (1) 净功等于循环曲线包围的面积,所以

$$A=\frac{1}{2}(2p_0-p_0)(2V_0-V_0)=\frac{1}{2}p_0V_0$$

(2) 因为仅有 $a—b$ 过程为吸热过程,$Q_1=Q_{ab}$,所以

$$\Delta E_{ab}=E_b-E_a=\frac{i}{2}(p_bV_b-p_aV_a)=\frac{5}{2}(4p_0V_0-p_0V_0)=\frac{15}{2}p_0V_0$$

由 $a—b$ 直线下面积,可得 $a—b$ 过程对外做的功为

$$A_{ab}=\frac{1}{2}(2p_0-p_0)(2V_0-V_0)+p_0(2V_0-V_0)=\frac{3}{2}p_0V_0$$

$$Q_1=\Delta E_{ab}+A_{ab}=\frac{15}{2}p_0V_0+\frac{3}{2}p_0V_0=9p_0V_0$$

$$\eta=\frac{A}{Q_1}=\frac{1}{18}=5.6\%$$

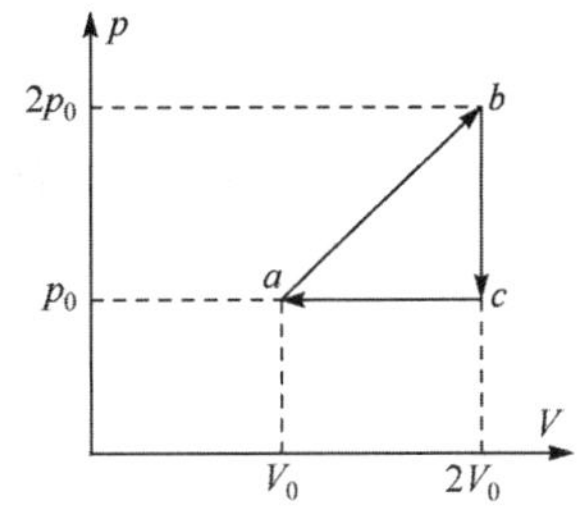

图 9-6

(四) 热力学过程熵增的计算

1. 可逆过程

对于可逆过程,$\mathrm{d}S=\frac{\mathrm{d}Q}{T}$,$\Delta S=\int_a^b\frac{\mathrm{d}Q}{T}$,可以根据过程特性直接计算熵的增量.

例题 9-8　计算理想气体的等容、等压、等温和绝热四个可逆过程的熵的改变量.设初态(p_1,V_1,T_1)和终态(p_2,V_2,T_2)为已知,且已知 C_V 和 C_p.

解　(1) 可逆等容过程:因为 $\mathrm{d}Q=\nu C_V\mathrm{d}T$,所以 $\mathrm{d}S=\frac{\nu C_V\mathrm{d}T}{T}$,因此

$$\Delta S=\int_{T_1}^{T_2}\frac{\nu C_V\mathrm{d}T}{T}=\nu C_V\ln\frac{T_2}{T_1}=\nu C_V\ln\frac{p_2}{p_1}$$

(2) 可逆等压过程:因为 $\mathrm{d}Q=\nu C_p\mathrm{d}T$,所以 $\mathrm{d}S=\frac{\nu C_p\mathrm{d}T}{T}$,因此

$$\Delta S=\int_{T_1}^{T_2}\frac{\nu C_p\mathrm{d}T}{T}=\nu C_p\ln\frac{T_2}{T_1}=\nu C_V\ln\frac{V_2}{V_1}$$

(3) 可逆等温过程:因为 $\mathrm{d}Q=\mathrm{d}A=p\mathrm{d}V$,所以 $\mathrm{d}S=\frac{p\mathrm{d}V}{T}$,又因为 $pV=\nu RT$,所以$\frac{p}{T}=\frac{\nu R}{V}$,则有 $\mathrm{d}S=\frac{p\mathrm{d}V}{T}=\frac{\nu R}{V}\mathrm{d}V$,因此

$$\Delta S=\int_{V_1}^{V_2}\frac{\nu R}{V}\mathrm{d}V=\nu R\ln\frac{V_2}{V_1}=\nu R\ln\frac{p_1}{p_2}$$

(4) 可逆绝热过程:因为 $\mathrm{d}Q=0$,所以 $\mathrm{d}S=0$,因此 $\Delta S=0$.

2. 不可逆过程

对于不可逆过程,$\mathrm{d}S>\frac{\mathrm{d}Q}{T}$,因此我们无法直接计算熵的改变量 ΔS.但是因为熵是状态的单值函数,熵的改变量 ΔS 仅取决于始、末状态而与经历的过程无关,由此对于一个不可逆过程,我们可以设计一个可逆过程,使它与不可逆过程具有相同的始态和末态,由这个可逆过程计算出始态熵和终态熵的差值即为不可逆过程的熵的改变量.

例题 9-9 如图 9-7 所示，设有 A、B 两室，容积相同，外壁绝热，两室中间有一可导热的隔板，板上有一阀门，开始时，阀门关闭. A 室装有 1mol 单原子理想气体，温度为 T_1，压强与上方自由放置的活塞相平衡；B 室为真空. 若将 A、B 间阀门微微打开，则气体逐渐进入 B 室，A 室活塞随之下降，最后达到一平衡态. 试求气体在该过程中的熵变.

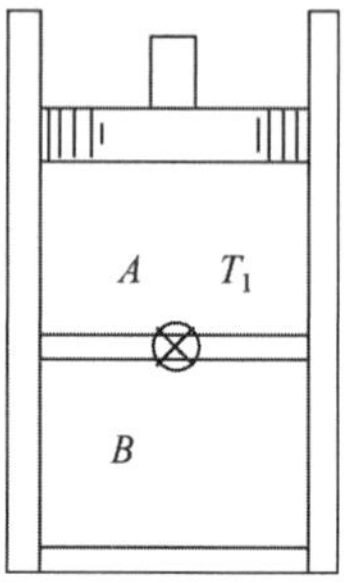

图 9-7

解 设初态时，A、B 两室的体积均为 V，末态时温度为 T_2，活塞下降到使 A 室的体积为 V_A，则在初态时 A 室有

$$pV=RT_1$$

由于活塞式自由的，所以室内压强不变. 末态时，$A+B$ 室有

$$p(V_A+V)=RT_2$$

由热力学第一定律可知

$$Q=p(V_A-V)+\frac{3R}{2}(T_2-T_1)=0$$

由以上三式可得

$$T_2=\frac{7}{5}T_1$$

上述过程是一不可逆过程，但可设想系统经历一等压升温的准静态过程从初态到达末态，于是熵变为

$$\Delta S=\int\frac{\mathrm{d}Q}{T}=\int_{T_1}^{T_2}C_p\frac{\mathrm{d}T}{T}=\frac{5}{2}R\ln\frac{T_2}{T_1}=\frac{5}{2}R\ln\frac{7}{5}>0$$

在该过程中熵是增加的.

四、知识拓展与问题讨论

熵增与能量退化和最大(最小)功定理

（一）熵增与能量退化

根据热力学第二定律，我们知道吸收的热量不可能全部用来做功，所以任何不可逆过程总是伴随有“可用能量”被贬值为“不可用能量”的现象发生，这通常称为能量退化. 例如，两个温度不同的物体之间的传热过程，其最终结果无非是使它们的温度相同. 若我们不是使两个物体直接接触，而是借助一台可逆卡诺热机，将两个温度不同的物体分别作为高温热源和低温热源，通过热机的运行过程，使高温物体逐渐降温而低温物体逐渐升温，最后达到热平衡，在这个过程中可以输出一定量的有用功. 但是若使两个物体直接接触而达到热平衡，则上述的那部分可用能量就白白地浪费了. 不仅如此，可以证明像扩散、自由膨胀以及存在耗散的不可逆过程都存在可用能量浪费的现象. 根据熵增加原理，对于绝热系统，其不可逆过程的熵是恒增的，同时也必然伴随能量退化. 因此，熵增与能量退化有着必然联系，即能量退化程度与熵增量有关. 下面通过两个例子来说明熵增与能量退化的关系.

考虑这样一个例子. 假设一定量的理想气体，初始温度为 T_0，①经历自由膨胀使其体积由 V_1 变化到 V_2；②气体与温度为 T_0 的恒温热源接触经历可逆等温膨胀使其体积由 V_1 变化到 V_2. 通过对这两个过程分析，说明熵增与能量退化的关系. 在自由膨胀过程中，气体对外做功为 $A=0$，熵的增加为 $\Delta S=\nu R\ln(V_2/V_1)$；在可逆等温膨胀过程中，气体对外做功为 $A'=\nu RT_0\ln(V_2/V_1)$，熵的增加为 $\Delta S_1=\nu R\ln(V_2/V_1)$；但是气体从热源吸取热量为 $Q=A'=$

$\nu RT_0\ln(V_2/V_1)$，热源的熵增为 $\Delta S_2=-Q/T_0=-\nu R\ln(V_2/V_1)$，所以气体和热源总的熵增 $\Delta S'=0$. 但是，在可逆等温膨胀过程中气体对外做了功，而自由膨胀过程中气体对外没有做功，注意到两个过程气体始、末状态都是相同的，这就说明不可逆过程产生了能量退化. 能量退化的数值可以用功的差异来表示，则有

$$\Delta E=A'-A=\nu RT_0\ln(V_2/V_1)=T_0\Delta S\propto\Delta S$$

再考虑这样一个例子，如图 9-8 所示. ①一个可逆卡诺热机工作在温度分别为 T_1 和 T_2 的两个热源之间，从高温热源吸热 Q_1，向低温热源放热 Q_2，对外做功 A；②温度为 T_1 的热源向温度为 $T_0(T_1>T_0>T_2)$ 的热源传递热量 Q_1，再让可逆卡诺热机工作在温度分别为 T_0 和 T_2 的两个热源之间，从温度为 T_0 热源吸热 Q_1，向温度为 T_2 热源放热 Q_2'，对外做功 A'. 现在对这两个过程分析来说明熵增与能量退化的关系.

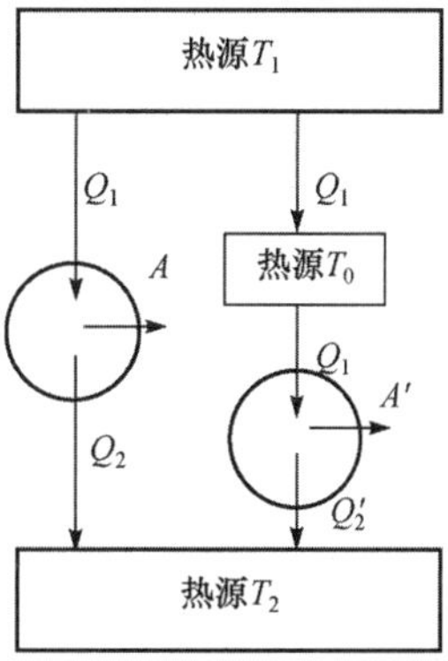

图 9-8

在第一个过程中，热机效率为 $\eta=1-\dfrac{Q_2}{Q_1}=1-\dfrac{T_2}{T_1}$，对外做功为 $A=\eta Q_1=\left(1-\dfrac{T_2}{T_1}\right)Q_1$，系统的熵变为 $\Delta S=-\dfrac{Q_1}{T_1}+\dfrac{Q_2}{T_2}=0$. 在第二个过程中，热机效率为 $\eta'=1-\dfrac{Q_2'}{Q_1}=1-\dfrac{T_2}{T_0}$，对外做功为 $A'=\eta' Q_1=\left(1-\dfrac{T_2}{T_0}\right)Q_1$，系统的熵变为 $\Delta S=-\dfrac{Q_1}{T_1}+\dfrac{Q_2'}{T_2}=\left(\dfrac{1}{T_0}-\dfrac{1}{T_1}\right)Q_1$. 这两个过程都从温度为 T_1 的热源吸热 Q_1，但是对外做功却不相同，这是因为第二个过程存在着热传导这个不可逆过程，因此产生了能量退化. 能量退化的数值为

$$\Delta E=A-A'=\left(\frac{T_2}{T_0}-\frac{T_2}{T_1}\right)Q_1=T_2\Delta S\propto\Delta S$$

由上述两个例子，我们可以归纳出结论：虽然实际过程中能量的总值总是保持不变，但是可以利用的程度随着不可逆过程导致的熵增加而降低，从而使能量“退化”. 能量退化的多少（能量贬值）与不可逆过程导致的熵增量成正比.

（二）最大功与最小功定理

不可逆过程一般要导致熵的增加使能量发生退化，只有不可逆过程才能使能量不被退化，所以在高低温热源的温度以及所吸收热量给定的情况下，只有可逆热机对外做功才最大，效率才最高；与此类似，在相同的情况下外界对可逆制冷机做的功最小. 因而就有最大功和最小功问题. 最大功与最小功定理可以表述为：只有当系统和环境的总熵变为零时，热机对外做功最大，外界对制冷机做功最小. 下面通过两个事例进行说明.

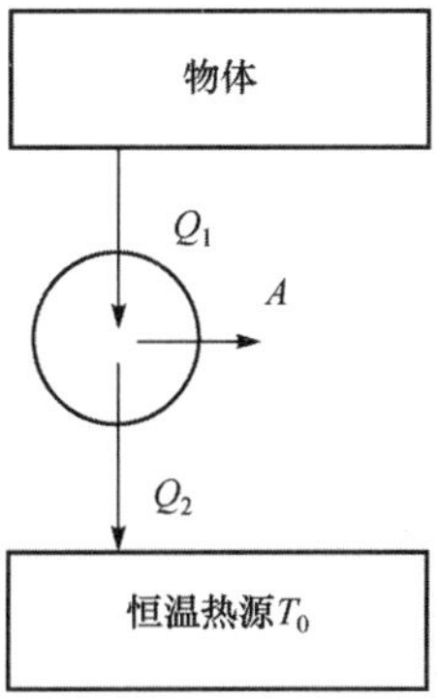

图 9-9

例题 9-10　一个物体，质量为 m，定压比热为 c_p；若物体初始温度为 T_1，在压强不变的情况下，温度降至 T_0，那么对外做的最大功是多少？

解　如图 9-9 所示，假设可逆卡诺热机工作在该物体与温度为 T_0 的恒温热源之间，热机工作过程不断从物体吸热，使其温度逐渐降为 T_0. 在整个过程中从该物体吸热为 $Q_1=mc_p(T_1-T_0)$，向温度为 T_0 的恒

温热源放热为 Q_2；物体熵变为 $\Delta S_1 = mc_p\int_{T_1}^{T_0}\frac{\mathrm{d}T}{T} = mc_p\ln\frac{T_0}{T_1}$，恒温热源的熵变为 $\Delta S_2 = \frac{Q_2}{T_0}$；当 $\Delta S = \Delta S_1 + \Delta S_2 = 0$ 时，热机对外做功最大，所以 $\frac{Q_2}{T_0} + mc_p\ln\frac{T_0}{T_1} = 0$，于是得到 $Q_2 = -mc_pT_0\ln\frac{T_0}{T_1} = mc_pT_0\ln\frac{T_1}{T_0}$，对外做的最大功为

$$A_{\max} = Q_1 - Q_2 = mc_p(T_1 - T_0) - mc_p\ln\frac{T_1}{T_0}$$

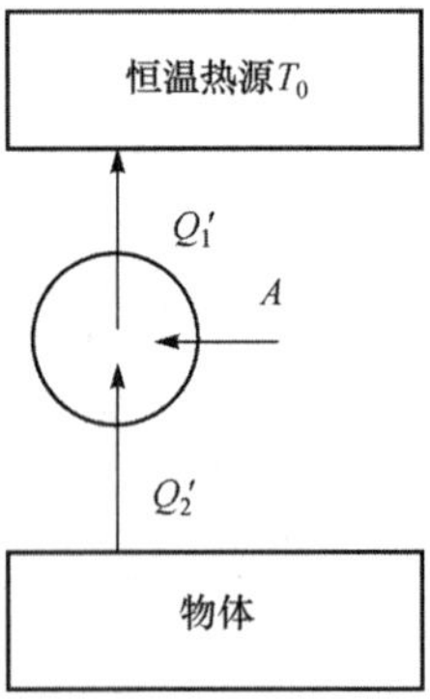

图 9-10

例题 9-11 一个物体，质量为 m，定压比热为 c_p，初始温度为 $T_1 = T_0$（T_0 为环境温度），欲使该物体温度降至 T_2，那么需要外界做的功最小是多少？

解　如图 9-10 所示，假设可逆卡诺制冷机工作在该物体与温度为 T_0 的恒温热源之间，制冷机工作过程不断从物体吸热，使其温度逐渐降为 T_2. 在整个过程中物体放热为 $Q'_2 = mc_p(T_0 - T_2)$，物体的熵变为 $\Delta S'_1 = mc_p\int_{T_0}^{T_2}\frac{\mathrm{d}T}{T} = mc_p\ln\frac{T_2}{T_0}$，设恒温热源吸收的热量为 Q'_1，其熵变为 $\Delta S'_2 = \frac{Q'_1}{T_0}$；当 $\Delta S' = \Delta S'_1 + \Delta S'_2 = \frac{Q'_1}{T_0} + mc_p\ln\frac{T_2}{T_0} = 0$ 时，外界做功最小，于是得到 $Q'_1 = mc_pT_0\ln\frac{T_0}{T_2}$，所以外界做的最小功为

$$A'_{\min} = Q'_1 - Q'_2 = mc_pT_0\ln\frac{T_0}{T_2} - mc_p(T_0 - T_2)$$

习　题　9

一、选择题

9-1　一容器中装有一定量的某种气体，下面的叙述哪些是正确的（　　）

A. 容器中各处压强相等，则各处温度也一定相等；

B. 容器中各处压强相等，则各处密度也一定相等；

C. 容器中各处压强相等，且各处密度相等，则各处温度也一定相等；

D. 容器中各处压强相等，则各处的分子平均平动动能一定相等.

9-2　有关热量下列说法，哪些是正确的（　　）

(1) 热是一种物质；

(2) 热能是能量的一种形式；

(3) 热量是表征物质系统固有属性的物理量；

(4) 热传递是改变物质系统内能的一种形式.

A. (1)(4)；　　B. (2)(3)；　　C. (1)(3)；　　D. (2)(4).

9-3　功的计算式 $A = \int_{V_1}^{V_2} p\mathrm{d}V$ 的适用条件是（　　）

(1) 理想气体；　(2) 任何系统；　(3) 准静态过程；　(4) 任何过程.

A. (1)(2)；　　B. (2)(4)；　　C. (1)(3)；　　D. (3)(4).

9-4　一定质量的理想气体储存在容积固定的容器内，现使气体的压强增大为原来的 2 倍，那么气体的温度、内能将发生怎样的变化(　　)

A. 内能和温度都不变；

B. 内能和温度都变为原来的 2 倍；

C. 内能变为原来的 2 倍，温度变为原来的 4 倍；

D. 内能变为原来的 4 倍，温度变为原来的 2 倍.

9-5　一定质量的理想气体经历了下列哪个状态变化过程后，它的内能是增大的(　　)

A. 等温压缩；　B. 等容降压；　C. 等压膨胀；　D. 等压压缩.

9-6　不等量的氢气和氦气从相同的初态作等压膨胀，体积变为原来的 2 倍，在这一过程中，氢气和氦气对外做功的比 $A_{H_2}:A_{He}$ 为(　　)

A. 1∶2；　B. 1∶1；　C. 2∶1；　D. 两者没有必然关系.

9-7　对于一定量的理想气体，下列可能的过程是(　　)

(1) 气体经某一绝热过程而温度不变；　(2) 气体经某一绝热过程而温度升高.

(3) 气体经某一吸热过程而温度下降；　(4) 气体经某一放热过程而温度升高.

A. (1)(2)(3)；　B. (1)(2)(4)；　C. (2)(3)(4)；　D. (1)(3)(4).

9-8　在标准状态下的 5mol 氧气，经过一绝热过程，它对外界做功 831J，那么该氧气终态的温度为(　　)

A. 8℃；　B. −8℃；　C. 40℃；　D. −40℃.

9-9　氢、氦、氧三种气体的质量相同，在相同的初状态下进行等容吸热过程. 如果吸收的热量相同，那么它们的末态温度为(　　)

A. $T_{H_2}>T_{He}>T_{O_2}$；　B. $T_{H_2}<T_{He}<T_{O_2}$；

C. $T_{H_2}=T_{He}=T_{O_2}$；　D. $T_{H_2}>T_{O_2}>T_{He}$.

9-10　同一种气体的定压比热 C_p 大于定容比热 C_V，其主要原因是(　　)

A. 膨胀系数不同；　B. 温度不同；

C. 气体膨胀需做功；　D. 分子引力不同.

9-11　1mol 单原子理想气体，初态温度为 T_1、压强为 p_1、体积为 V_1，将此气体准静态的绝热压缩至体积 V_2，外界需做多少功(　　)

A. $\frac{3}{2}p_1V_1\left[\left(\frac{V_1}{V_2}\right)^{2/3}-1\right]$；　B. $\frac{5}{2}p_1V_1\left[\left(\frac{V_1}{V_2}\right)^{2/5}-1\right]$；

C. $p_1V_1\left[\left(\frac{V_1}{V_2}\right)^{2/3}-1\right]$；　D. $\frac{3}{2}p_1V_1\left[1-\left(\frac{V_1}{V_2}\right)^{2/3}\right]$.

9-12　一系统从同一初态 a 经三个不同的过程变化到相同的末态 d，过程 R_1、过程 R_2 和过程 R_3 分别如图所示. 比较这三个过程中系统对外做的功为(　　)

A. $A_1<A_2<A_3$；　B. $A_1=A_2=A_3$；　C. $A_1>A_2>A_3$；　D. $A_2>A_3>A_1$

9-13　一定量的理想气体经历如图所示的两个过程从状态 a 变化到状态 c，其中气体在过程 abc 中吸热 100 J，在过程 adc 中对外做功 50J. 气体在 adc 过程中吸热为(　　)

A. 25J；　B. 50J；　C. 75J；　D. 100J.

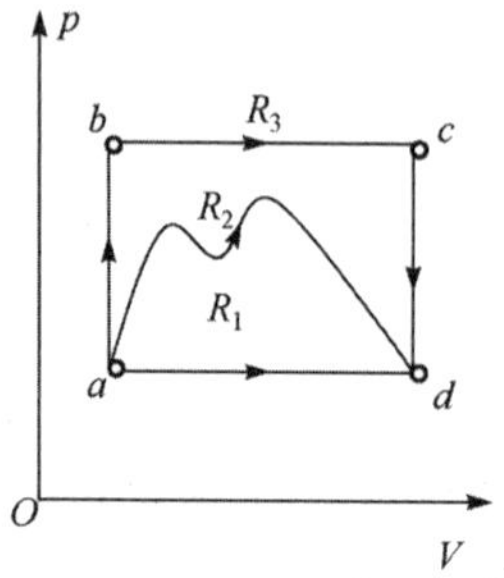

题 9-12 图

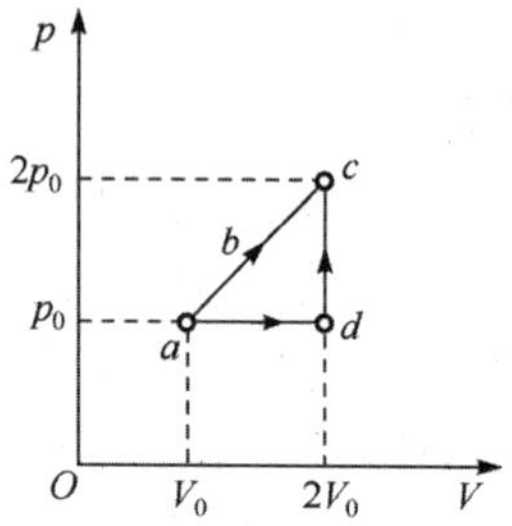

题 9-13 图

9-14　水银气压计的玻璃管中水银柱的上空部分是真空的. 若不慎混进了一些气体，气压计的读数与精确值相比将(　　)

A. 相等；　B. 变大；　C. 变小；　D. 不能确定.

9-15　两端封闭的内径均匀的玻璃管中有一段水银柱，其两端是空气，当玻璃管水平放置时，两端的空气柱长度相同，此时压强为 p_0. 当把玻璃管竖直放置时，上段的空气长度是下段的 2 倍，则玻璃管中间这一段水银柱的长度厘米数是(　　)

A. $p_0/4$；　B. $p_0/2$；　C. $3p_0/4$；　D. p_0.

9-16　一个粗细均匀的 U 形玻璃管在竖直平面内放置，如图所示，左端封闭，右端通大气，大气压为 p_0. 管内装入水银，两边水银柱的高度差为 h，左管内空气柱的长度为 L，如果让该管作自由落体运动，那么两边水银面的高度差 h' 为(　　)

A. 仍为 h；　B. 为零；　C. $h'=h+\frac{\rho ghL}{P_0}$；　D. $h'=h+\frac{2\rho ghL}{P_0}$.

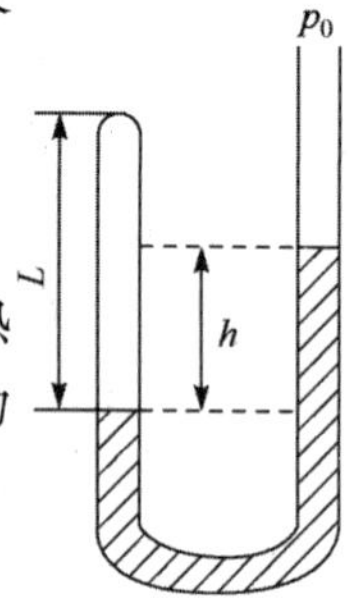

题 9-16 图

9-17　一热机由温度为727℃的高温热源吸热，向温度为527℃的低温热源放热，若热机在最大可能效率下工作，且吸热为 2000J，试问热机做功约为多少 J(　　)

A. 400；　B. 1450；　C. 1600；　D. 2000.

9-18　理想气体的热源温度为 527℃，若可逆热机效率为 40%，那么冷源温度为(　　)

A. 47℃；　B. 207℃；　C. 316℃；　D. 480℃.

9-19　提高实际热机的效率，下列哪几种设想既在理论上又在实际中是可行的(　　)

(1) 采用摩尔热容量较大的气体做工作物质；

(2) 提高高温热源的温度，降低低温热源的温度；

(3) 使循环尽量接近卡诺循环；

(4) 力求减少热损失、漏气、摩擦等不可逆的过程的影响.

A. (1)(3)(4)；　B. (1)(2)(3)；　C. (2)(3)(4)；　D. (1)(2)(4).

9-20　一卡诺制冷机，其热源的绝对温度是冷源的 n 倍. 若在制冷过程中，外界做功为 Q，那么制冷机向热源可提供多少可利用的热量(　　)

A. $(n-1)Q$；　B. $\frac{1}{n}Q$；　C. $\frac{1}{n-1}Q$；　D. $\frac{n}{n-1}Q$.

9-21　制冷系数为 6 的一台电冰箱，从储藏食物中吸收 10056J 的热量. 试问这台电冰箱的工作电动机必须做多少 J 的功(　　)

A. 1676；　B. 10056；　C. 60336；　D. 838.

9-22　根据热力学第二定律判断下列哪种说法是正确的(　　)

A. 热量能从高温物体传到低温物体,但不能从低温物体传到高温物体；

B. 功可以全部变为热,但热不能全部变为功；

C. 气体能够自由膨胀,但不能自动收缩；

D. 有规则运动的能量能够变为无规则运动的能量,但无规则运动的能量不能变为有规则运动的能量.

9-23　若 N_2 和 O_2 均为理想气体,则等温等压下的 0.8mol 的 N_2 和 0.2mol 的 O_2 混合时,熵的改变约为多少 J/K(　　)

A. 4.16×10^{-4}；　B. 4.16×10^{-2}；　C. 4.16×10^{4}；　D. 4.16.

二、填空题

9-24　在相同的温度和压强下,各为单位体积的氢气(视为刚性双原子分子气体)和氦气的内能之比为________,各为单位质量的氢气和氦气的内能之比为________.

9-25　如图所示,若在某个过程中,一定量的理想气体的内能 E 随压强 p 的变化关系为一直线(其延长线过 E-p 图的原点),则该过程为________过程.

9-26　在定压下加热一定量的理想气体.若使其温度升高 1K 时,它的体积增加了 0.005 倍,则气体原来的温度是________.

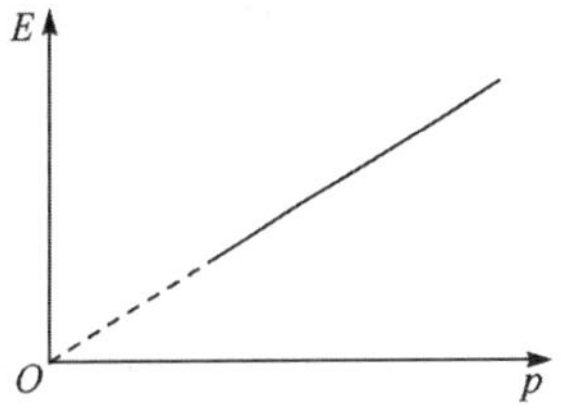

题 9-25 图

9-27　对于室温下的双原子分子理想气体,在等压膨胀的情况下,系统对外所做的功与从外界吸收的热量之比 A/Q 等于________.

9-28　某理想气体状态变化时,内能随体积的变化关系如图中 AB 直线所示,$A\rightarrow B$ 表示的过程是________过程.

9-29　下面给出理想气体状态方程的几种微分形式,指出它们各表示什么过程.

(1) $p\mathrm{d}V=(M/M_{\mathrm{mol}})R\mathrm{d}T$ 表示________过程；

(2) $V\mathrm{d}p=(M/M_{\mathrm{mol}})R\mathrm{d}T$ 表示________过程；

(3) $p\mathrm{d}V+V\mathrm{d}p=0$ 表示________过程

9-30　有相同的两个容器,容积固定不变,一个盛有氦气,另一个盛有氢气(看成刚性分子的理想气体),它们的压强和温度都相等,现将 5J 的热量传给氢气,使氢气温度升高,如果使氦气也升高同样的温度,则应向氦气传递热量是________.

9-31　一定量某理想气体按 $pV^2=$ 恒量的规律膨胀,则膨胀后理想气体的温度为________.

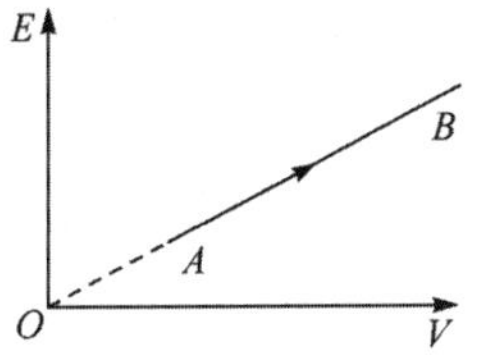

题 9-28 图

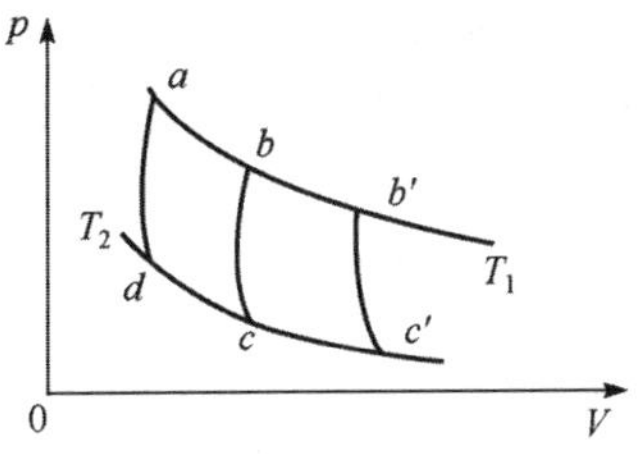

题 9-33 图

9-32 由绝热材料包围的容器被隔板隔为两半，左边是理想气体，右边是真空，如果把隔板撤走，气体将进行自由膨胀，达到平衡后气体的温度将__________(升高，降低或不变)，气体的熵 __________(增加、减小或不变).

9-33 如果卡诺热机的循环曲线所包围的面积从图中的 $abcda$ 增大为 $ab'c'da$，那么循环 $abcda$ 与 $ab'c'da$ 所做的净功变化情况是__________，热机效率变化情况是__________.

9-34 在温度分别为 327℃和 27℃的高温热源和低温热源之间工作的热机，理论上的最大效率为 __________.

9-35 热力学第一定律的实质是__________，热力学第二定律指明了__________.

三、计算题或证明题

9-36 一定量的刚性双原子分子理想气体，开始时处于压强为 $p_0=1.0\times10^5\,\text{Pa}$，体积为 $V_0=4\times10^{-3}\,\text{m}^3$，温度为 $T_0=300\text{K}$ 的初态，后经等压膨胀过程温度上升到 $T_1=450\text{K}$，再经绝热过程温度降回到 $T_2=300\text{K}$，求气体在整个过程中对外做的功.

9-37 如图所示，在刚性绝热容器中有一可无摩擦移动且不漏气的导热隔板，将容器分为 A、B 两部分，A、B 各有 1mol 的氦气和氧气的温度分别为 $T_A=300\text{K}$，$T_B=600\text{K}$，压强 $p_A=p_B=1.013\times10^5\,\text{Pa}$. 试求整个系统达到平衡时的温度 T、压强 p.

9-38 1mol 氧气经如图所示过程 $a\to b\to c\to a$，其中 $b\to c$ 为绝热过程，$c\to a$ 为等温过程. 且 p_1、V_1、p_2、V_2 及 V_3 为已知量，求各过程气体对外所做的功.

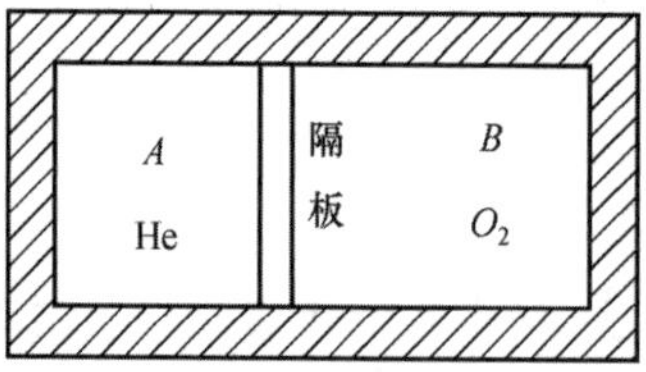

题 9-37 图

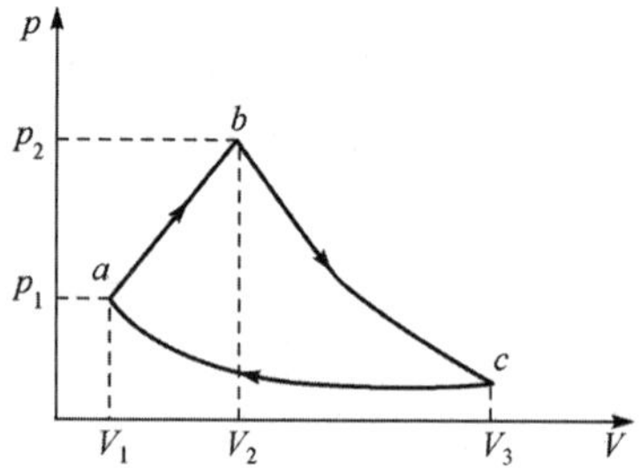

题 9-38 图

9-39 一定量的双原子分子理想气体，其体积和压强按 $pV^2=a$ 的规律变化，其中 a 为已知常数. 当气体从体积 V_1 膨胀到 V_2，试求：(1)在膨胀过程中气体所做的功；(2)内能变化；(3)吸收的热量.

9-40 一摩尔刚性双原子理想气体，经历一循环过程 $abca$ 如图所示，其中 $a\to b$ 为等温过程. 试计算：(1)系统对外做净功为多少？(2)该循环热机的效率 $\eta=?$

9-41 一定量的理想气体经过如图所示的循环过程. 其中 AB 和 CD 为等温过程，对应的温度分别为 T_1 和 T_2，BC 和 DA 等体过程，对应的体积分别为 V_2 和 V_1. 该循环过程被称为逆向斯特林循环. 假如被制冷的对象放在低温热源 T_2(与 CD 过程相对应)，试求该循环的制冷系数.

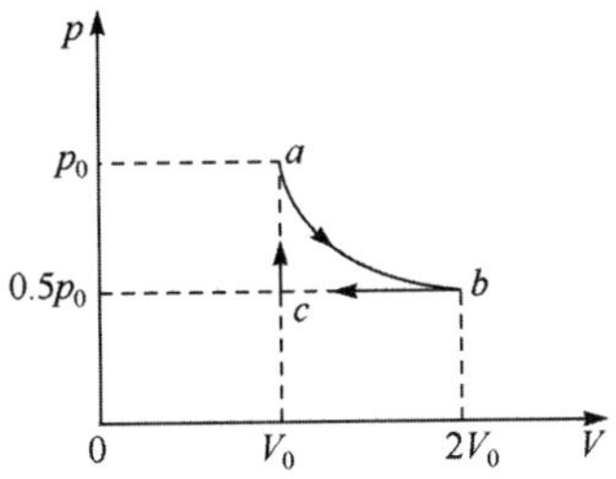

题 9-40 图

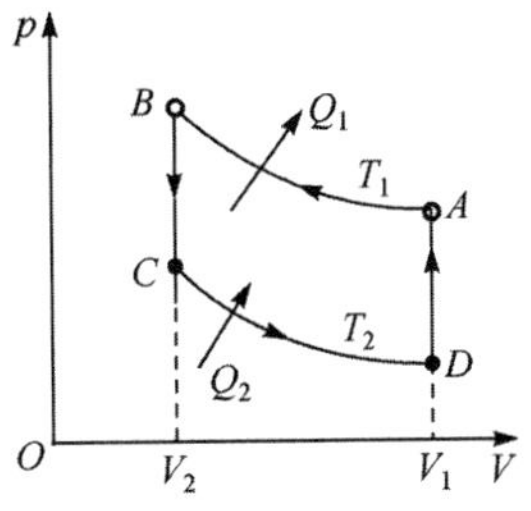

题 9-41 图

9-42　(1) 夏季使用房间空调器使室内保持凉爽，须将热量从室内以 2000W 的散热功率排至室外. 设室温为 27℃，室外为 37℃，求空调器所需的最小功率？(2) 冬天使用房间空调器使室内保持温暖. 设室外温度为 −3℃，室温需保持 27℃，仍用上面所给的功率，则每秒传入室内的热量是多少？

9-43　设有 2mol 的氧气，在一绝热容器中被一导热隔板分为体积相等两部分，初始时温度分别为 T_1 和 T_2，经过一段时间后两部分气体温度相等. 试求该过程中容器气体熵的增量 ΔS.

第四篇 电 磁 学

本篇知识结构图

激发电场

$$E = \frac{q}{4\pi\varepsilon_0 r^3} r$$

$$E = \sum_i E_i$$

电荷

量子化：

$$Q = \pm Ne$$

库仑定律：

$$F = \frac{Q_1 Q_2}{4\pi\varepsilon_0 r^3} r$$

对电荷作用

$$F = qE$$

$$A_{ab} = qU_{ab}$$

电场

场强：

$$E = E(x,y,z)$$

电势：

$$U = U(x,y,z)$$

$$E = -\nabla U$$

变化电场激发磁场

变化磁场激发电场

电磁场

$$\nabla \cdot D = \rho_e$$

$$\nabla \times E = -\frac{\partial B}{\partial t}$$

$$\nabla \cdot B = 0$$

$$\nabla \times H = j + \frac{\partial D}{\partial t}$$

$$B = \mu H$$

$$D = \varepsilon E$$

电流

$$j = nqv$$

$$j = \gamma E$$

$$I = \iint j \cdot dS$$

$$\oiint j \cdot dS = -\frac{dQ}{dt}$$

激发磁场

$$dB = \frac{\mu_0}{4\pi} \frac{Idl \times r}{r^3}$$

$$B = \int_L dB$$

磁场

磁感应强度：

$$B = B(x,y,z)$$

电磁波

$$E \times H \parallel v$$

$$E \perp H$$

$$\sqrt{\varepsilon} E = \sqrt{\mu} H$$

$$v = \frac{1}{\sqrt{\mu\varepsilon}}$$

$$S = E \times H$$

$$w = \frac{EH}{v}$$

对运动电荷

$$F = qv \times B$$

对电流元：

$$dF = Idl \times B$$

对载流线圈：

$$M = P_m \times B$$

$$A = I\Delta\Phi$$

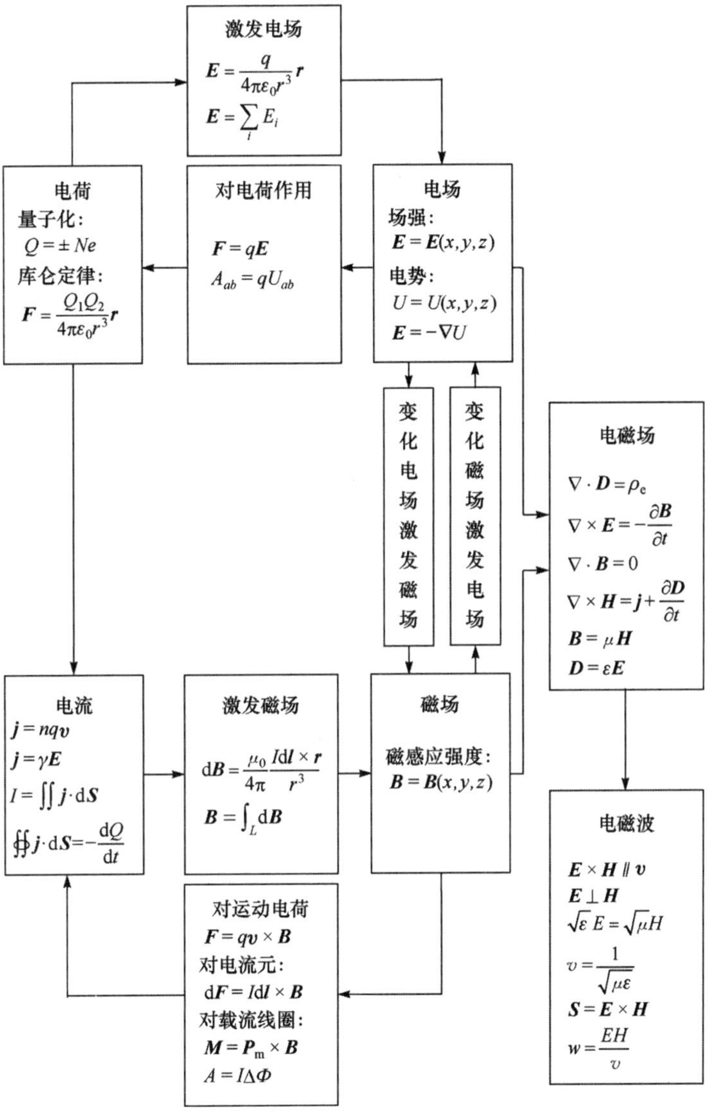

第 10 章　真空中的静电场

一、基本要求

(1) 理解电场强度和电势的物理意义，掌握电场强度与电势的关系.

(2) 掌握静电场的基本定律——库仑定律、电荷守恒定律、电场叠加原理及其应用.

(3) 理解静电场的两个基本方程——高斯定理和环路定理，明确静电场是无旋场和保守场.

(4) 掌握求解电场分布(场强与电势的分布)以及有关物理量的基本方法.

(5) 掌握静电场对带电体的作用力以及电场力做功、电场能量变化等问题的基本处理方法.

二、主要内容与学习指导

(一) 电荷、电场、电场强度

1. 点电荷、库仑定律

(1) 带电体的理想模型：当带电体本身线度远小于带电体到所讨论的场点之间的距离时，可忽略带电体的形状、大小，把带电体所带电量看成是集中于一个点上的点电荷，这是一个理想模型；当带电体本身线度远大于带电体到所讨论的场点之间的距离时，可把带电体视为“无限大”带电体(如“无限长”带电线、“无限大”带电面等)，这也是一个理想模型.

(2) 库仑定律：在真空中相距为 r 的两个静止点电荷的相互作用力为

$$\boldsymbol{F}_{12}=\frac{1}{4\pi\varepsilon_0}\frac{q_1q_2}{r_{12}^3}\boldsymbol{r}_{12} \tag{10.1}$$

式中，$\varepsilon_0=8.85\times10^{-12}\,\mathrm{C^2/(N\cdot m^2)}$，称为真空介电常量或真空电容率；$\boldsymbol{F}_{12}$是 q_1 对 q_2 是作用力；$\boldsymbol{r}_{12}$是由 q_1 指到 q_2 的矢量，从施力电荷指向受力电荷方向；q_1 与 q_2 为代数量，当 q_1 与 q_2 同号时为斥力，当 q_1 与 q_2 异号时为引力.

2. 电量的量子化、电荷守恒定律

(1) 电荷的量子化：带电体所带电荷量只能是基本电荷电量 e 的整数倍，即 $q=\pm ne(n=1,2,3,\cdots)$，$e=1.6\times10^{-19}\,\mathrm{C}$. 电荷的这种只能取分立的、不连续量值的特性叫做电荷的量子化.

(2) 电荷守恒定律：对于一个孤立系统，系统内存在的正负电荷的代数和始终保持不变，这称为电荷守恒定律.

3. 电场、电场强度

(1) 电场：在电荷周围空间存在着电场，电场是物质存在的一种形式，相对观测者静止的电荷产生静电场.

(2) 电场强度：为定量描述电场的性质，定义电场强度为

$$\boldsymbol{E}=\frac{\boldsymbol{F}}{q_0} \tag{10.2}$$

式中，q_0 为放在场点的试验电荷(电量很小的点电荷). 电场中任一点电场强度为一矢量，其大小等于单位正电荷在该点所受电场力的大小，其方向与正电荷在该点受力方向一致. 场强 $\boldsymbol{E}$ 是表征电场本身性质的一个物理量(称为场量)，与试验电荷 q_0 的存在与否无关；电场强度的分布函数 $\boldsymbol{E}(x,y,z)$ 反映了电场的分布. 在 SI 单位制中场强的单位是 N/C，也可写成 V/m.

真空中点电荷 q 的场强公式为

$$\boldsymbol{E}=\frac{\boldsymbol{F}}{q_0}=\frac{q}{4\pi\varepsilon_0 r^3}\boldsymbol{r} \tag{10.3}$$

电力线(E 线)是为形象描述电场分布而引入的一簇曲线，它始于正电荷(或无限远)，终于负电荷(或无限远)，不闭合，不相交，曲线上每点切线方向表该点 E 的方向，其的疏密表示该点 E 的大小.

(3) 场强叠加原理：电场中任一点的场强 $\boldsymbol{E}$ 等于各个电荷各自在该点产生场强的矢量和，即

$$\boldsymbol{E}=\sum_{i=1}^{n}\boldsymbol{E}_i \tag{10.4}$$

当电荷连续分布时，任一点场强为

$$\boldsymbol{E}=\int \mathrm{d}\boldsymbol{E}=\int_q \frac{\mathrm{d}q}{4\pi\varepsilon_0 r^3}\boldsymbol{r} \tag{10.5}$$

式中，$\mathrm{d}q$ 为带电体上的电荷元. 应用这些公式计算 $\boldsymbol{E}$ 时，常在一定坐标系下变为标量进行计算.

4. 电荷在外电场中所受的电场力

电场对点电荷的作用力为

$$\boldsymbol{F}=q_0\boldsymbol{E} \tag{10.6}$$

式中，$\boldsymbol{E}$ 是除 q_0 之外的所有其他电荷(即施力电荷)在 q_0 所在点产生的场强. 电荷连续分布的带电体所受的外电场的作用力(不考虑带电体自身张力)为

$$\boldsymbol{F}=\int \boldsymbol{E}\mathrm{d}q \tag{10.7}$$

式中，$\mathrm{d}q$ 为受力带电体上的电荷元；$\boldsymbol{E}$ 为施力电荷在 $\mathrm{d}q$ 所在处产生的场强，积分范围遍及受力带电体所带电荷分布的区域.

(二) 静电场的基本定理

1. 高斯定理

(1) 电场强度通量：通过电场中与场强方向垂直的某一面元上的电场线条数为该面元的电场强度通量，通过 $\mathrm{d}S$ 的电场强度通量为 $\mathrm{d}\Phi_e=\boldsymbol{E}\cdot\mathrm{d}\boldsymbol{S}$. 通过整个曲面 S 的电场强度通量为

$$\Phi_e=\int \mathrm{d}\Phi_e=\int_s \boldsymbol{E}\cdot\mathrm{d}\boldsymbol{S} \tag{10.8}$$

式中，$\boldsymbol{E}$ 为面元 $\mathrm{d}\boldsymbol{S}$ 所在处的场强，积分范围遍及曲面 S. 通量 Φ_e 有正、负之分，对于闭合曲面来说，通常规定指向曲面外的法线方向为面元矢量正方向，正通量表示电力线穿出闭曲面，负

通量表示电力线穿入闭曲面.

(2) 高斯定理:在真空中的静电场中,通过任一闭合曲面(称为高斯面)的电通量,等于该闭合曲面所包围的所有正、负自由电荷的代数和除以 ε_0,其数学表达式为

$$\Phi_e = \oint_s \boldsymbol{E} \cdot d\boldsymbol{S} = \frac{1}{\varepsilon_0}\sum_{i=1}^{n} q_i \tag{10.9}$$

高斯定理可由库仑定律及场强叠加原理导出,但它与库仑定律的物理含义并不相同. 库仑定律把场强与电荷直接联系起来,而高斯定理将场强的通量和某一区域内的电荷联系在一起;库仑定律仅适用于静电场,而高斯定理不但适用于静电场,也适用于变化的电磁场. 因此它是电磁场的基本方程之一.

对高斯定理应注意:①通过闭合曲面的总通量虽仅与闭合曲面内包围的电荷有关,但闭合曲面上各点的场强 $\boldsymbol{E}$ 却是由空间所有电荷(闭合曲面内和闭合曲面外)共同产生的;②右端电荷的代数和是对闭合曲面内电荷取代数和,当电荷的代数和不变时,若闭合曲面内电荷分布改变,或闭合曲面外部电荷分布改变,则闭合曲面上各点 $\boldsymbol{E}$ 分布也随之改变,但通过闭合曲面的总通量却不变;③闭合曲面内包围的电荷为零时,通过闭合曲面的总通量为零,但并非闭合曲面上各点的 $\boldsymbol{E}$ 一定处处为零,也不能说闭合曲面内一定无电荷,只能说闭合曲面内净电荷为零;④高斯定理虽对任意的静电场都成立,但是只有在电荷和电场分布具有某种空间对称性时,才有可能应用该定理方便地计算出场强.

2. 环路定理　电势

(1) 环路定理:在任意静电场中,电场强度 $\boldsymbol{E}$ 沿任意闭合路径的线积分($\boldsymbol{E}$ 的环流)恒等于零,其数学表达式为

$$\oint_L \boldsymbol{E} \cdot d\boldsymbol{l} = 0 \tag{10.10}$$

式中,$\boldsymbol{E}$ 为积分路径上各点的场强,是由空间所有电荷共同产生. 这是反映静电场性质的又一基本定理,说明静电场力是保守力,静电场是保守场(或叫势场);也说明了电力线不能闭合.

(2) 电势能:由于静电场力是保守力,因此可以引入静电势能的概念. 电势能是表征试验电荷 q_0 与电场之间相互作用的能量,是属于试验电荷 q_0 与电场整个系统的. 试验电荷 q_0 在静电场中移动时,电场力做功等于始点与终点之间的电势能之差. 设 W_{pa}、W_{pb} 为 q_0 在 a、b 两点的电势能,则有

$$-[W_{pb} - W_{pa}] = A_{ab} = q_0\int_a^b \boldsymbol{E} \cdot d\boldsymbol{r} \tag{10.11}$$

静电势能的值与选定的零电势能的参考点有关. 要确定电荷在电场中某一位置的势能,必须事先选定一个参考点,令其电势能为零. 若令 b 点电势能为零($W_{pb}=0$),则有

$$W_{pa} = q_0\int_a^b \boldsymbol{E} \cdot d\boldsymbol{r} \tag{10.12}$$

对于电荷分布在有限区域的带电体,通常规定无限远处的电势能为零,即 $W_{p\infty}=0$,则电势能为

$$W_{pa} = q_0\int_r^\infty \boldsymbol{E} \cdot d\boldsymbol{r} \tag{10.13}$$

试验电荷 q_0 处在电场中某点时所具有的电势能等于把 q_0 从该点沿任意路径移到零电势能参

考点时电场力所做的功.

(3) 电势与电势差:电场中某点的电势能与试验电荷 q_0 有关,它是属于电场和电荷 q_0 这一系统的,因此电势能不能用来描述电场的性质.定义电场中 a 点的电势为

$$U_a = \frac{W_{pa}}{q_0} = \int_a^b \boldsymbol{E} \cdot \mathrm{d}\boldsymbol{r} \tag{10.14}$$

式中,b 点为电势的零点.上式表明,静电场中任一点 a 的电势在量值上等于单位正电荷在该点时所具有的电势能,也等于将单位正电荷从该点沿任意路径移到零电势能参考点电场力所做的功.对有限大的带电体,电势的零点一般选为无穷远,有

$$U_a = \int_a^\infty \boldsymbol{E} \cdot \mathrm{d}\boldsymbol{r}$$

则点电荷 q 的电场中距 q 为 r 处任一点电势为

$$U_a = \frac{q}{4\pi\varepsilon_0 r} \tag{10.15}$$

静电场中任意两点 a、b 间的电势差为

$$U_a - U_b = \int_a^b \boldsymbol{E} \cdot \mathrm{d}\boldsymbol{r} \tag{10.16}$$

由此可知,a,b 两点间的电势差在量值上等于将单位正电荷由 a 移到 b 时电场力所做的功.电势差与参考点位置无关.

静电场力的功与电势差之间的关系为

$$A = q_0(U_a - U_b) = q_0 \int_a^b \boldsymbol{E} \cdot \mathrm{d}\boldsymbol{r} \tag{10.17}$$

电势是表征电场中给定点电场本身性质的一个物理量(称为场量),与试验电荷 q_0 的存在与否无关,电势是一个空间标量点函数,即 $U=U(x,y,z)$.为直观形象地描述电势的分布,引入等势面的概念,即电场中电势相等的点构成的曲面为等势面.这是一簇曲面,不相交,在同一等势面上移动电荷,电场力不做功.因此,等势面与电力线处处正交.

(4) 电势叠加原理:即电场中任一点的电势等于各个电荷在该点各自产生的电势之代数和,即

$$U_a = \sum_{i=1}^{n} U_{ai} \tag{10.18}$$

当电荷连续分布时,任一点的电势为

$$U_a = \int \mathrm{d}U_a = \int_q \frac{\mathrm{d}q}{4\pi\varepsilon_0 r} \tag{10.19}$$

式中,$\mathrm{d}q$ 为带电体上的电荷元,积分范围遍及电荷分布的区域.

(5) 电荷在外电场中的静电势能:点电荷在电场中某点具有的静电势能为

$$W_p = q_0 U \tag{10.20}$$

式中,电势是除 q_0 之外的所有其他电荷在 q_0 所在点产生的电势.一个带电体在外电场中具有的静电势能(不计带电体的自能)为

$$W_p = \int U \mathrm{d}q \tag{10.21}$$

式中,$\mathrm{d}q$ 为带电体上的电荷元,积分范围遍及带电体所带电荷分布的区域.

(三) 场强与电势的关系

1. 场强与电势的微积分关系

若选定电场中 O 点为零电势参考点，由式(10.14)可知，电场中任一点 P 的电势为

$$U_P = \int_P^O \boldsymbol{E} \cdot \mathrm{d}\boldsymbol{r} \tag{10.22}$$

此式称为 $\boldsymbol{E}$ 与 U 的积分关系. 当 $\boldsymbol{E}$ 分布函数已知时，可用来求电势 U.

若已知电场的电势分布函数 $U=U(x,y,z)$，则电场中某一点的场强为

$$\boldsymbol{E} = -\mathrm{grad}U = -\nabla U \tag{10.23}$$

电场强度的三个分量分布为

$$E_x = -\frac{\partial U}{\partial x}, \quad E_y = -\frac{\partial U}{\partial y}, \quad E_z = -\frac{\partial U}{\partial z} \tag{10.24}$$

式(10.22)和式(10.24)称为电势 U 与电场强度 $\boldsymbol{E}$ 的微分关系. 应当注意，二式中的电势 U 与电场强度 $\boldsymbol{E}$ 都不是某一点的值，它们是分布函数，也就是说电势 U 与电场强度 $\boldsymbol{E}$ 间不是点点对应的关系，而是积分与微分的关系，不可由某点的电势 U(或场强 $\boldsymbol{E}$)去盲目断定该点的电场强度 $\boldsymbol{E}$(或电势 U).

2. 电势与电场强度间的几何描述关系

电场线形象地描述了场强分布，等势面形象地描述了电势分布，两者之间的关系可概括如下：①电场线与等势面处处正交；②沿电场线方向电势逐渐降低；③电场线密处等势面也较密(相邻等势面间电势差相等). 据此，由电场线分布可画出等势面的分布；反之，由等势面的分布也可画出电场线的分布.

(四) 电场对电荷的作用

1. 电荷在电场中所受的电场力及其运动

电场对处于其中的点电荷或带电体(忽略其对原电场的影响)的作用力分别为

$$\boldsymbol{F} = q_0\boldsymbol{E}, \quad \boldsymbol{F} = \int \boldsymbol{E}\mathrm{d}q$$

把电场力作为带电体所受的一种力考虑进去，就可以利用力学的有关规律求解带电体的运动.

(1) 带电粒子在均匀电场中的运动.

设带电粒子质量为 m，电量为 q，初速度为 v_0，在场强为 $\boldsymbol{E}$ 的均匀电场中运动，若无其他的力作用，动力学方程为

$$q\boldsymbol{E} = m\frac{\mathrm{d}\boldsymbol{v}}{\mathrm{d}t} \tag{10.25}$$

当初速 $\boldsymbol{v}_0$ 与 $\boldsymbol{E}$ 夹角为 0 或 π 时，粒子作匀变速直线运动；当初速 $\boldsymbol{v}_0$ 与 $\boldsymbol{E}$ 夹角为$\frac{\pi}{2}$时，粒子将作类似于重力场中平抛运动；当初速 $\boldsymbol{v}_0$ 与 $\boldsymbol{E}$ 成任意角 θ 时，粒子将作类似于重力场中的斜抛运动.

(2) 带电粒子在非均匀电场中的运动.

如电子在原子核外的圆周运动，在"无限长"均匀带电线周围的圆周运动等，用质点运动学和动力学方法可以确定带电粒子的运动规律.

2. 电荷在外电场中的电势能及电场力做功

对于点电荷、带电体(忽略其对原电场的影响)处于外电场中时，具有的电势能分别为

$$W = q_0 U, \quad W = \int U \mathrm{d}q$$

当电荷在电场中移动时，其电势能变化或电场力做功为

$$A_{ab} = W_a - W_b = q(U_a - U_b) = q_0 \int_{r_a}^{r_b} \boldsymbol{E} \cdot \mathrm{d}\boldsymbol{r} \tag{10.26}$$

真空中的静电场的概念、规律、定理，可以归纳如表 10-1.

表 10-1　真空中的静电场小结

基本现象	电荷←→电场←→电荷	
基本定理	库仑定律叠加原理电荷守恒定律	
电场性质	叠加原理　$\boldsymbol{E} = \sum_{i=1}^{n} \boldsymbol{E}_i$，$U = \sum_{i=1}^{n} U_i$	
	对 q 有作用力 $\boldsymbol{F} = q_0 \boldsymbol{E}$	移动 q 做功　$A = qU$
两个场量	场强 $\boldsymbol{E} = \dfrac{\boldsymbol{F}}{q_0}$ 1. $\boldsymbol{E}$ 与 q_0 无关，仅与场点位置有关； 2. 空间矢量点函数 $\boldsymbol{E} = \boldsymbol{E}(x,y,z)$； 3. 服从矢量叠加原理 $\boldsymbol{E} = \sum_{i=1}^{n} \boldsymbol{E}_i$	电势　$U_a = \dfrac{W_{pa}}{q_0}$ (选零势点) 1. U 与 q_0 无关，仅与场点位置有关； 2. 空间标量点函数　$U = U(x,y,z)$； 3. 服从标量叠加原理　$U = \sum_{i=1}^{n} U_i$
两个定理	高斯定理　$\Phi_e = \oint_S \boldsymbol{E} \cdot \mathrm{d}\boldsymbol{S} = \dfrac{1}{\varepsilon_0} \sum_{i=1}^{n} q_i$ 静电场是有源场和有散场　$\nabla \cdot \boldsymbol{E} = \rho / \varepsilon_0$	静电场的环路定理　$\oint_L \boldsymbol{E} \cdot \mathrm{d}\boldsymbol{l} = 0$ 静电场是保守场和无旋场
电场的图示法	电场线 1. 一簇曲线，不能相交； 2. 曲线切线方向表示该点场强的方向，疏密表示该点场强大小； 3. 沿电场线方向各点电势降低	等势面 1. 一簇曲面，不能相交； 2. 曲面表示电势高低，疏密表示场强大小； 3. 等势面上各点场强与等势面正交
场量关系	$\boldsymbol{E} = -\nabla U(x,y,z)$	$U_a = \int_a^b \boldsymbol{E} \cdot \mathrm{d}\boldsymbol{r}\,(U_{pb} = 0)$
场量计算	点电荷　$\boldsymbol{E} = \dfrac{\boldsymbol{F}}{q_0} = \dfrac{q}{4\pi\varepsilon_0 r^3}\boldsymbol{r}$ 点电荷系　$\boldsymbol{E} = \sum_{i=1}^{n} \boldsymbol{E}_i$ 连续带电体　$\boldsymbol{E} = \int \mathrm{d}\boldsymbol{E} = \int_q \dfrac{\mathrm{d}q}{4\pi\varepsilon_0 r^3}\boldsymbol{r}$	点电荷　$U = \dfrac{q}{4\pi\varepsilon_0 r}(U_\infty = 0)$ 点电荷系　$U = \sum_{i=1}^{n} U_i$ 连续带电体　$U = \dfrac{1}{4\pi\varepsilon_0}\int \dfrac{\mathrm{d}q}{r}$

续表

基本现象	电荷⟷电场⟷电荷	
场量的求解方法	1. 由定义式求解； 2. 由积分(叠加)求解； 3. 由高斯定理求解； 4. 由电势分布函数求解； 5. 由“补偿法”求解	1. 由定义式求解； 2. 由积分(叠加)求解； 3. 由电场功求解； 4. 由场强分布函数求解； 5. 由“补偿法”求解
与场量相关的量	电场力：$\boldsymbol{F}=q_0\boldsymbol{E}$(点电荷) $\boldsymbol{F}=\int \boldsymbol{E}\mathrm{d}q$ (连续带电体) 电势差　$U_a-U_b=\int_a^b \boldsymbol{E}\cdot\mathrm{d}\boldsymbol{r}$ 电场力做功 $A_{ab}=W_a-W_b=q(U_a-U_b)=q_0\int_{r_a}^{r_b}\boldsymbol{E}\cdot\mathrm{d}\boldsymbol{r}$	电势能 $W_p=q_0U$(点电荷) $W_p=\int U\mathrm{d}q$(连续带电体) 电势差 $U_{ab}=U_a-U_b$ 电场功 $A_{ab}=q_0(U_a-U_b)$

三、习题分类与解题方法指导

本章的主要问题是在给定电荷分布的情况下求解电场电场强度 $\boldsymbol{E}$ 与电势 U 的分布(包括 $\boldsymbol{E}$ 与 U 的解析表达式及其几何描述)，归纳起来，本章习题可分为三种类型：①已知电荷分布，求场强的分布；②已知电荷分布，求电势的分布；③已知电荷分布(或电场分布)求有关各个物理量，如求电荷受力及其运动、电场力的功、电荷的电势能、电势差以及电通量、电力线、等势面等.

(一) 已知电荷分布，求电场强度分布

此类习题包括求解点电荷、点电荷系、几何形状规则的带电体(线、面、体)或几何形状不太规则(“较复杂”)的带电体(线、面、体)的场强分布，所用的方法应视电荷分布情况采用不同的方法，以使解题过程尽可能简化，大体上有以下几种方法.

1. 对点电荷或点电荷系，可用点电荷场强公式及场强叠加原理求解

$$\boldsymbol{E}=\sum \boldsymbol{E}_i=\sum \frac{q_i}{4\pi\varepsilon_0 r_i{}^3}\boldsymbol{r}_i$$

计算时常在直角坐标系下进行分量计算，最后写出 $\boldsymbol{E}=E_x\boldsymbol{i}+E_y\boldsymbol{j}+E_z\boldsymbol{k}$.

2. 对电荷分布具有高度对称性的带电体，可用高斯定理求解

所谓电荷分布具有高度对称性，是指以下三种情况：①点(球)对称：如点电荷，均匀带电球体，球面，它们的同心组合系统等. ②线(轴)对称：如“无限长”均匀带电直线、圆柱体、圆柱面，它们的同轴组合系统等. ③面对称：如无限大均匀带电平面，有一定厚度平板，它们的平行组合系统等. 运用高斯定理求解场强的步骤为：

(1) 对称性分析：根据电荷分布分析场强分布的对称性，判断能否直接用高斯定理求解；

(2) 选取高斯面：由场强分布的对称性确定高斯面形状、大小，原则是使所求场点在 S 面上，且使 S 面上的场强要么为零，要么大小相等，或局部面积上分别为零或大小相等，目的是把 $\boldsymbol{E}$ 从积分号内提出. 对点(球)对称型一般取同心球面为高斯面；线对称型一般取同轴封闭

圆柱面为高斯面;面对称型一般取轴垂直带电面的对称的封闭圆柱面为高斯面等.

(3) 计算电通量:对取定的高斯面 S 算出电场强度通量,积分可能是分片积分.

(4) 计算高斯面内电量代数和:根据电荷分布算出 S 面内电量代数和.

(5) 由高斯定律求结果并作讨论:求出 $\boldsymbol{E}$ 的分布函数,进行必要讨论,或画出 E-r 曲线.

例题 10-1 一"无限长"均匀带电圆柱体的半径为 R,电荷体密度为 ρ,求圆柱体内、外的场强分布.

解 由电荷分布的轴对称性易知电场分布也具有轴对称性,即场强的空间分布是以带电圆柱体的轴为对称轴成辐射状,可用高斯定理求解. 取与圆柱体同轴的封闭柱面为高斯面,上、下底面半径为 R,高为 L,则由高斯定理得

$$\oint_S \boldsymbol{E}\cdot d\boldsymbol{S}=\iint_{侧面}\boldsymbol{E}\cdot d\boldsymbol{S}+\iint_{上底}\boldsymbol{E}\cdot d\boldsymbol{S}+\iint_{下底}\boldsymbol{E}\cdot d\boldsymbol{S}=\boldsymbol{E}\iint_{侧面}d\boldsymbol{S}=E\cdot 2\pi rl=\frac{1}{\varepsilon_0}\sum q$$

当 $r<R$ 时,$\sum_{i=1}^{n}q_i=\pi r^2 l\rho$,可得 $\boldsymbol{E}=\dfrac{\rho}{2\varepsilon_0}\boldsymbol{r}$;当 $r>R$ 时,$\sum_{i=1}^{n}q_i=\pi R^2 l\rho$,$\boldsymbol{E}=\dfrac{\rho R^2}{2\varepsilon_0 r^2}\boldsymbol{r}$.

用类似的方法可得出点电荷、均匀带电球体、均匀带电球面的场强.

3. 对几何形状较规则的带电线、面、体,可直接用积分法求解

此类题目所给的带电体一般为形状比较规则,且其上电荷分布均匀或已知电荷分布规律. 求解这一类习题的具体步骤一般为:①根据带电体形状选取合适电荷元 dq,并写出 dq 表达式;②建立合适坐标系,正确写出 $d\boldsymbol{E}$ 表示式,标出 $d\boldsymbol{E}$ 方向;③写出 $d\boldsymbol{E}$ 在坐标系下的分量式,确定各分量积分式的积分上、下限;④统一变量后作积分,并写出总场强 $\boldsymbol{E}=E_x\boldsymbol{i}+E_y\boldsymbol{j}+E_z\boldsymbol{k}$.

例题 10-2 均匀带电细线 $ABCD$ 弯成如图 10-1 所示的形状,电荷线密度为 λ,坐标选取如图 10-2 所示,试证明圆心 O 处的场强 $E_y=\dfrac{\lambda}{2\pi\varepsilon_0 a}$.

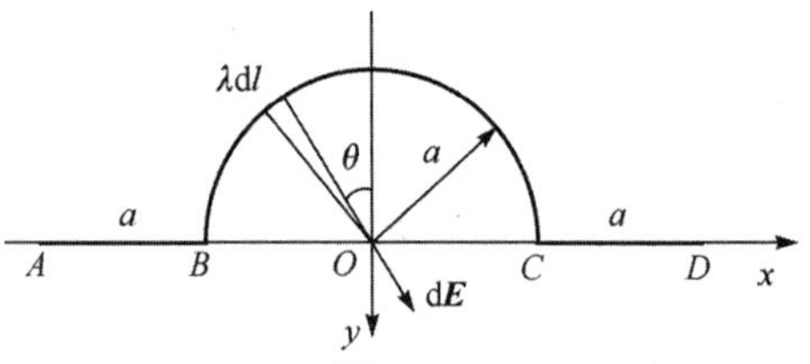

图 10-1

证明 (1)根据对称性分析,两段带电直线各自在 O 点的电场强度大小相等、方向相反,相互抵消,所以只计算带电细线半圆形部分的电场. 取电荷元 $dq=\lambda dl$,相应的 $d\boldsymbol{E}$ 在图中画出.

设 $d\boldsymbol{E}$ 和 y 轴夹角为 θ,其大小为

$$dE=\frac{\lambda dl}{4\pi\varepsilon_0 a^2}$$

根据对称性分析可知,$E_x=0$.

$$dE_y=\frac{\lambda dl}{4\pi\varepsilon_0 a^2}\cos\theta=\frac{\lambda}{4\pi\varepsilon_0 a}\cos\theta d\theta$$

$$E_y=\frac{2\lambda}{4\pi\varepsilon_0 a}\int_0^{\frac{\pi}{2}}\cos\theta d\theta=\frac{\lambda}{2\pi\varepsilon_0 a}$$

$\boldsymbol{E}$ 的方向沿 y 轴正向.

4. 对由典型几何形状组合的带电体,可利用典型带电体的场强公式及叠加原理求解

对于一些典型的带电体场强公式,最好记住,以便有时直接应用. 如均匀带电球体、球面,无限长均匀带电圆柱体、圆柱面,无限大均匀带电平板、平面等内、外场强公式,有限长、无限长

带电直线任一点场强，均匀带电圆环、半圆环环心处的场强等；详细内容见表 10-2.

表 10-2　常见“典型”带电体的电场强度

“典型”带电体	电场强度 E 的大小	E 的方向
均匀带电直线 特例：①无限长直线$\left(\theta_1=-\frac{\pi}{2},\theta_2=\frac{\pi}{2}\right)$ 特例：②半无限长直线$\left(\theta_1=-\frac{\pi}{2},\theta_2=0\right)$	$E_x=\frac{\lambda_e}{4\pi\varepsilon_0 a}(\cos\theta_2-\cos\theta_1)$ $E_y=\frac{\lambda_e}{4\pi\varepsilon_0 a}(\sin\theta_2-\sin\theta_1)$ $E_x=0,E_y=\frac{\lambda_e}{2\pi\varepsilon_0 a}$ $E_x=\frac{\lambda_e}{4\pi\varepsilon_0 a},E_y=\frac{\lambda_e}{4\pi\varepsilon_0 a}$	x 轴平行带电直线 y 轴垂直带电直线
均匀带电圆环（在其轴线上一点）	$E=\frac{Q}{4\pi\varepsilon_0}\frac{x}{(R^2+x^2)^{3/2}}$	平行轴线方向
均匀带电球面	$r<R,E=0$ $r>R,E=\frac{Q}{4\pi\varepsilon_0 r^2}$	平行半径方向
均匀带电球体	$r<R,E=\frac{\rho_e r}{3\varepsilon_0}$ $r>R,E=\frac{Q}{4\pi\varepsilon_0 r^2}$	平行半径方向
均匀带电长直圆柱面	$r<R,E=0$ $r>R,E=\frac{\lambda_e}{2\pi\varepsilon_0 r}$	与圆柱轴方向垂直
均匀带电长直圆柱体	$r<R,E=\frac{\rho_e r}{2\varepsilon_0}$ $r>R,E=\frac{\lambda_e}{2\pi\varepsilon_0 r}$	与圆柱轴方向垂直
无限大均匀带电平面	$E=\frac{\sigma_e}{2\varepsilon_0}$	与带电平面垂直

例题 10-3　将一“无限长”带电细线弯成如图 10-2 所示形状，设电荷均匀分布，电荷线密度为 λ，1/4 圆弧 AB 半径为 R，试求圆心处的场强.

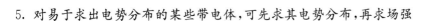

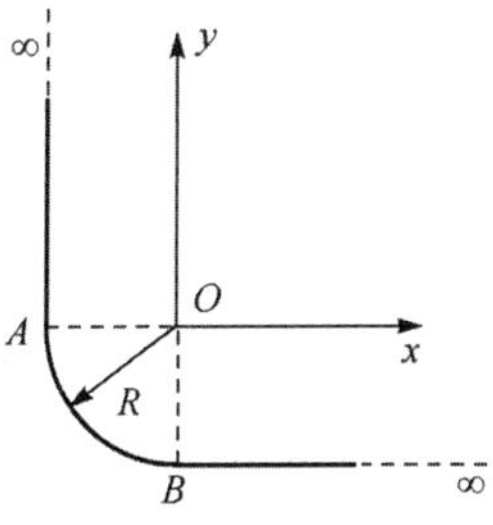

图 10-2

解　建坐标系如图 10-2 所示，半无限长带电直线 $A\infty$，$B\infty$，AB 在圆心处产生的场强为

$$E_{A\infty x}=\frac{\lambda}{4\pi\varepsilon_0 R},E_{A\infty y}=-\frac{\lambda}{4\pi\varepsilon_0 R};\quad E_{B\infty x}=-\frac{\lambda}{4\pi\varepsilon_0 R},E_{B\infty y}=\frac{\lambda}{4\pi\varepsilon_0 R}$$

由场强叠加原理，圆心处的合场强为

$$E_x=E_y=\frac{\lambda}{4\pi\varepsilon_0 R}E_{ABx}=\frac{\lambda}{4\pi\varepsilon_0 R}=E_{ABy}$$

5. 对易于求出电势分布的某些带电体，可先求其电势分布，再求场强

由于电势是标量，用积分法求电势是作标量积分，比直接用矢量积分求场强容易得多，所以某些情况下，可以先求电势，然后利用电势梯度再求场强.

例题 10-4 半径为 R 的均匀带电圆盘,带电量为 Q. 过盘心垂直于盘面的直线上一点 P 到盘心的距离为 L. 试求:(1)P 点的电势;(2)P 点的场强.

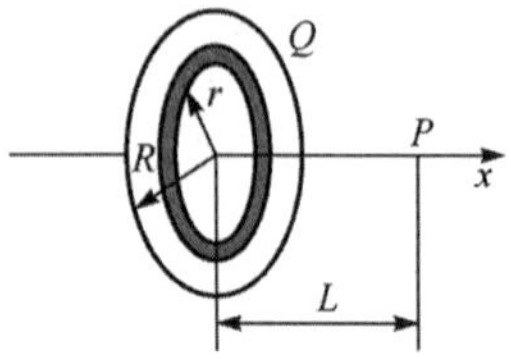

图 10-3

解 (1) 如图 10-3 所示,取坐标 Ox 轴过盘心垂直于盘面,原点 O 位于盘心处. 在圆盘上取一距圆心为 r,宽度为 dr 的圆环带 dS,$dS=2\pi r dr$ 为圆环带的面积,其上带电量为 $dq=\sigma dS=\dfrac{Q}{\pi R^2}dS$. dq 在 P 点产生的电势为

$$dU=\frac{dq}{4\pi\varepsilon_0\sqrt{L^2+r^2}}=\frac{Q2\pi r dr}{4\pi^2\varepsilon_0 R^2\sqrt{L^2+r^2}}$$

所以,整个带电圆盘在 P 点产生的电势为

$$U=\int_Q dU=\int_0^R\frac{Qr\,dr}{2\pi\varepsilon_0 R^2\sqrt{L^2+r^2}}=\frac{Q}{2\pi\varepsilon_0 R^2}(\sqrt{R^2+L^2}-L)$$

(2) 根据 P 点的电势,可知 x 轴上电势与坐标的函数关系为

$$U(x)=\frac{Q}{2\pi\varepsilon_0 R^2}(\sqrt{R^2+x^2}-x)$$

$$E_x=-\frac{dU}{dx}=-\frac{Q}{2\pi\varepsilon_0 R^2}\left(\frac{1}{2}\cdot\frac{2x}{\sqrt{R^2+x^2}}-1\right)=\frac{Q}{2\pi\varepsilon_0 R^2}\left(1-\frac{x}{\sqrt{R^2+x^2}}\right)$$

则 P 点场强为

$$E_P=\frac{Q}{2\pi\varepsilon_0 R^2}\left(1-\frac{L}{\sqrt{R^2+L^2}}\right)$$

由对称性分析可知,P 点场强 E 方向在 x 轴方向上,若 $Q>0$,沿 x 轴正向,若 $Q<0$,沿 x 负向.

6. 对某些带"空腔"的带电体,可用"补偿法"求解

此类题包括不完整球体、圆柱体、大平板等,方法是利用"补偿法",以便利用常见的典型带电体的场强公式及叠加原理求解.

例题 10-5 如图 10-4 所示,在一电荷体密度为 ρ_e 的均匀带电球体中,挖去一个球体,形成一球形空腔,偏心距为 a. 试求腔内任一点的场强 $\boldsymbol{E}$.

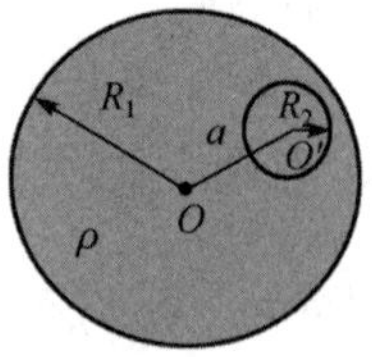

图 10-4

解 可用补偿法求解. 可以设想不带电的空腔等效于腔内有体密度相同的等值异号的两种电荷. 这样本题就可归结为求解一个体电荷密度为 ρ_e 的均匀带电大球体和一个体电荷密度为 $-\rho_e$ 的均匀带电小球体,在空腔内产生的场强的叠加. 设 P 点为空腔内任一点,大球 O 的场强分布具有球对称性,小球 O' 的场强分布也具有球对称性,于是可分别以 O 和 O' 为球心,以 r 和 r' 为半径(均通过 P 点),作高斯面 S 和 S'. 根据高斯定理,可求得大球在 P 点产生的场强为

$$E_1\cdot 4\pi r^2=\frac{\rho_e\dfrac{4}{3}\pi r^3}{\varepsilon_0}\quad 即\quad \boldsymbol{E}_1=\frac{\rho_e}{3\varepsilon_0}\boldsymbol{r}$$

同理,可求得小球在 P 点产生的场强为

$$E_2 \cdot 4\pi r'^2 = \frac{\rho_e \frac{4}{3}\pi r'^3}{\varepsilon_0} \quad 即 \quad \boldsymbol{E}_2 = -\frac{\rho_e}{3\varepsilon_0}\boldsymbol{r}'$$

如图 10-5 所示. 由电场叠加原理可知，P 点的总场强为

$$\boldsymbol{E} = \boldsymbol{E}_1 + \boldsymbol{E}_2 = \frac{\rho_e}{3\varepsilon_0}(\boldsymbol{r} - \boldsymbol{r}') = \frac{\rho_e}{3\varepsilon_0}\boldsymbol{a} = 常矢量$$

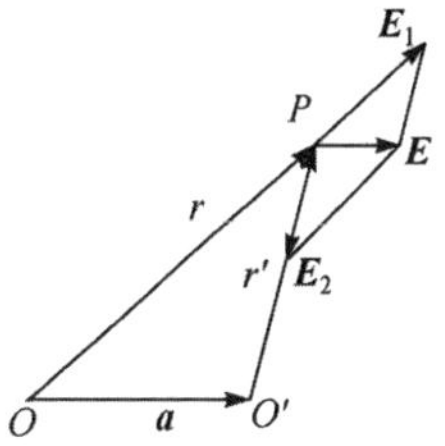

图 10-5

空腔内的场强是均匀的，其大小为$\frac{\rho_e a}{3\varepsilon_0}$，其方向平行于两球心的连线由 O 指向 O'，如图 10-5 所示.

（二）已知电荷分布求电势分布

此类习题包括求解点电荷、点电荷系、几何形状规则的带电体或形状不太规则的带电体（线、面、体）的电势分布，所用的方法应视电荷分布情况采用不同的方法，以尽量简化运算过程，大体上有以下几种方法.

1. 对点电荷或点电荷系，可用点电荷电势公式及电势叠加原理求解

设第 i 个点电荷 q_i 在距其 r_i 处某点产生的电势为 $U_i = \frac{q_i}{4\pi\varepsilon_0 r_i}$，则总电势为 $U = \sum_{i=1}^{n} U_i$. 注意 U_i 的正负，其零电势参考点此时均在无穷远处.

2. 如果带电体场强分布已知或可用高斯定理求出，应用电势与场强的积分关系求电势的分布

用高斯定理求电场强度分布的方法步骤前面已作介绍，求得电场强度的分布后，再由式(10.14)作线积分计算某点的电势. 积分时，注意选定电势零点，从场点到零电势点的积分路径应选最方便的路径，并注意路径上电场强度的表达式可能不同（此时必须分段进行积分）.

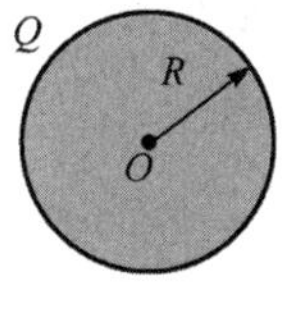

图 10-6

例题 10-6　如图 10-6 是一电量为 Q，半径为 R 的均匀带电球体. 求：(1) 用高斯定理计算电场强度在球内外空间的分布；(2) 根据电势与电场强度的关系，确定电势在球内外空间的分布.

解　(1) 因电荷分布具有球对称性，用电场迭加原理分析可知：电场分布也具有相同的球对称性. 作一半径为 r 的同心球形高斯面，根据高斯定理有

$$\oiint_S \boldsymbol{E} \cdot d\boldsymbol{S} = E \oiint dS = E 4\pi r^2 = \frac{1}{\varepsilon_0}\sum q$$

当 $r<R$ 时，$\sum q = \rho \frac{4}{3}\pi r^3 = \frac{Q}{\frac{4}{3}\pi R^3}\frac{4}{3}\pi r^3 = \frac{r^3}{R^3}Q$，所以 $E_{内} \cdot 4\pi r^2 = \frac{1}{\varepsilon_0}\frac{r^3}{R^3}Q$，故

$$E_{内} = \frac{Qr}{4\pi\varepsilon_0 R^3} \quad (r \leqslant R)$$

当 $r>R$ 时，$\sum q = Q$，所以 $E_{外}\ 4\pi r^2 = \frac{1}{\varepsilon_0}Q$，故

$$E_{外} = \frac{Q}{4\pi\varepsilon_0 r^2} \quad (r \geqslant R)$$

(2) 选无穷远点为电势零点. 球内任一点的电势为

$$U_{内}=\int_r^{\infty}\boldsymbol{E}\cdot \mathrm{d}\boldsymbol{r}=\int_r^R \boldsymbol{E}_{内}\,\mathrm{d}\boldsymbol{r}+\int_R^{\infty}\boldsymbol{E}_{外}\,\mathrm{d}\boldsymbol{r}=\frac{Q}{4\pi\varepsilon_0 R^3}\int_r^R \boldsymbol{r}\mathrm{d}\boldsymbol{r}+\frac{Q}{4\pi\varepsilon_0}\int_R^{\infty}\frac{\mathrm{d}r}{r^2}=\frac{Q}{8\pi\varepsilon_0 R^3}(R^2-r^2)+\frac{Q}{4\pi\varepsilon_0 R}$$

化简得

$$U_{内}=\frac{Q}{8\pi\varepsilon_0 R}\left(3-\frac{r^2}{R^2}\right)\quad (r<R)$$

球外任一点的电势为

$$U_{外}=\int_r^{\infty}\boldsymbol{E}\cdot \mathrm{d}\boldsymbol{r}=\int_r^{\infty}\boldsymbol{E}_{外}\,\mathrm{d}\boldsymbol{r}=\int_r^{\infty}\frac{Q}{4\pi\varepsilon_0}\frac{\mathrm{d}r}{r^2}=\frac{Q}{4\pi\varepsilon_0 r}$$

3. 对几何形状规则的有限大小带电体(线、面、体),可直接用积分法求解

此类型题所给的带电体(一般为有限大小)形状较规则,其上电荷分布规律为已知,解题具体步骤一般为:①根据带电体形状选取合适电荷元 $\mathrm{d}q$(线、面、体电荷元),并写出 $\mathrm{d}q$ 表达式;②建立坐标系,明确 $\mathrm{d}q$ 到场点的距离 r,写出 $\mathrm{d}U$ 表达式;③统一变量后作积分,注意确定积分上、下限.

例题 10-7 电荷 q 均匀分布在长为 $2L$ 的细直线上,试求带电直线延长线上离中心为 d 处的电势(设 $U_{\infty}=0$).

解 以场点 O 为原点,沿细杆方向为 x 轴方向,建坐标系 Ox,如图 10-7 所示,在 x 处取电荷元 $\mathrm{d}q$,则 $\mathrm{d}q=\lambda\mathrm{d}x=\frac{q}{2L}\mathrm{d}x$,$\mathrm{d}q$ 在 P 点产生的电势为 $\mathrm{d}U_P=\frac{\mathrm{d}q}{4\pi\varepsilon_0 x}$,整个杆在 P 点产生的电势为

$$U_P=\int_{d-L}^{d+L}\frac{\mathrm{d}q}{4\pi\varepsilon_0 x}=\frac{q}{4\pi\varepsilon_0}\int_{d-L}^{d+L}\frac{\mathrm{d}x}{2Lx}=\frac{q}{8\pi\varepsilon_0 L}\ln\frac{d+L}{d-L}$$

例题 10-8 均匀带电细线 $ABCD$ 弯成如图 10-8 所示的形状,其中 $\overline{AB}=\overline{CD}=a$,$\widehat{BC}$ 为半径为 a 的半圆,电荷线密度为 λ,坐标选取如图所示,试证明圆心 O 处的电势 $U=\frac{\lambda}{4\pi\varepsilon_0}(2\ln2+\pi)$.

解 在带电直线 $\overline{CD}$ 部分任取电荷元 $\mathrm{d}q=\lambda\mathrm{d}l$,设电荷元至 O 点的距离为 l,则 $\mathrm{d}U=\frac{\lambda\mathrm{d}l}{4\pi\varepsilon_0 l}$,则

$$U_1=\frac{\lambda}{4\pi\varepsilon_0}\int_a^{2a}\frac{\mathrm{d}l}{l}=\frac{\lambda}{4\pi\varepsilon_0}\ln2$$

两段带电直线在 O 点的电势相同. 半圆形带电细线在 O 的电势为

$$U_2=\frac{\lambda}{4\pi\varepsilon_0 a}\int_0^{\pi a}\mathrm{d}l=\frac{\lambda\pi}{4\pi\varepsilon_0}$$

$$U=2U_1+U_2=\frac{\lambda}{4\pi\varepsilon_0}(2\ln2+\pi)$$

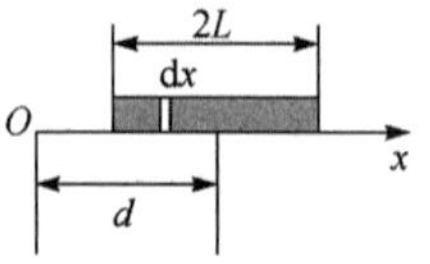

图 10-7

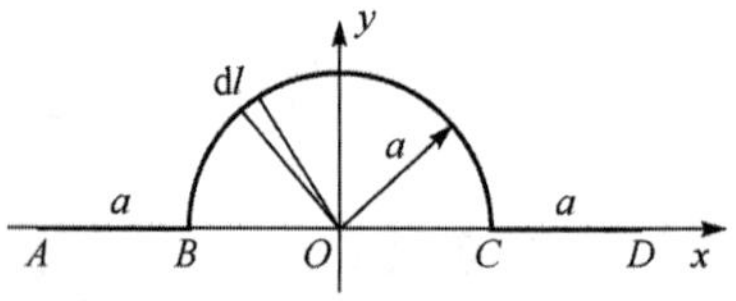

图 10-8

4. 对由典型几何形状组合的带电体，可利用典型带电体的电势表达式，根据叠加原理求解

对于一些典型带电体的电势表达式，最好记住，以便有些时候直接应用. 如均匀带电球体、球面或导体球内、外电势；均匀带电“无限长”圆柱面内、外的电势；“无限大”均匀带电平面的电势等.

例题 10-9　两个同心球面，半径分别为 R_1 和 $R_2(R_1<R_2)$，内球面均匀带电，带电量为 q，外球面均匀带电，带电量为 Q，求空间电势分布.

解　利用均匀带电球面内、外电势表达式及叠加原理求这组合带电系统的电势. 同一个均匀带电 q 的半径为 R 的球面内，外部任一点电势为

$$U_{内}=\frac{Q}{4\pi\varepsilon_0 R}\quad(r\leqslant R);\quad U_{外}=\frac{Q}{4\pi\varepsilon_0 r}\quad(r\geqslant R)$$

因此，由叠加原理可得

$$U_1=\frac{q}{4\pi\varepsilon_0 R_1}+\frac{Q}{4\pi\varepsilon_0 R_2}\quad(r\leqslant R_1)$$

$$U_2=\frac{q}{4\pi\varepsilon_0 r}+\frac{Q}{4\pi\varepsilon_0 R_2}\quad(R_1\leqslant r\leqslant R_2)$$

$$U_3=\frac{q+Q}{4\pi\varepsilon_0 r}\quad(r\geqslant R_2)$$

例题 10-10　一电荷 Q_1 均匀分布在半径为 R 的半球面上. 电量均为 Q_2 的无数个点电荷位于通过球心的轴线上，且在半球面的下部，如图 10-9 所示. 第 k 个电荷与球心的距离为 $R\cdot 2^{k-1}(k=1,2,3,\cdots)$，若已知 Q_1，如果球心处的电势为零，周围空间均为自由空间，试求 Q_2.

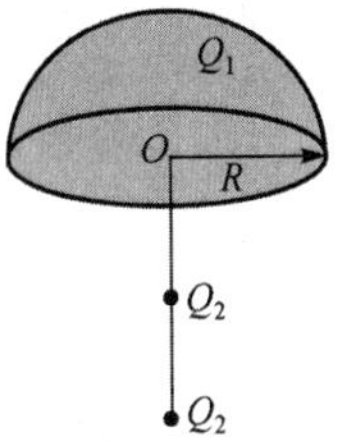

图 10-9

解　由电势叠加原理可知，球心处的电势为球面电荷及半球面下部无数个点电荷产生的电势的叠加. 半球面上带电 Q_1，且所有电荷到球心的距离均为 R，所以在球心产生的电势为

$$U_1=\frac{Q_1}{4\pi\varepsilon_0 R}$$

而半球面下部无数个点电荷在球心处产生的电势为

$$U_2=\frac{Q_2}{4\pi\varepsilon_0 R}+\frac{Q_2}{4\pi\varepsilon_0(2R)}+\frac{Q_2}{4\pi\varepsilon_0(4R)}+\cdots=\frac{Q_2}{4\pi\varepsilon_0 R}\sum_{i=0}^{\infty}\frac{1}{2^i}=\frac{Q_2}{4\pi\varepsilon_0 R}\cdot\frac{1}{1-\frac{1}{2}}=\frac{Q_2}{2\pi\varepsilon_0 R}$$

由电势叠加原理和题意可知，球心处的电势 U_0 为 $U_0=U_1+U_2=0$，即

$$\frac{Q_1}{4\pi\varepsilon_0 R}+\frac{Q_2}{2\pi\varepsilon_0 R}=0$$

所以

$$Q_2=-\frac{Q_1}{2}$$

5. 对某些带“空腔”的带电体，可用补偿法求解

例题 10-11　一半径为 R_1 的球体均匀带电，电荷体密度为 ρ，球内有一半径为 R_2 的球形空腔，空腔中心 O' 与球心 O 相距为 a. 试求空腔中心点 O' 处的电势.

解　如图 10-10 所示，由补偿法分析，空腔中场点 P 的电势是半径为 R_1，密度为 ρ 的大球和半径为 R_2，密度为 $-\rho$ 的小球产生的电势之和，即 $U_P=U_1+U_2$.

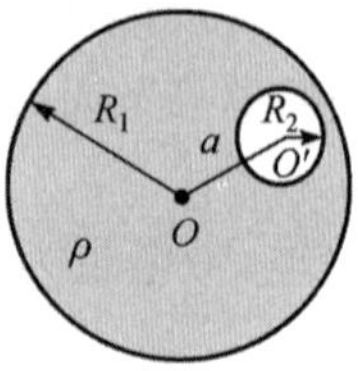

图 10-10

取无限远处的电势为零，大球的电场分布为

$$\boldsymbol{E}=\frac{\rho \boldsymbol{r}}{3\varepsilon_0}\quad(r\leqslant R_1);\quad \boldsymbol{E}=\frac{\rho R_1^3 \boldsymbol{r}}{3\varepsilon_0 r^3}\quad(r\geqslant R_1)$$

由电势定义，可得大球内任意点的电势为

$$U_{内}=\int_r^{\infty}\boldsymbol{E}\cdot \mathrm{d}\boldsymbol{r}=\int_r^{R}\boldsymbol{E}_{内}\cdot \mathrm{d}\boldsymbol{r}+\int_R^{\infty}\boldsymbol{E}_{外}\cdot \mathrm{d}\boldsymbol{r}=\frac{\rho}{6\varepsilon_0}(3R_1^2-r^2)$$

对于空腔中心 $O'(r=a)$，大球产生的电势为 $U_1=\frac{\rho}{6\varepsilon_0}(3R_1^2-a^2)$.

同理，可得小球在 O' 处产生的电势为 $U_2=-\rho\frac{3R_2^2}{6\varepsilon_0}=-\frac{\rho R_2^2}{2\varepsilon_0}$.

由电势叠加原理，可得

$$U_{O'}=U_1+U_2=U_1=\frac{\rho[3(R_1^2-R_2^2)-a^2]}{6\varepsilon_0}$$

（三）已知电荷分布（或电场分布），求电场力、功和静电势能、电势差以及电通量等

此类习题，原则上应按类型（一）和（二）的方法先求出场强分布或电势分布（对题目中已给出场强分布或电势分布的情况，无需再求），然后再根据有关公式去求解.

1. 求点电荷、电偶极子在电场中受电场力，在电场中的运动、移动时做功、静电势能

例题 10-12　如图 10-11 所示，将半径分别为 $R_1=5\text{cm}$ 和 $R_2=10\text{cm}$ 的两个很长的共轴金属圆筒分别连接到直流电源的两极上. 今使一电子以速率 $v=3\times10^6\text{m}\cdot\text{s}^{-1}$，沿半径为 $r(R_1<r<R_2)$ 的圆周的切线方向射入两圆筒间. 欲使得电子作圆周运动，电源电压应为多大.（电子质量 $m=9.11\times10^{-31}\text{kg}$，电子电荷 $e=1.6\times10^{-19}\text{C}$）

解　电子在两圆筒间绕轴线作匀速圆周运动应满足条件 $m\frac{v^2}{r}=eE$，由此得 $E=\frac{mv^2}{er}$，两筒间电势差为

$$U_{内}=\int_{R_1}^{R_2}\boldsymbol{E}\cdot \mathrm{d}\boldsymbol{r}=\int_{R_1}^{R_2}\frac{mv^2}{er}\mathrm{d}r=\frac{mv^2}{e}\ln\frac{R_2}{R_1}=35.5\text{V}$$

例题 10-13　如图 10-12 所示，一电偶极子由电量 $q=1.0\times10^{-6}\text{C}$ 的两个异号电荷组成，两电荷相距 $l=2.0\text{cm}$，把这电偶极子放在场强大小为 $E=1.0\times10^5\text{N}\cdot\text{C}^{-1}$ 的均匀电场中. 试求：

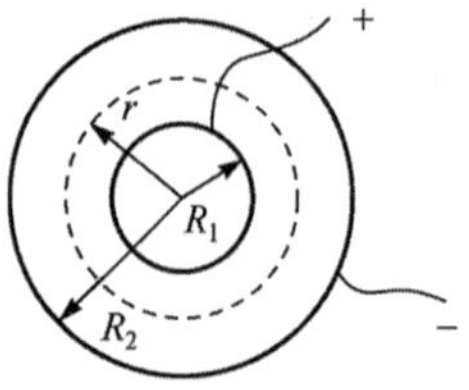

图 10-11

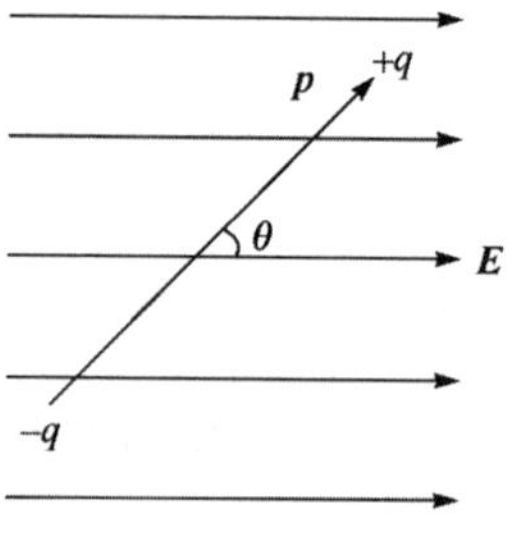

图 10-12

(1) 电场作用于电偶极子的最大力矩.

(2) 电偶极子从受最大力矩的位置转到平衡位置过程,电场力做的功.

解　(1)电偶极子在均匀电场中所受力矩为 $\boldsymbol{M}=\boldsymbol{p}\times\boldsymbol{E}$,其大小 $M=pE\sin\theta=qlE\sin\theta$,当 $\theta=\dfrac{\pi}{2}$时,所受力矩最大,所以得

$$M_{\max}=qlE=2\times10^{-3}\text{N}\cdot\text{m}$$

(2) 电偶极子在力矩作用下,从受最大力矩的位置转到平衡位置 $\theta=0$ 过程,电场力所做的功为

$$A=\int_{\frac{\pi}{2}}^{0}-M\mathrm{d}\theta=-\int_{\frac{\pi}{2}}^{0}qlE\sin\theta\mathrm{d}\theta=qlE=2\times10^{-3}\text{J}$$

2. 求带电体在电场中受电场力、力矩、电势能

例题 10-14　如图 10-13 所示,一半径为 R 的均匀带电球面,带电量为 q,沿矢径方向放置有一均匀带电细线,电荷线密度为 λ,长度为 l,细线近端离球心距离为 a. 设球和细线上的电荷分布不受相互作用影响,试求:(1) 细线与球面之间的电场力 F;(2) 细线和该电场中的电势能.(设无穷远处为电势零点)

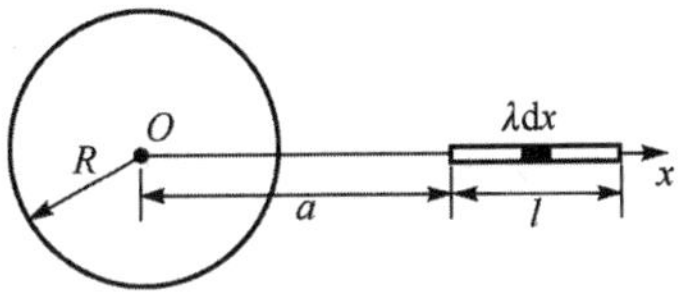

图 10-13

解　如图以 O 点为原点沿细线方向建立坐标系,在细线上任取一线元 $\mathrm{d}x$,其上电荷量$\mathrm{d}q=\lambda\mathrm{d}x$,电荷元到 O 点的距离为 x,则电荷元所在位置的场强为 $E=\dfrac{q}{4\pi\varepsilon_0 x^2}$,电荷元 $\mathrm{d}q$ 受到的电场力为 $\mathrm{d}F=\dfrac{q\lambda\mathrm{d}x}{4\pi\varepsilon_0 x^2}$,整个细线所受的电场力为

$$F=\int\mathrm{d}F=\frac{q\lambda}{4\pi\varepsilon_0}\int_a^{a+l}\frac{\mathrm{d}x}{x^2}=\frac{q\lambda}{4\pi\varepsilon_0}\left(\frac{1}{a}-\frac{1}{a+l}\right)$$

方向沿 x 轴正向.

电荷元在球面电荷电场中的电势能为 $\mathrm{d}W_{\mathrm{e}}=\dfrac{q\lambda\mathrm{d}x}{4\pi\varepsilon_0 x}$,整个细线在电场中具有的电势能为

$$W_{\mathrm{e}}=\frac{q\lambda}{4\pi\varepsilon_0}\int_a^{a+l}\frac{\mathrm{d}x}{x}=\frac{q\lambda}{4\pi\varepsilon_0}\ln\frac{a+l}{a}$$

3. 求电场中通过某一面积上的电通量等

求电场中通过某一面积上的电通量的方法大体上有:①根据通量定义式积分计算,积分遍及整个曲面;②利用高斯定理求闭合曲面上的总通量;对非闭合曲面,可以把其补成一个闭合曲面(原则是补充部分的曲面上的通量易求),由高斯定理求解.

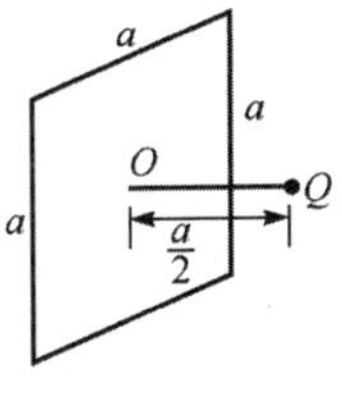

图 10-14

例题 10-15　如图 10-14 所示,点电荷 Q 处于边长为 a 的正方形平面的中垂线上,Q 与平面中心 O 点相距$\dfrac{a}{2}$. 试求通过正方形平面的电通量.

解　以正方形为一面,取一个立方体状的闭合面 S 将 Q 包围起来. 由高斯定理可知,通过该闭合面的电通量为 $\Phi_{\mathrm{e}}=\oint_S\boldsymbol{E}\cdot\mathrm{d}\boldsymbol{S}=\dfrac{\sum q_i}{\varepsilon_0}=\dfrac{Q}{\varepsilon_0}$,由于立方体六个表面均相等,且对中心($Q$ 所在处),所以通过每一面的电通量

为 $\dfrac{Q}{6\varepsilon_0}$，也就是通过正方形面积的电通量.

四、知识拓展与问题讨论

静电体系的静电能

由若干个点电荷组成的电荷系，将各个电荷从现在位置彼此分散到无限远时，它们之间的静电力所做的功定义为电荷系在原来状态的静电能，也称为相互作用能简称互能. 下面推导点电荷系的互能公式.

先求两个点电荷的互能. 设两个点电荷 q_1 和 q_2 的间距为 r. 令 q_1 不动，将 q_2 从它所在位置移到无限远时，q_2 所受的电场力 $\boldsymbol{F}_2\left(\boldsymbol{F}_2=\dfrac{q_1q_2}{4\pi\varepsilon_0 r^3}\boldsymbol{r}\right)$做的功为

$$A=\int_r^{\infty}\boldsymbol{F}_2\cdot \mathrm{d}\boldsymbol{r}=\int_r^{\infty}\frac{q_1q_2}{4\pi\varepsilon_0 r^2}\cdot \mathrm{d}r=\frac{q_1q_2}{4\pi\varepsilon_0 r}$$

这说明当点电荷 q_1 和 q_2 的间距为 r 时，它们的互作用能为 $W_{12}=\dfrac{q_1q_2}{4\pi\varepsilon_0 r}$. 由于在 q_2 所在点由 q_1 产生的电势为 $u_2=\dfrac{q_1}{4\pi\varepsilon_0 r}$，而由于在 q_1 所在点由 q_2 产生的电势为 $u_1=\dfrac{q_2}{4\pi\varepsilon_0 r}$，所以互能可以表示为 $W_{12}=q_1u_1$ 或 $W_{12}=q_2u_2$. 合并两式可将其写成对称的形式

$$W_{12}=\frac{1}{2}(q_1u_1+q_2u_2) \tag{10.27}$$

再求三个点电荷 q_1、q_2 和 q_3 组成的电荷系的互能. 设它们之间的间距分别为 r_{12}，r_{13}，r_{23}. 设想按照下列步骤移动电荷：先令 q_1 和 q_2 不动，将 q_3 移至无限远，在这一过程中，q_3 受 q_1 和 q_2 的力 $\boldsymbol{F}_{31}$和 $\boldsymbol{F}_{32}$所做的功为

$$A_3=\int_r^{\infty}(\boldsymbol{F}_{31}+\boldsymbol{F}_{32})\cdot \mathrm{d}\boldsymbol{r}=\int_{r_{13}}^{\infty}\frac{q_1q_3}{4\pi\varepsilon_0 r^2}\mathrm{d}r+\int_{r_{23}}^{\infty}\frac{q_2q_3}{4\pi\varepsilon_0 r^2}\mathrm{d}r=\frac{q_1q_3}{4\pi\varepsilon_0 r_{13}}+\frac{q_2q_3}{4\pi\varepsilon_0 r_{23}}$$

再令 q_1 不动，将 q_2 移至无限远，在这一过程中电场力做功为 $A_2=\dfrac{q_1q_2}{4\pi\varepsilon_0 r_{12}}$；因此，将三个电荷由最初状态分离到无限远，电场力做的总功也就是电荷系在初状态的相互作用能，即

$$W=A_2+A_3=\frac{q_1q_2}{4\pi\varepsilon_0 r_{12}}+\frac{q_1q_3}{4\pi\varepsilon_0 r_{13}}+\frac{q_2q_3}{4\pi\varepsilon_0 r_{23}}$$

设 u_1、u_2 和 u_3 分别为 q_1、q_2 和 q_3 所在位置由其他电荷产生的电势，则

$$u_1=\frac{q_2}{4\pi\varepsilon_0 r_{12}}+\frac{q_3}{4\pi\varepsilon_0 r_{13}},\quad u_2=\frac{q_1}{4\pi\varepsilon_0 r_{12}}+\frac{q_3}{4\pi\varepsilon_0 r_{23}},\quad u_3=\frac{q_1}{4\pi\varepsilon_0 r_{13}}+\frac{q_2}{4\pi\varepsilon_0 r_{23}};$$

所以三个点电荷 q_1、q_2 和 q_3 组成的电荷系的互能又可以表示为

$$W=\frac{1}{2}(q_1u_1+q_2u_2+q_3u_3)$$

上述结论很容易推广到由 n 个的电荷组成的电荷系，该电荷系的相互作用能为

$$W=\frac{1}{2}\sum_{i=1}^{n}q_iu_i \tag{10.28}$$

式中，u_i 为 q_i 所在位置由 q_i 以外的其他电荷产生的电势.

对于一个带电体，设想把该带电体分割为无限多的电荷元，将所有电荷元从现有的集合状态彼此分散到无限远时电场力所做的功称为原来该带电体的静电能，简称为自能. 因此，一个带电体的静电自能就是组成它的各电荷元之间的静电互能. 由上述讨论可知，一个带电体的静电自能为

$$W=\frac{1}{2}\int_q u\mathrm{d}q \tag{10.29}$$

由于为无限小 $\mathrm{d}q$，所以式中 u 为带电体上所有电荷在电荷元 $\mathrm{d}q$ 所在位置产生的电势. 积分号下标 q 表示积分范围遍及带电体上的所有电荷.

在很多实际场合，往往需要单独考虑电荷系中某一电荷的行为而将该电荷从电荷系中分离出来，电荷系中其他电荷所产生的电场对于该电荷来说就是外电场，因此一个电荷在外电场中的电势能 $W=qu$ 实际上就是该电荷与产生外电场的电荷系间的相互作用能. 如果用场的概念来表示静电能，则有

$$W=\int_V w_\mathrm{e}\mathrm{d}V=\int_V\frac{\varepsilon_0E^2}{2}\mathrm{d}V \tag{10.30}$$

式中，$w_\mathrm{e}=\dfrac{\varepsilon_0E^2}{2}$称为电场能量密度. 对于静电问题，式(10.29)与式(10.30)等价，这一等价性可以用数学方法加以证明，由于过程比较复杂，在此不再介绍.

例题 10-16　一个均匀带电球面，半径为 R，总带电量为 Q，求这一带电系统的静电能.

解　由于带电球面为一等势面，以无限远为电势零点，其电势为

$$u=\frac{Q}{4\pi\varepsilon_0R}$$

所以，由式(10.29)，此电荷系的静电能为

$$W=\frac{1}{2}\int u\mathrm{d}q=\frac{1}{2}\int\frac{Q}{4\pi\varepsilon_0R}\mathrm{d}q=\frac{Q}{8\pi\varepsilon_0R}\int\mathrm{d}q=\frac{Q^2}{8\pi\varepsilon_0R}$$

这就是均匀带电球面系统的自能.

习　题　10

一、选择题

10-1　图中所示为一沿 x 轴放置的“无限长”分段均匀带电直线，电荷线密度分别为 $+\lambda(x<0$ 处)和 $-\lambda(x>0$ 处)，则 Oxy 坐标面上 P 点 $(0,a)$ 处的电场强度为(　　)

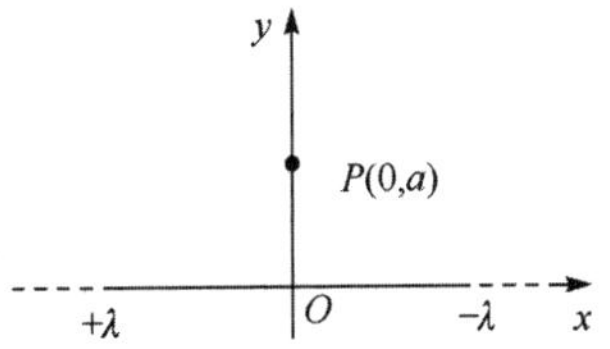

题 10-1 图

A. $\dfrac{\lambda}{2\pi\varepsilon_0a}i$；　　B. $\dfrac{\lambda}{4\pi\varepsilon_0a}i$；

C. $\dfrac{\lambda}{4\pi\varepsilon_0a}(i+j)$；　　D. 0.

10-2　两块平行板相距 d，板面积均为 S，分别均匀带电 $+q$、$-q$，若两板的线度远大于 d，则它们的相互作用力的大小为(　　)

A. $\dfrac{q^2}{4\pi\varepsilon_0d^2}$；　　B. $\dfrac{q^2}{\varepsilon_0S}$；　　C. $\dfrac{q^2}{2\varepsilon_0S}$；　　D. ∞.

10-3 下列说法中正确的是(　　)

A. 初速度为零的点电荷置于静电场中，将一定沿一条电场线运动；

B. 带负电的点电荷，在电场中从 a 点移到 b 点，若电场力做正功，则 a、b 两点的电势关系为 $U_a>U_b$；

C. 由点电荷的电势公式 $U=q/4\pi\varepsilon_0 r$ 可知，当 $r\to 0$ 时，$U\to\infty$；

D. 在点电荷的电场中，离场源电荷越远的点，其电势越低；

E. 在点电荷的电场中，离场源电荷越远的点，电场强度的值就越小.

10-4 如图所示，两无限大平行平面，其电荷面密度均为 $+\delta$，图中 a、b、c 三处的电场强度的大小分别为(　　)

A. $0,\ \dfrac{\delta}{\varepsilon_0},\ 0$；　B. $\dfrac{\delta}{\varepsilon_0},\ 0,\ \dfrac{\delta}{\varepsilon_0}$；　C. $\dfrac{\delta}{2\varepsilon_0},\ \dfrac{\delta}{\varepsilon_0},\ \dfrac{\delta}{2\varepsilon_0}$；　D. $0,\ \dfrac{\delta}{2\varepsilon_0},\ 0$.

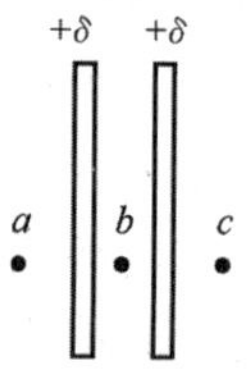

题 10-4 图

10-5 在静电场中，下列说法正确的是(　　)

(1) 电场强度 $\boldsymbol{E}=0$ 的点，电势也一定为零；(2) 同一条电场线上各点的电势不可能相等；

(3) 在电场强度相等的空间内，电势也处处相等；(4) 在电势相等的三维空间内，电场强度处处为零.

A. (3)(4)；　B. (1)(2)；　C. (1)(3)；　D. (2)(4).

10-6 在坐标 $(a,0)$ 处放置一点电荷 $+q$，在坐标 $(-a,0)$ 处放置另一点电荷 $-q$，P 点是 x 轴上的任一点，坐标为 $(x,0)$，当 $x\gg a$ 时，P 点场强 E 的大小为(　　)

A. $\dfrac{q}{4\pi\varepsilon_0 x}$；　B. $\dfrac{qa}{\pi\varepsilon_0 x^3}$；　C. $\dfrac{qa}{2\pi\varepsilon_0 x^3}$；　D. $\dfrac{q}{4\pi\varepsilon_0 x^2}$.

10-7 如图所示，半径为 R 的半球面置于电场强度为 $\boldsymbol{E}$ 的均匀电场中，选半球面的外法线为面法线正方向，则通过该半球面的电场强度通量 Φ_E 为(　　)

A. $\pi R^2 E$；　B. 0；　C. $3\pi R^2 E$；

D. $-\pi R^2 E$；　E. $-2\pi R^2 E$.

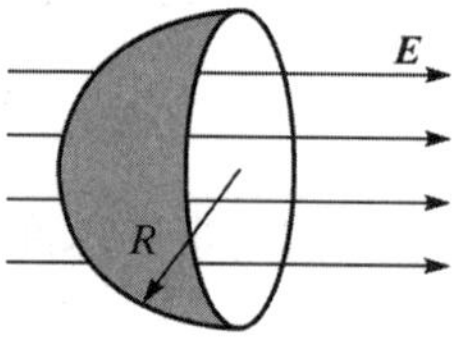

题 10-7 图

10-8 半径为 R_1、R_2 的同心球面上，分别均匀带电 q_1 和 q_2，其中 R_2 为外球面半径，q_2 为外球面所带电荷量，设两球面的电势差为 ΔU，则(　　)

(1) ΔU 随 q_1 的增加而增加；　(2) ΔU 随 q_2 的增加而增加；

(3) ΔU 不随 q_1 的增减而改变；　(4) ΔU 不随 q_2 增减而改变.

A. (2)(3)；　B. (1)(4)；　C. (2)(4)；　D. (1)(3).

10-9 在点电荷的电场中，若以点电荷为球心，作任一半径的球面，则该球面上的不同点(　　)

A. 电势相同，电场强度矢量也相同；　B. 电势不同，电场强度矢量也不同；

C. 电势相同，电场强度矢量不同；　D. 电势不同，电场强度矢量相同.

10-10 将一正电荷从无限远处移入电场中 M 点，电场力做功为 8.0×10^{-9} J；若将另一个等量的负点电荷从无限远处移入该电场中 N 点，电场力做功为 -9.0×10^{-9} J，则可确定(　　)

A. $U_N>U_M>0$；　B. $U_N<U_M<0$；　C. $U_M>U_N<0$；　D. $U_M<U_N<0$.

10-11　如图所示，将位于 P 点处的点电荷 $+q_1$ 移到 K 点时(　　)

A. $\oint_S \boldsymbol{E}\cdot\mathrm{d}\boldsymbol{S}=0$，　$\boldsymbol{E}\cdot\mathrm{d}\boldsymbol{S}$ 不变；　　B. $\oint_S \boldsymbol{E}\cdot\mathrm{d}\boldsymbol{S}=0$，　$\boldsymbol{E}\cdot\mathrm{d}\boldsymbol{S}$ 变化；

C. $\oint_S \boldsymbol{E}\cdot\mathrm{d}\boldsymbol{S}\neq 0$，　$\boldsymbol{E}\cdot\mathrm{d}\boldsymbol{S}$ 不变；　　D. $\oint_S \boldsymbol{E}\cdot\mathrm{d}\boldsymbol{S}\neq 0$，　$\boldsymbol{E}\cdot\mathrm{d}\boldsymbol{S}$ 变化.

10-12　关于高斯定理的理解有下面几种说法，其中哪一种是正确的(　　)

A. 如果高斯面内无电荷，则高斯面上场强处处为零；

B. 如果高斯面上场强处处不为零，则高斯面内必有电荷；

C. 如果高斯面内有净电荷，则通过高斯面的电通量必不为零；

D. 高斯定理仅适用于具有对称性的电场.

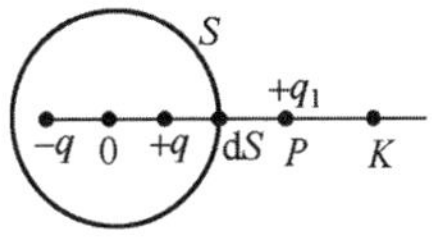

题 10-11 图

10-13　一半径为 R 的导体球表面的面电荷密度为 σ，在距球面为 R 处，电场强度为(　　)

A. $\dfrac{\sigma}{16\varepsilon_0}$；　　B. $\dfrac{\sigma}{8\varepsilon_0}$；　　C. $\dfrac{\sigma}{4\varepsilon}$；　　D. $\dfrac{\sigma}{2\varepsilon_0}$；　　E. $\dfrac{\sigma}{\varepsilon}$.

二、填空题

10-14　图中所示为一沿 x 轴放置的“无限长”分段均匀带电直线，电荷线密度分别为 $+\lambda(x<0)$ 和 $-\lambda(x>0)$，则 Oxy 坐标平面上点 $(0,a)$ 处的场强为__________.

10-15 两个“无限长”的、半径分别为 R_1 和 R_2 的共轴圆柱面，其上均匀带电，沿轴线方向单位长度上的带电量分别为 λ_1 和 λ_2，如图所示，则在两圆柱面外面、距离轴线为 r 处的 P 点的电场强度大小 E 为__________.

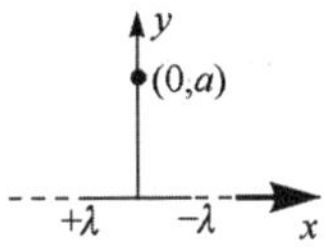

题 10-14 图

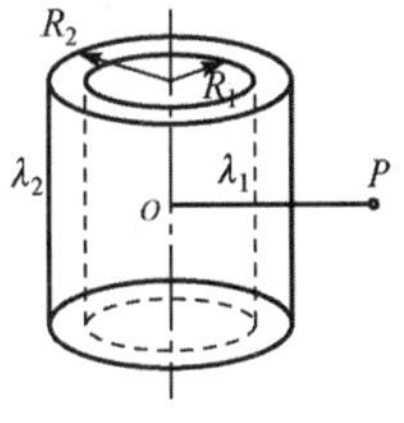

题 10-15 图

10-16　边长为 0.3m 的正三角形 abc，在顶点 a 处有一电量为 10^{-8}C 的正点电荷，顶点 b 处有一电量为 10^{-8}C 的负点电荷，则顶点 c 处的电场强度的大小 E 为__________；电势 U 为__________.

10-17　在点电荷 q 的电场中，选取以 q 为中心、R 为半径的球面上一点 P 处作电势零点，则与点电荷 q 距离为 r 的 P' 点的电势为__________.

10-18　真空中有一电量为 Q 的点电荷，在与它相距为 r 的 a 点处有一试验电荷 q. 现使试验电荷 q 从 a 点沿半圆弧轨道运动到 b 点，如图所示. 则电场力做功为__________.

10-19　面积为 S 的空气平行板电容器，极板上分别带电量 $\pm q$，若不考虑边缘效应，则两极板间的相互作用力为__________.

10-20　如图所示，在真空中半径分别为 R 和 $2R$ 的两个同心球面，其上分别均匀地带有电量 $+q$ 和 $-3q$. 今将一电量为 $+Q$ 的带电粒子从内球面处由静止释放，则该粒子到达外球面时的动能为__________.

10-21　如图所示，两块面积均为 S 的金属平板 A 和 B 彼此平行放置，板间距离为 d（d 远小于板的线度），设 A 板带电量 q_1，B 板带电量 q_2，则 AB 两板间的电势差为__________.

10-22　如图所示，一点电荷带电量 $q=10^{-9}$C，A、B、C 三点分别距离点电荷 10cm、20cm、30cm. 若选 B 点的电势为零，则 A 点的电势为__________，C 点的电势为__________.（$\varepsilon_0=8.85\times10^{-12}\mathrm{C^2\cdot N^{-1}\cdot m^{-2}}$）

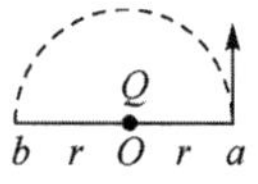

题 10-18 图

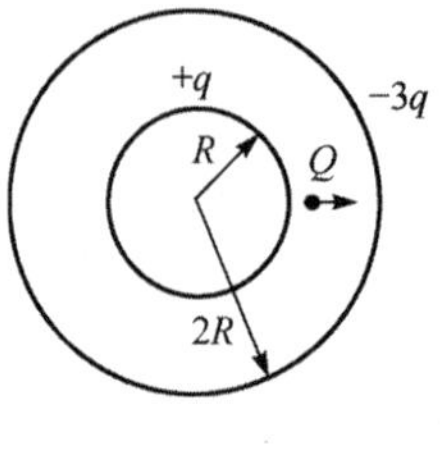

题 10-20 图

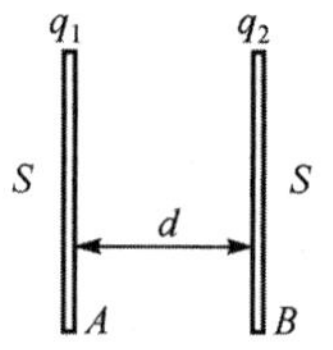

题 10-21 图

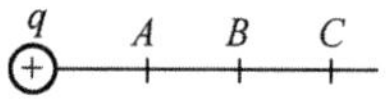

题 10-22 图

10-23　在空间有一非均匀电场，其电力线分布如图所示. 在电场中作一半径为 R 的闭合球面 S，已知通过球面上某一面元 ΔS 的电场强度通量为 $\Delta\Phi_e$，则通过该球面其余部分的电场强度通量为__________.

10-24　两个平行的"无限大"均匀带电平面，其电荷面密度分别为 $+\sigma$ 和 $+2\sigma$，如图所示，则 A、B、C 三个区域的电场强度分别为：$E_A=$__________，$E_B=$__________，$E_C=$__________（设方向向右为正）.

10-25　如图所示，一点电荷 q 位于正立方体的 A 角上，则通过侧面 $abcd$ 的电通量 $\Phi_e=$__________.

10-26　如图所示，电量 q（$q>0$）均匀分布在一半径为 R 的圆环上，在垂直于环面轴线上任一点 P（到 O 点的距离为 x）的电势 $U_P=$__________；电场强度 $\boldsymbol{E}$ 与电势梯度的关系为__________，并由此可求得 P 点的电场强度大小 $E_P=$__________.

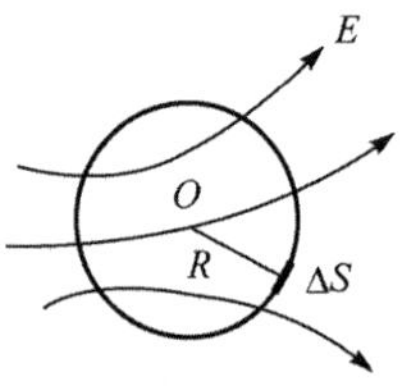

题 10-23 图

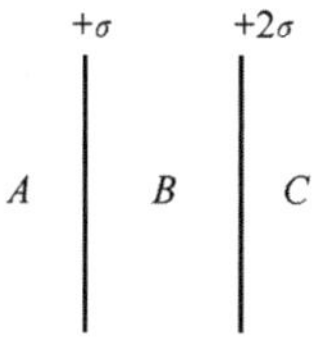

题 10-24 图

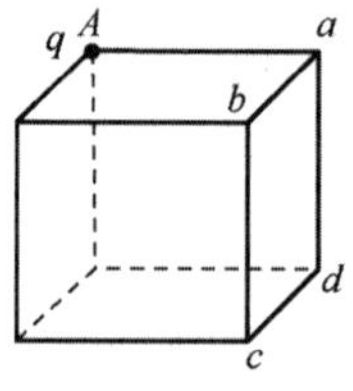

题 10-25 图

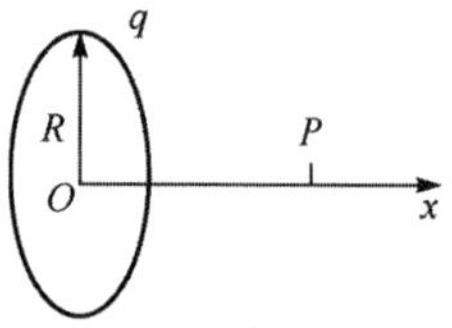

题 10-26 图

三、计算题或证明题

10-27　一宽度为 b 的无限大非均匀带正电板，电荷体密度为 $\rho=kx$（$0\leqslant x\leqslant b$），如图所示.

试求：(1)平板两外侧任意一点 P_1 和 P_2 处的电场强度；(2)平板内与其表面上 O 点相距为 x 的点 P 处的电场强度. (3)电场强度为零的点在何处？

10-28　如图所示，无限长带电圆柱面的电荷密度为 $\sigma=\sigma_0\cos\theta$，其中 θ 是面积元的法线方向与 x 轴正向之间的夹角. 试求圆柱轴线 z 上的场强分布.

10-29　一半径为 R 的带电细圆环，其电荷线密度为 $\lambda=\lambda_0\cos\phi$，式中 λ_0 为一常数，ϕ 为半径 R 与 x 轴所成的夹角. 如图所示，试求环心处的电场强度.

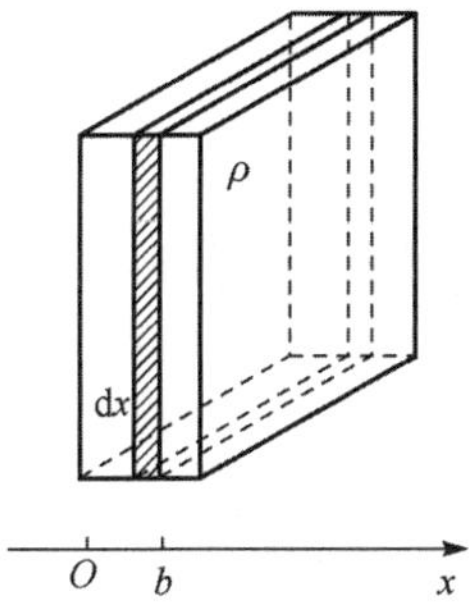

题 10-27 图

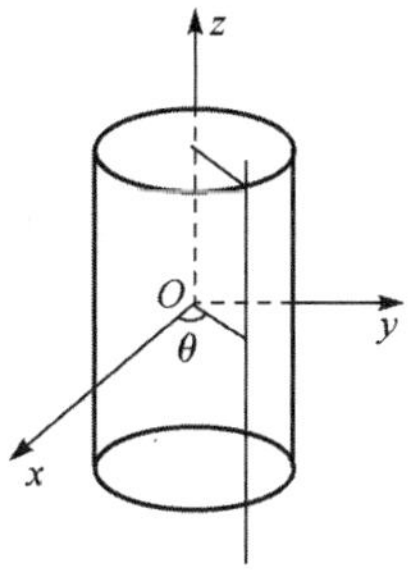

题 10-28 图

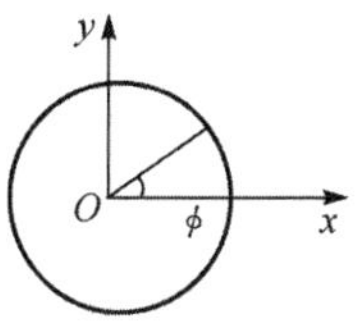

题 10-29 图

10-30　一环形薄片由细绳悬吊着，环的外半径为 R，内半径为 $\frac{R}{2}$，并有电量 Q 均匀分布在环面上. 细绳长 $3R$，也有电量 Q 均匀分布在绳上，试求圆环中心处的电场强度(圆环中心在细绳延长线上).

10-31　有两根半径都是 R 的“无限长”直导线，彼此平行放置，两者轴线的距离是 $d(d\gg 2R)$，单位长度上分别带有电量为 $+\lambda$ 和 $-\lambda$ 的电荷. 设两带电导线之间的相互作用不影响它们的电荷分布，试求两导线间的电势差.

10-32　长为 $2a$ 的细杆上均匀分布着电荷，其带电量为 q，求在杆的延长线上距杆一端距离为 d 处的 P 点电势.

10-33　一无限长均匀带电的线，电荷线密度 $\lambda_1(\lambda_1>0)$，与另一长 L 的电荷线密度 $\lambda_2(\lambda_2>0)$ 均匀带电的细杆共面，且二者垂直放置，细杆一端距带电直线距离为 a，求细杆受的作用力.

10-34　两根相同的均匀带电细棒，长为 l，电荷线密度为 λ，沿同一条直线放置，两细棒间最近距离也为 l. 假设棒上的电荷是不能自由移动的，试求两棒间的静电相互作用力.

10-35　电荷以相同的面密度 σ 分布在半径为 $r_1=10\text{cm}$ 和 $r_2=20\text{cm}$ 的两个同心球面上，设无限远处电势为零，球心处的电势为 $U_0=300\text{V}$.

(1) 求电荷的面密度 σ.

(2) 若要使球心处的电势也为零，外球面上应放掉多少电荷?

10-36　两“无限长”同轴均匀带电圆柱面，外圆柱面单位长度带正电荷 λ，内圆柱面单位长度带等量负电荷. 两圆柱面间为真空，其中有一质量为 m 并带电荷 $q(q>0)$ 的质点在垂直于轴线的平面内两圆柱面之间绕轴作圆周运动，试求此质点的速率.

第 11 章　导体和电介质中的静电场

一、基本要求

（1）理解导体静电平衡的条件及性质，能分析、计算某些情况下带电导体在静电场中的电荷分布.

（2）了解电介质的极化机理和电位移矢量 $\boldsymbol{D}$ 的意义和介质中高斯定理.

（3）理解电容的定义，并能计算几何形状简单的电容器的电容及串、并联电容组的电容等.

（4）理解静电场是电场能量的负载者，并会用积分法等计算电场的能量.

（5）理解电流密度矢量的物理意义，了解稳恒电场的特性、稳恒电场与静电场的区别.

（6）理解电动势的概念，掌握欧姆定律及其微分形式，了解基尔霍夫定律.

二、主要内容与学习指导

（一）静电场中的导体

1. 导体的静电平衡条件

（1）导体处于静电平衡时，导体内部各点场强为零；

（2）导体表面上任何一点的场强方向垂直于该点处导体表面.

2. 导体处于静电平衡时的性质

（1）导体是等势(位)体，导体表面是等势面；

（2）导体内部没有净电荷，电荷只能分布在表面上.

3. 导体处于静电平衡时其表面电荷分布规律

（1）导体表面外侧紧靠近导体表面某点的场强大小与该处导体表面的电荷面密度 σ 成正比，即

$$E=\frac{\sigma}{\varepsilon_0} \tag{11.1}$$

（2）孤立导体的电荷沿表面分布与表面各处的曲率有关，曲率越大的地方，电荷面密度 σ 越大.

4. 空腔导体静电屏蔽

（1）空腔导体内无带电体时，腔内各点场强为零，内表面无电荷分布，电荷只分布于导体外表面上；此时腔内不受外电场影响，即导体外表面上的电荷及外部带电体在腔内的合场强为零(屏蔽外电场).

（2）空腔导体内有另外带电体(设带电量为 $+q$)时，如果空腔导体原来带电量为 Q，空腔内表面带电为 $-q$，空腔导体外表面带电为 $q_2=Q+q$. 此时腔内电场只由空腔内电荷 $+q$ 及内

表面上电荷$-q$决定，外表面上电荷(及外部带电体)在腔内的合场强为零，即腔内电场不受空腔外电荷的影响. 空腔导体外部的电场只由导体外表面的电荷(及外部带电体)决定，内表面上的电荷及腔内电荷在导体外部的合场强为零，但是腔内带电体电荷的多少要影响导体外表面上的电荷，所以也要影响外部空间的电场. 如果导体接地，则腔内部电场对外部无影响(屏蔽内电场).

应当注意：①处理有导体存在时的问题，关键是把握住导体静电平衡条件及性质，明确电荷重新分布后达到的稳定分布状态，就可以求解电场(场强、电势)分布. ②注意到叠加原理的应用. 导体内、外各点的场强及电势都是由空间所有电荷(原场源电荷、导体上各部分出现的感应电荷)共同产生的，分清各部分电荷的贡献和总贡献的区别. ③导体间、导体与地球间用导线连接，只表明它们间电势相等，至于导体上电荷消失与否、如何分布，应根据导体静电平衡条件及静电场的基本定理等来确定.

(二) 静电场中的电介质

1. 电极化强度

单位体积内介质分子电偶极矩的矢量和被定义为介质内某点的电极化强度矢量，即

$$\boldsymbol{P}=\lim_{\Delta V}\frac{\sum\limits_{i}\boldsymbol{p}_i}{\Delta V}\tag{11.2}$$

其单位为$C\cdot m^{-2}$. 若各点电极化强度大小和方向都相同，称为介质的极化是均匀的，对“各向同性均匀介质”某点的电极化强度$\boldsymbol{P}$与介质内该点的合场强$\boldsymbol{E}$成正比，即满足

$$\boldsymbol{P}=\chi\varepsilon_0\boldsymbol{E}\tag{11.3}$$

式中，χ称为电介质的电极化率，是一个大于零的纯数. 上述结论称为介质的电极化定律.

2. 极化电荷的分布

在各向同性均匀介质内部无极化电荷，极化电荷仅分布于介质表面上；在两种各向同性均匀介质接触面上有极化电荷的分布；介质表面极化电荷面密度与极化强度的关系为

$$P\cos\theta=\sigma'\tag{11.4}$$

式中，θ为$\boldsymbol{P}$与介质表面外法线方向的夹角.

3. 电介质中的场强

设介质在原外场$\boldsymbol{E}_0$中被极化后极化电荷产生的场为$\boldsymbol{E}'$，则介质内部各点场$\boldsymbol{E}$为

$$\boldsymbol{E}=\boldsymbol{E}_0+\boldsymbol{E}'$$

定义电位移矢量为

$$\boldsymbol{D}=\varepsilon_0\boldsymbol{E}+\boldsymbol{P}\tag{11.5}$$

由式(11.3)可得

$$\boldsymbol{D}=\varepsilon_r\varepsilon_0\boldsymbol{E}=\varepsilon\boldsymbol{E}\tag{11.6}$$

式中，$\varepsilon_r=(1+\chi)$，$\varepsilon_r\varepsilon_0=\varepsilon$，称为介质的介电常量或电容率；而$\varepsilon_r$可以通过实验测量.

4. 有电介质时的高斯定理

在任意静电场中，通过任意一个闭合曲面的电位移通量等于该闭合曲面内所包围的自由

电荷的代数和，即

$$\oiint_S \boldsymbol{D} \cdot \mathrm{d}\boldsymbol{S} = \sum_{S_{内}} q_0 \tag{11.7}$$

这样在各向同性均匀电介质存在时，只要知道了自由电荷分布，在一定对称情况下，就可由高斯定理式(11.7)求出 $\boldsymbol{D}$，然后再由式(11.5)便可求出介质中场强 $\boldsymbol{E}$.

应当注意：①仅对各向同性均匀介质充满场不为零的全空间(或在局部区域充满但介质表面为等势面)且自由电荷分布具有高度对称性(如第10章已讨论的三种对称性)，同时介质分布也具有相应对称性时，才可应用高斯定理求 $\boldsymbol{D}$，从而求 $\boldsymbol{E}$，或 $\boldsymbol{P}$，σ'. ②电位移矢量 $\boldsymbol{D}$ 不仅与自由电荷有关，而且一般与极化电荷也有关，仅当各向同性均匀介质充满电场全部空间时，才仅与自由电荷有关.

（三）电容电容器

1. 孤立导体的电容

孤立导体的电容为

$$C=\frac{q}{U} \tag{11.8}$$

在 SI 制中电容的单位是法拉(F)，$1\mathrm{F}=1\mathrm{C}\cdot\mathrm{V}^{-1}$. 常用 μF 或 pF，$1\mathrm{F}=10^6\mu\mathrm{F}=10^{12}\mathrm{pF}$. 导体的电容只与它的形状和大小有关，而与其是否带电或带电多少无关.

2. 电容器的电容

两个互相靠近的导体的组成电容器，其电容定义为

$$C=\frac{q}{U_A-U_B} \tag{11.9}$$

式中，q 为电容器两极板中一个极板带电量的绝对值；U_A-U_B 是两板之间的电势差的绝对值.

应当注意：①电容是反映电容器容纳电荷本领大小的物理量，电容器的电容仅与两导体的几何尺寸、形状、相对位置及其两极板之间的介质有关，而与两极板是否带电或带电多少及电势差大小无关. ②计算电容器电容时，可先假设两极板已带上等量异号电荷，然后由电荷分布求出电场分布及两极板间电势差，再根据电容器电容的定义式(11.9)求出电容. ③电容器是个储能元件，在电路中具有隔直流通交流信号的作用.

3. 电容器的连接

一个电容器具有一定的耐压值、电容量，为了满足需要，用现有的电容器获得较大的耐压值或较大电容量，可以采用适当方式把若干个电容器按一定方式连接起来使用，便可达到目的.

(1) 电容器的串联. 如图 11-1 所示，串联的每个电容器所带电量都相等，也等于整个电容器组所带的电量，串联电容器组的总电压等于各个电容器上电压之和，串联电容器组的总电容的倒数等于各个电容器电容的倒数之和，即

$$\frac{1}{C}=\frac{1}{C_1}+\frac{1}{C_2}+\frac{1}{C_3}+\cdots+\frac{1}{C_n} \tag{11.10}$$

(2) 电容器的并联. 如图 11-2 所示，并联电容器组所带的总电量等于各个电容器所带电

量之和，并联电容器组两端的总电压等于并联的各个电容器两端的电压，并联电容器组的总电容等于各个电容器的电容之和，即

$$C=C_1+C_2+\cdots+C_n \tag{11.11}$$

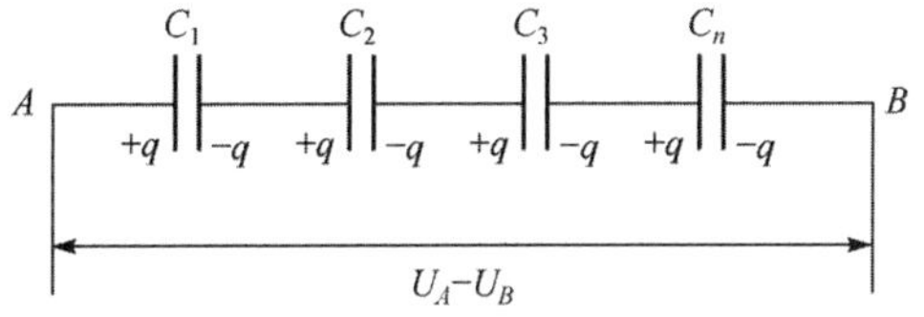

图 11-1

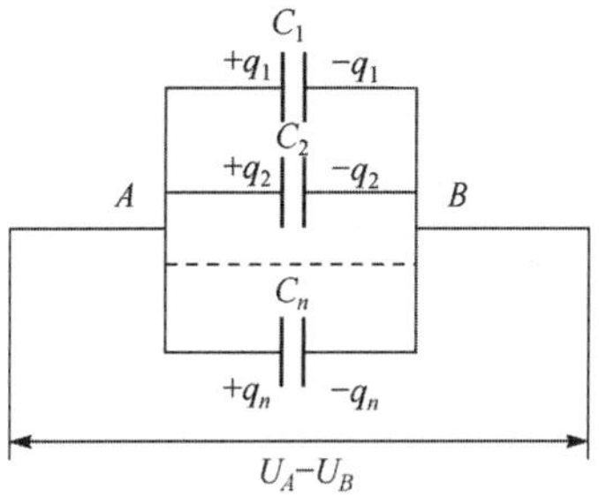

图 11-2

(3) 电容器的混联. 电容器组内既有串联方式也有并联方式，称为混联. 对此种连接方式的电容器组的有关计算，应按串、并联方式逐步进行，至于先算串联或是先算并联，应视具体情况而定. 应该注意：在讨论有关电容器(及其串、并联)问题时，首先要明确是保持极板上的电量不变(电容器充电后，切断电源)还是保持两极板间电压不变(电容器两极板始终与电源连接).

(四) 电场的能量

1. 电容器的储能

设两极板上带等量异号电荷 Q，二极板间电势差为 U，则电容器储有的电场能量为

$$W=\frac{1}{2}QU=\frac{1}{2}CU^2=\frac{1}{2}\frac{Q^2}{C} \tag{11.12}$$

2. 电场的能量

电场能量密度为

$$w_e=\frac{W_e}{V}=\frac{1}{2}\varepsilon E^2=\frac{1}{2}DE \tag{11.13}$$

电场的总能量为

$$W=\int_V w_e \mathrm{d}V=\frac{1}{2}\int_V \varepsilon E^2 \mathrm{d}V \tag{11.14}$$

积分遍及电场不为零的空间.

(五) 稳恒电流与稳恒电场

1. 电流　电流密度

(1) 电流. 载流子在物质内部的定向运动形成电流，一般规定正电荷运动的方向为电流的正方向. 如果载流子带负电荷，那么电流方向为载流子运动方向的反方向. 形成电流必须具备两个条件：物质内部必须存在载流子；载流子必须处在电场之中.

单位时间内通过导体横截面积的电量为电流强度，用 I 表示. 如果 Δt 时间内通过导体横截面 S 的电量为 ΔQ，则平均电流强度为

$$I=\frac{\Delta Q}{\Delta t}$$

如果 I 不随着时间变化称为稳恒电流，若其值随着时间变化，则瞬时电流用 i 表示，即

$$i=\lim_{\Delta t\to 0}\frac{\Delta Q}{\Delta t}=\frac{\mathrm{d}q}{\mathrm{d}t}$$

电流强度的单位为安培用 A 表示，$1\mathrm{A}=1\mathrm{C}\cdot\mathrm{s}^{-1}$.

(2) 电流密度. 垂直通过单位面积的电流强度称为电流密度，用 $\boldsymbol{j}$ 表示，单位 $\mathrm{A}\cdot\mathrm{m}^{-2}$. 电流密度是矢量，其方向为正电荷定向运动的方向，与该处电场强度 $\boldsymbol{E}$ 的方向相同.

$$j=\frac{I}{S_{\perp}} \tag{11.15}$$

如果电流密度不是均匀分布的，则某点处电流密度的大小为

$$j=\lim_{\Delta S\to 0}\frac{\Delta I}{\Delta S_{\perp}}=\frac{\mathrm{d}I}{\mathrm{d}S_{\perp}} \tag{11.16}$$

通过电流场中任一面积 S 的电流强度为

$$I=\int_S \boldsymbol{j}\cdot\mathrm{d}\boldsymbol{S} \tag{11.17}$$

电流强度是通过某一面积的电流密度的通量.

(3) 电流线. 在导体内画一系列曲线，使每条曲线上各点切线方向与该点的电流密度方向一致，垂直通过该点附近单位面积的曲线条数与电流密度的大小成正比. 这样画出的一簇曲线称为电流线.

2. 电流连续性方程

(1) 电流连续性方程. 在电流场内取一闭合曲面 S，则有电荷从 S 面流入和流出，S 面内的电荷相应发生变化. 由电荷守恒定律，单位时间内由 S 流出的净电量应等于 S 内电量的减少.

电荷守恒定律的数学表述又称为电流连续性方程，即

$$\oint_S \boldsymbol{j}\cdot\mathrm{d}\boldsymbol{S}=-\frac{\mathrm{d}q}{\mathrm{d}t} \tag{11.18}$$

(2) 稳恒电流的条件. 当闭合曲面内电量不随时间变化即 $\frac{\mathrm{d}q}{\mathrm{d}t}=0$，电流分布恒定，即式 $\oint_S \boldsymbol{j}\cdot\mathrm{d}\boldsymbol{S}=0$ 为稳恒电流的条件. 由此可知，稳恒电流线是无起点无终点的闭合曲线. 所以说，稳恒电流的电路必须是闭合的电路.

3. 稳恒电场

(1) 稳恒电场. 在稳恒电路中，导体内各点的电荷分布不随时间变化，在导体内、外的电场不随时间变化，这种电场称为稳恒电场.

(2) 稳恒电场的性质. 电荷在稳恒电场中所受的作用力与电荷在静电场中所受作用力相同，因此稳恒电场与静电场有相同的性质和规律.

(3) 稳恒电场与静电场区别. 静电场中导体内部场强处处为零，导体的电势处处相等，且在导体表面外附近，电场同导体表面垂直；此外，静电场中没有电流，不存在电流产生的磁场，即静电场与磁场没有必然的联系. 稳恒电场只要求电荷分布不随时间变化，允许导体中存在不

随时间变化的电流. 稳恒电场中导体内部的电场强度可以不为零,导体内两点之间可以有电势差,在导体表面外附近,电场同导体表面一般不垂直;此外,稳恒电场总是伴随着稳恒磁场.

4. 欧姆定律微分形式

电流密度 $\boldsymbol{j}$ 和电场强度 $\boldsymbol{E}$ 的关系满足

$$\boldsymbol{j}=\frac{\boldsymbol{E}}{\rho}=\gamma\boldsymbol{E} \tag{11.19}$$

式(11.19)称为欧姆定律的微分形式. 式中,ρ 为电阻率,γ 为电导率. 显然,导体中电流密度与该处的电场强度成正比,且电流密度的方向与该处电场强度方向相同.

(六) 电源　电动势

1. 电源

在电源内部存在能够克服静电力,将正电荷从低电势推向高电势,这种力我们称之为非静电力. 电源就是提供非静电力并将其他能量转变为电能的一种装置. 电源的种类很多,如化学电池、发电机、光电池、热电偶等. 各种电源中非静电力的本质是不同的.

2. 电动势

设电量为 q 的正电荷经电源内部从负极移动到正极,在此过程中非静电力做的功为 $A_{\text{非}}$,则比值 $\frac{A_{\text{非}}}{q}$ 就叫做电源的电动势,用 $\mathscr{E}$ 表示为

$$\mathscr{E}=\frac{A_{\text{非}}}{q}=\int_{-}^{+}\boldsymbol{E}_k\cdot d\boldsymbol{l} \tag{11.20}$$

即电源电动势数值上等于单位正电荷经电源内部从负极移到正极的过程中非静电力做的功,亦即单位正电荷经电源内部从负极移到正极的过程中其他形式的能量转化为电能的数量. 若非静电力存在于整个回路中时,则电动势的普遍公式表示为

$$\mathscr{E}=\oint_l \boldsymbol{E}_k\cdot d\boldsymbol{l} \tag{11.21}$$

电动势与电势差单位相同,但必须注意它们是两个不同的概念.

(七) 含源电路欧姆定律 基尔霍夫定律

1. 一段含源电路欧姆定律

图 11-3 表示从整个电路中任取的一段含源电路. 若需求此电路上 A、B 两点间的路端电压 U_A-U_B,则从始端 A 沿着电路 $A\to C\to D\to E\to F\to B$ 到终端 B 的循行方向,凡电阻上的电流流向与循行方向一致者,电势降低,相反者,电势升高(负的降低);凡电源上电动势的指向与循行方向一致者,电势升高,相反者,电势降低(负的升高). 因而,我们可用电势升、降来计算含源电路的路端电压.

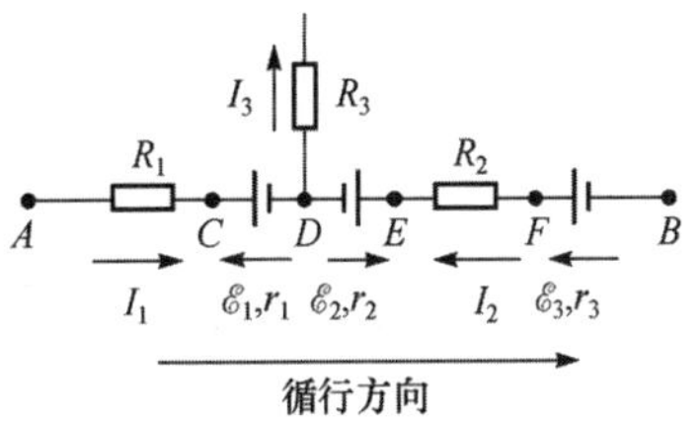

图 11-3

在一段含源电路中,其路端电压等于电流与电阻(包括外电阻和电源的内阻)的乘积之代数和减去该段电路中电动势之代数和. 这一结论称为一段含源电路的欧姆定律. 即

$$U_A - U_B = \sum_i I_i R_i - \sum_i \mathscr{E}_i \tag{11.22}$$

如果上述电路中没有电源,则该式变成 $U_A - U_B = IR$,这就是一段均匀电路的欧姆定律.

2. 闭合电路欧姆定律

对于一个闭合回路,则有

$$\sum_i I_i R_i - \sum_i \mathscr{E}_i = 0 \tag{11.23}$$

这就是闭合电路的欧姆定律.对于一个单一(无支路)的闭合电路,则有

$$\sum_i \mathscr{E}_i - I \sum_i R_i = 0 \tag{11.24}$$

具体应用上式时,如果电流的流向未给出或暂时无法判断时,可以先任意假定一个电流流向,如果根据这个假定的流向算出的电流是负值,则表明电流实际的流向与假定的流向相反.

3. 基尔霍夫定律

基尔霍夫定律包含两条定律:节点电流定律(基尔霍夫第一定律)和回路电压定律(基尔霍夫第二定律).

(1) 节点电流定律:我们把电路中三条以上的支路汇合的点称为节点.若规定流入节点的电流取正值,流出节点的电流取负值,则通过任意节点的电流代数和等于零.即

$$\sum I_i = 0 \tag{11.25}$$

(2) 回路电压定律:在一个复杂的电路当中,两条或多条支路连成的通路称为回路.回路电压定律可表述为:绕电路中任一闭合回路一圈,电势的变化为零.即

$$\sum_i \Delta U_i = 0 \tag{11.26}$$

在回路电压定律中绕行的方向是我们人为选择的,因此经过导体和电源后电势是升高还是降低还要看绕行的方向来定.所以计算时我们要先选定回路绕行方向,如果经过电阻的电流方向和绕行方向一致,则 $\Delta U = -IR$,反之则 $\Delta U = +IR$;如果电源的电动势方向和绕行方向一致,则 $\Delta U = \mathscr{E}$,反之则 $\Delta U = -\mathscr{E}$.

(八) 焦耳定律

1. 电流的功和功率

导体电阻为 R,两端电压为 U,通过电流为 I 时,电场力做功(也称电流的功)为

$$A = IUt = I^2Rt = \frac{U^2}{R}t \tag{11.27}$$

电流的功率为

$$P = IU = I^2R = \frac{U^2}{R} \tag{11.28}$$

2. 焦耳定律

对纯电阻电路,电流的功转化为热量,则

$$Q = IUt = I^2Rt = \frac{U^2}{R}t$$

上式为焦耳定律的积分形式,则其微分形式为

$$w=\gamma E^2 \tag{11.29}$$

式中,w 为导体单位体积在单位时间内的热量,称为热功率密度. 上式表明,导体内各点的热功率密度与该点的场强的平方成正比. 它对于导体是否均匀,电流是否稳恒以及导体形状如何,都是普遍适用的.

三、习题分类与解题方法指导

本章习题大体上可归纳为五大类型:①已知导体在外电场(或给出场源电荷)中的位形(指几何形状、相对位置、介质等),求电场分布;②已知导体在外电场(或给出源电荷)中的位形,求导体受力、做功、电场能量或电场能量的变化、电通量等;③关于电容器的问题;④关于稳恒电流问题;⑤关于电路问题求解.

(一) 已知导体在外电场(或场源电场)中的位形,求电场分布

对此类习题的处理方法是,首先根据题目所给的条件去确定导体上电荷是如何分布的,然后再求电场分布. 在确定电荷(自由电荷)分布及求电场分布时,要充分利用导体静电平衡条件和性质及基本规律去求解.

1. 电场中有导体存在,且其形状、位形对称

若导体具有一定对称性,在某种位形时(如第 10 章讨论过的具有点、线、面对称性的导体所组成的组合系统)有可能求出电荷在导体上重新分布后电荷的分布规律.

例题 11-1　在盖革计数器中有一直径为 2.00cm 的金属圆筒,在圆筒轴线上有一条直径为 0.134mm 的导线. 如果在导线与圆筒之间加上 850V 的电压,试求:(1)导线表面处,(2)金属圆筒内表面处的电场强度大小.

解　设导线上的电荷线密度为 λ,导线半径 R_1,圆筒半径 R_2,作与导线同轴单位长度的、半径为 r 的($R_1<r<R_2$)高斯圆柱面,由高斯定理得到 $E=\lambda/(2\pi\varepsilon_0 r)$,方向沿半径指向圆筒.

导线与圆筒之间的电势差为

$$U_{12}=\int_{R_1}^{R_2}\boldsymbol{E}\cdot\mathrm{d}\boldsymbol{r}=\frac{\lambda}{2\pi\varepsilon_0}\int_{R_1}^{R_2}\frac{\mathrm{d}r}{r}=\frac{\lambda}{2\pi\varepsilon_0}\ln\frac{R_2}{R_1},\text{所以 } E=\frac{U_{12}}{r\ln(R_2/R_1)}$$

代入数据,则得

(1)导线表面处 $E_1=\dfrac{U_{12}}{R_1\ln(R_2/R_1)}=2.54\times10^6\,\mathrm{V\cdot m^{-1}}$;

(2) 圆筒内表面处 $E_2=\dfrac{U_{12}}{R_2\ln(R_2/R_1)}=1.70\times10^4\,\mathrm{V\cdot m^{-1}}$.

例题 11-2　三块面积均为 S,且靠得很近的导体平板 A、B、C,分别带电 Q_1、Q_2、Q_3,如图 11-4所示. 试求:(1)6 个导体表面的电荷密度 $\sigma_1,\sigma_2,\cdots,\sigma_6$;(2)图中 a,b,c 三点的场强.

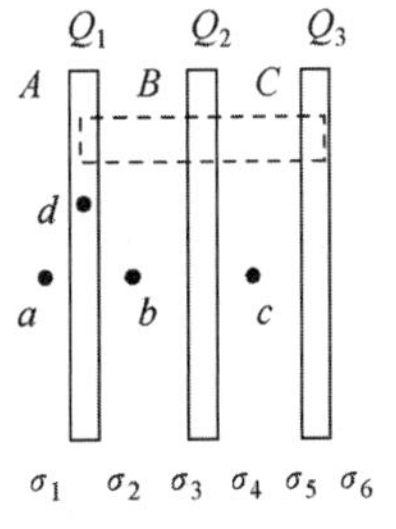

图 11-4

解　(1)因 3 块导体板靠得很近,可将 6 个导体表面视为 6 个无限大带电平面. 导体表面电荷分布可认为是均匀的,且其间的场强方向垂直于导体表面. 作如图 11-4 中虚线所示的圆柱形高斯面,因导体在达到静平衡后,内部场强为零,又导体外的场强方向与高斯面的

侧面平行，故由高斯定理可得

$$\sigma_2=-\sigma_3,\quad \sigma_4=-\sigma_5$$

再由导体板 A 内 d 点场强为零，可知

$$E_d=\frac{\sigma_1}{2\varepsilon_0}-\frac{\sigma_2}{2\varepsilon_0}-\frac{\sigma_3}{2\varepsilon_0}-\frac{\sigma_4}{2\varepsilon_0}-\frac{\sigma_5}{2\varepsilon_0}-\frac{\sigma_6}{2\varepsilon_0}=0$$

所以 $\sigma_1=\sigma_6$.

因此，点 a 的场强为 6 个导体表面产生场强的矢量和为

$$E_a=\frac{1}{2\varepsilon_0}(\sigma_1+\sigma_2+\sigma_3+\sigma_4+\sigma_5+\sigma_6)=\frac{Q_1+Q_2+Q_3}{2\varepsilon_0 S}$$

根据上述结果，可知 $\sigma_1=\sigma_6=\dfrac{Q_1+Q_2+Q_3}{2S}$，再由于 $\sigma_1+\sigma_2=\dfrac{Q_1}{S}$，$\sigma_3+\sigma_4=\dfrac{Q_2}{S}$，得

$$\sigma_2=-\sigma_3=\frac{Q_1}{S}-\sigma_1=\frac{Q_1-Q_2-Q_3}{2S},\quad \sigma_4=-\sigma_5=\frac{Q_2}{S}-\sigma_3=\frac{Q_1+Q_2-Q_3}{2S}$$

(2) a、b、c 点的场强为

$$E_a=\frac{1}{2\varepsilon_0}\sum\sigma_i=\frac{\sigma_1}{\varepsilon_0}=\frac{Q_1+Q_2+Q_3}{2\varepsilon_0 S}$$

$$E_b=\frac{1}{2\varepsilon_0}\sum\sigma_i=\frac{\sigma_2}{\varepsilon_0}=\frac{Q_1-Q_2-Q_3}{2\varepsilon_0 S}$$

$$E_c=\frac{1}{2\varepsilon_0}\sum\sigma_i=\frac{\sigma_5}{\varepsilon_0}=\frac{Q_3-Q_1-Q_2}{2\varepsilon_0 S}$$

依次类推，无论几个导体平板，处于这种位形时，都可用这种方法求得各面上的电荷面密度，从而求出各点场强或电势等.

2. 电场中有导体存在，其形状、位形不对称

若导体不具有特殊对称性，或其位形一般时，一般不能求出电荷分布，只能求出感应电荷总量，或作定性讨论，但有时却可巧妙地求出电场分布.

例题 11-3 如图 11-5 所示，在一个接地导体附近放一点电荷 q，已知球的半径为 R，点电荷 q 与球心的距离为 a. 试求导体球表面上总的感应电荷 q'.

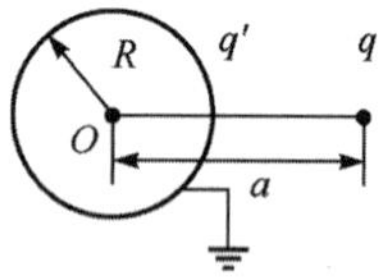

图 11-5

解 根据静电感应规律，导体是一个等势体. 因导体接地，故令导体球的电势为零，球心 O 的电势也为零. 接地后导体球表面的感应电荷 q' 在球面上的分布是不均匀的，设感应电荷面密度为 σ'.

根据电势叠加原理，球心 O 处电势 V_0 是点电荷 q 以及球面上感应电荷 q' 共同产生的. 点电荷 q 在球心 O 产生的电势为 $V_1=\dfrac{q}{4\pi\varepsilon_0 a}$，因导体球上的感应电荷 q' 在球面上的分布不均匀，各处 σ' 也不一样，所以感应电荷 q' 在球心 O 的电势由积分计算，为

$$V_2=\int_{q'}\frac{\sigma'\mathrm{d}S}{4\pi\varepsilon_0 R}=\frac{1}{4\pi\varepsilon_0 R}\int_{q'}\sigma'\mathrm{d}S=\frac{q'}{4\pi\varepsilon_0 R}$$

所以，球心 O 处的总电势为

$$V_0=V_1+V_2=\frac{1}{4\pi\varepsilon_0}\left(\frac{q}{a}+\frac{q'}{R}\right)=0$$

所以 $q'=-\dfrac{R}{a}q$. 负号表示感应电荷与球外电荷 q 的符号相反.

例题 11-4　如图 11-6 所示，一导体球原为中性，今在距球心为 r_0 处放一电量为 q 的点电荷，试求：(1) 球上的感应电荷在球内 P 点上的场强 E'_P 和电势 V'_P；(2) 若将球接地，E'_P 和 V'_P 的结果如何.

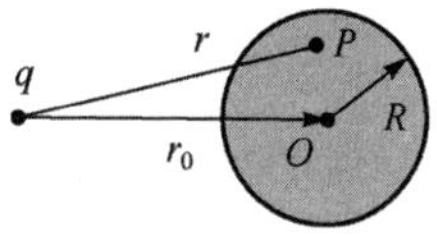

图 11-6

解　(1) 由静电平衡条件和场强叠加原理可知，P 点的电场强度为点电荷 q 和球面感应电荷在该处产生的矢量和，且为零，即 $E_P=E'_P+\dfrac{q}{4\pi\varepsilon_0 r^3}r=0$，得到 $E'_P=-\dfrac{q}{4\pi\varepsilon_0 r^3}r$.

由电势叠加原理可知，P 点的电势为点电荷 q 和球面感应电荷在该处产生电势的标量和，即

$$V_P=V'_P+\frac{q}{4\pi\varepsilon_0 r}$$

由于球体等电势，所以球内任意一点 P 的电势与球心 O 点的电势相同，则有

$$V_P=V_O=V'_O+\frac{q}{4\pi\varepsilon_0 r_0}$$

因球面上感应电荷与球心 O 的距离均为球的半径 R，且感应电荷的总电量为 0，所以感应电荷在 O 点产生的电势为 0，即 $V'_O=0$. 因此，上式为 $V_P=V_O=\dfrac{q}{4\pi\varepsilon_0 r_0}$. 由此，球面感应电荷在 P 点产生的电势为

$$V_P=V'_P+\frac{q}{4\pi\varepsilon_0 r}=V_O=\frac{q}{4\pi\varepsilon_0 r_0}$$

$$V'_P=\frac{q}{4\pi\varepsilon_0 r_0}-\frac{q}{4\pi\varepsilon_0 r}$$

(2) 当球体接地后，球体电势为 $V=0$. 由上述分析可知 P 点的电势 $V_P=V'_P+\dfrac{q}{4\pi\varepsilon_0 r}=0$，$V'_P=-\dfrac{q}{4\pi\varepsilon_0 r}$，而 E_P 仍然满足静电平衡条件，即

$$E_P=E'_P+\frac{q}{4\pi\varepsilon_0 r^3}r=0\quad 所以\quad E'_P=-\frac{q}{4\pi\varepsilon_0 r^3}r$$

例题 11-5　如图 11-7 和图 11-8 所示，半径为 R_1 的导体球带有电荷 $+q$，球外有一个内、外半径分别为 R_2、R_3 的同心导体球壳，壳上带有电荷 $+Q$. 试求：(1) 用导线把球和球壳连接在一起后，两球的电势 V_1 和 V_2 及两球的电势差. (2) 不把球与球壳相连，但将外球壳接地时，V_1，V_2 和 ΔV 为多少.

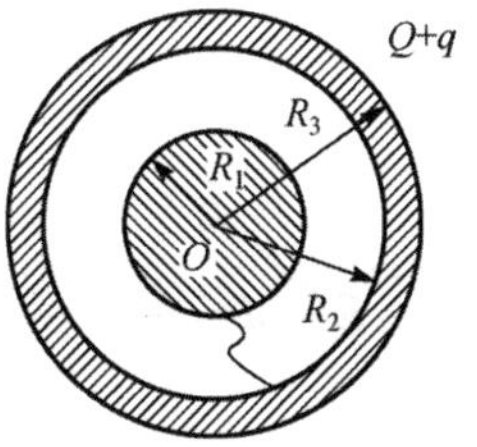

图 11-7

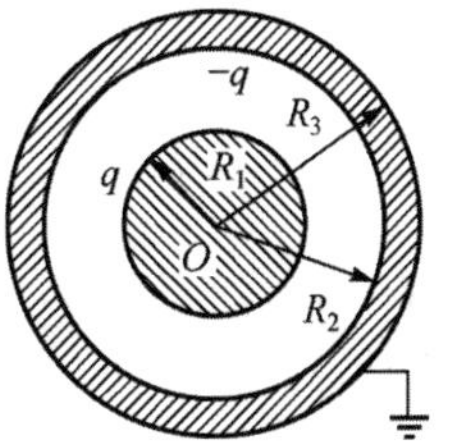

图 11-8

解　当用导线把球和球壳连接在一起后，由静电平衡条件可知，电荷 $(q+Q)$ 全部分布在球壳的外表面上，如图 11-7 所示，此时电场只分布在 $r>R_3$ 的空间中，即

$$E=\frac{1}{4\pi\varepsilon_0}\cdot\frac{q+Q}{r^2}$$

同时球体与球壳成为一个等势体，即 $V_1=V_2$，$\Delta V=V_1-V_2=0$，根据电势的定义，可得

$$V_1=V_2=\int_r^{R_3}E_3\cdot dr+\int_{R_3}^{\infty}E_4\cdot dr=\int_{R_3}^{\infty}\frac{1}{4\pi\varepsilon_0}\cdot\frac{q+Q}{r^2}dr=\frac{q+Q}{4\pi\varepsilon_0 R_3}$$

若外球壳接地，球壳外表面的电荷为零，等量异号电荷分布在球表面和壳内表面，此时电场只分布在 $R_1<r<R_2$ 的空间内，如图 11-8 所示. 外球壳电势 $V_2=0$，则内球体内任一点 $P_1(r<R_1)$ 的电势为

$$V_1=V_2+\Delta V=\int_r^{R_1}E_1\cdot dr+\int_{R_1}^{R_2}E_2\cdot dr=\int_{R_1}^{R_2}E_2\cdot dr=\frac{q}{4\pi\varepsilon_0}\left(\frac{1}{R_1}-\frac{1}{R_2}\right)$$

3. 电场中有介质存在，并且其形状、位形对称

若此时电荷分布及介质都具有特殊对称性，可用介质中的高斯定理求出电位移矢量，从而可能求出电场强度等.

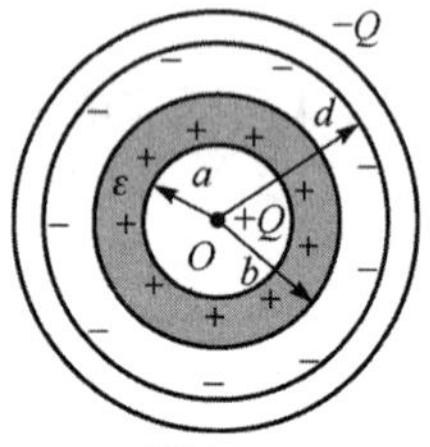

图 11-9

例题 11-6　一个球形电容器，如图 11-9 所示. 内球是半径为 a 的金属球，外壳是内半径为 d 的金属球壳. 内球带电 Q，外球壳带电 $-Q$. 在球形电容器的一部分（在 $a<r<b$ 之间）充满介电常量为 ε 的电介质. 试求空间各点的电位移矢量、电场强度及电势的分布.

解　用高斯定理分别求得各区域内的电位移矢量的分布：

当 $r<a$，$r>d$，$D\cdot 4\pi r^2=0$，有 $D=0$；

$$a<r<d,\quad D\cdot 4\pi r^2=Q,\quad \boldsymbol{D}=\frac{Q}{4\pi \boldsymbol{r}^2}r^0.$$

用关系式 $D=\varepsilon E$，分别求得相应区域内的场强分布：

$$r<a,\quad E=\frac{D}{\varepsilon}=0\text{ 得 }E=0;$$

$$a<r<b,\quad E=\frac{D}{\varepsilon_r\varepsilon_0}=\frac{Q}{4\pi\varepsilon r^2};$$

$$b<r<d,\quad E=\frac{D}{\varepsilon_r\varepsilon_0}=\frac{Q}{4\pi\varepsilon_0 r^2};$$

$$r>d,\quad E=\frac{D}{\varepsilon_r\varepsilon_0}=0,\text{得 }E=0.$$

用电势 $U(P)=\int_P^{\infty}\boldsymbol{E}\cdot d\boldsymbol{l}$ 可计算各区域内的电势分布：

$$r>d,E=0,U(r)=\int_r^{\infty}\boldsymbol{E}\cdot d\boldsymbol{l}=0$$

$$b<r<d,\quad E=\frac{Q}{4\pi\varepsilon_0 r^2},U(r)=\int_r^{\infty}\boldsymbol{E}\cdot d\boldsymbol{l}=\int_r^{d}\boldsymbol{E}\cdot d\boldsymbol{l}+\int_d^{\infty}\boldsymbol{E}\cdot d\boldsymbol{l}=\int_r^{d}\frac{Q}{4\pi\varepsilon_0 r^2}dr=\frac{Q}{4\pi\varepsilon_0}\left(\frac{1}{r}-\frac{1}{d}\right)$$

$$a<r<b,E=\frac{Q}{4\pi\varepsilon_0 r^2},U(r)=\frac{Q}{4\pi\varepsilon_r\varepsilon_0}\int_r^{b}\frac{dr}{r^2}+\frac{Q}{4\pi\varepsilon_0}\int_b^{d}\frac{dr}{r^2}+0=\frac{Q}{4\pi\varepsilon}\left(\frac{1}{r}-\frac{1}{b}\right)+\frac{Q}{4\pi\varepsilon_0}\left(\frac{1}{b}-\frac{1}{d}\right)$$

$$r<a,E=0,U(r)=\int_r^{\infty}\boldsymbol{E}\cdot d\boldsymbol{l}=\frac{Q}{4\pi\varepsilon}\left(\frac{1}{a}-\frac{1}{b}\right)+\frac{Q}{4\pi\varepsilon_0}\left(\frac{1}{b}-\frac{1}{d}\right)$$

（二）有关电容器和电场能量的问题

对于电容器电容的计算方法大体上有：利用电容定义计算，或利用储能公式计算，或由串、并联等效电容计算.

例题 11-7　一平行板电容器板面积为 S，间距为 d，接在电源上并保持电压为 V，若将极板的距离拉开一倍，试求：(1)系统静电能的改变；(2)电场对电源做的功；(3)外力对极板做的功.

解　(1)因电压 V 不变，拉开前的静电能为

$$W_1=\frac{1}{2}C_1V^2=\frac{1}{2}\cdot\frac{\varepsilon_0 S}{d}V^2=\frac{\varepsilon_0 SV^2}{2d}$$

拉开后的静电能为

$$W_2=\frac{1}{2}C_2V^2=\frac{1}{2}\cdot\frac{\varepsilon_0 S}{d}V^2=\frac{\varepsilon_0 SV^2}{4d}$$

则系统静电能的改变为

$$\Delta W=W_2-W_1=\frac{\varepsilon_0 SV_2}{4d}-\frac{\varepsilon_0 SV^2}{2d}=-\frac{\varepsilon_0 SV^2}{4d}<0$$

结果表示当极板拉开后，系统的静电能减少.

(2) 当保持电压一定时，电场对电源做功为 $A=-V\Delta Q$；两板距离从 d 拉开到 $2d$ 时，极板上电荷的增量 ΔQ 为

$$\Delta Q=Q_2-Q_1=C_2V-C_1V=\left(\frac{\varepsilon_0 S}{2d}-\frac{\varepsilon_0 S}{d}\right)V=-\frac{\varepsilon_0 S}{2d}V$$

$$A=-V\Delta Q=-V\left(-\frac{\varepsilon_0 S}{2d}\right)=\frac{\varepsilon_0 S}{2d}V^2>0$$

结果表示当极板拉开后，在保持 V 不变时，电场对电源做正功.

(3) 外力 F 对极板做的功为

$$A'=\int_d^{2d}\boldsymbol{F}\cdot \mathrm{d}\boldsymbol{l}=\int_d^{2d}\frac{CV^2}{2x}\mathrm{d}x=\int_d^{2d}\frac{\varepsilon_0 SV^2}{2x^2}\mathrm{d}x=\frac{\varepsilon_0 SV^2}{2}\left(\frac{1}{d}-\frac{1}{2d}\right)=\frac{\varepsilon_0 SV^2}{4d}$$

例题 11-8　一长为 L 的圆柱形电容器由半径为 a 的内芯导线和半径为 b 的外部导体薄壳所组成，其间有介电常量为 ε_r 的电介质. 试求：(1)电容器的电容；(2)若把电容器接到电势差为 V 的电源上，将电介质从中拉出一部分，维持电介质在此不动，要施加多大力.

解　(1)由于带电系统具有轴对称性，可用高斯定理求解场强. 设电容器上充电为 Q，则电容内部的场强为

$$E=\frac{\lambda}{2\pi\varepsilon_0\varepsilon_r r}=\frac{Q}{2\pi\varepsilon rL}$$

E 的方向沿垂直于轴线的径向. 于是由电势定义可知，极板间电势差为

$$\Delta V=\int_a^b E\cdot \mathrm{d}l=\int_a^b\frac{Q}{2\pi\varepsilon L}\cdot\frac{\mathrm{d}r}{r}=\frac{Q}{2\pi\varepsilon L}\ln\frac{b}{a}$$

所以该电容器的电容为

$$C=\frac{Q}{\Delta V}=\frac{2\pi\varepsilon L}{\ln\dfrac{b}{a}}$$

(2) 设拉出介质的长度为 x,其余部分仍在电容器中,此时相当于两个电容的并联,其系统的总电容为

$$C=C_1+C_2=\frac{2\pi\varepsilon_0 x}{\ln\dfrac{b}{a}}+\frac{2\pi\varepsilon(L-x)}{\ln\dfrac{b}{a}}=\frac{2\pi\varepsilon_0\left[\dfrac{\varepsilon L}{\varepsilon_0}+\left(1-\dfrac{\varepsilon}{\varepsilon_0}\right)x\right]}{\ln\dfrac{b}{a}}$$

因为 V 不变,所需的作用力做功等于系统能量的变化,有

$$\mathrm{d}A=F\mathrm{d}x=\frac{1}{2}V^2\mathrm{d}C=\frac{\pi\varepsilon_0 V^2\left(1-\dfrac{\varepsilon}{\varepsilon_0}\right)\mathrm{d}x}{\ln\dfrac{b}{a}}$$

$$F=\frac{\pi\varepsilon_0 V^2\left(1-\dfrac{\varepsilon}{\varepsilon_0}\right)}{\ln\dfrac{b}{a}}$$

F 方向指向电容器的外部.

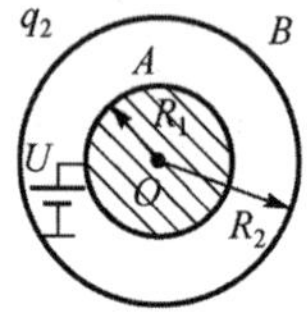

图 11-10

例题 11-9　如图 11-10 所示,A 为一导体球,半径为 R_1,B 为一同心导体薄球壳,半径为 R_2.今用一电源保持内球电势为 U,已知外球壳上的电量为 q_2,试求:(1)内球上的带电量 q_1;(2)内球与外球壳系统的电势能;(3)若内球因受热膨胀,半径变为 R_3,则系统电势能的改变量是多少?

解　(1)设内球的带电量为 q_1,根据电势叠加原理,可得内球的电势为

$$U=\frac{q_1}{4\pi\varepsilon_0 R_1}+\frac{q_2}{4\pi\varepsilon_0 R_2}$$

由上式解得

$$q_1=4\pi\varepsilon_0 R_1 U-\frac{R_1}{R_2}q_2 \qquad ①$$

(2) 由于系统具有球对称性,用高斯定理易求得该带电系统的场强分布为

$$E_1=0(r\leqslant R_1);\quad E_2=\frac{q_1}{4\pi\varepsilon_0 r^2}(R_1<r<R_2);\quad E_3=\frac{q_1-q_2}{4\pi\varepsilon_0 r^2}(R_2<r<\infty)$$

由电场能量公式,取体积元 $\mathrm{d}V=4\pi r^2\mathrm{d}r$,可得该带电系统的电势能为

$$\begin{aligned}W&=\int\frac{1}{2}\varepsilon_0 E^2\mathrm{d}V=\int_{R_1}^{R_2}\frac{1}{2}\varepsilon_0 E_2^2 4\pi r^2\mathrm{d}r+\int_{R_2}^{\infty}\frac{1}{2}\varepsilon_0 E_3^2 4\pi r^2\mathrm{d}r\\&=\int_{R_1}^{R_2}\frac{1}{2}\varepsilon_0\frac{q_1}{4\pi\varepsilon_0 r^2}4\pi r^2\mathrm{d}r+\int_{R_2}^{\infty}\frac{1}{2}\varepsilon_0\frac{q_1+q_2}{4\pi\varepsilon_0 r^2}4\pi r^2\mathrm{d}r=\frac{1}{8\pi\varepsilon_0}\left(\frac{q_1^2}{R_1}+\frac{q_2^2}{R_2}+\frac{2q_1q_2}{R_2}\right)\end{aligned}$$

将 q_1 的结果代入上式,得

$$W=\frac{1}{8\pi\varepsilon_0}\left[(4\pi\varepsilon_0 U)^2 R_1-\frac{R_1}{R_2^2}q_2^2+\frac{q_2^2}{R_2}\right] \qquad ②$$

(3) 若内球受热膨胀,半径变为 R_3,内球的电量应变为

$$q_3=4\pi\varepsilon_0 R_3 U-\frac{R_3}{R_2}q_2$$

系统的电势能相应变为

$$W=\frac{1}{8\pi\varepsilon_0}\left[(4\pi\varepsilon_0U)^2R_3-\frac{R_3}{R_2^2}q_2^2+\frac{q_2^2}{R_2}\right]$$

所以，电势能的改变量为

$$\Delta W=W'-W=2\pi\varepsilon_0\left[U^2-\left(\frac{q_2}{4\pi\varepsilon_0R_2}\right)^2\right](R_3-R_1)$$

（三）关于稳恒电流问题求解

1. 电流分布求场强、电势差、电功率等相关量

此类习题要注意电流密度与电流强度、场强间关系的应用，注意电势差、电功率、热功率、电子运动等与场强间关系. 根据各物理量的定义及其所遵循的规律求解.

例题 11-10　一铜棒的横截面积为 20mm×80mm，长为 2m，两端的电势差为 50mV. 已知铜的电导率为 $\gamma=5.7\times10^7\mathrm{S\cdot m^{-1}}$，铜内自由电子的电荷密度为 $1.36\times10^{10}\mathrm{C\cdot m^{-3}}$. 求：(1)它的电阻；(2)电流；(3)电流密度；(4)棒内的电场强度；(5)所消耗的功率；(6)1 小时内消耗的电能；(7)棒内电子的漂移速度.

解　(1) $R=\dfrac{L}{\gamma S}=\dfrac{2.0}{5.7\times10^7\times20\times80\times10^{-6}}=2.2\times10^{-5}(\Omega)$

(2) $I=\dfrac{U}{R}=\dfrac{50\times10^{-3}}{2.2\times10^{-5}}=2.3\times10^3(\mathrm{A})$

(3) $j=\dfrac{I}{S}=\dfrac{2.3\times10^3}{20\times80}=1.4(\mathrm{A\cdot mm^{-2}})$

(4) $j=\gamma E,\quad E=\dfrac{j}{\gamma}=\dfrac{1.4\times10^6}{5.7\times10^7}=2.5\times10^{-2}(\mathrm{V\cdot m^{-1}})$

(5) $P=I^2R=(2.3\times10^3)^2\times2.2\times10^{-5}=1.2\times10^2(\mathrm{W})$

(6) $W=I^2R=(2.3\times10^3)^2\times2.2\times10^{-5}\times3600=4.2\times10^5(\mathrm{J})$

(7) $u=\dfrac{j}{ne}=\dfrac{2.0}{8.5\times10^{22}\times1.6\times10^{-19}}=1.0\times10^{-4}(\mathrm{cm\cdot s^{-1}})$

2. 由电流分布求电阻或由电阻定律求电阻

求导体的电阻，一种方法是可设导体通有电流，由导体中电流分布求出场强分布以及电势差，从而求出电阻：另一方法是直接应用电阻定律. 根据题目要求和导体形状，适当选取电阻元 $\mathrm{d}R=\rho\dfrac{\mathrm{d}l}{S}$ 或 $\mathrm{d}G=\dfrac{1}{\rho}\dfrac{\mathrm{d}S}{l}$，对于串联电阻元用 $R=\int\mathrm{d}R$ 积分求之；对于并联电阻元用 $R=\dfrac{1}{G}$，$G=\int\mathrm{d}G$ 求之.

例题 11-11　有两个半径分别为 R_1 和 R_2 的同心球壳. 其间充满了电导率为 γ（γ 为常量）的介质，若在两球壳间维持恒定的电势差 U，求两球壳间的电流.

解　在介质中取一薄球壳，面积为 $4\pi r^2$，厚度为 $\mathrm{d}r$，该球壳的电阻为 $\mathrm{d}R=\dfrac{1}{\gamma}\dfrac{\mathrm{d}r}{4\pi r^2}$，球壳间的总电阻为

$$R=\int_{R_1}^{R_2}\frac{1}{\gamma}\frac{\mathrm{d}r}{4\pi r^2}=\frac{1}{4\pi\gamma}\left(\frac{1}{R_1}-\frac{1}{R_2}\right)$$

由欧姆定律,得径向电流强度为

$$I=\frac{U}{R}=\frac{4\pi U\gamma R_1R_2}{R_2-R_1}$$

例题 11-12　如图 11-11 所示,截圆锥体的电阻率为 ρ,长为 l,两端面的半径分别为 R_1 和 R_2. 试计算此锥体两端面之间的电阻.

解　对于粗细不均匀导体的电阻,不能直接用 $R=\rho\dfrac{l}{S}$计算. 垂直于锥体轴线截取一半径为 r、厚为 dx 的微元,此微元电阻 $dR=\rho\dfrac{dx}{\pi r^2}$,沿轴线对元电阻 dR 积分,即得总电阻 $R=\int dR$.

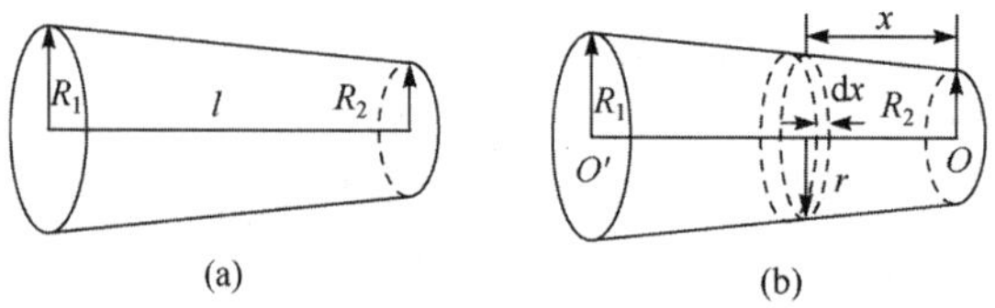

图 11-11

由分析可得锥体两端面间的电阻为

$$R=\int\rho\frac{dx}{\pi r^2} \tag{①}$$

由几何关系可得 $x/l=(r-R_2)/(R_1-R_2)$,则

$$dx=\frac{l}{R_1-R_2}dr \tag{②}$$

将式②代入式①得

$$R=\int_{R_2}^{R_1}\frac{\rho l}{\pi(R_1-R_2)}\frac{dr}{r^2}=\frac{\rho l}{\pi R_1R_2}$$

例题 11-13　如图 11-12(a)所示,一同轴电缆,其长 $L=1.5\times10^3$m,内导体外径 $R_1=1.0$mm,外导体内径$r_2=5.0$mm,中间填充绝缘介质. 由于电缆受潮,测得绝缘介质的电阻率降低到 $6.4\times10^5\Omega\cdot$m. 若信号源是电动势 $\mathscr{E}=24$V,内阻 $R_i=3.0\Omega$ 的直流电源,求在电缆末端的负载电阻 $R_0=1.0$kΩ 上的信号电压为多大?

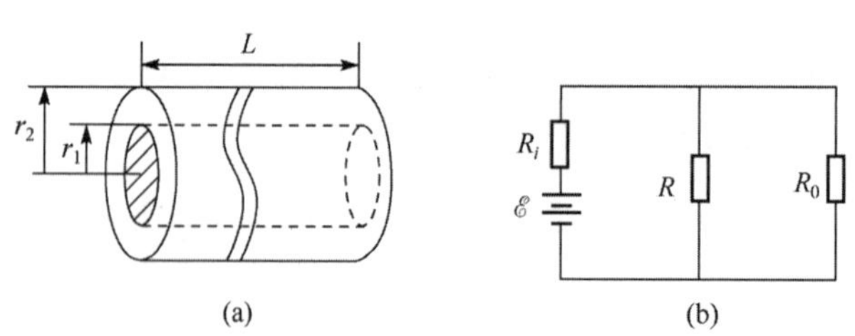

图 11-12

解　由于电缆受潮,同轴电缆内、外导体间存在径向漏电电阻 R,它与负载电阻 R_0 构成并联电路,其等效电路图如图 11-12(b)所示. 根据全电路欧姆定律可求出负载上的信号电压.

同轴电缆的径向漏电电阻为

$$R=\int_{r_1}^{r_2}\rho\frac{dr}{2\pi rL}=\frac{\rho}{2\pi L}\ln\frac{r_2}{r_1}=109.3\Omega$$

它与负载电阻并联后的总电阻为

$$R'=\frac{R_0R}{R_0+R}=98.5\Omega$$

由全电路的欧姆定律 $\mathscr{E}=\sum I(R'+R_i)$，可得负载上的信号电压为

$$U=R'I=\frac{R'\mathscr{E}}{R'+R_i}=23.3\text{V}$$

比较电缆受潮前后负载的端电压，可知电压下降了 0.7V.

(四) 关于电路问题求解

这类问题涉及求电路中某元件上的电流、电压(电动势)、电阻、电功、电荷量等. 要注意各元件的连接方式及有关物理量的计算. 比如，串、并联电阻计算总电阻，串、并联电源计算等效电动势，或串、并联电容计算等效电容及电容器上电荷量、电压等的计算.

求解这类习题，一般先将电路简化为一个无分支的简单等效单回路，再应用闭合电路欧姆定律等求解；对于某一支路应用一段含源电路欧姆定律求解；对于含有节点、支路的较复杂回路，应用基尔霍夫电压、电流定律列出方程组求解.

例题 11-14　如图 11-13 所示，其中 $\mathscr{E}_1=14.0\text{V}$，$\mathscr{E}_2=10.0\text{V}$，$R_1=4.0\Omega$，$R_2=6.0\Omega$，$R_3=2.0\Omega$，求电路中各个支路中的电流强度？

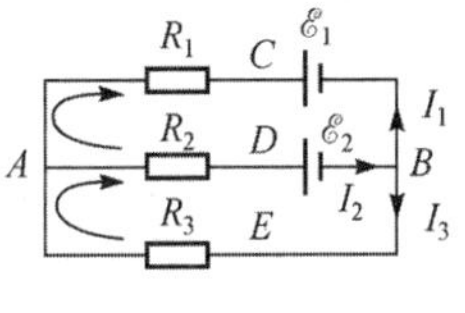

图 11-13

解　该电路中由 2 个节点，3 条支路. 因此用节点电流定律可以列出 1 个方程和用回路电压定律可以列出 2 个方程. 电路中电流方向未知，我们先假设 3 条支路 ACB、ADB、AEB 中电流分别为 I_1、I_2、I_3，方向如图 11-13 所示.

对节点 B 用节点电流定律，可得 $I_2-I_1-I_3=0$，

对 $ACBDA$ 回路用回路电压定律，可得 $I_1R_1-\mathscr{E}_1+\mathscr{E}_2+I_2R_2=0$

对 $ADBEA$ 回路用回路电压定律，可得 $-I_2R_2-\mathscr{E}_2-I_3R_3=0$ 代入数据，联立 3 个方程可解得 $I_1=\frac{23}{11}\text{A}$，$I_2=-\frac{8}{11}\text{A}$，$I_3=-\frac{31}{11}\text{A}$.

所以在支路 ACB 中电流方向与图中假设的电流方向一致，在支路 AEB 和 ADB 中电流方向和图中假设的电流方向相反.

例题 11-15　如图 11-14 所示，$\mathscr{E}_1=3.0\text{V}$，$\mathscr{E}_2=2.0\text{V}$，内阻 $r_1=r_2=0.1\Omega$，$R_1=5.0\Omega$，$R_2=4.8\Omega$. 试求：(1)电路中的电流；(2)电路中消耗的功率；(3)两电源的端电压.

解　(1)由闭合电路的欧姆定律可得电路中的电流 $I=\frac{\mathscr{E}_1-\mathscr{E}_2}{R_1+R_2+r_1+r_2}=0.1\text{A}$；

(2) 电路中消耗的功率为 $P=I^2(R_1+R_2+r_1+r_2)=0.1\text{W}$；

(3) 电源的端电压分别为 $U_1=\mathscr{E}_1-Ir_1=2.99\text{V}$，$U_2=\mathscr{E}_2+Ir_2=2.01\text{V}$.

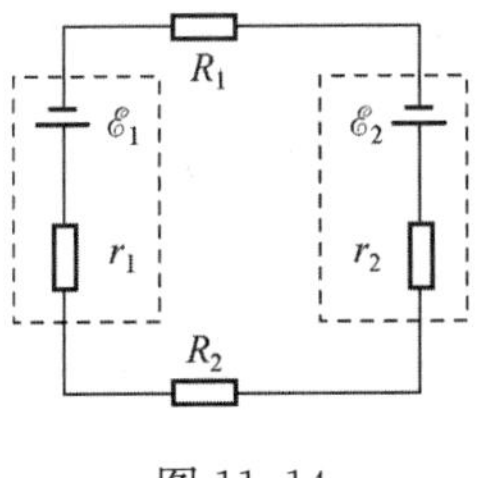

图 11-14

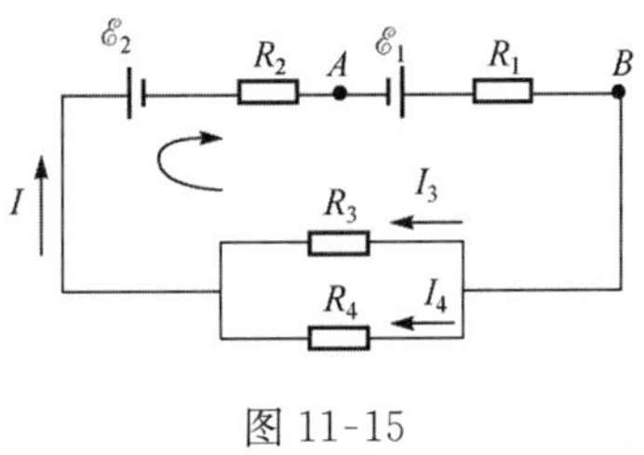

图 11-15

例题 11-16 在如图 11-15 所示的电路中，$R_1=1.0\Omega$，$R_2=2.0\Omega$，$R_3=3.0\Omega$，$R_4=4.0\Omega$，$\mathscr{E}_1=6.0\text{V}$，$\mathscr{E}_2=2.0\text{V}$，求：(1)流过各电阻的电流；(2)$A$、$B$ 两点的电势差.

解 (1)取电流和回路绕行方向如图 11-15 所示，由闭合电路欧姆定律，得

$$I=\frac{\mathscr{E}_1-\mathscr{E}_2}{R_1+R_2+R_3R_4/(R_3+R_4)}=0.85\text{A}$$

流过各电阻的电流分别为

$$I_1=I_2=I=0.85\text{A},I_3=\frac{R_4}{R_3+R_4}I=0.49\text{A},I_4=I-I_3=\frac{R_3}{R_3+R_4}I=0.36\text{A}$$

(2) 由一段含源电路的欧姆定律得

$$U_{AB}=IR_1-\mathscr{E}_1=-5.2\text{V}$$

四、知识拓展与问题讨论

静电场唯一性定理与静电屏蔽

唯一性定理可以表述为：给定边界条件后，静电场的分布就是唯一确定的. 当有若干导体存在时，由于导体在静电平衡时，电荷只存在于导体表面且导体表面是等势面，所以导体表面可以视为边界面，边界条件可按下列三种方式的任意一种给出：①给定每个导体的电势；②给定每个导体上的总电量；③给定一些导体上的总电量和另一些导体的电势. 在此仅对给定各个导体的电势的情况进行证明. 即说明如果给定静电场的边界上(各个导体上)的电势，若 $U(x,y,z)$ 是所求电场的电势分布的一个解，则这个解是唯一的.

设函数 $U'(x,y,z)$ 是与 $U(x,y,z)$ 满足同样电势边界条件的另一个解，则令

$$\Psi(x,y,z)=U(x,y,z)-U'(x,y,z)$$

则 $\Psi(x,y,z)$ 可以看成叠加场的电势分布函数. 由于 U' 是与 U 在边界上的电势具有相同的给定值，所以 ψ 描述的电场在边界上(各个导体上)的电势都是零.

由静电场高斯定理可以得到如下结论：**在没有电荷的空间内，电势不可能有极大值和极小值**. 因为，如果在无电荷空间内某一点 P 的电势极大，则周围电场强度都将背离 P 点. 如果作一个很小的闭合面 S 将 P 点包围起来，则通过闭合面 S 的电通量将大于零，根据高斯定理，闭合面内必然包围正电荷，这与无电荷空间的前提相矛盾，所以不可能存在电势的极大值. 同理也可以说明不可能存在电势的极小值. 由此又不难得知：若所有导体的电势都为零，则空间各点的电势处处为零. 因为无电荷空间电势是连续分布的，如果某些点电势不为零，而边界各点电势为零，则必然存在电势极大值或极小值，这是不可能的.

由上述结论可知，空间各点必有 $\Psi(x,y,z)=0$，所以 $U(x,y,z)=U'(x,y,z)$；由场强与电势的关系，$\boldsymbol{E}=-\nabla U$，$\boldsymbol{E}'=-\nabla U'$，可得 $\boldsymbol{E}'=\boldsymbol{E}$. 这表明满足给定边界条件的电势分布函数和场强分布函数是唯一的，这就是唯一性定理.

应用唯一性定理，可以比较严格地解释静电屏蔽现象. 取一个闭合的金属壳，将其接地，如图 11-16所示.

现从外移来若干正的或负的带电体，如果空腔内无电荷，则腔内各点 $\boldsymbol{E}=0$，如图 11-16(a)所示. 反之，如果将带电体移入空腔内，而壳外无电荷，则外部空间各点 $\boldsymbol{E}=0$，如图 11-16(b)所示. 如果设想将两种情况组合在一起，如图 11-16(c)所示，即壳外有与图(a)相同的带电体，壳内有与图(b)相同的带电体. 那么，这时导体壳内、外电场的恒定分布是否分别与图(a)、图(b)相同呢？答案是肯定的. 因为当外部电荷和电场分布如图(a)所示时，它在腔内不产生电场，从

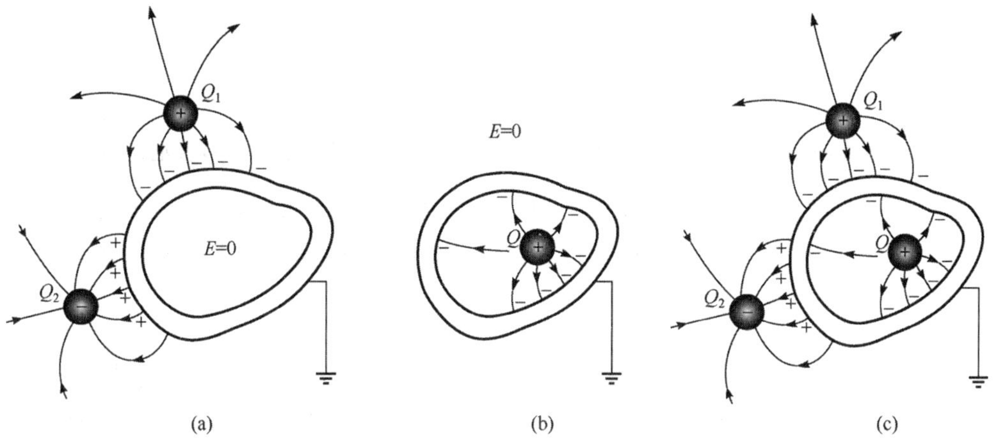

图 11-16

而腔内的带电体所处的环境与图(b)一样，故可产生与之相同的恒定分布；同理，当内部电荷和电场分布如图(b)时，它在腔外不产生电场，从而腔外的带电体所处的环境与图(a)一样，故可产生与之相同的恒定分布. 也就是说，当壳内、外带电体同时存在时，如果壳内、外的电荷和电场分布分别与图(a)和图(b)相同，是可以达到静电平衡的. 那么，在壳内、外的电荷相互影响下，是否会形成另外一种与此不同的平衡分布呢？唯一性定理告诉我们，这是不可能的. 因为图(a)和图(c)中内部空间的边界条件是相同的(导体腔的内表面电势为零，内部各个带电体的总电量 Q 给定)，从而不管外部是否有带电体，内部电场的恒定分布是唯一的；这就是导体壳对内部的静电屏蔽效应. 同理，因为图(b)和图(c)中外部空间的边界条件是相同的(导体腔的外表面电势为零，外部各个带电体的总电量 Q 给定，且无穷远处电势为零)，从而不管内部是否有带电体，外部电场的恒定分布是唯一的；这就是导体壳对外部的静电屏蔽效应.

习　题　11

一、选择题

11-1　图中一个不带电的导电壳，壳内有一个点电荷 $+q_1$，壳外有两个点电荷 $+q_2$ 和 $+q_3$，则下列叙述中正确的是(　　)

A. q_1 与 q_2、q_1 与 q_3 间相互作用力为 0；

B. q_2、q_3 对 q_1 的作用力的矢量和为 0；

C. 壳外表面的电荷对 q_1 的作用力为 0；

D. 壳内表面的电荷和 q_2、q_3 对 q_1 的作用力的矢量和为 0.

11-2　下列情况哪些是可能的(　　)

(1) 导体净电荷为 0 而电位可以不为 0；　(2) 导体电位为 0 而净电荷可以不为 0；

(3) 导体带负电荷而电位可以为正；　(4) 导体带正电荷而电位可以为负.

A. (1)(2)(4)；　B. (1)(2)(3)(4)；　C. (3)(4)；　D. (2)(3)(4).

11-3　有两个金属球，一个是半径为 $2R$ 的中空球，另一个是半径为 R 的实心球，两球间距离 $r \gg R$. 空心球原来带有电量 $+2Q$，实心球原来带有电量 $-Q$. 若导线将它们连接起来，那

么电荷的分配是(　　)

A. 不发生变化；　　B. 均带$+\frac{Q}{2}$；

C. 空心球带电$+Q$,实心球不带电；　　D. 空心球带电$+\frac{2}{3}Q$,实心球带电$+\frac{Q}{3}$.

11-4　有两个金属球,一个是半径为$2R$的中空球,另一个是半径为R的实心球,二球间距离$r\gg R$. 两个金属球原来电位分别为V_1和V_2. 若用导线将它们连接起来,那么两球的电位为(　　)

A. V_1+V_2；　B. $\frac{1}{2}(V_1+V_2)$；　C. $\frac{2}{3}(V_1+V_2)$；　D. $\frac{1}{3}V_1+\frac{2}{3}V_2$.

11-5　电容器C_1容量为$10\mu F$,充电至100V,如图所示电路对容量亦为$10\mu F$,原来不带电的C_2充电,在充电回路中串有两电阻R_1和R_2,$R_1=10\Omega$,$R_2=90\Omega$,充电完毕时,电容C_2上电压为(　　)

A. 50V；　B. 90V；　C. 10V；

D. 100V；　E. 以上结果均不正确.

11-6　电容器C_1容量为$10\mu F$,充电至100V,如图所示电路对容量亦为$10\mu F$,原来不带电的C_2充电,在充电回路中串有两电阻R_1和R_2,$R_1=10\Omega$,$R_2=90\Omega$,在电容C_1对C_2充电的过程中,电阻上消耗的热能为(　　)

A. 零；　B. 原来电容器上储能的一半；　C. 0.5J；

D. 0.25J；　E. 以上结果均不正确.

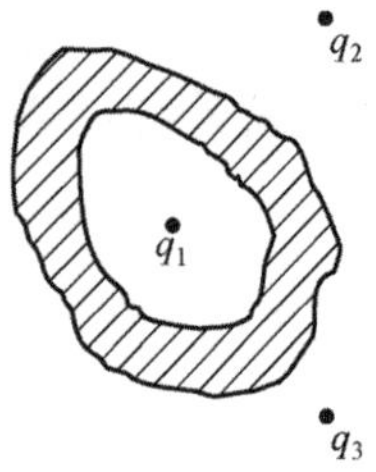

题 11-1 图

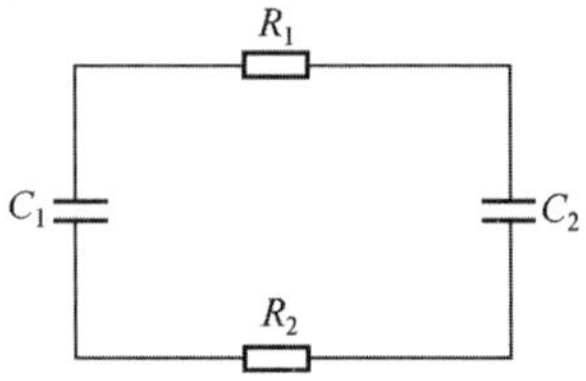

题 11-5 图

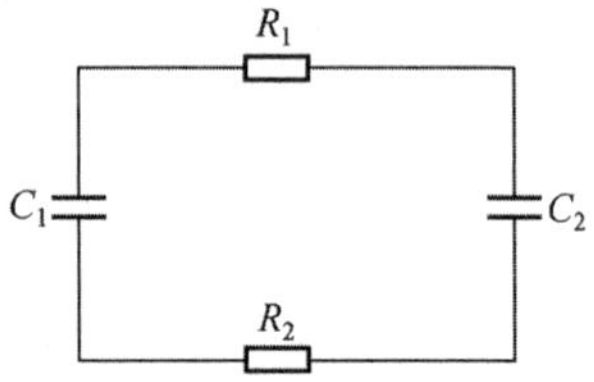

题 11-6 图

11-7　在一个不带电的导体球壳的球心处放入一点电荷q,当q由球心处移开,但仍在球壳内时,下列说法中正确的是(　　)

A. 球壳内、外表面的感应电荷均不再均匀分布；

B. 球壳内表面感应电荷分布不均匀,外表面感应电荷分布均匀；

C. 球壳内表面感应电荷分布均匀,外表面感应电荷分布不均匀；

D. 球壳内、外表面感应电荷仍保持均匀分布.

11-8　如图所示,一无限大均匀带电平面附近放置一与之平行的无限大导体平板. 已知带电平面的电荷面密度为σ,导体板两表面1和2的感应电荷面密度为(　　)

A. $\sigma_1=-\sigma,\sigma_2=+\sigma$；　　B. $\sigma_1=-\frac{\sigma}{2},\sigma_2=\frac{\sigma}{2}$；

C. $\sigma_1=+\sigma,\sigma_2=-\sigma$；　　D. $\sigma_1=+\frac{\sigma}{2},\sigma_2=-\sigma$.

11-9　如图所示，B 为面电荷密度为σ_1 的均匀带电的无限大平面，A 为一无限大带电平行导体板. 静电平衡后，A 板的面电荷密度分别为σ_2 和σ_3，那么极靠近 A 板的右侧面的一点 P 的场强大小为(　　)

A. $\dfrac{\sigma_2}{2\varepsilon_0}$；　　B. $\dfrac{\sigma_2}{\varepsilon_0}$；　　C. $\dfrac{\sigma_1}{2\varepsilon_0}+\dfrac{\sigma_2}{2\varepsilon_0}+\dfrac{\sigma_3}{2\varepsilon_0}$；　　D. $\dfrac{\sigma_1}{2\varepsilon_0}$.

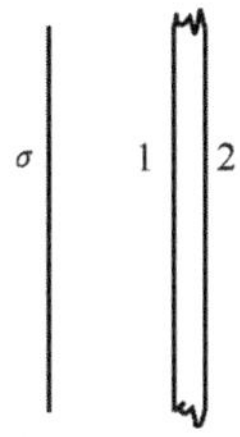

题 11-8 图

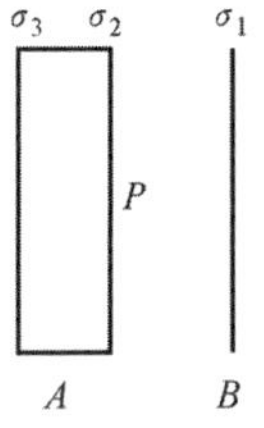

题 11-9 图

11-10　真空中带电的导体球面和带电的导体球体，若它们的半径和所带的电量都相同，那么球面的静电能 W_1 与球体的静电能 W_2 关系为(　　)

A. $W_1>W_2$；　　B. $W_1=W_2$；　　C. $W_1<W_2$；　　D. 无法判断.

二、填空题

11-11　如图所示，在边长为 a 的正方形平面的中垂线上、距中心 O 点$\dfrac{a}{2}$处，有一电量为$+q$ 的点电荷. 如取平面的正法线方向 $\boldsymbol{n}$ 如图所示，则通过该平面的电场强度通量 $\Phi_E=$__________；电位移通量 $\Phi_D=$__________.

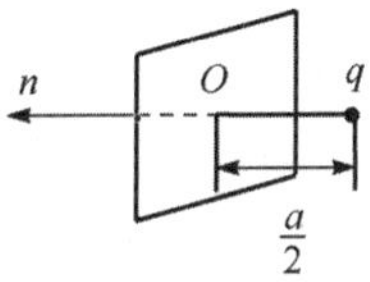

题 11-11 图

11-12　长直导线横截面半径为 a，导线外同轴地套一半径为 b 的导体薄圆筒，两者互相绝缘. 并且外筒接地，如图所示. 设导线单位长度的带电量为$+\lambda$，并设地的电势为零，则两导体之间的 P 点($OP=r$)的场强大小为__________；电势为__________.

11-13　空气平行板电容器，接电源充电后电容器中储存的能量为 W_0. 在保持电源接通的条件下，在两极板间充满相对介电常量为 ε_r 的各向同性均匀电介质，则该电容器中储存的能量 W 为__________.

11-14　如图所示为一均匀带电球体，总电量为$+Q$，其外部同心地罩一内、外半径分别为 r_1、r_2 的金属球壳. 设无穷远处为电势零点，则在球壳内半径为 r 的 P 点处的场强为__________，电势为__________.

11-15　空气平行板电容器，充电后把电源断开，这时电容器中储存的能量为 W_0，然后在两极板之间充满相对介电常量为 ε_r 的各向同性均匀电介质，则该电容器中储存的能量 W 为__________.

11-16　孤立金属球，带有电量 1.2×10^{-8}C，当电场强度的大小为 $3\times10^{6}\,\text{V}\cdot\text{m}^{-1}$时，空气将被击穿. 若要空气不被击穿，则金属球的半径至少大于__________.

11-17　一带电量为 q 的导体球壳，内半径为 R_1，外半径为 R_2，壳内有一电量为 q 的点电荷(如图所示)，若以无穷远处为电势零点，则球壳的电势为__________.

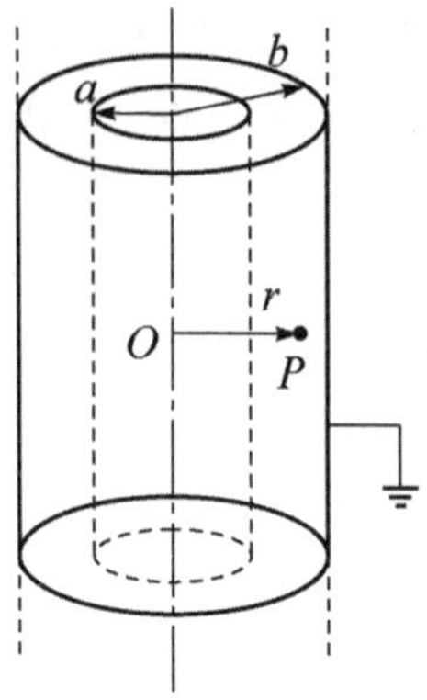

题 11-12 图

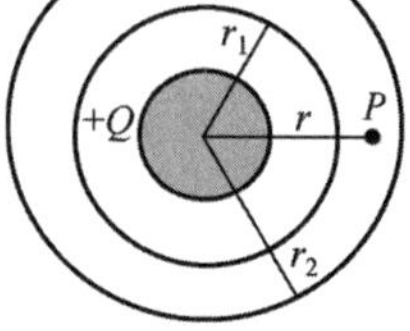

题 11-14 图

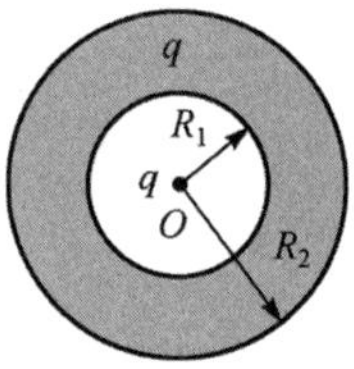

题 11-17 图

11-18　设有一个带正电的导体球壳. 若球壳内充满电介质,球壳外是真空时,球壳外一点的场强大小和电势用 E_1、U_1 表示;若球壳内、外均为真空时,壳外一点的场强大小和电势用 E_2、U_2 表示,则两种情况下壳外同一点处的场强大小关系为__________,电势大小关系为__________.

11-19　平行板电容器,充电后与电源保持连接,然后使两极板间充满相对介电常量为 ε_r 的各向同性均匀电介质,这时两极板上的电量是原来的__________倍;电场强度是原来的__________倍;电场能量是原来的__________倍.

三、计算题或证明题

11-20　A、B、C 是三块平行金属板,面积均为 S;C、B 板相距为 d;A、C 板相距为 $d/2$;A、B 两板都接地(如图所示),C 板带正电荷 Q,不计边缘效应.

(1) 求 A 板和 B 板上的感应电荷 Q_A,Q_B 及 C 板的电势 U_C.

(2) 若在 C、B 两板之间充以相对介电常量为 ε_r 的均匀电介质,再求 A 板和 B 板上的感应电荷 Q'_A、Q'_B 及 C 板的电势 U'_C.

11-21　空气中有一半径为 R 的孤立导体球,令无限远处电势为零,试计算:

(1) 该导体球的电容;

(2) 球上所带电荷为 Q 时储存的静电能;

(3) 若空气的击穿场强为 E_g,导体球上能储存的最大电荷值.

11-22　如图所示,一根无限长直导线的横截面半径为 a,该导线外部套有一内半径为 b 的同轴导体圆筒,两者互相绝缘,且外筒接地,电势为零. 若导线的电势为 V,试求导线与圆筒之间的电场强度分布.

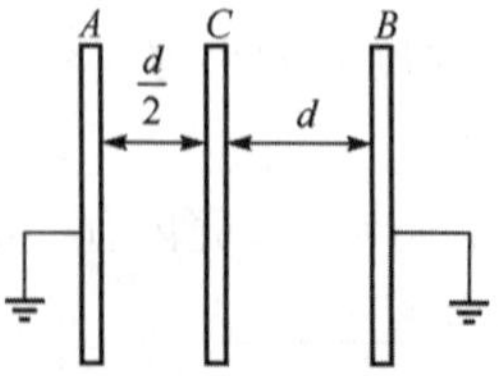

题 11-20 图

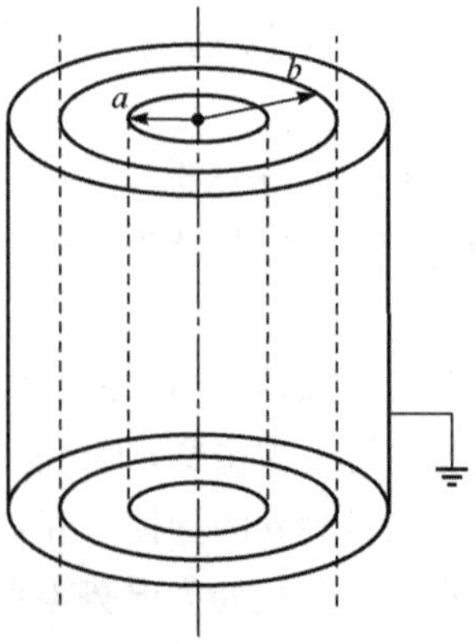

题 11-22 图

11-23　半径分别为 R_1、R_2 的两个导体球 A、B，相距很远，因而可将两球视为孤立导体球. 原来 A 球带电 Q，B 球不带电，现用一根细长导线将两球连接，静电平衡后忽略导线中所带电量. 试求：

（1）A、B 球上各带电量为多少；

（2）两球的电势；

（3）该系统的电容.

第 12 章　稳 定 磁 场

一、基本要求

（1）理解磁感应强度的物理意义，明确它是空间矢量点函数及其几何描述方法（$\boldsymbol{B}$ 线）.

（2）掌握毕奥-萨伐尔定律和磁场叠加原理及其应用.

（3）理解高斯定理和安培环路定理的意义和利用安培环路定理求 $\boldsymbol{B}$ 的基本方法.

（4）掌握在某些情况下，已知电流分布求解磁感应强度分布和有关物理量的基本方法.

（5）掌握磁场对电荷、电流的作用力、力矩及磁通量、磁场能量变化等问题的基本处理方法.

（6）了解磁介质磁化机理、磁介质中高斯定理以及 $\boldsymbol{B}$ 与 $\boldsymbol{H}$ 间的关系与区别.

二、主要内容与学习指导

本章主要讨论了真空中稳恒电流所激发的稳恒磁场的基本性质和规律. 稳恒磁场和静电场虽然在性质上不相同，但在研究方法上及对场的描述上有许多相似之处，在学习中可以通过比较和归纳更好地掌握本章内容.

（一）磁场 磁感应强度 毕奥-萨伐尔定律

1. 磁场 磁感应强度

（1）磁场：在运动电荷（电流）周围存在着磁场，磁场是物质存在的一种形式，它具有物质的属性. 稳恒电流激发的磁场称为稳恒磁场，其性质主要表现为，对处于其中的运动电荷（电流）有力的作用——磁场力，在其中移动载流导体时磁场力做功——磁场具有能量；磁场具有叠加性，即空间任一点的磁场可以视为各个运动电荷（或电流）单独存在时产生磁场的叠加.

（2）磁感应强度：为定量描述磁场的性质，从磁场对运动电荷有作用力的性质引入磁感应强度 $\boldsymbol{B}$，其大小为

$$B=\frac{F_{\max}}{qv} \tag{12.1}$$

磁场中任一点的磁感应强度为一矢量，其大小等于单位正电荷沿垂直于 $\boldsymbol{B}$ 方向以速度 $\boldsymbol{v}$ 运动时所受的磁力的大小，其方向与运动电荷受力为零（磁针 N 极指向）的方向一致，单位为 $\mathrm{N \cdot s \cdot C^{-1} \cdot m^{-1}}$ 或 $\mathrm{N \cdot A^{-1} \cdot m^{-1}}$ 或 T（特斯拉）. 磁感应强度是表征磁场中给定点磁场本身性质的一个物理量（故称场量），与运动电荷的存在与否无关. 矢量函数 $\boldsymbol{B}=\boldsymbol{B}(x,y,z)$ 描述了磁场的分布.

磁感应线（$\boldsymbol{B}$ 线）是为形象描述磁场的在空间的分布引入的一簇闭合曲线，并且与电流套连，不相交. 曲线上各点切线方向表示该点 $\boldsymbol{B}$ 的方向，力线的疏密表示该点 $\boldsymbol{B}$ 的大小.

磁感应强度服从叠加原理，即磁场中任一点的磁感应强度 $\boldsymbol{B}$ 等于各个载流导体各自在该点产生磁感应强度的矢量和

$$\boldsymbol{B}=\sum \boldsymbol{B}_i \tag{12.2}$$

2. 毕奥-萨伐尔定律

(1) 电流元：所谓电流元是指载流导线(视为几何线)上的一小段(线元)，以 $I\mathrm{d}\boldsymbol{l}$ 表示，其大小为 $I\mathrm{d}l$，方向为线元 $\mathrm{d}\boldsymbol{l}$ 的方向，即电流的流向. 对于稳恒电流，一个孤立的电流元不能单独存在，电流总有一定的分布. 这也是处理实际问题时建立的一个理想化模型.

(2) 毕奥-萨伐尔定律：在真空中电流元 $I\mathrm{d}\boldsymbol{l}$ 在空间任一点 P 处所激发的磁感应强度为

$$\mathrm{d}\boldsymbol{B}=\frac{\mu_0 I\mathrm{d}\boldsymbol{l}\times\boldsymbol{r}}{4\pi r^3} \tag{12.3}$$

式中，μ_0 为真空磁导率；$\mu_0=4\pi\times10^{-7}\,\mathrm{T\cdot m\cdot A^{-1}}$. 这是稳恒电流所激发磁场的一条基本定律.

(3) 运动电荷的磁场：由毕-萨定律可以导出一个以速度 $\boldsymbol{v}$ 运动的电量为 q 的运动电荷在真空中任一点所激发的磁场的磁感应强度为

$$\boldsymbol{B}=\frac{\mu_0}{4\pi}\frac{q\boldsymbol{v}\times\boldsymbol{r}}{r^3} \tag{12.4}$$

由磁场叠加原理及电流元磁感强度公式(12.3)可知，当电流连续分布时，总磁感应强度为

$$\boldsymbol{B}=\int\mathrm{d}\boldsymbol{B}=\int\frac{\mu_0 I}{4\pi}\frac{\mathrm{d}\boldsymbol{l}\times\boldsymbol{r}}{r^3} \tag{12.5}$$

积分范围遍及电流分布的区域. 应用以上式(12.1)～式(12.5)计算 $\boldsymbol{B}$ 时，常在一定坐标下变为标量进行计算

(二) 稳恒磁场的基本定理

1. 磁通量 高斯定理

(1) 磁通量：通过磁场中与磁场垂直的某一面积元上的磁感应线条数为通过该面元的磁通量，即 $\mathrm{d}\Phi_\mathrm{m}=\boldsymbol{B}\cdot\mathrm{d}\boldsymbol{S}$，则有限大小面积 $\boldsymbol{S}$ 上的通量为

$$\Phi_\mathrm{m}=\iint_S\boldsymbol{B}\cdot\mathrm{d}\boldsymbol{S} \tag{12.6}$$

式中，$\boldsymbol{B}$ 为面积元 $\mathrm{d}\boldsymbol{S}$ 所在处的磁感应强度，积分范围是沿曲面(闭合曲面或非闭合曲面)积分.

Φ_m 有正负之分，对于闭合曲面来说，一般规定面积元 $\mathrm{d}\boldsymbol{S}$ 矢量方向向外为正方向，正通量表示磁感应线穿出闭曲面，负通量表示磁感应线穿入闭曲面.

(2) 高斯定理：真空中的磁场中通过任一闭合曲面(高斯面)的磁通量恒为零，即

$$\Phi_\mathrm{m}=\oiint_S\boldsymbol{B}\cdot\mathrm{d}\boldsymbol{S}=0 \tag{12.7}$$

这是反映磁场性质的基本定理之一，它可以由毕-萨定律及磁感应强度叠加原理导出，但它与毕-萨定律含义并不相同. 毕-萨定律仅适用于稳恒电流的磁场，而高斯定理不但适用于稳恒电流和稳恒磁场，也适用变化电流和变化磁场. 因此，式(12.7)也是电磁场的基本方程之一.

2. 安培环路定理

在真空中的稳恒电流的磁场中磁感应强度 $\boldsymbol{B}$ 沿任意闭合路径的线积分($\boldsymbol{B}$ 的环流)等于该闭合路径所包围的电流代数和的 μ_0 倍，其数学表达式为

$$\oint_L\boldsymbol{B}\cdot\mathrm{d}\boldsymbol{l}=\mu_0\sum I_i \tag{12.8}$$

式中，$\boldsymbol{B}$ 为积分路径上各点的磁感应强度，是由空间中所有电流共同产生. 这是反映磁场性质的又一基本定理，说明磁场是非保守场.

在理解环路定理时应注意：①$\boldsymbol{B}$ 的环流仅与穿过以闭合路径为边界的任一曲面的电流有关，但闭合路径上各点的 $\boldsymbol{B}$ 则是由空间中所有电流(闭合路径内、外的电流)共同产生的；②对闭合路径内的电流取代数和，我们规定，若电流流向与 $\boldsymbol{B}$ 的积分回路方向成右手螺旋关系时，电流取正；反之取负. ③环路定理对稳恒电流的磁场均成立，但应注意用它来求 $\boldsymbol{B}$ 时，却只有在电流分布、磁场分布具有某种空间对称性时才有可能应用该定理方便地把 $\boldsymbol{B}$ 计算出来.

(三) 磁场对运动电荷和电流的作用

1. 运动电荷在磁场中所受的力

由式(12.1)可知，磁场对处于其中的运动电荷 q 的作用力——洛伦兹力为

$$\boldsymbol{F}=q\boldsymbol{v}\times\boldsymbol{B} \tag{12.9}$$

式中，$\boldsymbol{v}$ 为点电荷运动速度，$\boldsymbol{B}$ 为所在点的外磁场的磁感应强度. 当 q 为正时，$\boldsymbol{F}$ 的方向与 $\boldsymbol{v}\times\boldsymbol{B}$ 的方向相同；当 q 为负时，$\boldsymbol{F}$ 的方向与 $\boldsymbol{v}\times\boldsymbol{B}$ 的方向相反. 由于 $\boldsymbol{F}$ 与 $\boldsymbol{v}$ 恒垂直，故洛伦兹力只能改变运动电荷的速度方向，不能改变运动电荷速度的大小，即洛伦兹力不做功.

在洛伦兹力作用下讨论带电粒子的运动，可结合力学规律. 只要把洛伦兹力当成质点所受力考虑进去，利用力学中的有关概念、规律就可以求解问题.

2. 带电粒子在均匀磁场中的运动

设粒子质量为 m，电量为 q，初速度为 $\boldsymbol{v}_0$，磁感强度为 $\boldsymbol{B}$，若忽略重力作用，则粒子运动的动力学方程为

$$q\boldsymbol{v}_0\times\boldsymbol{B}=m\frac{\mathrm{d}\boldsymbol{v}_0}{\mathrm{d}t} \tag{12.10}$$

(1) 若初速 $\boldsymbol{v}_0$ 与 $\boldsymbol{B}$ 平行，则粒子作匀速直线运动.

(2) 若初速 $\boldsymbol{v}_0$ 与 $\boldsymbol{B}$ 垂直，则粒子作匀速率圆周运动，半径为 $R=\dfrac{m\boldsymbol{v}_0}{Bq}$，周期为 $T=\dfrac{2\pi m}{Bq}$.

(3) 若初速 $\boldsymbol{v}_0$ 与 $\boldsymbol{B}$ 成任意角($\theta\neq\dfrac{\pi}{2}$ 或 0 或 π)，则粒子将作螺旋线运动，螺旋线半径为 $R=\dfrac{mv_0\sin\theta}{Bq}$，周期为 $T=\dfrac{2\pi m}{Bq}$，螺距为 $h=\dfrac{2\pi mv_0\cos\theta}{Bq}$.

3. 带电粒子在电磁场中所受的力及其运动

当某一空间有磁场的同时也有电场存在时，质量为 m 的带电量为 q 的粒子以速度 $\boldsymbol{v}$ 运动时所受的力为

$$\boldsymbol{F}=q\boldsymbol{v}\times\boldsymbol{B}+q\boldsymbol{E} \tag{12.11}$$

此式叫做洛伦兹关系式.

(四) 磁场对载流导体的作用

1. 载流导线在磁场中所受的力及其运动

由洛伦兹力公式(12.9)可导出，电流元 $I\mathrm{d}\boldsymbol{l}$ 在外磁场 $\boldsymbol{B}$ 中所受的力——安培力为

$$\mathrm{d}\boldsymbol{F}=I\mathrm{d}\boldsymbol{l}\times\boldsymbol{B} \tag{12.12}$$

式(12.12)称为安培定律.有限长载流导线在外磁场中所受的安培力为

$$\boldsymbol{F}=\int\mathrm{d}\boldsymbol{F}=\int I\mathrm{d}\boldsymbol{l}\times\boldsymbol{B} \tag{12.13}$$

积分沿着受力载流导线,一般在某一坐标系下变为标量积分进行计算.对载流导线在外磁场中的运动的讨论,只需把安培力考虑进去,结合力学中有关规律求解就可以了.

2. 载流线圈在外磁场中所受的力、力矩及其运动

平面载流刚性线圈在均匀外磁场中受的合力、合力矩分别为

$$\boldsymbol{F}=0 \tag{12.14}$$

$$\boldsymbol{M}=\boldsymbol{P}_{\mathrm{m}}\times\boldsymbol{B} \tag{12.15}$$

式中,$\boldsymbol{P}_{\mathrm{m}}=NI\boldsymbol{S}$ 是平面载流线圈的磁矩(方向与电流 I 流向成右手螺旋关系),N 为匝数,每匝面积均为 S.上式适用于任意形状平面载流线圈在均匀磁场中的情况,即使是对带电粒子在磁场中沿闭合环路运动时所受磁力矩也适用.由此可知,线圈在磁场中只作转动而无平动.

3. 磁力所做的功

(1) 磁场对载流导线做功:磁场对在其中移动的载流导线所做的功等于导线所受安培力与元位移点积的积分,也等于导线所扫过面积上的磁通量变化与导线中电流强度之积的积分,即

$$A=\int_{\Phi_1}^{\Phi_2}I\mathrm{d}\Phi=I(\Phi_2-\Phi_1)=I\cdot\Delta\Phi \tag{12.16}$$

(2) 磁场对载流线圈做功:线圈在磁场中转动时,磁力矩做功为

$$A=\int_{\theta_1}^{\theta_2}M\mathrm{d}\theta=\int_{\Phi_1}^{\Phi_2}I\mathrm{d}\Phi \tag{12.17}$$

可以证明:一个任意闭合电流在磁场中改变位置或改变形状时,磁力或磁力矩做功都可以按式(12.17)计算,当电流 I 随时间变化时此式仍适用.

静电场与静磁场虽是两类不同性质的场,但描述它们的物理量以及基本定律、基本方程等很相似,为便于学习,将其对比列表如下,见表 12-1.

表 12-1　真空中稳恒磁场和静电场的比较

	真空中的稳恒磁场	真空中的静电场
基本现象	电流⇌磁场⇌电流	电荷⇌电场⇌电荷
基本定律	毕-萨定律,叠加原理,电流连续性定律	库仑定律,叠加原理,电荷守恒定律
场的基本性质	(1) 对运动电荷有作用力; (2) 移动电荷磁场力不做功,但移动载流导线做功; (3) 具有叠加性; (4) 非保守场 涡旋场	(1) 对静止电荷与运动电荷都有作用力; (2) 移动电荷电场力做功; (3) 具有叠加性; (4) 保守场,无旋场
基本场量及其性质	磁感强度 $\boldsymbol{B}=\dfrac{\boldsymbol{F}_{\max}}{q_0\boldsymbol{v}}$(与 $\boldsymbol{F}_{\max}\times q_0\boldsymbol{v}$ 同向) (1) $\boldsymbol{B}$ 与 $q_0\boldsymbol{v}$ 无关,仅与场点位置有关 (2) 空间矢量点函数 $\boldsymbol{B}=\boldsymbol{B}(x,y,z)$ (3) 服从叠加原理 $\boldsymbol{B}=\sum\boldsymbol{B}_i$	电场强度 $\boldsymbol{E}=\dfrac{\boldsymbol{F}}{q_0}$ (1) $\boldsymbol{E}$ 与 q_0 无关,仅与场点位置有关 (2) 空间矢量点函数 $\boldsymbol{E}=\boldsymbol{E}(x,y,z)$ (3) 服从叠加原理 $\boldsymbol{E}=\sum\boldsymbol{E}_i$

续表

	真空中的稳恒磁场	真空中的静电场
场量的计算	电流元 $d\boldsymbol{B}=\frac{\mu_0 I d\boldsymbol{l}\times\boldsymbol{r}}{4\pi r^3}$ 载流体 $\boldsymbol{B}=\int_L\frac{\mu_0 I d\boldsymbol{l}\times\boldsymbol{r}}{4\pi r^2}$	电荷元 $d\boldsymbol{E}=\frac{dq}{4\pi\varepsilon_0 r^3}\boldsymbol{r}$ 带电体 $\boldsymbol{E}=\int_Q\frac{dq}{4\pi\varepsilon_0 r^3}\boldsymbol{r}$
场线	(1) $\boldsymbol{B}$ 线是一簇曲线,不相交,无头无尾,闭合曲线; (2) 曲线切向表示 $\boldsymbol{B}$ 方向,疏密表示 $\boldsymbol{B}$ 大小	(1) $\boldsymbol{E}$ 线是一簇曲线,不相交,有头有尾不闭合曲线; (2) 曲线切向表示 $\boldsymbol{E}$ 方向,疏密表示 $\boldsymbol{E}$ 大小
通量	磁通量 $\Phi_m=\iint_S\boldsymbol{B}\cdot d\boldsymbol{S}$	电通量 $\Phi_e=\iint_S\boldsymbol{E}\cdot d\boldsymbol{S}$
基本定理	高斯定理 $\Phi_m=\oiint_S\boldsymbol{B}\cdot d\boldsymbol{S}=0$ 环路定理 $\oint_L\boldsymbol{B}\cdot d\boldsymbol{l}=\mu_0\sum I_i$	高斯定理 $\Phi_e=\oiint_S\boldsymbol{E}\cdot d\boldsymbol{S}=\frac{1}{\varepsilon_0}\sum q_i$ 环路定理 $\oint_L\boldsymbol{E}\cdot d\boldsymbol{l}=0$
场力及其功	电荷 $\boldsymbol{F}=q\boldsymbol{v}\times\boldsymbol{B}+q\boldsymbol{E}$ 电流 $\boldsymbol{F}=\int I d\boldsymbol{l}\times\boldsymbol{B}$ 磁力矩 $\boldsymbol{M}=\boldsymbol{P}_m\times\boldsymbol{B}$ 磁力功 $A=\int_{\Phi_{m2}}^{\Phi_{m1}}I d\Phi_m$	点电荷 $\boldsymbol{F}=q\boldsymbol{E}$ 带电体 $\boldsymbol{F}=\int\boldsymbol{E}dq$ 电力矩 $\boldsymbol{M}=\boldsymbol{P}_e\times\boldsymbol{B}$ 电力功 $A=\int q dU$
场的能量	能量密度 $w_m=\frac{1}{2}\frac{B^2}{\mu_0}$ 能量 $W_m=\iiint_V\frac{1}{2}\frac{B^2}{\mu_0}dV$	能量密度 $w_e=\frac{1}{2}\varepsilon_0 E^2$ 能量 $W_e=\iiint_V\frac{1}{2}\varepsilon_0 E^2 dV$

(五)磁介质中的磁场 磁场强度和安培环路定理

1. *磁介质及其磁化*

(1) 磁介质内的磁场:磁介质在外磁场 $\boldsymbol{B}_0$(由传导电流产生)中受磁场作用被磁化产生磁化电流(也称束缚电流),磁化电流又产生磁场(附加磁场)$\boldsymbol{B}'$,因此有磁介质时各点的磁感应强度为

$$\boldsymbol{B}=\boldsymbol{B}_0+\boldsymbol{B}' \tag{12.18}$$

(2) 磁介质分类:根据介质的磁性,磁介质可以分为以下三类.

抗磁质:磁化产生的附加磁场 $\boldsymbol{B}'$ 与 $\boldsymbol{B}_0$ 方向相反,因而总的磁感应强度 $B<B_0$.

顺磁质:磁化产生的附加磁场 $\boldsymbol{B}'$ 与 $\boldsymbol{B}_0$ 方向相同,因而总的磁感应强度 $B>B_0$.

铁磁质:磁化产生的附加磁场 $B'\gg B_0$,因而总的磁感应强度的大小 $B\gg B_0$.

(3) 磁介质的磁化:分子或原子中各个电子对外界产生磁效应的总合,可以用一个等效的圆电流 i 表示,称为分子电流. 分子电流的磁矩 $\boldsymbol{P}_m$ 称为分子磁矩,即 $\boldsymbol{P}_m=i\boldsymbol{S}$,$\boldsymbol{S}$ 为等效圆电流所围面积. 对于顺磁质,分子固有磁矩 $\boldsymbol{P}_m\neq 0$;在外磁场的作用下,所有的分子磁矩 $\boldsymbol{P}_m$ 与 $\boldsymbol{B}_0$ 方向一致,因此附加场 $\boldsymbol{B}'$ 与外磁场 $\boldsymbol{B}_0$ 方向一致,从而使 $B>B_0$,这就是顺磁质的磁化. 对于抗磁质,分子固有磁矩 $\boldsymbol{P}_m=0$;在外磁场作用下分子产生附加磁矩 $\Delta\boldsymbol{P}_m$(由电子的进动产生)与外场

$\boldsymbol{B}_0$ 方向相反，因而附加场 $\boldsymbol{B}'$ 与原外场 $\boldsymbol{B}_0$ 方向相反，从而使 $B<B_0$，此即抗磁质的磁化.

2. *磁介质的磁化规律 磁场强度*

(1) 磁化强度：磁介质磁化的程度用磁化强度 $\boldsymbol{M}$ 来描述，$\boldsymbol{M}$ 的大小等于单位体积内分子磁矩 $\boldsymbol{P}_{\mathrm{m}}$ 及分子附加磁矩 $\Delta\boldsymbol{P}_{\mathrm{m}}$ 的矢量和，即

$$\boldsymbol{M}=\frac{\sum\boldsymbol{P}_{\mathrm{m}}+\sum\Delta\boldsymbol{P}_{\mathrm{m}}}{\Delta\boldsymbol{V}} \tag{12.19}$$

(2) 磁化电流：介质被磁化后出现的电流称为磁化电流. 对于各向同性均匀介质，当介质被均匀磁化时，磁化电流 I_s 只分布于介质表面上，且磁化电流面密度(即与电流方向垂直的单位长度上流过的电流) $\boldsymbol{j}_s$ 与磁化强度 $\boldsymbol{M}$ 关系为 $\boldsymbol{j}_s=\boldsymbol{M}\times\boldsymbol{n}_0$，式中 $\boldsymbol{n}_0$ 为磁介质表面法线方向的单位矢量，当 $\boldsymbol{M}\perp\boldsymbol{n}_0$ 时，则有 $\boldsymbol{j}_s=\boldsymbol{M}$. 对于闭合回路包围的磁化电流 I_s 与磁化强度 $\boldsymbol{M}$ 间关系为

$$\oint\boldsymbol{M}\cdot\mathrm{d}\boldsymbol{l}=I_s$$

(3) 磁场强度：由于计算或测定磁化电流都比较困难，而在讨论介质中各点磁场时，在计算中为避开磁化电流出现，引进辅助物理量——磁场强度矢量 $\boldsymbol{H}$，其定义式为

$$\boldsymbol{H}=\frac{\boldsymbol{B}}{\mu_0}-\boldsymbol{M} \tag{12.20}$$

实验证明，对于各向同性均匀的非铁磁介质，磁化强度与磁场强度成正比，即

$$\boldsymbol{M}=\chi_{\mathrm{m}}\boldsymbol{H} \tag{12.21}$$

此式称为磁化定律. 式中，χ_{m} 为磁化率，对均匀介质 χ_{m} 为常数. 代入上式有

$$\boldsymbol{B}=\mu_0(1+\chi_{\mathrm{m}})\boldsymbol{H}=\mu_0\mu_{\mathrm{r}}\boldsymbol{H}=\mu\boldsymbol{H} \tag{12.22}$$

式中，μ_{r} 为相对磁导率，μ 为磁导率. 对顺磁质，$\chi_{\mathrm{m}}>1$，$\mu_{\mathrm{r}}>1$；对抗磁质，$\chi_{\mathrm{m}}<1$，$\mu_{\mathrm{r}}<1$；对真空 $\chi_{\mathrm{m}}=0$，$\mu_{\mathrm{r}}=1$.

3. *磁介质中安培环路定理*

有介质存在时，安培环路定理应写成

$$\oint_L\boldsymbol{H}\cdot\mathrm{d}\boldsymbol{l}=\sum I_0 \tag{12.23}$$

它表明磁场强度沿任一闭合曲线的线积分等于以 $\boldsymbol{L}$ 为边界的曲面上传导电流的代数和. 它是反映稳恒磁场性质的基本定理之一. 但应注意，虽然 $\boldsymbol{H}$ 的环流仅与传导电流有关，与磁化电流无关，但 $\boldsymbol{H}$ 本身一般并不是仅由传导电流决定的，磁化电流对 $\boldsymbol{H}$ 也是有贡献的. 处理有介质存在时的磁场时，若能利用式(12.23)求出 $\boldsymbol{H}$，则由式(12.22)便可方便地求出 $\boldsymbol{B}$，从而避开了磁化电流，仅由传导电流便可求解出介质中的磁场分布.

三、习题分类与解题方法指导

归纳起来，本章习题可大体上分为四大类型：①已知电流分布求磁场分布；②磁场对运动电荷的作用：洛伦兹力和电荷运动规律，霍尔效应；③磁场对电流的作用：安培力的计算、线圈的磁力矩计算，磁场力做功的计算. ④已知传导电流分布(及介质分布)，求磁场分布($\boldsymbol{B}$、$\boldsymbol{H}$ 分布).

（一）已知电流分布，求磁感应强度分布

这里的电流可能是导体中的传导电流、运动电荷或带电体形成的运动电流或变化电场形成的位移电流等，其分布可能是线分布、面分布、体分布. 当已知电流及其分布时，求磁场 $\boldsymbol{B}$ 的分布，所用的方法应视电流分布情况采用不同方法，其原则是尽可能使解题过程简化，常采用的方法大体上有以下几种.

1. 对电流分布具有高度对称性的载流体（线、面、体），可首先选用安培环路定理求解

所谓“电流分布具有高度对称性”，一般有以下几种情况：①“无限长”载流直线、圆柱体、圆柱面以及它们间的同轴组合系统等；②“无限大”均匀载流平面、导体板（有一定厚度）以及它们间的平行组合系统等；③“无限长”载流螺线管、螺绕环以及它们各自的同轴组合系统等.

应用安培环路定理求解 $\boldsymbol{B}$ 的步骤为：

(1) 对称性分析. 由电流分布的对称性，分析 $\boldsymbol{B}$ 分布的特点，判断能否用环路定理求解.

(2) 选取闭合环路. 由 $\boldsymbol{B}$ 分布的特点，选取合适的闭合环路. 其原则是：在闭合环路各段（或某些部分）上使 $\boldsymbol{B}$ 与之垂直或平行或与之成一定角度，总之，使积分式中的 $\boldsymbol{B}$ 为常量，可提到积分号外. 规定环路方向，确定它所包围电流的正、负值.

(3) 计算 $\boldsymbol{B}$ 的环流量. 计算 $\oint_L \boldsymbol{B}\cdot \mathrm{d}\boldsymbol{l}$ 的数值，一般可以表示为 $\oint_L \boldsymbol{B}\cdot \mathrm{d}\boldsymbol{l} = B\Delta l$ 的形式.

(4) 计算环路包围电流代数和. 计算 $\sum I_i$（或由 $\mu_0\iint \boldsymbol{j}\cdot \mathrm{d}\boldsymbol{S}$ 计算）.

(5) 求出磁感应强度分布函数，并作必要的分析和讨论.

例题 12-1 有一同轴电缆，其尺寸如图 12-1(a)所示，两导体中的电流均为 I，但电流流向相反，试计算以下各处的磁感应强度：(1) $r<R_1$；(2) $R_1<r<R_2$；(3) $R_2<r<R_3$；(4) $r>R_3$.

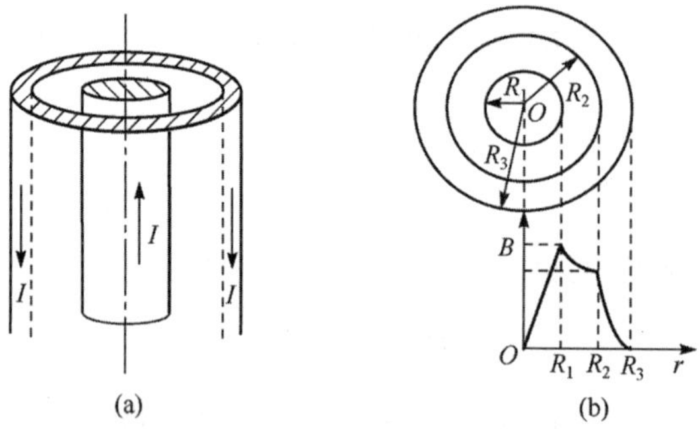

图 12-1

解 由题意知，电缆中电流沿轴线对称分布，因此磁场分布应具有对称性，可用环路定理求解. 取以截面中心为圆心，以 r 为半径的圆周为环路，逆时针方向为环路取向，则由环路定理，有

$$\oint_L \boldsymbol{B}\cdot \mathrm{d}\boldsymbol{l} = B\cdot 2\pi r = \mu_0 \sum I \qquad ①$$

(1) 当 $r<R_1$ 时，$\sum I = \dfrac{I}{\pi R_1^2}\pi r^2 = \dfrac{r^2}{R_1^2}I$，代入式 ① 得 $B = \dfrac{\mu_0 I}{2\pi R_1^2}r$

(2) 当 $R_1<r<R_2$ 时，$\sum I = I$，代入式 ① 得 $B = \dfrac{\mu_0 I}{2\pi r}$

(3) 当 $R_2<r<R_3$ 时，$\sum I = I-\dfrac{1}{\pi(R_3^2-R_2^2)}\pi(r^2-R_2^2)=\dfrac{R_3^2-r^2}{R_3^2-R_2^2}I$，代入式①得

$$B=\frac{\mu_0 I}{2\pi r}\frac{R_3^2-r^2}{R_3^2-R_2^2}$$

(4) 当 $r>R_3$ 时，$\sum I=0$，代入式①得 $B=0$. 各区间的 B-r 图线，如图 12-1(b)所示.

讨论：用类似的方法很容易求出以下结果.

(1) 电流为 I 的"无限长"的载直线、圆柱体、圆柱面(半径为 R)空间磁场分布分别为

长直导线　$B=\dfrac{\mu_0 I}{2\pi r}\quad (r\neq 0)$

长圆柱体　$B=\begin{cases}\dfrac{\mu_0 I}{2\pi R^2}r & (r<R)\\ \dfrac{\mu_0 I}{2\pi r} & (r\geqslant R)\end{cases}$

长圆柱面　$B=\begin{cases}0 & (r<R)\\ \dfrac{\mu_0 I}{2\pi r} & (r\geqslant R)\end{cases}$

(2) "无限大"的载流平面(线电流密度为 j)的磁场分布为 $B=\dfrac{\mu_0 j}{2}$；

(3) 通电流为 I 的长直螺线管、细螺绕环内部的磁场为 $B=\mu_0 nI$，n 为单位长度匝数.

对以上各种情况，若电流为随时间变化的电流，$I=I(t)$时，以上结论仍然适用.

2. 对某些几何形状规则的载流体(线、面、体)，可直接采用微元积分法求解

运用微元积分法求 B 的步骤一般为：

(1) 选取电流元. 根据电流分布和场点位置，选取电流元 $I\mathrm{d}\boldsymbol{l}$；

(2) 确定元磁场. 由毕-萨定律写出 $\mathrm{d}\boldsymbol{B}$ 表达式，并标出其方向；

(3) 建立坐标系. 根据电流分布和磁场分布建立坐标系；

(4) 建立积分式. 坐标系下的标量积分形式，(矢量投影、变量变换、确定积分上下限)；

(5) 求出结果. 积分计算结果，并写出结果 $\boldsymbol{B}=B_x\boldsymbol{i}+B_y\boldsymbol{j}+B_z\boldsymbol{k}$.

例题 12-2　一半径为 R 的无限长半圆筒导体通以电流 I，电流 I 在半圆筒上均匀分布，求轴线上任一点磁感应强度.

解　把半圆柱面沿轴线方向分割成无限多长直载流细条，宽为 $\mathrm{d}l$ 的细条(视为长直线电流)的电流为 $\mathrm{d}I=\dfrac{I}{\pi R}\mathrm{d}l$，其在轴线上 P 点产生的磁感应强度为 $\mathrm{d}B=\dfrac{\mu_0\mathrm{d}I}{2\pi R}=\dfrac{\mu_0 I}{2\pi^2R^2}\mathrm{d}l$，方向如图 12-2所示.

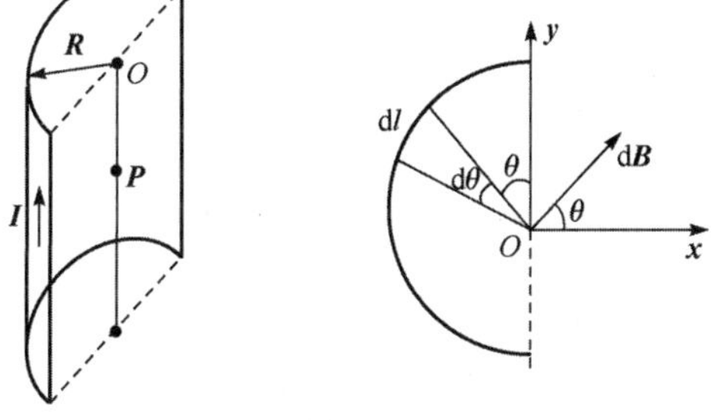

图 12-2

建 Oxy 坐标系，则有 $dB_x = dB\cos\theta, dB_y = dB\sin\theta$；根据电流分布特点易知

$$B_x = \int dB_x = 0$$

$$B_y = \int dB_y = \int \frac{\mu_0 I}{2\pi^2 R^2} dl \sin\theta = \frac{\mu_0 I}{2\pi^2 R}\int_0^{\pi} \sin\theta d\theta = \frac{\mu_0 I}{\pi^2 R}$$

故 $\boldsymbol{B} = \frac{\mu_0 I}{\pi^2 R}\boldsymbol{j}$，方向沿 y 轴正向.

3. 对运动电荷或旋转带电体的磁场

这类习题常见形式可分为三种情况，一是运动的点电荷，可利用相应磁场公式(12.4)直接计算；二是电荷连续分布的带电体的运动，电荷元运动可视为电流元，运用积分公式 $\boldsymbol{B} = \int d\boldsymbol{B} = \int \frac{\mu_0 \boldsymbol{v} \times \boldsymbol{r}}{4\pi r^3} dq$ 来计算；三是对于旋转的带电体，可视为一系列环形电流，则运用公式 $\boldsymbol{B} = \int dB = \int \frac{\mu_0}{2\pi} \frac{\pi r^2}{(r^2 + x^2)^{3/2}} dI$ 计算.

例题 12-3 一长为 l 的均匀带电细杆，带电量为 q，以垂直于杆本身方向的速率 $\boldsymbol{v}$ 沿 x 轴正方向匀速运动. 当细杆运动到与 y 轴重合位置时，细杆下端到坐标原点距离为 d，如图 12-3 所示，求此时原点 O 处的磁感应强度.

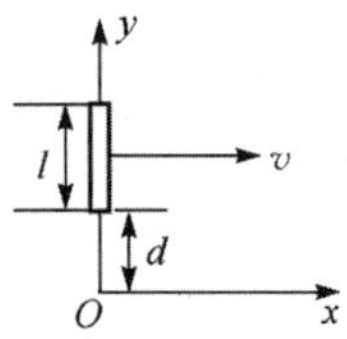

图 12-3

解 要求 O 点磁感强度，可把带电细杆视为无限多个电荷元各自在 O 点产生元磁感 $d\boldsymbol{B}$ 的叠加.

建坐标系 Oxy，在杆上 y 处取电荷元 $dq = \lambda dy = \frac{q}{l} dy$，$dq$ 在 O 点产生元磁感强度为 $dB = \frac{\mu_0}{4\pi}\frac{dq \cdot v}{y^2} = \frac{\mu_0 q v}{4\pi l}\frac{dy}{y^2}$，方向为⊗；由于每个电荷元在 O 点产生的元磁感强度方向均一致，由式(12.36)可知，矢量积分化为坐标系下的标量积分，O 点磁感应强度为

$$B = \int dB = \frac{\mu_0 q v}{4\pi l}\int_d^{d+l} \frac{dy}{y^2} = \frac{\mu_0 q v}{4\pi l}\left(\frac{1}{d} - \frac{1}{d+l}\right)$$

例题 12-4 半径为 R 的球面上均匀分布着电荷，面密度为 σ，当这球面以角速度 ω 绕它的直径匀速旋转时，如图 12-4 所示，求球心 O 处的磁感应强度.

解 旋转带电体形成了一系列圆心在轴上的环形电流，对这些环形电流在球心 O 处产生的磁感应强度进行积分，见式(12.37)，可得 O 处总磁感应强度.

建 Ox 坐标系，取半径为 R 宽为 dl 的细环带，则环带上的等效电流为

$$dI = \frac{dq}{T} = \frac{\omega}{2\pi}\sigma \cdot 2\pi r dl = \omega\sigma R r d\theta$$

它在轴线上 O 点产生的元磁感应强度为

$$dB = \frac{\mu_0}{2\pi}\frac{\pi r^2 dI}{(r^2 + x^2)^{3/2}}$$

方向沿 x 轴正向. 因为 $x = R\cos\theta, r = R\sin\theta$，代入上式得

$$dB = \frac{\mu_0 \sigma \omega R}{2}\sin^3\theta d\theta$$

由于所有环形电流在 O 点产生的 $d\boldsymbol{B}$ 方向均相同，故 O 点磁感应

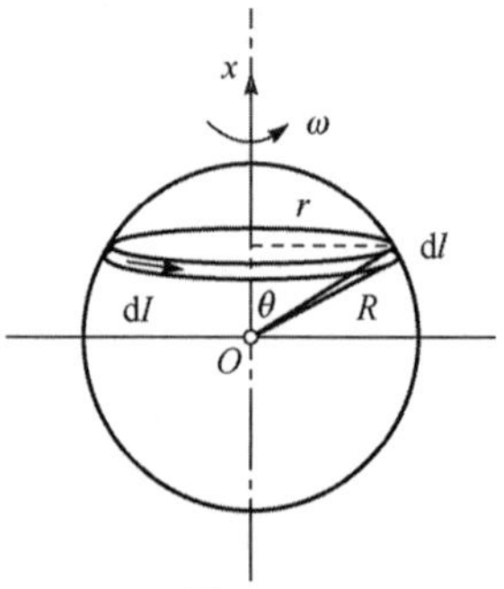

图 12-4

强度为

$$B=\int dB=\frac{\mu_0\sigma\omega R}{2}\int_0^{\pi}\sin^3\theta d\theta=\frac{2\mu_0\sigma\omega R}{3}$$

4. 典型几何形状组合的载流体的磁场，利用相应磁感应强度公式及叠加原理求解

这是指该载流体可以分割成某些“典型”载流体，而这些“典型”载流体的磁场很容易求出或直接引用某些结论（表 12-2），然后再把这些“典型”载流体的磁场进行叠加（或积分）计算.

例题 12-5　长直载流导线被弯曲成如图 12-5 所示形状，其中 bc 是半径为 R 圆心角为 150°的圆弧，de 是半径为 $\frac{R}{2}$ 的半圆，c、d、e 的连线过弧心 O，且各部分共面. 当通有电流为 I 时，求弧心 O 处磁感应强度.

解　弧心 O 点的 $\boldsymbol{B}$ 可视为各段电流所产生磁感应强度的矢量叠加，由表 12-2 知

$\overline{ab}$段：$B_{\overline{ab}}=\dfrac{\mu_0 I}{4\pi\dfrac{R}{2}}(\cos 0°-\cos 150°)=\dfrac{\mu_0 I(2-\sqrt{3})}{4\pi R}$，方向⊗

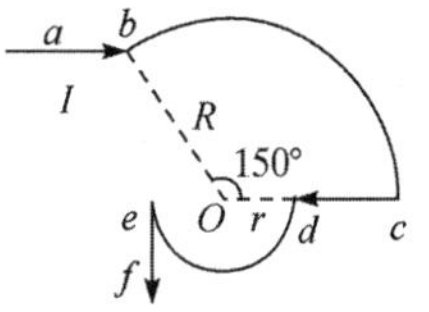

图 12-5

$\widehat{bc}$ 弧：$B_{\widehat{bc}}=\dfrac{\mu_0 I}{2\pi}\cdot\dfrac{510}{360}=\dfrac{5\mu_0 I}{24R}$，方向⊗

$\overline{cd}$段：$B_{\overline{cd}}=0$，方向⊗

$\widehat{de}$ 弧：$B_{\widehat{de}}=\dfrac{\mu_0 I}{4R}$，方向⊗

$\overline{ef}$段：$B_{\overline{ef}}=\dfrac{\mu_0 I}{4\pi r}$，方向⊗

所以，O 点的总磁感强度为

$$B=B_{\overline{ab}}+B_{\widehat{bc}}+B_{\overline{cd}}+B_{\widehat{de}}+B_{\overline{ef}}=\frac{17\pi-6\sqrt{3}}{24\pi R}\mu_0 I$$

方向⊗.

例题 12-6　有两平行无限长直导线载，电流分别为 I_1、I_2，相距为 d，如图 12-6 所示. 求两导线间一点 P 处磁感应强度.

解　P 点磁感应强度可视为两条长直导线各自在 P 点产生磁感应强度的矢量和，建 Ox 系如图所示，P 点坐标设为 x，则由长直载流导线磁场公式（表 12-2）可知

$B_1=\dfrac{\mu_0 I_1}{2\pi x}$，方向⊗

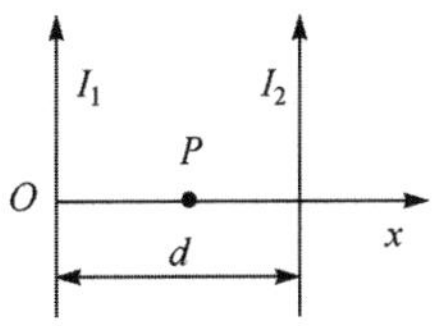

图 12-6

$B_2=\dfrac{\mu_0 I_2}{2\pi(d-x)}$，方向⊙

所以

$$B=B_1-B_2=\frac{\mu_0 I_1}{2\pi x}-\frac{\mu_0 I_2}{2\pi(d-x)}$$

表 12-2 常见“典型”载流体的磁感应强度

“典型”载流体	**B** 的大小	**B** 的方向
直线电流的磁场	$B=\frac{\mu_0 I}{4\pi r}(\cos\theta_1-\cos\theta_2)$	右螺旋法则
特例①无限长直导线($\theta_1=0,\theta_2=\pi$)	$B=\frac{\mu_0 I}{2\pi r}$	
特例②半无限长直导线$\left(\theta_1=0,\theta_2=\frac{\pi}{2}\right)$	$B=\frac{\mu_0 I}{4\pi r}$	
特例③直导线上或其延长线上($r=0$)	$B=0$	
圆电流在其轴线上的磁场	$B=\frac{\mu_0 IR^2}{2(R^2+x^2)^{3/2}}$	右螺旋法则
特例:圆电流圆心 O 处	$B=\frac{\mu_0 I}{2R}$	
特例:圆心角为 θ 的圆弧圆心处	$B=\frac{\mu_0 I}{4\pi R}\theta$	
螺线管轴线上的磁场	$B=\frac{\mu_0 nI}{2}(\cos\beta_2-\cos\beta_1)$	右螺旋法则
特例:长直螺线管($\theta_1=\pi,\theta_2=0$)	$B=\mu_0 nI$	
特例:细螺绕环	$B=\mu_0 nI$	
无限长均匀载流圆柱体的磁场	$B=\begin{cases}\frac{\mu_0 I}{2\pi R^2}r & (r<R)\\ \frac{\mu_0 I}{2\pi r} & (r\geqslant R)\end{cases}$	右螺旋法则
特例:无限长直圆柱面	$B=\begin{cases}0 & (r<R)\\ \frac{\mu_0 I}{2\pi r} & (r\geqslant R)\end{cases}$	
无限大均匀载流平面的磁场	$B=\frac{\mu_0}{2}j$	右螺旋法则

5. 对某些带有“空腔”的载流体,可采用“补偿法”求解

这里的所谓“补偿法”是指:对于无电流通过的空腔(或缝隙)部分,可视为通有与原电流量值相等、方向相反的电流的叠加,以便把原载流体(假设无空腔或缝隙)与空腔(缝隙)都视为几何形状规则的磁感应强度易求出或利用已知结论的载流体,然后把二者各自产生的磁场再叠加.

例题 12-7 在半径为的无限长金属圆柱体内部挖去一半径为的无限长小圆柱体,两柱体的轴线平行相距为 d 如图 12-7 所示.今有电流沿空心柱体的轴线方向流动,电流均匀分布在空心柱体的截面上,求空心部分内两轴连线上任一点的磁感应强度.

解 空腔内无电流通过,该区域可视为通有与圆柱体电流密度大小相等方向相反的电流的重叠,在重叠区(空腔部分)电流互相抵消,无电流通过,符合原题物理模型.而空腔部分任一点磁场均可视为半径为 R 的长圆柱体(电流密度为 j)与半径为 r 的小圆柱体(电流密度为 $-j$)各自产生磁场的叠加.

大圆柱体的电流密度为 $j=\frac{1}{\pi(R^2-r^2)}$(方向⊙),由电流分布的对称性,根据安培环路定理,可求出在距其轴线 r_1 处 P 点(设 P 点在空腔内)磁场为

$$B_1=\frac{\mu_0 I'}{2\pi R^2}r_1=\frac{\mu_0}{2\pi R^2}\frac{I\cdot\pi R^2}{\pi(R^2-r^2)}r_1=\frac{\mu_0 I}{2\pi(R^2-r^2)}r_1$$

且 $\boldsymbol{B}_1\perp\boldsymbol{r}_1$ 向上.

小圆柱体的电流 $I''=j\cdot\pi r^2=\frac{Ir^2}{R^2-r^2}$(方向⊗)在距其轴线 r_2 处 P 点产生的磁场为

$$B_2=\frac{\mu_0 I''}{2\pi R^2}r_2=\frac{\mu_0 I}{2\pi(R^2-r^2)}r_2$$

且 $\boldsymbol{B}_2\perp\boldsymbol{r}_2$ 向上.

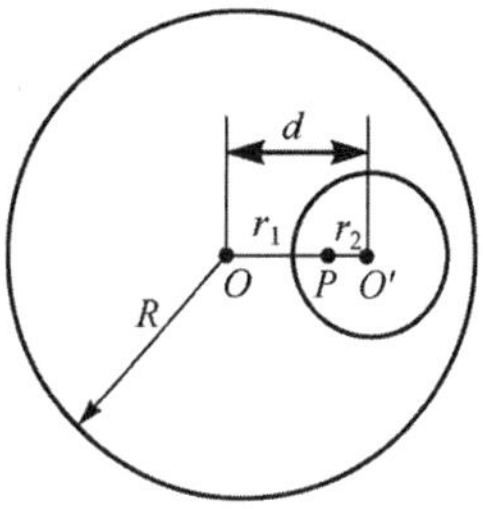

图 12-7

故场点 P 的合磁感强度大小为

$$B=B_1+B_2=\frac{\mu_0 I}{2\pi(R^2-r^2)}(r_1+r_2)=\frac{\mu_0 I}{2\pi(R^2-r^2)}d$$

方向垂直$\overrightarrow{OO'}$向上. 同样也可证明,空腔内任一点的磁场与 P 点的大小相等,方向一致,即空腔部分磁场是均匀分布的.

（二）已知磁场分布,求电流受的作用力及其运动、磁通量、磁场能量等

1. 带电粒子在磁场中所受的力及其运动

求解此类问题应注意,若空间仅存在磁场(均匀、非均匀),则粒子仅受洛伦兹力;若同时存在电场(均匀、非均匀),则同时又受电场力;若同时考虑重力场,则又受重力. 所以应根据题中具体条件,结合电学及力学中有关概念和规律进行求解.

例题 12-8　图 12-8 所示为测量离子质量所用的装置,离子源 S 产生质量为 m 电荷量为 $+q$ 的离子,离子从 S 源出来时速度很小,可以看成是静止的. 离子经电势差 U 加速后进入磁感强度为 $\boldsymbol{B}$ 的均匀磁场后,沿一半圆周运动到离入口缝隙处 x 的感光底片上,并予以记录. 试证明离子的质量 $m=\frac{B^2q}{8U}x^2$.

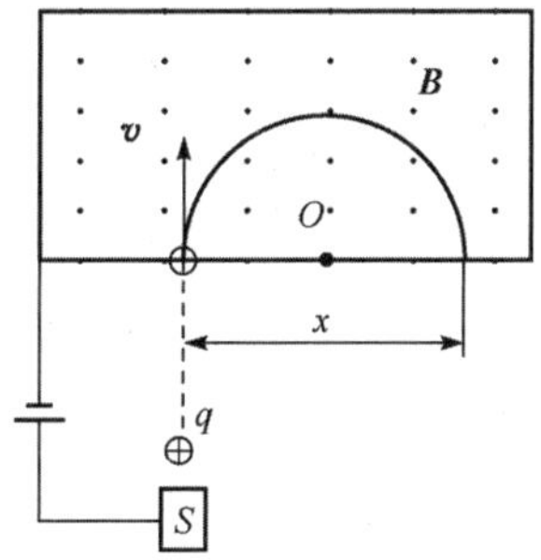

图 12-8

证明　离子从源 S 处出来后,被电场 U 加速获得一定速度 $\boldsymbol{v}$,从缝隙 x 处垂直于进入磁场 $\boldsymbol{B}$,在洛伦兹力作用下作匀速率圆周运动.

离子进入磁场时速度为 $\boldsymbol{v}$,则 $qU=\frac{1}{2}mv^2$.

离子作匀速率圆周运动,向心力等于洛伦兹力,即

$$m\frac{v^2}{R}=qvB$$

又有 $x=2R$,解方程组可得

$$m=\frac{B^2q}{8U}x^2$$

2. 求载流导线磁场中所受的力

一般用安培定律 $\boldsymbol{F}=\int I\mathrm{d}\boldsymbol{l}\times\boldsymbol{B}$ 求解,对均匀磁场 $\boldsymbol{B}$,直载流线 L(在磁场内的部分),可直接用 $F=IBL\sin\theta$(其中 θ 为 $\boldsymbol{B}$ 与电流方向间夹角);对非均匀磁场或非直线电流,一般作积分计

算，步骤一般为：①明确外磁场分布，受力电流分布，适当建立坐标系；②在所求的受力导线上适当选取电流元 $I\mathrm{d}\boldsymbol{l}$，由安培定律写出电流元 $I\mathrm{d}\boldsymbol{l}$ 受力 $\mathrm{d}\boldsymbol{F}$ 大小，并标出 $\mathrm{d}\boldsymbol{F}$ 的方向；③在所建坐标系下写出 $\mathrm{d}\boldsymbol{F}$ 的分量式 $\mathrm{d}F_x$、$\mathrm{d}F_y$、$\mathrm{d}F_z$，确定积分上、下限，作分量积分求出 F_x、F_y、F_z；④最后给出受力 $\boldsymbol{F}=F_x\boldsymbol{i}+F_y\boldsymbol{j}+F_z\boldsymbol{k}$ 或作必要的讨论.

例题 12-9 一半径为 R 载有电流为 I 的半圆形导线，放在均匀磁场 $\boldsymbol{B}$ 中，磁场与导线平面垂直(图 12-9)，求磁场作用在半圆形导线上的力.

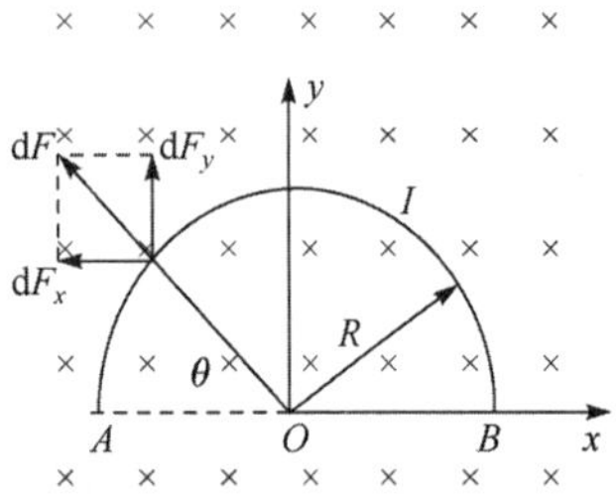

图 12-9

解一 建坐标系如图所示，取电流元 $I\mathrm{d}\boldsymbol{l}$，其受力 $\mathrm{d}F=IB\mathrm{d}l$ 方向如图，其分量为

$$\mathrm{d}F_x=-\mathrm{d}F\cos\theta,\mathrm{d}F_y=\mathrm{d}F\sin\theta$$

由对称性易知，电流在 x 方向受合力为零.

$$F_x=\int \mathrm{d}F_x=-\int_0^{\pi} IB\,\mathrm{d}l\cos\theta=0$$

故半圆导线在 y 方向受力

$$F_y=\int \mathrm{d}F_y=-\int_L IB\,\mathrm{d}l\sin\theta=IBR\int_0^{\pi}\sin\theta\mathrm{d}\theta=2IBR$$

解二 把直径 AB 处视为通有电流 I(方向由 $B\to A$)，与半圆导线构成闭合载流线圈，该线圈受合力为零，即 $\boldsymbol{F}_{\widehat{AB}}+\boldsymbol{F}_{\overline{AB}}=0$，直导线 BA 受力为 $\boldsymbol{F}_{\overline{AB}}=-2IBR\boldsymbol{j}$

故半圆形导线受力为

$$\boldsymbol{F}_{\widehat{AB}}=2IBR\boldsymbol{j}$$

3. 求载流线圈在均匀磁场中所受的力矩

求线圈受力(或对某轴的力矩)时，用上述的方法先求出线圈各部分受力(或力矩)后，再求合力(或合力矩)；对平面载流线圈在均匀外磁场中，所受合力恒为零，力矩为 $\boldsymbol{M}=\boldsymbol{P}_{\mathrm{m}}\times\boldsymbol{B}$.

例题 12-10 一半径为 R 电荷面密度为 σ 的均匀带电薄圆盘，放在磁感强度为 $\boldsymbol{B}$ 的均匀磁场中，$\boldsymbol{B}$ 的分向与盘面平行. 若盘以角速度 ω 绕过盘心垂直盘面的轴匀速转动，求作用在圆盘上的磁力矩.

解 此题有两种途径求解，一是先求出圆盘旋转时的总磁矩 $\boldsymbol{P}_{\mathrm{m}}$，再用 $\boldsymbol{M}=\boldsymbol{P}_{\mathrm{m}}\times\boldsymbol{B}$ 求解；二是先求出圆盘旋转对应的一系列同心环形电流所受元力矩 $\mathrm{d}\boldsymbol{M}$，再积分求圆盘所受总磁力矩.

如图 12-10 所示，把圆盘分成一系列同心细环带，当盘旋转时，每个环带形成一环电流. 取半径为 r 宽为 $\mathrm{d}r$ 的环带，其上电荷 $\mathrm{d}q=\sigma\mathrm{d}S=\sigma 2\pi r\mathrm{d}r$，环电流 $\mathrm{d}I=\dfrac{\mathrm{d}q}{T}=\dfrac{\omega\mathrm{d}q}{2\pi}=\sigma\omega r\mathrm{d}r$，此环电流的元磁矩大小为

$$\mathrm{d}P_{\mathrm{m}}=S\cdot\mathrm{d}I=\pi\sigma\omega r^3\mathrm{d}r$$

方向沿 $\boldsymbol{j}$ 方向.

整个圆盘的总磁矩(每个环电流的磁矩方向相同)为

$$P_{\mathrm{m}}=\int \mathrm{d}P_{\mathrm{m}}=\int_0^R \pi\sigma\omega r^3\mathrm{d}r=\frac{\pi}{4}\sigma\omega R^4$$

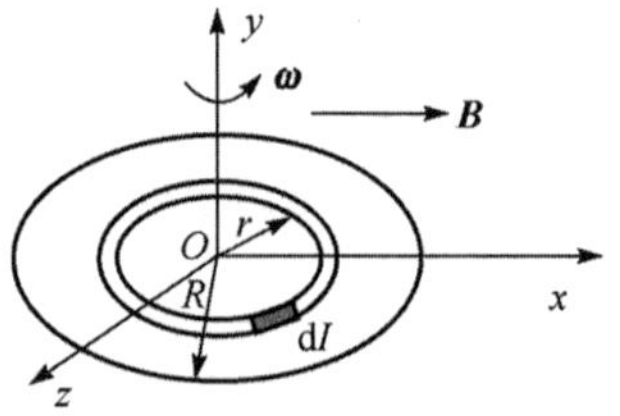

图 12-10

方向沿 $\boldsymbol{j}$ 方向，即 $\boldsymbol{P}_{\mathrm{m}}=\dfrac{\pi}{4}\sigma\omega R^4\boldsymbol{j}$；磁场为均匀，故圆盘受磁力矩为

$$\boldsymbol{M}=\boldsymbol{P}_{\mathrm{m}}\times\boldsymbol{B}=\frac{\pi}{4}\sigma\omega BR^{4}\boldsymbol{j}\times\boldsymbol{i}=-\frac{\pi}{4}\sigma\omega BR^{4}\boldsymbol{k}$$

或 $\mathrm{d}\boldsymbol{P}_{\mathrm{m}}$ 所受力矩 $\mathrm{d}\boldsymbol{M}$ 为 $\mathrm{d}\boldsymbol{M}=\mathrm{d}\boldsymbol{P}_{\mathrm{m}}\times\boldsymbol{B}=-\pi\sigma\omega r^{2}\mathrm{d}rB\boldsymbol{k}$，圆盘受总磁力矩为

$$\boldsymbol{M}=\int\mathrm{d}\boldsymbol{M}=-\int_{0}^{R}\pi\sigma\omega r^{3}\mathrm{d}rB\boldsymbol{k}=-\frac{\pi}{4}\sigma\omega BR^{4}\boldsymbol{k}$$

4. 求磁感应强度通量

基本方法有二，一是由通量定义用积分法求之，即 $\Phi_{\mathrm{m}}=\iint_{S}\boldsymbol{B}\cdot\mathrm{d}\boldsymbol{S}$；二是由高斯定理求之，即 $\Phi_{\mathrm{m}}=\oiint_{S}\boldsymbol{B}\cdot\mathrm{d}\boldsymbol{S}=0$，有时所要讨论的曲面不是闭合曲面，需要根据具体情况设计一个闭合曲面，再借助高斯定理求出磁通量.

用积分法求通量时，求解步骤一般为：①明确所求面积上各点的 $\boldsymbol{B}$ 及有效面积（各点 $\boldsymbol{B}\neq0$ 的面积）分布；②适当建立一坐标系，并在坐标系下写出面积元 $\mathrm{d}\boldsymbol{S}$ 与 $\boldsymbol{B}$ 的表达式；③根据 $\mathrm{d}\Phi_{\mathrm{m}}=\boldsymbol{B}\cdot\mathrm{d}\boldsymbol{S}$写出通过面元矢量的元磁通；④列出积分式，确定积分限，求解磁通量.

例题 12-11 一半径为 R 的半球面放于均匀磁场 $\boldsymbol{B}$ 中，$\boldsymbol{B}$ 的方向平行于半球面的对称轴，求通过半球面 S 的磁通量.

解 此题可用 $\Phi_{\mathrm{m}}=\iint_{S}\boldsymbol{B}\cdot\mathrm{d}\boldsymbol{S}$ 求之，也可用高斯定理解之.

边界线所围圆面积 $S'=\pi R^{2}$ 与半球面 S 构成一闭合曲面，由高斯定理

$$\oiint_{S}\boldsymbol{B}\cdot\mathrm{d}\boldsymbol{S}=\iint_{S'}\boldsymbol{B}\cdot\mathrm{d}\boldsymbol{S}+\iint_{S}\boldsymbol{B}\cdot\mathrm{d}\boldsymbol{S}=0$$

其中，$\iint_{S'}\boldsymbol{B}\cdot\mathrm{d}\boldsymbol{S}=-B\iint_{S'}\mathrm{d}S=-B\cdot\pi R^{2}$，代入上式，则通过半球面 S 的通量为

$$\Phi_{\mathrm{m}}=\iint_{S}\boldsymbol{B}\cdot\mathrm{d}\boldsymbol{S}=B\cdot\pi R^{2}$$

例题 12-12 在一均匀磁场 $\boldsymbol{B}$ 中有一弯成 θ 角的导线框架 COD，一导线 AB 以恒定速度 $\boldsymbol{v}$ 在框架上匀速滑动，设 $\boldsymbol{v}$ 垂直于 AB 向右，求任一时刻 t 通过框架面积上的磁通量.

解 建坐标系 Oxy，图 12-11 在 x 处取面积元 $\mathrm{d}S=y\mathrm{d}x$，通过面元上的元磁通量为

$$\mathrm{d}\Phi_{\mathrm{m}}=\boldsymbol{B}\cdot\mathrm{d}\boldsymbol{S}=B\mathrm{d}S=By\mathrm{d}x$$

则通过面积△AOB 上的磁通为

$$\Phi_{\mathrm{m}}=\int\mathrm{d}\Phi_{\mathrm{m}}=\int_{0}^{vt}By\mathrm{d}x=\int_{0}^{vt}Bx\tan\theta\mathrm{d}x=\frac{1}{2}Bv^{2}t^{2}\tan\theta$$

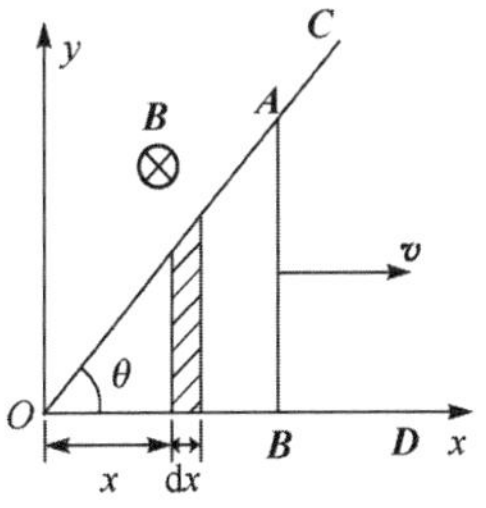

图 12-11

（三）求场源电流对电荷、电流的作用力、力矩以及磁通量、磁场能量等

此类习题是类型（一）与（二）的综合，求解的基本思路是由（场源）电流分布按照类型（一）的方法先求出磁场的分布，然后再按照类型（二）的方法求解有关物理量.

1. 求电流对电荷的作用力

根据电流分布，一般应先用类型（一）的有关方法求出 $\boldsymbol{B}$ 的分布，然后应用类型（二）中的

方法,求运动电荷所受力或讨论电荷的运动.

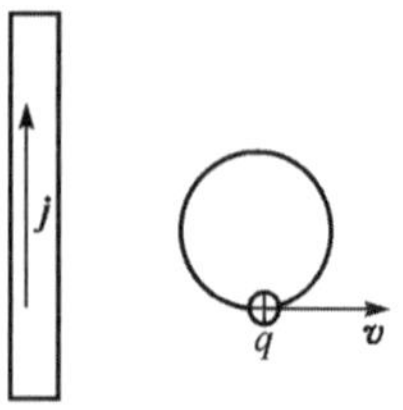

图 12-12

例题 12-13　一无限大载流平面导体薄板,其面电流密度为 j(单位宽度上通有的电流强度),方向向上,今有质量为 m 带电量为 $+q$ 的粒子,以速度 $\boldsymbol{v}$ 沿平板法线方向向右运动(图 12-12),求:(1)带电粒子最初至少在距板什么位置处才不与大平板碰撞;(2)经多少时间才能回到初始位置(不计粒子重力).

解　先求出大平板产生的磁场,然后由洛伦兹力讨论粒子的运动.

大平板电流产生的磁场为 $B=\dfrac{\mu_0}{2}j$,方向$\otimes$.

(1) 带电粒子在均匀磁场中作匀速率圆周运动,则

$$m\frac{v^2}{R}=qvB,R=\frac{mv}{Bq}=\frac{2mv}{\mu_0 qj}$$

故粒子最初距板的距离应大于$\dfrac{2mv}{\mu_0 qj}$.

(2) 粒子运动周期为 $T=\dfrac{2\pi m}{Bq}=\dfrac{4mv}{\mu_0 qj}$,即经时间 $T=\dfrac{4mv}{\mu_0 qj}$,粒子回到初始位置.

2. 求电流对载流导线、线圈的作用力、力矩

一般应先明确(场源)电流与受力电流的分布,应用类型(一)的方法先求出(场源)电流所产生的磁场分布,再应用类型(二)中的方法求对载流导线 、线圈的作用力或力矩.

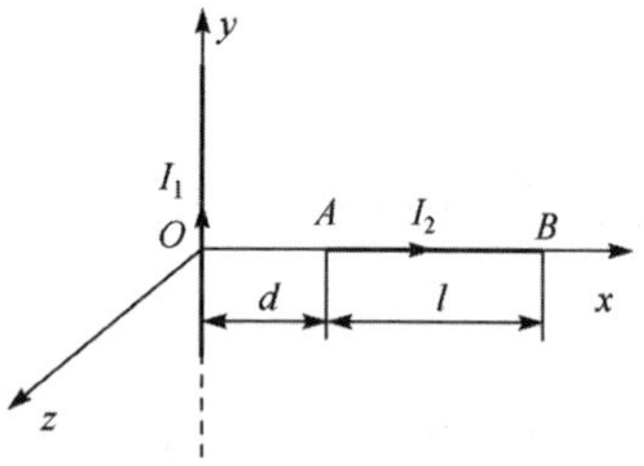

图 12-13

例题 12-14　在一通有电流 I_1 的无限长直导线一旁放有另一电流为 I_2 的直导线 AB,二者共面且 AB 与长直导线垂直,如图 12-13 所示,求导线 AB 所受的力.

解　先求出长直电流 I_1 在 AB 所在处任一点的 $\boldsymbol{B}$,再由安培定律求 AB 受力.

建坐标系 $Oxyz$ 如图 12-13 所示,AB 所在区域处 x 点的磁场为

$$B=\frac{\mu_0 I_1}{2\pi x}$$

沿 z 轴负向.

在导线 AB 上任取电流元 $I_2\mathrm{d}\boldsymbol{l}=l_2\mathrm{d}x\boldsymbol{i}$,其受力为

$$\mathrm{d}\boldsymbol{F}=\frac{\mu_0 I_1 I_2}{2\pi x}\mathrm{d}x\boldsymbol{j}$$

故载流导线受长直电流 I_1 的作用力为

$$\boldsymbol{F}=\int\mathrm{d}\boldsymbol{F}=\int_d^{d+l}\frac{\mu_0 I_1 I_2}{2\pi x}\mathrm{d}x\boldsymbol{j}=\frac{\mu_0 I_1 I_2}{2\pi}\ln\frac{d+l}{d}\boldsymbol{j}$$

例题 12-15　有一无限长直线电流 I_0,沿一半径为 R 的圆电流 I 的直径穿过,如图 12-14 所示. 试求:(1)半圆弧 ADB 受直线电流的作用力;(2)整个圆形电流受直线电流的作用力.

解　先求长直电流 I_0 在受力电流 I 所分布区域上任一点的 $\boldsymbol{B}$,再由安培定律求合力 $\boldsymbol{F}$.

(1) 取图示坐标系 Oxy,在半圆 ADB 上任一点取电流元 $I\mathrm{d}l=IR\mathrm{d}\theta$,其所在处长直电流

I_0 的磁场为

$$B=\frac{\mu_0 I_0}{2\pi x}=\frac{\mu_0 I_0}{2\pi R\sin\theta},方向\otimes$$

电流元 $I\mathrm{d}\boldsymbol{l}$ 所受安培力为

$$|\mathrm{d}\boldsymbol{F}|=|I\mathrm{d}\boldsymbol{l}\times\boldsymbol{B}|=\frac{\mu_0 I_0 I}{2\pi}\frac{\mathrm{d}\theta}{\sin\theta}$$

方向如图 12-14 所示.

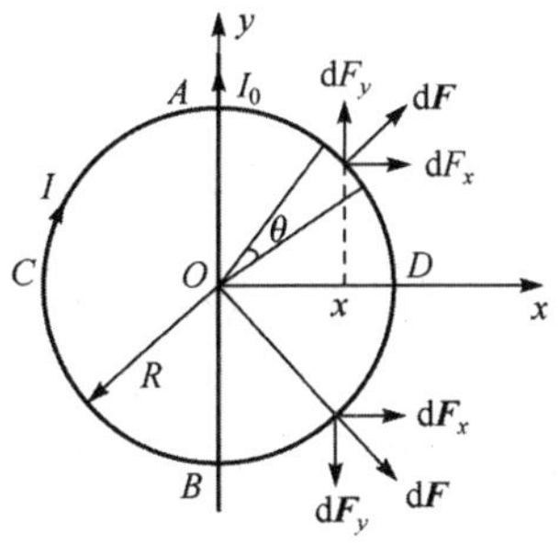

图 12-14

$$\mathrm{d}F_x=\mathrm{d}F\sin\theta=\frac{\mu_0 I_0 I_0}{2\pi}\mathrm{d}\theta$$

$$\mathrm{d}F_y=\mathrm{d}F\cos\theta=\frac{\mu_0 I_0 I_0}{2\pi}\frac{\cos\theta}{\sin\theta}\mathrm{d}\theta$$

由受力电流分布特点易知,半圆 ADB 受力为

$$F_y=\int\mathrm{d}F_y=0$$

$$F_x=\int\mathrm{d}F_x=\int_0^{\pi}\frac{\mu_0 I_0 I}{2\pi}\mathrm{d}\theta=\frac{\mu_0 I_0 I}{2}$$

即 $\boldsymbol{F}=\frac{1}{2}\mu_0 I_0 I\boldsymbol{i}$.

(2) 同理,半圆电流 ACB 受长直电流的作用力大小也是$\frac{1}{2}\mu_0 I_0 I$,方向也沿 x 方向,故整个圆电流环受长直电流的作用力为

$$\boldsymbol{F}=\mu_0 I_0 I\boldsymbol{i}$$

3. 已知电流分布,求某一面积上的磁通量

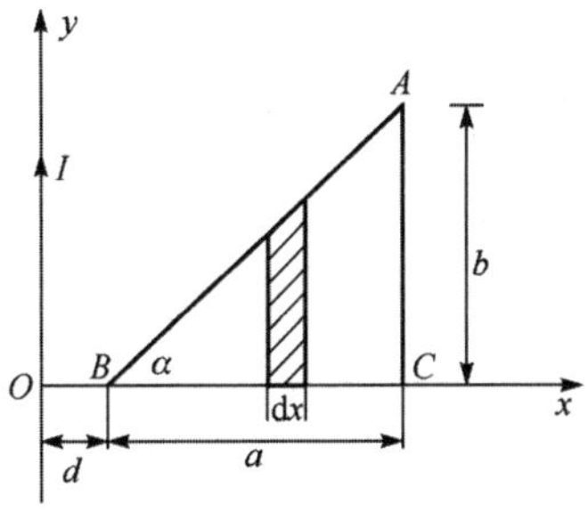

图 12-15

一般应先明确(场源)电流分布,结合类型(一)先求磁场分布,然后结合类型(二)中的方法求磁通量.

例题 12-16 一无限长直导线,通以电流 $I=I_0\mathrm{e}^{-2t}$(I_0 为恒量),有一与之共面的直角三角形线圈 ABC,AC 边与长直导线平行且 $AC=b$,$BC=a$,B 点距长直导线距离为 d,如图 12-15所示,求任一时刻 t 通过△ABC 面积上的磁通量.

解 先求长直导线在△ABC 面积上任一点产生的$\boldsymbol{B}$,再由 $\Phi_\mathrm{m}=\iint\boldsymbol{B}\cdot\mathrm{d}\boldsymbol{S}$ 求磁通.

建立坐标系 Oxy,在 x 处取面积元 $\mathrm{d}S=y\mathrm{d}x=(x-d)\tan\alpha\cdot\mathrm{d}x$,$\mathrm{d}\boldsymbol{S}$ 所在处的 $\boldsymbol{B}$ 为

$$B=\frac{\mu_0 I}{2\pi x}=\frac{\mu_0 I_0}{2\pi x}\mathrm{e}^{-2t},方向\otimes$$

通过面积元 $\mathrm{d}\boldsymbol{S}$ 的元磁通(取 $\mathrm{d}\boldsymbol{S}$ 的方向为$\otimes$)为

$$\mathrm{d}\Phi_\mathrm{m}=\boldsymbol{B}\cdot\mathrm{d}\boldsymbol{S}=\frac{\mu_0 I_0}{2\pi x}(x-d)\tan\alpha\cdot\mathrm{e}^{-2t}\mathrm{d}x$$

通过整个线圈面积上的磁通量为

$$\Phi_m=\int d\Phi_m=\int_d^{d+a}\frac{\mu_0 I}{2\pi x}(x-d)\tan\alpha\cdot e^{-2t}dx=\frac{\mu_0 Ib}{2\pi a}e^{-2t}\left(a-\ln\frac{d+a}{d}\right)$$

（四）已知传导电流分布（及介质分布），求磁场分布（**B**、**H** 分布）；

此类习题一般是给定传导电流分布及磁介质（各向同性、均匀）的分布，求解时可按以下思路考虑：若传导电流分布具有对称性，磁介质也具有相应的对称性或充满场不为零的空间时，可用介质中安培环路定理求解. 一般解题步骤为：①分析电流分布及磁场分布的对称性；②适当选取环路并计算其代数和；③用环路定理 $\oint_L \boldsymbol{H}\cdot d\boldsymbol{l}=\sum I_0$ 求出 **H**；④用 $\boldsymbol{B}=\mu\boldsymbol{H}$ 求出 **B**.

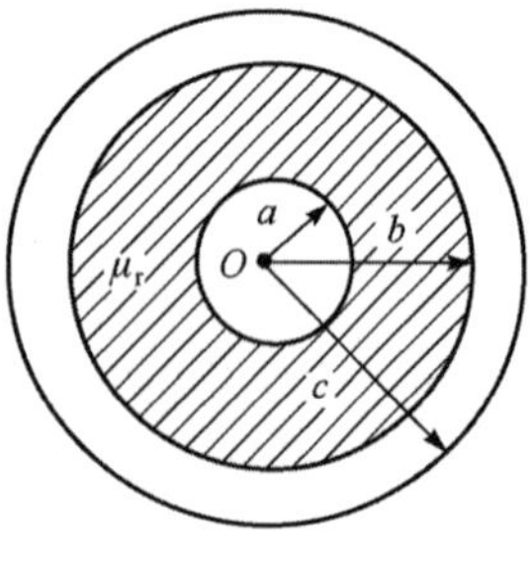

图 12-16

例题 12-17　一同轴电缆由半径为 a 的圆柱形导体和套在外面的内、外半径分别为 b、c 的同轴导体圆筒构成，如图 12-16 所示，两导体之间充满相对磁导率为 μ_r 的各向同性均匀非铁磁质，电流 I 由内导体流过，外导体返回，且在导体截面上均匀分布，求电缆内外的分布.

解　所给条件满足对称性要求，在电缆的横截面内取不同半径的安培环路，由 $\oint_L \boldsymbol{H}\cdot d\boldsymbol{l}=\sum I_i$，求得 **H**，再由 $\boldsymbol{B}=\mu\boldsymbol{H}$ 求得 **B**.

$$\oint_L \boldsymbol{H}\cdot d\boldsymbol{l}=\oint H dl=H2\pi r=\sum I$$

当 $r\leqslant a$ 时，$\sum I=\frac{\pi r^2}{\pi a^2}I=\frac{r^2}{a^2}I$，得

$$H_1=\frac{I}{2\pi a^2}r,\quad B_1=\mu_0 H_1=\frac{\mu_0 I}{2\pi a^2}r$$

当 $a<r<b$ 时，$\sum I=I$，得

$$H_2=\frac{I}{2\pi r},\quad B_2=\mu_0\mu_r H_2=\frac{\mu_0\mu_r I}{2\pi r}$$

当 $b\leqslant r\leqslant c$ 时，$\sum I=I-I\frac{\pi(r^2-b^2)}{\pi(c^2-b^2)}=I\frac{c^2-r^2}{c^2-b^2}$，得

$$H_3=\frac{I}{2\pi r}\frac{c^2-r^2}{c^2-b^2},B_3=\frac{\mu_0 I(c^2-r^2)}{2\pi r(c^2-b^2)}$$

在电缆外部时 $r>c$，$H_4=0$，$B_4=0$.

例题 12-18　在均匀密绕的螺绕环内充满相对磁导率为 μ_r 的均匀顺磁质，已知螺绕环中的传导电流为 I，单位长度内匝数为 n，环的横截面半径比环的平均半径小得多，求环内的磁场强度和磁感强度.

解　如图 12-17 所示，在环内任取一点，过该点作一和环同心、半径为 r 的圆形回路，磁场强度 **H** 沿此回路的线积分为

$$\oint_L \boldsymbol{H}\cdot d\boldsymbol{l}=NI$$

式中，N 是螺绕环上线圈的总匝数. 由对称性可知，在所取圆形回路上各点的磁场强度的大小相等，方向都沿切线. 于是

$$\oint_L \boldsymbol{H} \cdot \mathrm{d}\boldsymbol{l} = H \cdot 2\pi r = NI, H = \frac{NI}{2\pi r} = nI$$

当环内是真空时，环内的磁感应强度为

$$B_0 = \mu_0 H = \frac{NI}{2\pi r} = nI$$

当环内充满均匀磁介质时，环内的磁感应强度为

$$B = \mu_0 \mu_r H = \mu_0 \mu_r nI$$

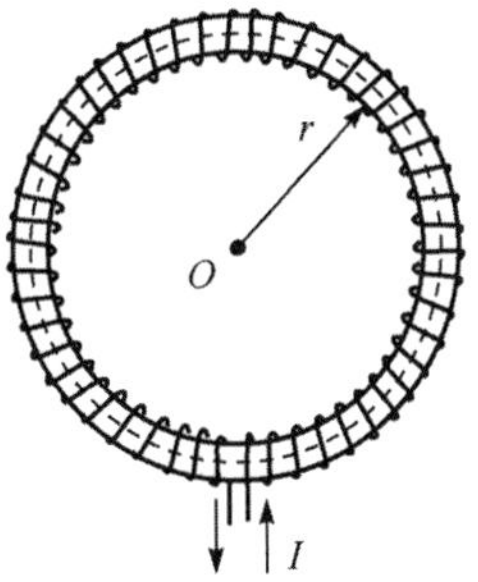

图 12-17

四、知识拓展与问题讨论

磁路定理与磁屏蔽

由于铁磁材料的磁导率 μ 很大，铁芯具有将磁通量集中在自己内部的作用. 一个没有铁芯的载流线圈产生的磁感应线是弥散在整个空间的，如图 12-18(a)所示；若把同样的线圈绕在一个闭合的铁芯上时，则不仅磁通量的数值大大增加，而且磁感应线几乎是沿着铁芯的，如图 12-18(b)所示.

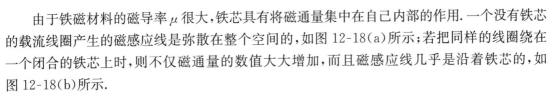

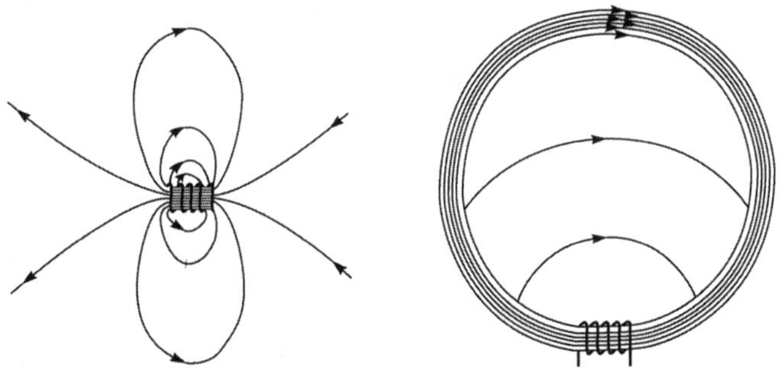

图 12-18

也就是说，铁芯的边界构成了一个磁感应管，它把绝大部分磁通量集中到这个管子里，这一点与一个电路很相似. 如果一个电源的两极间没有连接导线，两极产生的电场线是弥散在整个空间的，如图 12-19(a)所示；若把电源的两极连接一根闭合导线，则不仅电流的数值大大增加，而且电流线几乎是沿着导线内部流动的，如图 12-19(b)所示. 也就是说，导线的边界构成了一个电流管，它把绝大部分电流集中到这个管子里. 通常把导线构成的电流管叫做电路，与此类似，铁芯构成的磁感应管也可以叫做磁路. 磁路与电路之间的相似性，使我们可以将电路中的有关概念和分析问题的方法借用过来，从而提供了分析和计算磁路中磁场分布的一个有力工具——磁路定理.

在恒定电路中，无论导线各段的粗细或电阻怎样不同，通过各个截面的电流都是一样的. 根据磁场高斯定理不难得到，在铁芯里，通过各个截面的磁通量也是近似相同的. 由闭合电路欧姆定律，对于一个闭合电路，电源电动势等于各段导线上的电势降落之和，即

$$\mathscr{E} = \sum_i IR_i = I\sum_i R_i = I\sum_i \frac{l_i}{\sigma_i S_i}$$

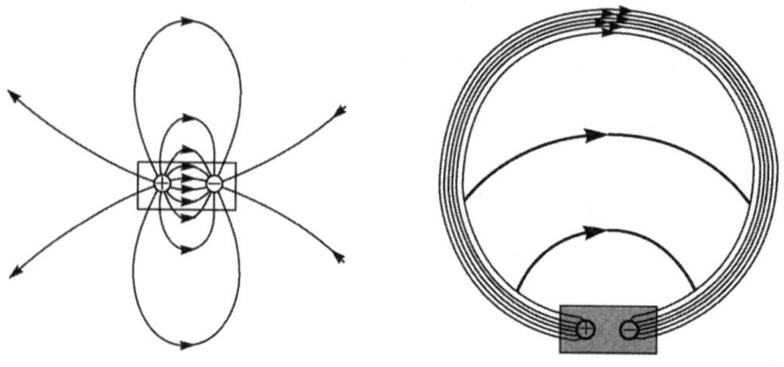

图 12-19

式中，R_i、σ_i、l_i、S_i分别是第 i 段导线的电阻、电导率、长度和截面积. 对于磁路来说，因为各段磁路的磁通量 $\Phi_{Bi}=B_iS_i$ 都相同，可以统一用 Φ_B 表示；由安培环路定理

$$NI_0=\oint_{(L)}\boldsymbol{H}\cdot\mathrm{d}\boldsymbol{l}=\sum_i H_il_i=\sum_i\frac{B_il_i}{\mu_i}=\sum_i\frac{\Phi_{Bi}l_i}{\mu_iS_i}=\Phi_B\sum_i\frac{l_i}{\mu_iS_i}$$

式中，N、I_0分别是产生磁场的线圈匝数和传导电流；H_i、B_i、μ_i、l_i、S_i分别是第 i 段均匀磁路中的磁场强度、磁感应强度、磁导率、长度和截面积；积分的闭合环路是沿着磁路选取的.

将上式与电路公式进行对比，即可看出磁路与电路中各个物理量的对应关系. 如果将磁动势 $\mathscr{E}_{\mathrm{m}}$、磁阻 R_{m} 和磁势降落 Hl 分别定义为 $\mathscr{E}_m=NI_0$，$R_{\mathrm{m}}=\dfrac{1}{\mu S}$，$Hl=\Phi_BR_{\mathrm{m}}$，上式即可表示为

$$\mathscr{E}_{\mathrm{m}}=\sum_i H_il_i=\Phi_B\sum_i R_{\mathrm{m}i}=\Phi_B\sum_i\frac{l_i}{\mu_iS_i} \tag{12.24}$$

这就是磁路定理，它可表述为：闭合磁路的磁动势等于各段磁路上的磁势降落之和.

在实际工作中(如精密测量磁场)往往需要把一部分空间屏蔽起来，以免受到外界磁场的干扰. 由于铁芯具有将磁通集中到内部的性质，可以用作磁屏蔽的材料. 磁屏蔽的原理可以借助并联磁路的概念来说明. 如图 12-20 所示，将一个铁壳放在外磁场中，铁壳的壁和空腔内的空气可以看成是并联磁路. 由于空气磁阻比铁壳壁的磁阻大得多，所以外磁场的磁通绝大部分将沿着铁壳壁内“通过”，进入空腔的磁通量很少，这就可以达到磁屏蔽的目的.

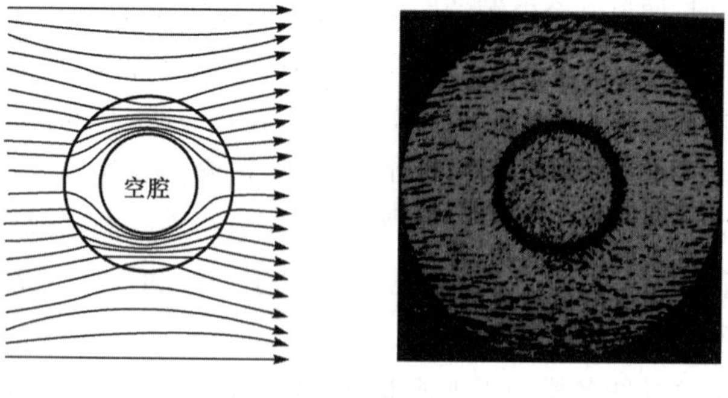

图 12-20

一般用铁壳做磁屏蔽没有用金属壳做静电屏蔽的效果好，为了达到更好的磁屏蔽效果，可以采用多层铁壳的方法，将漏进空腔内的磁通量逐次地屏蔽掉.

习　题　12

一、选择题

12-1　一根无限长细导线有电流 I，折成如图所示形状，圆弧部分的半径为 R，则圆心处磁感应强度 $\boldsymbol{B}$ 的大小为(　　)

A. $\dfrac{\mu_0 I}{4\pi R}+\dfrac{3\mu_0 I}{8R}$；　B. $\dfrac{\mu_0 I}{2\pi R}+\dfrac{3\mu_0 I}{8\pi R}$；　C. $\dfrac{\mu_0 I}{4\pi R}-\dfrac{3\mu_0 I}{8R}$；　D. $\dfrac{\mu_0 I}{4\pi}+\dfrac{\mu_0 I}{2\pi R}$.

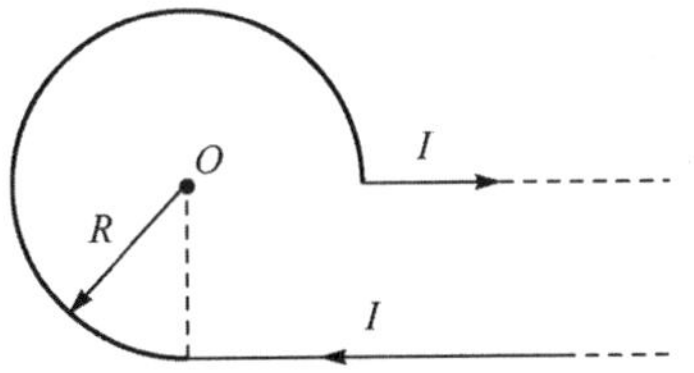

题 12-1 图

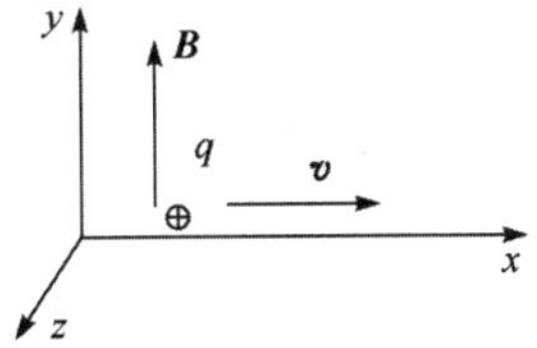

题 12-3 图

12-2　对于安培环路定理的理解，正确的是(所讨论的空间处在稳恒磁场中)(　　)

A. 若 $\oint_L \boldsymbol{H}\cdot \mathrm{d}\boldsymbol{l}=0$，则在回路 L 上必定是 $\boldsymbol{H}$ 处处为零；

B. 若 $\oint_L \boldsymbol{H}\cdot \mathrm{d}\boldsymbol{l}=0$，则回路 L 必定不包围电流；

C. 若 $\oint_L \boldsymbol{H}\cdot \mathrm{d}\boldsymbol{l}=0$，则回路 L 所包围传导电流的代数和为零；

D. 回路 L 上各点的 $\boldsymbol{H}$ 仅与回路 L 包围的电流有关.

12-3　如图所示，均匀磁场的磁感应强度为 $\boldsymbol{B}$，方向沿 y 轴正向，要使电量为 q 的正离子沿 x 轴正向作匀速直线运动，则必须加一个均匀电场 $\boldsymbol{E}$，其大小和方向为(　　)

A. $E=\dfrac{B}{v}$，$\boldsymbol{E}$ 沿 z 轴正向；　B. $E=\dfrac{B}{v}$，$\boldsymbol{E}$ 沿 y 轴正向；

C. $E=Bv$，$\boldsymbol{E}$ 沿 z 轴正向；　D. $E=Bv$，$\boldsymbol{E}$ 沿 z 轴负向.

12-4　洛伦兹力的特点是下述中的哪几点？(　　)

(1) 洛伦兹力始终与运动电荷的速度相垂直；(2) 洛伦兹力始终与磁感应强度相垂直；

(3) 洛伦兹力不能改变运动电荷的动量；(4) 洛伦兹力不对运动电荷做功.

A. (1)(3)(4)；　B. (1)(2)(3)；　C. (1)(2)(4)；　D. (2)(3)(4).

12-5　如图所示，三边质量都为 m、边长都为 a 的正方形线框处在均匀磁场 $\boldsymbol{B}$ 中，线框可绕 O_1O_2 轴转动. 将线框通以电流 I，若线框处于水平位置时恰好平衡，那么磁感应强度 $\boldsymbol{B}$ 是怎样的？(　　)

A. $\dfrac{3mg}{aI}$，方向水平向左；　B. $\dfrac{3mg}{aI}$，方向水平向右；

C. $\dfrac{2mg}{aI}$，方向水平向左；　D. $\dfrac{2mg}{aI}$，方向水平向右.

12-6　如图所示，两条无限长直导线互相垂直，距离为 d，P 点到这两条导线距离都是 d. 若两导线都载有电流 I，那么 P 点的磁感应强度是多少？(　　)

A. 0；　B. $\dfrac{\mu_0 I}{2\pi d}$；　C. $\dfrac{\sqrt{2}\mu_0 I}{2\pi d}$；　D. $\dfrac{\mu_0 I}{\pi d}$.

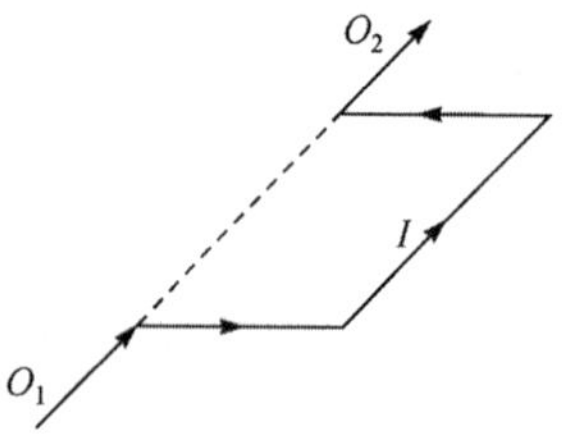

题 12-5 图

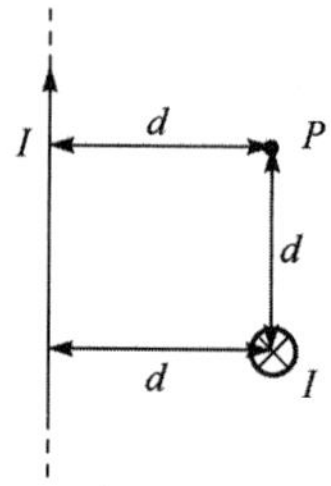

题 12-6 图

12-7 如图所示，流出纸面的电流为 $2I$，流进纸面的电流为 I，这两个稳恒电流为回路 1、2、3、4 所包围. 下列 $\boldsymbol{B}$ 沿哪一个回路的环流是正确的？（　　）

A. $\oint_1 \boldsymbol{B}\cdot \mathrm{d}\boldsymbol{l} = 2\mu_0 I$；　　B. $\oint_2 \boldsymbol{B}\cdot \mathrm{d}\boldsymbol{l} = -2\mu_0 I$；

C. $\oint_3 \boldsymbol{B}\cdot \mathrm{d}\boldsymbol{l} = \mu_0 I$；　　D. $\oint_3 \boldsymbol{B}\cdot \mathrm{d}\boldsymbol{l} = -\mu_0 I$.

12-8 如图所示，通有电流 I 的金属薄片，置于垂直于薄片的均匀磁场 $\boldsymbol{B}$ 中，则金属片上 a、b 两端的电势相比为（　　）

A. $U_a > U_b$；　　B. $U_a = U_b$；　　C. $U_a < U_b$；　　D. 无法确定.

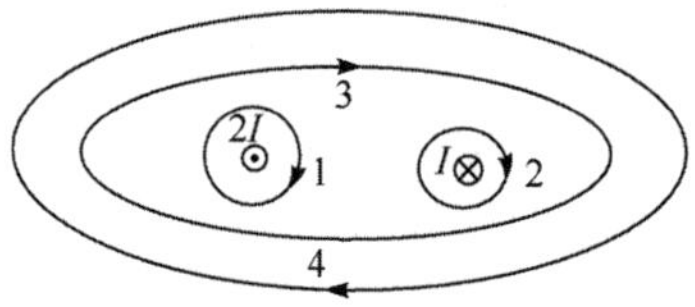

题 12-7 图

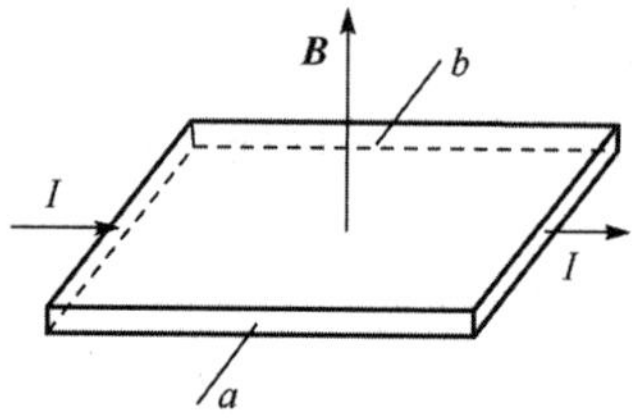

题 12-8 图

12-9 同一平面内有两条相互垂直的导线 L_1 和 L_2，L_1 为无限长直导线，L_2 为长 $2a$ 的直导线，两者相对位置如图所示，若同时通以电流 I，那么作用在 L_2 上关于 O 点的磁力矩是多少？（　　）

A. $\dfrac{\mu_0 I^2 a}{\pi}$；　　B. $\dfrac{\mu_0 I^2 a}{\pi}\ln 2$；

C. $\dfrac{\mu_0 I^2 a}{2\pi}\cdot(4\ln 2-1)$；　　D. $\dfrac{\mu_0 I^2 a}{2\pi}\cdot(4\ln 3-2)$.

12-10 两个半径为 R 的同心圆形线圈，相互垂直，且载有相同的电流 I，如图所示. 则这两个载流线圈在圆心 O 处激发的磁感应强度的大小为（　　）

A. 0；　　B. $\dfrac{\mu_0 I}{2R}$；　　C. $\dfrac{\mu_0 I}{R}$；　　D. $\dfrac{\sqrt{2}\mu_0 I}{2R}$.

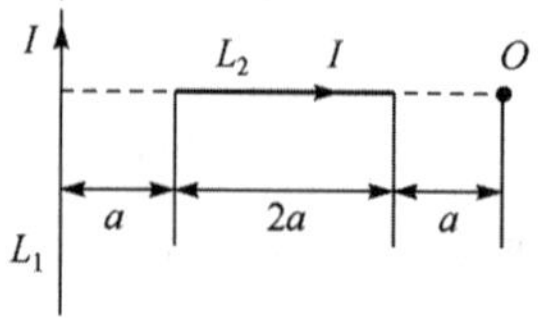

题 12-9 图

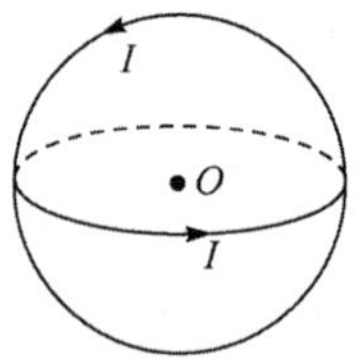

题 12-10 图

12-11　电荷为$+q$的离子以速度为v沿$+x$的方向运动，磁感应强度为B，方向沿$+y$，应加多大的沿何方向的电场，离子将不偏转？（　　）

A. $E=B$，沿$-y$方向；　　B. $E=vB$，沿$-y$方向；

C. $E=vB$，沿$+z$方向；　　D. $E=B$，沿$+z$方向；

E. $E=vB$，沿$-z$方向.

12-12　一个$N=100$匝的圆形线圈，其有效半径为$a=5.0\mathrm{cm}$，通过电流$i=-0.10\mathrm{A}$，当该线圈在$B=1.5\mathrm{T}$的处磁场中，从$\theta=0$的位置转到$\theta=180°$时（θ是磁场方向与线圈偶极矩方向的夹角），外磁场B做了多少功？（　　）

A. 2.4J；　B. 0.24J；　C. 24J；　D. 1.4J；　E. 0.14J.

12-13　取一闭合积分回路L，使三根载流导线穿过它所围成的面. 现改变三根导线之间的相互间隔，但不越出积分回路，则（　　）

A. 回路L内的$\sum I$不变，L上各点的$\boldsymbol{B}$不变；

B. 回路L内的$\sum I$不变，L上各点的$\boldsymbol{B}$改变；

C. 回路L内的$\sum I$改变，L上各点的$\boldsymbol{B}$不变；

D. 回路L内的$\sum I$改变，L上各点的$\boldsymbol{B}$改变.

二、填空题

12-14　一半径为R的薄塑料圆盘，在盘面均匀分布着电荷q，若圆盘绕通过圆心且与盘面垂直的轴以角速度ω作匀速转动时，在盘心处的磁感应强度是$B=$__________.

12-15　一电子以速率v绕原子核旋转，若电子旋转的等效轨道半径为r_0，则在等效轨道中心处产生的磁感应强度大小$B=$__________. 如果将电子绕原子核运动等效为一圆电流，则等效电流$I=$__________，其磁矩大小P_m __________.

12-16　三条无限长直导线等距地并排安放，导线Ⅰ、Ⅱ、Ⅲ分别载有1A，2A，3A同方向的电流. 由于磁相互作用的结果，导线Ⅰ、Ⅱ、Ⅲ单位长度上分别受力$\boldsymbol{F}_1$、$\boldsymbol{F}_2$和$\boldsymbol{F}_3$，如图所示. 则F_1与F_2的比值是__________.

12-17　一个由N匝细导线绕成的平面正三角形线圈，边长为a，通有电流I，置于均匀外磁场$\boldsymbol{B}$中，当线圈平面的法向与外磁场同向时，该线圈所受的磁力矩M_m值为__________.

12-18 四条垂直于纸面的载流细长直导线，每条中的电流强度都为I. 这四条导线被纸面截得的断面如图所示，它们组成了边长为$2a$的正方形，且每条长直导线处在正方形的四个顶角上. 每条导线中的电流流向如图所示，则在图中正方形中心点O的磁感应强度的大小为__________.

12-19　无限长直导线在P处弯成半径为R的圆，如图所示，当通以电流I时，则在圆心O点的磁感应强度大小等于__________.

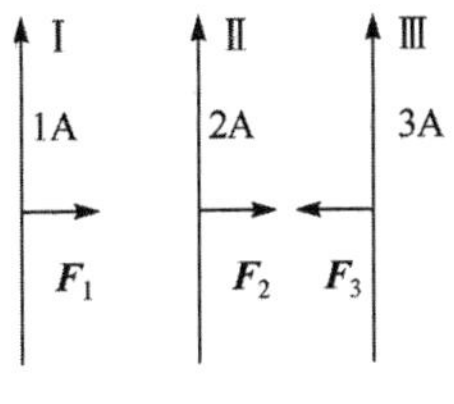

题 12-16 图

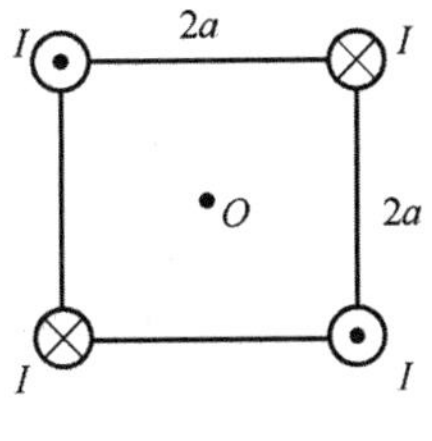

题 12-18 图

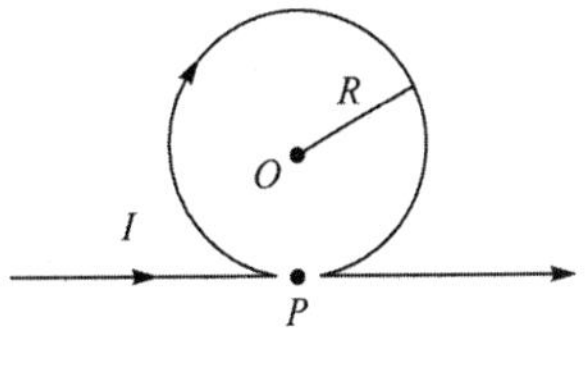

题 12-19 图

12-20　一载有电流 I 的细导线分别均匀密绕在半径为 R 和 r 的长直圆筒上形成两个螺线管($R=2r$),两螺线管单位长度上的匝数相等. 两螺线管中的磁感应强度大小 B_R 和 B_r 应满足__________的关系.

12-21　真空中有一载有稳恒电流 I 的细线圈,则通过包围该线圈的封闭曲面 S 的磁通量 $\Phi=$__________. 若通过 S 面上某面元 $\mathrm{d}\boldsymbol{S}$ 的元磁通为 $\mathrm{d}\Phi$,而线圈中的电流增加为 $2I$ 时,通过同一面元的元磁通为 $\mathrm{d}\Phi'$,则 $\mathrm{d}\Phi:\mathrm{d}\Phi'=$__________.

12-22　一长直螺线管,每米绕 1000 匝. 当管内为空气时,要使管内的磁感应强度 $B=4.2\times10^{-7}\mathrm{T}$,则螺线管中需通 $I=$__________ A 的电流. 若螺线管是绕在一铁芯上,通以上述大小的电流,设铁芯的相对磁导率 $\mu_r=5000$,则此时管内的磁感应强度 $B=$__________ $\mathrm{T}(\mu_0=4\pi\times10^{-7}\mathrm{N\cdot A^{-2}})$.

12-23　电流元 $I\mathrm{d}\boldsymbol{l}$ 在磁场中某处沿直角坐标系的 x 轴方向放置时不受力,把电流元转到 y 轴正方向时受到的力沿 z 轴反方向,该处磁感应强度 $\boldsymbol{B}$ 指向__________方向.

三、计算题或证明题

12-24　如图所示,一无限长直导线通有电流 I_1,旁边放有一直角三角形回路,回路中通有电流 I_2,回路与长直导线共面. 求:

(1) 电流 I_1 的磁场分别作用在三角形回路上各段的安培力;

(2) 通过三角形回路的磁通量 Φ_m.

12-25　一边长为 $2a$ 载流正方形线圈,通有电流 I. 试求:

(1) 轴线上距正方形中心为 r_0 处的磁感应强度;

(2) 当 $a=1.0\mathrm{cm}$, $I=2.0\mathrm{A}$, $r_0=0$ 和 $10\mathrm{cm}$ 时,B 等于多少特斯拉?

12-26　有一圆柱形无限长载流导体,其相对磁导率为 μ_r,半径为 R,今有电流 I 沿轴线方向均匀分布,试求:

(1) 导体内任一点的 B;

(2) 导体外任一点的 B;

(3) 通过长为 L 的圆柱体的纵截面的一半的磁通量.

12-27　同轴电缆由两中心导体组成,内层是半径为 R_1 的导体圆柱,外层是内、外半径分别为 R_2、R_3 的导体圆筒,如图所示. 两导体内电流等量而反向,均匀分布在横截面上,导体的相对磁导率为 μ_{r1},两导体间充满相对磁导率为 μ_{r2} 的不导电的均匀磁介质. 试求在各区域中的 B 分布.

12-28　一宽度为 b 的半无限长金属板置于真空中,均匀通有电流 I_0. P 点为薄板边线延长线上的一点,与薄板边缘的距离为 d,如图所示. 试求 P 点的磁感应强度 B.

12-29　在真空中有两个点电荷 $\pm q$,相距位 $3d$,它们都以角速度 ω 绕一与两点电荷连线垂直的轴转动. $+q$ 到转轴的距离为 d. 试求转轴与电荷连线的交点处的磁场 $\boldsymbol{B}$.

12-30　如图所示,一半径为 R 的无限长直非导体圆筒均匀带电,电荷面密度为 σ,若受到外力矩的作用,圆筒从静止开始以匀角加速度 β 绕 OO' 轴转动,试求 t 时刻圆筒内距转轴 r 处的磁感应强度 $\boldsymbol{B}$ 的大小.

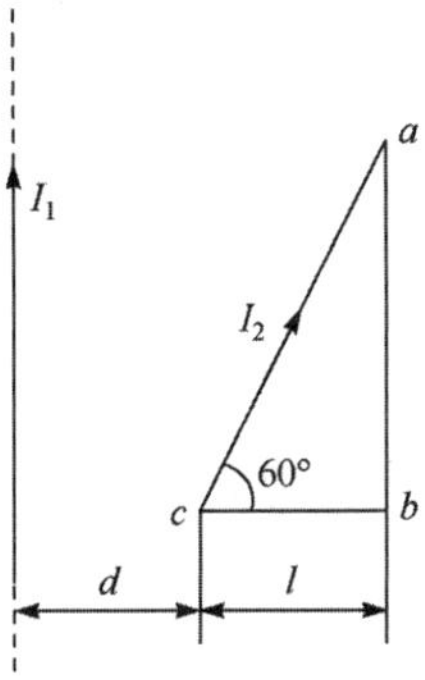

题 12-24 图

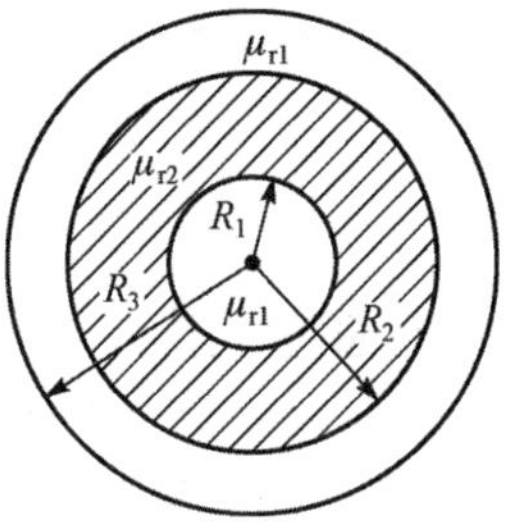

题 12-27 图

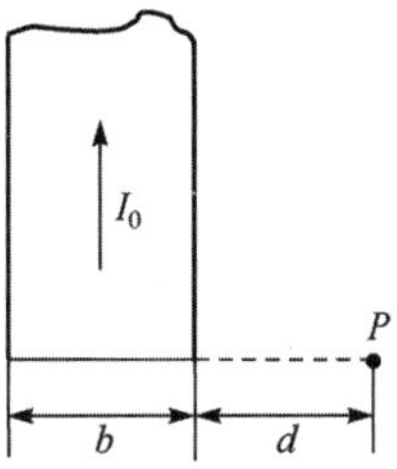

题 12-28 图

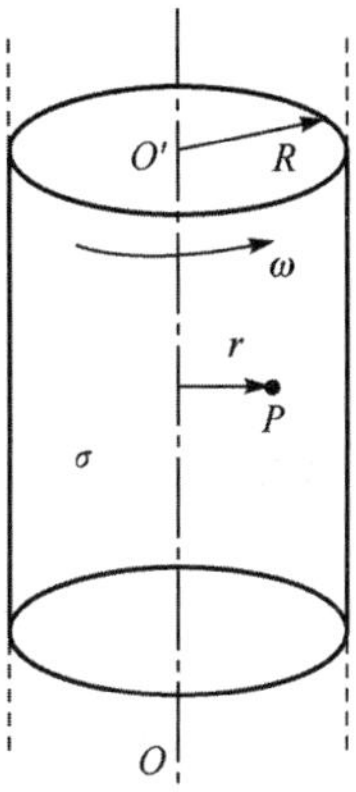

题 12-30 图

第 13 章　电 磁 感 应

一、基本要求

（1）掌握法拉第电磁感应定律和楞次定律，并能熟练用来计算感应电动势，判明其方向.

（2）理解动生电动势和感生电动势的物理意义，并能进行有关计算.

（3）理解自感、互感的概念，并能在某些情况下进行计算.

（4）理解磁场能量和磁能密度的概念，并能计算简单情况下的磁场能量.

二、主要内容与学习指导

（一）电磁感应的基本规律

1. 楞次定律

楞次定律是用来判断导体回路中感应电流方向的，其表述为：**感应电流的方向总是使得它所产生的通过回路所围面积的磁通量去补偿或者反抗引起感应电流的磁通量的变化**，也就是说当原磁通量增加时，感应电流产生的磁通量与原磁通量符号相反；当原磁通量减少时感应电流产生的磁通量与原磁通量符号相同. 或者说"感应电流的效果总是反抗引起感应电流的原因". 楞次定律是能量转换与守恒定律在电磁感应现象中的具体反映，它是普遍适用的.

2. 法拉第电磁感应定律

由于闭合导体回路中磁通量变化而产生电流，有电流必存在电动势，即磁通量变化会在回路中产生电动势. 法拉第电磁感应定律是用来定量计算回路中电动势的大小及其方向的，其表述为：**不论何种原因使回路中的磁通量发生变化，回路中产生的感应电动势总与磁通量对时间的变化率成正比**，其数学表达式为

$$\mathscr{E}=-\frac{\mathrm{d}\Phi}{\mathrm{d}t} \tag{13.1}$$

式中，负号是楞次定律的数学体现. 对该定律的理解应明确以下几点：

（1）电磁感应定律具有瞬时性，不同时刻 t 对应于不同的电动势.

（2）若回路为 N 匝线圈，每匝的磁通量均为 Φ，则回路中总感应电动势为

$$\mathscr{E}=-N\frac{\mathrm{d}\Phi}{\mathrm{d}t}=-\frac{\mathrm{d}(N\Phi)}{\mathrm{d}t}=-\frac{\mathrm{d}\Psi}{\mathrm{d}t}$$

式中，$\Psi=N\Phi$ 称为磁通匝链数（简称**磁通链**或**磁链**）. 若每匝磁通量不同，则用 $\sum\Phi$ 代替 $N\Phi$，即 $\Psi=\sum\Phi$，则式(13.1)的最一般形式可写为

$$\mathscr{E}=-\frac{\mathrm{d}\Psi}{\mathrm{d}t} \tag{13.2}$$

（3）设闭合导体回路电阻为 R，则感应电流为 $I=-\frac{1}{R}\frac{\mathrm{d}\Phi}{\mathrm{d}t}$，在 $\Delta t=t_2-t_1$ 内通过导体截面

的感应电量 q 为

$$q=\int \mathrm{d}q=\int_{t_1}^{t_2} I\mathrm{d}t=-\frac{1}{R}\int_{\Phi_1}^{\Phi_2}\mathrm{d}\Phi=-\frac{\Delta\Phi}{R} \tag{13.3}$$

可见感应电量 q 与 $\Delta\Phi$ 有关.

(4) 法拉第电磁感应定律既可给出回路中感应电动势的大小,又可给出感应电动势的方向. 一般先规定回路的绕行方向与回路面积正法线方向遵从右手螺旋法则,则当回路中感应电动势的方向与回路绕行方向一致时,感应电动势取正值,即 $\mathscr{E}>0$;相反时取负值,即 $\mathscr{E}<0$,如图 13-1 所示.

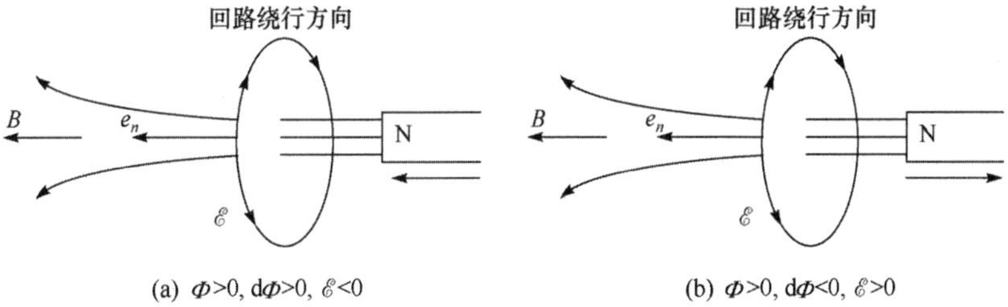

图 13-1

3. 动生电动势和感生电动势

(1) 动生电动势:若导体(一段导体或导体闭合回路)在磁场中运动而在导体中产生的感应电动势,称为动生电动势. 产生动生电动势的原因是运动导体中的自由电子在磁场中受到洛伦兹力作用而作定向移动,这时导体本身相当于一个电源,电源的非静电力即洛伦兹力 $\boldsymbol{f}_{\mathrm{m}}=-e\boldsymbol{v}\times\boldsymbol{B}$,非静电强度 $\boldsymbol{E}_k=\frac{\boldsymbol{f}_{\mathrm{m}}}{-e}=\boldsymbol{v}\times\boldsymbol{B}$,由电动势定义知,长为 l 的一段导体在磁场中运动时其具有的动生电动势为

$$\mathscr{E}=\int_l \boldsymbol{E}_k\cdot\mathrm{d}\boldsymbol{l}=\int_l(\boldsymbol{v}\times\boldsymbol{B})\cdot\mathrm{d}\boldsymbol{l} \tag{13.4}$$

式中,$\mathrm{d}\boldsymbol{l}$ 为运动导体(视为导线)上的线元;$\boldsymbol{v}$ 是导线线元 $\mathrm{d}\boldsymbol{l}$ 的速度;$\boldsymbol{B}$ 是所在处的外磁场的磁感应强度.

(2) 感生电动势 涡旋电场

处在磁场中的静止导体回路,仅仅由磁场随时间变化而在回路中产生的感应电动势称为感生电动势. 产生感生电动势的原因是由于随时间变化的磁场在空间激发非静电性电场——感生电场,导体内的自由电子在感生电场力的作用下作定向移动,这时非静电强度 $\boldsymbol{E}_k$ 就是感生电场强度 $\boldsymbol{E}_{感}$(或 $\boldsymbol{E}_r$),由电动势定义知,导体中的感生电动势为

$$\mathscr{E}=\int_L \boldsymbol{E}_r\cdot\mathrm{d}\boldsymbol{l} \tag{13.5}$$

由于感生电场的电场线($\boldsymbol{E}$ 线)是闭合曲线,因此又称为涡旋电场. 对闭合回路有

$$\mathscr{E}_{感}=\oint_L \boldsymbol{E}_r\cdot\mathrm{d}\boldsymbol{l}==-\iint_S\frac{\partial\boldsymbol{B}}{\partial t}\cdot\mathrm{d}\boldsymbol{S} \tag{13.6}$$

感生电场与静电场相同之处在于:①它们都是物质的客观存在;②都对处于其中的电荷都有作用力,作用力都可以用公式 $\boldsymbol{F}=q\boldsymbol{E}_i$ 计算.

它们的不同之处在于:①静电场是静止电荷所激发,存在于电荷周围空间各点,而感生电

场是变化磁场所激发，存在于变化磁场空间各点；②静电场是保守场$\oint_L \boldsymbol{E}_0 \cdot \mathrm{d}\boldsymbol{l} = 0$，电场线不闭合；而感生电场是非保守场$\oint_L \boldsymbol{E}_r \cdot \mathrm{d}\boldsymbol{l} \neq 0$，电场线是闭合曲线；③ 静电场是有源无旋场$\oiint_S \boldsymbol{E}_0 \cdot \mathrm{d}\boldsymbol{S} = \frac{1}{\varepsilon_0}\sum q_i$，而感生电场是无源有旋场$\oiint_S \boldsymbol{E}_r \cdot \mathrm{d}\boldsymbol{S} = 0$.

麦克斯韦把感生电场加以推广，即无论闭合回路是否由导体构成，只要回路所包围面积内磁感应强度随时间在变化$\left(\frac{\partial \boldsymbol{B}}{\partial t} \neq 0\right)$，回路中就存在感生电场，就有感生电动势；唯一的差别是，当导体是回路时，回路中有感生电流出现，而非导体回路中没有感生电流.

（二）自感、互感和磁场能量

1. 自感

(1) 自感现象：当回路自身的电流发生变化时，电流激发的磁场将随之变化，从而使通过回路自身所包围面积上的磁通量发生变化，在回路中产生感应电动势的现象称为自感现象，所产生的电动势称为自感电动势.

(2) 自感系数：设回路中电流为 I，当回路形状、大小不变及周围介质一定（无铁磁质存在）的情况下，通过回路所包围面积的磁通量 Ψ（或 Φ）与电流成正比，即 $\Psi = LI$

$$L = \frac{\Psi}{I} \tag{13.7}$$

L 为回路的自感系数，其意义为自感系数在数值上等于通过回路的电流为 1 单位时，通过此回路的磁通量. 它只与回路自身的几何形状、大小及周围介质有关，而与回路是否通有电流无关.

(3) 自感电动势：当回路中的电流随时间变化时，回路中的自感电动势可由法拉第电磁感应定律式(13.2)求得，（当 L 一定时）为

$$\mathscr{E}_L = -\frac{\mathrm{d}\Psi}{\mathrm{d}t} = -L\frac{\mathrm{d}I}{\mathrm{d}t} \tag{13.8}$$

式中，“－”号是楞次定律的表示，它指出自感电动势总是反抗回路中电流的改变. 在 SI 制中，L 的单位是 H，$1\mathrm{H} = 1\mathrm{Wb} \cdot \mathrm{A}^{-1}$.

2. 互感

(1) 互感现象：当两个邻近回路，即回路 1 与回路 2 中任一个回路电流发生变化，在另一个回路所围面积上磁通量变化而产生感应电动势的现象称为互感现象，所产生的电动势称为互感电动势.

(2) 互感系数：设回路 1 中的电流为 I_1，在回路 2 中的磁通量为 Ψ_{21}（或 Φ_{21}），则 Ψ_{21} 与 I_1 成正比，即 $\Psi_{21} = M_{21} I_1$；同理，回路 2 中的电流为 I_2，在回路 1 中的磁通量则为 $\Psi_{12} = M_{12} I_2$；理论和实验都证明：$M_{12} = M_{21} = M$. 因此

$$M = \frac{\Psi_{21}}{I_1} = \frac{\Psi_{12}}{I_2} \tag{13.9}$$

M 为回路 1 与回路 2 的互感系数，简称互感. 同样 M 也与电流无关，只与两线圈的形状、大小、相对位置、匝数及周围磁介质有关. 在 SI 制中，M 的单位是 H.

(3) 互感电动势：当回路：1(或回路 2)中的电流 I_1(或 I_2)随时间变化时，回路 2(或回路 1)中的互感电动势为

$$\mathscr{E}_{21}=-\frac{\mathrm{d}\Psi_{21}}{\mathrm{d}t}=-M\frac{\mathrm{d}I_1}{\mathrm{d}t} \tag{13.10}$$

$$\mathscr{E}_{12}=-\frac{\mathrm{d}\Psi_{12}}{\mathrm{d}t}=-M\frac{\mathrm{d}I_2}{\mathrm{d}t} \tag{13.11}$$

式中，“—”号是楞次定律的反映，它指出回路中的互感动势总是反抗另一回路中电流的变化.

3. 磁场能量

(1) 自感磁能：当一回路的自感系数为 L 通有电流 I 时，其自感磁能为

$$W_{\mathrm{m}}=\frac{1}{2}LI^2 \tag{13.12}$$

(2) 磁场能量：磁场的能量存在于全部磁场空间，在磁场中，设某点磁感应强度为 $\boldsymbol{B}$，磁场强度为 $\boldsymbol{H}$，则该点磁能密度为

$$w_{\mathrm{m}}=\frac{1}{2}\boldsymbol{B}\cdot\boldsymbol{H} \tag{13.13}$$

而磁场的总磁能则为

$$W_{\mathrm{m}}=\iiint_V w_{\mathrm{m}}\mathrm{d}V=\iiint_V\frac{1}{2}\boldsymbol{B}\cdot\boldsymbol{H}\mathrm{d}V \tag{13.14}$$

对于各向同性均匀介质，由于 $\boldsymbol{B}=\mu\boldsymbol{H}$，由上式又可为

$$W_{\mathrm{m}}=\iiint_V\frac{1}{2}\frac{B^2}{\mu}\mathrm{d}V \tag{13.15}$$

以上积分范围遍及磁场不为零的区域.

(3) 互感磁能：两个自感系数分别为 L_1 和 L_2 的回路，它们间的互系数为 M，若这两个回路通过的电流分别为 I_1 和 I_2，则它们间互感磁能为

$$W_{\mathrm{m}}=\pm MI_1I_2 \tag{13.16}$$

式中，“+”与“—”号取法为：当 I_1 和 I_2 产生的磁场互为加强时取“+”，互为削弱时取“—”. 此时载流回路系统的总磁能为

$$W_{\mathrm{m}}=\frac{1}{2}L_1I_1^2+\frac{1}{2}L_2I_2^2\pm MI_1I_2 \tag{13.17}$$

三、习题分类与解题方法指导

本章主要问题是，在给定磁场分布的情况下，去求解各种情况下的感应电动势. 从习题的类型上划分，可归纳为三种类型：①已知磁场分布，求导体中的感应电动势及有关量；②已知电流分布，求导体中的感应电动势及有关量；③已知导体回路形状、大小、介质及相对位置，求自感或互感，或由电流变化求自互感电动势 、磁能等. 下面分别讨论各类习题的求解方法.

(一) 已知磁场分布，求导线或线圈中的感应电动势及有关物理量

这类问题涉及在恒定磁场(均匀或非均匀)中运动的一段导线(或线圈)中的动生电动势、在随时间变化的磁场(均匀或非均匀)中静止的一段导体(或线圈)中的感生电动势、在变化磁场(均匀或非均匀)中运动的一段导线(或线圈)中的感应电动势(既有动生电动势也有感生电

动势)，或有关物理量(如感应电流 I 或感应电流受力、力矩、感应电量等)，而求解电动势的方法，应根据不同情况采用相应方法求之，对线圈来说，求出 $\mathscr{E}$ 后，就可求其他有关量了. 而求 $\mathscr{E}$ 是一关键，一般有如下几种情况.

1. 由法拉第电磁感应定律求解

对于闭合导体回路(线圈)或非闭合导体回路(设法构造一闭合回路)，无论处于什么(磁场恒定或变化，均匀或非均匀等)，不管线圈处于什么状态(静止、平动、转动等)都可应用法拉第电磁感应定律求解电动势(动生、感生或二者都有). 关键是求处通过线圈所围面积上的磁通量 $\Phi=\Phi(t)$，而后再求出 $\dfrac{\mathrm{d}\Phi}{\mathrm{d}t}$，从而就可求出感应电动势 $\mathscr{E}$ 并确定其方向(一般由楞次定律判定为便).

例题 13-1 如图 13-2 所示，在某空间有一恒定磁场其分布为 $\boldsymbol{B}=-\dfrac{c}{x}\boldsymbol{k}$ (c 为恒量)，今有一矩形导体线圈 $ABCD$ 沿与 $\boldsymbol{B}$ 垂直的方向以速度 $\boldsymbol{v}$ 匀速运动，初始位置如图所示，求：(1)当 AB 边运动到坐标 $x=2a$ 时线圈中的感应电动势；(2)设线圈电阻为 R，求此时线圈所受作用力.

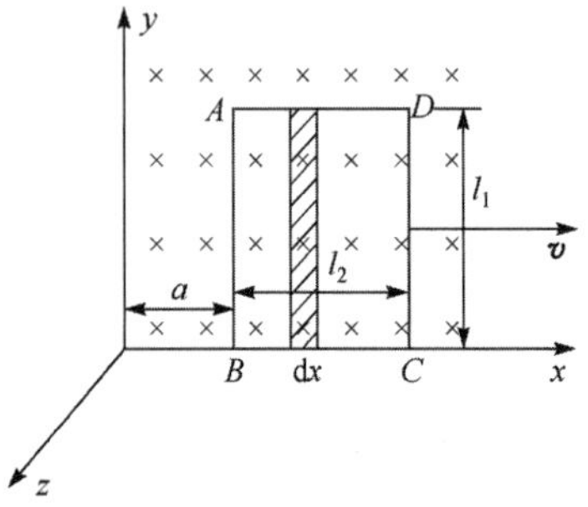

图 13-2

解 (1)应先求磁通量，再求电动势，之后求感应电流及其所受力.

取图所示坐标系，取面元 $\mathrm{d}S=l_1\mathrm{d}x$(方向沿 z 负向)，任一时刻通过线圈的通量为

$$\Phi=\iint_S \boldsymbol{B}\cdot\mathrm{d}\boldsymbol{S}=\int_x^{x+l_2}\frac{cl_1}{x}\mathrm{d}x=cl_1\ln\frac{x+l_2}{x}$$

感应电动势的大小为

$$\mathscr{E}=\left|\frac{\mathrm{d}\Phi}{\mathrm{d}t}\right|=\frac{cl_1l_2}{x(x+l_2)}\frac{\mathrm{d}x}{\mathrm{d}t}=\frac{cl_1l_2v}{x(x+l_2)}$$

感应电动势的方向：顺时针方向.

当 $x=2a$ 时，$\mathscr{E}=\dfrac{cl_1l_2v}{2a(2a+l_2)}$，顺时针方向.

此电动势 $\mathscr{E}$ 表现为动生电动势(故此题也可用动生电动势求解).

(2) 线圈 $ABCD$ 中的感应电流 I 为

$$I=\frac{\mathscr{E}}{R}=\frac{cl_1l_2v}{Rx(x+l_2)}$$

感应电流为顺时针方向. 当 $x=2a$ 时

$$I=\frac{cl_1l_2v}{2Ra(2a+l_2)}$$

顺时针方向. 线圈受合力

$$F=F_{AB}-F_{CD}=Il_1B_1-Il_1B_2=Il_1c\left(\frac{1}{2a}-\frac{1}{2a+l_2}\right)=\frac{c^2l_1^2l_2^2v}{4Ra^2\ (2a+l_2)^2}$$

合力方向沿 x 轴正向.

例题 13-2 如图 13-3 所示，有一弯成 θ 的金属架 COD 放在磁场中，磁感应强度的方向垂直于金属框架 COD 所在平面，一导体杆 MN 垂直于 OD 边，并在金属架上以速度 $\boldsymbol{v}$ 匀速向右滑动，且 $\boldsymbol{v}$ 与 MN 垂直. 设 $t=0$ 时，$x=0$. 求下列两种情况下，t 时刻三角形框架内的感应电动

势.(1)磁场分布均匀，且 $\boldsymbol{B}$ 不随时间变化；(2)磁场为非均匀时变场，$B=kx\cos\omega t$（k、ω 为恒量）.

解　此题可由两种方法求解，其一是用动生电动势公式求解；其二是用法拉第电磁感应定律求解，但须构选闭合回路，此处选用后者.

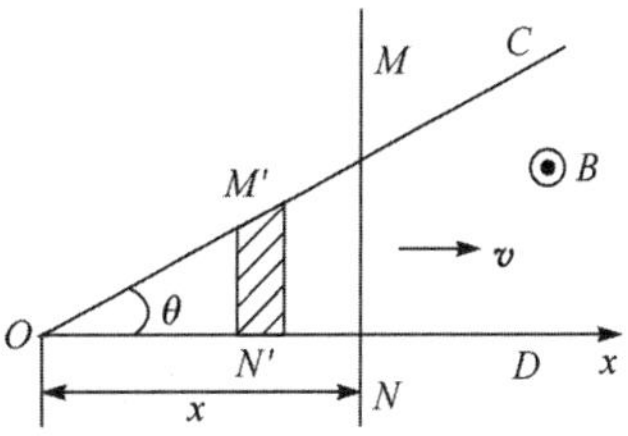

图 13-3

(1) 在△OMN 上取面积元 $\mathrm{d}S=\tan\theta\cdot x\mathrm{d}x$，其上磁通量 $\mathrm{d}\Phi=B\tan\theta x\mathrm{d}x$，任一时刻通过△$OMN$ 的通量为

$$\Phi(t)=\iint_S \boldsymbol{B}\cdot\mathrm{d}\boldsymbol{S}=\int_0^x B\tan\theta x\,\mathrm{d}x=\frac{1}{2}Bx^2\tan\theta$$

MN 匀速运动，所以 $x=vt$，得

$$\Phi(t)=\frac{1}{2}B\tan\theta\cdot v^2t^2$$

所以，三角形框架内的感应电动势

$$\mathscr{E}=\left|\frac{\mathrm{d}\Phi}{\mathrm{d}t}\right|=B\tan\theta\cdot v^2t$$

由楞次定律知 $\mathscr{E}$ 方向：$M\to N$（顺时针方向），此时 $\mathscr{E}$ 表现为动生电动势，且只存在于 MN 段.

(2) 当 $\boldsymbol{B}$ 为时变磁场时，整个回路中既有感生电动势（各段均存在），又有动生电动势（只存在于 MN 段），以逆时针方向为 $\mathscr{E}$ 正方向，任一时刻通过回路面积上的通量为

$$\Phi=\int_0^x kx^2\cos\omega t\tan\theta\mathrm{d}x=\frac{1}{3}kx^3\tan\theta\cos\omega t$$

$$\mathscr{E}=-\frac{\mathrm{d}\Phi}{\mathrm{d}t}=\frac{1}{3}k\omega x^3\sin\omega t\tan\theta-kx^2v\cos\omega t\tan\theta$$

$$=kv^3t^2\tan\theta\left(\frac{1}{3}\omega t\sin\omega t-\cos\omega t\right)$$

例题 13-3　如图 13-4 所示，一长为 l 质量为 m 的导体棒 ab，其电阻为 R，并沿两条平行的导电轨道（电阻不计）无摩擦地下滑，轨道与导体棒 ab 接触良好且与水平面成 θ 角，整个装置放在均匀磁场中，磁感应强度 $\boldsymbol{B}$ 的方向与水平面垂直且方向向上，求导体棒 ab 下滑达到稳定时的速度大小.

解　导体棒 ab 在磁场中运动产生电动势，棒与轨道构成的闭合回路中出现感应电流，棒 ab 所受安培力、重力沿坐标原点轨道方向分力大小相等、方向相反时，棒 ab 下滑速度稳定.

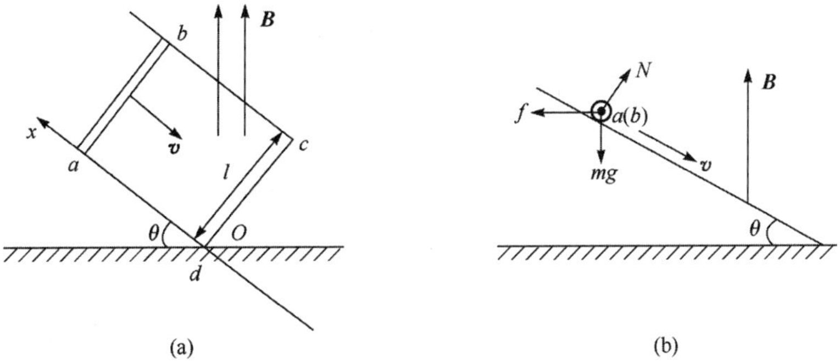

图 13-4

建立如图所示坐标系 Ox，cd 棒的位置为坐标原点，任意时刻 ab 棒的坐标为 x. 构造闭合回路 $abcda$，则任一时刻通过回路面积的磁通量

$$\Phi=\iint_S \boldsymbol{B}\cdot \mathrm{d}\boldsymbol{S}=\int_0^x Bl\cos\theta \mathrm{d}x=Blx\cos\theta$$

回路中的电动势(ab 棒中电动势)

$$\mathscr{E}=\left|\frac{\mathrm{d}\Phi}{\mathrm{d}t}\right|=Bl\cos\theta\left|\frac{\mathrm{d}x}{\mathrm{d}t}\right|=Blv\cos\theta$$

方向 $b\to a$. 回路中的感应电流(即 ab 棒中的电流)

$$I=\frac{\mathscr{E}}{R}=\frac{Blv}{R}\cos\theta$$

方向 $b\to a$. 棒 ab 受安培力

$$f=IBl=\frac{B^2l^2v}{R}\cos\theta$$

方向水平向左. 当 $f_x=mg\sin\theta$ 时，速度恒定，即 $f\cos\theta=mg\sin\theta$，解得

$$v=\frac{mgR\sin\theta}{B^2l^2\cos^2\theta}$$

2. 用动生电动势公式求解

这种方法可用来求解在磁场(恒定或时变)中运动的导体(一段导体或闭合回路)中的动生电动势，即应用式(13.3)，沿着磁场中的运动导体(一段导体，或为闭合导体回路)积分计算. 当然，此时也可以用法拉第电磁感应定律式(13.1)求解(对于一段运动导体，应构造成一个包含这段导体在内的闭合回路，构造原则是：回路中除这段导体之外的其余部分上的感应电动势要么为零，要么很容易求出).

利用式(13.3)积分求解 $\mathscr{E}$ 的步骤如下：①审清题意，画出示意图，并建立坐标系，在运动导体上按照选取的正方向任取线元 $\mathrm{d}\boldsymbol{l}$；②明确 $\mathrm{d}\boldsymbol{l}$ 的运动速度 $\boldsymbol{v}$ 及其所在处的 $\boldsymbol{B}$，确定 $\boldsymbol{v}$ 与 $\boldsymbol{B}$ 间夹角 θ 以及 $\boldsymbol{v}\times\boldsymbol{B}$ 与 $\mathrm{d}\boldsymbol{l}$ 间的夹角；③写出该线元所产生的动生电动势 $\mathrm{d}\mathscr{E}=(\boldsymbol{v}\times\boldsymbol{B})\cdot\mathrm{d}\boldsymbol{l}$；④对在磁场中的导体积分，确定积分上、下限，注意统一积分变量；⑤由积分结果正、负，确定电动势的方向.

例题 13-4 如图 13-5 所示，在 $x>0$ 区域存在磁场，其分布为 $\boldsymbol{B}=\dfrac{c}{x}\boldsymbol{k}$($c$ 为恒量)，今有一段与 x 轴平行，长为 L 的导线 ab，以垂直其本身方向的速度 $\boldsymbol{v}$ 沿 y 轴正方向匀速平动. 求导线 ab 中的感应电动势.

解 用动生电动势公式求解.

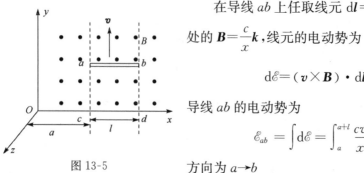

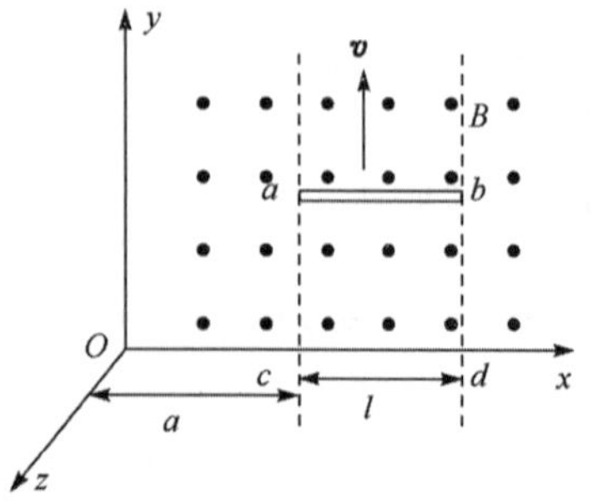

图 13-5

在导线 ab 上任取线元 $\mathrm{d}\boldsymbol{l}=\mathrm{d}x\boldsymbol{i}$，其速度为 $\boldsymbol{v}=v\boldsymbol{j}$，所在处的 $\boldsymbol{B}=\dfrac{c}{x}\boldsymbol{k}$，线元的电动势为

$$\mathrm{d}\mathscr{E}=(\boldsymbol{v}\times\boldsymbol{B})\cdot\mathrm{d}\boldsymbol{l}=vB\mathrm{d}x=\frac{cv}{x}\mathrm{d}x$$

导线 ab 的电动势为

$$\mathscr{E}_{ab}=\int\mathrm{d}\mathscr{E}=\int_a^{a+l}\frac{cv}{x}\mathrm{d}x=cv\ln\frac{a+l}{a}$$

方向为 $a\to b$

3. 用感生电动势公式求解

这种方法可用来求解在时变磁场中静止的导体(一段导体或闭合回路)中的感生电动势，即按式(13.6)沿着导体L(一段导体或为闭合回路)积分计算. 当然，此时也可以用法拉第电磁感应定律式(13.1)求解，注意对于一段导体，应构造成一个包含这段导体在内的闭合回路.(构造原则是:回路的其余部分上电动势要么为零，要么很容易求出).

求感生电动势，一般需先求出$\boldsymbol{E}_r$的分布，而由磁场变化率$\dfrac{\mathrm{d}\boldsymbol{B}}{\mathrm{d}t}$求感生电场. $\boldsymbol{E}_r$一般不容易求出，只有在磁场分布具有高度对称性时才可利用式(13.8)即

$$\oint_L \boldsymbol{E}_r \cdot \mathrm{d}\boldsymbol{l} == -\iint_S \frac{\partial \boldsymbol{B}}{\partial t} \cdot \mathrm{d}\boldsymbol{S}$$

求出$\boldsymbol{E}_r$，进而应用$\mathscr{E} = \int_L \boldsymbol{E}_r \cdot \mathrm{d}\boldsymbol{l}$求出感生电动势. 解题时，必须明确$\boldsymbol{E}_r$的方向、分布及其对称性等，解题步骤一般如下:① 由变化磁场的对称性，确定感生电场的分布，标出其方向;② 在导线上取线元$\mathrm{d}\boldsymbol{l}$并确定$\mathrm{d}\boldsymbol{l}$与$\mathrm{d}\boldsymbol{l}$所在点$\boldsymbol{E}_r$的夹角θ;③ 写出线元$\mathrm{d}\boldsymbol{l}$上产生的感生电动势$\mathrm{d}\mathscr{E} = \boldsymbol{E}_r \cdot \mathrm{d}\boldsymbol{l} = E_r\cos\theta\mathrm{d}l$;④ 由公式$\mathscr{E} = \int_L \mathrm{d}E = \int_L E_r\cos\theta\mathrm{d}l$积分求出$\boldsymbol{E}_r$;⑤ 由积分结果或由楞次定律判定$\mathscr{E}$的方向.

例题 13-5　在半径为R的长直螺线管中均匀磁场$\boldsymbol{B}$随时间作线性变化，且$\dfrac{\mathrm{d}B}{\mathrm{d}t}>0$，有一直导线$ac$垂直于螺线管的轴放置，如图 13-6 所示，且$ab=bc=R$，试求导线$ac$上的感生电动势.

解一　用感生电动势公式求解.

如图 13-6(a)所示，由于ab与bc段所在区域(螺线管内、外)的$\boldsymbol{E}_r$表达式不同，应分段积分，即

$$\mathscr{E} = \int_a^c \boldsymbol{E}_r \cdot \mathrm{d}\boldsymbol{l} = \int_a^b \boldsymbol{E}_r \cdot \mathrm{d}\boldsymbol{l} + \int_b^c \boldsymbol{E}_r \cdot \mathrm{d}\boldsymbol{l}$$

对于ab段，其上各点$\boldsymbol{E}_r$大小为$\dfrac{r}{2}\dfrac{\mathrm{d}B}{\mathrm{d}t}$，方向与$\mathrm{d}\boldsymbol{l}(a\to b)$成$\theta$角，其上感生电动势$\mathscr{E}_{ab}$为

$$\mathscr{E}_{ab} = \int_a^b \boldsymbol{E}_r \cdot \mathrm{d}\boldsymbol{l} = \int_a^b \frac{r}{2}\frac{\mathrm{d}B}{\mathrm{d}t}\cos\theta\mathrm{d}l = \frac{h}{2}\frac{\mathrm{d}B}{\mathrm{d}t}\int_a^b \mathrm{d}l = \frac{h}{2}\frac{\mathrm{d}B}{\mathrm{d}t}R = \frac{\sqrt{3}}{4}R^2\frac{\mathrm{d}B}{\mathrm{d}t}$$

$\mathscr{E}_{ab}$方向$a\to b$.

对于bc段，其上各点$\boldsymbol{E}_r$大小为$\dfrac{R^2}{2r}\dfrac{\mathrm{d}B}{\mathrm{d}t}$，其方向与$\mathrm{d}\boldsymbol{l}(b\to \mathrm{c})$成$\theta$角，并利用$r=\dfrac{h}{\cos\theta}$，$l=h\tan\theta$，则其上感生电动势为

$$\begin{aligned}\mathscr{E}_{bc} &= \int_b^c \boldsymbol{E}_r \cdot \mathrm{d}\boldsymbol{l} = \int_b^c \frac{R^2}{2r}\frac{\mathrm{d}B}{\mathrm{d}t}\cos\theta\mathrm{d}l \\ &= \int_{\theta_1}^{\theta_2} \frac{R^2}{2}\frac{\mathrm{d}B}{\mathrm{d}t}\frac{\cos\theta}{h} \cdot \cos\theta\frac{h\,\mathrm{d}\theta}{\cos^2\theta} = \int_{\frac{\pi}{6}}^{\frac{\pi}{3}} \frac{R^2}{2}\frac{\mathrm{d}B}{\mathrm{d}t}\mathrm{d}\theta = \frac{\pi R^2}{12}\frac{\mathrm{d}B}{\mathrm{d}t}\end{aligned}$$

$\mathscr{E}_{bc}$方向:$b\to c$.

导线ac上的感生电动势为

$$\mathscr{E}_{ac}=\mathscr{E}_{ab}+\mathscr{E}_{bc}=\frac{(3\sqrt{3}+\pi)R^2}{12}\frac{\mathrm{d}B}{\mathrm{d}t}$$

其方向：$a\to c$.

解二 用法拉第电磁感应定律求解

如图 13-6(b)所示，取闭合回路方向 $OabcdO$（逆时针方向），其中 Oa，Oc 均沿半径方向.在回路所包围的面积中的磁感应强度通量为

$$\Phi=\iint \boldsymbol{B}\cdot \mathrm{d}\boldsymbol{S}=\iint_{S_1}\boldsymbol{B}\mathrm{d}\boldsymbol{S}+\iint_{S_2}\boldsymbol{B}\mathrm{d}\boldsymbol{S}$$

$$=-\left(B\cdot\frac{1}{2}\cdot R^2\cos\frac{\pi}{6}+B\cdot\frac{1}{2}\cdot R^2\ \frac{\pi}{6}\right)=-\frac{(3\sqrt{3}+\pi)R^2B}{12}$$

由法拉第电磁感应定律知，整个回路的电动势为

$$\mathscr{E}=\mathscr{E}_{ac}+\mathscr{E}_{cO}+\mathscr{E}_{Oa}=-\frac{\mathrm{d}\Phi}{\mathrm{d}t}=\frac{(3\sqrt{3}+\pi)R^2}{12}\frac{\mathrm{d}B}{\mathrm{d}t}$$

沿逆时针方向.又在 Oa，Oc 段（半径方向）上各点 $\boldsymbol{E}_r$ 与之垂直，故有 $\mathscr{E}_{Oa}=\mathscr{E}_{Oc}=0$.所以

$$\mathscr{E}_{ac}=\mathscr{E}=\frac{(3\sqrt{3}+\pi)R^2}{12}\frac{\mathrm{d}B}{\mathrm{d}t}$$

方向：$a\to c$.

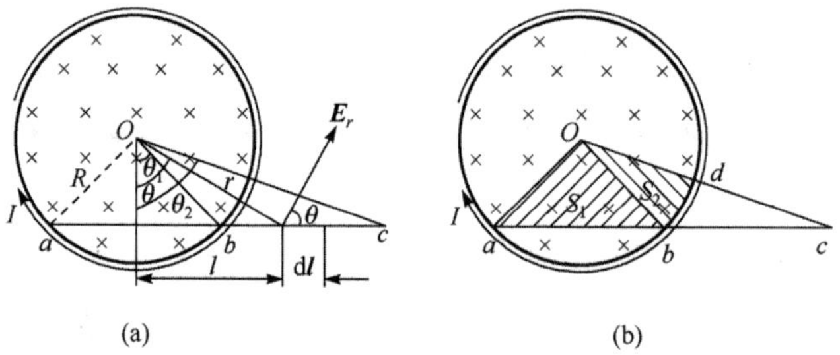

图 13-6

（二）已知电流分布，求导体中的感应电动势及与其有关的物理量

这类问题是指给出产生磁场的电流分布（传导电流、运流电流等），求解处于该磁场中的导体（一段或闭合回路）在某一状态（静止或运动）下导体中的感应电动势（包含动生电动势、感生电动势、或二者兼有之等情况）及与其有关的物理量（如感应电流及其受力和运动、磁力功等）.求解感应电动势是一个关键.求解的思路是：先由电流分布求出磁场分布来，然后再按上述类型（一）的方法求解.

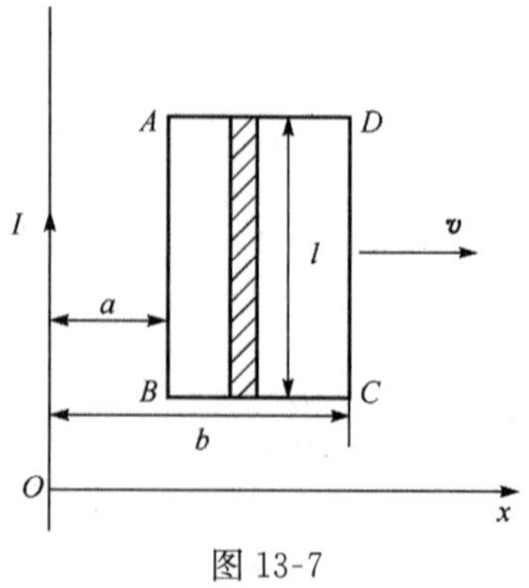

图 13-7

例题 13-6 一长直导线中通有电流 I，其旁边有一与其共面放置的矩形线圈，长为 l，宽为 $b-a$，共有 N 匝，如图 13-7所示，线圈以速度 $\boldsymbol{v}$ 匀速离开长直导线.试求图示位置时线圈中的感应电动势：

(1) 设电流 I 为恒定的；

(2) 设电流 I 为变化的，$I=I_0\sin\omega t$（I_0、ω 为恒量）.

解 先确定长直导线周围的磁场分布，再求线圈中的电动势.

(1) 电流恒定时

① 由法拉第定律求解.

建坐标系 Ox,任一时刻在线圈上 x 处磁场为 $B=\dfrac{\mu_0 I}{2\pi x}$,方向⊗.

在线圈上 x 处取面积元 $\mathrm{d}S=l\mathrm{d}x$,面元方向垂直纸面向里,则通过该面积元的磁通量为

$$\mathrm{d}\Phi=\boldsymbol{B}\cdot\mathrm{d}\boldsymbol{S}=\frac{\mu_0 I}{2\pi x}l\,\mathrm{d}x$$

则通过线圈(一匝)的磁通量为

$$\Phi=\int\mathrm{d}\Phi=\int_a^b\frac{\mu_0 I}{2\pi x}l\,\mathrm{d}x=\frac{\mu_0 Il}{2\pi}\ln\frac{b}{a}$$

由法拉第电磁感应定律知,线圈(N 匝)内的感应电动势为

$$\mathscr{E}=-N\frac{\mathrm{d}\Phi}{\mathrm{d}t}=\frac{\mu_0 IlNv}{2\pi}\left(\frac{1}{a}-\frac{1}{b}\right)$$

方向沿顺时针方向.

② 用动生电动势公式求解. 线圈平动时,其边 AB、CD 及 BC、DA 均在磁场中运动. 由动生电动势公式可得 $\mathscr{E}_{BC}=\mathscr{E}_{DA}=0$

$$\mathscr{E}_{BA}=\int_B^A(\boldsymbol{v}\times\boldsymbol{B})\cdot\mathrm{d}\boldsymbol{l}=\frac{\mu_0 Ivl}{2\pi a},\text{方向 } B\rightarrow A$$

$$\mathscr{E}_{CD}=\int_C^D(\boldsymbol{v}\times\boldsymbol{B})\cdot\mathrm{d}\boldsymbol{l}=\frac{\mu_0 Ivl}{2\pi b},\text{方向 } C\rightarrow D$$

$\mathscr{E}_{BA}$ 与 $\mathscr{E}_{CD}$ 方向相同,故线圈中的电动势为

$$\mathscr{E}=N(\mathscr{E}_{BA}-\mathscr{E}_{CD})=\frac{\mu_0 NIvl}{2\pi a}\left(\frac{1}{a}-\frac{1}{b}\right)$$

顺时针方向.

(2) 当 $I=I_0\sin\omega t$ 时,磁场随 t 变化,线圈又在其中运动. 线圈中的电动势既有感生部分,又有动生部分,用法拉第电磁感应定律求解. t 时刻通过线圈的磁通量为

$$\Phi=\frac{\mu_0 I_0 l}{2\pi}\ln\frac{b}{a}\sin\omega t$$

$$\mathscr{E}=-N\frac{\mathrm{d}\Phi}{\mathrm{d}t}=\frac{\mu_0 NI_0 l}{2\pi}\left[\left(\frac{1}{a}-\frac{1}{b}\right)v\sin\omega t+\omega\ln\frac{b}{a}\cos\omega t\right]$$

$\mathscr{E}$ 的方向随时间变化.

(三) 已知导体回路特性,求自(互)感或求自(互)感电动势,或求磁场能量等

1. 求自感、互感

求几何形状较简单的导体回路的自感系数或互感系数,一般按下列步骤求解:①设回路中通以电流 I,求出其磁场 B 的分布;②求出回路自身(或另一回路)面积上的磁通量 Φ;③由自感或互感的定义式就可求出 L 或 M,也可由磁场能量 W_{m} 求 L 或 M.

例题 13-7 一矩形截面的螺绕环其相对磁导率为 μ_{r},总匝数为 N,几何尺寸如图 13-8 所示,求它的自感系数.

解一 由磁通链数求解

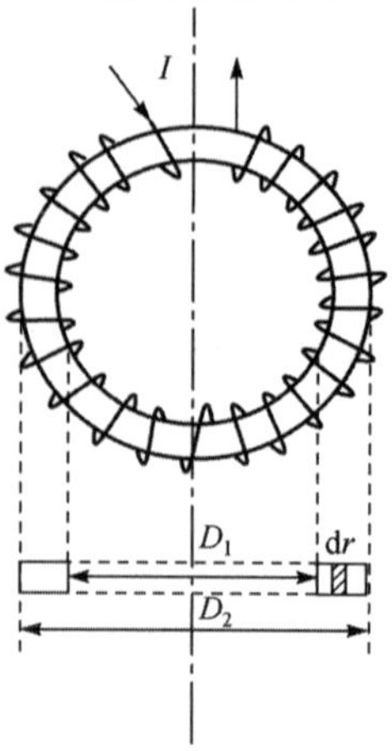

图 13-8

设螺绕环中电流为 I，由对称性，磁场集中在环内且磁力线为同心圆，在环内，取以环心为中心以 r 为半径的圆形环路，则环路上各点 $\boldsymbol{H}$ 大小相等、方向沿环路切向，由环路定理知

$$\oint_L \boldsymbol{H} \cdot \mathrm{d}\boldsymbol{l} = H \cdot 2\pi r = NI$$

$$H = \frac{NI}{2\pi r}$$

各向同性均匀介质充满场不为零空间，故

$$B = \mu H = \frac{\mu_0 \mu_r NI}{2\pi r}$$

取截面元 $\mathrm{d}S = h\mathrm{d}r$，通过该面元的磁通 $\mathrm{d}\Phi = B\mathrm{d}S$，穿过每匝线圈的磁通量均相同，故穿过螺绕环的磁通链数为

$$\Psi = N\Phi = N\int_{\frac{D_1}{2}}^{\frac{D_2}{2}} \frac{\mu_0 \mu_r NIh}{2\pi r}\mathrm{d}r = \frac{\mu_0 \mu_r N^2 Ih}{2\pi}\ln\frac{D_2}{D_1}$$

由自感系数定义有

$$L = \frac{\Psi}{I} = \frac{\mu_0 \mu_r N^2 h}{2\pi}\ln\frac{D_2}{D_1}$$

解二　由自感电动势求解.

设螺绕环中通有随时间变化的电流 I，则由 I 所激发的磁场也是变化的，因而螺绕环中产生感应电动势，由法拉第定律有

$$\mathscr{E} = -N\frac{\mathrm{d}\Phi}{\mathrm{d}t} = -\frac{\mu_0 \mu_r N^2 h}{2\pi}\ln\frac{D_2}{D_1} \cdot \frac{\mathrm{d}I}{\mathrm{d}t}$$

此电动势即为自感电动势，由自感电动势定义 $\mathscr{E} = -L\frac{\mathrm{d}I}{\mathrm{d}t}$ 得

$$L = \frac{\mu_0 \mu_r N^2 h}{2\pi}\ln\frac{D_2}{D_1}$$

解三　由磁能公式求解.

设线圈中通以电流 I，则由上可知环内磁感强度为

$$B = \frac{\mu_0 \mu_r NI}{2\pi r}$$

在环内取体积元 $\mathrm{d}V = 2\pi r\mathrm{d}r \cdot h$，其磁能密度为

$$w_m = \frac{1}{2}BH = \frac{1}{2}\mu_0 \mu_r \left(\frac{NI}{2\pi r}\right)^2$$

则环内磁场能量为

$$W_m = \int w_m \mathrm{d}V = \int_{\frac{D_1}{2}}^{\frac{D_2}{2}} \frac{1}{2}\mu_0 \mu_r \left(\frac{NI}{2\pi r}\right)^2 \cdot 2\pi r\mathrm{d}r \cdot h = \frac{\mu_0 \mu_r N^2 I^2 h}{4\pi}\ln\frac{D_2}{D_1}$$

由自感线圈的磁能公式 $W_m = \frac{1}{2}LI^2$ 可知

$$L = \frac{2W_m}{I^2} = \frac{\mu_0 \mu_r N^2 h}{2\pi}\ln\frac{D_2}{D_1}$$

2. 由变化电流求自感、互感电动势

此时一般要先求出自感线圈的自感 L 或互感线圈的互感 M，然后再由自感电动势、互感电动势的定义去求 $\mathscr{E}_L$、$\mathscr{E}_M$.

例题 13-8　如图 13-9 所示，一矩形截面的螺绕环其相对磁导率为 μ_r，总匝数为 N，当线圈中通以交变电流 $I=I_0\cos(100\pi t)$ 时，求当 $t=\dfrac{1}{4}$ s 时，在螺绕环中的感应电动势.

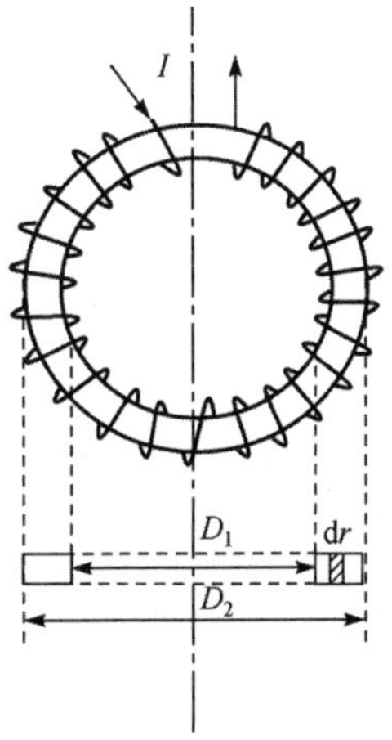

图 13-9

解一　由自感电动势公式求解. 先求 L 再求 $\mathscr{E}_L$. 由例 13-7 知螺绕环内的磁场分布为 $B=\dfrac{\mu_0\mu_r NI}{2\pi r}$，其自感系数为 $L=\dfrac{\mu_0\mu_r N^2 h}{2\pi}\ln\dfrac{D_2}{D_1}$；

由自感电动势定义知，线圈中的自感电动势为

$$\mathscr{E}_L=-L\frac{dI}{dt}=-\frac{\mu_0\mu_r N^2 h}{2\pi}\ln\frac{D_2}{D_1}\cdot\frac{dI}{dt}$$

$$=50\mu_0\mu_r I_0 N^2 h\ln\frac{D_2}{D_1}\sin(100\pi t)$$

当 $t=\dfrac{1}{4}$ s 时，$\mathscr{E}_L=0$.

解二　由法拉第定律求解. 螺绕环内磁场分布为

$$B=\frac{\mu_0\mu_r NI_0}{2\pi r}\cos(100\pi t)$$

通过螺绕环的磁通链数为

$$\Psi=N\Phi=N\int_{\frac{D_1}{2}}^{\frac{D_2}{2}}\frac{\mu_0\mu_r Nh}{2\pi r}I_0\cos(100\pi t)\,dr$$

$$=\frac{\mu_0\mu_r N^2 I_0 h\cos(100\pi t)}{2\pi}\ln\frac{D_2}{D_1}$$

由法拉第定律知，环内感应电动势（即自感电动势）为

$$\mathscr{E}_L=-\frac{d\Psi}{dt}=50\mu_0\mu_r I_0 N^2 h\ln\frac{D_2}{D_1}\sin(100\pi t)$$

当 $t=\dfrac{1}{4}$ s 时，$\mathscr{E}_L=0$.

例题 13-9　一个截面为矩形的螺绕环由细导线密绕而成，内半径为 R_1，外半径为 R_2，高为 b，共 N 匝. 在螺绕环的轴线上，另有一无限长直导线 OO'，如图 13-10 所示. 当在螺绕环内通以交变电流 $I=I_0\cos\omega t$ 时，求在长直导线中产生的感应电动势.

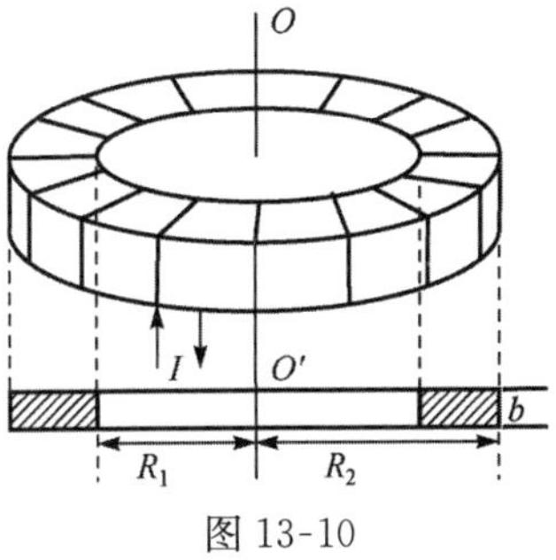

图 13-10

解　先求长直导线与螺绕环的互感系数 M. 设长直导线 OO' 中通以电流 I，则螺绕环中距直导线 r 处的磁感应强度为

$$B=\frac{\mu_0 I}{2\pi r}$$

通过螺绕环一匝线圈的磁通量为

$$\Phi=\int B\,dS=\int_{R_1}^{R_2}\frac{\mu_0 I}{2\pi r}b\,dr=\frac{\mu_0 Ib}{2\pi}\ln\frac{R_2}{R_1}$$

所以，直导线与螺绕环间的互感系数为

$$M=\frac{N\Phi}{I}=\frac{\mu_0 Nb}{2\pi}\ln\frac{R_2}{R_1}$$

当螺绕环内通以变化电流 $I=I_0\cos\omega t$ 时，直导线中的感应电动势为

$$\mathscr{E}_M=-M\frac{\mathrm{d}I}{\mathrm{d}t}=\frac{\mu_0 NbI_0\omega}{2\pi}\ln\frac{R_2}{R_1}\cdot\sin\omega t$$

3. 已知电流分布求磁场能量

由电流分布求某一区域内的磁场能量的方法是：①由电流分布确定 $\boldsymbol{B}$ 的分布，再由磁能密度 $w_m=\frac{1}{2}\frac{B^2}{\mu}$ 积分求解；②由自感或互感线圈的自感 L（或 M）及电流，利用磁能公式 $W_m=\frac{1}{2}LI^2$（或 $W_m=MI_1I_2$）求解.

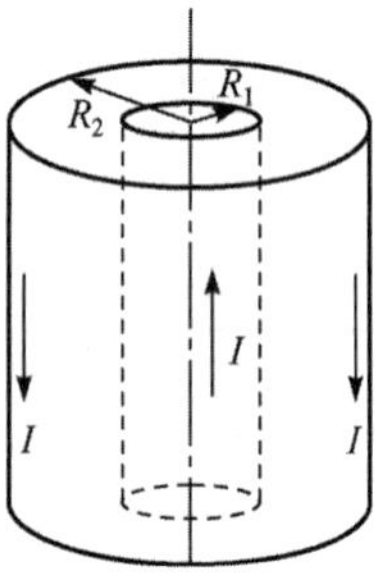

图 13-11

例题 13-10　设有一电缆，由两个同轴的无限长薄圆筒状导体所构成，内、外圆筒横截面半径分别为 R_1、R_2，内外圆筒间充满相对磁导率为 μ_r 的均匀磁介质，内外圆筒上电流方向相反，电流大小均为 I，如图 13-11 所示，试求长度为 l 的一段电缆内的磁能.

解一　由电流分布的对称性可知，磁场集中在内、外圆筒之间的空间. 由安培环路定理可得，在距轴线为 $r(R_1<r<R_2)$ 处的磁场强度为

$$H=\frac{I}{2\pi r}$$

内、外圆筒之间的磁能密度为

$$w_m=\frac{\mu_0\mu_r}{2}H^2=\frac{\mu_0\mu_r}{2}\left(\frac{I}{2\pi r}\right)^2$$

在两圆筒之间且长为 l 的区域内的磁能为

$$W_m=\int_V w_m\mathrm{d}V=\int_{R_1}^{R_2}\frac{\mu_0\mu_r}{2}\left(\frac{I}{2\pi r}\right)^2 2\pi rl\,\mathrm{d}r=\frac{\mu_0\mu_r I^2 l}{4\pi}\ln\frac{R_2}{R_1}$$

解二　由自感系数求磁能. 由上可知，在两圆筒间长为 l 的轴截面面积上取面积元 $\mathrm{d}S=l\mathrm{d}r$，通过面积元的磁通量为

$$\mathrm{d}\Phi=B\mathrm{d}S=Bl\mathrm{d}r=\frac{\mu_0\mu_r Il}{2\pi r}\mathrm{d}r$$

通过长为 l、宽为 R_2-R_1 的轴截面面积上的磁通量为

$$\Phi=\int\mathrm{d}\Phi=\int_{R_1}^{R_2}\frac{\mu_0\mu_r Il}{2\pi r}\mathrm{d}r=\frac{\mu_0\mu_r Il}{2\pi}\ln\frac{R_2}{R_1}$$

由自感系数定义知，长为 l 的一段电缆的自感系数为

$$L=\frac{\Phi}{I}=\frac{\mu_0\mu_r l}{2\pi}\ln\frac{R_2}{R_1}$$

故该段电缆内的磁能为

$$W_m=\frac{1}{2}LI^2=\frac{\mu_0\mu_r I^2 l}{4\pi}\ln\frac{R_2}{R_1}$$

四、知识拓展与问题讨论

电磁振荡电路

电路中电压和电流的周期性变化称为电磁振荡，产生电磁振荡的电路为振荡电路.

（一）无阻尼振荡电路

最简单的振荡电路是由电容器和自感线圈串联组成的 LC 电路，如图 13-12 所示，电路中的电量和电流发生周期性变化，形成电磁振荡.

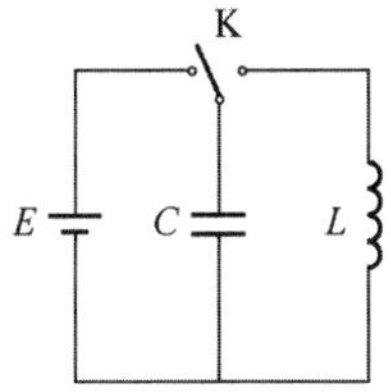

图 13-12

先将电容器充电至两极板间有一定电势差，然后移去电源，电容器与自感线圈 L 连接. 设 $t=0$ 时，电路中的能量为集中在电容器两极板间的电场能量 W_e. 刚充电的电容器将通过线圈放电，根据电磁感应定律，在自感线圈中将激发感应电动势来反抗电流的增大，所以在放电过程中，电容器两极板上的电量只能逐渐减少，电路中的电流只能逐渐增大. 经 $T/4$ 时间（T 为振荡周期），电容器放电结束，两板上的电荷减少为零，电路中的电流达到最大值，这时电容器两极板间的电场能量 W_e 全部转化为线圈内的磁场能量 W_m. 当电容器放电结束后，电流并不从最大值锐减至零而终止. 因为在电流减少时，又有自感电动势随之产生，其方向与电流相同. 在此自感电动势的作用下，电流继续沿原方向流动，使电容器重新充电. 此时极板上的电荷极性与 $t=0$ 时正好相反. 在 $t=T/2$ 时电流减弱为零，反向充电结束. 电容器上的电量达到最大值，磁场能量又重新转化为电场能量集中在电容器中. 此后，电容器又重新放电，电流又将反向流动. 如此循环往复，电容器上的电荷与电路中的电流都在作周期性变化，形成电磁振荡，称为无阻尼振荡.

在电磁振荡过程中，在任一瞬间，线圈的自感电动势应与两极板间的电势差相等，即

$$-L\frac{\mathrm{d}I}{\mathrm{d}t}=\frac{q}{C}$$

将 $I=\frac{\mathrm{d}q}{\mathrm{d}t}$代入上式，有

$$\frac{\mathrm{d}^2q}{\mathrm{d}t^2}+\frac{1}{LC}q=0 \tag{13.18}$$

这是谐振动微分方程. 令 $\omega_0=\sqrt{\frac{1}{LC}}$，其解为

$$q=Q_0\cos(\omega_0t+\varphi) \tag{13.19}$$

电路中的电流强度为

$$i=\frac{\mathrm{d}q}{\mathrm{d}t}=-\omega_0Q_0\sin(\omega_0t+\varphi)=I_0\cos\left(\omega_0t+\varphi+\frac{\pi}{2}\right) \tag{13.20}$$

上述结果表明，在 LC 电磁振荡电路中，电量和电流都随时间以相同的圆频率作周期性变化，电流的相位比电量的相位超前$\frac{\pi}{2}$；无阻尼自由振荡的周期和频率只由振荡电路本身的性质（即自感系数 L 和电容 C）决定. 显然，自感系数 L 和电容 C 越小，振荡频率就越高；振荡电偶极子是发射电磁波的有效装置，它是自由振荡电路的极限情况.

在无阻尼自由振荡中，任意时刻电容器中的电场能量和自感线圈中的磁场能量分别为

$$W_e=\frac{1}{2}\frac{q^2}{C}=\frac{1}{2C}Q_0^2\cos^2(\omega t+\varphi)$$

$$W_m=\frac{1}{2}LI^2=\frac{1}{2}L\omega^2Q_0^2\sin^2(\omega t+\varphi)=\frac{1}{2C}Q_0^2\sin^2(\omega t+\varphi)$$

任意时刻电路中的总能量为$W=W_e+W_m=\frac{Q_0^2}{2C}$，可见，在无阻尼自由振荡中，尽管电场能量和磁场能量都随时间变化，但是在任一瞬间，总电磁能恒等于起振时储存在电容器中的电场能量.

（二）阻尼振荡电路

无阻尼自由振荡是一种理想情况，事实上任何电路中都有电阻，因此实际的振荡电路是LCR电路，如图13-13所示. LCR电路的微分方程为

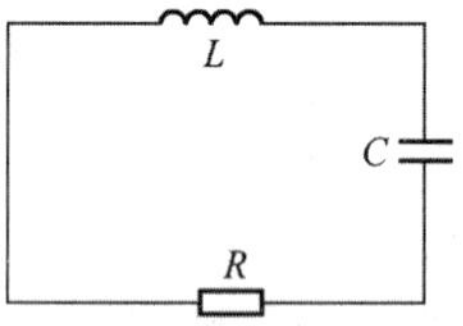

图 13-13

$$L\frac{d^2q}{dt^2}+R\frac{dq}{dt}+\frac{q}{C}=0 \tag{13.21}$$

当电阻不大$\left(R<\sqrt{4\frac{L}{C}}\right)$时，式(13.21)的通解为

$$q=Q_0e^{-\frac{R}{2L}t}\cos(\omega' t+\varphi') \tag{13.22}$$

式中，$\omega'=\sqrt{\frac{1}{LC}-\left(\frac{R}{2L}\right)^2}$. 显然，电量和电流的振幅都随时间减小，如果没有外部电源供给能量，电磁振荡就不能持续下去.

（三）受迫振荡电路和电流共振

在LCR电路中因为电阻的存在，将有一部分能量转换为焦耳热从而使能量不断损耗，所以电量和电流的振幅都逐渐减小；如果在电路中加上一个电动势作周期变化的电源，就可以不断供给能量使电流振幅保持不变，如图13-14所示. 这种在外加的周期性电动势作用下发生的振荡称为受迫电磁振荡. 设外加电源电动势为$\mathscr{E}(t)=\mathscr{E}_0\cos\omega t$，则受迫振荡微分方程为

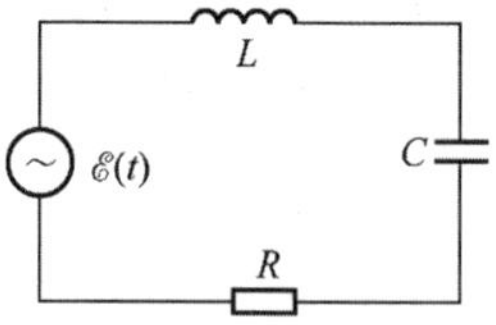

图 13-14

$$L\frac{d^2q}{dt^2}+R\frac{dq}{dt}+\frac{q}{C}=\mathscr{E}_0\cos\omega t \tag{13.23}$$

在稳定状态下，其解为

$$q=Q_0\cos(\omega t+\varphi_0) \tag{13.24}$$

在实际问题中，往往关心的是振荡电流，由上式可得

$$i=\frac{dq}{dt}=-\omega Q_0\sin(\omega t+\varphi_0)=\omega Q_0\cos\left(\omega t+\varphi_0+\frac{\pi}{2}\right)=I_0\cos(\omega t+\varphi_0')$$

其中

$$I_0=\frac{\mathscr{E}_0}{\sqrt{R^2+\left(\omega L-\frac{1}{\omega C}\right)^2}} \tag{13.25}$$

$$\tan\varphi_0'=-\frac{\omega L-\frac{1}{\omega C}}{R} \tag{13.26}$$

可见,电流振荡频率与电动势频率相同,电流振幅与电动势频率有关.由上式不难看出,当$\omega L=\frac{1}{\omega C}$时,电流有最大的振幅,这种现象称为电流共振.电流共振的条件为

$$\omega=\sqrt{\frac{1}{LC}}=\omega_0 \tag{13.27}$$

这就是说,当外加电动势频率与无阻尼振荡频率相等时,电流振幅最大,而且电流与电动势之间的相位差为零.

习 题 13

一、选择题

13-1 一个电阻为R,自感系数为L的线圈,将它接在一电动势为$\mathscr{E}(t)$的交变电源上,线圈的自感电动势$\mathscr{E}_L=-L\frac{\mathrm{d}I}{\mathrm{d}t}$,则流过线圈的电流为( )

A. $\frac{\mathscr{E}(t)}{R}$; B. $\frac{\mathscr{E}_L}{R}$; C. $\frac{\mathscr{E}(t)+\mathscr{E}_L}{R}$; D. $\frac{\mathscr{E}(t)-\mathscr{E}_L}{R}$.

13-2 两个等长的直螺线管a和b,绕在同一铁芯上,两螺线管的自感系数分别为$L_a=0.4\mathrm{H}$,$L_b=0.1\mathrm{H}$,则螺线管a的匝数是螺线管b匝数的( )

A. 1/2 倍; B. 2 倍; C. 4 倍; D. 1/4 倍.

13-3 如图所示,长为l的导线杆ab以速率v在导轨$adcb$上平行移动,杆ab在$t=0$时刻位于导轨dc处,如果导轨处于磁感应强度为$\boldsymbol{B}=\boldsymbol{B}_0\sin\omega t$的匀强磁场中,$\boldsymbol{B}$的方向垂直纸面向里,那么$t$时刻,导线回路中的感应电动势是( )

A. $B_0lv\sin\omega t$; B. $B_0lv\omega t\cos\omega t$;

C. $B_0lv(\sin\omega t+\omega t\cos\omega t)$; D. $-B_0lv(\sin\omega t+\omega t\cos\omega t)$.

13-4 如图所示,均匀磁场$\boldsymbol{B}$被限制在半径为R的无限长圆柱形空间内,其变化率$\frac{\mathrm{d}B}{\mathrm{d}t}$为正的常数.如果$P$点置一电子,那么它的加速度是( )

A. $\frac{R^2e}{2rm}\frac{\mathrm{d}B}{\mathrm{d}t}$,顺时针方向; B. $\frac{R^2e}{2rm}\frac{\mathrm{d}B}{\mathrm{d}t}$,逆时针方向;

C. $\frac{re}{2m}\frac{\mathrm{d}B}{\mathrm{d}t}$,顺时针方向; D. $\frac{re}{2m}\frac{\mathrm{d}B}{\mathrm{d}t}$,逆时针方向.

13-5 如图所示,导线杆MN在匀强磁场中绕竖直轴OO'转动.如果长度$OM<ON$,那么杆两端的电势差为( )

A. $U_{MN}>0$; B. $U_{MN}=0$; C. $U_{MN}<0$.

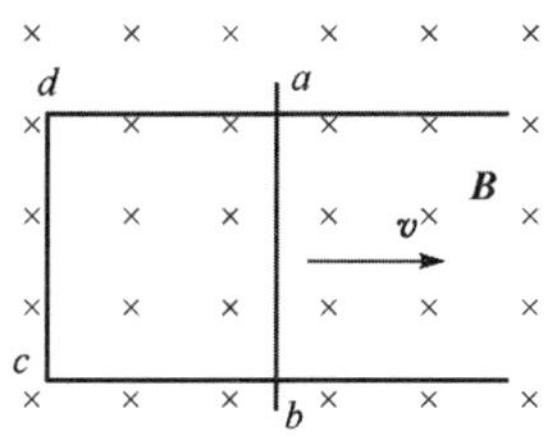

题 13-3 图

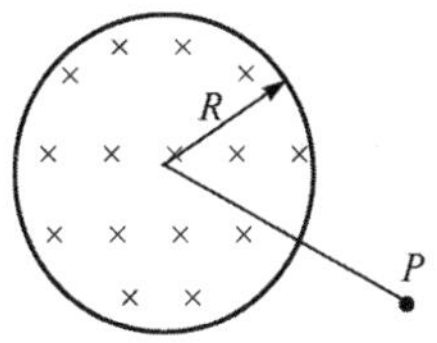

题 13-4 图

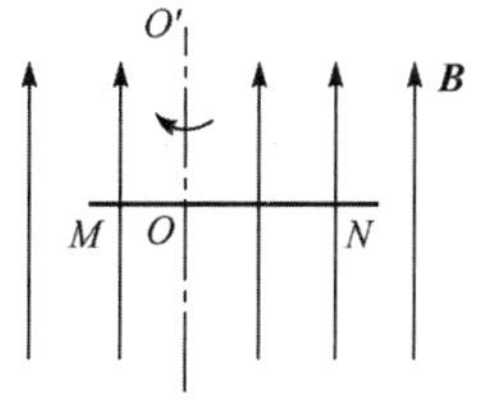

题 13-5 图

13-6　如图所示，长为 l 的导线杆 ab，以速率 v 在导线轨 $adcb$ 上平行移动. 已知导线轨处于均匀磁场中，$\boldsymbol{B}$ 的方向与回路的法线成60°角，其大小为 $B=Kt(K>0)$. 如果在 $t=0$ 时，杆位于导轨 dc 处，那么在任意时刻 t，导线回路中的感应电动势是（　　）

A. $klvt$，顺时针方向；　　B. $klvt$，逆时针方向；

C. $\frac{1}{2}klvt$，顺时针方向；　　D. $\frac{1}{2}klvt$，逆时针方向.

13-7　如图所示，均匀磁场 $\boldsymbol{B}$ 被限制在半径为 R 的无限长圆柱空间内，O 为圆心. 如果磁场以匀变率 $\frac{\mathrm{d}B}{\mathrm{d}t}$ 增加，那么在边长为 l 的等边三角形导线框 MON 中，感生电动势是（　　）

A. $\frac{\pi R^2}{6}\left(\frac{\mathrm{d}B}{\mathrm{d}t}\right)$，逆时针方向；　　B. $\frac{\pi R^2}{6}\left(\frac{\mathrm{d}B}{\mathrm{d}t}\right)$，顺时针方向；

C. $\frac{\sqrt{3}l^2}{4}\left(\frac{\mathrm{d}B}{\mathrm{d}t}\right)$，逆时针方向；　　D. $\frac{\sqrt{3}l^2}{4}\left(\frac{\mathrm{d}B}{\mathrm{d}t}\right)$，顺时针方向.

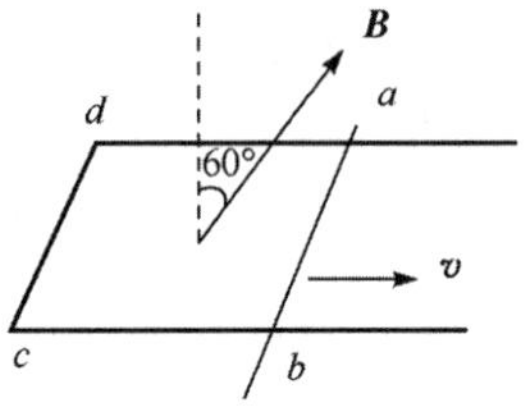

题 13-6 图

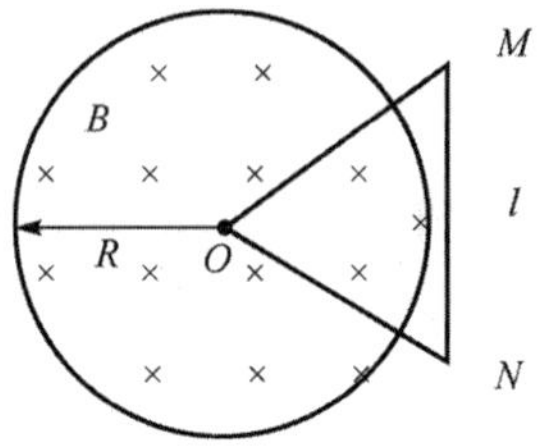

题 13-7 图

13-8　一根长 $2a$ 的细铜杆 MN 与载流长直导线在同一平面内，相对位置如图所示，图中铜杆以速度 v 作平行移动，那么杆内出现的动生电动势为（　　）

A. $\mathscr{E}=\frac{\mu_0 Iv}{2\pi}\ln 2$，方向由 N 到 M；　　B. $\mathscr{E}=\frac{\mu_0 Iv}{2\pi}\ln 2$，方向由 M 到 N；

C. $\mathscr{E}=\frac{\mu_0 Iv}{2\pi}\ln 3$，方向由 N 到 M；　　D. $\mathscr{E}=\frac{\mu_0 Iv}{2\pi}\ln 3$，方向由 M 到 N.

13-9　一细导线弯成直径为 $2a$ 的半圆形，均匀磁场 $\boldsymbol{B}$ 垂直导线所在的平面方向向里，如图所示，当导线绕垂直于半圆面而过 M 点的轴，以匀角速度 ω 逆时针转动时，导线两端的电动势 $\mathscr{E}_{MN}$ 是（　　）

A. $2\omega a^2 B$；　B. $\omega a^2 B$；　C. $\frac{1}{2}\pi\omega a^2 B$；　D. $\frac{1}{4}\pi\omega a^2 B$.

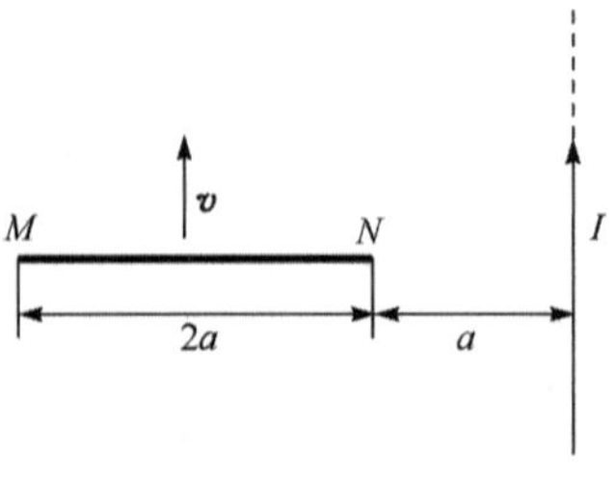

题 13-8 图

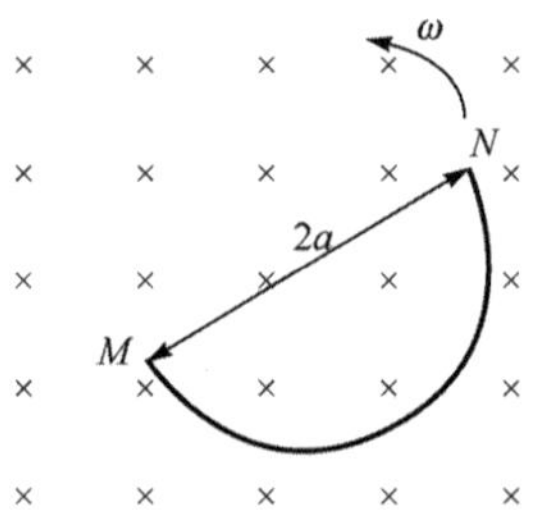

题 13-9 图

13-10　如图所示，一载有电流 I 的长直导线附近有一段导线 MN. 导线被弯成直径为 $2b$

的半圆环，半圆面与直导线垂直，半圆中心到直导线的距离为 a. 当半圆环以速度 v 平行于直导线向上运动时，其两端的电压 u_{MN} 为(　　)

A. $\dfrac{\mu_0 Ivb}{\pi a}$；　　B. $\dfrac{\mu_0 Iva}{\pi b}$；　　C. $\dfrac{\mu_0 Iv}{2\pi}\ln\dfrac{a+b}{a-b}$；　D. $\dfrac{\mu_0 Iv}{2\pi}\ln\dfrac{a-b}{a+b}$.

13-11　若用条形磁铁竖直插入木质圆环，则环中是否产生感生电动势和感应电流？(　　)

A. 产生感生电动势，也产生感应电流；　　B. 产生感生电动势，不产生感应电流；

C. 不产生感生电动势，不产生感应电流；　D. 不产生感生电动势，产生感应电流.

13-12　两根无限长平行直导线载有相等的电流 I，但电流流向相反，而且电流的变化率 $\dfrac{dI}{dt}$ 均大于零. 有一矩形线圈与两直导线共面，如图所示，则(　　)

A. 线圈中无感应电流；　　B. 线圈中感应电流为逆时针方向；

C. 线圈中感应电流为顺时针方向；　D. 线圈中感应电流方向不确定.

13-13　半径为 0.1m 的铜圆盘，在强度为 0.1T. 方向与盘面相垂直的均匀磁场中，以每秒 10 转的恒定转速绕通过圆心且垂直于盘面的轴旋转，则盘边与盘心间所感生的电动势大约是(　　)

A. 3.1×10^{-2}V；　B. 1.0V；　C. 0.8V；

D. 3.1V；　E. $6.2\times10^{-1}V$.

13-14　一导体圆线圈在均匀磁场中运动，能使其中产生感应电流的一种情况是(　　)

A. 线圈绕自身直径轴转动，轴与磁场方向平行；

B. 线圈绕自身直径轴转动，轴与磁场方向垂直；

C. 线圈平面垂直于磁场并沿垂直磁场方向平移；

D. 线圈平面平行于磁场并沿垂直磁场方向平移.

13-15　有一磁感应强度为 $\boldsymbol{B}$ 的均匀磁场在圆柱形空间内，如图所示. $\boldsymbol{B}$ 的大小以速率 dB/dt 变化. 在磁场中有 A、B 两点，其间可放直导线 $\overline{AB}$ 和弯曲的导线 $\overset{\frown}{AB}$，则(　　)

A. 电动势只在 $\overline{AB}$ 导线中产生；

B. 电动势只在 $\overset{\frown}{AB}$ 导线中产生；

C. 电动势在 $\overline{AB}$ 和 $\overset{\frown}{AB}$ 中都产生，且两者大小相等；

D. $\overline{AB}$ 导线中的电动势小于 $\overset{\frown}{AB}$ 导线中的电动势.

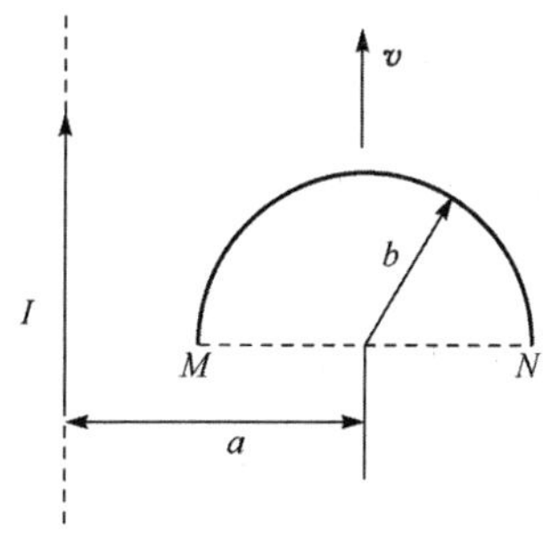

题 13-10 图

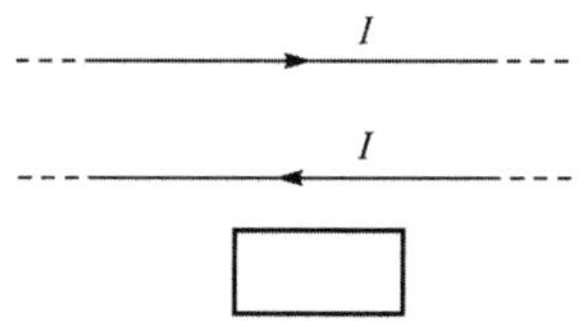

题 13-12 图

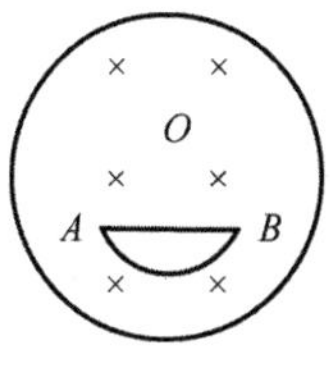

题 13-15 图

13-16　两个相距不太远的平面圆线圈，设其中一线圈的轴线恰通过另一线圈的圆心. 怎样放置可使其互感系数近似为零？(　　)

A. 两线圈的轴线互相平行；　B. 两线圈的轴线成 45°角；

C. 两线圈的轴线互相垂直；　D. 两线圈的轴线成 30°角.

13-17　用线圈的自感系数 L 来表示载流线圈磁场能量的公式 $W_m = LI^2/2$，则（　）

A. 只适用于无限长密绕螺线管；

B. 只适用于单匝圆线圈；

C. 只适用于一个匝数很多，且密绕的螺线环；

D. 适用于自感系数 L 一定的任意线.

13-18　在自由空间传播电磁波时，电场强度 $\boldsymbol{E}$ 和磁场强度 $\boldsymbol{H}$（　）

A. 在垂直于传播方向的同一条直线上；　B. 朝互相垂直的两个方向传播；

C. 互相垂直，且都垂直于传播方向；　D. 有相位差 $\pi/2$.

13-19　尺寸相同的铁环与铜环所包围的面积中，通以相同变化率的磁通量，环中（　）

A. 感应电动势不同，感应电流不同；　B. 感应电动势相同，感应电流相同；

C. 感应电动势不同，感应电流相同；　D. 感应电动势相同，感应电流不同.

二、填空题

13-20　在圆柱形空间内有一磁感应强度为 $\boldsymbol{B}$ 的均匀磁场，如图所示，$\boldsymbol{B}$ 的大小以速率 $\mathrm{d}B/\mathrm{d}t$ 变化. 有一长度为 l_0 的金属棒先后放在磁场的两个不同位置 1(ab) 和 2($a'b'$)，则金属棒在这两个位置时棒内的感应电动势 $\mathscr{E}_1$ 和 $\mathscr{E}_2$ 的大小关系为__________.

13-21　一矩形线框长为 a 宽为 b，置于均匀磁场中，线框绕 OO' 轴，以匀角速度 ω 旋转（如图所示）. 设 $t=0$ 时，线框平面处于纸面内，则任一时刻感应电动势的大小为__________.

13-22　自感为 0.25H 的线圈中，当电流在(1/16)s 内由 2A 均匀减小到零时，线圈中自感电动势的大小为__________.

13-23　真空中一根无限长细直导线上通有电流强度为 I 的电流，则距导线垂直距离为 a 的空间某点处的磁能密度为__________.

13-24　一半径为 $r=10\text{cm}$ 的圆形闭合回路置于均匀磁场 $\boldsymbol{B}$($B=0.80\text{T}$)中，$\boldsymbol{B}$ 与回路平面正交. 若圆形回路的半径从 $t=0$ 时开始以恒定的速率 $\frac{\mathrm{d}r}{\mathrm{d}t}=80\text{cm}\cdot\text{s}^{-1}$ 收缩，则在这 $t=0$ 时刻，闭合回路中感应电动势的大小为__________. 如要求感应电动势保持这一数值，则闭合回路的面积应以 $\frac{\mathrm{d}S}{\mathrm{d}t}=$__________的恒定速率收缩.

13-25　用导线制成一半径为 $r=10\text{cm}$ 的圆形闭合线圈，其电阻 $R=10\Omega$. 均匀磁场 $\boldsymbol{B}$ 垂直于线圈平面. 欲使电路中有一稳定的感应电流 $I=0.01\text{A}$，B 的变化率 $\frac{\mathrm{d}B}{\mathrm{d}t}=$__________.

13-26　有两个长直密绕螺线管，长度及线圈匝数均相同，半径分别为 r_1 和 r_2. 管内充满均匀介质，其磁导率分别为 μ_1 和 μ_2. 设 $r_1 : r_2 = 1 : 2$，$\mu_1 : \mu_2 = 2 : 1$，当将两只螺线管串联在电路中通电稳定后，其自感系数之比 $L_1 : L_2$ 为__________，磁能之比 $W_{m1} : W_{m2}$ 为__________.

13-27　长为 l 的导体棒与通有电流 I 的长直载流导线共面，导体棒可绕通过 O 点，垂直于纸面的轴以角速度 ω 作顺时针转动，当棒转到与直导线垂直的位置 OA 时，如图所示. 导体棒中的感应电动势为 $\mathscr{E}_i=$__________，其方向为由__________点指向__________点.

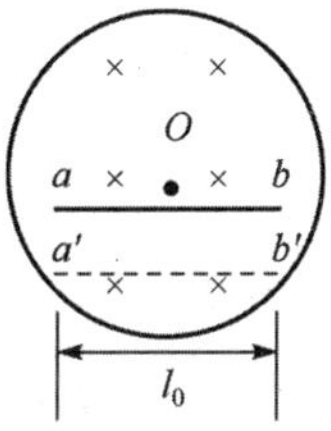

题 13-20 图

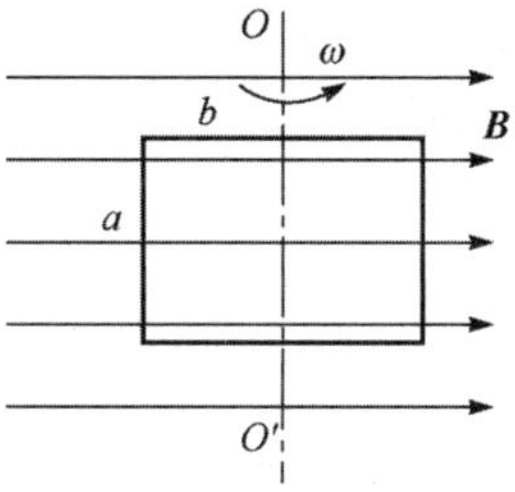

题 13-21 图

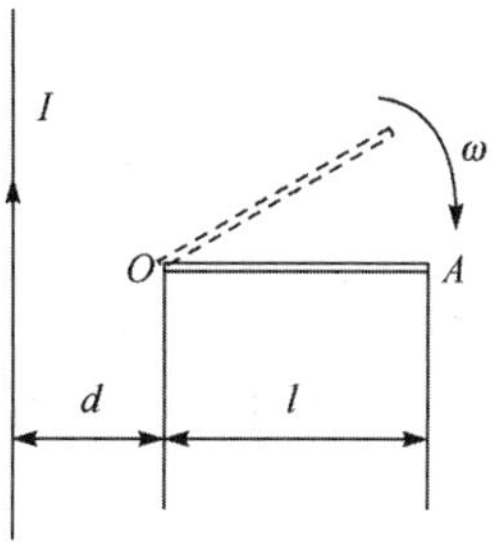

题 13-27 图

13-28　自感系数 $L=0.3\text{H}$ 的螺线管中通以 $I=8\text{A}$ 的电流时，螺线管存储的磁场能量 $W=$__________.

13-29　在圆柱形区域内有一均匀磁场 $\boldsymbol{B}$，且 $\dfrac{\mathrm{d}B}{\mathrm{d}t}>0$. 一边长为 l 的正方形金属框置于磁场中，位置如图所示，框平面与圆柱形轴线垂直，且轴线通过金属框 ab 的中点 O，则电动势大小 $\mathscr{E}_{ab}=$__________；$\mathscr{E}_{dc}=$__________；$\mathscr{E}_{abcda}=$__________.

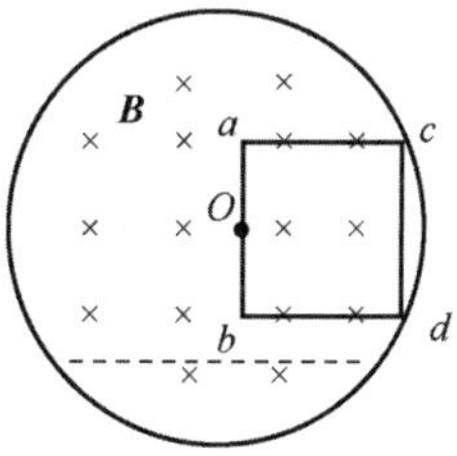

题 13-29 图

三、计算题

13-30　如图所示，矩形导体框置于通有电流 I 的长直截流导线旁，且两者共面，ad 边与直导线平行，dc 段可沿框架平动，设导体框架的总电阻 R 始终保持不变. 现 dc 段以速度 v 沿框架向下匀速运动，试求：

(1) 当 cd 段运动到图示位置（与 ab 相距 x）时，穿过 $abcd$ 回路的磁通量 Φ_{m}；

(2) 回路中的感应电流 I_i；

(3) cd 段所受长直截流导线的作用力 $\boldsymbol{F}$.

13-31　一无限长直导线通有电流 $I=I_0\mathrm{e}^{-\lambda t}$（$I_0$、$\lambda$ 为恒量），和直导线在一平面内有一矩形线框，其边长与直导线平行，线框的尺寸及位置如图所示，且 $b/c=3$. 试求：

(1) 直导线和线框间的互感系数；

(2) 线框中的互感电动势.

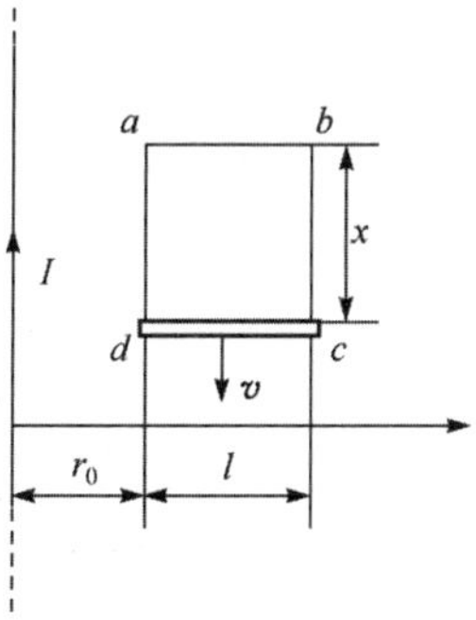

题 13-30 图

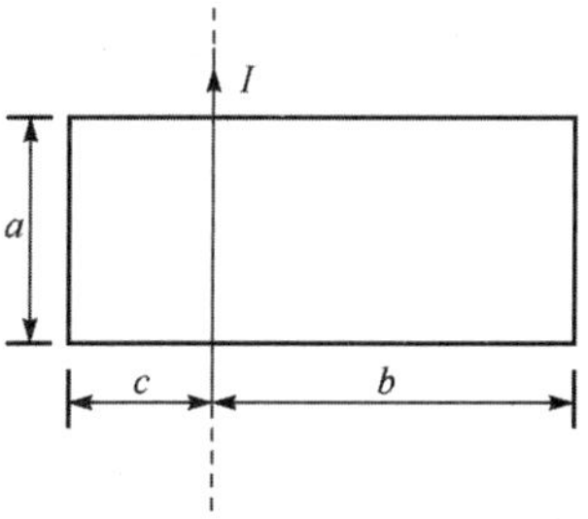

题 13-31 图

13-32　在均匀磁场 B 中，导线 $\overline{OM}=\overline{MN}=a$，$\angle OMN=120°$，$OMN$ 整体可绕 O 点在垂直于磁场的平面内逆时针转动，如图所示. 若转动角速度为 ω，则

(1) 求 OM 间电势差 U_{OM}；

(2) 求 ON 间电势差 U_{ON}；

(3) 指出 O, M, N 三点中哪点电势高.

13-33　一圆形线圈由 50 匝表面绝缘的细导线绕成，圆面积为 $S=4.0\mathrm{cm}^2$，放在另一个半径为 $R=20\mathrm{cm}$ 的大圆形线圈中心，两者同轴，如图所示. 大圆形线圈由 100 匝表面绝缘的导线绕成. 试求：

(1) 两线圈的互感系数 M；

(2) 当大线圈导线中的电流以每秒减小 50A 时，小线圈中的感应电动势 $\mathscr{E}$.

13-34　在无限长螺线管中，均匀分布变化的磁场 $B(t)$. 设 B 以速率 $\dfrac{\mathrm{d}B}{\mathrm{d}t}=k$ 变化($k>0$，且为常量)，方向与螺线管轴线平行，如图所示. 现在其中放置一直角形导线 abc. 若已知螺线管截面半径为 R，$\overline{ab}=l$，试求：

(1) 螺线管中的感生电场 $\boldsymbol{E}_r$；

(2) $\overline{ab}$，$\overline{bc}$两段导线中的感生电动势.

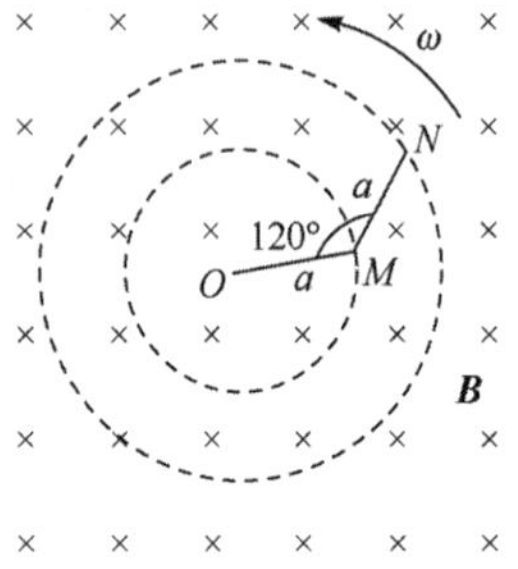

题 13-32 图

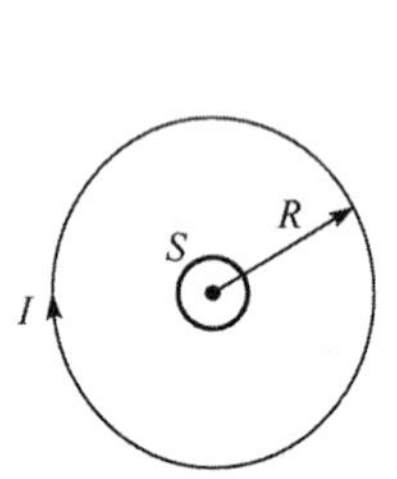

题 13-33 图

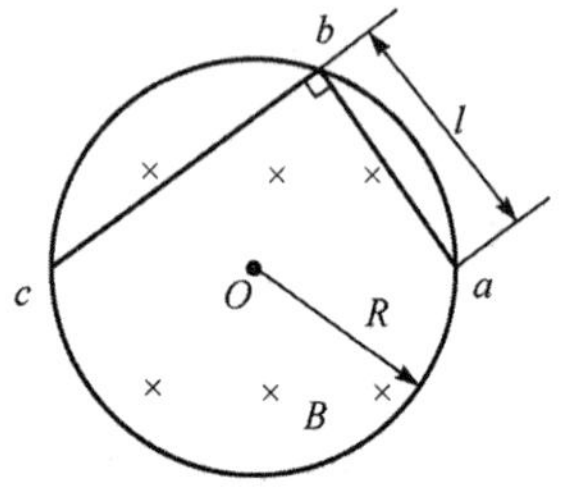

题 13-34 图

13-35　如图所示，在均匀磁场 B 中放一很长的良导体线框，其电阻可忽略. 今在此线框上横跨一长度为 l、质量为 m、电阻为 R 的导体棒，现让其以初速度 v_0 运动起来，并忽略棒与线框之间的摩擦，试求棒的运动规律.

13-36　如图所示，在电阻为零，相距为 l 的两条平行金属导轨上，平行放置两条质量为 m，电阻为 $R/2$ 的匀质金属棒 AB、CD，它们与导线相垂直，且能沿导轨作无摩擦地滑动. 整个装置水平地置于方向垂直向下的匀强磁场中，磁感应强度为 B. 若不考虑感应电流的影响，今对 AB 施加一恒力 F，使其从静止开始运动起来. 试求：导轨上感应电流恒定后的大小以及两棒的相对速度.

13-37　一金属棒 OA 在均匀磁场中绕通过 O 点的垂直轴 Oz 作锥形匀角速旋转，棒 OA 长 l_0，与 Oz 轴夹角为 θ，旋转角速度为 ω，磁感应强度为 B，方向与 Oz 轴一致，如图所示. 试求 OA 两端的电势差.

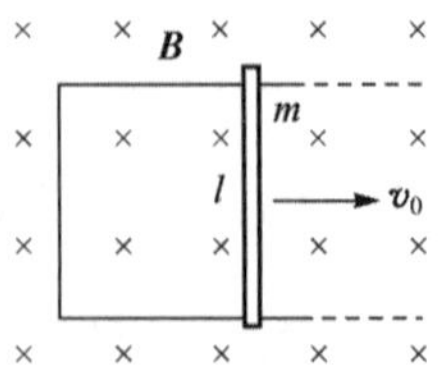

题 13-35 图

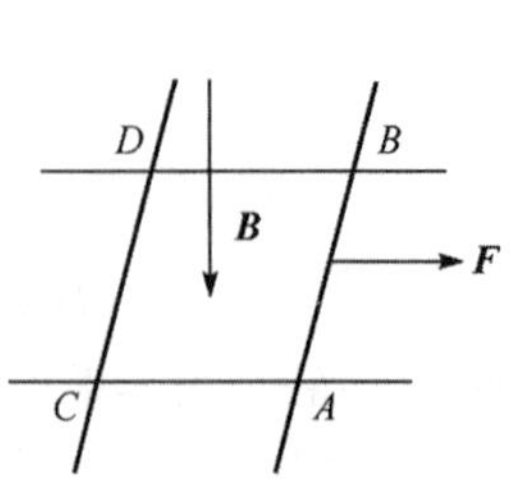

题 13-36 图

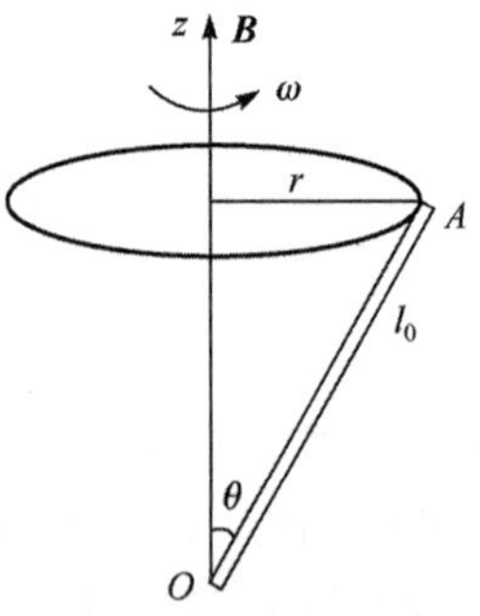

题 13-37 图

13-38　如图所示，一长为 L 的金属棒 OA 与载有电流 I 的无限长直导线共面，金属棒可绕端点 O 在平面内以角速度 ω 匀速转动. 试求当金属棒转至图示位置时（即棒垂直于长直导线）棒内的感应电动势.

13-39　如图所示，两根无限长载流导线互相平行，相距为 $2a$，两导线中电流强度相同，但电流彼此反向. 在两平行无限长直导线所在的平面内有一半径为 a 的圆环，环刚好在两平行长直导线之间并且彼此绝缘. 试求圆环与两平行长直导线之间的互感系数 M.

13-40　如图所示，在均匀磁场中有一金属框架 $aOba$，ab 边可无摩擦自由滑动，已知 $\angle aOb=\theta$，$ab\perp Ox$，磁场随时间变化规律为 $B_t=t^2/2$. 若 $t=0$ 时，ab 边由 $x=0$ 处开始以速率 v 作平行于 x 轴的匀速滑动. 试求任意时刻 t 金属框中感应电动势的大小和方向.

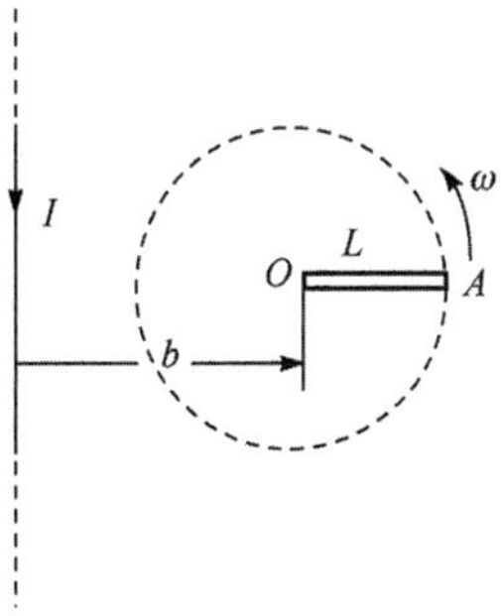

题 13-38 图

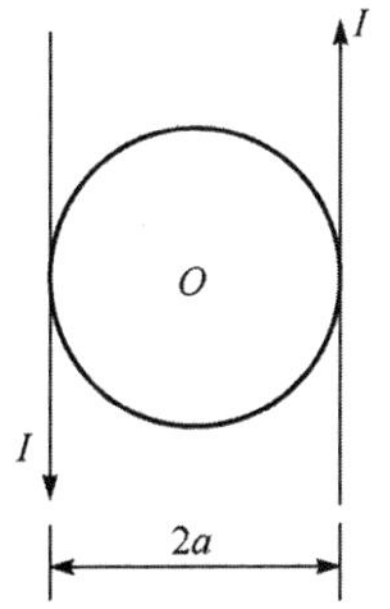

题 13-39 图

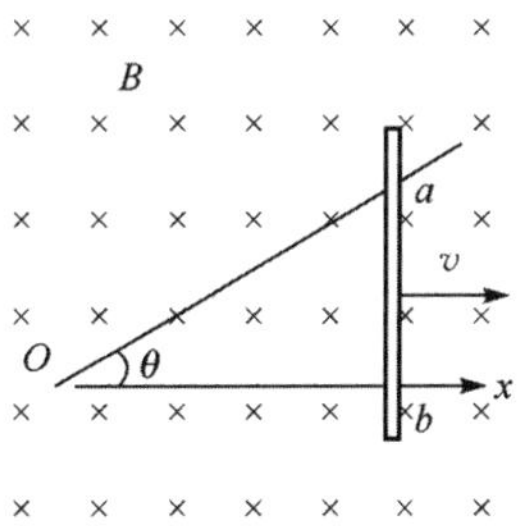

题 13-40 图

第 14 章　电磁场与电磁波

一、基本要求

（1）理解麦克斯韦电磁场理论的两个基本假设，即变化的磁场激发电场，变化的电场激发磁场.

（2）理解位移电流的基本概念，明确位移电流实质是变化的电场.

（3）了解麦克斯韦方程组的积分形式.

（4）掌握电磁波的一般性质，了解电磁波的产生和传播和接收.

二、主要内容与学习指导

（一）电磁场的基本方程

1. 位移电流

位移电流的概念是在稳恒电流情况下所满足的安培环路定理应用于非稳恒电流电路时出现矛盾而引入的，通常都是讨论一个有电容器的电路，如图 14-1 所示. 在接通电路的瞬间，电路中有传导电流通过，但由于电容器的存在，传导电流是不连续的，传导电流在电容器之间中断，如图 14-1 中的环路 L 来说，对于曲面 S_1 有 $\oint_L \boldsymbol{H}\cdot \mathrm{d}\boldsymbol{l}=I$，而对于曲面 S_2，则有 $\oint_L \boldsymbol{H}\cdot \mathrm{d}\boldsymbol{l}=0$，显然对于同一环路 H 的线积分出现不同结果，安培环路定理对于非稳恒电流电路不再适用. 为解决这一问题，同时使安培环路定理具有更普遍的意义，麦克斯韦认为电容器两极板间虽然没有传导电流存在，但极板上却有随时间变化的积累电荷，因而极板间有随时间变化的电场存在，如果把变化的电场看成是一种等效电流，那么整个回路中的电流也是连续的. 把变化的电场看成电流的观点正是麦克斯韦位移电流假设的基本出发点. 通过分析可知，位移电流的大小在数值上等于极板间电位移通量的时间变化率，即

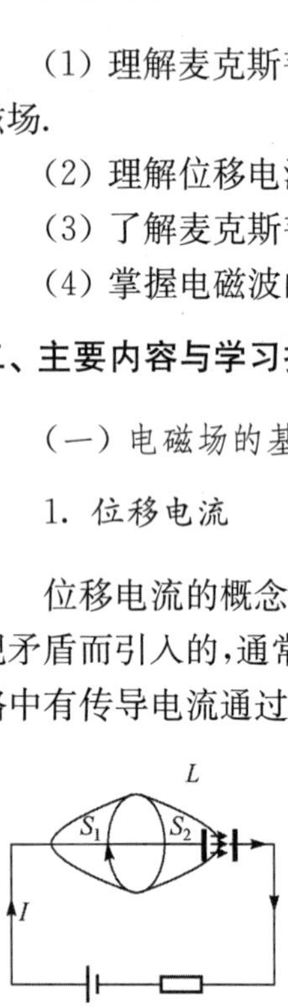

图 14-1

$$I_{\mathrm{d}}=\frac{\mathrm{d}q}{\mathrm{d}t}=\frac{\mathrm{d}\Phi_D}{\mathrm{d}t} \tag{14.1}$$

式中，$\frac{\mathrm{d}q}{\mathrm{d}t}$是极板上电荷的变化率. 根据电流的连续性，导线中的传导电流也应等于极板上电荷积累的速度，因而有

$$I=\frac{\mathrm{d}q}{\mathrm{d}t}=I_{\mathrm{d}}=\frac{\mathrm{d}\Phi_D}{\mathrm{d}t} \tag{14.2}$$

而极板间任一点处的位移电流密度则等于该点处电位移对时间的变化率，即

$$\boldsymbol{j}_{\mathrm{d}}=\frac{\partial \boldsymbol{D}}{\partial t} \tag{14.3}$$

位移电流与传导电流一样能在空间激发磁场，其磁场也满足环路定理和高斯定理，即

$$\oint_L \boldsymbol{H} \cdot d\boldsymbol{l} = \boldsymbol{I}_d = \frac{d\Phi_D}{dt} = \int_S \frac{\partial \boldsymbol{D}}{\partial t} \cdot d\boldsymbol{S}$$

$$\oiint_S \boldsymbol{B} \cdot d\boldsymbol{S} = 0$$

但应注意，位移电流与传导电流是两个完全不同的概念，它们有着本质上的区别：

(1) 传导电流是自由电荷的宏观定向流动所产生，而位移电流是变化的电场；

(2) 传导电流只存在于导体当中，而位移电流在真空、导体、介质中均可存在；

(3) 传导电流在导体中产生热效应，并遵从焦耳-楞次定律，而位移电流一般不引起焦耳热效应.

2. 全电流　全电流定理

所谓全电流是指通过某一截面的传导电流与位移电流的总和，即

$$I = I_o + I_d = \iint_S \left(\frac{\partial \boldsymbol{D}}{\partial t} + \boldsymbol{j}_0\right) \cdot d\boldsymbol{S} \tag{14.4}$$

全电流总是连续的，于是磁场的安培环路定理可以表示为

$$\oint_L \boldsymbol{H} \cdot d\boldsymbol{l} = \iint_S \left(\frac{\partial \boldsymbol{D}}{\partial t} + \boldsymbol{j}_0\right) \cdot d\boldsymbol{S} \tag{14.5}$$

称为全电流定理. 它是普遍成立的，对稳恒电流或非稳恒电流均适用.

3. 电磁场　麦克斯韦方程组

(1) 电磁场：不但电荷激发电场，变化的磁场也激发电场；不但电流激发磁场，变化的电场也激发磁场，电场与磁场是同一种物质，电场与磁场结合成一个整体就是电磁场，并且电磁场可以离开电荷与电流，在空间以波动的形式进行传播从而形成电磁波.

(2) 麦克斯韦方程组.

麦克斯韦方程组的积分形式为

$$\oint_S \boldsymbol{D} \cdot d\boldsymbol{S} = \int_V \rho_0 dV \tag{14.6a}$$

$$\oint_L \boldsymbol{E} \cdot d\boldsymbol{l} = -\int_S \frac{\partial \boldsymbol{B}}{\partial t} \cdot d\boldsymbol{S} \tag{14.7a}$$

$$\oint_S \boldsymbol{B} \cdot d\boldsymbol{S} = 0 \tag{14.8a}$$

$$\oint_L \boldsymbol{H} \cdot d\boldsymbol{l} = \int_S \left(\frac{\partial \boldsymbol{D}}{\partial t} + \boldsymbol{j}_0\right) \cdot d\boldsymbol{S} \tag{14.9a}$$

麦克斯韦方程组的微分形式为

$$\nabla \cdot \boldsymbol{D} = \rho_0 \tag{14.6b}$$

$$\nabla \times \boldsymbol{E} = -\frac{\partial \boldsymbol{B}}{\partial t} \tag{14.7b}$$

$$\nabla \cdot \boldsymbol{B} = 0 \tag{14.8b}$$

$$\nabla \times \boldsymbol{H} = \boldsymbol{j}_0 + \frac{\partial \boldsymbol{D}}{\partial t} \tag{14.9b}$$

式中，$\nabla = \frac{\partial}{\partial x}\boldsymbol{i} + \frac{\partial}{\partial y}\boldsymbol{j} + \frac{\partial}{\partial z}\boldsymbol{k}$. 麦克斯韦方程组反映了电磁场的基本性质，被称为电磁场基本方程.

（二）电磁波

根据麦克斯韦电磁场理论，若空间某区域存在周期性变化的电场，那么它将激发出周期性变化的磁场，而周期性变化的磁场又会在较远区域产生周期性变化的电场，接着又在更远的区域激发周期性变化的磁场，如此周而复始，周期性变化电场和磁场不断交替产生，由近及远传播出去，形成电磁波.

1. 电磁波的发射

电磁波是靠电磁振荡来发射的，LC 无阻尼振荡电路演化为振荡电偶极子（一根直导线）便可发射电磁波. 当距离波源（振荡偶极子）足够远时，发射的电磁波可以视为平面电磁波，则其波动方程可表示为

$$\begin{aligned}\boldsymbol{E}&=\boldsymbol{E}_0\cos\omega\left(t-\frac{r}{u}\right)\\ \boldsymbol{H}&=\boldsymbol{H}_0\cos\omega\left(t-\frac{r}{u}\right)\end{aligned}\tag{14.10}$$

2. 电磁波的性质

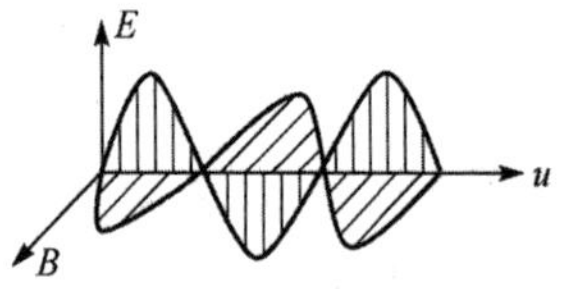

图 14-2

电磁波具有以下一般特性：

（1）电磁波是横波. 电磁波的电场分量 $\boldsymbol{E}$ 和磁场分量 $\boldsymbol{B}$ 垂直于波的传播方向，如图 14-2 所示.

（2）偏振性. 电磁波的电场分量和磁场分量都只在各自的平面内振动；$\boldsymbol{E}$、$\boldsymbol{B}$、$\boldsymbol{u}$ 相互垂直，呈右手螺旋关系，即 $\boldsymbol{E}\times\boldsymbol{B}$ 沿 $\boldsymbol{u}$ 的方向.

（3）$\boldsymbol{E}$ 与 $\boldsymbol{B}$ 的同相，同时达到最大，又同时变为最小. 任一时刻，任一空间位置，电场 $\boldsymbol{E}$ 和磁场 $\boldsymbol{B}$ 的大小满足

$$\frac{E}{B}=u$$

电场 $\boldsymbol{E}$ 和磁场 $\boldsymbol{H}$ 的大小满足

$$\sqrt{\varepsilon}E=\sqrt{\mu}H$$

（4）波速 u 与介质属性有关，即 $u=\dfrac{1}{\sqrt{\mu\varepsilon}}$，在真空中波速 $c=\dfrac{1}{\sqrt{\mu_0\varepsilon_0}}$.

（5）电磁波从真空进入折射率为 n 的透明介质中，波速与折射率的关系为

$$u=\frac{c}{n}=\frac{1}{\sqrt{\mu\varepsilon}}=\frac{c}{\sqrt{\mu_r\varepsilon_r}},\ n=\sqrt{\mu_r\varepsilon_r}$$

3. 电磁波的能量和能流密度

电磁波是电磁场的传播，也是电磁场能量的传播，电磁波的能量密度就是电磁场的能量密度为

$$w=\frac{1}{2}\varepsilon E^2+\frac{1}{2}\mu H^2\tag{14.11}$$

这能量沿电磁波的传播方向向前传播，单位时间内通过垂直于传播方向的单位面积的能量称为能流密度(或辐射强度)S，则

$$S=wu=EH$$

矢量式为

$$\boldsymbol{S}=w\boldsymbol{u}=\boldsymbol{E}\times\boldsymbol{H} \tag{14.12}$$

$\boldsymbol{S}$ 称为坡印亭矢量. 对于平面电磁波可计算出平均能流密度(即波的强度)为

$$I=\bar{S}=\frac{1}{T}\int_0^T S\mathrm{d}t=\frac{1}{2}E_0H_0 \tag{14.13}$$

由此可知，通过某一面积上的能流即辐射功率为

$$P=\iint_S \boldsymbol{S}\cdot\mathrm{d}\boldsymbol{\Sigma}(\mathrm{d}\boldsymbol{\Sigma}\text{ 为面积元矢量})$$

而平均功率为 $\bar{P}=\bar{S}\times\sum_{\text{面积}}$.

三、习题分类与解题方法指导

归纳起来，本章习题可大体上分为四大类型：①已知变化电场求位移电流和变化磁场；②已知变化磁场，求变化电场；③已知电磁波电场(磁场)表达式，求磁场(电场)表达式及其相关量. ④电磁波的能量密度和能流密度的计算. 现分别进行讨论.

(一) 已知变化电场求位移电流和变化磁场

此类习题一般是给出电场随时间的变化率 $\mathrm{d}E/\mathrm{d}t$，或者给出产生变化电场的电荷与时间的关系 $q=q(t)$ 等，在电场具有一定对称性时，可用麦克斯韦方程 $\oint_L \boldsymbol{H}\cdot\mathrm{d}\boldsymbol{l}=\int_S\left(\frac{\partial\boldsymbol{D}}{\partial t}+\boldsymbol{j}_0\right)\cdot\mathrm{d}\boldsymbol{S}$，求解出位移电流、$\boldsymbol{H}$ 和 $\boldsymbol{B}$ 等相关物理量.

例题 14-1　如图 14-3 所示，在真空中有半径 $R=0.1\mathrm{m}$ 的两块圆形金属板，构成平行板电容器，若对电容器匀速充电，使电极板间的电场变化率为 $\mathrm{d}E/\mathrm{d}t=1.0\times10^{-13}\mathrm{V\cdot m^{-1}\cdot s^{-1}}$，试求两极板间的位移电流，与两极板中心线相距为 $r(r<R)$处的 B_R 大小、方向.

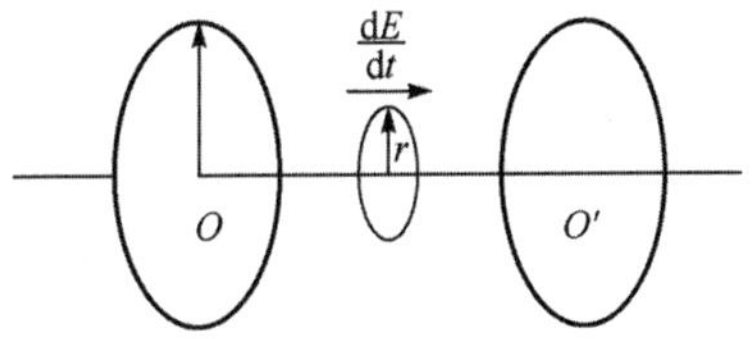

图 14-3

解　平行板电容器两极板间电场为均匀电场，设为 E，于是位移电流为

$$I_\mathrm{d}=\frac{\mathrm{d}\Phi_D}{\mathrm{d}t}=\frac{\mathrm{d}}{\mathrm{d}t}\iint\boldsymbol{D}\cdot\mathrm{d}\boldsymbol{S}=\frac{\mathrm{d}(DS)}{\mathrm{d}t}=\varepsilon_0 S\frac{\mathrm{d}E}{\mathrm{d}t}=\varepsilon_0\pi R^2\frac{\mathrm{d}E}{\mathrm{d}t}=2.8\mathrm{A}$$

由于位移电流在两板间是对称的，由它所激发的感生磁场也具有对称性，即在垂直于两板中心线(轴线)的平面内，以轴为圆心，以 r 为半径的圆周上，各点的 $\boldsymbol{H}$ 大小相等，方向沿圆周切线，可由环路定理求解.

取积分回路如图，则

$$\oint_L\boldsymbol{H}\cdot\mathrm{d}\boldsymbol{l}=2\pi rH=I_\mathrm{d}=\frac{\mathrm{d}\Phi_D}{\mathrm{d}t}=\varepsilon_0\pi R^2\frac{\mathrm{d}E}{\mathrm{d}t}$$

$$H=\frac{\varepsilon_0 r}{2}\frac{\mathrm{d}E}{\mathrm{d}t}$$

$$B=\mu_0 H=\frac{\mu_0\varepsilon_0 r}{2}\frac{\mathrm{d}E}{\mathrm{d}t}$$

方向与$\frac{dE}{dt}$成右手螺旋关系. 当$r=R$时，$B_R=\frac{\mu_0\varepsilon_0 R}{2}\frac{dE}{dt}=5.6\times10^{-6}$T.

例题 14-2　一平行板电容器接在一交流电源上，其极板面积为S，极板间为真空，已知电源输出电流为$i(t)=I_0\cos\omega t$（ω=常量），试求：

(1)极板间的位移电流I_d；(2)与中心线相距为r处A点的磁感强度B_A.

解　(1) 极板上的电荷变化

$$i(t)=\frac{dq}{dt}=I_0\cos\omega t$$

极板上的电量为

$$q(t)=\int_0^t i\,dt=\int_0^t I_0\cos\omega t\,dt=\frac{I_0}{\omega}\sin\omega t$$

极板间的电位移为

$$D(t)=\sigma(t)=\frac{I_0}{\omega S}\sin\omega t$$

则位移电流为

$$I_d=\frac{d\Phi_D}{dt}=S\frac{dD}{dt}=I_0\cos\omega t$$

(2) 由极板间D的对称性可知位移电流分布也具有对称性，它所激发的磁场也具有对称性，由磁场的环路定理，取一与极板平面平行半径为r的圆环回路，则有

$$\oint_L \boldsymbol{H}\cdot d\boldsymbol{l}=2\pi rH=I_d=\frac{d\Phi_D}{dt}=\frac{dD}{dt}\pi r^2=\frac{\pi r^2 I_0}{S}\cos\omega t$$

故$H=\frac{rI_0}{2S}\cos\omega t$，$B_A=\mu_0 H=\frac{\mu_0 rI_0}{2S}\cos\omega t$，方向与$\frac{dE}{dt}$成右手螺旋关系.

（二）已知变化磁场，求感应电场

此类习题一般是给出磁场随时间的变化率dB/dt，或给出产生变化磁场的电流与时间的关系等，在磁场具有一定对称性时，可由麦克斯韦方程$\oint_L \boldsymbol{E}\cdot d\boldsymbol{l}=-\int_S\frac{\partial \boldsymbol{B}}{\partial t}\cdot d\boldsymbol{S}$求解$E$及相关物理量.

例题 14-3　一长直螺线管，匝数密度为n，半径为R，管内介质磁导率为μ，导线中通有随时间变化的电流i，变化率为dI/dt，试求：

(1) 螺线管与轴线相距为r处A点的磁场强度$\boldsymbol{H}$；

(2) A点的感生电场$\boldsymbol{E}_感$；

(3) A点的坡印亭矢量$\boldsymbol{S}$.

解　(1) 在t时刻，导线中电流为i，则管内的磁感强度为$B=\mu ni$，方向水平向左；由$B=\mu H$可知，$H=ni$，方向与相同水平向左.

(2) 由于磁场分布具有对称性，故感生电场也具有对称性. 取一圆心在轴线上，半径为r的圆环积分回路，则

$$\oint_L \boldsymbol{E}_感\cdot d\boldsymbol{l}=2\pi r\boldsymbol{E}_感=-\frac{d\Phi_m}{dt}=-\pi r^2\frac{d\boldsymbol{B}}{dt}$$

$$E_{感}=-\frac{r}{2}\frac{d\boldsymbol{B}}{dt}=-\frac{\mu nr}{2}\frac{d\boldsymbol{i}}{dt}$$

$\boldsymbol{E}_{感}$ 的方向与$\frac{dB}{dt}$成左手螺旋关系，从螺线管的右端看去呈逆时针方向.

(3) A 点的坡印亭矢量 $\boldsymbol{S}$ 大小为

$$S=EH=\frac{1}{2}\mu n^2 ri\frac{dI}{dt}$$

$\boldsymbol{S}$ 的方向为 $\boldsymbol{S}=\boldsymbol{E}\times\boldsymbol{H}$，即指向螺线管的轴线.

(三) 已知电磁波电场(磁场)表达式，求磁场(电场)表达式及其相关量

此类习题，可应用电磁波的一般性质结合机械波中的有关概念和解题方法进行求解.

例题 14-4　设有一列平面电磁波在真空中传播，其电场强度表达式为

$$E_y=E_{0y}\cos2\pi\left(\nu t+\frac{x}{\lambda}\right)$$

试求：(1)磁场强度的表达式；(2)电磁波的强度.

解　(1) 由电场强度的表达式可知，电磁波沿 x 轴负方向，E 在 xOy 平面内振动，故 H 在 xOz 平面内振动. 且由 $\boldsymbol{S}=\boldsymbol{E}\times\boldsymbol{H}$ 可知，当 $\boldsymbol{E}$ 沿 x 正向时，$\boldsymbol{H}$ 一定沿 z 轴负方向.

由$\sqrt{\varepsilon}E=\sqrt{\mu}H$ 可得磁场强度的表达式为

$$H_z=-\sqrt{\frac{\varepsilon_0}{\mu_0}}E_{0y}\cos2\pi\left(\nu t+\frac{x}{\lambda}\right)$$

(2) 电磁波的强度，即电磁波的平均能流密度

$$I=\overline{S}=\frac{1}{2}E_{0y}H_{0z}=\frac{1}{2}\sqrt{\frac{\varepsilon_0}{\mu_0}}E_{0y}^2$$

(四) 电磁波的能量密度和能流密度的计算

此类习题需要应用电磁波能量密度与能流密度公式结合前两类习题的运算进行求解.

例题 14-5　一广播电台的平均辐射功率为 10kW，假设辐射的能流均匀分布在以电台为中心的半球面上，试求：

(1) 距电台 10km 处坡印亭矢量的平均值(辐射强度)；

(2) 设在上述距离处的电磁波为平面波，求该处电场强度和磁场强度的振幅.

解　(1) 电台的辐射功率与坡印亭矢量平均值的关系为 $\overline{P}=\overline{S}\times$面积，所以

$$\overline{S}=\frac{\overline{P}}{2\pi r^2}=\frac{10\times10^3}{2\pi\times10^8}=1.6\times10^{-5}\,\mathrm{W\cdot m^{-2}}$$

(2) 设电场强度、磁场强度分别为 E_0、H_0，则

$$\overline{S}=\frac{1}{2}E_0H_0=\frac{1}{2}\sqrt{\frac{\varepsilon_0}{\mu_0}}E_0^2$$

$$E_0=\left(2\sqrt{\frac{\mu_0}{\varepsilon_0}}\overline{S}\right)^{\frac{1}{2}}=0.110\,\mathrm{V\cdot m^{-1}}$$

$$H_0=\sqrt{\frac{\varepsilon_0}{\mu_0}}E_0=2.91\times10^{-4}\,\mathrm{A\cdot m^{-1}}$$

四、知识拓展与问题讨论

电磁波(场)的动量与光压

人们对“动量”概念的认识是从力学开始的. 人们发现，两个物体发生碰撞时，系统的动量总是守恒的. 例如，一个动量为 $\boldsymbol{G}=m\boldsymbol{v}$ 的小球垂直撞击在一个平板上，将以动量 $\boldsymbol{G}'=m\boldsymbol{v}'$ 反弹回来，在此过程中有动量 $\Delta\boldsymbol{G}'=\boldsymbol{G}-\boldsymbol{G}'$ 传递给平板. 这个事例启示着人们去探索电磁场的动量. 设一列平面电磁波垂直射在金属平板上，将有一部分电磁波被反射. 当电磁波射到金属板面时，电场的作用使金属内自由电子将做往复运动形成传导电流，电流密度为 $\boldsymbol{j}=\sigma\boldsymbol{E}$. 由于电子运动方向与磁场垂直，因而受到一个洛伦兹力 $\boldsymbol{f}$ 作用. $\boldsymbol{f}$ 与 $\boldsymbol{E}\times\boldsymbol{H}$ 的方向相平行，即与电磁波的坡印亭矢量方向相平行. 金属中自由电子受到的这个力将传递给金属平板，从而使金属板获得一个动量. 因为我们所讨论的系统只有金属平板和电磁波，根据动量守恒定律，金属板获得的动量来自于电磁波，所以电磁波具有动量.

电磁波的能量密度为 $w=\dfrac{EH}{c}$，坡印亭矢量(即能流密度矢量)为 $\boldsymbol{S}=\boldsymbol{E}\times\boldsymbol{H}$. 在相对论中，物体的能量可表示为 $\varepsilon=mc^2$，则其动量可表示为 $\boldsymbol{G}=m\boldsymbol{v}=\dfrac{\varepsilon}{c^2}\boldsymbol{v}$. 电磁波具有能量和传播速度，也具有动量. 由于电磁波以光速传播，根据相对论理论不难得到，电磁波的动量密度为

$$\boldsymbol{g}=\frac{\boldsymbol{S}}{c^2}=\frac{\boldsymbol{E}\times\boldsymbol{H}}{c^2} \tag{14.14}$$

式中，$\boldsymbol{E}$、$\boldsymbol{H}$ 分别为电磁波的电场强度和磁场强度；c 为真空中的光速. 因为电磁波是变化电磁场的传播，所以**电磁波的动量密度也就是电磁场的动量密度**.

当电磁波照射在物体上时，会对物体施加一个压力作用，这个压力称为**辐射压力或光压**.

考虑一束电磁波垂直照射到一个“绝对”黑体(其表面能够全部吸收入射的电磁波)的表面上，在面积 ΔA 的部分表面上在 Δt 时间内所接收的电磁波动量为 $\Delta G=g\cdot\Delta A\cdot c\cdot\Delta t$. 因为 $\dfrac{\Delta G}{\Delta t}=f$ 是面积 ΔA 上所受的辐射压力，而 $\dfrac{f}{\Delta A}=p$ 就是该表面所受的压强，所以“绝对”黑体表面上受到的垂直入射电磁波的辐射压强，也就是光压为

$$p=g\cdot c=\frac{EH}{c}=w \tag{14.15}$$

对于一个完全反射的表面，垂直入射的电磁波给予该表面的动量将等于入射电磁波的动量的两倍，因此它对该表面的辐射压强也将是上述压强的两倍. 在一般情况下，如果入射的电磁波强度为 S_R，而反射的电磁波强度为 S_F，那么辐射压强将是

$$p=\frac{1}{c}\left|S_R-S_F\right| \tag{14.16}$$

光压是非常小的，一般很难观测到，在实际问题中光压的作用往往可以忽略. 但是在天体物理中，天体外层受其核心强大的引力主要是依赖辐射压力来平衡的；另外光在电子上的散射时，光对电子传输的动量是显著的(康普顿效应).

1889 年，俄国科学家列别捷夫首次在实验室内测得了光压. 他用一个灵敏度很高的扭称两端分别连接金属圆盘，一个是白色，另一个是黑色；当白色光垂直照射两个圆盘时，白色圆盘受到的光压近似是黑色圆盘受到光压的两倍，从而使扭称发生偏转，这样就证实了电磁波具有

光压，也就证明了电磁场具有动量.

习　题　14

一、选择题

14-1　一平行板空气电容器的两板都是半径为 R 的圆导体片。在充电时，板间电场强度的变化率为$\frac{d\boldsymbol{E}}{dt}$，若省略去边缘效应，则两板间的位移电流为(　　)

A. $\frac{d\boldsymbol{E}}{dt}$；　　B. $\varepsilon_0\frac{d\boldsymbol{E}}{dt}$；　　C. $\pi R^2\frac{d\boldsymbol{E}}{dt}$；　　D. $\pi R^2\varepsilon_0\frac{d\boldsymbol{E}}{dt}$.

14-2　电磁波的电场强度 $\boldsymbol{E}$、磁场强度 $\boldsymbol{H}$ 和传播速度 $\boldsymbol{u}$ 的关系是(　　)

A. 三者互相垂直，而 $\boldsymbol{E}$ 和 $\boldsymbol{H}$ 位相差 $\pi/2$；

B. 三者互相垂直，而且 $\boldsymbol{E}$、$\boldsymbol{H}$、$\boldsymbol{u}$ 构成右旋直角坐标系；

C. 三者中 $\boldsymbol{E}$ 和 $\boldsymbol{H}$ 是同方向的，但都与 $\boldsymbol{u}$ 垂直；

D. 三者中 $\boldsymbol{E}$ 和 $\boldsymbol{H}$ 可以是任意方向的，但都必须与 $\boldsymbol{u}$ 垂直.

14-3　电磁波在空中传播时，某时刻在空间某点处，电场强度 E 和磁场强度 H 的振动参量相同的是(　　)

(1) 频率；(2)相位；(3)振幅；(4) 振动方向.

A. (1) (2)；　B. (2) (3)；　C. (3) (4)；　D. (1) (4).

二、填空题

14-4　设在真空中沿着 x 轴正方向传播的平面电磁波，其电场强度的波的表达式是 $E_Z=E_0\cos 2\pi(\nu t-x/\lambda)$，则磁场强度的波的表达式是__________.

14-5　设在真空中沿着 z 轴负方向传播的平面电磁波，其磁场强度的波的表达式为 $H_x=-H_0\cos\omega(t+z/c)$，则电场强度的波的表达式为__________.

14-6　一广播电台的平均辐射功率为 20kW. 假定辐射的能量均匀分布在以电台为球心的球面上，那么，离电台为 10km 处电磁波的平均辐射强度为__________.

14-7　一电容器和一线圈构成 LC 回路，已知电容 $C=2.5\mu F$，若要使此振荡电路的固有频率 $\nu=1.0\times10^3$ Hz，则所用线圈的自感为 $L=$__________.

14-8　在真空中传播的平面电磁波在空间某点的磁场强度为 $H=1.2\cos\left(2\pi\nu t+\frac{\pi}{3}\right)$(SI)，已知$\sqrt{\varepsilon_0}E=\sqrt{\mu_0}H$，则在该点上的电场强度为__________.

14-9　坡印亭矢量 $\boldsymbol{S}$ 的物理意义是：__________，其定义式为__________.

14-10　证实电磁波存在的关键性实验是__________，$\frac{1}{\sqrt{\varepsilon_0 u_0}}$的量纲是__________.

14-11　平行板电容器的电容 $C=12.0\mu F$，两板上的电压变化率为$\frac{dU}{dt}=1.50\times10^5 V\cdot s^{-1}$，则该平行板电容器中的位移电流为__________.

14-12　真空中一平面电磁波，电场强度的最大值为 $E_{max}=10^{-4}V\cdot m^{-1}$，一个面积为 $S=1.0\ cm^2$ 的平面垂直于波的传播方向，则通过这面积的平均功率为__________.

三、计算题或证明题

14-13　简要说明电磁波的主要特性.

14-14　给电容 C 的平行板电容器充电，电流为 $i=0.2e^{-t}$(SI)，$t=0$ 时刻电容器极板上无电荷，求：

(1) 极板间电压 U 随时间 t 而变化的关系；

(2) t 时刻极板间总的位移电流 I_d(忽略边缘效应).

14-15　由两圆板组成的真空平行板电容器，将交变电压 $U=U_0\cos(\omega t)$ 加于两极上. 设两板间距为 d，圆板半径为 R，$d \ll R$. 不考虑边缘效应，求：

(1) 两板间的电场强度的大小；

(2) 两板间半径为 $r(r<R)$ 的圆面积内的位移电流.

14-16　设太阳的平均辐射功率为 $3.96\times10^{26}\,\text{J}\cdot\text{s}^{-1}$，太阳与地球相距 $1.5\times10^{11}\,\text{m}$，求：

(1) 射到地球的太阳光的坡印亭矢量的平均值；

(2) 射到地球的太阳光电场强度和磁感应强度的振幅.

14-17　设有一列平面电磁波在真空中传播，其电场强度表达式为

$$E_y=E_{0y}\cos 2\pi\left(\nu t-\frac{z}{\lambda}\right)$$

试求：(1)磁场强度的表达式；(2)电磁波的强度.

第五篇　波动光学

本篇知识逻辑结构图

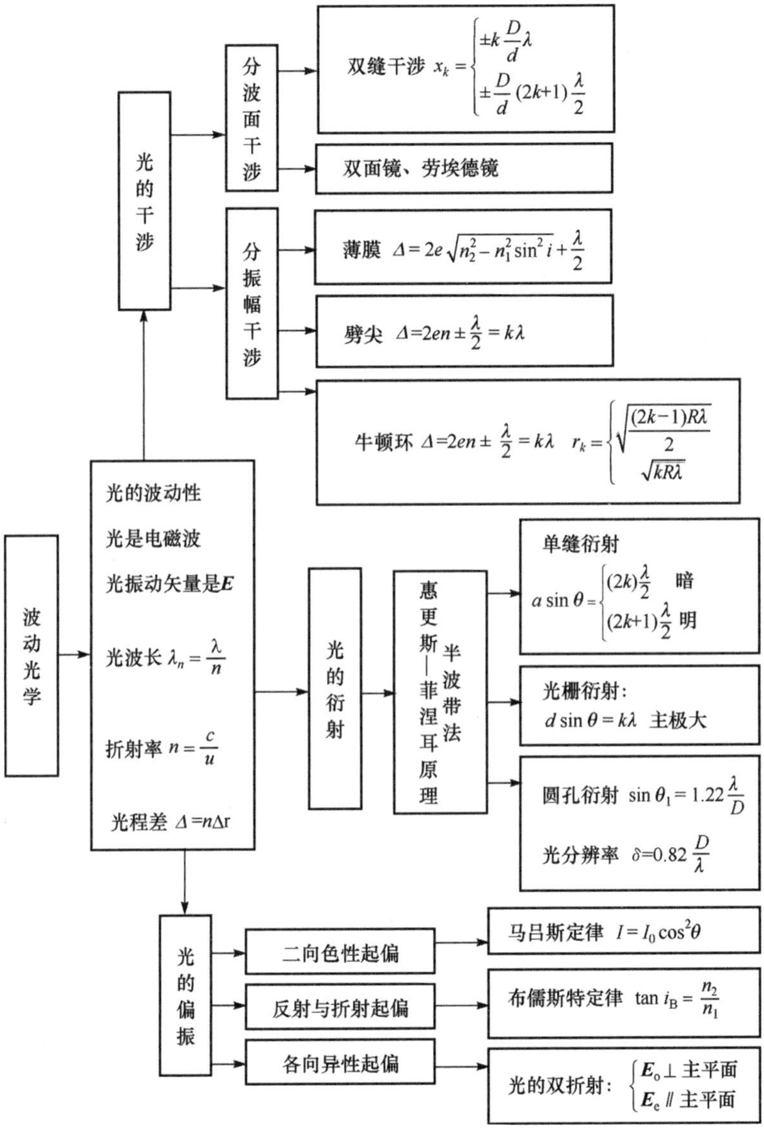

第15章　光的干涉

一、基本要求

(1) 理解光的相干条件和获得相干光的方法.

(2) 掌握光程的概念以及光程差和相位差的关系.

(3) 掌握双缝干涉和薄膜等厚干涉的基本规律及其应用.

(4) 了解迈克耳孙干涉仪的结构、工作原理和应用.

二、主要内容与学习指导

(一) 相干光的条件和获得相干光的方法

1. 相干光的条件

光是电磁波,可见光是波长范围从 400～760nm 的电磁波. 光具有波动的共性,干涉的条件是频率、振动方向相同、在相遇点位相差恒定. 由于光源的发光特性,要得到清晰的干涉条纹,对相干光还有两个补充条件的要求:①两光束在到达相遇点的光程差不能太大,否则,相遇的两束光不能保证是同一波列上的光而不能发生干涉. ②两束相干光的振幅不能相差悬殊,不然的话,在相遇区域将只能得到与单一光束照明时相差无几的均匀光强分布.

2. 获得相干光的方法

光是由构成光源的大量分子或原子各自独立地发出的一个个短短的光波列,持续时间约为10^{-11}s,而且原子或分子发光是间歇的、偶然的、彼此间无联系的. 所以,两个独立光源发出的光不能产生干涉,不仅如此,即使是同一光源上不同部分发出的光,由于它们是由不同的原子或分子所发出的,也不能产生干涉. 获得相干光的方法一般采用分波振面法和分振幅法. 其指导思想是使同一个光波列沿两条不同的路径传播然后再使它们相遇,这时,一个波列被分成了两个频率相同、振动方向相同、在相遇点处相位相同或相位差恒定的两个光振动,因此,这样得到的两束光是相干光. 双缝干涉和薄膜干涉分别是采用分波振面法和分振幅法获得相干光产生干涉现象的典型例子.

(二) 光程与光程差

当两束单色相干光经不同介质传播然后相遇产生干涉时,其干涉结果取决于它们的相位差. 然而,光在介质中传播时,其相位的变化,不仅与光波传播的几何路程以及光在真空中的波长有关,而且还与介质的折射率有关. 设有一频率为 ν 的单色光,它在真空中的波长为 λ、传播速度为 c,当它在折射率为 n 的介质中传播时,传播速度为 $v=c/n$,波长为 $\lambda_n=\lambda/n$,若光波在介质中传播的几何路程是 D,则相位的变化为

$$\delta=2\pi\frac{D}{\lambda_n}=2\pi\frac{nD}{\lambda}$$

由上式可以看出,当单色光在介质中传播时,就其位相变化而言,在介质中传播的几何路

程 D 相当于真空中传播的距离为 nD，为计算相位差的方便起见，引入光程的概念，把单色光在介质中传播的几何路程折算到真空中传播的距离，定义折射率和几何路程的乘积 nD 叫做光程，两束相干光在相遇点处光程的差值叫做光程差，记为 Δ. 从同一点光源发出的两束相干光，它们的光程差 Δ 与相位差 δ 之间的关系为

$$\delta=2\pi\frac{\Delta}{\lambda} \tag{15.1}$$

从波动理论可知，当

$$\Delta=\pm k\lambda,\quad k=0,1,2,\cdots \tag{15.2}$$

时，有 $\delta=\pm 2k\pi$，干涉加强(最强)；当

$$\Delta=\pm(2k+1)\frac{\lambda}{2},\quad k=0,1,2,\cdots \tag{15.3}$$

时，有 $\delta=\pm(2k+1)\pi$，干涉减弱(最弱).

(三) 杨氏双缝干涉

图 15-1 是杨氏双缝实验的示意图. 双缝干涉中，明、暗条纹的条件为

$$\Delta=r_2-r_1=\frac{d}{D}x=\begin{cases}\pm k\lambda & (\text{明}), k=0,1,2,\cdots\\ \pm(2k+1)\dfrac{\lambda}{2} & (\text{暗}), k=0,1,2,\cdots\end{cases} \tag{15.4}$$

其中，d 为两条狭缝中心的间距；D 为两条狭缝到接收屏幕的距离. 由上可知，$x=\pm k\dfrac{D}{d}\lambda$ 为明纹中心位置，当 $k=0$ 时，$x=0$，可知原点 O 处为明纹，称为中央明纹或零级明纹；$k=1,2,\cdots$处的明纹，分别称为第一级明纹、第二级明纹……它们对称分布于中央明纹的两侧. $x=\pm\dfrac{D}{d}(2k+1)\dfrac{\lambda}{2}$，为暗纹位置，$k=0,1,2,\cdots$对应暗纹的级，它们同样对称地分布于中央明纹的两侧.

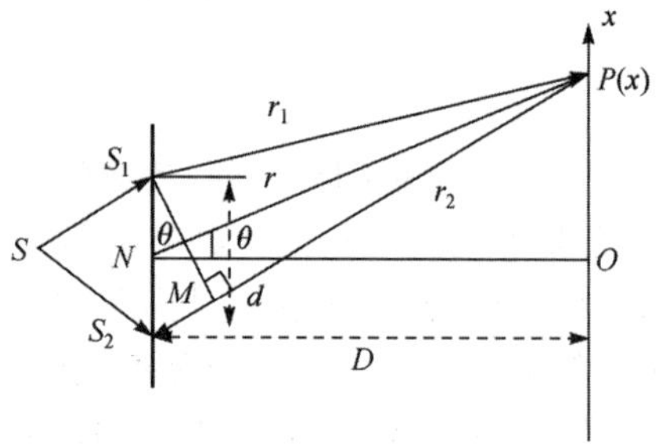

图 15-1

显然，相邻两条明纹或相邻两条暗纹之间的距离为

$$\Delta x=x_{k+1}-x_k=\frac{D}{d}\lambda \tag{15.5}$$

对于双缝干涉这一部分内容，关键是确定两束相干光的光程差，掌握分析干涉加强和减弱的方法.

(四) 薄膜干涉

分析薄膜干涉一般要首先明确哪两束相干光，在什么地方发生干涉，然后计算其光程差，列出产生明、暗干涉条纹的条件，最后求出相关问题. 在计算光程差时，应注意以下两点：①透镜不引起附加的光程差；②"半波损失"问题，即光波从光疏介质到光密介质面上反射时，产生附加的半波长光程，而光波从光密介质到光束介质面上反射时，不产生附加的光程.

如图 15-2 所示，单色面光源上 S 点，发出的光线 1，从折射率为 n_1 的介质中以入射角 i 入

射到折射率为 n_2、厚度为 e 的薄膜上，设 $n_2>n_1$，使用透镜 L 可以使光线 2、3 在透镜焦平面上的 P 点产生干涉，即光线 2、3 是两束相干光，产生干涉的地点是 P 点，光程差为

$$\Delta=2e\sqrt{n_2^2-n_1^2\sin^2 i}+\frac{\lambda}{2} \tag{15.6}$$

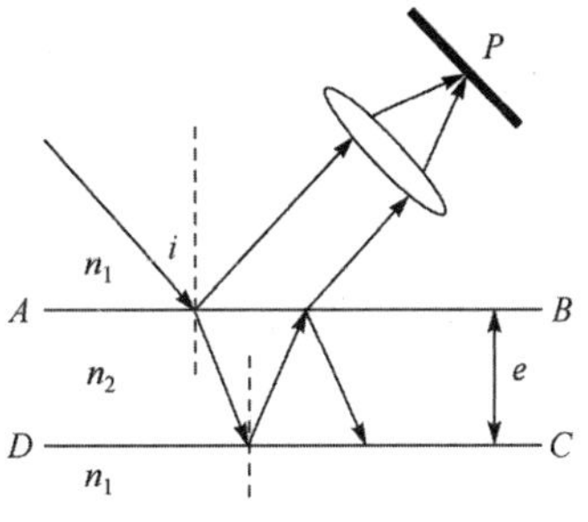

图 15-2

其中，$\frac{\lambda}{2}$是由"半波损失"引起的光程差.

明、暗干涉条纹的条件为

$$2e\sqrt{n_2^2-n_1^2\sin^2 i}+\frac{\lambda}{2}=\begin{cases}k\lambda & (明),k=1,2,\cdots\\(2k+1)\frac{\lambda}{2} & (暗),k=1,2,\cdots\end{cases} \tag{15.7}$$

当单色光垂直照射($i=0$)时，有

$$2n_2e+\frac{\lambda}{2}=\begin{cases}k\lambda & (明),k=1,2,\cdots\\(2k+1)\frac{\lambda}{2} & (暗),k=1,2,\cdots\end{cases} \tag{15.8}$$

对于透射光来说，也有干涉现象，可用同样的方法加以分析. 劈尖的干涉和牛顿环是薄膜干涉的典型例子.

1. 劈尖的干涉

所谓劈尖，指的是由两块平面玻璃片，一端相叠，另一端夹一非常薄的物件，在两玻璃片之间形成的一劈尖形空气薄膜. 当然也可以在两玻璃片之间充以折射率为 n 的介质，从而形成一折射率为 n 的劈尖. 如图 15-3 所示，用单色平行光垂直照射($i=0$)时，自劈尖上、下两面反射回来的光构成相干光，在劈尖上表面形成明暗交替、均匀分布的干涉条纹，相邻两暗纹(或明纹)中心之间的距离为 l，称为条纹宽度. 设上、下玻璃板的折射率为 n_1，劈尖膜的折射率为 n，且设 $n_1>n$，两玻璃板之间的夹角为 θ，物理高度(或细丝直径)为 d，物体到劈棱的距离为 L，L 称为劈尖长度，劈尖反射光的干涉条件为

$$2ne+\frac{\lambda}{2}=\begin{cases}k\lambda & (明),k=1,2,\cdots\\(2k+1)\frac{\lambda}{2} & (暗),k=1,2,\cdots\end{cases}$$

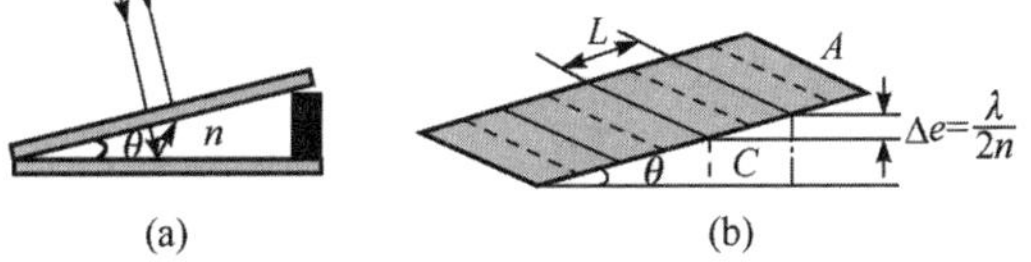

图 15-3

式中，e 是对应于第 k 级明纹(或暗纹)所在处劈尖的厚度. 由上式可以看出，劈尖的干涉条纹是一系列平行于劈尖棱边的明暗相见的条纹，相邻明纹(或暗纹)之间(如图 15-3 中的 A 和 C 之间)劈尖的厚度差为

$$e_C-e_A=\frac{\lambda_n}{2}=\frac{\lambda}{2n} \tag{15.9}$$

一般劈尖的夹角 θ 很小，由图 15-3 可知，$\theta\approx\frac{d}{L}$，因此条纹宽度(又称条纹间距)为

$$l=\frac{\lambda}{2n\theta}=\frac{L}{2nd}\lambda \tag{15.10}$$

由上式可知，通过劈尖的干涉，只要测出条纹宽度 l，就可算出细丝直径.

$$d=\frac{\lambda}{2n}\frac{L}{l} \tag{15.11}$$

2. 牛顿环

在一块平板玻璃上放置一曲率半径 R 很大的平凸透镜，由平板玻璃的上表面和平凸透镜的下表面形成一薄膜. 当单色光从平凸透镜的上表面垂直入射时，在薄膜上表面形成的明暗相间的同心环状条纹，叫做牛顿环. 如图 15-4 所示，(a)为观察牛顿环的实验示意图，(b)为牛顿环.

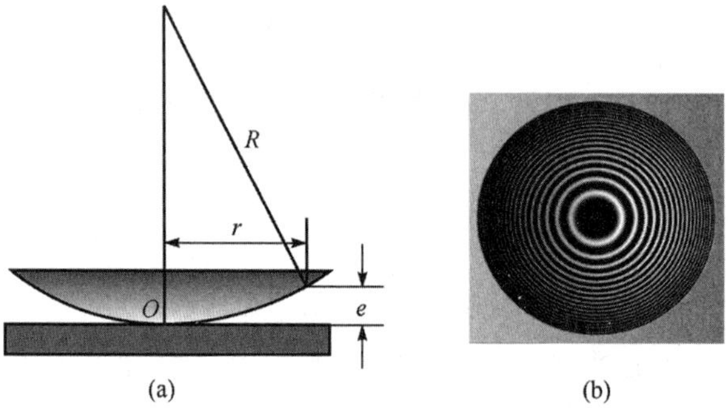

图 15-4

设平凸透镜的曲率半径为 R，空气劈尖的折射率 $n=1$，干涉明、暗环半径分别为

$$\text{明环半径}\quad r_k=\sqrt{\left(k-\frac{1}{2}\right)R\lambda},\quad k=1,2,\cdots \tag{15.12}$$

$$\text{暗环半径}\quad r_k=\sqrt{kR\lambda},\quad k=0,1,2,\cdots \tag{15.13}$$

当劈尖介质不是空气而是折射率为 n 的介质时，干涉所得明、暗环半径分别为

$$\text{明环半径}\quad r_k=\sqrt{\left(k-\frac{1}{2}\right)R\frac{\lambda}{n}},\quad k=1,2,\cdots \tag{15.14}$$

$$\text{暗环半径}\quad r_k=\sqrt{kR\frac{\lambda}{n}},\quad k=0,1,2,\cdots \tag{15.15}$$

3. 迈克耳孙干涉仪

图 15-5 给出了迈克耳孙干涉仪构造及工作原理示意图.

S 是一面光源，M_1 与 M_2 是两面精细磨光的平面反射镜，其中 M_1 是固定的，M_2 可作微小移动，G_1 和 G_2 是材料、形状都相同的玻璃片，只是在 G_1 的表面镀有半透明的薄银层，G_2 起补偿作用，经 M_1 反射后再经 G_1 的镀银面反射光与经 M_2 反射后再透过镀银层的光形成相干光. 若 M_1 与 M_2 不是严格地相互垂直，视场中的干涉条纹近似为平行的等厚条纹，如果 M_1 与 M_2

严格地垂直,干涉条纹为环状的等倾条纹.

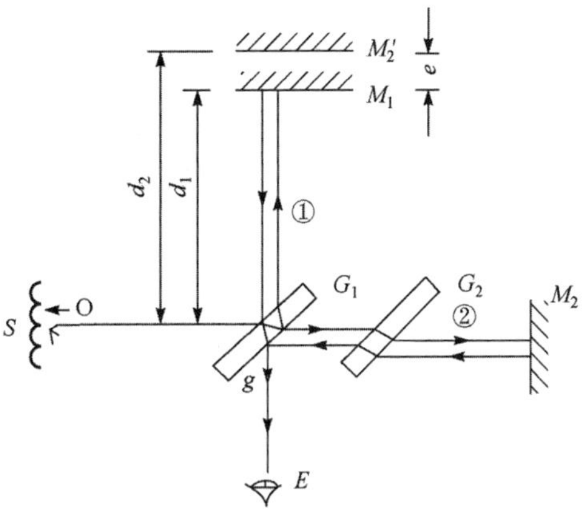

图 15-5

三、习题分类与解题方法指导

本章习题大体可归纳为上三类,①求解双缝干涉的问题;②求解薄膜干涉(劈尖、牛顿环)的问题;③求解迈克耳孙干涉仪的有关问题.以下分别进行讨论.

(一) 双缝干涉问题的求解

在分析杨氏双缝干涉问题时,牢牢把握住两束相干光的光程差的计算方法,准确计算出光程差,再应用明、暗干涉条件就可以确定明暗条纹的位置,从而求解相关问题.

例题 15-1　杨氏双缝实验中,用一很薄的云母片($n=1.58$)覆盖其中的一条狭缝,问观察屏上干涉条纹如何移动?若入射光波长为 550nm,双缝间距为 3.0×10^{-3}m,双缝到屏的距离为 2.5m,若测得条纹移动的距离为 2.5×10^{-3}m,求云母片的厚度.

解　根据题意,覆盖云母片后,观察屏上原来明纹(或暗纹)所在处的光程差将改变.设云母片厚度为 e,覆盖在狭缝上,没有云母片时,P 点处两束光的光程差为

$$\Delta_1=\overline{S_2P}-\overline{S_1P}=\frac{d}{D}x$$

覆盖云母片后,P 点处两束光的光程差为

$$\Delta_2=\overline{S_2P}-(\overline{S_1P}-e+ne)=\frac{d}{D}x-(n-1)e$$

上式右端第二项是由于光经过云母片后产生的光程差的变化,设第 k 级明纹原来的位置为 x,有 $\frac{d}{D}x=k\lambda$,即 $x=k\frac{D}{d}\lambda$.

覆盖云母片后,k 级明纹的位置为 x',有 $\frac{d}{D}x'-(n-1)e=k\lambda$,即

$$x'=k\frac{D}{d}\lambda+\frac{D}{d}(n-1)e$$

条纹移动的距离为 $|x'-x|$,则 $x'-x=\frac{D}{d}(n-1)e>0$.

可知,若云母片覆盖上狭缝,则条纹向上移动;若云母片覆盖下狭缝,条纹向下移动.由上

式可知

$$e=\frac{d}{D}\frac{|x'-x|}{n-1}=\frac{3.0\times10^{-3}}{2.5}\times\frac{2.5\times10^{-3}}{1.58-1}=5.17\times10^{-6}(\text{m})=5.17(\mu\text{m})$$

例题 15-2　在杨氏双缝实验中，以波长为 600nm 的单色光照射到双缝上，已知双缝与观察屏之间的距离为 1m，从第一级明纹到同侧第三级明纹之间的距离为 6.0mm，求双缝间的距离.

解　对于同一侧，双缝干涉明纹的位置为

$$x=k\frac{D}{d}\lambda,\quad k=1,2,\cdots$$

把 $k=1$ 和 $k=3$ 分别代入上式，可得

$$x_3-x_1=(3-1)\frac{D}{d}\lambda$$

所以

$$d=\frac{2D}{x_3-x_1}\lambda=\frac{2\times1}{6.0\times10^{-3}}\times600\times10^{-9}=2\times10^{-4}(\text{m})=0.2(\text{mm})$$

（二）薄膜干涉（劈尖、牛顿环）问题的求解

分析薄膜干涉问题的关键也是两束相干光的光程差的计算，要特别注意是否存在半波损失，准确计算出光程差，再应用明、暗干涉条件就可以确定明暗条纹的位置，从而求解相关问题.

例题 15-3　图 15-6 为一干涉膨胀仪示意图，AB 与 $A'B'$ 二平面玻璃板之间放一热膨胀系数极小的熔石英环柱 CC'，被测样品 W 置于该环柱内，样品的上表面与 AB 板的下表面形成一楔形空气层，若以波长为 λ 的单色光垂直入射于此空气层，就产生等厚干涉条纹. 设在温度 t_0℃时，测得样品的长度为 l_0，温度升高到 t℃的过程中，数得通过视场中某一刻线的干涉条纹数目为 N，设环柱 CC' 的长度变化可以忽略不计，求证被测样品材料的热膨胀系数 β 为

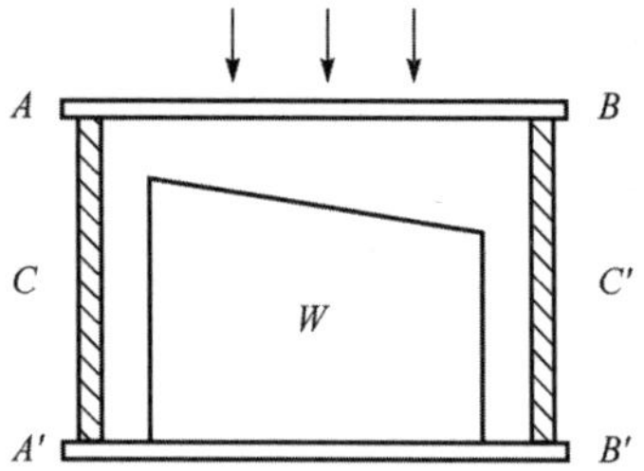

图 15-6

$$\beta=\frac{N\lambda}{2l_0(t-t_0)}$$

证明　解此题的关键在于掌握相邻明纹（或暗纹）对应的劈尖厚度差为 $\frac{\lambda_n}{2}$，对于空气劈尖则为 $\frac{\lambda}{2}$. 设在温度为 t℃时，某一刻线所在位置对应于第 k 级暗纹，此处楔形空气层厚度为 e_k，则

$$e_k=k\frac{\lambda}{2}$$

温度为 t℃时，楔形空气层厚度为 e_{k-N}，则

$$e_{k-N}=(k-N)\frac{\lambda}{2}$$

根据题意，忽略石英环的膨胀，则该处楔形空气厚度减小量 Δl 即为样品长度增加量，为

$$\Delta l=e_k-e_{k-N}=N\frac{\lambda}{2}$$

由热膨胀系数 β 的定义可得

$$\beta=\frac{\Delta l}{l_0}\frac{1}{t-t_0}=\frac{N\lambda}{2l_0(t-t_0)}$$

证毕.

例题 15-4　一平凸透镜，其半径为 R_1，折射率为 n_1；另有一平凹透镜，曲率半径为 R_2，折射率为 n_2，使两透镜的凸凹面接触，如图 15-7 所示，设 $R_2>R_1$，求单色平行光垂直照射时，第 k 个牛顿环明环的半径 r_k.

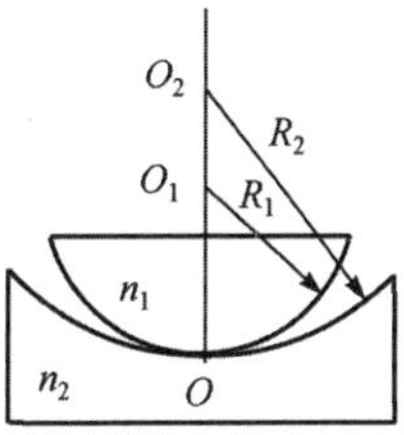

图 15-7

解　对于此类干涉，两相干光是由平凸透镜入射到凸面——空气界面上，然后反射的光和由凸面——空气界面折射经空气层入射到空气——凹面，然后反射回空气——凸界面的光. 它们在平凸透镜的凸面相遇而产生干涉，干涉明环对应的厚度满足

$$2e+\frac{\lambda}{2}=k\lambda,\quad k=1,2,\cdots$$

其中 e 满足

$$e=e_1-e_2=\frac{r_k^2}{2R_1}-\frac{r_k^2}{2R_2}=\frac{r_k^2}{2}\left(\frac{1}{R_1}-\frac{1}{R_2}\right)=\frac{(R_2-R_1)r_k^2}{2R_1R_2}$$

所以

$$r_k=\sqrt{\frac{2eR_1R_2}{R_2-R_1}}=\sqrt{\frac{\left(k-\frac{1}{2}\right)R_1R_2\lambda}{R_2-R_1}}$$

（三）迈克耳孙干涉仪的应用

求解此类问题，应当掌握迈克耳孙干涉仪的工作原理，要特别注意，当动臂上的反射镜平移 $\frac{\lambda}{2}$ 的距离时，视场中将看到有一条明纹移动. 这是因为动臂上反射镜平移 $\frac{\lambda}{2}$ 的距离，两束相干光的光程差的改变量为 λ.

例题 15-5　以波长为 589nm 的单色光作光源，用迈克耳孙干涉仪做干涉试验，当把折射率为 n 的薄膜放在迈克耳孙干涉仪的一臂上，产生了 7.0 根条纹的移动，求该薄膜的厚度.

解　设薄膜厚度为 e，放入薄膜在一臂上后，对应于视场中原来的一条明纹处光程差的改变为

$$2(n-1)e$$

我们知道，每当光程差的改变量为 λ 时，视场中将看到有一根明纹移过，所以

$$2(n-1)e=7\lambda$$

解得

$$e=\frac{7\lambda}{2(n-1)}=\frac{7\times589\times10^{-9}}{2\times(1.4-1)}=5.2\times10^{-6}(\text{m})=5.2(\mu\text{m})$$

四、知识拓展与问题讨论

干涉条纹的可见度

以往我们说的光相干条件只是出现干涉现象的必要条件，但是这些条件尚不足以保证干涉现象是否显著. 为了描述干涉图样中条纹的强弱对比，需要引入可见度的概念，其定义是

$$\gamma=\frac{I_{\max}-I_{\min}}{I_{\max}+I_{\min}} \tag{15.16}$$

式中，$I_{\max}$和 $I_{\min}$分别是干涉场中光强的极大值和极小值. γ 的取值范围是 $0\leqslant\gamma\leqslant1$，当 $I_{\min}=0$（暗纹全黑）时，$\gamma=1$，条纹反差最大，清晰可见；当 $I_{\max}\approx I_{\min}$时，$\gamma\approx0$，条纹模糊不清，甚至不可分辨. 影响条纹可见度的因素有很多，对于理想的相干点光源发出的光束，主要的影响因素是振幅比. 另外，光的非单色性和光源的线度也会对条纹的可见度有一定的影响.

1. 两束相干光的振幅对条纹可见度的影响

如果两束相干光的振幅分别为 A_1 和 A_2，相位差为 $\Delta\varphi$；则叠加后光的振幅满足

$$A^2=A_1^2+A_2^2+2A_1A_2\cos\Delta\varphi$$

当 $\Delta\varphi=\pm2k\pi$ 时，$I=I_{\max}\propto(A_1+A_2)^2$；当 $\Delta\varphi=\pm(2k+1)\pi$ 时，$I=I_{\min}\propto(A_1-A_2)^2$. 于是可见度可表示为

$$\gamma=\frac{2A_1A_2}{A_1^2+A_2^2}=\frac{2A_1/A_2}{1+(A_1/A_2)^2} \tag{15.17}$$

由此可见，当两束光的光振动振幅若相接近，$A_1\approx A_2$，$A_1/A_2\approx1$，$\gamma\approx0$，可见度较高；当两束光的光强相差较大，$A_1\ll A_2$，$A_1/A_2\approx0$，$\gamma\approx0$ 条纹模糊不清.

若令 $I_0=I_1+I_2=A_1^2+A_2^2$，则某一点处的干涉光强又可写作

$$I=A_1^2+A_2^2+2A_1A_2\cos\Delta\varphi=I_0(1+\gamma\cos\Delta\varphi) \tag{15.18}$$

即为双光束干涉的另一种强度分布表达式.

2. 光的非单色性对条纹可见度的影响

一般光源发出的光并不是理想的单色光，而是具有一定的谱线宽度 $\Delta\lambda$，即光的波长介于 $\lambda\pm\frac{\Delta\lambda}{2}$的范围. 由于不同波长的光是非相干的，所以观察到的干条纹实际上是各种波长的光成分所形成的干涉条纹的非相干叠加. 因此，除零级明纹之外，其他各级条纹的可见度都要受到影响；而且 $\Delta\lambda$ 越大，随着光程差的增大，条纹的可见度就下降得越快. 当光程差增加到一定程度时，条纹可见度 $\gamma=0$，干涉条纹消失.

当波长为 $\lambda-\frac{\Delta\lambda}{2}$的第$(k+1)$级明纹与波长为 $\lambda+\frac{\Delta\lambda}{2}$的第 k 级明纹重合时，干涉条纹将消失，此时对应最大光程差称为相干长度 $\delta_{\rm m}$. 因为$(k+1)\left(\lambda-\frac{\Delta\lambda}{2}\right)=k\left(\lambda+\frac{\Delta\lambda}{2}\right)$，所以得到 $k=\frac{\lambda}{\Delta\lambda}$

$$\delta_{\rm m}=(k+1)\left(\lambda-\frac{\Delta\lambda}{2}\right)=k\left(\lambda+\frac{\Delta\lambda}{2}\right)=\frac{\lambda^2}{\Delta\lambda} \tag{15.19}$$

显然，相干长度与谱线宽度成反比，光源的单色性越好，相干长度就越大，光的相干性就越好.

3. 光源的线度对条纹可见度的影响

当宽度为 w 的单色面光源 AB 直接照射到双缝上时，此时光源可看成是由许多平行于狭缝的平行线光源组成，每个线光源的光通过双缝后在屏幕上产生各自的一套干涉条纹，总的条纹强度是各套条纹的非相干叠加. 此时面光源中心 C 点产生的中央明纹位于 O 点，位于 C 上方的 A 点产生的中央明纹则位于 O 点下方. 当 A 产生的第一级暗纹正好落在 C 所产生的中央明纹 O 处，整个干涉条纹因相互错开而变得完全模糊. 理论计算的光源的极限宽度为

$$w_0=\frac{L\lambda}{d} \tag{15.20}$$

式中，L 为光源至双缝的距离；d 为双缝间距. 实际上为了能看到足够清晰的干涉条纹，要求光源的宽度不大于$\frac{w_0}{4}$.

习　题　15

一、选择题

15-1　如图所示，在杨氏双缝实验中，若把双缝中的一条狭缝遮住，并在两缝的垂直平分线上放置一块平面反射镜，问在此装置下，光在屏幕上的干涉条纹与杨氏双缝干涉条纹比较(　　)

A. 此装置产生单缝衍射条纹；

B. 此装置的干涉条纹与杨氏双缝干涉条纹的明、暗分布情况恰好相反；

C. 与杨氏双缝干涉条纹完全一样；

D. 明条纹变窄.

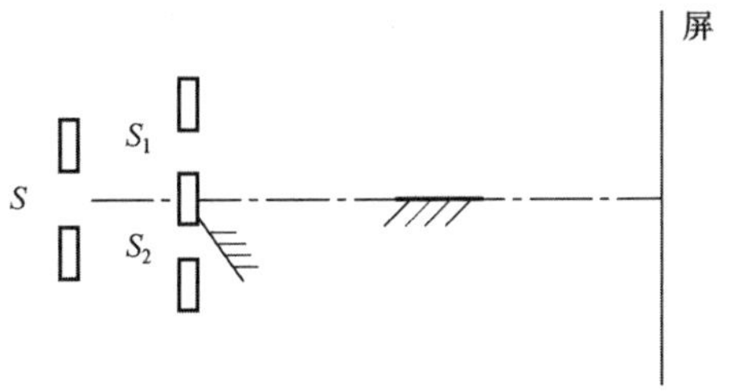

题 15-1 图

15-2　使两块玻璃片的一端接触，另一端垫上一块薄纸片形成一具空气劈尖. 用波长为 λ，相干长度为 L 的单色光垂直入射，当把上面一块玻璃板向上平移 Δd 的距离时，干涉条纹恰好全部消失. 问 Δd 等于(　　)

A. $\frac{L}{2}$；　　B. $\frac{L}{2}-\frac{\lambda}{4}$；　　C. $\frac{L}{2}-\frac{\lambda}{2}$；　　D. $\frac{L}{2}-\lambda$.

15-3　用波长连续改变的单色光垂直照射劈尖，如果波长逐渐减小，那么条纹将如何变化？(　　)

A. 相邻明条纹间距逐渐变小，并背离劈棱移动；

B. 明纹间距变小，并向劈棱移动；

C. 明纹间距变大，并向劈棱移动；

D. 明纹间距变大，并向背离棱边方向移动.

15-4　用白光垂直照射厚度 $e=350\text{nm}$ 的薄膜，若薄膜的折射率 $n_2=1.4$，薄膜上面的介质折射率为 n_1，下面的为 n_3，且 $n_1<n_2<n_3$，问反射光中和透射光中，可见到的加强的光的波长分别是(　　)

A. 450nm，653.3nm；　　B. 490nm，553.3nm；

C. 490nm，653.3nm；　　D. 653.3nm，690nm；

E. 553.3nm，690nm.

15-5　空气中有一透明薄膜，折射率为 n，一波长为 λ 的单色光垂直入射到该薄膜上，要使反射光得到加强，薄膜最小厚度为(　　)

A. $\frac{1}{4}\lambda$；　　B. $\frac{1}{4n}\lambda$；　　C. $\frac{1}{2}\lambda$；　　D. $\frac{1}{2n}\lambda$.

15-6　为了减少玻璃($n=1.6$)表面的反射，常在玻璃表面上镀一层厚度均匀的氟化镁 MgF_2 透明薄膜($n=1.38$)，当波长为 550nm 的光垂直入射时，为了产生最小的反射，问此薄膜至少要多厚？当波长为 550nm 的光垂直入射时，为了产生最强的透射，问此薄膜至少要多厚？下列结果中正确的依次为(　　)

(1)550nm；(2)99.6nm；(3)85.9nm；(4)199.2nm；(5)171.8nm.

A. (1)(3)；　　B. (2)(2)；　　C. (3)(5)；　　D. (4)(4).

15-7　如图所示，两玻璃片 A，B 形成空气劈尖，若玻璃片 A 以棱边为轴沿顺时针方向转动，则干涉条纹如何变动？若玻璃片 A 向上平动，干涉条纹又如何变动？将玻璃片 A 向右平动，干涉条纹又如何变动？以上问题的正确解答依次是(　　)

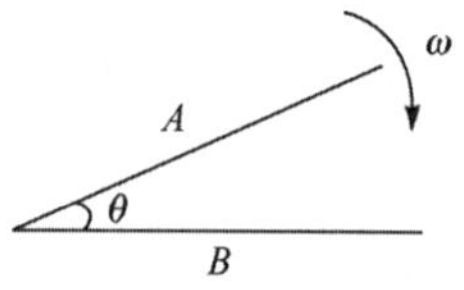

题 15-7 图

(1) 条纹不变；(2) 条纹间距不变，整个条纹背离棱边平移；

(3) 条纹间距增大；(4) 条纹向棱边方向平移；(5) 条纹间距减小.

A. (5)(4)(3)；　　B. (3)(2)(1)；

C. (2)(3)(5)；　　D. (1)(3)(4).

15-8　将平凸透镜放在平玻璃片上，中间夹有空气，若对平凸透镜的平面垂直向下施加压力(平凸透镜的平面始终保持与玻璃片平行)，问牛顿环将如何变动？若将平凸透镜竖直向上平移，牛顿环又如何变动？(　　)

(1) 牛顿环向中心收缩，中心处时为暗斑，时为明斑，明、暗交替变化；

(2) 牛顿环向外扩张，中心处时为暗斑，时为明斑，明、暗交替变化；

(3) 牛顿环向中心收缩，中心处始终为暗斑；

(4) 牛顿环向外扩张，中心处始终为暗斑；

(5) 牛顿环向中心收缩，中心处始终为明斑；

(6) 牛顿环向外扩张，中心处始终为明斑.

A. (6)(3)；　　B. (4)(1)；　　C. (2)(5)；

D. (4)(2)；　　E. (5)(6).

15-9　在杨氏双缝实验中，若两狭缝 S_1、S_2 中，有一条狭缝稍稍加宽一些，而其他条件不变，干涉条纹将如何变化？（　　）

A. 条纹位置不变，只是明纹强度增加；

B. 条纹位置不变，而原极小处光强不再为零；

C. 条纹位置改变，明、暗光强差不变；

D. 条纹不变.

15-10　在两块光滑平玻璃板之间，垫一金属细丝形成空气劈尖，如图所示，以波长为 λ 的平行单色光垂直入射到劈尖上，测得 30 条明纹之间的距离为 l，金属丝到劈尖棱边的距离为 L，则金属丝直径 d 为（　　）

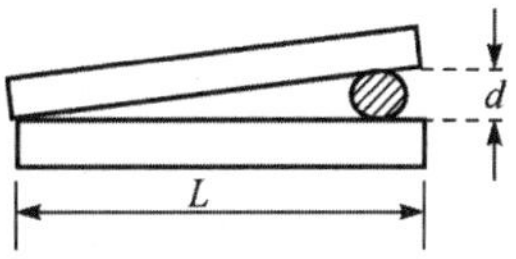

题 15-10 图

A. $d=\dfrac{\lambda}{2l}L$；　　B. $d=\dfrac{30\lambda}{2l}L$；

C. $d=\dfrac{29\lambda}{2l}L$；　　D. $d=\dfrac{29\lambda}{2}L$.

15-11　在菲涅耳双镜干涉实验中，如果光源与两镜交叉处的距离逐渐减小，屏上干涉图形有什么变化（　　）

A. 明条纹变宽而暗条纹变窄；　　B. 暗纹变宽而明纹变窄；

C. 干涉条纹变稀；　　D. 干涉条纹变密

E. 条纹不变.

15-12　在杨氏双缝实验中，当屏幕移近时，干涉条纹将如何变化？（　　）

A. 明纹变宽而暗纹变窄；　　B. 暗纹变宽而明纹变窄；

C. 明、暗条纹宽度都变大，即条纹变稀；　　D. 干涉条纹变密；

E. 条纹不变.

15-13　若将整个杨氏双缝装置置于水中，与在空气中的情况比较，干涉条纹将如何变化？（　　）

A. 条纹间距减小；　　B. 明纹宽度增大；

C. 整个干涉条纹向上移动；　　D. 整个干涉条纹向下移动；

E. 条纹不变.

15-14　在杨氏双缝实验中，若用一片厚度为 d_1 的透光云母片，将双缝装置中的上面一个缝 S_1 盖住，用一片厚度为 d_2 的透光云母片将下面的 S_2 缝盖住，两云母片的折射率 n 相同，$d_1>d_2$，则干涉条纹将如何变化？（　　）

A. 条纹间距减小；　　B. 明条纹宽度增大；

C. 整个干涉条纹向上移动；　　D. 整个干涉条纹向下移动；

E. 条纹不变.

15-15　在杨氏双缝实验中，假设光源 S 沿平行于 S_1、S_2 的连线方向上，向上移动微小距离到 S' 位置（见图），则干涉条纹如何变动？（　　）

A. 条纹变宽；　　B. 条纹间距减小；

C. 整个条纹向上移动；　　D. 整个条纹向下移动；

E. 条纹不变.

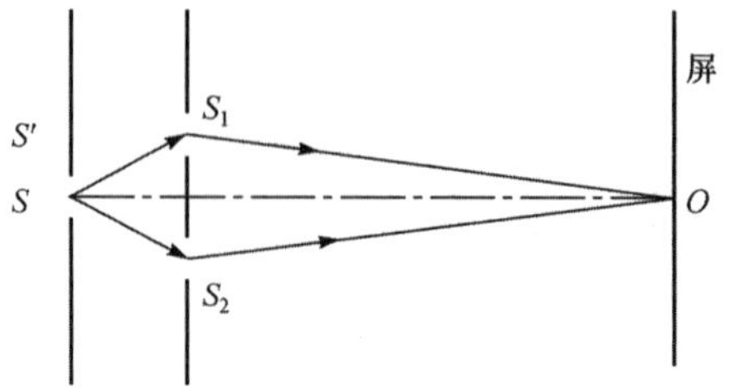

题 15-15 图

15-16 在杨氏双缝实验中,若用白光做实验,干涉条纹的情况为( )

A. 中央明纹是白色的; B. 红光条纹较密;

C. 紫光条纹间距较大; D. 干涉条纹为白色.

15-17 如果用来观察牛顿环的装置由三种透明材料做成,各种材料的折射率不同,如图所示.试问由此而得到的反射干涉图样为( )

A. 为牛顿环,而接触点处为暗斑;

B. 为牛顿环,而接触点处为明斑;

C. 左半侧从中心向外为半圆亮斑、半圆暗环、半圆明环……交替出现;右半侧情况完全相反;

D. 左半侧从中心向外为半圆暗斑、半圆明环、半圆暗环……交替出现;右半侧情况完全相反;

E. 无干涉条纹.

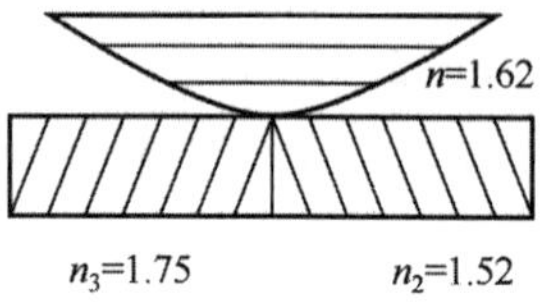

题 15-17 图

15-18 一块平面玻璃片上放一滴油.当它展开成曲率半径很大的球冠时(如图所示),在单色光($\lambda=600$nm)垂直照射下,从反射光中观察油膜所产生的干涉条纹.若油的折射率 $n_1=1.2$,玻璃的折射率 $n_2=1.5$,油膜中心最高点与玻片上的上表面相距 $h=1000$nm,问油膜边缘处是明纹还是暗纹?中心处是明纹还是暗纹?一共能看到多少条暗纹?下列结果中正确的是( )

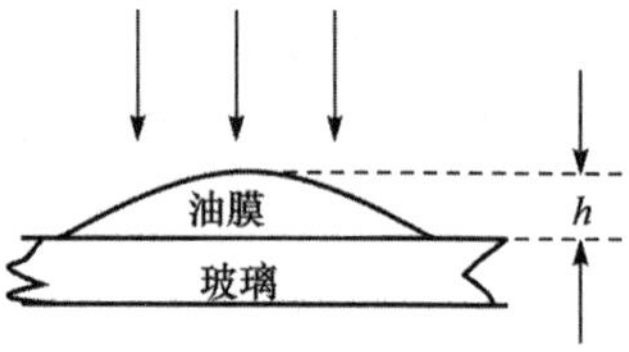

题 15-18 图

A. 明纹;暗纹;3 条; B. 明纹;明纹;4 条;

C. 暗纹;暗纹;4 条; D. 暗纹;都不是;5 条.

15-19 若用波长为 λ 的单色光照射迈克耳孙干涉仪,并在迈克耳孙干涉仪的一条光路中放入一厚度为 l,折射率为 n 的透明薄片.可观察到某处的干涉条纹移过了多少条?( )

A. $\dfrac{4(n-1)l}{\lambda}$; B. $\dfrac{2(n-1)l}{\lambda}$; C. $\dfrac{(n-1)l}{\lambda}$; D. $\dfrac{nl}{\lambda}$.

15-20 如果迈克耳孙干涉仪中的 M_1 反射镜移动距离 0.233mm,数得条纹移动 792 条,若光之波长单位以 nm 计,则应为( )

A. 588.0; B. 465.0; C. 672.0; D. 394.0.

15-21 在迈克耳孙干涉仪的一个臂上,放置一个具有玻璃窗口长 t 为 5.0cm 的密闭小盒,如图所示.所使用的光之波长 λ 为 500.0nm.用真空泵将小盒中空气渐渐抽走,从观察中发现有 60 条干涉条纹从视场中通过,由此可求出在一个大气压下空气的折射率为( )

A. 1.0001; B. 1.0002; C. 1.0003; D. 1.0004.

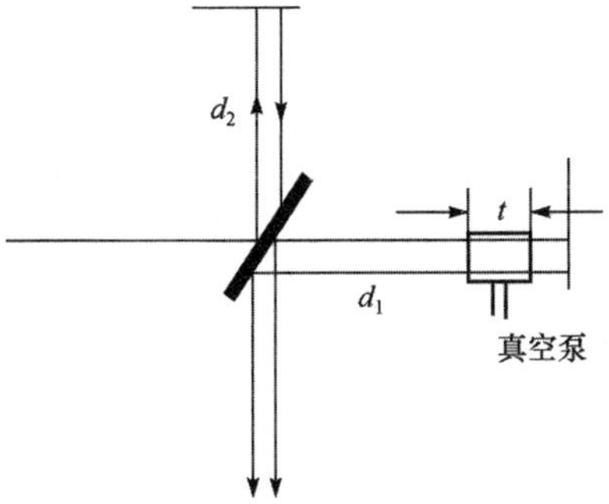

题 15-21 图

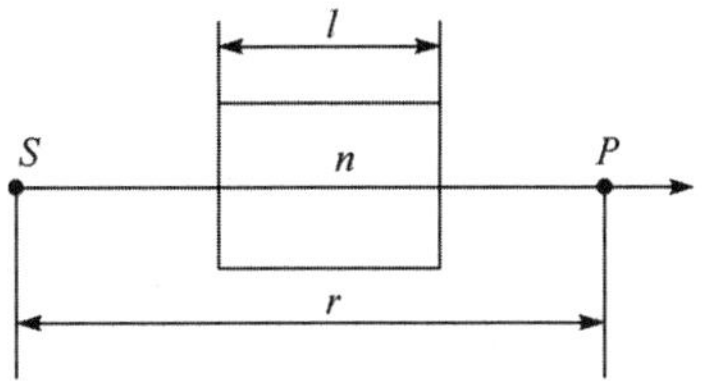

题 15-22 图

15-22　点光源 S 置于空气中，S 到 P 的距离为 r，若在 S 与 P 之间置一折射率为 n 且 $n>1$，长度为 l 的介质，如图所示，此时光由 S 传到 P 点的光程为(　　)

A. r；　B. $r-l$；　C. $r-nl$；　D. $r+nl$；　E. $r+l(n-1)$.

二、填空题

15-23　如图所示，平板玻璃和凸透镜构成牛顿环装置，全部浸入 $n=1.60$ 的液体中，凸透镜可沿 OO' 移动，用波长 $\lambda=500\text{nm}$ 的单色光垂直入射. 从上向下观察，看到中心是一个暗斑，此时凸透镜顶点距平板玻璃的距离最少是__________.

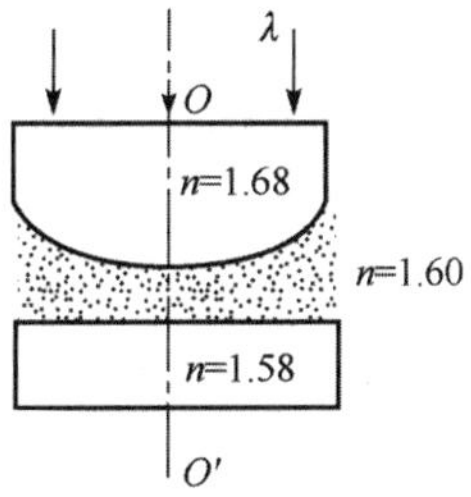

题 15-23 图

15-24　在真空中波长为 λ 的单色光，在折射率为 n 的透明介质中从 A 沿某路径传播到 B，若 A、B 两点相位差为 3π，则此路径 AB 的光程为__________.

15-25　在迈克耳孙干涉仪的一条光路中，放入一折射率为 n，厚度为 d 的透明薄片，放入后，这条光路的光程改变了__________.

15-26　一双缝干涉装置，在空气中观察时干涉条纹间距为 1.0mm. 若整个装置放在水中，干涉条纹的间距将为__________mm.(设水的折射率为 4/3.)

15-27　如图所示，假设有两个同相的相干点光源 S_1 和 S_2，发出波长为 λ 的光. A 是它们连线的中垂线上的一点. 若在 S_1 与 A 之间插入厚度为 e、折射率为 n 的薄玻璃片，则两光源发出的光在 A 点的相位差 $\Delta\varphi=$__________. 若已知 $\lambda=500\text{nm}$，$n=1.5$，A 点恰为第四级明纹中心，则 $e=$__________nm.

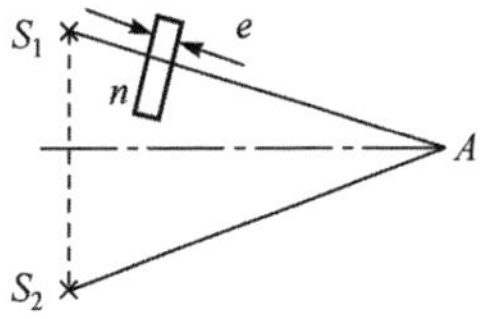

题 15-27 图

15-28　光的半波损失是指光线从__________介质到__________介质的界面上发生__________时，光程有__________或相位有__________的突变.

三、计算题或证明题

15-29　在双缝干涉试验中，波长 $\lambda=550\text{nm}$ 的单色平行光垂直入射到缝间距 $d=2\times10^{-4}\text{m}$的双缝上，屏到双缝的距离 $D=2\text{m}$，求：

(1) 中央明纹两侧的两条第 10 级明纹中心的间距；

(2) 用一厚度为 $6.6\times10^{-6}\text{m}$，折射率为 $n=1.58$ 的云母片覆盖一缝后，零级明纹将移到原来的第几级明纹处?

15-30　用波长为 λ_1 的单色光垂直照射牛顿环装置时,测得第 1 和第 4 暗环半径之差为 l_1,而用未知单色光垂直照射时,测得第 1 和第 4 暗环半径之差为 l_2,求未知单色光的波长 λ_2?

15-31　用波长 $\lambda=500\text{nm}$ 的单色光做牛顿环实验,测得第 k 个暗环半径 $r_k=4\text{mm}$,第 $k+10$ 个暗环半径 $r_{k+10}=6\text{mm}$,求平凸透镜的凸面的曲率半径 R?

15-32　在牛顿环装置中,把玻璃平凸透镜和平面玻璃($n_1=1.5$)之间的空气($n_2=1.0$)改换成水($n_2'=1.33$),求第 k 个暗环半径的相对该变量$(r_k-r_k')/r_k$?

15-33　白光垂直照射到空气中厚度为 $e=380\text{nm}$ 的肥皂薄膜上,肥皂膜的折射率 $n=1.33$,在可见光的范围内(400～760nm),那些波长的光在反射中增强?

15-34　用波长为 500nm 的单色光垂直照射到由两块光学平玻璃构成的空气劈尖上,在观察反射光的干涉现象中,距劈尖棱边 $l=1.56\text{cm}$ 的 A 处是从棱边算起的第四条暗纹中心.

(1) 求此空气劈尖的劈尖角 θ;

(2) 改用 600nm 的单色光垂直照射到此劈尖上仍观察反射光的干涉条纹,A 处是明条纹还是暗条纹?

(3) 在第(2)问的情形从棱边到 A 处的范围内共有几条明纹? 几条暗纹?

15-35　两块折射率为 1.60 的标准平面玻璃之间形成一个劈尖,用波长 $\lambda=600\text{nm}$ 的单色光垂直入射,产生等厚干涉条纹.假如我们要求在劈尖内充满 $n=1.40$ 的液体时相邻明纹间距比劈尖内是空气的间距缩小 $\Delta l=0.5\text{mm}$,那么劈尖角 θ 应是多少?

15-36　在双缝干涉实验,双缝与屏之间的距离 $D=1.2\text{m}$,双缝间距 $d=0.45\text{mm}$,若测得屏上干涉条纹相邻明纹间距为 1.5mm,求光源发出的单色光的波长 λ?

15-37　在折射率为 $n_1=1.5$ 的玻璃表面上镀一层折射率为 $n_2=2.5$ 的透明介质膜可增强反射.若在度膜过程中用一束波长为 $\lambda=600\text{nm}$ 的单色光从上方垂直照射在介质膜上,并用仪器测量透射光的强度.当介质膜的厚度逐渐增大时,透射光的强度发生时强时弱的变化,试求当观察到透射光的强度第三次出现最弱时,介质膜已镀了多厚?

15-38　在双缝干涉实验中,若缝间距为所用光波波长的 1000 倍,观察屏与双缝相距 50cm.求相邻明纹的间距.

15-39　一迈克耳孙干涉仪以钠蒸汽放电管作为光源.钠黄光是由 589nm 与 589.6nm 这两种波长组成.人们观察到,当把干涉仪中的动镜 M_2 一往直前的移动时,干涉图样会周期的消失和再现;

(1) 试解释这种现象;

(2) 试求干涉图样相继两次再现之间光程差的改变.

第 16 章　光 的 衍 射

一、基本要求

(1) 理解惠更斯-菲涅耳原理的意义及它对研究光的衍射现象的作用.

(2) 掌握分析夫琅禾费单缝衍射的半波带法以及单缝衍射图样的特征.

(3) 理解光栅衍射的特点及其成因,掌握光栅公式的应用.

(4) 了解衍射对光学仪器分辨率的影响.

(5) 了解 X 射线的衍射现象和布拉格公式.

二、主要内容与学习指导

(一) 光的衍射现象及特征

光在传播过程中遇到障碍物(如小孔、狭缝、小圆屏、细针等)时产生偏离直线路程传播的现象叫做光的衍射,光的衍射现象随着障碍物尺寸的由小变大有如下几个方面的特征:①当障碍物的尺寸远大于光波波长时,障碍物在观察屏上的像是光直线传播的几何投影;②当障碍物的尺寸小到比波长大得不多时,障碍物在观察屏上的像边缘模糊,光斑内的光强分布不均匀;③当障碍物的尺寸小到可与光波波长相比拟时,观察屏上就有明暗条纹产生,这就是光的衍射现象.

现象分为菲涅耳衍射和夫琅禾费衍射两类,所谓菲涅耳衍射就是障碍物与光源和屏幕的距离分别为有限远(或者有一个距离为有限远)的衍射. 夫琅禾费衍射就是所用狭缝与光源和屏幕的距离均为无限远时的衍射. 显然,在夫琅禾费衍射中的入射光和衍射光都是平行光. 在实验室中,观察这种衍射现象时需要利用透镜. 如图 16-1 所示,把光源放在透镜 L_1 的焦点上,并把屏幕 P 放在透镜 L_2 的焦平面上,则到达衍射孔的光和衍射光都满足夫琅禾费衍射条件.

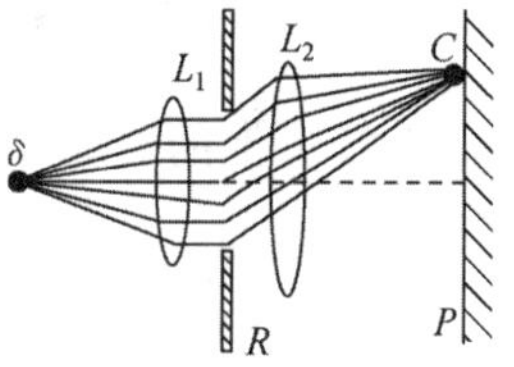

图 16-1

(二) 惠更斯-菲涅耳原理

在波动学理论中,惠更斯原理说明了波的衍射现象,但没有说明波在衍射后强度如何分布. 因而不能定量解释光衍射现象中光强的分布规律,菲涅耳提出“子波相干”的思想,补充了惠更斯原理,形成惠更斯-菲涅耳原理,解释了光的各类衍射现象.

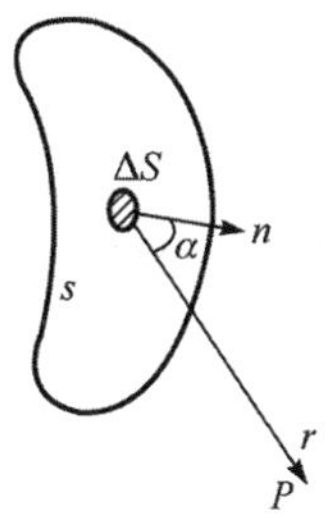

图 16-2

惠更斯-菲涅耳原理具体叙述如下:波阵面 S 上的每一个面元 $\mathrm{d}S$ 都可以看成新的波源而发射子波,在空间某一点 P 的振动是所有这些子波在该点引起振动的相干叠加.

如图 16-2 所示,波面 S 上小面元 $\mathrm{d}S$ 所发出子波在 P 点引起的振动的振幅正比于小面元的面积 $\mathrm{d}S$,反比于 $\mathrm{d}S$ 到 P 点的距离 r,并和 $\mathrm{d}S$ 对 r 的倾角 α 有关. 设 $\mathrm{d}S$ 发出的次波振动为

$$\mathrm{d}E \propto \cos(kr-\omega t)$$

在 P 点引起的振动则为

$$dE=C\frac{dS\cdot K(\alpha)}{r}\cos(kr-\omega t)$$

其中，$K(\alpha)$为倾斜因子；C 为比例系数. 则 S 面上产生的合振动

$$E=\int_S dE=C\int_S\frac{K(\alpha)}{r}\cos(kr-\omega t)dS \tag{16.1}$$

该式被称为菲涅耳衍射积分式.

一般来说，计算 P 点的总振动是一个比较复杂的积分，在波面具有对称性且形状规则的情况下，可以用简单的图解法或代数法代替积分.

(三) 单缝夫琅禾费衍射

1. 半波带法 明、暗纹位置

图 16-3 是单缝夫琅禾费衍射示意图，缝宽为 a，单色光垂直照射. 首先考虑沿原来入射方向的各子波射线，这些子波在单缝面 AB 处相位是相同的，因而经过透镜 L 到达 O 点处的相位仍相同，子波相互加强，所以 O 处是一条亮线，叫做中央明纹. 其次，研究与入射方向成 θ 角方向的波射线(通常把 θ 称为衍射角)，经透镜后它们会聚于屏幕上 P 处，这些子波射线间最大的光程差 Δ 与衍射角 θ 有关，过 A 点作一平面 AC 垂直于 BC，而由 AC 面上各点到达 P 点的光程都相等，所以

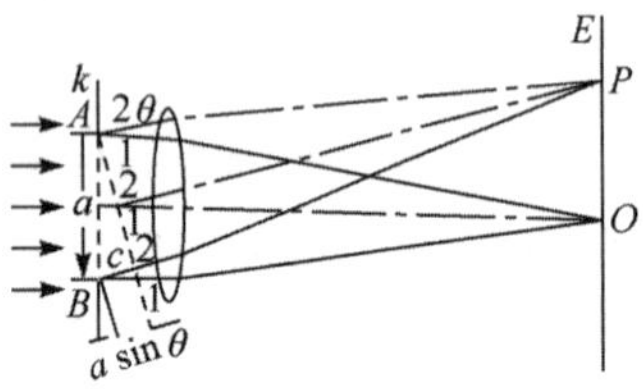

图 16-3

$$\Delta=a\sin\theta$$

知道了最大光程差，就可以应用“半波带法”确定 P 点处子波干涉的结果. 所谓“半波带法”就是将单缝上波面 AB 切割成 n 个波带，每个波带的面积相等，则发出的子波振幅相等；相邻两个波带上的对应点所发出的子波到达 P 点处的光程差均为$\frac{\lambda}{2}$，因此相邻两个波带引起的振动相互抵消. 如果 n 为偶数，则 P 点处干涉相消为暗纹，若 n 为奇数，P 点处将出现明条纹.

$$a\sin\theta=\begin{cases}\pm(2k)\dfrac{\lambda}{2} & (\text{暗纹})\\ \pm(2k+1)\dfrac{\lambda}{2} & (\text{明纹})\end{cases}\quad k=1,2,\cdots \tag{16.2}$$

对应于 $k=1,2,\cdots$分别叫第一级暗纹(或明纹)、第二级暗纹(或明纹)……式中正、负号表明各级暗纹(或明纹)对称分布在 O 处中央明纹的两侧. 由于明纹的亮度随 k 增大而下降，明暗条纹的分界越来越不明显，所以一般只能看到中央明纹附近若干条清晰的明、暗条纹.

2. 明纹宽度

中央明纹两侧的第一级暗纹之间的距离叫做中央明纹宽度，其余相邻两条暗纹之间的距离叫做明纹宽度. 因为屏幕上 P 点处在透镜 L 的焦平面上，在衍射角很小时，$\sin\theta=\theta$，屏幕上一条纹距中心 O 的距离 x 与 θ 和 f 有如下关系：

$$x=\theta f \tag{16.3}$$

由此可知，第一级暗纹距中心的距离为

$$x_1=\theta f=\frac{\lambda}{a}f$$

所以，中央明纹宽度为

$$l_0=2x_1=2\,\frac{\lambda}{a}f$$

其他各级明纹宽度为

$$l=\theta_{k+1}f-\theta_k f=\frac{\lambda}{a}f \tag{16.4}$$

可见，除中央明纹外，所有其他明纹均有相同的宽度，而中央明纹的宽度为其他明纹宽度的两倍. 缝宽 a 一定时，入射光的波长 λ 越大，衍射角越大. 因此，若以白光照射，中央明纹将是白色的，而其两侧呈现出一系列由紫到红的彩色条纹.

3. 强度分布

在单缝夫琅禾费衍射条纹中，中央明纹对应的波带数为 1，整个单缝各个子波叠加加强，所以中央明纹光强 I_0 最大；而第一级亮纹对应的波带数为 3，只有单缝的$\frac{1}{3}$子波叠加加强，所以 $I_1\ll I_0$；同理第 k 级亮纹对应的波带数 $2k+1$，只有单缝的$\frac{1}{2k+1}$子波叠加加强，所以随着叠加级数越高，光强就越小.

（四）衍射光栅

1. 光栅衍射的特点及其原因

衍射光栅是由大量等宽等间距的平行狭缝所组成的. 设缝宽为 a，刻痕宽为 b，通常把 $d=a+b$ 称为光栅常数.

一束平行单色光垂直入射到光栅上，对光栅中每一条透光缝来说，由于单缝衍射，都将在屏幕上呈现衍射图样. 但是，由于各缝发出的衍射光都是相干光，所以当这些光在屏幕上相遇时，就会产生缝与缝之间光的干涉，也就是说，光栅的衍射条纹是单缝衍射和多光束干涉的总效果.

2. 光栅公式

光栅衍射的主明条纹满足条件

$$d\sin\theta=\pm k\lambda \tag{16.5}$$

式(16-5)称为光栅公式. 式中 $k=0,1,2,\cdots$，为主明纹的级次.

当 $\theta=90°$时，是看不到的，所以 $|\sin\theta|\neq 1$；因为 $|\sin\theta|<1$，所以级数 $k<\frac{d}{\lambda}$.

对于单色平行光斜入射到光栅上，入射方向和光栅平面的法线之间的夹角为 i（i 取正值），光栅公式应修改为

$$d(\sin\theta+\sin i)=k\lambda \tag{16.6}$$

式中，$k=0,\pm1,\pm2,\cdots$；θ 与 i 在法线同侧时，θ 取正值，在法线异侧时 θ 取负值.

3. 缺级

如果在某一衍射方向上满足光栅衍射的主极大条件 $d\sin\theta=\pm k\lambda$，还同时满足单缝衍射暗纹的条件 $a\sin\theta=\pm k'\lambda$ 时，则按光栅公式将出现明纹，实际上却出现不了，这称为缺级现象. 一般来说，若 $\frac{d}{a}=m$（m 为整数），则 $k=mk'$，$k'=1,2,\cdots$ 各级缺级.

4. 暗纹

当衍射角满足 $Nd\sin\theta=\pm k'\lambda$，光强将出现极大值（主明纹）或极小值（暗纹）. 当 $k'=1,2,\cdots,(N-1),(N+1),\cdots,(2N-1),(2N+1)\cdots$ 时为暗纹，当 $k'=0,N,2N,\cdots$ 时为主明纹. 显然，在相邻两条主明纹之间，有 $(N-1)$ 条暗纹，有 $(N-2)$ 条次明纹. 光栅衍射条纹的特点是明条纹很细且亮度很高，两条明条纹之间存在很宽的暗区，而且光栅中缝数越多明纹就越亮，明纹越细窄.

（五）圆孔夫琅禾费衍射与光学仪器的分辨率

1. 圆孔衍射

圆孔夫琅禾费衍射实验装置如图 16-4 所示，当单色平行光垂直照射小圆孔时，衍射图样以及衍射图样的亮度分布分别如图 16-5 和图 16-6 所示.

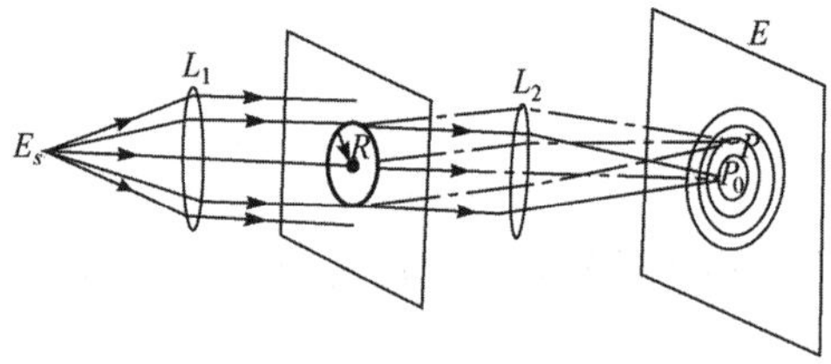

图 16-4

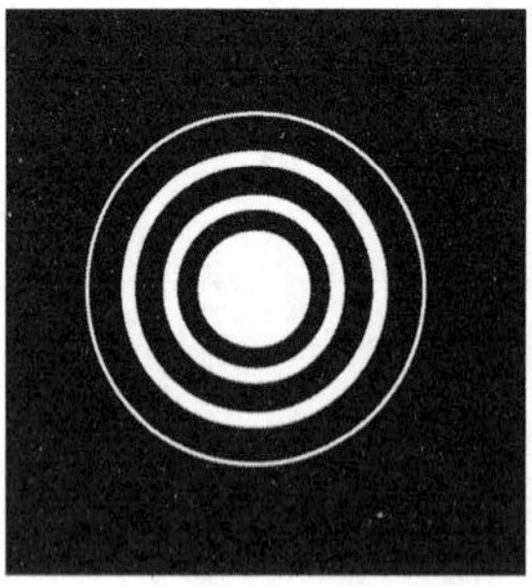

图 16-5

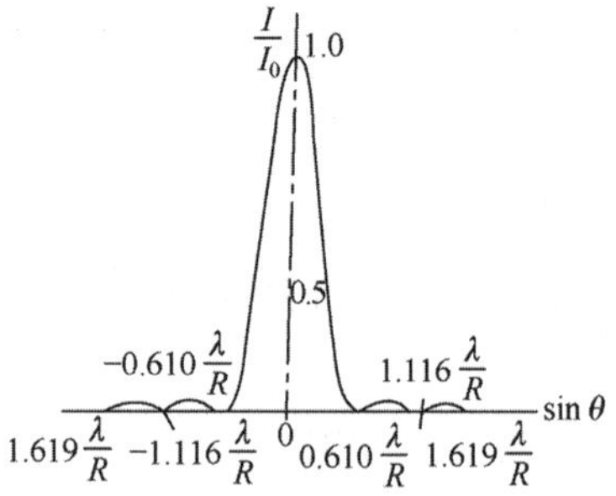

图 16-6

从衍射图样可以看出，中央为亮圆斑，周围为明、暗交替的圆环纹，由第一暗环所围成的中央光斑叫做艾里斑，若艾里斑的直径为 d，透镜的焦距为 f，圆孔直径为 D，单色光波长为 λ，经理论计算可以证明，艾里斑对透镜光心的张角 2θ 为

$$2\theta=\frac{d}{f}=2.24\frac{\lambda}{D}$$

由上式可以看出，D 越小或 λ 越大，衍射现象越明显.

2. 瑞利判据

光学仪器中的透镜相当于一个透光的小圆孔，由上述结果可知，由于衍射的影响，光学仪器的成像都不是理想的，即与一物点对应的不是一像点而是有一定大小的艾里斑，使光学仪器的分辨率受到了限制.

根据实验和理论分析，瑞利提出了如下的判据：如果一个点光源的衍射图样的中央最亮处刚好与另一个点光源的衍射图样的第一个最暗处相重合，则这两个点光源恰好可以分辨. 以圆孔形的物镜(透镜)为例，恰能分辨的两点光源的两个衍射图样中心之间的距离，应等于艾里斑半径. 此时，两点光源在透镜处所张的角称为最小分辨角，用 $\delta\theta$ 表示，则

$$\delta\theta=1.22\frac{\lambda}{D} \tag{16.7}$$

3. 光学仪器分辨率

通常把光学仪器的最小分辨角的倒数称为光学仪器分辨率. 由上式可知，光学仪器分辨率可以表示为

$$R=\frac{1}{\delta\theta}=0.82\frac{D}{\lambda} \tag{16.8}$$

显然，光学仪器分辨率与波长 λ 成反比，与透光孔径 D 成正比.

三、习题分类与解题方法指导

本章习题大体可归纳为上三类，①求解单缝衍射的问题；②求解光栅衍射的问题；③求解光学仪器分辨率的有关问题；以下分别进行讨论.

(一) 单缝衍射问题的求解

求解这一类习题，主要是运用单缝衍射的几个主要结论来计算相关问题，关键是理解好各个物理量的意义和它们之间的关系.

例题 16-1 已知单缝宽度 a，透镜焦距 $f=0.5\text{m}$，用 $\lambda_1=400\text{nm}$ 和 $\lambda_2=760\text{nm}$ 的单色平行光分别垂直照射，求这两种波长的光的同侧第一级明纹离屏中心的距离以及这两条明纹之间的距离.

解 由单缝衍射明纹公式

$$a\sin\theta=\pm(2k+1)\frac{\lambda}{2},k=1,2,\cdots$$

以及所求的是两种光的第一级明纹离屏中心的距离，可知 θ_1 很小，$\theta_1=\dfrac{x}{f}$. θ 和透镜焦距 f 以及第一级明纹至屏中心的距离之间的关系为

$$x_1=\theta_1 f$$

对于 $\lambda_1=400\text{nm}$，$x_{11}=\theta_{11}f=\dfrac{3\lambda_1}{2a}f=\dfrac{3\times400\times10^{-9}}{2\times1.0\times10^{-4}}\times0.5=3\times10^{-3}(\text{m})$

对于 $\lambda_2=760\text{nm}$，$x_{12}=\theta_{12}f=\dfrac{3\lambda_2}{2a}f=\dfrac{3\times760\times10^{-9}}{2\times1.0\times10^{-4}}\times0.5=5.7\times10^{-3}(\text{m})$

设这两条明纹之间的距离为 Δx，则

$$\Delta x = x_{12} - x_{11} = 5.7\times10^{-3} - 3\times10^{-3} = 2.7\times10^{-3}\,(\text{m})$$

（二）光栅衍射问题的求解

求解光栅衍射的习题，主要是运用光栅衍射公式来计算相关问题，需要注意的是光栅衍射最高级数的确定和缺级问题，还有就是单色平行光斜入射光栅的情况的分析与处理.

例题 16-2 设某种波长 λ_1 的光与波长为 $\lambda_2 = 486\text{nm}$ 的平行光同时垂直入射到光栅上，λ_1 光的第三级明纹与 λ_2 光的第四级明纹恰好重合在距中央明纹 5mm 处，已知透镜焦距为 0.5m，求：

(1) 光栅常数为多少？

(2) λ_1 为多少？

解 (1) 根据光栅公式 $(a+b)\sin\theta = k\lambda, k=0,1,2,\cdots$. 令 $k=4$，且 $\sin\theta_4 = \dfrac{x_4}{f}$，则有

$$(a+b) = \frac{4\lambda}{\sin\theta_4} \approx \frac{4\lambda}{x_4} f = \frac{4\times486\times10^{-9}}{5\times10^{-3}} \times 0.5 = 1.9\times10^{-4}\,(\text{m})$$

根据两明纹重合条件，即 $(a+b)\sin\theta = 3\lambda_1 = 4\lambda_2$，故得

$$\lambda_1 = \frac{4}{3}\lambda_2 = \frac{4}{3}\times486\times10^{-9} = 6.48\times10^{-4}\,(\text{m})$$

例题 16-3 用每毫米有 500 条栅线的光栅观察波长为 $\lambda = 590\text{nm}$ 的钠光谱线，试问：(1)最多能看到几级光谱？(2)若缝宽 0.001mm，第几级谱线缺级？

解 (1)由光栅公式 $(a+b)\sin\theta = \pm k\lambda, k=0,1,2,\cdots$，得

$$k = \frac{(a+b)\sin\theta}{\lambda}$$

根据题意可知，光栅常数 $a+b = \dfrac{1}{500}\text{mm} = 0.002\text{mm}$，最大级数对应于 $\theta < \dfrac{\pi}{2}$，$\sin\theta < 1$，则有

$$k < \frac{a+b}{\lambda} = \frac{0.002\times10^{-3}}{590\times10^{-9}} = 3.3$$

即最多能看到 3 级谱线.

(2) 由题意可知，$a = 0.001\text{m}$，$\dfrac{a+b}{a} = \dfrac{0.002}{0.001} = 2$，所以 $k = 2k'$，因为 k 只能取 0,1,2,3，而 k' 只能取 1，这说明第二级光谱缺级.

例题 16-4 如图 16-7 所示，以波长为 $\lambda = 500\text{nm}$ 的单色平行光斜入射在光栅常数为 $d = 2.10\text{mm}$、缝宽为 $a = 0.700\text{mm}$ 的光栅上，入射角为 $i = 30.0°$，求能看到哪几级光谱线.

解 斜入射时光栅方程为 $d(\sin\theta + \sin i) = k\lambda, k = 0, \pm1, \pm2, \cdots$；可呈现主极大.

因为 $-1 < \sin\theta < 1$，所以 $-(1+\sin30°)\dfrac{d}{\lambda} < k < (1-\sin30°)\dfrac{d}{\lambda}$，代入数据得 $-6.3 < k < 2.1$，因此可得 $k_{\min} = -6$，$k_{\min} = 2$；

因为 $\dfrac{d}{a} = 3$，所以 $-6, -3\cdots$ 谱线缺级. 综上所述，可以看到以下各级光谱：$-5, -4, -2, -1, 0, 1, 2$，共 7 条光谱，两侧光谱不再对称.

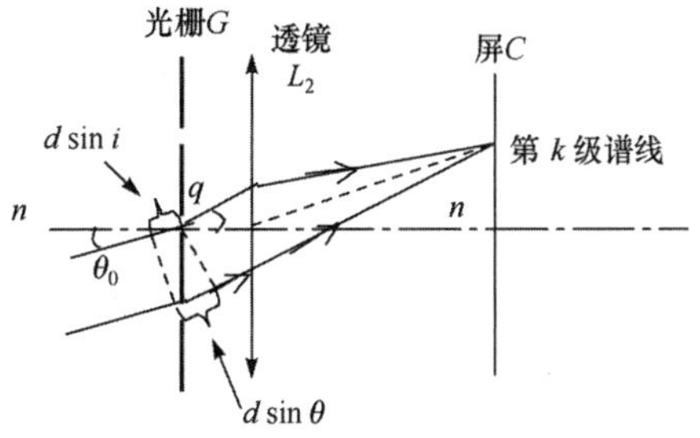

图 16-7

（三）光学仪器分辨本领问题求解

这一类习题一般都是运用几个公式来计算相关量的问题，关键是把握好各个物理量的意义和它们之间的关系，如分辨距离和分辨角等.

例题 16-5　在正常的照度下，设人眼瞳孔的直径为 3mm，而在可见光中，人眼最灵敏的是波长为 550nm 的绿光，问：(1)人眼的最小分辨角多大？(2)若物体放在明视距离 25cm 处，则两物体能被分辨的最小距离多大？

解　(1) 人眼瞳孔直径 $D=3\text{mm}$，光波波长 $\lambda=550\text{nm}$. 人眼最小分辨角为

$$\theta_0=1.22\frac{\lambda}{D}=1.22\times\frac{550\times10^{-9}}{3\times10^{-3}}=2.3\times10^{-4}\,\text{rad}\approx0.8'$$

(2) 设两物点相距为 x，它们距人眼距离 $L=25\text{cm}$. 恰能分辨，有 $\theta_0=\dfrac{x}{L}$，则

$$x=L\theta_0=25\times2.3\times10^{-4}\,\text{cm}=0.058\text{mm}$$

四、知识拓展与问题讨论

单缝衍射和光栅衍射图样的光强分布

（一）单缝衍射的光强分布

单缝衍射是波前连续的子波叠加的结果，从理论上来说单缝衍射的图样只取决于单缝的缝宽 a，而与狭缝的位置是否偏离透镜主光轴无关. 根据几何光学的知识，凡是平行于主光轴的任何光线，经过透镜折射后，都将会聚于焦点. 或者说，从波面上所有点发出的次波，经过透镜而到达焦点都有相同的光程，因此中央最大值的位置总是在透镜的主光轴上，而和单缝的位置无光. 这一点从单缝衍射的光强数学表达式(具体推导过程可查阅专业教材)也可以得到解释. 单缝衍射的 P 点空间光强分布为

$$I_p=I_0\frac{\sin^2\left(\dfrac{\pi a}{\lambda}\sin\theta\right)}{\left(\dfrac{\pi a}{\lambda}\sin\theta\right)^2}=I_0\frac{\sin^2u}{u^2}\tag{16.9}$$

式中，$u=\dfrac{\pi a}{\lambda}\sin\theta$，$\dfrac{\sin^2u}{u^2}$称为单缝衍射因子；$I_0$ 为单缝的入射光光强.

根据式(16.9)给出的光强公式，可以分析得到单缝衍射的特征.

(1) 在 $\theta=0$ 处，$I=I_0$，对应的光强最大，称为主极大，这是中央明纹的光强.

(2) 当 $u=\pm k\pi$，或 $a\sin\theta=\pm k\lambda$ 时，$I=0$，对应暗纹；这与半波带法得到的结果相同.

(3) 令 $\dfrac{\mathrm{d}I}{\mathrm{d}u}=\dfrac{\mathrm{d}}{\mathrm{d}u}\left(\dfrac{\sin^2 u}{u^2}\right)=0$，可得到 $\tan u=u$，由此可解得各级次明纹的角位置满足

$$\sin\theta_1=\pm 1.43\frac{\lambda}{a},\quad \sin\theta_2=\pm 2.46\frac{\lambda}{a},\quad \sin\theta_3=3.47\frac{\lambda}{a},\cdots$$

这与半波带法得到的结果非常接近. 将上述结果代入光强公式，可以得到各级次明纹光强为

$$I_1=0.047I_0,\quad I_2=0.0165I_0,\quad I_3=0.008\,34I_0,\cdots$$

可见，级数越高，明纹的光强就越小，这与半波带法得到的结论一致.

(二) 光栅衍射的光强分布

光栅衍射是多条单狭缝的多光束干涉的结果. 缝宽完全相同的 N 条狭缝并排时，由它们产生的 N 套单缝衍射图样也完全相同，而且彼此重合. 另外，N 个狭缝的光波之前还会产生干涉，因此光栅衍射的图样是受单缝衍射调制的多光束干涉条纹. 根据单缝衍射的光强公式和多光束相干方法可以得到，光栅衍射时 P 点光强表达为

$$I_p=I_0\frac{\sin^2 u}{u^2}\cdot\frac{\sin^2 N\left(\dfrac{\pi d}{\lambda}\sin\theta\right)}{\sin^2\left(\dfrac{\pi d}{\lambda}\sin\theta\right)}=I_0\frac{\sin^2 u}{u^2}\cdot\frac{\sin^2 Nv}{\sin^2 v}\tag{16.10}$$

式中，$u=\dfrac{\pi a}{\lambda}\sin\theta$，$v=\dfrac{\pi d}{\lambda}\sin\theta$；$\dfrac{\sin^2 Nv}{\sin^2 v}$ 称为缝间干涉因子；$\dfrac{\sin^2 u}{u^2}$ 称为单缝衍射因子.

根据式(16.10)给出的光强公式，可以分析得到光栅衍射的特征.

(1) 主极大：当 $v=\pm k\pi$，或 $\sin\theta=\pm k\dfrac{\lambda}{d}$ 时，$\dfrac{\sin Nv}{\sin v}=N$，这是缝间干涉因子的主极大，对应于光强的主极大，其强度是单缝在该方向上强度的 N^2 倍.

(2) 主极大的极限：因为 $\sin\theta<1$，所以 $k<\dfrac{d}{\lambda}$；如果 $\lambda\geqslant d$，除零级外别无其他主极大.

(3) 暗纹：当 $Nv=\pm k'\pi$（k' 为整数），但 v 不是 π 的整数倍时，$\dfrac{\sin Nv}{\sin v}=0$，这是缝间干涉因子的零点，对应于光强为零的暗纹. 所以暗纹的角位置满足 $\sin\theta=\pm\dfrac{k'}{N}\dfrac{\lambda}{d}$，其中 $k'=1,2,\cdots,(N-1),(N+1),\cdots,(2N-1),(2N+1),\cdots$；可见，相邻的两个主极大之间有 $N-1$ 个暗纹. 相邻两个暗纹之间将有一个次极大，所以相邻的两个主极大之间有 $N-2$ 个次极大.

(4) 缺级：当单缝衍射因子为 0（对应单缝衍射暗纹）时，即使此时衍射角方向对应多光束干涉的某级主极大，此处的光强仍然为 0，即我们所说的缺级现象. 所以，缺级的条件是衍射角同时满足 $\sin\theta=\pm k\dfrac{\lambda}{d}$，和 $\sin\theta=\pm k\dfrac{\lambda}{a}$；即当 $\dfrac{d}{a}=n$（n 为整数）时，$k=k'n$ 的主极大都不会出现.

(5) 主明纹（极大）的宽度：因为主极大角位置满足 $\sin\theta_k=\pm k\dfrac{\lambda}{d}$，而相邻暗纹角位置满足 $\sin(\theta_k+\Delta\theta)=\pm\left(k+\dfrac{1}{N}\right)\dfrac{\lambda}{d}$，所以，由此可得 $\Delta\theta_k=\dfrac{\lambda}{Nd\cos\theta_k}$，$\Delta\theta_k$ 称为主极大的半角宽. 可见光

栅的缝数 N 越大，$\Delta\theta_k$ 就越小，主明纹就越细窄.

上述这些结论，都可以通过半波带方法得到，可见半波带法是分析光波衍射的非常好的方法.

习　题　16

一、选择题

16-1　试估计人眼区分两个汽车前灯的最近距离？设黄光 $\lambda=500.0\text{nm}$，人眼夜间的瞳孔直径为 $D=5\text{mm}$，两车灯的距离为 $d=1.22\text{m}$.（　　）

A. 1km；　B. 3km；　C. 10km；
D. 30km；　E. 100km.

16-2　将钠灯发出的黄光垂直投射于某一衍射光栅，而这种黄光包含钠双线的波长分别为 589.0nm 和 589.6nm. 为了分辨第三级中的钠双线，光栅的刻线数应为（　　）

A. 222；　B. 333；　C. 444；
D. 555；　E. 660.

16-3　波长为 500nm 的单色光垂直照射到宽为 0.25mm 的单缝上，单缝右面置一凸透镜以观测衍射条纹，如果幕上中央条纹两旁第三个暗条纹之间的距离为 3mm，则其透镜的焦距是多少 mm.（　　）

A. 300；　B. 250；　C. 123；　D. 184.

16-4　以 $\lambda_1=500\text{nm}$ 和 $\lambda_2=600\text{nm}$ 的两单色光同时垂直射入某光栅，观察衍射谱线时发现，除中心亮纹处，两种波长的谱线第三次重叠时，发生在 30°角的方向上，则此光栅的光栅常数是（　　）

A. 36μm；　B. 18μm；　C. 9μm；
D. 6μm；　E. 3μm.

16-5　一衍射光栅，狭缝宽度为 a，缝间不透光的那一部分宽度为 b. 用波长为 600nm 的光垂直照射时，在某一衍射角 φ 处出现第二级主极大，若换用 400nm 的光垂直入射时，在上述衍射角 φ 处出现缺级，问 b 至少是 a 的几倍？（　　）

A. 1；　B. 2；　C. 3；　D. 4.

16-6　波长为 500nm 和 520nm 的光，垂直照射到光栅常数为 0.002cm 的衍射光栅上，在光栅后面用焦距为 2m 的透镜把光线会聚于屏幕上，求这两种光线的第一级光谱线之间的距离为（　　）

A. $1\times10^{-3}\text{m}$；　B. $2\times10^{-3}\text{m}$；　C. $3\times10^{-3}\text{m}$；　D. $4\times10^{-3}\text{m}$.

16-7　当入射的单色光波长一定时，若光栅上每单位长度的狭缝数越多，则光栅常数如何变化？相邻明纹间距如何变化？明纹亮度如何变化？（　　）

(1)越大；(2)越小；(3)不变；(4)更亮；(5)越暗

A. (1)(2)(4)；　B. (2)(1)(4)；
C. (2)(3)(5)；　D. (2)(1)(5).

16-8　光栅衍射实验中，若将屏幕靠近光栅，则各级明纹将如何变化？（　　）

A. 变稀；　B. 更亮；　C. 变模糊；　D. 不变.

16-9　用单色光照射光栅时，为了得到较大的衍射级数，应采用下面的哪种方法？（　　）

A. 用单色光垂直照射；

B. 用单色光斜入射；

C. 将实验从光密介质搬到光疏介质里去做.

16-10　光栅上每一狭缝的宽度都为 a，缝间不透明部分的宽度为 b，若 $b=2a$，当单色光垂直照射该光栅时，光栅明纹情况如何？（设明纹级数为 k.）（　　）

A. 满足 $k=2m$ 的明条纹消失（$m=1,2,3,\cdots$）；

B. 满足 $k=3m$ 的明条纹消失（$m=1,2,3,\cdots$）；

C. 没有明条纹消失.

16-11　波长为 λ 的单色光垂直入射在一光栅上，第二级明纹出现在衍射角为 φ 处，第四级缺级，则该光栅上狭缝的最小宽度为（　　）

A. $\dfrac{\lambda}{4\sin\varphi}$；　　B. $\dfrac{\lambda}{\sin\varphi}$；　　C. $\dfrac{\lambda}{2\sin\varphi}$；

D. $\dfrac{2\lambda}{\sin\varphi}$；　　E. $\dfrac{4\lambda}{\sin\varphi}$.

16-12　通过显微镜对物体作显微摄影时，为了提高光学仪器的分辨率，所用光源的频率怎样好些？（　　）

A. 频率小的光源；　B. 频率大的光源；　C. 产生黄光频率的光源.

16-13　波长为 λ 的单色光垂直入射在宽为 a 的单缝上，缝后紧靠着焦距为 f 的凸透镜，屏置于透镜的焦平面上. 若整个实验装置浸入折射率为 n 的液体中，则在屏上出现的中央明条纹宽度为（　　）

A. $\dfrac{f\lambda}{na}$；　　B. $\dfrac{2f\lambda}{a}$；　　C. $\dfrac{2f\lambda}{na}$；　　D. $\dfrac{2nf\lambda}{a}$.

16-14　如图所示，设波长为 λ 的单色平面波，沿着与缝平面的法线成 θ 角的方向入射到宽度为 a 的单缝 AB 上. 衍射相消的表达式为（　　）

A. $a\sin\phi=\pm k\lambda$；　　B. $a\sin\phi=\pm(2k+1)\dfrac{\lambda}{2}$；

C. $a(\sin\phi-\sin\theta)=\pm k\lambda$；　　D. $a(\sin\phi+\sin\theta)=\pm k\lambda$.

E. $a(\sin\phi-\sin\theta)=\pm(2k+1)\dfrac{\lambda}{2}$（各式中 $k=1,2,3,\cdots$）.

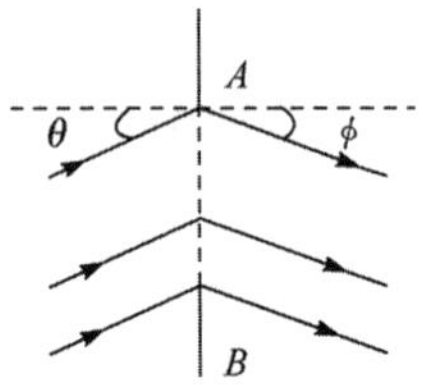

题 16-14 图

16-15　在圆孔的夫琅禾费衍射实验中，设圆孔的直径为 d. 透镜焦距为 f，所用单色光波长为 λ. 求在透镜焦平面处的屏幕上，显现的爱里斑半径 R 为（　　）

A. $\dfrac{\lambda}{d}f$；　　B. $\dfrac{1.22\lambda}{d}f$；

C. $\dfrac{2.44\lambda}{d}f$；　　D. $\dfrac{2\lambda}{d}f$.

16-16　如图所示，在单缝夫琅禾费衍射装置中，透镜主光轴与屏的交点为 O 点，则屏上衍射图样的中央明纹的中心位置在何处（　　）

A. O 点处；　B. O 点上方；　C. O 点下方.

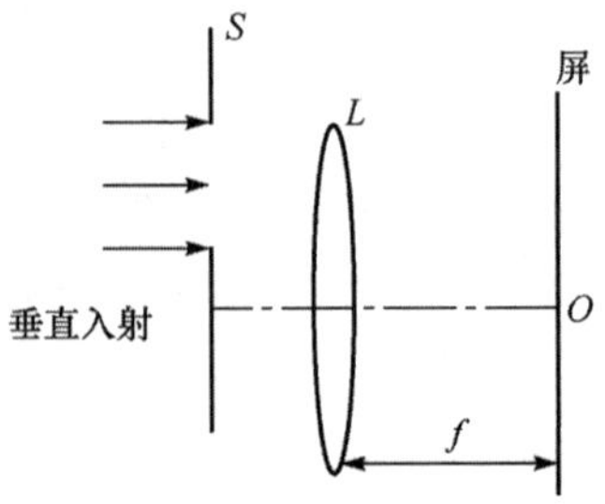

题 16-16 图

16-17　一单色平行光束入射在一直径 $d\gg\lambda$ 的"准直"

孔上，观察点 P 位于远处屏幕上的几何阴影区，如图所示. 有两个外径正好都是 d 的障碍物 A 和 B，其中 A 为带任意形状小孔的不透明圆盘，而 B 为 A 的"照相负片"，如把 A 和 B 这两个衍射物轮流地放在准直孔上，则发现 P 点处光强是(　　)

A. 不变，$I_A = I_B$；　　B. 变小，$I_A > I_B$；

C. 变大，即 $I_A < I_B$；　　D. 以上均不对.

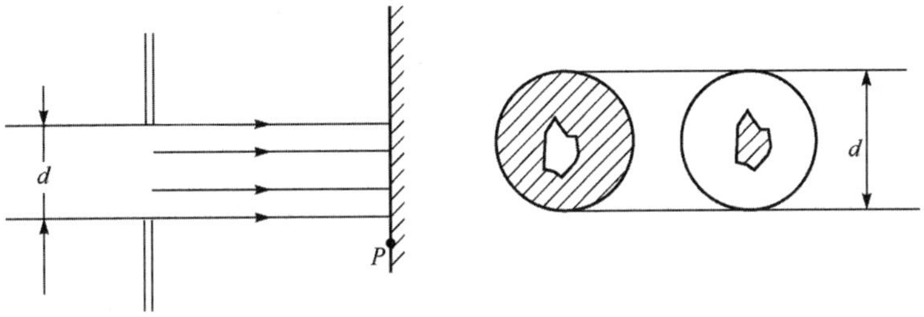

题 16-17 图

16-18　X 射线投射到间距为 d 的平行点阵平面的晶体中，试问发生布喇格晶体衍射的最大波长为多少(　　)

A. $d/4$；　　B. $d/2$；　　C. d；

D. $2d$；　　E. $4d$.

二、填空题

16-19　在单缝夫琅禾费衍射实验中，波长为 λ 的单色光垂直入射在宽度为 $a=4\lambda$ 的单缝上，对应于衍射角为 30°的方向，单缝处波阵面可分成的半波带数目为__________.

16-20　在真空中一束波长为 λ 的平行单色光垂直入射到一单缝 AB 上，装置如图，在屏幕 D 上形成衍射图样，如果 P 是中央亮纹一侧第一个暗纹所在的位置，则 $\overline{BC}$ 的长度为__________.

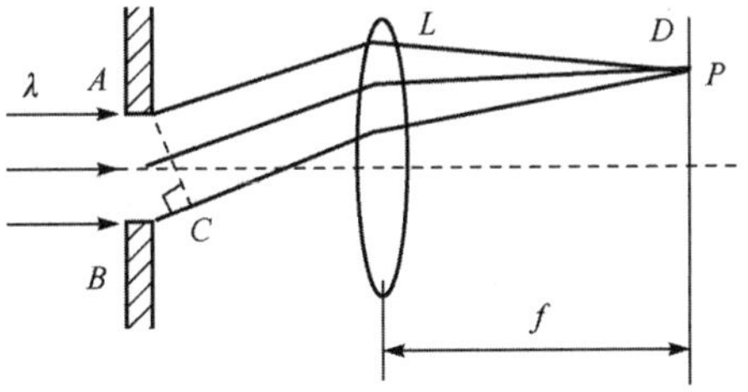

题 16-20 图

16-21　一束白光垂直照射在一光栅上，在形成的同一级光栅光谱中，偏离中央明纹最远的是__________(填红光或紫光).

16-22　含有两种波长 λ_1、λ_2 的光垂直入射在每毫米有 300 条缝的衍射光栅上，已知 λ_1 为红光，λ_2 为紫光，在 24°角处两种波长光的谱线重合，则紫光的波长为__________. 屏幕上可能单独呈现紫光的各级谱线的级次为__________(只需写出正级次)($\sin 24° = 0.4067$，$\cos 24° = 0.9135$，$\lambda_1 = 700\text{nm}$).

16-23　在夫琅禾费单缝衍射实验中，对于给定的入射单色光，当缝宽度变小时，除中央亮纹的中心位置不变外，各级衍射条纹对应的衍射角__________.

三、计算题或证明题

16-24　有波长为 λ_1 和 λ_2 的平行光垂直照射一单缝，在距缝很远的屏上观察衍射条纹，如果 λ_1 的第一衍射极小与 λ_2 的第二级衍射极小相重合. 试求：

(1) 这两种波长之间有何关系？

(2) 在这两种波长的衍射图样中是否还有其他的极小会互相重合？

16-25　试求对于缝宽分别为(1)一个波长；(2)5 个波长；(3)10 个波长的单缝来说，其夫琅禾费衍射中央明纹的半角宽度有多大？

16-26　设侦察卫星在距地面 160km 的轨道上运行，其上有一焦距为 1.5m 的透镜. 要使该透镜能分辨出地面上从相距为 0.3m 的两个物体，试求该透镜的最小直径为多大？

16-27　波长 600nm 的单色光垂直入射在一光栅上，有两个相邻的主极大明纹分别出现在 $\sin\theta_1=0.20$ 与 $\sin\theta_2=0.30$ 处，且第 4 级缺级. 试求：

(1) 光栅常数；

(2) 光栅狭缝的最小宽度；

(3) 按上述选定的缝宽和光栅常数，写出光屏上实际呈现的全部级数.

16-28　用波长为 $\lambda=0.59\mu m$ 的平行光照射一块具有 500 条/mm 狭缝的光栅，光栅的狭缝的宽度 $a=1\times10^{-3}$mm，如图所示，试求：

(1) 平行光垂直入射时，最多能观察到第几级光谱线？实际能观察到几条光谱线？

(2) 平行光与光栅法线呈夹角 $\varphi=30°$时入射，如图所示，最多能观察到第几级光谱线？

16-29　一个每毫米均匀有 200 条刻线的光栅，用白光照射，在光栅后放一焦距为 $f=500$cm 的透镜，在透镜的焦平面处有一个屏幕，如果在屏幕上开一个 $\Delta x=1$mm 宽的细缝，细缝的内侧边缘离中央极大中心 5.0cm，如图所示. 试求什么波长范围的可见光可以通过细缝？

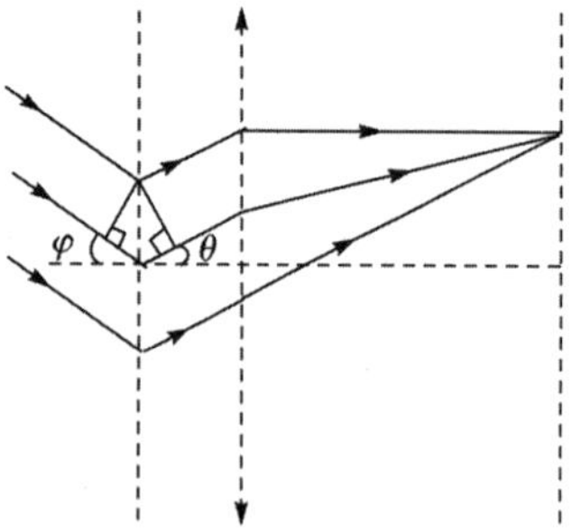

题 16-28 图

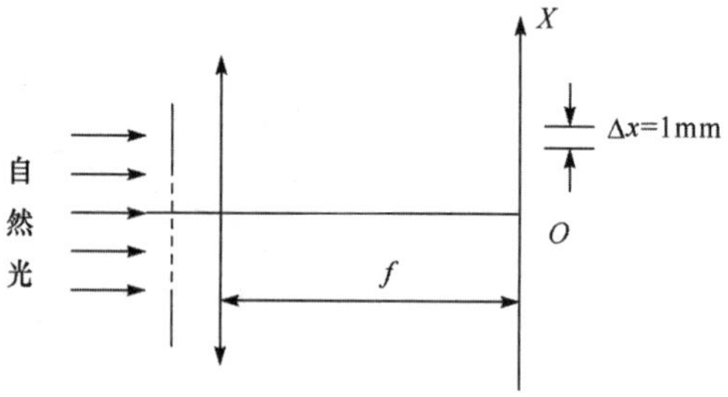

题 16-29 图

16-30　已知平行光的波长为 $\lambda=490$nm，光栅常数 $d=3.0\times10^{-4}$cm.

(1) 若入射单色光与光栅平面的法线方向所成夹角为 $\theta=30°$，在此情况下，光栅衍射条纹中两侧的最高级次各属哪一级？

(2) 当单色光垂直照射在光栅上，最多能看到第几级条纹？

(3) 若光栅的透光缝的宽度 $a=1.0\times10^{-4}$cm，单色光垂直照射在光栅上，最多能观察到的明纹总数(包括中央明纹)为若干？

第 17 章　光 的 偏 振

一、基本要求

(1) 理解自然光和线偏振光.

(2) 理解偏振光的获得方法和检验方法.

(3) 掌握马吕斯定律及布儒斯特定律.

(4) 了解双折射现象.

二、主要内容与学习指导

(一) 自然光和偏振光

1. 自然光

光波是电磁波,电场强度 $\boldsymbol{E}$ 的振动(即光振动)方向垂直于传播方向.一般光源发出的光是包含着各个方向的光矢量,没有一个方向较其他方向更占优势,这样的光称为自然光.自然光可以分解为两个相互垂直光振动,这两个光振动分量分布情况和传播情况是形同的.为了简明地表示光的传播,常用和传播方向垂直的短线表示在纸面内的光振动,而用圆点表示与纸面垂直的光振动,圆点和短线相互间隔作等距分布,如图 17-1 所示.

图 17-1

2. 偏振光

如果某一光束只含有单一方向的光振动,就称为线偏振光,又称为完全偏振光.线偏振光的表示如图 17-2 所示.线偏振光的振动方向与传播方向组成的平面叫做振动面.

如果在某一光束中,某一方向的光振动比其他方向的光振动占优势,这种光称为部分偏振光,其表示方法如图 17-3 所示.

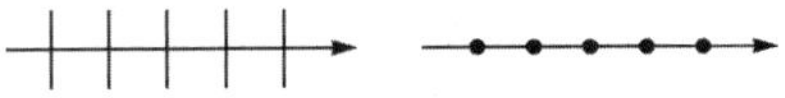

图 17-2

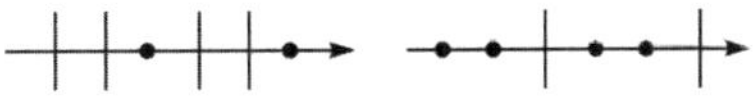

图 17-3

(二) 马吕斯定律

某些物质具有一种强烈吸收某一方向振动的光而让另一方向振动的光通过的性质,物质的这种性质称为二向色性.偏振片就是利用其有二向色性的物质的透明薄片制成的.偏振片允许通过的光振动方向称为“偏振化方向”,也叫“透光轴”,在偏振片上标出记号“↕”.

一个偏振片可用作起偏器,也可以用作检偏器.

设入射线偏振光的光振动方向与检偏器的偏振化方向之间的夹角为 α,则出射线偏振光的光强 I 与入射线偏振光的光强 I_0 满足如下关系:

$$I=I_0\cos^2\alpha \tag{17.1}$$

上式称为马吕斯定律,其中 I_0 是线偏振光光强,这一点要特别注意.

若光强为 I_N 的自然光入射偏振片，出射的线偏振光强度为

$$I=\frac{I_N}{2} \tag{17.2}$$

一般情况下，一束部分偏振光可以看成是一束自然光和一束线偏振光混合而成，设自然光强度为 I_N，偏振光光强度为 I_p，偏振光的光振动方向与检偏器的偏振化方向之间的夹角为 α，则部分偏振光入射偏振片，出射的线偏振光强度为

$$I=\frac{I_N}{2}+I_p\cos^2\alpha \tag{17.3}$$

（三）布儒斯特定律

当自然光从折射率为 n_1 的各向同性介质入射到折射率为 n_2 的各向同性介质时，一般情况下反射光和折射光为部分偏振光，偏振化的程度决定于入射角 i. 实验发现，当 i 等于某一值 i_B 时，反射光是偏振光，它的振动面与反射面垂直，而折射光仍为部分偏振光且偏振度最高. i_B 满足

$$\tan i_B=\frac{n_2}{n_1} \tag{17.4}$$

上式称为布儒斯特定律，其中 i_B 称为起偏角，又叫布儒斯特角.

当自然光以布儒斯特角 i_B 入射时，反射光线和折射光线是相互垂直的，折射角与反射角满足

$$i_B+\gamma_B=\frac{\pi}{2} \tag{17.5}$$

把许多平行玻璃片叠在一起就构成玻璃片堆，当自然光以布儒斯特角 i_B 入射到玻璃片堆上时，由于在各界面上的反射光都是光振动垂直于入射面的偏振光，当光最后从玻璃片透射出时，近似为偏振光，其振动面就是折射面. 由此可见，利用玻璃片堆的反射和透射可以得到振动面相互垂直的偏振光.

（四）光的双折射

当一束光射入各向异性的晶体时，折射光线将有两束，这种现象称为光的双折射现象. 两束折射光线中有一束光线遵守通常的折射定律，称为寻常光线，简称 o 光；另一束光线不遵守折射定律，它不一定在入射面内，而且入射角 i 改变时，入射角的正弦与折射角的正弦比值也不为常数，这条光线称为非常光线，简称 e 光.

实验发现，晶体内存在一个特殊的方向，光线沿此方向传播时，不发生光的双折射，这个特殊方向称为晶体的光轴. 应当注意，光轴表示晶体内的一个方向，并不是某一条线. 晶体内任一光线和光轴所决定的平面，称为这条光线的主平面. 寻常光线和非寻常光线各有自己的主平面. 实验发现，o 光和 e 光都是线偏振光，o 光的光振动与其主平面是垂直的，e 光的光振动与其主平面是平行的. 一般说来，这两个主平面不一定是同一平面，所以 o 光和 e 光的振动面不一定垂直.

产生双折射现象的原因是由于 o 光和 e 光在晶体具有不同的传播速度，o 光在晶体中各方向上的传播速度都相同，而 e 光的传播速度却随着方向的改变而改变. o 光遵守折射定律，e 光不遵守折射定律，而折射定律是与介质的折射率相联系的，折射率又与光的传播速度有关，

所以我们可以得出结论：o光和e光沿光轴方向的传播速度相等，沿非光轴方向传播速度不同. 对于有些晶体，沿非光轴方向传播，o光的传播速度大于e光的传播速度，这类晶体称为正晶体(如石英等)；另外有些晶体沿非光轴方向传播，o光的传播速度小于e光的传播速度，这类晶体称为负晶体(如方解石等).

三、习题分类与解题方法指导

本章习题大体可归纳为上三类，①应用马吕斯定律求解二向色片的偏振问题；②应用布儒斯特定律求解反射光和折射光的偏振问题；③求解光的双折射的偏振问题. 以下分别进行讨论.

(一) 马吕斯定律的应用

应用马吕斯定律求解问题，需要特别注意入射光是什么光(自然光、线偏振光、部分偏振光)，然后运用相应的公式就可以计算结果.

例题 17-1 平行放置两个偏振片，使它们的偏振化方向成60°夹角，今以强度为I_0的单色自然光垂直入射第一个偏振片上，求经过第二个偏振片的投射光强.

解 入射光经过第一个偏振片后成为强度为$I_1=\frac{I_0}{2}$的线偏振光，然后入射到第二个偏振片上，此时线偏振光的光振动方向和第二个偏振片偏振化方向之间的夹角$\alpha=60°$，根据马吕斯定律可知透射光强为

$$I=I_1\cos^2\alpha=\frac{I_0}{2}\cos^2 60°=\frac{1}{8}I_0$$

例题 17-2 将三个偏振片堆叠在一起，第二个和第三个偏振片的偏振化方向与第一个偏振片的偏振化方向之间的夹角分别为45°和90°，若以强度为I_0的自然光入射到第一个偏振片上，求：(1)经过第三个偏振片的透射光强度；(2)若把第二个偏振片抽掉，透射光强为多少？

解 (1) 自然光经过第一偏振片后，出射光强为$I_1=\frac{I_0}{2}$，且为线偏振光. 经过第二个偏振片后，出射光强为

$$I_2=I_1\cos^2 45°=\frac{I_0}{4}$$

在经过第三个偏振片后透射光强为

$$I_3=I_2\cos(90°-45°)=\frac{I_0}{8}$$

(2) 如果抽去第二个偏振片，透射光强为

$$I_3'=I_1\cos^2 90°=0$$

(二) 布儒斯特定律的应用

求解此类问题关键是要清楚反射光和折射光的偏振状态，并且应用折射定律和反射定律确定反射角和折射角及其相关量.

例题 17-3 自然光由空气以布儒斯特角入射到水面上，今有一块折射率为$n_3=1.5$的玻璃浸在水中(图17-4)，若欲使在玻璃面上的反射光为线偏振光，求玻璃面与水平面之间的夹

角(已知水的折射率 $n_3=1.33$).

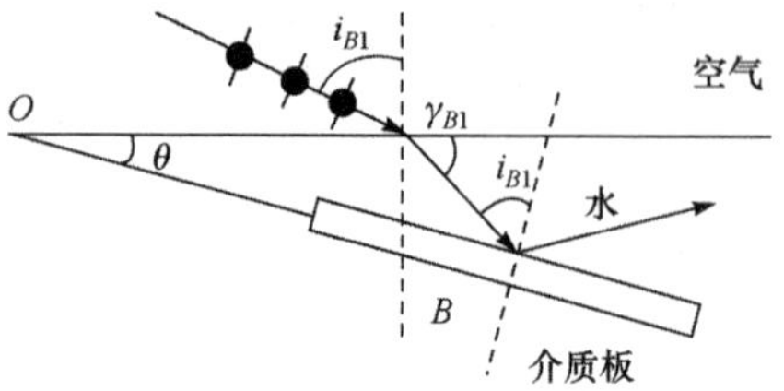

图 17-4

解 设所求玻璃面与水平面之间的夹角为 θ,自然光由空气以布儒斯特角 i_{B1} 入射于水平面后,经水面的反射光是偏振动垂直于入射面的线偏振光,折射光是部分偏振光,这束部分偏振光从水中入射到玻璃面上,要经过玻璃面反射的光为线偏振光,只需其入射角 i_{B2} 为布儒斯特角,即

$$\tan i_{B2}=\frac{n_3}{n_2}$$

由图中几何关系可知

$$\theta=\frac{\pi}{2}-\left[\gamma_{B1}+\left(\frac{\pi}{2}-i_{B2}\right)\right]=i_{B2}-\gamma_{B1}$$

因为 i_{B1} 是布儒斯特角,所以

$$i_{B1}=\arctan 1.33=53.1°,\quad \gamma_{B1}=90°-53.1°=36.9°$$

$$i_{B2}=\arctan\frac{1.50}{1.33}=48.4°$$

$$\theta=48.4°-36.9°=11.5°$$

(三) 光的双折射问题求解

例题 17-4 一方解石晶体的表面与其光轴平行,放在偏振化方向相互正交的偏振片之间,晶体的光轴与偏振片的偏振化方向成 45°角. 试求:

(1) 要使 $\lambda=500$nm 的光不能透过检偏器,则晶片的厚度至少是多大?

(2) 若两偏振片的偏振化方向平行,要使 $\lambda=500$nm 的光不能透过检偏器,晶片的厚度又为多少? 已知晶片的 $n_o=1.658$,$n_e=1.486$.

解 (1) 如图 17-5(a)所示,要使光不透过检偏器,则通过检偏器的两束光须因干涉而相消,通过 P_2 时两光的光程差为

$$\delta=(n_o-n_e)d$$

相位差为

$$\Delta\varphi=\frac{2\pi\delta}{\lambda}+\pi=\frac{2\pi(n_o-n_e)d}{\lambda}+\pi$$

由干涉相消条件,有

$$\Delta\varphi=(2k+1)\pi,\quad k=0,1,2,\cdots$$

$$2\pi(n_o-n_e)d/\lambda+\pi=(2k+1)\pi$$

当 $k=1$ 时,晶片厚度最小,为

$$d=\lambda/(n_o-n_e)=5\times10^{-7}/(1.658-1.486)=2.9\times10^{-4}(\text{cm})$$

(2) 由图 17-5(b)可知，当 P_1、P_2 平行时，通过 P_2 的两束光没有附加相位差 π，因而有

$$\Delta\varphi=2\pi(n_o-n_e)d'/\lambda=(2k+1)\pi,\quad k=0,1,2,\cdots$$

当 $k=0$ 时，此时晶片厚度最小，为

$$d'=\lambda/(n_o-n_e)=5\times10^{-7}/[2\times(1.658-1.486)]=1.45\times10^{-4}(\text{cm})$$

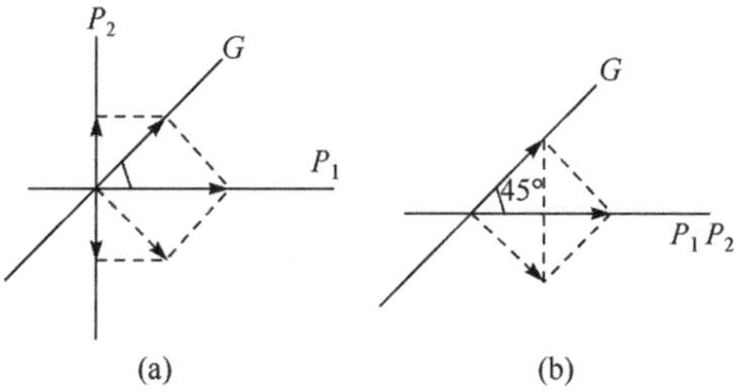

图 17-5

四、知识拓展与问题讨论

菲涅耳方程和布儒斯特定律

当光波通过两种透明介质的分界面时，会发生反射和折射现象. 反射光和折射光的传播方向分别由反射定律和折射定律决定，但反射光和折射光以及入射光的振幅和方向之间的关系，则要借助电磁理论来分析得出结论，可以用菲涅耳公式来表示.

我们把入射光、反射光和折射光的光振动矢量 $\boldsymbol{E}$ 分成两个分量，一个平行于入射面用下标 p 表示，另一个垂直于入射面，用下标 s 来表示；以 i_1、i_1' 和 i_2 分别表示入射角、反射角和折射角，它们确定了光的传播方向，两种分量在分界面上的振动状态. 两种介质的折射率分别为 n_1 和 n_2，Oxz 平面为分界面，O 点为入射点，y 轴为分界面的法线，Oxy 平面为入射面、反射面和折射面，如图 17-6 所示. 用 E_{p1}、E'_{p1} 和 E_{p2} 分别表示入射光线、反射光线和折射光线在入射面内的光振动振幅，用 E_{s1}、E'_{s1} 和 E_{s2} 分别表示入射光线、反射光线和折射光线在垂直于入射面内的光振动的振幅. 因为入射光、反射光和折射光的传播方向各不相同，所以必须规定各个光振动分量的正方向；这种规定当然是任意的，但是在讨论问题的全部过程中始终采用同一种规定，由此得到的各个关系式就具有普遍意义. 我们规定 E_{s1}、E'_{s1}、E_{s2} 和 E_{p1}、E'_{p1}、E_{p2} 的正方向如图 17-6 所示，且光振动的 s 分量、p 分量与传播方向三者构成右手螺旋关系，即规定垂直纸面(入射面 Oxy)向上为 E_s 的正方向，按照右手螺旋关系确定 E_p 的正方向.

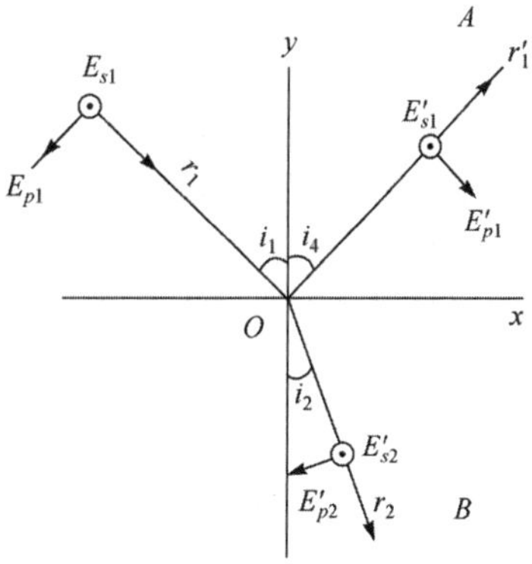

图 17-6

菲涅耳根据电磁理论及反射定律、折射定律导出电矢量各个分量之间的关系为

$$\frac{E'_{p1}}{E_{p1}}=\frac{n_2\cos i_1-n_1\cos i_2}{n_2\cos i_1+n_1\cos i_2}=\frac{\tan(i_1-i_2)}{\tan(i_1+i_2)}\tag{17.6}$$

$$\frac{E'_{s1}}{E_{s1}}=\frac{n_1\cos i_1-n_2\cos i_2}{n_1\cos i_1+n_2\cos i_2}=\frac{\sin(i_2-i_1)}{\sin(i_1+i_2)}\tag{17.7}$$

$$\frac{E_{p2}}{E_{p1}}=\frac{2n_1\cos i_1}{n_2\cos i_1+n_1\cos i_2}=\frac{2\sin i_2\cos i_1}{\sin(i_1+i_2)\cos(i_1-i_2)}\tag{17.8}$$

$$\frac{E_{s2}}{E_{s1}}=\frac{2n_1\cos i_1}{n_1\cos i_1+n_2\cos i_2}=\frac{2\sin i_2\cos i_1}{\sin(i_1+i_2)\cos(i_1-i_2)} \tag{17.9}$$

式(17.6)～式(17.9)称为菲涅耳公式.由菲涅耳公式可以分析反射光和折射光的偏振特性,并且得到布儒斯特定律.

1. 布儒斯特定律

当入射角和折射角满足 $i_1+i_2=90°$ 时,由菲涅耳公式可得 $\frac{E'_{p1}}{E_{p1}}=0$,即反射光中没有在入射面内的光振动,成为光振动与入射面垂直的线偏振光.设此时的入射角为 i_b,则 $i_1=i_b$,$i_2=\frac{\pi}{2}-i_b$,代入折射定律 $n_1\sin i_1=n_2\sin i_2$,可得布儒斯特角的表达式

$$\tan i_b=\frac{n_2}{n_1}$$

这就是布儒斯特定律.

2. 反射率与透射率

反射光与入射光的光强之比被定义为反射率 R,即有 $R_p=\left(\frac{E'_{p1}}{E_{p1}}\right)^2$,$R_s=\left(\frac{E'_{s1}}{E_{s1}}\right)^2$;折(透)射光与入射光的光强之比为透射率 T,即有 $T_p=\left(\frac{E_{p2}}{E_{p1}}\right)^2$,$T_s=\left(\frac{E_{s2}}{E_{s1}}\right)^2$;由菲涅耳公式可以得到反射率与透射率的表达式.当光束正入射时($i_1=i_2=0$),则有

$$R_p=R_s=\left(\frac{n_2-n_1}{n_2+n_1}\right)^2,\quad T_p=T_s=\frac{4n_1n_2}{(n_1+n_2)^2}$$

例如,自然光从空气($n_1=1.0$)向玻璃($n_2=1.5$)进行正入射,计算得到 $R_p=R_s=4\%$,$T_p=T_s=96\%$.可见,一般情况下反射光的能量所占比例非常小,入射光中绝大部分光强被透射,这也正是在以布儒斯特角 i_b 入射时,反射光为光振动与入射面垂直的线偏振光,而折射光却仍然是部分偏振光的原因.

3. 半波损失

当光从光疏介质射向光密介质,即 $n_1<n_2$ 时:

(1) 若光波正入射($i_1\approx0$),由菲涅耳公式可知,$\frac{E'_{s1}}{E_{s1}}<0$,$\frac{E'_{p1}}{E_{p1}}>0$;按照各自的正方向规定,反射光中的 E'_{s1}、E'_{p1} 分别与入射光中的 E_{s1}、E_{p1} 反向,如图17-7所示(图中虚线表示规定的正方向).即反射光的光矢量的方向发生突然的反向,或者说振动的相位突然改变 π,发生这种位相跃变后,位相和几何光程之间的关系不再相符了,为了使两者协调一致,我们需要在几何光程差上添加或减去 $\frac{\lambda}{2}$.通常把相位跃变而引起的这个附加光程差 $\pm\frac{\lambda}{2}$ 叫做半波损失.

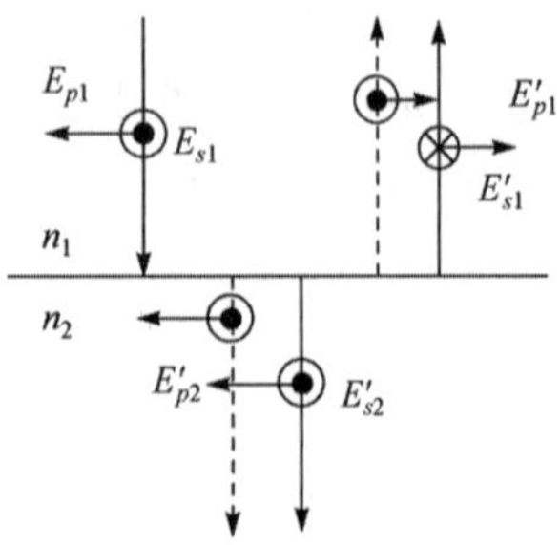

图 17-7

由菲涅耳公式还可以得到，$\frac{E_{s2}}{E_{s1}}>0$，$\frac{E_{p2}}{E_{p1}}>0$；因此折射光的光振动没有 π 相位突变，即不发生半波损失.

(2) 若光波掠入射$\left(i_1\approx\frac{\pi}{2}\right)$，由菲涅耳公式可得$\frac{E'_{s1}}{E_{s1}}<0$，$\frac{E'_{p1}}{E_{p1}}<0$，按照上述的正方向规定，反射光中的 E'_{s1}、E'_{p1} 分别与入射光中的 E_{s1}、E_{p1} 反向，如图 17-8 所示，即发生了半波损失. 同理可得，$\frac{E_{s2}}{E_{s1}}>0$，$\frac{E_{p2}}{E_{p1}}>0$，折射光不发生半波损失.

当光从光密介质射向光疏介质，即 $n_1>n_2$ 时，应用同样的方法可以证明，无论是正入射还是掠入射，反射光和折射光都不存在半波损失.

从上述的讨论可知，在正入射和掠入射的情况下，当光从光疏介质入射到光密介质时，反射光相对于入射光有半波损失，从光密介质到光疏介质时反射光无半波损失；在任何情况下透射光都没有半波损失.

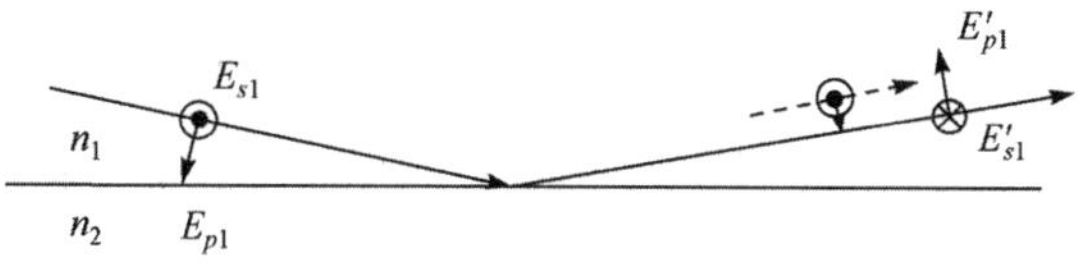

图 17-8

习　题　17

一、选择题

17-1　光从水面反射时起偏角为 53°，如果一束光以 53°角入射，则折射角为(　　)

A. 37°；　　B. 39°；　　C. 41°；

D. 53°；　　E. 90°.

17-2　已知光从玻璃射向空气的临界角为 i，则光从玻璃射向空气时，起偏振角 i_0 满足(　　)

A. $\tan i_0=\tan i$；　　B. $\tan i_0=\sin i$；　　C. $\tan i_0=\cos i$；　　D. $\tan i_0=\cot i$.

17-3　自然光入射到空气和玻璃的界面上，当入射角为 60°时，反射光为全偏振光，则此玻璃的折射率为(　　)

A. $\frac{3}{2}$；　　B. $\frac{2}{\sqrt{3}}$；　　C. $\sqrt{3}$；　　D. $\frac{1}{\sqrt{3}}$.

17-4　有两种不同的介质，第一介质的折射率为 n_1，第二介质的折射率为 n_2，当自然光从第一介质入射到第二介质时，起偏振角为 i_0；当自然光从第二介质入射到第一介质时，起偏振角为 i'_0；如果 $i_0>i'_0$，那么，哪一种介质是光密介质？(　　)

A. 第一介质是光密介质；　　B. 第二介质是光密介质；

C. 不能确定.

17-5　在双缝干涉实验中，用单色自然光，在屏上形成干涉条纹. 若在两缝后放一个偏振片，则(　　)

A. 干涉条纹的间距不变，但明纹的亮度加强；

B. 干涉条纹的间距不变，但明纹的亮度减弱；

C. 干涉条纹的间距变窄，且明纹的亮度减弱；

D. 无干涉条纹.

17-6　一束光由光强为 I_1 的自然光与光强为 I_2 的完全偏振光组成，垂直入射到一个偏振片上，当偏振片以入射光线为轴转动时，透射光的最大光强以及最小光强分别为（　　）

A. $\frac{1}{2}I_1, I_1+\frac{1}{2}I_2$；　　B. $\frac{1}{2}I_2, \frac{1}{2}I_1+I_2$；

C. $I_1+\frac{1}{2}I_2, \frac{1}{2}I_1$；　　D. $\frac{1}{2}(I_1+I_2), I_1$.

17-7　两偏振片 A 和 B 平行放置，它们的偏振化方向夹角为 90°，透过 A 以后的偏振光强度为 I_0，则透过 B 以后的偏振光强度等于多少？又若在 A、B 间插入另一平行放置的偏振片 C，其偏振化方向与 A 的偏振化方向夹角为 60°，则透过 B 以后的偏振光强度等于多少？（　　）

A. $0, \frac{3}{16}I_0$；　B. $\frac{1}{2}I_0, \frac{1}{4}I_0$；　C. $0, \frac{1}{8}I_0$；　D. $\frac{1}{2}I_0, \frac{3}{16}I_0$.

17-8　一束由自然光和线偏振光组成的混合光，垂直通过一偏振片，以此入射光束为轴旋转偏振片，测得投射光强度的最大值是最小值的 5 倍，则入射光束中自然光与线偏振光的强度之比为（　　）

A. $\frac{1}{2}$；　B. $\frac{1}{5}$；　C. $\frac{1}{3}$；　D. $\frac{2}{3}$.

17-9　强度为 I_0 的自然光通过透振方向互相垂直的两块偏振片，若将第三块偏振片插入起偏器和检偏器之间，且它的透振方向和竖直方向成 θ 角，试问透射光的光强（　　）

A. 对任一 θ 角均为零；　　B. $I_0\cos\theta$；

C. $I_0\sin^2 2\theta$；　　D. $I_0\cos^2\theta$；

E. $I_0\cos^4\theta$

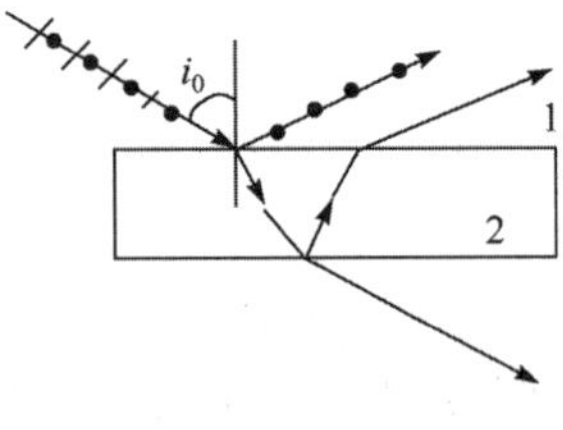

题 17-10 图

17-10　自空气射向一块平板玻璃的一束自然光，如图所示，若入射角等于布儒斯特角 i_0，则在界面 2 的反射光（　　）

A. 是自然光；

B. 是完全偏振光且光矢量的振动方向垂直于入射面；

C. 是完全偏振光且光矢量振动方向平行于入射面；

D. 是部分偏振光.

17-11　某种双折射材料，对 600nm 的寻常光的折射率是 1.71，非常光的折射率是 1.74，则用这种材料做成 1/4 波片所需厚度（以 mm 为单位）是（　　）

A. 2.1×10^{-3}；　B. 3.0×10^{-3}；　C. 4.0×10^{-3}；　D. 5.0×10^{-3}

二、填空题

17-12　一束光强为 I_0 的自然光，相继通过三个偏振片 P_1、P_2、P_3 后出射. 已知 P_1 和 P_3 的偏振化方向相互垂直，若以入射光线为轴，旋转 P_2，要使出射光的光强为零，P_2 最少要转过的角度是__________.

17-13　一束线偏振光垂直射到地面上，已知某时刻此线偏振光的电场强度 E 的方向向东，则该时刻它的磁场强度 H 的方向为__________.

17-14　一束光由光强均为 I 的自然光和线偏振光混合而成，该光通过一偏振片，当以光的传播方向为轴转动偏振片时，从偏振片出射的最大光强为 I 的__________倍，最小光强为 I 的__________倍. 当偏振片的偏振化方向与入射光中线偏振光的振动方向的夹角为________时，出射光强恰为 I.（不考虑偏振片对光的吸收.）

17-15　某种透明介质对于空气的临界角（指全反射）等于 45°，光从空气射向此介质时的布儒斯特角是__________.

17-16　一束自然光通过两个偏振片，若两偏振片的偏振化方向间夹角由 α_1 转到 α_2，则转动前后透射光强度之比为____________.

三、计算题或证明题

17-17　有一束自然光和线偏振光组成的混合光，当它通过偏振片时，改变偏振片的取向，发现透射光强可以变化 7 倍. 试求入射光中两种光的光强度各占总入射光强的比例.

17-18　在两个平行放置的正交偏振片 P_1、P_2 之间，平行放置另一个以恒定角速度 ω 绕光传播方向旋转的偏振片 P_3，如图所示. 现有光强为 I_0 的自然光垂直 P_1 入射，$t=0$ 时 P_3 的偏振化方向与 P_1 的偏振化方向平行. 试求当自然光 I_0 通过该系统后，透射光强度如何？

17-19　将一块介质平板放在水中，板面与水平面之间的夹角为 θ，如图所示. 已知 $n_{水}=1.333$，$n_{介质}=1.681$，若使水面和介质板表面的反射光均为线偏振光，试求 θ 应取多大？

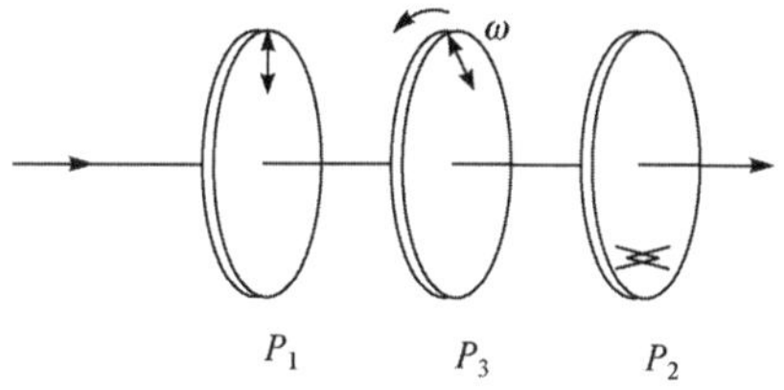

题 17-18 图

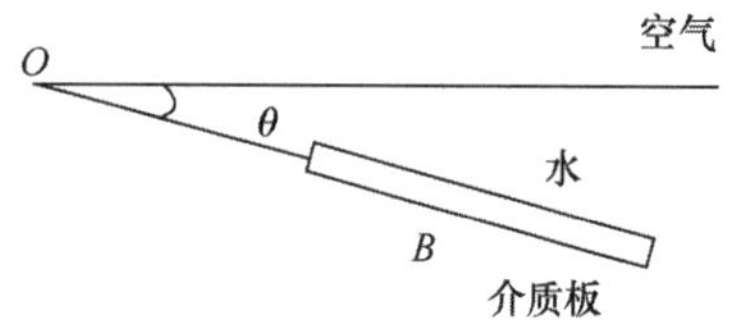

题 17-19 图

17-20　使自然光通过两个偏振化方向为60°角的偏振片，透射光强为 I_e. 今在这两个偏振片之间再插入另一偏振片，它的偏振化方向与前两个偏振片构成30°角，试求透射光强为多少？

17-21　一方解石晶体的表面与其光轴平行，放在偏振化方向相互正交的偏振片之间，晶体的光轴与偏振片的偏振化方向成45°角. 试求：

(1) 要使 $\lambda=500\text{nm}$ 的光不能透过检偏器，则晶片的厚度至少是多大？

(2) 若两偏振片的偏振化方向平行，要使 $\lambda=500\text{nm}$ 的光不能透过检偏器，晶片的厚度又为多少？已知晶片的 $n_o=1.658$，$n_e=1.486$.

17-22　试简要叙述如何用一块偏振片来区分自然光、部分偏振光和完全偏振光.

第六篇　近代物理学

本篇知识结构图

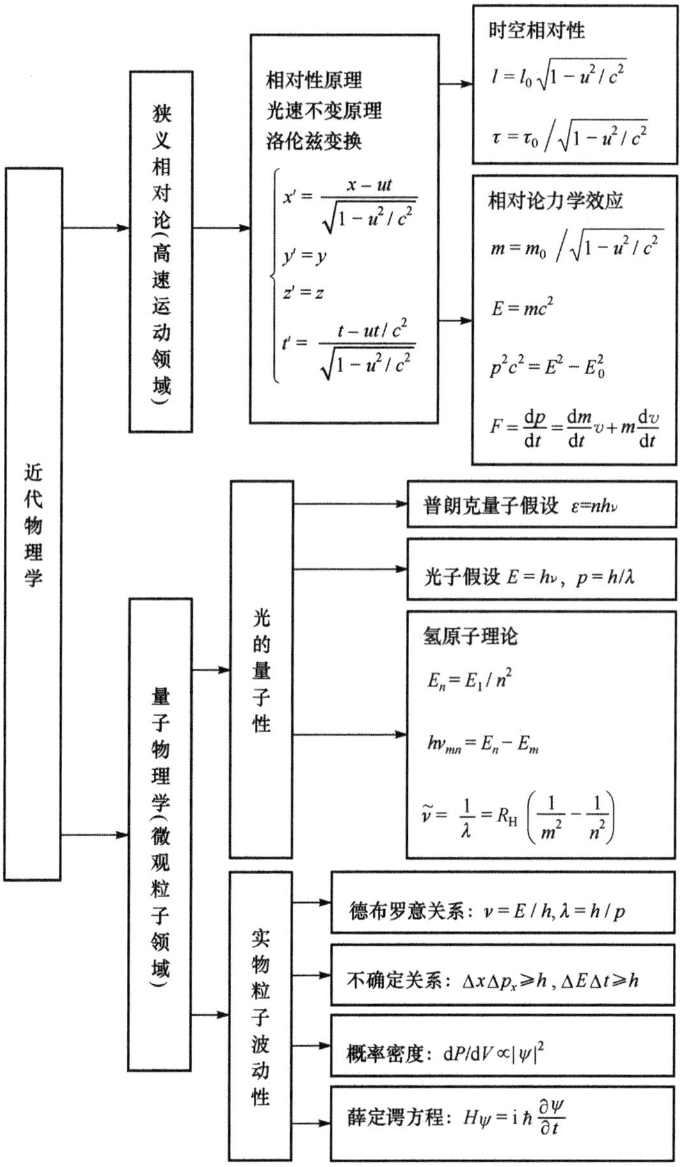

第18章 狭义相对论

一、基本要求

(1) 理解爱因斯坦狭义相对论的相对性原理和光速不变原理.

(2) 理解洛伦兹时空坐标变换式并能正确应用,了解洛伦兹速度变换式.

(3) 理解相对论中同时性的相对性、长度收缩和时间膨胀概念.

(4) 理解狭义相对论的质速关系、质能关系、能量与动量关系及其动量守恒定律、能量守恒定律,并能用来分析计算有关问题.

二、主要内容与学习指导

(一) 伽利略变换 经典力学的时空观

1. 力学相对性原理

在一切惯性系中,所有力学规律具有相同的形式,或者说对于力学规律来讲,各个惯性系都是等价的,不存在比其他惯性系更优越的绝对惯性系.这就是力学相对性原理.

2. 伽利略变换式

有两个惯性系 S 和 S',设 S' 系相对 S 系以速度 $\boldsymbol{u}$ 沿 x 轴作匀速直线运动.为方便表示,设定两坐标系的 x 轴重合,并且两坐标系的 y 轴和 z 轴保持平行.当两坐标系的原点重合时,两坐标系中的时钟同时开始计时,即 $t=t'=0$.同一物理事件在两坐标系中的时空坐标(x,y,z,t)和(x',y',z',t')之间的关系由伽利略坐标变换表述为

$$\begin{cases} x=x'+ut' \\ y=y' \\ z=z' \\ t=t' \end{cases} \quad 或 \quad \begin{cases} x'=x-ut \\ y'=y \\ z'=z \\ t'=t \end{cases} \tag{18.1}$$

可得速度变换式为

$$\begin{cases} v_x=v'_x+u \\ v_y=v'_y \\ v_z=v'_z \end{cases} \quad 或 \quad \begin{cases} v'_x=v_x-u \\ v'_y=v_y \\ v'_z=v_z \end{cases} \tag{18.2}$$

加速度的变换式为 $a_x=a'_x, a_y=a'_y, a_z=a'_z$,

$$\boldsymbol{a}=\boldsymbol{a}' \tag{18.3}$$

在经典力学中质量 m 是与运动状态无关的恒量,所以在 S 系和 S' 系中存在相同形式的牛顿动力学方程:$\boldsymbol{F}=m\boldsymbol{a}$,$\boldsymbol{F}'=m\boldsymbol{a}'$.因此可知,牛顿动力学方程(或其他力学规律)对伽利略变换具有不变性.

3. 经典力学的时空观

伽利略变换是力学相对性原理的数学体现,同时集中反映了经典力学的时空观.由

式(18.1)得时空坐标变化量的变换式为

$$\Delta x=\Delta x',\Delta y=\Delta y',\Delta z=\Delta z',\Delta t=\Delta t' \tag{18.4}$$

可见,时空坐标变化量及同时性绝对不变,也就是说时空的量度与参照系无关,并且时间与空间彼此独立,绝对不变.

（二）相对论的基本原理

1. 相对性原理

在一切惯性系中,所有物理定律具有相同的形式.或者说对于物理规律来讲,各个惯性系都是等价的,不存在比其他惯性系更优越的绝对惯性系.

2. 光速不变原理

在一切惯性系中,真空中的光速都相等(均为 c).或者说光在各个惯性系中,具有相同的传播速度.

3. 洛伦兹坐标变换式

由相对论的两条基本原理可推出 S 系和 S' 系中事件的时空坐标(x,y,z,t)与(x',y',z',t')间的变换式

$$\begin{cases}x=\gamma(x'+ut')\\ y=y'\\ z=z'\\ t=\gamma\left(t'+\dfrac{u}{c^2}x'\right)\end{cases} \quad 或 \quad \begin{cases}x'=\gamma(x-ut)\\ y'=y\\ z'=z\\ t'=\gamma\left(t-\dfrac{u}{c^2}x\right)\end{cases} \tag{18.5}$$

这就是洛伦兹变换式.式中 $\gamma=1\Big/\sqrt{1-\dfrac{u^2}{c^2}}$.

4. 洛伦兹时空间隔变换式

由式(18.5)可以得到洛伦兹时空间隔变换式

$$\begin{cases}\Delta x=\gamma(\Delta x'+u\Delta t')\\ \Delta y=\Delta y'\\ \Delta z=\Delta z'\\ \Delta t=\gamma\left(\Delta t'+\dfrac{u}{c^2}\Delta x'\right)\end{cases} \quad 或 \quad \begin{cases}\Delta x'=\gamma(\Delta x-u\Delta t)\\ \Delta y'=\Delta y\\ \Delta z'=\Delta z\\ \Delta t'=\gamma\left(\Delta t-\dfrac{u}{c^2}\Delta x\right)\end{cases} \tag{18.6}$$

5. 洛伦兹速度变换式

因为 $v_x=\dfrac{dx}{dt},v_y=\dfrac{dy}{dt},v_z=\dfrac{dz}{dt};v_x'=\dfrac{dx'}{dt'},v_y'=\dfrac{dy'}{dt'},v_z'=\dfrac{dz'}{dt'}$;由式(18.5)可得 $dx=\gamma(dx'+udt')$,$dy=dy'$,$dz=dz'$,$dt=\gamma\left(dt'+\dfrac{u}{c^2}dx'\right)$,或 $dx'=\gamma(dx-udt)$,$dy'=dy$,$dz'=dz$,$dt'=\gamma\left(dt-\dfrac{u}{c^2}dx\right)$,则可以得到各个速度分量变换式

$$
\begin{cases} v_x=\dfrac{v_x'+u}{1+\dfrac{u}{c^2}v_x'} \\ v_y=\dfrac{v_y'}{\gamma\left(1+\dfrac{u}{c^2}v_x'\right)} \\ v_z=\dfrac{v_z'}{\gamma\left(1+\dfrac{u}{c^2}v_x'\right)} \end{cases} \quad 或 \quad \begin{cases} v'_x=\dfrac{v_x-u}{1+\dfrac{u}{c^2}v_x} \\ v_y'=\dfrac{v_y}{\gamma\left(1+\dfrac{u}{c^2}v_x\right)} \\ v_z'=\dfrac{v_z}{\gamma\left(1+\dfrac{u}{c^2}v_x\right)} \end{cases} \tag{18.7}
$$

（三）相对论的时空观

洛伦兹变换是相对论两条基本原理的体现，它集中反映了相对论的时空观. 由式(18.5)知道 $\Delta x\neq\Delta x'$，$\Delta t\neq\Delta t'$，及空间、时间间隔及同时性都是相对的，也就是说空间、时间的量度与参照系有关，并且空间和时间是相互联系的.

1. 长度的相对性(长度收缩效应)

运动系统的空间间隔在运动方向上缩短. 令 $l_0=x_2'-x_1'=\Delta x'$ 是在 S' 系(相对物体静止)中测得的长度，$l=(x_2-x_1)_{\Delta t=0}=\Delta x$ 是在 S 系(相对物体运动)中测得的长度(称为运动长度，注意 x_1，x_2 具有同时性)，则由式(18.6)可得

$$
\Delta x=\sqrt{1-\frac{u^2}{c^2}}\Delta x' \quad 或 \quad l=\sqrt{1-\frac{u^2}{c^2}}l_0 \tag{18.8}
$$

可见在某一惯性系中，相对参照系静止时测得的长度(静长)最长. 也就是说相对于直棒运动的观察者测得直棒的长度比相对直棒静止的观察者测得直棒的长度缩短了，这就是尺缩效应.

2. 时间间隔的相对性(时间膨胀效应)

运动系统的时间流逝变慢. 设 $\tau_0=(t'_2-t'_1)_{\Delta x'=0}=\Delta t'$ 是 S' 系中静止于事件发生地的同一时钟记录的时间，$\tau=t_2-t_1=\Delta t$ 是 S 系中不同地点的时钟记录的时间，则由式(18.6)可得

$$
\Delta t=\frac{\Delta t'}{\sqrt{1-\dfrac{u^2}{c^2}}} \quad 或 \quad \tau=\frac{\tau_0}{\sqrt{1-\dfrac{u^2}{c^2}}} \tag{18.9}
$$

可见在同一惯性系中，同一地点先后发生的两个事件之间的时间间隔(原时)最短. 也就是说，相对于事件发生地点运动的观察者所测得的时间比相对于事件发生地点静止的观察者所测得的时间间隔延长了. 这就是时间膨胀效应.

需要注意以下几点：①洛伦兹坐标变换式(18.5)表达的是同一事件在不同惯性系中时空坐标之间的变换关系. 当 $u\ll c$ 时，它过渡到伽利略变换式(18.1). ②洛伦兹时空间隔变换式(18.6)表达的是两个事件在不同惯性系中发生的空间、时间间隔之间的变换关系. 由此出发可讨论长度收缩、时间膨胀及同时的相对性，应正确区分固有长度、固有时间(以及固有面积、固有体积等)与在其他参照系中测得的长度、时间(或面积、体积等)的关系. 当 $u\ll c$ 时，它过渡

到伽利略变换式(18.4). ③洛伦兹速度变换式(18.7)表达的是同一质点在不同惯性系中运动速度之间的变换关系. 当 $u \ll c$ 时,它过渡到伽利略速度变换式(18.2),并且由速度变换式不可能得出大于光速 c 的速度. 光速 c 是物体运动速度的上限. ④在各个惯性系中测量时间和长度时基准必须一致,即规定每个惯性系中使用相对该系静止的时钟和尺子,并在每个惯性系中各点都设想放置一个静止的经过核准而同步的时钟,以记录在该点事件发生的时刻. ⑤对有因果关系(或者连续)的两个事件,可以证明它们发生的顺序在任何惯性系中观察,其先后顺序不会颠倒.

(四) 狭义相对论动力学基础

1. 相对论力学的基本动力学方程

(1) 相对论质量:物体的质量 m 与它的运动速率有关.

$$m=\frac{m_0}{\sqrt{1-\dfrac{v^2}{c^2}}} \tag{18.10}$$

上式称为质速关系. 其中 m_0 是速度 $v=0$ 时的质量,称为静止质量;v 是粒子相对于某一参照系的运动速度. 当 $v \ll c$ 时,上式变为 $m=m_0$,这正是经典力学的结论.

(2)相对论动量:物体的动量仍为 $\boldsymbol{P}=m\boldsymbol{v}$,由式(18.12)得到动量表达式

$$\boldsymbol{P}=m\boldsymbol{v}=\frac{m_0\boldsymbol{v}}{\sqrt{1-\dfrac{v^2}{c^2}}} \tag{18.11}$$

式中,v 是物体运动速度. 当 $v \ll c$ 时,$\boldsymbol{P}=m_0\boldsymbol{v}$ 这正是经典力学的结论.

(3) 动力学方程:相对论动力学基本方程为

$$\boldsymbol{F}=\frac{\mathrm{d}\boldsymbol{P}}{\mathrm{d}t}=\frac{\mathrm{d}m}{\mathrm{d}t}\boldsymbol{v}+m\frac{\mathrm{d}\boldsymbol{v}}{\mathrm{d}t} \tag{18.12}$$

上式当 $v \ll c$ 时,$m=m_0$,$\dfrac{\mathrm{d}m}{\mathrm{d}t}=0$,得 $\boldsymbol{F}=m_0\dfrac{\mathrm{d}\boldsymbol{v}}{\mathrm{d}t}=m_0\boldsymbol{a}$,这正是经典力学的结论.

2. 相对论动量定理　动量守恒定律

(1) 动量定理:由式(18.14)得动量定理

$$\int_{t_2}^{t_1}\boldsymbol{F}\mathrm{d}t=\int_{v_1}^{v_2}\mathrm{d}(m\boldsymbol{v})=m_2\boldsymbol{v}_2-m_1\boldsymbol{v}_1=\frac{m_0\boldsymbol{v}_2}{\sqrt{1-\dfrac{v_2^2}{c^2}}}-\frac{m_0\boldsymbol{v}_1}{\sqrt{1-\dfrac{v_1^2}{c^2}}} \tag{18.13}$$

当 $v_1(v_2) \ll c$ 时,$m_1=m_2=m_0$,可得 $\int_{t_2}^{t_1}\boldsymbol{F}\mathrm{d}t=\int_{v_1}^{v_2}\mathrm{d}(m\boldsymbol{v})=m_0\boldsymbol{v}_2-m_0\boldsymbol{v}_1$,这正是经典力学结论.

(2) 动量守恒定律:当粒子系统不受外力时(或受合外力为零)时,系统的动量满足

$$\sum m_i\boldsymbol{v}_i=\sum\frac{m_{0i}\boldsymbol{v}_i}{\sqrt{1-\dfrac{v_i^2}{c^2}}}=\text{恒矢量} \tag{18.14}$$

当 $v_i \ll c$ 时，过渡到经典力学情况.

3. 相对论动能定理　能量守恒定律

(1) 相对论动能：相对论中动能为

$$E_k = mc^2 - m_0 c^2 \tag{18.15}$$

这与经典力学动能表达式大不相同，只有当 $v \ll c$ 时，可以证明 $E_k = \frac{1}{2} m_0 v^2$.

(2) 质能关系：相对论中把物体的总能量定义为

$$E = mc^2 \tag{18.16}$$

这就是相对论中的质能关系，它把物体的质量（相对论质量）和能量联系起来，能量和质量是不可分开的，说明质量变化伴随着能量变化，反之亦然.

$$\Delta E = \Delta m \cdot c^2 \tag{18.17}$$

可见如果系统的能量守恒，系统的质量（相对论质量）也守恒. 物体静止时也有能量，大小为 $E_0 = m_0 c^2$，这就是物体的静能量，它包括物体内部粒子的静能量、动能和粒子之间相互作用的势能.

(3) 动能定理：在相对论中外力做功 A 等于粒子动能的增量，即

$$A = \Delta E_k \tag{18.18}$$

(4) 能量守恒：外界不对粒子系统做功时，能量守恒，即

$$\sum E_i = \sum (m_i c^2) = \sum \frac{m_{0i} c^2}{\sqrt{1 - \frac{v_i^2}{c^2}}} = \text{恒量} \tag{18.19}$$

4. 相对论动量和能量的关系

相对论中动量与能量的关系为

$$E^2 = p^2 c^2 + m_0^2 c^4 \tag{18.20}$$

上式是相对论中的重要结论. 如果粒子以光速运动（光子），其静止质量 $m_0 = 0$.

请注意：在研究微观粒子的动力学问题时，首先应判断粒子属于经典性还是相对论性，然后才能选用相应的动力学规律求解. 判定依据之一是相对论能量关系 $E = E_0 + E_k$，如果 $E_k \ll E_0$，那就是经典性；否则就是相对论性. 表 18-1 是两种变换的对比关系.

表 18-1　两种变换的对比关系

	伽利略变换（经典力学时空观）	洛伦兹变换（相对论力学时空观）
坐标变换	$\begin{cases} x = x' + ut' \\ y = y' \\ z = z' \\ t = t' \end{cases}$ 或 $\begin{cases} x' = x - ut \\ y' = y \\ z' = z \\ t' = t \end{cases}$	$\begin{cases} x = \gamma(x' + ut') \\ y = y' \\ z = z' \\ t = \gamma\left(t' + \frac{u}{c^2} x'\right) \end{cases}$ 或 $\begin{cases} x' = \gamma(x - ut) \\ y' = y \\ z' = z \\ t' = \gamma\left(t - \frac{u}{c^2} x\right) \end{cases}$

续表

	伽利略变换(经典力学时空观)	洛伦兹变换(相对论力学时空观)
速度变换	$\begin{cases} v_x=v'_x+u \\ v_y=v'_y \\ v_z=v'_z \end{cases}$ 或 $\begin{cases} v'_x=v_x-u \\ v'_y=v_y \\ v'_z=v_z \end{cases}$	$\begin{cases} v_x=\dfrac{v'_x+u}{1+\dfrac{u}{c^2}v'_x} \\ v_y=\dfrac{v'_y}{\gamma\left(1+\dfrac{u}{c^2}v'_x\right)} \\ v_z=\dfrac{v'_z}{\gamma\left(1+\dfrac{u}{c^2}v'_x\right)} \end{cases}$ 或 $\begin{cases} v'_x=\dfrac{v_x-u}{1-\dfrac{u}{c^2}v_x} \\ v'_y=\dfrac{v_y}{\gamma\left(1-\dfrac{u}{c^2}v_x\right)} \\ v'_z=\dfrac{v_z}{\gamma\left(1-\dfrac{u}{c^2}v_x\right)} \end{cases}$
质量	$m=m_0$	$m=\dfrac{m_0}{\sqrt{1-\dfrac{v^2}{c^2}}}$
长度	$l=l_0$	$l=l_0\sqrt{1-\dfrac{u^2}{c^2}}$
时间	$\Delta t=\Delta t'$	$\Delta t=\dfrac{\Delta t'}{\sqrt{1-\dfrac{u^2}{c^2}}}$
动量	$\boldsymbol{p}=m_0\boldsymbol{v}$	$\boldsymbol{p}=m\boldsymbol{v}=\dfrac{m_0\boldsymbol{v}}{\sqrt{1-\dfrac{v^2}{c^2}}}$
能量	$E=m_0c^2$	$E=\dfrac{m_0c^2}{\sqrt{1-\dfrac{v^2}{c^2}}}$
动能	$E_k=\dfrac{1}{2}m_0v^2$	$E_k=(m-m_0)c^2$
动力学方程	$\boldsymbol{F}=m_0\dfrac{d\boldsymbol{v}}{dt}=m_0\boldsymbol{a}$	$\boldsymbol{F}=\dfrac{d\boldsymbol{p}}{dt}=\dfrac{dm}{dt}\boldsymbol{v}+m\dfrac{d\boldsymbol{v}}{dt}$

三、习题分类与解题方法指导

本章习题大体可归纳为三类,①应用洛伦兹变换公式求解问题;②应用相对论各个力学量(质量、动量和能量)的结论计算有关各量;③应用相对论中动量守恒和能量守恒的求解力学问题. 以下分别进行讨论.

(一) 应用洛伦兹变换公式求解问题

解答这一类习题的一般思路如下:

(1) 明确事件:明确所观察的事件及有关量,如长度、时间、速度、质量、动量、能量等.

(2) 建坐标系:一般取相对事件静止的 S' 系,与 S' 系相对运动的 S 系.

(3) 选用公式:根据题目类型选用合适的运动学或动力学公式.

(4) 列出方程:列出所有方程,方程个数与未知量个数相等.

(5) 求解结果:解方程(组),求出所要求的结果,进行讨论.

例题 18-1　某一事件发生在 S' 系中的时空坐标为 $(x',0,0,t')$,在 S 系中观测其发生的时空坐标为 $(x,0,0,t)$,其中各量的单位均为国际单位. 求 S' 系相对 S 系的匀速运动的速度(设 S' 系沿 S 系的 x 轴运动,且 $x=x'=0$ 时,$t=t'=0$).

解　设 S' 系相对 S 系以速率 v 沿 x 轴运动,由洛伦兹变换式(18.5)得

$$x=\gamma(x'+vt') \qquad ①$$

$$t=\gamma\left(t'+\frac{v}{c^2}x'\right) \qquad ②$$

联立①②方程求得

$$v=\frac{x't-xt'}{xx'-c^2tt'}\cdot c^2$$

例题 18-2　一宇宙飞船长为 $l_0=90\text{m}$,相对于地面以 $v=0.8c$(c 为真空中光速)匀速在一观测站上空飞过. 求:(1)观测站测得飞船的船身通过观测站的时间间隔;(2)宇航员测得船身通过观测站的时间间隔.

解　选飞船为 S' 系,地面为 S 系. 宇航员测得船身长 l_0 为固有长度,观测站测得飞船长 l 为运动长度.

(1) 由长度收缩公式(18.8)得

$$l=\sqrt{1-\frac{v^2}{c^2}}\,l_0=\sqrt{1-\frac{(0.8c)^2}{c^2}}\times 90=54(\text{m})$$

观测站测得的时间间隔 Δt 为

$$\Delta t=\frac{l}{v}=\frac{54}{0.8\times 3\times 10^2}=2.25\times 10^{-7}(\text{s})$$

(2) 宇航员测得的时间间隔 $\Delta t'$ 为

$$\Delta t'=\frac{l_0}{v}=\frac{90}{0.8\times 3\times 10^8}=3.75\times 10^{-7}(\text{s})$$

还可以用时间间隔变换式求解

$$\Delta t'=\frac{\Delta t}{\sqrt{1-\frac{v^2}{c^2}}}=\frac{2.25\times 10^{-7}}{\sqrt{1-\frac{(0.8c)^2}{c^2}}}=3.75\times 10^{-7}(\text{s})$$

例题 18-3　两枚固有长度均为 20m 的火箭 A,B 各以相对地球 $v_A=\frac{2}{3}c$,$v_B=\frac{3}{5}c$ 的速率相对匀速飞行. 求:(1)分别用伽利略变换和洛伦兹变换计算两枚火箭的相对速率;(2)在 A 上测量 B 的长度.

解　(1) 用伽利略变换得相对速率为

$$u_{AB}=v_A-v_B=\frac{2}{3}c-\left(-\frac{3}{5}c\right)=1.27c$$

这个结果很明显超过光速了.

再用洛伦兹变换式(18.7)求解:选地球为 S 系,火箭 A 为 S' 系,求解火箭 B 在 S' 系中的速度 u'_B,即为火箭 B 相对火箭 A 的速度.

$$|u'_B| = \left|\frac{v_B - v_A}{1 - \frac{v_A}{c^2} \cdot v_B}\right| = \left|\frac{-\frac{3}{5}c - \frac{2}{3}c}{1 - \frac{\frac{2}{3}c}{c^2} \cdot \left(-\frac{3}{5}c\right)}\right| \approx |-0.9c| = 0.9c$$

式中,负号表示在 S' 系中沿 x' 轴负向运动.

(2) 已知火箭 B 的固有长度 $l_0=20\text{m}$,在 S' 系中速率 $|u'_B| = = 0.9c$,据式(18.8)得

$$l = \sqrt{1 - \frac{u'^2_B}{c^2}} l_0 = \sqrt{1 - (0.9)^2} \times 20 = 8.72(\text{m})$$

本题注意:题目中所给物理量的符号和原始洛伦兹变换式中符号的不同表示.

(二) 相对论各个力学量(质量、动量和能量)的计算

解答这一类习题的一般思路如下:

(1) 明确事件:明确所观察的事件及有关量,如长度、时间、速度、质量、动量、能量等.

(2) 建坐标系:一般取相对事件静止的 S' 系,与 S' 系相对运动的 S 系.

(3) 利用各个力学量定义公式求出所要求的结果,进行讨论.

例题 18-4　一电子以 $v=0.6c$ 的速率运动,电子静质量为 $m_0=9.1\times10^{-31}\text{kg}$. 求电子的质量、能量、静能量、动能、动量.

解　由相对论质量、能量、动能、动量定义可得

$$m = \frac{m_0}{\sqrt{1 - \frac{v^2}{c^2}}} = \frac{9.1\times10^{-31}}{\sqrt{1 - \frac{(0.6c)^2}{c^2}}} = 1.14\times10^{-30}(\text{kg})$$

$$E = mc^2 = 1.14\times10^{-30}\times(3\times10^8)^2 = 1.02\times10^{-13}(\text{J})$$

$$E_0 = m_0c^2 = 9.1\times10^{-31}\times(3\times10^8)^2 = 8.19\times10^{-14}(\text{J})$$

$$E_k = mc^2 - m_0c^2 = 2.0\times10^{-14}\text{J}$$

$$p = mv = 1.14\times10^{-30}\times(0.6\times3\times10^8) = 2.05\times10^{-22}(\text{kg}\cdot\text{m}\cdot\text{s}^{-1})$$

(三) 相对论中动量守恒和能量守恒的应用

解答这一类习题的一般思路如下:

(1) 明确事件:明确所观察的事件及有关量,如长度、时间、速度、质量、动量、能量等.

(2) 建坐标系:一般取相对事件静止的 S' 系,与 S' 系相对运动的 S 系.

(3) 选用公式:根据题目类型选用合适的运动学或动力学公式.

(4) 列出方程:列出所有方程,方程个数与未知量个数相等.

(5) 求解结果:解方程(组),求出所要求的结果,进行讨论.

例题 18-5　已知两个粒子 A、B 静止质量均为 m_0,若粒子 A 静止,粒子 B 以 $6m_0c^2$ 的动能向 A 运动,碰撞后合成一个粒子,若无能量损失,求合成粒子的静止质量.

解　设两个粒子碰撞后合成粒子的静质量为 M_0,速度为 V,动质量为 M. 由于两个粒子组成的系统不受外力作用,其动量、能量守恒. 碰前 A、B 粒子的能量分别为

$$E_A = m_0c^2,\quad E_B = m_0c^2 + E_k = m_0c^2 + 6m_0c^2 = 7m_0c^2$$

由能量守恒 $E = E_A + E_B$ 得

$$Mc^2=m_0c^2+7m_0c^2=8m_0c^2 \quad ①$$

由动量守恒 $\boldsymbol{p}=\boldsymbol{p}_A+\boldsymbol{p}_B=0+\boldsymbol{p}_B=\boldsymbol{p}_B$ 得

$$MV=p_B \quad ②$$

根据动量与能量关系，对粒子 B 有 $E_B^2=p_B^2c^2+m_0^2c^4$，$(7m_0c^2)^2=p_B^2c^2+m_0^2c^4$

$$p_B^2=48m_0^2c^2 \quad ③$$

联立方程①②③解得

$$V=\frac{\sqrt{3}}{2}c$$

代入方程①得

$$M_0=M\sqrt{1-\frac{V^2}{c^2}}=4m_0$$

四、知识拓展与问题讨论

关于孪生子佯谬问题

离我们地球最近的恒星(南门二)有 4 光年之远，光信号往返一次需要 8 年．“天阶夜色凉如水，坐看牛郎织女星”．牛郎星距我们 16 光年，织女星距我们 26.3 光年，光信号往返一次得三五十年．距我们最近的星系(小麦哲伦云)有 15 万光年之遥，光信号往返一次需要 30 万年．如果一个人乘坐接近光速的飞船，在有生之年造访一次牛郎星或织女星还是可能的，但是要跨出银河系却是绝对不可能的啦．

以上这种说法对吗？否！这是经典力学计算的结果，只适用于地面参照系．考虑到时间的相对性，接近光速火箭上的固有时将是地面上测量是的 γ^{-1} 倍($\gamma^{-1}=\sqrt{1-\beta^2}$，$\beta=\frac{v}{c}$)．只要火箭的速度 v 能够无限接近光速 c，γ 就可以趋于∞，那么无论目标多远，乘客在旅途上花费的时间原则上可以任意短．

设想一对年华正茂的孪生兄弟，哥哥告别弟弟，乘坐速度为 $v=0.998c$ 的飞船去访问牛郎星．往返一次的时间，在地面上的弟弟看来需要约为 32 年，而在飞船上的哥哥看来只有 2 年．如果分别时兄弟二人都是 30 岁，归来时哥哥仍然是风度翩翩的青年郎，而前来迎接他的弟弟却是白发苍苍的一老翁了．这真应了“天上方一日，地上已七年”的古代神话．问题是这是可能的吗？这在逻辑上说得通吗？按照相对论，运动不是相对的吗？如果从“天”看“地”有“天上方一日，地上已七年”的效果，那么按照运动的相对性，从“地”看“天”也应有“地上方一日，天上已七年”的效果．如果说上述的事情是事实，那么为什么在这里天(航天飞船)和地(地球)两个参照系不对称？这就是所谓的“孪生子佯谬”(twin paradox)．

从逻辑上看，所谓的孪生子佯谬是不存在的，因为“天”和“地”两个参照系确实是不对称的．原则上，“地”可以是一个惯性参照系，而“天”却不能作为惯性系，否则航天器将一去不复返，兄弟永别谁也不会直接看到对方的年龄．航天器之所以能够返回，必有加速度，这就超出了狭义相对论的理论范围，需要用广义相对论来分析讨论．按照广义相对论理论，上述被看做佯谬的现象是肯定能发生的．

然而，实际上“孪生子效应”真的可能吗？能否从实验上得到证实呢？用真人做星际遨游来验证孪生子效应，在今天依然是科学幻想；但是现在具有了精确度极高的原子钟，用仪器来做模拟“孪生子”效应的实验却已成为事实．实验是在 1971 年进行的，美国海军天文台把四台铯原子钟装上飞机从华盛顿出发，分别向东和向西作环球飞行. 结果发现，向东飞行的铯钟与停放在该天文台的铯钟之间读数相差 59ns，向西飞行时，这一差值为 273ns. 因为地球以一定的角速度从西向东转，所以地面不是惯性系；然而从地心指向太阳的参照系却是良好的惯性系. 飞机的速度总是小于太阳的速度，无论向东还是向西，它相对于惯性系都是向东转的，只是前者的转速大，后者的转速小，而地面上钟的转速介于两者之间. 上述实验结果表明，相对于惯性系速度越大的钟走得越慢，这和孪生子问题所预期的效应是一致的. 上述实验结果与广义相对论的理论计算比较，在实验误差范围之内是相符的. 因而，我们今天不应再说“孪生子佯谬”，而应改称为孪生子效应.

应用狭义相对论的理论，考虑时间的相对性和同时的相对性，也能够合理解释孪生子效应. 我们通过下面一个例题来进行说明.

例题 18-6 宇航员乘坐速度为 $v=0.8c$ 的飞船去访问牛郎星（距地球 16 光年），然后以同样的速度返回地球. 以地球为 S 系，去时的飞船为 S' 系，返回的飞船为 S'' 系. 假设在地球和天体（牛郎星）上各放置一个 S 钟（彼此已经校对）. 起飞时地球上的 S 钟和飞船上的 S' 钟指示的时间为 $t=t'=0$. 求对应于宇航员所在的参照系起飞、到达天体和返回地球这三个时刻所有钟的读数.

解 因为 $\beta=\dfrac{v}{c}=0.8$，所以 $\gamma^{-1}=\sqrt{1-\beta^2}=\sqrt{1-0.8^2}=0.6$.

(1) 起飞时刻：对于 S' 系，宇航员起飞时天体上的 S 钟并未校准时间，而是预先走了一定的时间，所以天体上 S 钟的读数是

$$t_{天}=\gamma(t'+\beta x'/c)=\gamma\beta x'/c=\beta x/c=0.8\times16\text{ly}/c=12.8\text{ 年}$$

上式运算时用到 $t'=0$，$\gamma x'=x=16\text{ly}$. 所以起飞时，地球和飞船上时钟的读数为 $t=t'=0$，天体上时钟的读数为 $t_{天}=12.8$ 年.

(2) 到达天体时刻：由于长度收缩，宇航员看自己旅行的距离为 $x'=0.6x=0.6\times16\text{ly}=9.6\text{ly}$，所以单程需要时间为 $t'=x'/v=9.6/0.8=12$ 年；在此期间，由于时间延缓，地球上和天体上的 S 钟只走了 $t=t'\sqrt{1-\beta^2}=12\times0.6=7.2$ 年，所以对于 S' 系，地球上 S 钟的读数为 $t=7.2$ 年，飞船上时钟的读数为 $t'=12$ 年，天体上 S 钟的读数为 $t_{天}=12.8+7.2=20$ 年.

飞船到达天体立即调头，相当于换乘 S'' 系的飞船以同样的速率返航，这时飞船上时钟的读数仍然为 $t''=12$ 年，天体上 S 钟的读数仍为 $t_{天}=20$ 年；但是对于 S'' 系，此刻地球上 S 钟的读数比当地（天体上）的 S 钟读数 $t_{天}=20$ 年年超前了 12.8 年（理由同前），即地球上 S 钟的读数为 $t_{地}=20+12.8=32.8$ 年. 也就是说，在宇航员从 S' 系换到 S'' 系时，地球上 S 钟的读数突然由 7.2 年跳到 32.8 年，突然增加了 25.6 年.

(3) 返回地球时刻：与离去过程作同样的分析可知，在返回过程中 K'' 钟走过 12 年，K'' 系观测到 S 钟走过 7.2 年. 所以当返回地球时，飞船上 K'' 钟的读数为 $t''=12+12=24$ 年，天体上 S 钟的读数为 $t_{天}=20+7.2=27.2$ 年，地球上 S 钟的读数为 $t_{地}=32.8+7.2=40$ 年.

从上述数据可以看到，宇航员回到地球时发现同胞兄弟比自己老了 16 年. 按照经典理论，地球到牛郎星的距离为 $x=16\text{ly}$，飞船速度为 $v=0.8c$，往返一次需要时间

$$\Delta t=\frac{2x}{v}=40\text{ 年}$$

依据相对论，宇航员的固有时间应为

$$\Delta t_0=\Delta t\sqrt{1-\beta^2}=\Delta t\sqrt{1-0.8^2}=40\times0.6=24(\text{年})$$

所以，从地球到牛郎星的往返旅途中，地球上的观察者经历了 40 年，而宇航员只经历 24 年；这与本例题得到的结论是一致的.

习　题　18

一、选择题

18-1　狭义相对论的相对性原理指的是(　　)

A. 一切惯性系中物理规律都是相同的；　B. 一切参照系中物理规律都是等价的；

C. 物理规律是相对的；　D. 物理规律是绝对的.

18-2　伽利略相对性原理说的是(　　)

A. 一切参照系中力学规律等价；　B. 一切惯性系都是等价的；

C. 一切非惯性系力学规律不等价；　D. 任何参照系中物理规律等价.

18-3　在 O 点的观察者观察到两个飞船沿相反的方向趋近于他，如图所示. 每个飞船相对于 O 点的速度为 $0.9c$. 在 O 点的观察者观察到飞船 A 相对于飞船 B 的速度是(　　)

A. $0.81c$；　B. $0.9c$；　C. $1.62c$；　D. $1.8c$.

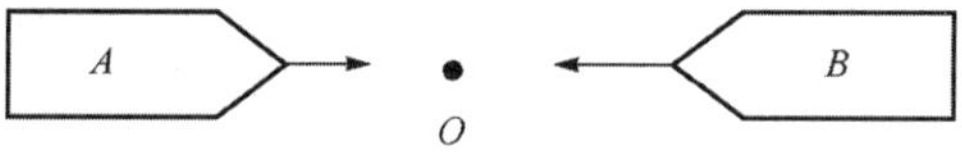

题 18-3 图

18-4　两个完全相同的飞船 A 和 B. 在 A 中的观察者来看，B 以 $0.8c$ 的速度接近 A，则在两飞船的质心处的观察者测得飞船趋于质心的速度是(　　)

A. $0.4c$；　B. $0.5c$；　C. $0.64c$；　D. $0.8c$.

18-5　甲，乙，丙三飞船，静止时长度都是 l_0，现在分别在三条水平线上沿同方向匀速运动，甲观察到乙的长度为 $l_0/2$，乙观察到丙的长度为 $l_0/2$，甲观察到丙比乙快，则甲观察到丙的长度为(　　)

A. $l_0/2$；　B. $l_0/4$；　C. $l_0/5$；　D. $l_0/7$.

18-6　一质点在惯性系 S 中的 Oxy 平面内作匀速圆周运动，另一参照系 S' 以速度 v 沿 x 轴方向运动，则 S' 系的观察者测得质点的轨迹为(　　)

A. 以下皆非；　B. 椭圆；　C. 抛物线；　D. 圆周.

18-7　在某惯性系中，两静止质量都是 m_0 的粒子以相同的速率 v 沿同一直线相向运动，碰撞后生成一个新的粒子，则新生粒子的质量为(　　)

A. $2m_0$；　B. $2m_0\sqrt{1-v^2/c^2}$；

C. $\dfrac{1}{2}m_0\sqrt{1-v^2/c^2}$；　D. $\dfrac{2m_0}{\sqrt{1-v^2/c^2}}$.

18-8　一中子的静止能量为 $E_0=900\text{MeV}$，动能 $E_k=60\text{MeV}$，则中子的运动速度等于(　　)

A. $0.30c$；　B. $0.35c$；　C. $0.40c$；　D. $0.45c$.

18-9　物体相对于观察者静止时，其密度为 ρ_0，若物体以高速 v 相对于观察者运动，观察

者测得物体的密度为ρ,则ρ与ρ_0的关系是(　　)

A. $\rho<\rho_0$;　　B. $\rho=\rho_0$;　　C. $\rho>\rho_0$;　　D. 无法确认.

二、填空题

18-10　牛郎星距离地球约 16 光年,宇宙飞船若以__________的匀速度飞行,将用 4 年的时间(宇宙飞船上的钟指示的时间)抵达牛郎星.

18-11　一电子以 $0.99c$ 的速率运动(电子静止质量为 9.11×10^{-31}kg),则电子的总能量是__________,电子的经典力学的动能与相对论动能之比是__________.

18-12　观察者甲以 $0.8c$ 的速度(c 为真空中光速)相对于静止的观察者乙运动,若甲携带一质量为 1kg 的物体,则:(1)甲测得此物体总能量为__________;(2)乙测得此物体总能量为__________.

18-13　在惯性系 K 中观察到两事件发生在同一地点,时间先后相差 2s,在另一相对于 K 运动的惯性系 S' 中观察到两事件之间的时间间隔为 3s,则 S' 系相对于 K 系的速度为__________,S' 系中测得两事件之间的空间距离为__________.

18-14　狭义相对论认为,时间和空间的测量值都是__________,它们与观察者的__________密切相关.

18-15　根据相对论力学,动能为 1/4MeV 的电子,其运动速度约等于__________.

18-16　一宇宙飞船相对地球以 $0.8c$(c 表示真空中光速)的速度飞行. 一光脉冲从船尾传到船头,飞船上的观察者测得飞船长为 90m,地球上的观察者测得光脉冲从船尾发出和到达船头两个事件的空间间隔为__________m.

18-17　质子在加速器中被加速,当其动能为静止能量的 4 倍时,其质量为静止质量的__________倍.

18-18　一个电子运动速度 $v=0.99c$,它的动能是__________.

18-19　静止时边长为 50cm 的立方体,当它沿着与它的一个棱边平行的方向相对于地面以匀速度 $2.4\times10^8\text{m}\cdot\text{s}^{-1}$ 运动时,在地面上测得它的体积是__________.

三、计算题或证明题

18-20　设有两个参照系 S 和 S',它们的原点在 $t=0$,$t'=0$ 时重合在一起,且 S 系的 x 轴与 S' 系的 x' 轴重合. 有一事件,在 S' 系中发生在 $t'=7.0\times10^{-8}$s,$x'=65$m,$y'=0$,$z'=0$ 处,若 S' 系相对于 S 系以速率 $v=0.6c$,沿 x 轴正方向运动,试求该事件在 S 系中的时空坐标.

18-21　在惯性系 S 中,有两个事件同时发生在 x 轴上相距 1.0×10^3m 处. 从惯性系 S' 观察到这两事件相距 2.0×10^3m. 试求 S' 系测得此两事件的时间间隔.

18-22　在以 $0.8c$ 速度向北飞行的飞船上,观测地面上的百米赛. 已知百米跑道由南向北,若地面上的记录员测得某运动员的百米纪录为 10s,试求:

(1) 飞船中测得百米跑道的长度和运动员跑过的路程;

(2) 飞船中记录的该运动员的百米时间和平均速度.

18-23　一宇宙飞船的原长为 L',以速度 u 相对于地面作匀速直线运动. 有一个小物体从飞船的尾部运动到头部,宇航员测得小物体的速度恒为 v',试求:

(1) 宇航员测得小物体由尾部到头部所需的时间;

(2) 地面观测者测得小物体由尾部到头部所需的时间.

18-24　设快速运动的介子的能量约为 $E=3000\text{MeV}$，而这种介子在静止时的能量为 $E_0=100\text{MeV}$，若这种介子的固有寿命是 $\tau_0=2\times10^{-6}\text{s}$，求它运动的距离.

18-25　在高能实验室的对撞机中，两束电子以 $v=0.9c$ 的速度相向运动并发生对心碰撞. 试问从与其中一束电子相连接的参照系中的观察者来看，两电子束的相对速度是多少？

18-26　S'系以 $v_x=0.6c$ 相对于 S 系运动，当 S'系的 O'点与 S 系的 O 点重合的一瞬间，它们的"钟"均指示为零(这两个钟是完全相同的). S'系上有一质量为 2kg 的物体，求 S'和 S 系测得该物体的总能量 E'和 E.

18-27　氢弹利用聚变反应. 在这反应中，四个氢核聚变成一个氦核，同时以各种辐射形式放出能量. 每用 1g 氢，约损失 0.006g 的质量. 求在这种反应中释放出来的能量与等量的氢被燃烧释放出来的能量的比值(当被燃烧时，1g 氢放出 $1.3\times10^5\text{J}$ 的能量).

18-28　S'系以 $v_x=0.6c$ 相对于 S 系运动，当 S'系的 O'点与 S 系的 O 点重合的一瞬间，它们的"钟"均指示为零(这两个钟是完全相同的). 若 S'系中 x'处发生了一个物理过程，S'系测得该过程经历了 $\Delta t'=20\text{s}$，求 S 系的钟测得该过程所经历的时间.

18-29　北京至上海的距离为 1463km，甲乙两列火车分别从北京和上海站相向开出，已知乙车比甲车晚开 $3.5\times10^{-3}\text{s}$. 今有一宇宙飞船以 $0.9c$ 的速度从北京至上海的上空飞过. 试求飞船上的宇航员测得两列火车发车的时间差. 若北京站另一列开往上海方向的丙火车发车时间比甲车也晚 $3.5\times10^{-3}\text{s}$，则宇航员测得甲丙两列火车的发车的时间差又是多少？

第 19 章　量子物理基础

一、基本要求

(1) 理解爱因斯坦光电效应和康普顿效应，光子概念及其对光电效应和康普顿效应的解释；理解光的波粒二象性及联系波粒二象性的基本公式.

(2) 理解德布罗意波(物质波)的概念及其统计意义，理解实物粒子的波粒二象性及联系波粒二象性的基本公式.

(3) 理解氢原子光谱的实验规律及玻尔氢原子理论和该理论的意义及局限性.

(4) 了解不确定关系及其意义.

(5) 了解定态薛定谔方程及波函数一般应满足的条件.

(6) 了解描述原子中电子运动状态的四个量子数的意义，了解泡利不相容原理和原子的壳层结构.

二、主要内容与学习指导

(一) 黑体辐射　普朗克能量子假设

1. 黑体辐射定律

(1) 单色辐出度.

固体或液体在任何温度下都能发射各种波长的电磁波，所发射的能量称为辐射能. 因为辐射能与温度有关，所以又称为热辐射. 在单位时间内从物体表面单位面积上发射的波长在 $\lambda\to\lambda+\mathrm{d}\lambda$ 范围内的辐射能 $\mathrm{d}M$ 与波长间隔 $\mathrm{d}\lambda$ 的比值为单色辐出度，即

$$M_\lambda(T)=\frac{\mathrm{d}M}{\mathrm{d}\lambda}$$

单色辐出度与波长 λ 和温度 T 有关. 单位时间从物体单位面积上发射的各种波长的总辐射能称为物体的辐出度，即

$$M(T)=\int_0^\infty M_\lambda(T)\,\mathrm{d}\lambda \tag{19.1}$$

(2) 黑体：当物体向周围辐射能量的同时，也吸收周围物体发射的辐射能. 对于能够完全吸收任何波长的辐射能的物体称为黑体. 这是一个理想模型.

(3) 基尔霍夫定律：任何物体的单色辐出度和单色吸收率(吸收能量与辐射能量之比)之比，等于同一温度绝对黑体的单色辐出度，这就是基尔霍夫定律.

(4) 斯特藩-玻尔兹曼定律：一个黑体表面单位面积在单位时间辐射出的总能量(辐出度)满足

$$M(T)=\int_0^\infty M_\lambda(T)\,\mathrm{d}\lambda=\sigma T^4 \tag{19.2}$$

该式称为斯特藩-玻尔兹曼定律，式中 $\sigma=5.67\times10^{-8}\,\mathrm{W\cdot m^{-2}\cdot K^4}$，称为斯特藩常量.

(5) 维恩位移定律：当温度升高时，曲线峰值对应的波长 λ_m 向短波方向移动，T 与 λ_m 的

关系为

$$\lambda_m T = b \tag{19.3}$$

这就是维恩位移定律，式中 $b=2.898\times10^{-3}\text{m}\cdot\text{K}$，称为维恩常数.

2. 普朗克能量子假设和普朗克公式

(1) 普朗克能量子假设：为找出式(19-1)中黑体辐射实验曲线的解析表达式，普朗克提出了一个与经典物理概念不同的新假设. 辐射黑体中原子(分子)的振动可看成带电的线性谐振子的振动，这些谐振子的能量只能处于某些特殊状态，在这些状态中相应的能量只能是某一最小能量 ε(称为能量子)的整数倍，即 $\varepsilon, 2\varepsilon, 3\varepsilon, 4\varepsilon, \cdots, n\varepsilon$. n 称为量子数，并且只能取正整数. 对于振动频率为 ν 的谐振子来说，最小能量为

$$\varepsilon = h\nu \tag{19.4}$$

式中，$h=6.63\times10^{-34}\text{J}\cdot\text{s}$，称为普朗克常量. 物体辐射或吸收能量也是一份一份呈量子化的，即振子的能量值不能取连续值，而只能取一系列的分立值

$$\varepsilon = nh\nu,\quad n=1,2,3,\cdots \tag{19.5}$$

(2) 普朗克公式：在这种假设下普朗克导出一个与实验曲线符合相当好的公式

$$M_\lambda(T) = \frac{2\pi hc^2}{\lambda^5}\frac{1}{e^{\frac{hc}{k\lambda T}}-1} \tag{19.6}$$

式中，c 为真空光速；k 为玻尔兹曼常量. 由该式可导出式(19.2)和式(19.3).

(二) 光的波粒二象性　光子理论

1. 爱因斯坦光子理论

为解释光电效应的实验规律，爱因斯坦把普朗克能量子概念运用到对光本性的认识上，提出光束是以光速 c 运动的粒子流，这种粒子称为光子. 光子具有粒子的属性，如质量、动量、能量等. 对于频率为 ν 的光子，每一光子的能量是

$$\varepsilon = h\nu \tag{19.7}$$

由相对论可知，光子的静质量 $m_0=0$，其动量大小为

$$p = mc = \frac{h\nu}{c} = \frac{h}{\lambda} \tag{19.8}$$

光的强度 S(也称为能流密度)正比于单位时间内通过单位面积的光子数.

爱因斯坦应用光子观点成功解释了光电效应现象，并给出了光电效应方程

$$h\nu = E_{k0} + A \tag{19.9}$$

式中，A 为某金属的逸出功；E_{k0} 为电子刚离开金属表面具有的初动能. 如果光电效应的遏止电压为 U_a，则

$$E_{k0} = \frac{1}{2}mv^2 = e|U_a| \tag{19.10}$$

因为电子动能不能为负值，所以可发生光电效应的最低入射光频率(又称截止频率或红限频率)满足

$$\nu_0 = \frac{A}{h} \tag{19.11}$$

2. 康普顿效应

利用光的粒子性观点,可以成功解释康普顿效应,即在散射的 X 射线中,在不同方向上波长改变量不同. 这是由于入射的光子与被散射物质中电子(光电子)发生弹性碰撞,由能量守恒和动量守恒可得

$$\Delta\lambda=\lambda-\lambda_0=\frac{2h}{m_0c}\sin^2\frac{\varphi}{2} \tag{19.12}$$

式中,φ 为散射角(出射光与入射光方向间夹角),m_0 为电子静质量. 可算出

$$\lambda_c=\frac{h}{m_0c}=0.00243\text{nm}$$

λ_c 称为康普顿波长. 很明显 $\Delta\lambda$ 与散射物质无关,也与入射光波长 λ_0 无关,只随 φ 的增大而增大. 但是 λ_0 较大时,由于相对改变量 $\frac{\Delta\lambda}{\lambda_0}$ 很小,很难观察到,这就过渡到经典散射了.

3. 光的波粒二象性

光电效应和康普顿效应表明光子理论是正确的,光具有粒子性;光的干涉和衍射、偏振等现象表明光具有波动性,因此光具有波粒二象性. 一般说来,光在传播过程中,波动性表现比较显著;当光和物质相互作用时,粒子性表现比较显著. 光的波粒二象性反映了光的本性. 表现粒子性的物理量 E、p 和表现波动性的物理量 ν、λ 之间的关系由普朗克常量 h 联系在一起 $\left(E=h\nu,p=\frac{h}{\lambda}\right)$.

(三) 玻尔的氢原子理论

1. 氢原子光谱的规律性

根据原子发光所得光谱的实验规律,利用光子理论,可以研究原子内部的结构,这是人们了解原子结构的一个重要方法. 实验发现氢原子可发出一系列波长不同的线状光谱系,每一谱系都由特定频率的谱线组成. 其波数可表示为

$$\tilde{\nu}=\frac{1}{\lambda}=R_H\left(\frac{1}{m^2}-\frac{1}{n^2}\right) \tag{19.13}$$

上式称为里德伯公式. 其中,$m=1,2,3,\cdots$;$n=m+1,m+2,\cdots$;$R_H=1.097\times10^7\text{m}^{-1}$,称为里德伯常量. $m=1$ 时对应的是赖曼线系,$m=2$ 为巴耳末线系,$m=3$ 为帕邢线系,……每个线系都有一个线系限,最小波长 $\lambda_{\min}=\frac{m^2}{R_H}$(对应 $n=\infty$),最大波长对应于 $n=m+1$.

2. 玻尔的量子假设

由原子光谱规律可知,原子只能发出某些不连续的特定频率的光子,所以原子发光时的能量变化不是任意的,即原子只能变化到某些具有特定值的能量状态. 据此玻尔把普朗克的量子理论应用于原子,提出了三条假设:

(1) 定态假设:氢原子中电子只能在一系列稳定轨道上运动,并具有一系列特定的能量值 $E_1,E_2,E_3,\cdots,E_n$;这特定的能量状态称为能级. 处于这些能量态的电子不辐射能量,这种能量

态叫做定态.

(2) 跃迁假设:当电子从一能级 E_n 跃迁到另一能级 E_m 时,发射或吸收一个光子,其频率满足

$$h\nu_{mn}=E_n-E_m \tag{19.14}$$

(3) 量子化条件:电子绕核运动,其角动量只能是某些不连续的特定值,应满足

$$L=n\frac{h}{2\pi},n=1,2,3,\cdots \tag{19.15}$$

3. 玻尔的氢原子理论

由玻尔上述假设可导出氢原子的几个结论:

(1) 氢原子能级公式

$$E_n=\frac{1}{n^2}E_1 \tag{19.16}$$

式中,$E_1=-13.6\text{eV}$ 是氢原子基态能量.

(2) 氢原子轨道半径公式

$$r_n=n^2r_1 \tag{19.17}$$

式中,$r_1=5.29\times10^{-11}\text{m}$,为第一轨道半径(玻尔半径).

(四) 粒子的波粒二象性　测不准关系

1. 德布罗意关系

在光的波粒二象性的启发下,德布罗意提出实物粒子(如电子、质子、中子等微观粒子)也具有波粒二象性的假设,把光的波动性和粒子性的定量关系式(19.9)推广到实物粒子,提出实物粒子具有波动性,粒子的频率和波长分别满足

$$\begin{cases}\nu=\dfrac{E}{h}\\ \lambda=\dfrac{h}{p}\end{cases} \tag{19.18}$$

上式称为德布罗意关系式.式中,E 为粒子的能量;p 为粒子的动量.

和实物粒子相联系的波称为德布罗意波或物质波.物质波是一种概率波.波恩提出了物质波的统计意义,即物质波的强度最大处粒子出现的概率也最大.物质波强度的分布,也表示了粒子在空间各点出现的概率分布.

2. 不确定关系

由于微观粒子具有波粒二象性,其位置和速度(或能量和时间)不能同时准确测定,即不确定关系为

$$\begin{cases}\Delta x\Delta p_x\geqslant h\\ \Delta y\Delta p_y\geqslant h\\ \Delta z\Delta p_z\geqslant h\\ \Delta E\Delta t\geqslant h\end{cases} \tag{19.19}$$

上式说明,对微观粒子位置的不确定量越小,则在同方向上动量的不确定量就越大.也就是说粒子位置限制的越准确,则动量值越不能准确地确定;反之亦然.这是微观粒子具有波动

性的反映，是二象性的必然结果.

（五）波函数　薛定谔方程

在经典力学中描述宏观物体运动的基本方程是牛顿动力学方程，其解是运动学方程，运动学方程可描述物体的运动状态；在量子力学中描述微观粒子运动的基本方程是薛定谔方程，其解为波函数，波函数被用来描述微观粒子的状态.

1. 波函数

自由粒子的波函数为

$$\Psi(x,y,z,t)=\Psi_0\cos\left[\frac{1}{\hbar}(Et-\boldsymbol{p}\cdot\boldsymbol{r})\right]$$

其复数形式为

$$\Psi(x,y,z,t)=\Psi_0\mathrm{e}^{-\frac{\mathrm{i}}{\hbar}(Et-\boldsymbol{p}\cdot\boldsymbol{r})}$$

根据物质波的统计解释，波函数的共轭平方（波的强度）表示粒子在某时刻 t 出现在 (x,y,z) 处附近出现的概率密度. 在 $\{x\to x+\mathrm{d}x, y\to y+\mathrm{d}y, z\to z+\mathrm{d}z\}$ 区域内点出现的概率为

$$\mathrm{d}P=|\Psi|^2\mathrm{d}V=\Psi\Psi^*\mathrm{d}x\mathrm{d}y\mathrm{d}z$$

在整个空间粒子出现的几率应为 100%，即

$$\iiint|\Psi|^2\mathrm{d}x\mathrm{d}y\mathrm{d}z=1$$

上式称为波函数的归一化条件. 既然波函数是描述微观粒子状态的，其波幅的平方表示在某时刻某处出现的概率密度应是唯一的（单值），也应该是有限的，在空间各点也应该是连续的，故波函数应是单值、有限、连续且是归一化的，这些称为波函数的标准条件.

2. 薛定谔方程及其应用

物质波的波函数满足的方程是薛定谔方程

$$-\frac{\hbar^2}{2m}\left(\frac{\partial^2\psi}{\partial x^2}+\frac{\partial^2\psi}{\partial y^2}+\frac{\partial^2\psi}{\partial z^2}\right)+(U-E)\psi=0 \tag{19.20}$$

式(19.20)为定态薛定谔方程. 式中，m 为粒子的质量；$U=U(x,y,z)$ 为所在势场中的势能函数；E 为粒子的能量；$\psi=\psi(x,y,z)$ 为定态（与时间无关）波函数.

对于一维运动的自由粒子（$U=0$），薛定谔方程为

$$\frac{\hbar^2}{2m}\frac{\mathrm{d}^2\psi}{\mathrm{d}x^2}+E\psi=0 \tag{19.21}$$

一般情况下可根据波函数的标准条件及其满足的边界条件，可以求解上述微分方程，其解就是描述微观粒子运动规律的波函数.

对于一维无限深势阱中运动的自由粒子，由式(19.20)可解得波函数为

$$\psi(x)=\sqrt{\frac{2}{a}}\sin\frac{n\pi}{a}x$$

其中，a 是势阱的宽度. 还可解出能量为

$$E_n=n^2\left(\frac{\pi^2\hbar^2}{2ma^2}\right)$$

式中，$n=1,2,3,\cdots$.

求解氢原子中核外电子的薛定谔方程，可得出氢原子能量、角动量、角动量在磁场中的取向以及电子的自旋角动量和自旋角动量在磁场中的取向都是量子化的. 氢原子中电子的运动状态由下列四个量子数($n \quad l \quad m_l \quad m_s$)决定. 各个量子数的取值和作用见表 19-1.

表 19-1 量子数取值

量子数	取值范围	作用	公式
主量子数 n	$n=1,2,3,\cdots,\infty$	决定 E_n	$E_n=\frac{1}{n^2}E_1$ ($E_1=-13.6\text{eV}$)
轨道角量子数 l	$l=0,1,2,\cdots,(n-1)$	决定 L	$L=\sqrt{l(l+1)}\hbar$
轨道磁量子数 m_l	$m_l=0,\pm1,\pm2,\cdots,\pm l$	决定 L_z	$L_z=m_l\hbar$
* 自旋量子数 s	$s=\frac{1}{2}$	决定 S	$S=\sqrt{s(s+1)}\hbar$
自旋磁量子数 m_s	$m_s=\pm\frac{1}{2}$	决定 S_z	$S_z=m_s\hbar$

* 自旋量子数 $s=\frac{1}{2}$，因只有一个可能的取值，不作为电子运动状态的标志.

（六）多电子原子系统　原子的壳层结构

对于类氢离子和多电子原子，应用量子力学处理结果表明，核外电子状态也由上述四个量子数决定. 不同的是电子能量 E_n 与主量子数 n 有关外，还与角量子数 l 有关；核外电子按一定规则分层排列，n 决定主壳层，l 决定次壳层. 用 $K,L,M,\cdots$表示对应的 $n=1,2,3,\cdots$的主壳层；用 $s,p,d,f,\cdots$表示对应的 $l=0,1,2,3,\cdots$的次壳层. 电子排列遵循以下两条规律：

(1) 泡利不相容原理：在原子系统中，不能有两个或两个以上的电子具有完全相同的量子状态，也就是说不可能存在相同的一组量子数($n \quad l \quad m_l \quad m_s$). 按这一原理，主量子数 n 确定后，在这一主壳层上最多容纳的电子数是 $2n^2$ 个.

(2) 能量最小原理：原子系统处于正常状态时，各个电子趋向可能占取的最低能级，也就是说越低的能级先被电子占取.

一般情况下，电子能量 E_n 与主量子数 n 有关外，还与角量子数 l 有关；实际上可以根据($n+0.7l$)的大小确定电子的排列顺序.

三、习题分类与解题方法指导

量子物理学问题求解步骤如下：

① 弄清题意. 弄清所要研究的粒子或粒子系统，明确其运动情况，从而判断是属于经典情况还是量子情况(依据 h 是否起作用或是否接近光速 c).

② 选择公式. 根据题目类型，正确选择有关规律进行描述(经典的、相对论、量子物理).

③ 列出方程. 由选用的概念或规律列出方程(组)，画出图线、图表.

④ 求解结果. 解方程(组)，求出结果或进行推理、讨论.

（一）黑体辐射问题求解

例题 19-1 一点光源功率为 $P=100\text{W}$，设发出波长为 500nm 的单色光. 试计算：(1)光源每秒钟发射的光子总数；(2)在距离光源 $d=1\text{km}$ 处，每秒钟垂直通过与光线垂直的单位面积上的光子数；(3)每秒钟进入人眼的光子数(设人眼的直径为 5mm)；(4)光子的质量和动量.

解 光具有量子性，光能的携带者为光子，光子的运动速度为 c，其能量 $\varepsilon=h\nu$，单位时间内发出光子数为 n，则功率 $P=nh\nu$，传播过程中能量损失不计，所以能量守恒.

(1) 由 $\varepsilon=h\nu, P=n\varepsilon=nh\nu=nh\dfrac{c}{\lambda}$ 得

$$n=\frac{P\lambda}{hc}=\frac{100\times 5.0\times 10^{-7}}{6.63\times 10^{-34}\times 3\times 10^{8}}=2.5\times 10^{20}\,(\text{个/秒})$$

(2) 单位时间内通过 d 处单位面积(垂直传播方向)光子数为

$$n'=\frac{n}{4\pi d^2}=\frac{2.5\times 10^{20}}{4\pi\times 1000^2}=1.99\times 10^{13}$$

(3) 每秒钟进入人眼的光子数为

$$N=n'S=n'\pi r^2=1.99\times 10^{13}\times\pi\times\left(\frac{5\times 10^{-3}}{2}\right)^2=1.56\times 10^{9}\,(\text{个/秒})$$

(4) 由相对论公式 $E=mc^2=h\nu$ 和动量 $p=mc$ 得

$$m=\frac{h\nu}{c^2}=\frac{h}{\lambda c}=\frac{6.63\times 10^{-34}}{5.0\times 10^{-7}\times 3\times 10^{8}}=4.4\times 10^{-36}\,(\text{kg})$$

$$p=mc=\frac{h}{\lambda}=1.34\times 10^{-27}\,\text{kg}\cdot\text{m}\cdot\text{s}^{-1}$$

（二）光电效应问题求解

例题 19-2 金属钠的截止频率为 4.39×10^{14} Hz. 当用波长 $\lambda=400\text{nm}$ 的光照射在钠上时，求钠所放出的光电子动能、动量、初速度、遏止电势差及金属钠的逸出功.

解 由光电效应方程及红限、遏止电势差定义

$$h\nu=\frac{1}{2}mv^2+A \qquad ①$$

$$A=h\nu_0 \qquad ②$$

联立方程①②得

$$E_k=\frac{1}{2}mv^2=h\nu-h\nu_0=h\frac{c}{\lambda}-h\nu_0=6.63\times 10^{-34}\left(\frac{3\times 10^{8}}{4\times 10^{-7}}-4.39\times 10^{14}\right)=2.06\times 10^{-19}\,(\text{J})$$

$$p=\sqrt{2m\cdot\frac{1}{2}mv^2}=\sqrt{2\times 9.11\times 10^{-31}\times 2.06\times 10^{-19}}=6.13\times 10^{-6}\,(\text{kg}\cdot\text{m}\cdot\text{s}^{-1})$$

$$v=\sqrt{\frac{2E_k}{m}}=\sqrt{\frac{2\times 2.06\times 10^{-19}}{9.11\times 10^{-31}}}=6.72\times 10^{5}\,(\text{m}\cdot\text{s}^{-1})$$

$$|U_a|=\frac{E_k}{e}=\frac{2.06\times 10^{-19}}{1.6\times 10^{-19}}=1.29(\text{V})$$

$$A=h\nu_0=6.63\times 10^{-34}\times 4.39\times 10^{14}=2.9\times 10^{-19}\,(\text{J})$$

（三）氢原子的半径、能量、辐射频率的计算

例题 19-3　利用不确定关系估算氢原子基态的结合能和第一玻尔半径.

解　氢原子的能量为

$$E=\frac{1}{2}mv^2-\frac{e^2}{4\pi\varepsilon_0 r}=\frac{p^2}{2m}-\frac{e^2}{4\pi\varepsilon_0 r}$$

则 $E\geqslant\frac{\Delta p^2}{2m}-\frac{e^2}{4\pi\varepsilon_0 r}$，由于其轨道半径满足驻波条件 $\lambda\leqslant 2\pi r=\Delta\lambda$，则

$$\Delta p\geqslant\frac{h}{\Delta\lambda}=\frac{h}{2\pi r}$$

$$E\geqslant\frac{\Delta p^2}{2m}-\frac{e^2}{4\pi\varepsilon_0 r}\geqslant\frac{1}{2m}\left(\frac{h}{2\pi r}\right)^2-\frac{e^2}{4\pi\varepsilon_0 r}=E_{\min}$$

由 $\frac{\mathrm{d}E_{\min}}{\mathrm{d}r}=0$ 得 $r=\frac{\varepsilon_0 h^2}{\pi me^2}$，代入上式得 $E_{\min}=-\frac{me^4}{8\varepsilon_0^2h^2}$.

例题 19-4　根据玻尔理论，求：(1)氢原子中电子在量子数为 n 的轨道上作圆周运动的频率；(2)计算当该电子跃迁到 $(n-1)$ 的轨道上时，所发出的光子的频率.

解　电子在量子数为 n 的轨道上作圆周运动的轨道半径为

$$r_n=n^2r_1 \qquad ①$$

又由量子化条件得 $mvr=\frac{nh}{2\pi}$，推出

$$v=\frac{nh}{2\pi mr} \qquad ②$$

所以得到频率

$$\nu=\frac{\omega}{2\pi}=\frac{v}{2\pi r}=\frac{nh}{m\ (2\pi r)^2}=\frac{nh}{m4\pi^2n^4r_1^2}=\frac{h}{4\pi^2mn^3r_1^2}$$

将 $r_1=\frac{\varepsilon_0 h^2}{\pi me^2}$ 代入上式得

$$\nu=\frac{me^4}{4\varepsilon_0^2h^3n^3}$$

(2) 电子从 n 态跃迁到 $(n-1)$ 态发出的光子的频率为

$$\nu=\frac{1}{h}(E_n-E_{n-1})=\frac{1}{h}\left[hcR\frac{1}{(n-1)^2}-hcR\frac{1}{n^2}\right]=cR\frac{2n-1}{n^2\ (n-1)^2}=\frac{me^4}{8\varepsilon_0^2h^3}\frac{(2n-1)}{n^2\ (n-1)^2}$$

当 $n\to\infty$ 时，$\frac{(2n-1)}{n^2\ (n-1)^2}\approx\frac{2n}{n^4}=\frac{2}{n^3}$. 则由式①和式②计算的结果相同，即 $n\to\infty$ 时，量子结果过渡到经典结果.

（四）德布罗意波长和概率密度的计算

例题 19-5　α 粒子在磁感应强度 $B=0.025\mathrm{T}$ 的均匀磁场中，沿半径为 $R=0.83\mathrm{cm}$ 的圆形轨道运动. 求：(1)其德布罗意波长；(2)若使质量 $m=0.1\mathrm{g}$ 的小球与 α 粒子具有相同的速率运动，求其波长.

解 (1) α粒子受磁场力作用作圆周运动，$qvB=\frac{m_\alpha v^2}{R}$，$m_\alpha v=qRB$，$q=2e$ 代入上式得 $m_\alpha v=2eRB$；由德布罗意公式 $\lambda=\frac{h}{p}$ 得

$$\lambda_\alpha=\frac{h}{2eRB}=1.0\times10^{-11}\,\mathrm{m}$$

(2) 对于质量为 m 的小球

$$\lambda=\frac{h}{mv}=\frac{h}{2eRB}\frac{m_\alpha}{m}=\lambda_\alpha\frac{m_\alpha}{m}=6.64\times10^{-34}\,\mathrm{m}$$

(五) 一维无限势阱的问题求解

例题 19-6 一维无限深势阱中的定态波函数为 $\psi_n(x)=\sqrt{\frac{2}{a}}\sin\frac{n\pi x}{a}$，试求在(1)粒子处于基态；(2)粒子处于 $n=2$ 的状态；(3)粒子处于 $n\to\infty$ 的状态时，在 $x=0$ 到 $x=\frac{a}{3}$ 之间被找到的概率.

解 (1) 当 $n=1$ 时，概率为

$$P_1=\int_0^{\frac{a}{3}}|\psi_1|^2\mathrm{d}x=\frac{2}{a}\int_0^{\frac{a}{3}}\sin^2\frac{\pi x}{a}\mathrm{d}x=19.5\%$$

(2) 当 $n=2$ 时，概率为

$$P_2=\int_0^{\frac{a}{3}}|\psi_2|^2\mathrm{d}x=\frac{2}{a}\int_0^{\frac{a}{3}}\sin^2\frac{2\pi x}{a}\mathrm{d}x=40.2\%$$

(3) 当 $n\to\infty$ 时，概率为

$$P_3=\int_0^{\frac{a}{3}}|\psi_n|^2\mathrm{d}x=\frac{2}{a}\int_0^{\frac{a}{3}}\sin^2\frac{n\pi x}{a}\mathrm{d}x=\frac{2}{a}\left[\frac{x}{2}-\frac{a}{4n\pi}\sin\frac{2n\pi x}{a}\right]_0^{\frac{a}{3}}$$

$n\to\infty$ 时，$P_3=\frac{2}{a}\times\frac{a}{6}=33.3\%$.

例题 19-7 在一维无限深势阱中运动的粒子，由于边界条件的限制，势阱宽度 d 必须等于德布罗意半波长的整数倍. 试求粒子的能量.

解 由 $d=\frac{n\lambda}{2}$，$n=1,2,3,\cdots$，$\lambda=\frac{h}{p}$，得 $p=\frac{h}{\lambda}=\frac{nh}{2d}$；在非相对论情况下有

$$E=\frac{p^2}{2m}=\frac{1}{2m}\left(\frac{nh}{2d}\right)^2=\frac{n^2h^2}{8md^2}$$

四、知识拓展与问题讨论

量子力学的力学量算符与对应原理

(一) 力学量算符

1. 算符

所谓算符，就是运算符号，在量子力学中通常用上方加“∧”的字母表示，如 $\hat{P}$，$\hat{Q}$ 等. 当算

符作用在一个函数上以后，就可以变成另一个函数，如 $\hat{P}\psi=\phi$.

例如，$\frac{\mathrm{d}}{\mathrm{d}x}$就是一个算符，表示的是一个求微商运算；又如$\sqrt{\ }$也是一个算符，表示的是一个开平方运算. 可见算符并不神秘，像 x，3，-1 等都可以看成算符，当它们作用在函数上时，表示的是它与函数的乘积.

算符的运算有以下一些规定.

(1) 算符相等：如果 $\hat{P}\psi=\hat{Q}\psi$，则 $\hat{P}=\hat{Q}$，称算符 $\hat{P}$ 与 $\hat{Q}$ 相等.

(2) 算符相加：如果 $\hat{F}\psi=\hat{P}\psi+\hat{Q}\psi$，则 $\hat{F}=\hat{P}+\hat{Q}$，称算符 $\hat{F}$ 是算符 $\hat{P}$ 与 $\hat{Q}$ 之和.

(3) 算符相乘：如果 $\hat{F}\psi=\hat{P}(\hat{Q}\psi)$，则 $\hat{F}=\hat{P}\hat{Q}$，称算符 $\hat{F}$ 是算符 $\hat{P}$ 与 $\hat{Q}$ 的乘积.

(4) 线性算符：如果 $\hat{Q}(c_1\psi_1+c_2\psi_2)=c_1\hat{Q}\psi_1+c_2\hat{Q}\psi_2$，则称算符 $\hat{Q}$ 为线性算符.

(5) 厄米算符：如果$\int\psi^*\hat{Q}\phi\,\mathrm{d}v=\int\phi(\hat{Q}\psi)^*\,\mathrm{d}v$，积分遍及整个空间，则称 $\hat{Q}$ 为厄米算符.

2. 算符的本征值和本征函数

如果算符 $\hat{Q}$ 作用在函数 ψ 上，其结果等于一个常数 λ 与同一函数 ψ 的乘积，即

$$\hat{Q}\psi=\lambda\psi \tag{19.22}$$

则称 λ 为算符 $\hat{Q}$ 的本征值，函数 ψ 为算符 $\hat{Q}$ 的本征函数，式(19.22)为算符 $\hat{Q}$ 的本征方程.

3. 量子力学中力学量的算符表示

(1) 基本力学量算符：在力学中动量和坐标称为基本力学量，相应的算符为基本算符.

动量的各个分量 p_x, p_y, p_z 相应的算符分别为

$$\hat{P}_x=-\mathrm{i}\hbar\frac{\partial}{\partial x},\quad \hat{P}_y=-\mathrm{i}\hbar\frac{\partial}{\partial y},\quad \hat{P}_z=-\mathrm{i}\hbar\frac{\partial}{\partial z}$$

动量矢量 $\boldsymbol{p}$ 的算符为

$$\hat{\boldsymbol{P}}=-\mathrm{i}\hbar\,\nabla=-\mathrm{i}\hbar\left(\frac{\partial}{\partial x}\boldsymbol{i}+\frac{\partial}{\partial y}\boldsymbol{j}+\frac{\partial}{\partial z}\boldsymbol{k}\right) \tag{19.23}$$

坐标 x,y,z 相应的算符分别为 $\hat{x}=x,\hat{y}=y,\hat{z}=z$；位置矢量 $\boldsymbol{r}$ 的算符为 $\hat{\boldsymbol{r}}=\boldsymbol{r}$.

(2) 其他力学量算符：与其他力学量相对应的算符都是由基本力学量算符所构成的，构造方式与在经典力学中相应的力学量构造方式一样. 其含义是：根据经典力学中某一个力学量与坐标和动量的关系 $Q=Q(\boldsymbol{r},\boldsymbol{p})$，然后将 $\boldsymbol{r}$ 和 $\boldsymbol{p}$ 分别换上与之相对应的算符 $\hat{\boldsymbol{r}}=\boldsymbol{r}$ 和 $\hat{\boldsymbol{P}}=-\mathrm{i}\hbar\,\nabla$，就可以得到力学量 $Q(\boldsymbol{r},\boldsymbol{p})$ 相对应的算符 $\hat{Q}(\boldsymbol{r},-\mathrm{i}\hbar\,\nabla)$.

例如，动能 $T=\frac{p^2}{2m}$，相应算符为 $\hat{T}=\frac{1}{2m}\hat{P}^2=-\frac{\hbar^2}{2m}\nabla^2$；势能 $U(\boldsymbol{r})$，相应算符为 $\hat{U}(\hat{\boldsymbol{r}})=U(\boldsymbol{r})$；能量 $E=\frac{p^2}{2m}+U(\boldsymbol{r})$，相应算符为

$$\hat{H}=\frac{1}{2m}\hat{P}^2+\hat{U}(\hat{\boldsymbol{r}})=-\frac{\hbar^2}{2m}\nabla^2+U(\boldsymbol{r}) \tag{19.24}$$

能量算符 $\hat{H}$ 又称为哈密顿算符，其中$\nabla^2=\frac{\partial^2}{\partial x^2}+\frac{\partial^2}{\partial y^2}+\frac{\partial^2}{\partial z^2}$，称为拉普拉斯算符.

又如，角动量 $\boldsymbol{L}=\boldsymbol{r}\times\boldsymbol{p}$，相应的算符为 $\hat{\boldsymbol{L}}=\hat{\boldsymbol{r}}\times\hat{\boldsymbol{P}}$. 角动量的各个分量相对应的算符为

$$L_x=yp_z-zp_y,\quad \hat{L}_x=\hat{y}\hat{P}_z-\hat{z}\hat{P}_y=-\mathrm{i}\hbar\left(y\frac{\partial}{\partial z}-z\frac{\partial}{\partial y}\right);$$

$$L_y=zp_x-xp_z,\quad \hat{L}_y=\hat{z}\hat{P}_x-\hat{x}\hat{P}_z=-\mathrm{i}\hbar\left(z\frac{\partial}{\partial x}-x\frac{\partial}{\partial z}\right);$$

$$L_z=xp_y-yp_x,\quad \hat{L}_z=\hat{x}\hat{P}_y-\hat{y}\hat{P}_x=-\mathrm{i}\hbar\left(x\frac{\partial}{\partial y}-y\frac{\partial}{\partial x}\right);$$

在量子力学中，表示力学量的算符都是厄米算符，它们的本征函数组构成正交归一的完全函数系.

（二）量子力学中的对应原理

根据力学量与算符的普遍对应关系，可以概括为量子力学中一个基本原理即对应原理. 在量子力学中，每一个力学量 $Q(\boldsymbol{r},\boldsymbol{p})$ 总是可以用一个对应的算符 $\hat{Q}(\boldsymbol{r},-\mathrm{i}\hbar\nabla)$ 来表示，它们是通过本征方程 $\hat{Q}\psi=\lambda\psi$ 联系起来的. 如果微观体系处于波函数 ψ 所描述的状态（称为的本征态）中，那么当进行力学量 Q 的测量时，只能测得唯一的值，就是本征函数所述的本征值 λ. 或者说，在算符 $\hat{Q}$ 属于本征值为 λ 的本征函数 ψ 所描述的状态中，微观体系的力学量 Q 有确定值 λ.

若微观体系处在任一状态 Ψ 中，一般来说它不一定是 $\hat{Q}$ 的本征态，但是根据厄米算符本征函数的完全性，总可以将 Ψ 表示为 $\hat{Q}$ 的本征函数（$\hat{Q}\psi_n=\lambda_n\psi_n$）的线性叠加，即

$$\Psi=c_1\psi_1+c_2\psi_2+\cdots+c_n\psi_n+\cdots=\sum_n c_n\psi_x \tag{19.25}$$

那么，在此状态中进行力学量 Q 的测量可能测量到的数值将是 $\lambda_1,\lambda_2,\cdots,\lambda_n,\cdots$，但是绝不会测到这些本征值以外的其他值. 也就是说，表示力学量的算符的本征值谱，就是在任一状态 Ψ 中测量此力学量时所得到的各种可能值的全体. 这一结论已经被大量实验事实所证实.

所谓“可能值”，应当这样来理解：设想大量体系都处于状态 Ψ 中，若我们分别对每个体系进行力学量测量，其中若干体系测得数值是 λ_1，另外有一些体系测得数值为 λ_2，…如果这种测量是对足够大数目的体系进行的，我们就能得到测量结果的统计规律，也就是确定测到各个可能值 $\lambda_1,\lambda_2,\cdots,\lambda_n,\cdots$的概率 $w_1,w_2,\cdots,w_n,\cdots$. 可以证明，这些概率恰好等于 Ψ 的展开式中各项系数模的平方，即

$$w_1=|c_1|^2,w_2=|c_2|^2,\cdots,w_n=|c_n|^2,\cdots \tag{19.26}$$

而且 $\sum\limits_n|c_n|^2=1$. 这一结论也已被大量实验事实所证实. 由此可得力学量Q的统计平均值为 $\overline{Q}=w_1\lambda_1+w_2\lambda_2+\cdots+w_n\lambda_n+\cdots$，即

$$\overline{Q}=|c_1|^2\lambda_1+|c_2|^2\lambda_2+\cdots+|c_n|^2\lambda_n+\cdots=\sum_n|c_n|^2\lambda_n \tag{19.27}$$

量子力学中力学量与算符的对应原理可以概括为：力学量 $Q(\boldsymbol{r},\boldsymbol{p})$是用算符 $\hat{Q}(\boldsymbol{r},-\mathrm{i}\hbar\nabla)$表示的. 如果体系处于 $\hat{Q}$ 的本征值 λ 的本征态 ψ 中，力学量 Q 的测量值是唯一的，就是本征值 λ；如

果体系所处状态 Ψ 不是 $\hat{Q}$ 的本征态，那么总可以表示为 $\hat{Q}$ 的本征函数的线性组合，$\Psi=\sum_n c_n\psi_x$；可以测到力学量 Q 的各种可能值都在的本征值谱 $\lambda_1,\lambda_2,\cdots,\lambda_n,\cdots$ 之中；而且测得数值为 λ_n 的概率就是 $|c_n|^2$.

根据量子力学的这个基本原理，我们可以明确量子力学处理问题的基本思路和方法是：

① 根据微观粒子体系所处的保守场中的势能函数和边界条件，通过求解定态薛定谔方程确定波函数. ②一旦确定了波函数的具体形式，就可以确定粒子在空间的概率密度的分布函数 $|\psi(x,y,z,t)|^2=\psi\psi^*$. ③应用力学量算符 $\hat{Q}$ 对波函数进行作用，就可以得到这个力学量 Q 的各种可能值 $\lambda_1,\lambda_2,\cdots,\lambda_n,\cdots$，以及取各个可能值的概率 $|c_n|^2(n=1,2,\cdots)$. ④求得各个力学量及其统计平均值，从而确定微观粒子系统的运动状态和性质.

由此我们看到波函数完全描述了微观体系的状态，因此理解波函数的意义，了解确定波函数的基本方法是量子力学中最为关键的问题.

习　题　19

一、选择题

19-1　光是由量子组成，如光电效应所显示的那样. 已发现光电流依赖于(　　)

A. 入射光的颜色；　B. 入射光的频率；　C. 入射光的位相；

D. 入射光的强度和频率；　E. 仅仅入射光的强度.

19-2　下列关于光子的性质被普遍认为是正确的是(　　)

A. 它的自旋为 1；

B. 它的静止质量为零；

C. 它的总能量是它的动能；

D. 它的内禀角动量为零；

E. 它的动量为 $h\nu/c$.

19-3　关于普朗克能量子假说，下列有几种表述(　　)

(1) 空腔振子的能态是量子化的；(2) 振子发射或吸收的能量是量子化的；

(3) 辐射的能量等于振子的能量；(4) 各振子具有相同的能态.

其中正确的是(　　)

A. (1)(2)；　B. (3)(4)；　C. (1)(2)(3)；　D. 都正确.

19-4　高速运动的电子的静止质量为 m_0，相应的德布罗意波长为 λ，则电子的速率 v 为(　　)

A. $\dfrac{h}{m_0\lambda}$；　B. $\sqrt{\dfrac{2hc}{m_0\lambda}}$；　C. $\dfrac{hc}{\sqrt{m_0^2\lambda^2c^2+h^2}}$；　D. $\dfrac{h}{m_0\lambda}\times\sqrt{c^2+\dfrac{h^2}{m_0^2x^2}}$.

19-5　将波函数在空间各点的振幅同时增大 D 倍，则粒子在空间的概率分布将(　　)

A. 增大 D^2 倍；　B. 增大 $2D$ 倍；　C. 增大 D 倍；　D. 不变.

19-6　原子内电子的量子态由 n,l,m_l,m_s 四个量子数表征. 下面表述正确的是(　　)

A. 当 n,l,m_l 一定时，量子态数为 2；　B. 当 n,l 一定时，量子态数为 $2(2l+1)$；

C. 当 n 一定时，量子态数为 $2n^2$；　D. 电子的状态确定以后，n,l,m_1,m_s 必为定值.

二、填空题

19-7　波长 $\lambda=500\text{nm}$ 的光沿 x 轴正向传播，若光的波长的不确定量 $\Delta\lambda=10^{-3}\text{nm}$，则利用不确定关系式可得光子的 x 坐标的不确定量至少为__________cm.

19-8　以下一些材料的功函数(逸出功)为

铍—3.9eV；钯—5.0eV；铯—1.9eV；钨—4.5eV

今要制造能在可见光(频率范围为 $3.9\times10^{14}\sim7.5\times10^{14}\text{Hz}$)下工作的光电管，在这些材料中应选__________.

19-9　某金属产生光电效应的红限波长为 λ_0，今以波长为 $\lambda(\lambda<\lambda_0)$ 的单色光照射该金属，金属释放出的电子(质量为 m_e)的动量大小为__________.

19-10　在一次康普顿散射中，入射光传递给电子的最大能量为 E_k，电子的静止质量为 m_0，则入射光的能量为__________.

19-11　用氢原子玻尔半径 R_1、电子电量绝对值 e 及真空中介电常量 ε_0 表述氢原子的结合能 $\Delta E=$__________.

19-12　已知中子的质量是 $m=1.67\times10^{-27}\text{kg}$，当中子的动能等于温度为 $T=300\text{K}$ 的热平衡中子气体的平均动能时，其德布罗意波长为__________.

19-13　一个氧分子被封闭在一个盒子内.按一维无限深势阱计算并设势阱宽度为 10cm，则该氧分子的基态能量为__________J.设该分子的能量等于 $T=300\text{K}$ 时的平均热运动能量 $\frac{3}{2}kT$，相应的量子数 $n=$__________.

19-14　根据量子力学理论，氢原子电子的动量距在外磁场方向上的投影为 $L_z=m_l\hbar$，当角量子数 $l=2$ 时，L_z 的可能取值为__________，磁量子数 m_l 发可能取值为__________.

19-15　当波长为 300nm 的光照射到某金属表面时，光电子的能量范围为 $0\sim4.0\times10^{-19}\text{J}$.在做上述光电效应实验时，遏止电压为 $|U_a|=$__________V；此金属的红限频率 $\nu_0=$__________Hz.(普朗克常量 $h=6.63\times10^{-34}\text{J}\cdot\text{s}$；基本电荷电量 $e=1.60\times10^{-19}\text{C}$.)

19-16　如果电子被限制在边界 x 与 $x+\Delta x$ 之间，$\Delta x=0.5\text{nm}$，则电子动量 x 分量的不确定量近似地为__________kg · m/s.(不确定关系式 $\Delta x\cdot\Delta P_x\geqslant\hbar$，普朗克常量 $h=6.63\times10^{-34}\text{J}\cdot\text{s}$.)

三、计算题或证明题

19-17　当氢原子从某初始状态跃迁到激发能(从基态到激发态所需的能量)为 $\Delta E=10.19\text{eV}$ 的状态时，发射出光子的波长是 486nm，试求该初始状态的能量和主量子数.(普朗克常量 $h=6.63\times10^{-34}\text{J}\cdot\text{s}$，$1\text{eV}=1.60\times10^{-19}\text{J}$.)

19-18　处于第一激发态的氢原子被外来单色光激发后，发射的光谱中，仅观察到三条巴耳末系光谱线.试求这三条光谱线中波长最长的那条谱线的波长以及外来光的频率.(里德伯常量 $R=1.097\times10^7\text{m}^{-1}$.)

19-19　一粒子沿 x 方向运动，其波函数为

$$\varphi(x)=C\frac{1}{1+\mathrm{i}x}\quad(-\infty<x<\infty)$$

试求：(1)归一化常数 C；(2)发现粒子概率密度最大的位置；(3)在 $x=0$ 到 $x=1$ 之间粒子

出现的概率.

19-20　一电子被限制在宽度为 1.0×10^{-10} m 的一维无限深势阱中运动. 试求:(1)电子从基态跃迁到第一激发态所需的能量;(2)在基态时,电子处于 $0.9\times10^{-11}\sim1.1\times10^{-11}$ m 的概率.

19-21　氢原子中的电子处于 $n=4$,$l=3$ 的状态. 试求:(1)该电子角动量 L 的值;(2)该角动量在 Z 轴分量的可能取值;(3)角动量 L 与 Z 轴的夹角的可能取值.

19-22　一质量为 40g 的子弹以 1000m/s 的速率飞行. 试求:(1)其德布罗意波长;(2)测量子弹位值的不确定量为 0.1mm 时,速率的不确定量($h=6.63\times10^{-34}$ J · s).

19-23　波长为 0.01nm 的 X 射线经散射物散射后沿与原来入射方向成 60°角的方向散射,并假定被碰撞的电子是静止的. 试求散射波长和频率改变量(康普顿波长 $\lambda_0=2.43\times10^{-12}$ m).

19-24　已知金属钨的逸出功是 7.2×10^{-19} J,分别用频率为 7×10^{14} Hz 的紫光和频率为 1.2×10^{15} Hz 的紫外光照射金属钨的表面,试求能否产生光电效应($h=6.63\times10^{-34}$ J · s)?

19-25　试求下列光子的能量、动量和质量:(1)$\lambda_1=700$nm 的红光;(2)$\lambda_2=500$nm 的可见光;(3)$\lambda_3=0.15$nm 的 X 射线($h=6.63\times10^{-34}$ J · s).

19-26　已知钠的逸出功为 2.486eV,试求:(1)钠产生光电效应的红限波长;(2)用波长为 $\lambda=400$nm 的紫光照射钠时,钠所放出的光电子的最大初速度;(3)遏止电压. ($h=6.63\times10^{-34}$ J · s.)

习题答案

第1章 质点运动学

一、选择题

1-1 D. 1-2 A. 1-3 B.

1-4 C. 1-5 A. 1-6 C.

1-7 B. 1-8 B. 1-9 B.

1-10 D. 1-11 C. 1-12 B.

1-13 B. 1-14 B. 1-15 C.

1-16 B. 1-17 D. 1-18 C.

1-19 A. 1-20 A.

二、填空题

1-21 (1) $\dfrac{\Delta s}{\Delta t}$;(2) 0;(3) $-\dfrac{2v_0}{\Delta t}$.

1-22 $\sqrt{40}\text{m}\cdot\text{s}^{-1}$;$2\boldsymbol{i}-8\boldsymbol{j}(\text{m}\cdot\text{s}^{-1})$.

1-23 $2s(1+s^2)$.

1-24 $\dfrac{1}{v}=\dfrac{kt^2}{2}+\dfrac{1}{v_0}$.

1-25 $0,\dfrac{2\pi R}{t}$.

1-26 北偏西30°.

1-27 2m.

1-28 $4\boldsymbol{i}+2\boldsymbol{j}(\text{m})$;$8\boldsymbol{i}+2\boldsymbol{j}(\text{m}\cdot\text{s}^{-1})$;$8\boldsymbol{i}(\text{m}\cdot\text{s}^{-2})$.

1-29 $50[-\sin(5t)\boldsymbol{i}+\cos(5t)\boldsymbol{j}](\text{m}\cdot\text{s}^{-1})$;0;圆.

1-30 $-2\boldsymbol{i}+2\boldsymbol{j}(\text{m}\cdot\text{s}^{-1})$.

1-31 向正南(或向正北).

1-32 8m;10m.

1-33 $5\text{m}\cdot\text{s}^{-1}$;$8\text{m}\cdot\text{s}^{-1}$.

1-34 (1) $y=\dfrac{gx^2}{2(v_0+v)^2}$; (2) $y=\dfrac{gx^2}{2v^2}$.

三、计算题或证明题

1-35 (1) $\bar{v}=-0.5\text{m}\cdot\text{s}^{-1}$;

(2) $v_2=-6\text{m}\cdot\text{s}^{-1}$;(3) 2.25m.

1-36 $8\text{m}\cdot\text{s}^{-1}$;$35.78\text{m}\cdot\text{s}^{-2}$.

1-37 (1) $a_n=2.30\times10^2\text{m/s}^2$,$a_\tau=4.8\text{m/s}^2$;

(2) $\theta=3.15\text{rad}$;(3) $t=0.55\text{s}$.

1-38 $v=69.8\text{m}\cdot\text{s}^{-1}$.

1-39 $\dfrac{x^2}{A^2}+\dfrac{y^2}{B^2}=1$ 轨迹为椭圆.

1-40 略.

1-41 (1) $\boldsymbol{v}=(125\boldsymbol{i}+625\boldsymbol{j})\text{m}\cdot\text{s}^{-1}$;

(2) $\boldsymbol{r}=\left(\dfrac{625}{3}\boldsymbol{i}+\dfrac{3125}{4}\boldsymbol{j}\right)\text{m}$.

1-42 (1) $v=\dfrac{A}{B}(1-\text{e}^{-Bt})$;

(2) $y=\dfrac{A}{B}t+\dfrac{A}{B^2}(\text{e}^{-Bt}-1)$.

1-43 $v=\pm\sqrt{v_0^2-ky^2+ky_0^2}$.

1-44 航向为北偏东 $\theta=19°28'$,$v_{飞机对地}=169.7\text{km}\cdot\text{h}^{-1}$;图略.

1-45 当 $y<\dfrac{d}{2}$ 时,$x=\dfrac{v_0}{ud}y^2$;

$y>\dfrac{d}{2}$ 时,$x=-\dfrac{v_0 d}{2u}+2\left(\dfrac{y}{u}-\dfrac{y^2}{2ud}\right)v_0$.

第2章 牛顿运动定律

一、选择题

2-1 B. 2-2 C. 2-3 A.

2-4 C. 2-5 B. 2-6 B.

2-7 B. 2-8 B. 2-9 D.

2-10 D. 2-11 B. 2-12 C.

2-13 C. 2-14 B. 2-15 D.

2-16 A. 2-17 D. 2-18 C.

二、填空题

2-19 2%.

2-20 $(\mu\cos\theta-\sin\theta)g$.

2-21 $\sqrt{\dfrac{g}{k}}$.

2-22 大小为0.2g,方向向下.

2-23 $\sqrt{Rg\tan\theta}$.

2-24 $\theta=\arccos\left(\dfrac{g}{R\omega^2}\right)$.

2-25 $a\geqslant g/\mu$.

2-26 $\dfrac{3mg}{4}$.

2-27 $\sqrt{\dfrac{l\cos\theta}{g}}$.

2-28 $\mu\geqslant1/\sqrt{3}$.

2-29 大小为 g,方向向下.

2-30 $-\frac{m_1}{m_2}g\boldsymbol{i}$.

2-21 $\sqrt{\frac{g}{R}}$.

2-32 $2g$; 0.

2-33 $\sqrt{\frac{g}{\mu R}}$.

2-34 $2a_1+g$.

2-35 Mk^2x; $\frac{1}{k}\ln\frac{x_1}{x_0}$.

2-36 $v=\frac{dx}{dt}=\frac{A}{m}t+\frac{B}{2m}t^2$; $x=\frac{A}{2m}t^2+\frac{B}{6m}t^3$.

三、计算题或证明题

2-37 (1) $\tan\theta\leqslant\mu_0$;

(2) $v_1=\sqrt{gR\tan\theta}$;

(3) $v\leqslant\sqrt{\frac{gR(\sin\theta+\mu_0\cos\theta)}{\cos\theta-\mu_0\sin\theta}}$

2-38 $a_1=\frac{m_1}{m_1+m_2}g$; $a_2=\frac{m_2}{m_1+m_2}g$;

$F_{T1}=F_{T2}=\frac{m_1m_2}{m_1+m_2}g$.

2-39 $y=\frac{\omega^2}{2g}x^2$.

2-40 $\sqrt{\frac{g(\sin\theta-\mu\cos\theta)R\sin\theta}{\cos\theta+\mu\sin\theta}}\leqslant v\leqslant\sqrt{\frac{g(\sin\theta+\mu\cos\theta)R\sin\theta}{\cos\theta-\mu\sin\theta}}$.

2-41 (1) $F_1=\lambda(g+3a)y$;

(2) $F_2=\lambda gy+\lambda v^2$.

2-42 (1) $v=v_0e^{-\frac{c}{m}t}$;

(2) $s=\frac{mv_0}{c}(1-e^{-\frac{c}{m}t})$.

2-43 略.

第3章 功 和 能

一、选择题

3-1 D. 3-2 D. 3-3 B.

3-4 B. 3-5 C. 3-6 B.

3-7 D. 3-8 A. 3-9 C.

3-10 A. 3-11 D. 3-12 A.

3-13 C. 3-14 D. 3-15 D.

3-16 D. 3-17 B. 3-18 D.

二、填空题

3-19 $G\frac{mM(r_B-r_A)}{r_Ar_B}$; $-G\frac{mM(r_B-r_A)}{r_Ar_B}$.

3-20 1∶1∶1.

3-21 $v/\sqrt{2}$.

3-22 $mg\sin\theta\ \sqrt{2gh}$.

3-23 8J.

3-24 kx_0^2; $-\frac{1}{2}kx_0^2$; $\frac{1}{2}kx_0^2$.

3-25 $\frac{1}{2}\sqrt{3gl}$.

3-26 3J.

3-27 3J.

3-28 18J;6m·s^{-1}.

3-29 10J.

三、计算题或证明题

3-30 (1) $A=G\frac{mMh}{R_E(R_E+h)}$;

(2) $v=\sqrt{\frac{2GMh}{R_E(R_E+h)}}$.

3-31 $x=v\sqrt{\frac{m}{k}}$.

3-32 $\alpha\geqslant\arccos\left[\frac{r}{L}\cos\beta-\frac{3}{2}\frac{L-r}{L}\right]$.

3-33 (1) $v_{0\min}=2.2$m·s^{-1};

(2) $v_B=0.99$m·s^{-1},

$a_B=a_n=4.9$m·s^{-1}.

(3) $F_{TC}=1.5(\cos\theta+1)$.

3-34 $x_m=x_0\sqrt{\frac{m_A}{m_A+m_B}}$.

3-35 (1) $A_{\overline{OP}}=38$J;

(2) $A_{\overline{OAP}}=A_{\overline{OA}}+A_{\overline{AP}}=57$J;

(3) $A_{\overline{OBP}}=A_{\overline{OB}}+A_{\overline{BP}}=15$J.

第4章 动量和角动量

一、选择题

4-1 C. 4-2 C. 4-3 A.

4-4 D. 4-5 D. 4-6 A.

4-7 B. 4-8 A. 4-9 A.

4-10 C. 4-11 B. 4-12 D.

4-13 C. 4-14 D. 4-15 B.

4-16 D. 4-17 C. 4-18 A.

4-19 D. 4-20 C. 4-21 B.

4-22 D. 4-23 C.

二、填空题

4-24　$\sqrt{\dfrac{km_2(x-x_0)^2}{m_1(m_1+m_2)}}$.

4-25　$3\sqrt{2mE}$.

4-26　$-2mv\boldsymbol{j}$.

4-27　240N.

4-28　$54\boldsymbol{i}(\mathrm{kg\cdot m\cdot s^{-1}})$.

4-29　与水平夹角53°向上.

4-30　$\dfrac{mv\cos\theta}{M+m}$.

4-31　$\dfrac{m^2v^2}{2\mu g(M+m)^2}$.

4-32　$-\dfrac{mv}{m+M}$.

4-33　$\sqrt{\dfrac{2gl}{1+\dfrac{m}{M}}}$.

4-34　$\dfrac{L}{2}$.

4-35　$\boldsymbol{i}-5\boldsymbol{j}$.

4-36　$mv_0\sin\theta$;竖直向下.

4-37　$\dfrac{2}{3}E_k$.

4-38　$\dfrac{mv}{\Delta t}$.

4-39　向右运动.

4-40　180kg.

三、计算题或证明题

4-41　(1) $E_{k,\max}=\dfrac{m^3g}{2(m+M)}\left[\dfrac{2h}{m+M}+\dfrac{g}{k}\right]$;

(2) $E_p=\dfrac{k}{2}\left[\dfrac{(m+M)g}{k}+\dfrac{1}{k}\sqrt{m^2g^2+\dfrac{2m^2ghk}{m+M}}\right]^2$.

4-42　S=13.6m.

4-43　(1) $p_2=1.09\mathrm{kg\cdot m\cdot s^{-1}}$;

(2) $I=0.49\mathrm{g\cdot m\cdot s^{-1}}$.

4-44　(1) $F_{推}=uk,a=\dfrac{uk}{M_0-kt}-g$ $\left(0\leqslant t\leqslant\dfrac{m}{k}\right)$;$F_{推}=0,a=-g$ $\left(t>\dfrac{m}{k}\right)$.

(2) $v=u\ln\dfrac{M_0}{M_0-kt}-gt$,

$y=ut-u\dfrac{M_0-kt}{k}\ln\dfrac{M_0}{M_0-kt}-\dfrac{1}{2}gt^2$.

(3) $a_0=\dfrac{uk}{M_0-m}-g$,

$v_0=u\ln\dfrac{M_0}{M_0-m}-\dfrac{mg}{k}$.

$y_0=\dfrac{u}{k}\left[m-(M_0-m)\ln\dfrac{M_0}{M_0-m}\right]-\dfrac{m^2g}{2k^2}$.

(4) $h_{\max}=\dfrac{u}{k}\left[m-(M_0-m)\ln\dfrac{M_0}{M_0-m}\right]-\dfrac{m^2g}{2k^2}+\dfrac{1}{2g}\left[u\ln\dfrac{M_0}{M_0-m}-\dfrac{mg}{k}\right]^2$,

$t=\dfrac{m}{k}+\dfrac{u}{g}\ln\dfrac{M_0}{M_0-m}-\dfrac{m}{k}$.

4-45　(1) $x_m=m_0v_0\sqrt{\dfrac{M}{(m_0+m)(m_0+m+M)k}}$;

(2) $v_2=\begin{cases}0, & \text{最小速度}\\ \dfrac{2m_0}{m_0+m+M}v_0, & \text{最大速度}\end{cases}$.

4-46　(1) $v'=0$;(2) $h=\dfrac{v^2}{4g}$.

4-47　(1) 26.5N;(2) 4.7N·s.

第5章　刚体的定轴转动

一、选择题

5-1　C.　5-2　C.　5-3　B.

5-4　C.　5-5　A.　5-6　C.

5-7　B.　5-8　A.　5-9　B.

5-10　A.　5-11　C.　5-12　B.　5-13　B.

二、填空题

5-14　$6.54\mathrm{rad\cdot s^{-2}}$;4.8s.

5-15　$-0.05\mathrm{rad\cdot s^{-2}}$;250rad.

5-16　4s,$15\mathrm{m\cdot s^{-1}}$.

5-17　转轴位置、刚体质量及其质量分布;$J_B>J_A$.

5-18　$J=\dfrac{13}{32}MR^2$.

5-19　$\boldsymbol{M}=\boldsymbol{r}\times\boldsymbol{F}$,变角速度,角动量.

5-20　$\omega=25.81\mathrm{rad\cdot s^{-1}}$.

5-21　$0,\dfrac{3g}{2l}$.

5-22　对转轴O的角动量.

5-23　$\omega=\dfrac{2mv}{(M+2m)R}$.

5-24　$8\mathrm{rad\cdot s^{-1}}$.

三、计算题或证明题

5-25　7.5s.

5-26　$J=\dfrac{M}{\omega}\left(\dfrac{1}{t_1}+\dfrac{1}{t_2}\right)=0.29\mathrm{kg\cdot m^2}$.

5-27 $J=\frac{59}{90}mR^2$.

5-28 $\omega=\frac{J_1\omega_1+J_2\omega_2}{J_1+J_2}$;

$\Delta E_k=-\frac{J_1J_2(\omega_1-\omega_2)^2}{2(J_1+J_2)}$动能减少.

5-29 略.

第6章 机械振动

一、选择题

6-1 B. 6-2 B. 6-3 B.

6-4 D. 6-5 B. 6-6 B.

6-7 C. 6-8 B. 6-9 C.

6-10 C. 6-11 C. 6-12 C.

二、填空题

6-13 1.2s;−0.21m/s.

6-14 $\pi^2\times10^2$ J$=9.9\times10^2$ J.

6-15 0.61s.

6-16 $15\times10^{-2}\cos(6\pi t+0.5\pi)$.

6-17 $x=2\times10^{-2}\cos\left(\frac{5}{2}t-\frac{\pi}{2}\right)$.

6-18 $x=A\cos\left(2\pi\frac{t}{T}-\frac{\pi}{2}\right)$,

$x=A\cos\left(2\pi\frac{t}{T}+\frac{\pi}{3}\right)$.

6-19 $\pi,-\frac{\pi}{2},\frac{\pi}{3}$.

6-20 2.458s,±0.10m.

6-21 $\frac{1}{8}T,\frac{3}{8}T$时.

三、计算题或证明题

6-22 8s,$6\sqrt{2}\times10^{-2}$m.

6-23 $x=2\times10^{-2}\cos(9.10\pi t)$.

6-24 不离开,$A\geqslant19.6$cm,平衡位置上方.

6-25 $x=0.1\cos\sqrt{50}t$,$f=29.2$N,$\Delta t=0.074$s.

6-26 0.16J,$x=0.4\cos\left(2\pi t+\frac{\pi}{3}\right)$.

6-27 $\frac{\pi}{2}$.

6-28 0.10m;$\frac{\pi}{2}$.

6-29 $F=0$;$x=0$,$v=-0.3\text{m}\cdot\text{s}^{-1}$,$a=0$;

$E_{k,max}=2.25\times10^{-3}$J;$x=\pm\frac{\sqrt{2}}{2}A$.

6-30 0.5Hz.

第7章 机械波

一、选择题

7-1 B. 7-2 D. 7-3 C.

7-4 A. 7-5 A. 7-6 C.

7-7 B. 7-8 C. 7-9 B.

7-10 B. 7-11 C.

二、填空题

7-12 波从坐标原点传至x处所需时间;x处质点比原点处质点滞后的振动相位;t时刻x处质点的振动位移.

7-13 125rad·s⁻1,338m·s^{-1},17m.

7-14 $y=1.2\times10^{-1}\cos\left(\frac{\pi}{2}x\right)\cos(20\pi t)$,

$x=(2n+1)$m;$x=2n$(m)($n=0,1,2,\cdots$).

7-15 $A\cos2\pi\left(\frac{t}{T}-\frac{x}{\lambda}\right)$,$A$.

7-16 $y=A\cos\left(\omega t+\pi-\frac{2\pi x}{\lambda}\right)$,

$y'=A'\cos\left(\omega t-\frac{4\pi L}{\lambda}+\frac{2\pi x}{\lambda}\right)$.

7-17 $\frac{2\pi}{5}$.

7-18 $u=1.0\times10^4\text{m}\cdot\text{s}^{-1}$,$\lambda=10$m.

三、计算题或证明题

7-19 $A=0.05$m,$\nu=50$Hz,$\lambda=1.0$m,$u=50\text{m}\cdot\text{s}^{-1}$;$v_{max}=15.7\text{m}\cdot\text{s}^{-1}$,$a_{max}=4.93\times10^3\text{m}\cdot\text{s}^{-1}$;$\Delta\varphi=\pi$.

7-20 1m,2Hz,$u=2\text{m}\cdot\text{s}^{-1}$;$x=k-8.4$(m),$k=0,\pm1,\pm2,\cdots$,$x=-0.4$m最近;$t=4.0$s.

7-21 $y=A\cos\left(\frac{2\pi ct}{\lambda}-\frac{\pi}{2}+\frac{2\pi x}{\lambda}\right)$.

7-22 $y=0.03\cos\left[50\pi\left(t-\frac{x}{6}\right)-\frac{\pi}{2}\right]$.

7-23 $y=0.1\cos\left[7\pi t-\frac{\pi x}{0.12}+\frac{\pi}{3}\right]$.

7-24 $y=0.02\cos\left(100\pi t-\frac{\pi}{2}\right)$,

$v=6.28\text{m}\cdot\text{s}^{-1}$.

7-25 $y=0.1\cos\left[10\pi\left(t-\frac{x}{10}\right)+\frac{\pi}{3}\right]$m;

$y_p=0.1\cos\left(10\pi t-\frac{4}{3}\pi\right)$;$x=\frac{5}{3}=1.67$m;$\Delta t=\frac{1}{12}$s.

7-26　$y_1=0.03\cos\left(200\pi t+\frac{\pi}{3}\right)$,

$y_2=0.05\cos\left(200\pi t+\frac{4\pi}{3}\right)$; $\lambda=1\text{m}$,

$v=100\text{m}\cdot\text{s}^{-1}$.

7-27　$x=\frac{k\lambda}{2}$, $(k=0,\pm1,\pm2,\cdots)$;

$E_p=\frac{\lambda}{8}\rho A^2\omega^2\cos^2\omega t$,

$E_k=\frac{\lambda}{8}\rho A^2\omega^2\sin^2\omega t$,

$E=E_k+E_p=\frac{\lambda}{8}\rho A^2\omega^2$.

第8章　气体动理论

一、选择题

8-1　B.　8-2　A.　8-3　D.

8-4　D.　8-5　C.　8-6　A.

8-7　C.　8-8　B.　8-9　A.

8-10　C.　8-11　B.　8-12　A.

8-13　C.　8-14　C.　8-15　C.

8-16　C.　8-17　C.

二、填空题

8-18　(1) 3.44×10^{20};

(2) $1.6\times10^{-5}\text{kg}\cdot\text{m}^{-3}$;

(3) 1.995J;

8-19　$\overline{v_x^2}=kT/m$.

8-20　1∶4∶16.

8-21　$3N_1kT/2+5N_2kT/2$.

8-22　5/6.

8-23　温度,1mol的理想气体的内能,摩尔数为$\frac{M}{M_{mol}}$的理想气体的内能.

8-24　(1) 分布在$v_p\sim\infty$速率区间的分子数在总分子数中的百分率;(2) 分子平动动能的平均值.

8-25　体积V.

8-26　$\bar{\lambda}=\bar{\lambda}_0$, $\bar{Z}=\frac{1}{2}\bar{Z}_0$.

8-27　$6.9\times10^{-8}\text{m}$, $446\text{m}\cdot\text{s}^{-1}$, $6.5\times10^{9}\text{s}^{-1}$

三、计算题或证明题

8-28　$T=467\text{K}$.

8-29　(1) $493\text{m}\cdot\text{s}^{-1}$;

(2) $0.028\text{kg}\cdot\text{mol}^{-1}$,是$N_2$或CO气体;

(3) $\bar{\varepsilon}_t=5.56\times10^{-21}\text{J}$,

$\bar{\varepsilon}_r=3.77\times10^{-21}\text{J}$;

(4) $1.5\times10^{5}\text{J}\cdot\text{m}^{-3}$;

(5) $1.70\times10^{3}\text{J}$.

8-30　(1) $\sqrt{\frac{m_2}{m_1}}$; (2) $2\sqrt{\frac{E}{3\pi}}\left(\frac{1}{\sqrt{m_1}}+\frac{1}{\sqrt{m_2}}\right)$;

(3) $\frac{4E}{3V}$.

8-31　(1) $C=\frac{1}{v_0}$, (2) $\frac{v_0}{2}$, $\frac{v_0}{\sqrt{3}}$.

8-32　$N=0.47\frac{R^2}{d^2}$.

第9章　热力学基础

一、选择题

9-1　C.　9-2　D.　9-3　B.

9-4　B.　9-5　C.　9-6　B.

9-7　C.　9-8　B.　9-9　B.

9-10　C.　9-11　A.　9-12　A.

9-13　C.　9-14　C.　9-15　C.

9-16　D.　9-17　A.　9-18　B.

9-19　C.　9-20　D.　9-21　A.

9-22　C.　9-23　D.

二、填空题

9-24　$\frac{5}{3}$, $\frac{10}{3}$.

9-25　等容过程.

9-26　200K.

9-27　$\frac{2}{7}$.

9-28　等压过程.

9-29　等压,等容,等温.

9-30　3J.

9-31　将降低.

9-32　不变,增加.

9-33　净功增大,效率不变.

9-34　50%.

9-35　包括热现象在内的能量转化和守恒定律,热力学过程进行的方向和条件.

三、计算题或证明题

9-36　700J.

9-37　(1) $T=487.5\text{K}$; (2) $p=1.097\times10^{5}\text{Pa}$.

9-38　$A_{ab}=\frac{1}{2}(p_1+p_2)(V_2-V_1)$, $A_{bc}=\frac{5}{2}p_2V_2\left[1-\left(\frac{V_2}{V_3}\right)^{\frac{2}{5}}\right]$, $A_{ca}=p_1V_1\ln\frac{V_1}{V_3}$.

9-39 (1) $A=a\left(\frac{1}{V_1}-\frac{1}{V_2}\right)$；(2) $\Delta E=\frac{5}{2}a\times\left(\frac{1}{V_2}-\frac{1}{V_1}\right)$；(3) $\frac{3a}{2}\left(\frac{1}{V_2}-\frac{1}{V_1}\right)$.

9-40 (1) $A=p_0V_0(\ln2-0.5)$；(2) $\eta=9.8\%$.

9-41 $w=\frac{T_2}{T_1-T_2}$.

9-42 487.5K，1.097×10^5 Pa.

9-43 $\Delta S=\frac{5}{2}R\ln\frac{(T_1+T_2)^2}{4T_1T_2}$.

第10章 静 电 场

一、选择题

10-1 A. 10-2 C. 10-3 E.

10-4 B. 10-5 D. 10-6 B.

10-7 D. 10-8 B. 10-9 C.

10-10 B. 10-11 B. 10-12 C.

10-13 C.

二、填空题

10-14 $\frac{\lambda}{2\pi\varepsilon_0 a}$i.

10-15 $\frac{\lambda_1+\lambda_2}{2\pi\varepsilon_0 r}$.

10-16 $E=1000\text{V}\cdot\text{m}^{-1}$；$U=0$.

10-17 $\frac{q}{4\pi\varepsilon_0}\left(\frac{1}{r}-\frac{1}{R}\right)$.

10-18 0.

10-19 $\frac{q^2}{2\varepsilon_0 S}$.

10-20 $\frac{Qq}{8\pi\varepsilon_0 R}$.

10-21 $\frac{q_1-q_2}{2\varepsilon_0 S}d$.

10-22 45V；−15V.

10-23 $-\Delta\Phi_e$.

10-24 $-3\sigma/(2\varepsilon_0)$，$-\sigma/(2\varepsilon_0)$.

10-25 $q/(24\varepsilon_0)$.

10-26 $U_P=\frac{1}{4\pi\varepsilon_0}\frac{q}{\sqrt{x^2+R^2}}$，

$$E_x=-\frac{dU_P}{dx}, E_P=\frac{1}{4\pi\varepsilon_0}\frac{qx}{\sqrt{(x^2+R^2)^3}}.$$

三、计算题或证明题

10-27 (1) P_1 点 P_2点的电场相同，$E=\frac{kb^2}{4\varepsilon_0}$.

(2) 板内任一点 $E_P=\frac{k}{4\varepsilon_0}(2x^2-b^2)$方向沿 x 轴方向.

(3) $x=\frac{b}{\sqrt{2}}$.

10-28 $-\frac{\sigma_0}{2\varepsilon_0}\boldsymbol{i}$.

10-29 $-\frac{\lambda_0}{4\varepsilon_0 R}\boldsymbol{i}$.

10-30 $\frac{Q}{16\pi\varepsilon_0 R^2}$.

10-31 $\frac{\lambda}{\pi\varepsilon_0}\ln\frac{d-R}{R}$.

10-32 $U_P=\frac{q}{8\pi\varepsilon_0 a}\ln\frac{d+2a}{d}$.

10-33 $F=\frac{\lambda_1\lambda_2}{2\pi\varepsilon_0}\ln\frac{a+L}{a}$，方向沿杆.

10-34 $F_{右}=\frac{\lambda^2}{4\pi\varepsilon_0}\ln\frac{4}{3}=-F_{左}$，沿细棒.

10-35 (1) $\sigma=\frac{U_0\varepsilon_0}{r_1+r_2}=8.85\times10^{-9}\text{C/m}^2$；

(2) 共应放掉电荷 $q'=6.67\times10^{-9}$C.

10-36 $\sqrt{\frac{q\lambda}{2\pi\varepsilon_0 m}}$.

第11章 导体和电介质中的静电场

一、选择题

11-1 D. 11-2 B. 11-3 D.

11-4 C. 11-5 A. 11-6 B.

11-7 B. 11-8 B. 11-9 B.

11-10 B.

二、填空题

11-11 $\Phi_E=\frac{q}{6\varepsilon_0}$；$\Phi_D=\frac{q}{6}$.

11-12 $E=\frac{\lambda}{2\pi\varepsilon_0 r}$；$U=\frac{\lambda}{2\pi\varepsilon_0}\ln\frac{b}{r}$.

11-13 $\varepsilon_r W_0$. 11-14 $E=0$，$U=\frac{Q}{4\pi\varepsilon_0 r_2}$.

11-15 $W=W_0\varepsilon_r$.

11-16 6.0×10^{-3}m.

11-17 $\frac{q}{2\pi\varepsilon_0 R_2}$.

11-18 $E_1=E_2$，$U_1=U_2$.

11-19 ε_r； 1； ε_r.

三、计算题或证明题

11-20 (1) $Q_A=-Q_1=-\frac{2}{3}Q$，

$$Q_B=-Q_A=-\frac{1}{3}Q, U_C=\frac{Qd}{3\varepsilon_0 S};$$

(2) $Q'_A=-\frac{2}{2+\varepsilon_r}Q$,

$Q'_B=-\frac{\varepsilon_r}{2+\varepsilon_r}Q$,

$U'_C=\frac{Qd}{\varepsilon_0(2+\varepsilon_r)S}$.

11-21 (1) $C=4\pi\varepsilon_0 R$;

(2) $W=\frac{Q^2}{8\pi\varepsilon_0 R}$;

(3) $Q_m=4\pi\varepsilon_0 R^2 Eg$.

11-22 $E(r)=\frac{V}{r\ln\frac{b}{a}}$.

11-23 (1) $Q_A=\frac{R_1}{R_1+R_2}Q; Q_B=\frac{R_2}{R_1+R_2}Q$;

(2) $V=V_A=V_B=\frac{Q}{4\pi\varepsilon_0(R_1+R_2)}$;

(3) $C=4\pi\varepsilon_0(R_1+R_2)$.

第12章 稳恒磁场

一、选择题

12-1 A. 12-2 C. 12-3 D.

12-4 C. 12-5 C. 12-6 C.

12-7 D. 12-8 C. 12-9 D.

12-10 D. 12-11 E. 12-12 B.

12-13 B.

二、填空题

12-14 $B=\frac{\mu_0 q\omega}{2\pi R}$.

12-15 $B=\frac{\mu_0 e}{4\pi r_0^2}; I=\frac{ev}{2\pi r_0}; p_m=\frac{1}{2}evr_0$.

12-16 $\frac{7}{8}$.

12-17 0.

12-18 $B=0$.

12-19 $\frac{\mu_0 I}{2R}\left(1-\frac{1}{\pi}\right)$.

12-20 $B_R=B_r$.

12-21 0; 1∶2.

12-22 0.334; 2.1.

12-23 $+x$.

三、计算题或证明题

12-24 (1) $F_{ab}=\frac{\sqrt{3}\mu_0 l I_1 I_2}{2\pi(d+l)}$,

$F_{bc}=\frac{\mu_0 I_1 I_2}{2\pi}\ln\frac{d+l}{d}$.

$F_{ca}=\frac{\mu_0 I_1 I_2}{\pi}\ln\frac{d+l}{d}$;

(2) $\Phi_m=\frac{\sqrt{3}\mu_0 I_1}{2\pi}\left(l-d\ln\frac{d+l}{d}\right)$.

12-25 (1) $B=\frac{2\mu_0 I a^2}{\pi(r_0^2+a^2)\sqrt{r_0^2+2a^2}}$;

(2) $B=3.9\times10^{-7}\,\mathrm{T}, B=2.8\times10^{-4}\,\mathrm{T}$.

12-26 (1) $B=\frac{\mu_r\mu_0 Ir}{2\pi R^2}(r<R)$;

(2) $B=\frac{\mu_r\mu_0 I}{2\pi r}$;

(3) $\Phi=\frac{\mu_r\mu_0 IL}{4\pi}$.

12-27 $r<R_1, B=\frac{\mu_{r1}\mu_0 rI}{2\pi R_1^2}$;

$R_1<r<R_2, B=\frac{\mu_{r2}\mu_0 I}{2\pi r}$;

$R_2<r<R_3, B=\frac{\mu_{r1}\mu_0(R_3^2-r^2)I}{2\pi r(R_3^2-R_2^2)}$;

$r>R_3, B=0$.

各区域 $\boldsymbol{B}$ 的方向与内层导体圆柱中的电流方向成右手螺旋关系.

12-28 $B_P=\mu_0 I_0\frac{\ln\frac{b+d}{d}}{4\pi b}$,

B_P 方向垂直于纸面向里.

12-29 $B=\frac{\mu_0 q\omega}{8\pi d}$,

$\boldsymbol{B}$ 的方向与 $\boldsymbol{\omega}$ 方向相同.

12-30 $B=\mu_0\sigma R\beta t$.

第13章 电磁感应

一、选择题

13-1 C. 13-2 B. 13-3 D.

13-4 A. 13-5 A. 13-6 A.

13-7 A. 13-8 D. 13-9 B.

13-10 C. 13-11 B. 13-12 C.

13-13 A. 13-14 B. 13-15 D.

13-16 C. 13-17 D. 13-18 C.

13-19 D.

二、填空题

13-20 $\mathscr{E}_2>\mathscr{E}_1$.

13-21 $\omega abB\cos\omega t$.

13-22 8.0V.

13-23 $\frac{1}{2\mu_0}\left(\frac{\mu_0 I}{2\pi a}\right)^2$.

13-24 0.128π; $-0.5\text{m}^2\cdot\text{s}^{-1}$.

13-25 $3.18\text{T}\cdot\text{s}^{-1}$.

13-26 $L_1 : L_2 = 1 : 2, W_{m1} : W_{m2} = 1 : 2$.

13-27 $\mathscr{E}_i = \frac{\mu_0 I}{2\pi}\omega\left(l - d\ln\frac{d+l}{d}\right)$,由 O 指向 A.

13-28 9.6J.

13-29 $\mathscr{E}_{ab}=0$;$\mathscr{E}_{cd}=\frac{l^2}{4}\frac{\text{d}B}{\text{d}t}$,$\mathscr{E}_{abcda}=-l^2\frac{\text{d}B}{\text{d}t}$.

三、计算题或证明题

13-30 (1) $\Phi_\text{m}=\frac{\mu_0 Ix}{2\pi}\ln\frac{r_0+l}{r_0}$;

(2) $I_i=-\frac{\mu_0 Iv}{2\pi R}\ln\frac{r_0+l}{r_0}$,

方向为逆时针方向;

(3) $F=\left(\frac{\mu_0 I}{2\pi}\ln\frac{r_0+l}{r_0}\right)^2\frac{v}{R}$,

方向垂直于 cd 导线向上.

13-31 (1) $M=\frac{\mu_0 a}{2\pi}\ln 3$;

(2) $\mathscr{E}_m=\frac{\mu_0 a}{2\pi}\lambda I_0 \text{e}^{-\lambda t}\ln 3$,

$\mathscr{E}_m>0$,说明互感电动势为顺时针方向.

13-32 (1) $U_{OM}=\frac{1}{2}\omega a^2 B$;

(2) $U_{ON}=3\omega a^2 B/2$;

(3) O 点电势最高.

13-33 (1) $M=6.3\times10^{-6}\text{H}$;

(2) $\mathscr{E}=3.2\times10^{-4}\text{V}$.

13-34 (1) $E_V=-\frac{r}{2}k$ $(r<R)$,

感生电场为逆时针方向.

(2) $\mathscr{E}_{ab}=\frac{1}{2}lk\left(R^2-\frac{l^2}{4}\right)^{1/2}$,方向由 a 指向 b;

$\mathscr{E}_{bc}=\frac{1}{2}lk\left(R^2-\frac{l^2}{4}\right)^{1/2}$,方向由 b 指向 c.

13-35 $x=\frac{v_0 Rm}{(Bl)^2}\left[1-\text{e}^{-\frac{(Bl)^2}{Rm}t}\right]$,

13-36 $I=F/(2Bl)$;$v_1-v_2=FR/(2B^2l^2)$.

13-37 $\frac{1}{2}\omega B l_0^2\sin^2\theta$.

13-38 $\mathscr{E}_{OA}=\frac{\mu_0\omega I}{2\pi}\left(L-b\ln\frac{b+L}{b}\right)$,

由 $\mathscr{E}_{OA}>0$ 或由($\boldsymbol{v}\times\boldsymbol{B}$)可知,电动势 $\mathscr{E}_{OA}$ 的方向从 O 指向 A,即 A 点电势高.

13-39 $M=2\mu_0 a$.

13-40 $|\mathscr{E}_i|=v^2t^3\tan\theta$.

$\mathscr{E}_i$ 的方向为逆时针方向.

第 14 章 电磁场与电磁波

一、选择题

14-1 D

14-2 B

14-3 A

二、填空题

14-4 $H_y=-\sqrt{\frac{\varepsilon_0}{\mu_0}}E_0\cos2\pi(\nu t-x/\lambda)$.

14-5 $E_Y=\sqrt{\mu_0/\varepsilon_0}H_0\cos\omega(t+Z/c)$.

14-6 $1.59\times10^{-5}\text{W}\cdot\text{m}^{-2}$.

14-7 10.1mH.

14-8 $E=144\pi\cos\left(2\pi\nu t+\frac{\pi}{3}\right)$.

14-9 电磁波能流密度矢量,$\boldsymbol{S}=\boldsymbol{E}\times\boldsymbol{H}$.

14-10 赫兹实验;LT^{-1}.

14-11 1.8A.

14-12 $1.33\times10^{-15}\text{W}$.

三、计算题或证明题

14-13 答:电磁波的主要特性有

(1) 波速 $u=\frac{1}{\sqrt{\varepsilon\mu}}$,真空中的波速 $c=\frac{1}{\sqrt{\varepsilon_0\mu_0}}=3\times10^8\text{m}\cdot\text{s}^{-1}$;

(2) 电磁波是横波;

(3) 电场强度 E 和磁场强度 H,同相位,即 $\sqrt{\varepsilon}E=\sqrt{\mu}H$,且相互垂直;

(4) 电磁波的能流密度 $\boldsymbol{S}=\boldsymbol{E}\times\boldsymbol{H}$.

14-14 (1) $U=\frac{0.2}{C}(1-\text{e}^{-t})$(SI);

(2) $I_d=0.2\text{e}^{-t}$(SI).

14-15 (1) $E=\frac{U_0}{d}\cos\omega t$;

(2) $I_\text{d}=-\pi r^2\varepsilon_0\omega\frac{U_0}{d}\sin\omega t$.

14-16 (1) $\overline{S}=5.6\times10^3\text{J}\cdot\text{m}^{-2}\cdot\text{s}^{-1}$;

(2) 电场强度的振幅为

$E_0=2.05\times10^3\text{V}\cdot\text{m}^{-1}$,

磁感应强度的振幅

$B_0=6.85\times10^{-6}\text{T}$.

14-17 (1) $H_x=-\sqrt{\frac{\varepsilon_0}{\mu_0}}E_{0y}\cos2\pi\left(\nu t-\frac{z}{\lambda}\right)$;

(2) 电磁波的强度,即电磁波的平均能流密度$I=\overline{S}=\frac{1}{2}\sqrt{\frac{\varepsilon_0}{\mu_0}}E_{0y}^2$.

第15章 光的干涉

一、选择题

15-1 B. 15-2 B. 15-3 B.

15-4 C. 15-5 B. 15-6 B.

15-7 B. 15-8 B. 15-9 B.

15-10 C. 15-11 C. 15-12 D.

15-13 A. 15-14 C. 15-15 D.

15-16 A. 15-17 C. 15-18 B.

15-19 B. 15-20 A. 15-21 C.

15-22 E.

二、填空题

15-23 78.1nm.

15-24 1.5λ.

15-25 $2(n-1)d$.

15-26 0.75.

15-27 $\frac{2\pi(n-1)e}{\lambda}$,$4\times10^{-4}$.

15-28 $4\pi n_2 e/\lambda$.

三、计算题或证明题

15-29 (1) 0.11m;(2) 7.

15-30 $\frac{l_1^2}{l_2^2}\lambda_1$.

15-31 4m.

15-32 13.3%.

15-33 673.9nm;404.3.

15-34 (1) 4.8×10^{-5} rad;(2)明条纹;(3)3条明条纹,3条暗条纹.

15-35 1.7×10^{-4} rad.

15-36 562.5nm.

15-37 $d=5\lambda/4n_2=3\times10^{-7}$m.

15-38 $\Delta x=\frac{\lambda D}{a}=0.05$cm.

15-39 0.58nm.

第16章 光的衍射

一、选择题

16-1 C. 16-2 B. 16-3 B.

16-4 B. 16-5 B. 16-6 B.

16-7 C. 16-8 C. 16-9 C.

16-10 B. 16-11 C. 16-12 D.

16-13 B. 16-14 A. 16-15 A.

16-16 D. 16-17 A. 16-18 D.

二、填空题

16-19 4个.

16-20 λ.

16-21 红光.

16-22 466nm;1,2,4,5,7级.

16-23 对应的衍射角变大.

三、计算题或证明题

16-24 (1) $\lambda_1=2\lambda_2$;(2) λ_1光线的k_1级衍射极小与λ_2光线的$2k_1$级衍射极小重合.

16-25 (1) 90°;(2) 11.53°;(3) 5.7°.

16-26 36cm.

16-27 (1) 6×10^{-6}(m);(2) 1.5×10^{-6}(m);(3) $k=0,\pm1,\pm2,\pm3,\pm5,\pm6,\pm7,\pm9$.

16-28 (1) $k=0,\pm1,\pm3$,共5条;(2)第5级.

16-29 500nm$\leqslant\lambda\leqslant$510nm.

16-30 (1) 一侧能看到9级,另一侧3级;(2) ±6级;(3) $k=0,\pm1,\pm2,\pm4,\pm5$共九条明纹.

第17章 光的偏振

一、选择题

17-1 A. 17-2 B. 17-3 C.

17-4 B. 17-5 B. 17-6 C.

17-7 A. 17-8 A. 17-9 C.

17-10 B. 17-11 D.

二、填空题

17-12 45°.

17-13 向南.

17-14 1.5;0.5;45°.

17-15 54.7°.

17-16 $\cos^2\alpha_1/\cos^2\alpha_2$.

三、计算题或证明题

17-17 $\frac{I_{01}}{I_0}=\frac{3}{4},\frac{I_{02}}{I_0}=\frac{1}{4}$.

17-18 $I_3=\frac{I_0}{16}(1-\cos4\omega t)$.

17-19 14.71°.

17-20 $I=I_2\cos^2 30°=3I_e\left(\frac{\sqrt{3}}{2}\right)^2=2.25I_e$.

17-21 (1) 2.9×10^{-4}cm;
(2) 1.45×10^{-4}cm.

17-22 略.

第18章 狭义相对论

一、选择题

18-1 A. 18-2 B. 18-3 D.

18-4 B. 18-5 D. 18-6 A.

18-7 D. 18-8 A. 18-9 C.

二、填空题

18-10 0.97c.

18-11 5.81×10^{-13} J, 0.08.

18-12 9×10^{16} J, 1.50×10^{17} J.

18-13 $\sqrt{\frac{5}{9}}c$, $-3\sqrt{5}\times10^{8}$ m.

18-14 相对的,运动.

18-15 $0.75c$.

18-16 270m.

18-17 5倍.

18-18 3.1MeV.

18-19 0.075m^3.

三、计算题或证明题

18-20 $x=97\text{m}, y=0, z=0, t=2.5\times10^{-7}\text{s}$.

18-21 $\Delta t'=-5.77\times10^{-6}\text{s}$,

负号表示 S 系中 x 坐标值大的事件先发生.

18-22 (1) 60m; -4×10^{9} m;

(2) 16.7s; $-0.8c$.

18-23 (1) $\Delta t'=\frac{L'}{v'}$; (2) $\Delta t=\frac{1+\frac{uv'}{c^2}}{\sqrt{1-\frac{u^2}{c^2}}}\cdot\frac{L'}{v'}$.

表明地面观测者测得的时间要较宇航员测得的长一些.

18-24 $l\approx1.798\times10^{4}$ m.

18-25 $v_x'=0.99c$.

18-26 S'系: $E'=1.8\times10^{17}$ J.

S系: $E=2.25\times10^{17}$ J.

18-27 $\frac{\Delta E}{\Delta E'}=4.2\times10^{6}$.

18-28 $\Delta t=25\text{s}$.

18-29 8.03×10^{-3} s.

表明飞船中的宇航员测得丙车仍然是晚于甲车发车,两参照系的时序不变.

第19章 量子物理基础

一、选择题

19-1 D. 19-2 D. 19-3 A.

19-4 C. 19-5 D. 19-6 E.

二、填空题

19-7 250cm.

19-8 铯.

19-9 $\sqrt{\frac{2m_e hc(\lambda_0-\lambda)}{\lambda\lambda_0}}$.

19-10 $\frac{E_k}{2}(1+\sqrt{2m_0C^2/E_k})$.

19-11 $\frac{e^2}{8\pi\varepsilon_0 R_1}$.

19-12 0.146nm.

19-13 1.03×10^{-40} J, 6×10^{19}.

19-14 $0, \pm\hbar, \pm2\hbar; 0, \pm1, \pm2$.

19-15 2.5V, 3.97×10^{14} Hz.

19-16 1.33×10^{-23}.

三、计算题或证明题

19-17 $E_n=-0.85\text{eV}; n=4$.

19-18 $\lambda_{23}=6.56\times10^{-7}\text{m}=656\text{nm}$,

$\nu_{25}=6.91\times10^{14}$ Hz.

19-19 (1) $C=\frac{1}{\sqrt{\pi}}$; (2) $x=0$; (3) 25%.

19-20 (1) $\Delta E=113(\text{eV})$; (2) 0.38%.

19-21 (1) $L=\sqrt{12}\hbar$.

(2) $0, \pm\hbar, \pm2\hbar, \pm3\hbar$;

(3) $m_l=3, 30°$; $m_l=2, 54.7°$; $m_l=1, 73.2°$; $m_l=0, 90°$; $m_l=-1, 106.8°$; $m_l=-2, 125.3°$; $m_l=-3, 150°$.

19-22 (1) $\lambda=1.66\times10^{-35}$ m;

(2) $\Delta v=1.66\times10^{-28}\text{m}\cdot\text{s}^{-1}$.

19-23 $\lambda=1.12\times10^{-11}$ m;

$\Delta\nu=3.21\times10^{18}$ Hz.

19-24 能使金属钨产生光电效应的红限频率为 $\nu_0=1.09\times10^{15}$ Hz,所用的紫光频率 7×10^{14} Hz 小于此值,故不能产生光电效应;而紫外光的频率大于此值,可以产生光电效应..

19-25 (1) 当 $\lambda_1=700\text{nm}$ 时,

$E_1=2.84\times10^{-19}$ J,

$p_1=9.47\times10^{-28}\,\text{kg}\cdot\text{m}\cdot\text{s}^{-1}$，

$m_1=3.16\times10^{-36}\,\text{kg}$.

（2）当 $\lambda_2=500\text{nm}$ 时，

$E_2=3.98\times10^{-19}\,\text{J}$，

$p_2=1.33\times10^{-27}\,\text{kg}\cdot\text{m}\cdot\text{s}^{-1}$，

$m_2=4.42\times10^{-36}\,\text{kg}$.

（3）当 $\lambda_3=0.15\text{nm}$ 时，

$E_3=1.33\times10^{-15}\,\text{J}$，

$p_3=4.42\times10^{-24}\,\text{kg}\cdot\text{m}\cdot\text{s}^{-1}$，

$m_3=1.47\times10^{-32}\,\text{kg}$.

19-26　（1）$\lambda=5.0\times10^{-7}\,\text{m}$；

（2）$v_m=4.676\times10^{5}\,\text{kg}\cdot\text{m}\cdot\text{s}$；

（3）$U_a=0.622\text{V}$.